一部囊括犹太人智慧的百科全书

犹太人智慧

大全集

（第四卷）

沧海明月　编著

中国华侨出版社

做幽默的人

犹太人处世智慧要诀

幽默的人是拥有智慧的人。(《塔木德》)

笑话和金钱，是犹太处世时的敲门砖。犹太民族，有着天生的幽默细胞。在他们看来，笑话不仅可以改善人际关系，还可以博得人心，其积极效果不见得比给予物质利益来得差。在犹太人几千年的流亡中，尽管几经血与火的洗礼，但他们乐观幽默的本性不改，他们时常利用笑话来舒缓身心，让一切不愉快的事情随着放声大笑而烟消云散，这种超乎寻常的精神，也是犹太人之所以能创造奇迹的重要原因。犹太人有很多关于"笑"的谚语：

"生物中只有人会笑，而越贤明的人越会笑。"

"人不能哭着过完一生。"

"要逗天地发笑，先逗孤儿笑吧！"

犹太人的幽默表现他们豁达的人生态度，是他们对待苦难的乐观，是他们蔑视敌人的高傲。

犹太人把幽默当做一种重要的精神食粮。在希伯来语中，智慧被称为"赫夫玛"，幽默也被称为"赫夫玛"，而幽默正好成为了犹太民族苦中作乐的生存和处世的智慧。

他们用幽默来嘲笑和面对残酷的人生，他们用幽默来表达对自己和对敌人的讥讽，有这样一个故事：

希特勒这个杀害了600万犹太人的刽子手，是犹太民族的仇敌，但是他居然也非常害怕别人杀他。

有一天，他请了一位犹太占星师来占卜，算一算他什么时候会被暗杀。听到这个问题，占星师回答说："你会在犹太人庆典的那一天被暗杀。"

希特勒赶忙把卫队长召来，下令以后凡是有犹太人庆典的日子，就要特别地警备。

这位犹太占星师冷冷地说："没有用的，因为你被暗杀的日子，就是犹太人民的庆典。"

即使是在犹太人遭受极大创伤的时候，也要对敌人幽默一下。在犹太人眼中，幽默是只有强者才能拥有的特权。

犹太人常说："笑是百药中最佳的良药之一。"因为"笑"能在痛苦时安慰他们的心，可是，犹太人认为笑所隐藏的力量绝不仅如此。笑是人类所有与生俱来的能力中，最强有力的一种武器。犹太人认为幽默就是要使人笑起来。

犹太人讲笑话，更是信手拈来。在大多数犹太教堂里，每天下午的祷告仪式和傍晚的祷告仪式通常会合在一起举行。在两个仪式之间，有几分钟的休息时间。做祷告的人们常聚在一起谈论一些轻松的话题，或开几句玩笑。

在费城的一个教堂里，两个老朋友聚在一起聊天。一个说："看那个家伙——他是当地的小富。30 年前他只穿着一条磨破的裤子来到了这里，可是如今，他拥有了 100 万！""什么！他是不是疯了？他要 100 万条破裤子干吗？"

这套说笑话的天赋，也被杰出的犹太商人所利用，现在商界里还流传着"尼桑借笑话广结人缘"的故事呢。

犹太商业巨头罗斯柴尔德有 5 个儿子。他们成年后，每一位都成为了商业奇才。在五兄弟当中，罗斯柴尔德的三儿子尼桑相貌平平，但他的外交能力是最强的，其中一个重要的原因就是他特别喜欢说笑话。为了这一爱好，他甚至专门建立了一套"笑话快递"制度。尼桑刚到伦敦时，英语能力并不强，于是，他决定用笑话来弥补这个缺陷。所以，尼桑专门建立了一个通讯网，其任务就是帮助他尽快收集和传递欧洲最新的笑话，以便他能够利用这些笑话在伦敦社交界广结人缘。这个笑话网不断扩大，各国的外交官，甚至用报告的形式，将各种笑话传递给尼桑。直到今天，伦敦罗斯柴尔德银行的博物馆里，还保存着当年欧洲各地送来的笑话邮件。

　　幽默不只是孩童的把戏，开心的笑脸，它和提高生产效率应该是相辅相成的。运用幽默进行经商管理，往往可以取得很好的效果。

　　因此，每逢尴尬的场面，犹太人总喜欢借助笑话、幽默来活跃气氛。尽管有些幽默反而会使局面更加难堪。但最后犹太人看重的是个人的心态，而不计较效果。因此，犹太人说："只有幽默才能使人放松心情，而唯有贤者才能在任何情况下，都永远保持着放松的心情。"

　　犹太人在做生意的时候也特别讲究幽默。

　　有这样一个故事：

　　劳布做生意的时候缺少资金，于是他打算找他的一个朋友格林借点钱暂渡难关。

　　"格林先生，我的手头拮据，能先借我 1 万美元吗？"

　　"啊，不必客气，您要借多少？"

　　"您先告诉我，我要支付您的利息是多少？"

　　"9％的利息。"

　　"什么？你发疯了，你怎么可以向你的教友要这么高的利息呢？对教友应该只有 6％的利息，你这样的行为让上帝看到了，他会有什么想法呢？"

　　"上帝不会有什么想法的，因为上帝从天上看下来的时候，9像个 6。"

　　犹太人一向非常重视笑和幽默。犹太人长久以来，遭遇无数次的迫害而仍能坚强地生存下来，就是因为他们能够了解笑的功用，并能充分运用它。所以，无论被逼到何种地步，犹太人都能笑着面对自己的痛苦，借以中和自己苦闷的心情。他们很了解笑的意义——快乐的时候固然要笑，但是痛苦时更需要笑。

　　在其他民族的心目中，认为笑话只能改变心情于一时，所以只把它当做是调味品之类的副食，但犹太人却认为笑话是主食，它是人类生活中最为重要的一种精神食粮。

　　尽管犹太人有着苦难的经历。但他们对生活一直充满坚定的信念，否则他们的民族就不可能经受住那么多折磨而存活下来。事实上正是苦难造就了犹太人不可动摇的乐观精神。

　　欢乐和笑声是犹太人生活中必备的良药，这使他们总能保持一种乐观的生活态度。迫害、痛苦和他们在潮湿的"贫民监狱"里的贫困生活都不能阻止他们的欢笑。但是，犹太人的笑声不是一般的无聊取乐，也不仅仅是消遣，而是对残酷生活的一种顽强而又反抗的回答。因而在犹太人的幽默里存在着一种独特的智慧。

第四章　与人交往是人生价值的体现

——犹太人处世智慧之四：以待己之心待人

爱人如爱己

犹太人处世智慧要诀

谁是最强大的人？化敌为友的人。(《塔木德》)

为什么神在开始的时候，不一下子就造出许多人，却只造出一个人来，让全人类自一个人而繁衍成许多人呢？

拉比们的答案是："这是神为了告诉我们，谁夺取了一个人的生命，就等于杀害全人类。"

相对的，如果谁能救一个人的生命，那么他就等于拯救了全世界人的生命；同样地，爱一个人时，也就等于爱整个世界的人。

因为人类都是一个祖先繁衍下来的，所以同源同根。因此犹太人认为人要去爱整个人类。

《塔木德》的解释是：

"神在开始时，为什么仅仅创造一个人呢？这是为了防止任何人说他自己的血统优于别人的血统。因为如果当初只造出一个人，那么溯源而上，每个人都会发觉大家都是来自同一个祖先，所以，也就不会有这一个民族比那一个民族更优越的说法了，因为实际上，大家都是从同一个亚当繁衍下来的。"其中，亚当的头，是出自乐园的泥土；他的身体，是来自巴比伦的泥土；至于他的双腿，则是网罗了全世界的泥土所造成的。

"亚当"这两个字，在犹太人心中，就是人的存在是世界性的，即四海之内皆兄弟。

因为有这样一个大人类的观念，在历史的长河中，尽管犹太人受尽迫害，历尽坎坷，但是，一旦犹太人有能力主宰异族命运的时候，他们却并不会迫害侮辱其他民族。相反，他们能够以平常的心对待其他人，甚至用爱心去帮助他们。

为此，犹太人有句名言说："谁是最强大的人？化敌为友的人。"

犹太人认为，谅解和接受曾经伤害过你的人，才是最好的待人之道，这样就能得到希望中的回报。为此犹太拉比高度赞美那些"受到侮辱却不侮辱别人，听到诽谤却不反击"的人。

在犹太人看来，对他人的爱源于家庭之内的爱，即对兄弟姐妹的爱。

有两个农民兄弟，一个和妻儿一起住在山的一边，另一个还没结婚，住在山的另一边的一个小草屋里。

有一年兄弟俩收成都特别好。已经结婚的哥哥想：

"上帝对我真好。我有妻子和孩子，庄稼多得超出我的需要。我比我的兄弟好多了，他一个人孤零零地过。今天晚上，趁我兄弟睡着的时候，我要把我的庄稼背几捆放到他地里。当他明天早上发现的时候，怎么也想不到是我放的。"

在山的另一边，没有结婚的弟弟看着自己的收获想：

"上帝对我很仁慈。但是我哥哥的需要比我大多了。他必须养活妻子和孩子，可是我的果实和谷物与他一样多。今天晚上，当哥哥一家睡着的时候，我要背一些粮食放到我哥哥的地里。明天，他怎么也不会知道我的少了，他的多了。"

所以兄弟俩都耐心地等到了半夜。然后各自肩上背着粮食，向山顶走去。正好在午夜的时候，兄弟俩在山顶相遇了，意识到他们都想到了帮助对方，兄弟俩拥抱在一起，高兴地哭了。

犹太人历来主张把罪恶本身与犯罪之人加以区分。

从前，有几个拉比碰上了一伙十恶不赦的坏人。其中有一个拉比在忍无可忍的情况下，诅咒他们都死了算了。

可是，在他们中有一个伟大的拉比却说：

"不，身为犹太人不应该这么想。虽然有人认为这些人还是死了比较好，但不能祈祷这样的事发生。与其祈求坏人灭亡，不如祈求坏人改邪归正。"

《塔木德》的结论是：处罚坏人对谁都没有什么益处。不能使他们改悔，那才是人类的一种损失。

因此，犹太人对罪人没有那种深恶痛绝、必欲置之死地而后快的过激情绪。相反，他们认为，犹太人犯了罪，一旦改悔，就不许再把他们看作罪人。

第二次世界大战期间，有两万左右的犹太人避难于上海。在此期间，有不少人曾受到占领上海的日本当局的虐待。有些人直到战后很久，还念念不忘日本人的暴行。但拉比却给他们讲了一个《塔木德》上的故事：

有一只狮子的喉咙被骨头鲠住了。狮子便向百兽百鸟宣布，谁能把他喉咙里的骨头拿出来，就给他优厚的奖品。

于是，来了一只白鹤，他让狮子张开嘴，把自己的头伸进去，用长长的尖喙，把骨头衔了出来。

白鹤干完后，便向狮子说："狮子先生，你要赏我什么礼物啊？"

狮子一听，恼怒地说：

"把头伸到我的嘴里而能够活着出来，这还不算奖品吗？你经历了这样的危险都活着回来了，没有比这更好的奖赏了。"

拉比的结论是：既然现在还能诉苦，就说明至今还活着，而至今还活着，就没有必要诉苦。不要为曾经历过的不幸而抱怨。当然，更没有必要憎恨了。

这个故事在犹太人中广为流传，这充分说明，犹太民族一直在尽力避免"憎恨"。

无论人们对犹太人的这种做法是怎么看的，犹太人自己的历史则确凿无疑地证明了，这种反躬自责而不是一味憎恨的心态对民族生存具有重大的价值。

今天的犹太人是十分团结的，东欧一些国家的犹太社团成员为了消除相互之间存在或可能存在的隔阂，在赎罪日前夕做礼拜时，往往真诚地向相遇者打招呼，说声"请宽恕我"。这个时候，那个人肯定会全神贯注地听完他的话，然后立即回答："我宽恕你。"他也要向对方寻求宽恕。这种方式成为犹太人中一条不成文的法律，就是社团的首领和德高望重的长者也不例外。

如果两个犹太人误会太深，见了面都视而不见，那么，与他们都很熟的老人就会主动上前，使其中一方首先开口，这样做，至少会使他们平息怒气，甚至握手言和。

在《塔木德》中有一则约瑟夫接纳他哥哥的故事：

约瑟夫是雅各的儿子，在年少时被他的兄长卖往埃及为奴，后来做了宰相。

有一年因为饥荒，他的哥哥们到埃及来寻求食物，约瑟夫见到了兄长。

当约瑟夫发现自己的哥哥们时，他大声叫起来："所有的人都走吧！"

众仆人都离开了，这时约瑟夫对哥哥们说："我是约瑟夫，我的父亲还好吗？"

可是，他的哥哥们一个个都目瞪口呆了。

接着，约瑟夫又对哥哥们说："走近些。"

当他们走近时，他说："我是你们的兄弟约瑟夫，你们曾经把我卖到埃及。"

当他的兄长们明白一切都是真的时，他们更是吓得说不出话来了。

但是，这时他们听到约瑟夫说：

"现在，你们不要因为把我卖到这里而感到难过，那是上帝为了救我的命才把我送到这里来的。老家发生饥荒已经两年了，接下来还有五年时间，所有的土地将颗粒无收。上帝把我早些送来，是为了让你们继续存活，所以是上帝而不是你们把我送到这儿来的；他使我成为了法老的父亲，所有财产的主人，整个埃及的统治者。"

在约瑟夫的话语中，他把自己少年的苦难看成是上帝拯救自己的行为，其实是一种宽以待人、化敌为友的为人处世之道。

对整个人类充满爱心而去真诚爱护每一个人，这就是千百年来犹太人杰出的处世智慧。

千百年来，犹太人备受迫害和欺辱，但是他们能够从硬币的另一面看待福祸的关系，一切的错是明天的好，一切的好是因为曾经的错，所以犹太人对待敌人能用爱心去宽恕，对待朋友能用真诚去回报。

这是犹太民族的伟大和高尚之处。

不要嫌贫爱富

犹太人处世智慧要诀

不要鄙视任何人——任何人都有自己的位置，都可以在有钱和有时间的条件下创造奇迹。（《塔木德》）

有这样一则犹太故事：

拉比约书亚是一个博学而朴实的学者。

一天，罗马皇帝哈德良的女儿对约书亚说道："在你这么丑陋的人的脑袋里，怎么可能有了不起的智慧呢？"

约书亚非但没有恼怒，反而笑容满面地问道："在你父亲的宫殿里，葡萄酒装在什么样的容器里？"

公主答道："装在陶罐里。"

"陶罐！普通老百姓才把葡萄酒装在陶罐中。"约书亚说，"你应该把葡萄酒放在金银器皿里。"

于是，公主便令佣人把葡萄酒装到了金罐和银罐中。不久，所有的葡萄酒都变得淡而无味。

公主于是就怒气冲冲地去找约书亚算账："你为什么让我这样做？"

约书亚温和地说："我只是要让你明白，珍贵的东西有时候必须装在简陋而普通的容器中才能保存其价值。"

"难道没有既出身好又博学的人吗？"

"有，"约书亚回答道，"但如果出身艰苦一些的话，他们的学问会更大！"

犹太人中的穷人遇到富家子弟时不会自卑，更不会觉得有什么可怕，因为出身富贵之家的人并不一定有学问。但是遇到有知识的人时，无论是穷人还是富人都对他非常的敬重。这是因为犹太人只重视个人的才华，而不会去看他的家庭和出身。

事实上，有很多著名的犹太拉比，出身都很卑微，其中最具代表性的希雷尔是木匠，雅基巴是牧羊人。他们之所以能够成为犹太人中的杰出人物，就是因为他们自身的能力所致。

正是因为犹太人重个人才华而不重门庭出身，才使犹太民族产生了许多杰出的人物。犹太民族则在日常生活中很少有门第观念，在人与人交往中，犹太人少有趋炎附势之举，出身好的人也难以依靠出身攫取社会地位或者取得什么其他优势，人们都是依靠勤劳和智慧获得个人地位。

个人才华重于门第出身是犹太人处世的重要观念，它激励了许多出身不好的人去积极进取，也体现了社会公平的原则。

在一些犹太人居住区里，每一个镇上或村子里，都会有几个乞丐，他们被称为"修诺雷尔"。

犹太人并不歧视这些乞丐，照犹太人的宗教习惯，乞丐也是一种正当职业，是获得了神的允许的，他们是人们施舍的对象。

在犹太民族中，一些"修诺雷尔"是非常喜欢读书的，其中还有不少人通晓《塔木德》，他们也是犹太教堂中的常客，经常以同仁的身份参加《塔木德》的讨论。犹太民族中流传着这样两句话："不要看不起穷人，因为有很多穷人是非常有学问的。""不要轻视穷人，他们的衬衫里面埋藏着智慧的珍珠。"

犹太人素有尊学、重学的传统，对于贫穷犹太人的智慧，他们也同样表现出尊重。

犹太人有一个这样的民间故事，教导人们不要看不起穷人：

一个虔诚的人继承了一笔财富。在安息日前夜，他就开始为安息日日落前的食物做准备。

由于急着办事，他在安息日前必须暂时离开家一段时间。在回家的路上，一个穷人向他乞讨买安息日所需食物的钱。

这位虔诚的人生气地斥责穷人："你怎么能一直等到最后一刻才买你的安息日食物呢？你肯定是企图骗钱！"

他回到家后，给妻子讲了遇到穷人的事。

"我得告诉你，是你错了，"他的妻子说，"在你的一生中，你从未体味到贫穷的滋味。我在穷苦人家长大。我经常回忆过去，那时天几乎全黑了，而我的父亲仍然为家人四处寻找哪怕一点点的面包。你对那个穷人有罪!"

虔诚的人听到这一席话，赶紧到街上寻找那个乞丐。乞丐仍然在寻找安息日食物。于是，这位富人给了穷人安息日所需的面包、鱼、肉，并请他宽恕自己。

在犹太社会里，尽管穷人和富人的差距十分大。但是，一直以来，犹太人是尊重穷人的。他们认为富人并不一定快乐，穷人也并不一定是必然绝望。

这就是犹太人对于穷人的态度。

不嫌贫爱富，并且把尊重穷人，对穷人进行施舍作为自己的义务，这是犹太人团结友爱的处世智慧之一。

从乞丐变成亿万富翁的约瑟夫·贺希哈在这方面树立了良好的榜样。

在约瑟夫·贺希哈第一次赚到16.8万美元时，他首先想到的不是急于把这笔金钱全部投资于他迷恋的股市交易，而是拿出了绝大部分为相依为命的母亲购置了一幢房子，让母亲早日走出了低矮潮湿的贫民窟。约瑟夫也从不忘记与自己长期合作、患难与共的伙伴。他让合作伙伴朱宾全盘负责开掘铀矿，事先就给予了朱宾1/10的股票优先权，使朱宾在用自己的智慧掘出铀矿的一刹那便成为百万富翁。而且约瑟夫延用1/10股票的优先权法，给以后同他合作的重要伙伴都提供这个优厚的条件。约瑟夫不仅对与他有重要经济合作的伙伴是这样，对他公司的下属职员也十分关心，甚至对一个开电梯的孩子也是如此。这个可怜的孩子有一个多病的母亲，微薄的薪水难以支撑母亲的医药费，约瑟夫便长期地承担起对这个家庭进行接济的责任。

在约瑟夫从乞丐到亿万富翁的一生中，他对被别人骂作"穷鬼"的乞丐生活有着刻骨铭心的记忆。在成为富翁以后，他一直把捐助像他童年时一样贫穷的人作为自己义不容辞的责任：他向学校捐款，为的是使贫穷人家的孩子能得到更多的教育以开掘他们的天赋；他向盲人医院、孤儿院捐款，为的是使残疾人和无依无靠的孤儿得到救助。由于自己对艺术的浓厚兴趣，他特别喜欢资助贫穷而又富有艺术才华的学生们，使他们能够全身心地投入到艺术的王国之中。他经常驾驶一辆黑色的超豪华林肯牌轿车，不断地驶入哥伦比亚大学、曼哈顿大学、加州图书馆、孤儿院、盲人医院、教会等处，不辞辛劳地把一笔笔捐款送给那些需要帮助的人们和组织。

这就是充满传奇色彩的约瑟夫·贺希哈，他通过在充满风险的股市不断搏杀，改变了自己的命运；他通过普度众生的慈善事业，彰显着人生的价值。

借钱，就是为自己树敌

犹太人处世智慧要诀

借钱给朋友，将以失去友情作为利息。(《塔木德》)

莎士比亚有句名言："不要把钱借给别人，借出会使你人财两空；也不要向别人借钱，借进来会使你忘了勤俭。"这句话有一定道理。

你可以用其他友善的方式接济你的朋友，但不要借钱给他。借钱给他人就是掏钱为自己买了一个敌人。

犹太人朋友之间很少涉及金钱，他们之间朋友是朋友，金钱是金钱，分得十分清楚。他们一般不把友情掺入金钱。

犹太人之间的朋友，大家彼此都很不错，就在一起吃饭喝酒。这样就表示你是他喜欢的朋友，他愿意和你经常来往。但是你要是借钱，他们很少答应。

这不是因为大家彼此之间不信任，而是他们处事的一种精明。

犹太人是十分自尊的，他们一般是决不肯向人求助的。即使遇到了困难，他们也是依靠自己的力量来解决，而很少向别人请求帮助。假如一个人向自己的朋友去借钱，那说明这个人已经处于生活比较困难的时候了。有人借钱给他，他就总是感到忐忑不安，心里总是想着把钱尽快还给自己的朋友，见了朋友就感觉很不好意思。虽然朋友浑然不觉借钱人的尴尬。而借钱人为了避免这种愧疚的心情一般就会回避自己的朋友，希望自己尽快地还钱，那样自己才觉得在朋友面前会坦然。有了这种心理，这样的朋友就会因为金钱变得很不自在。

而朋友呢，如果也恰好需要这笔资金，但是已经将钱借给别人，而且为了让别人放心，自己一般不会说还钱的时间。朋友什么时间有了钱，就什么时间来还，而自己许多事情却急切需要资金办理，但是话已经出口，就很不好意思去要钱。所以，犹太人之间就心照不宣地达成默契：不借钱给自己的朋友。

犹太人喜欢放高利贷收取利息，这是他们几百年的传统了，他们如果自己有闲余的资金，就会把这些钱放出去收取利息，而有人需要钱自然就可以去借贷了。所以，犹太人没有钱的时候，喜欢去借贷来渡过难关。向他人借贷是一种商业行为，这与向朋友借钱的行为是不一样的。

有个故事是这样说的：

雅可夫借给亚瑟500美元，明天就要到期了，但是亚瑟根本没有钱可以还。雅可夫三天前就已经提醒亚瑟，还有三天就该还钱了。"到明天雅可夫一定会来要钱的"，想到这里，亚瑟坐卧不宁，烦躁地在房子里走来走去。"你为什么还不睡觉？"他的妻子问他。"我向雅可夫借了钱，明天早上非还他不可。""你现在有钱了吗？""我连一个子儿也没有呢！"

"既然这样，你就睡觉吧。着急的应该是雅可夫而不是你。"

亚瑟妻子的话代表了我们处理债务的一般态度，既然没有钱就干脆放心休息，反正着急也没用。而事实上，雅可夫也确实没有办法，如果逼朋友还钱，那与朋友长久培养起来的感情就会因此而崩溃了。打官司更是浪费自己的钱财，对朋友的感情也更是致命的打击。

还有一个故事是这样说的：

梅西克向罗扬借了1200马克，但是梅西克一直没有钱还。每当遇到罗扬，梅西克都会避而不见。可罗扬又束手无策。

这时，他的另一个朋友对他说："你不妨写信给梅西克，叫他尽快归还1800马克的债，瞧瞧他的反应。"

罗扬也十分需要这笔钱，就给梅西克去了一封信。

两天后，梅西克就回信了，信中说："罗扬，我记得很清楚我借了你1200马克，你怎么说我欠了你1800马克，随信附上1200马克。如果你要打官司的话，你准输。"

罗扬虽然成功地要回了自己的钱，但通过这次事件，两人的关系就可想而知了。

因此，洞悉人情的犹太人说：借钱，即是掏钱给自己买了个敌人。

无朋友，毋宁死

犹太人处世智慧要诀

两个人总比一个人好。

人应交友以便能跟他一起读《圣经》，一起研习《密西拿》，一块儿吃饭，一同饮酒，并向他吐露心曲。（《塔木德》）

犹太人认为，人需要有朋友一起吃饭，一起喝酒，一起学习《圣经》，一起学习《塔木德》……给自己找个朋友，对他倾诉心底所有的秘密——关于《圣经》和世俗生活的秘密。

《塔木德》里有这样一个故事：画圈者豪厄生活于公元前5世纪的罗马帝国早期。他不但是位著名的学者，还被认为是魔法师，尤其擅长求雨。他的绰号"画圈者"大概来自他求雨时最壮观的技艺表演：他在地上画一个圈，和他的祈祷者一起站进去，雨不多不少正好满足庄稼的需要。当雨下够了，他就再祈祷，雨就停了。

有一天画圈者豪厄看到有个老人在栽豆荚树。他问那人需要多长时间这棵树才能结果子，那人回答说要70年。

豪厄坐下来吃东西，觉得昏昏欲睡，他躺下睡着了。他周围的石头升起把他遮在里面，他一口气睡了70年。

醒来的时候，他看见有个人正在摘树上的果子。

"你是栽这棵树的人吗？"豪厄问。

"不，我是他的孙子。"那人说。

"那么我睡了70年！"豪厄惊讶地叫起来。

豪厄回到原本自己生活的地方。

"画圈者豪厄的儿子还活着吗?"他问那个地方的人。

"他的儿子不在了,"人们说,"不过他的孙子还活着呢!"

"我是画圈者豪厄。"他说,但是没人相信他。

豪厄不得不离开家,来到他学习的地方,他看到很多学者正在一起学习。

"法律对于我们就像在画圈者豪厄的时代一样清楚,"他听见学者说,"因为不论什么时候豪厄来到学习的地方,他总能澄清学者们阅读文本时遇到的问题。"

"我是豪厄。"他兴奋地对他们大声说。

但是学者们不相信他。

豪厄受到深深的伤害,他祈求死去。他的祈祷得到回应,他死了。

于是便有了谚语:"要么结成伙伴,要么死去。"从这个悲剧可知,友谊犹如生命的阳光,缺少友谊,不如死去。犹太先贤对此认为,要么和朋友在一起,要么去死。

《塔木德》中还记载了这样一则故事:

有个富翁生了10个儿子,他计划自己去世的时候给他们每人100第纳。

可是,随着时光流逝,他只剩下950第纳。所以他给前9个儿子每人100第纳,对最小的儿子说:

"我只剩下50第纳了,我还得留出30第纳作丧葬费。我只能给你20第纳。不过,我有10个朋友,准备都给你,他们比100个第纳好多了。"

他把最小的儿子介绍给朋友们,不久就死去了。

那9个儿子各自谋生,最小的儿子也慢慢地花父亲留给他的那点钱。当他只剩下最后一个第纳的时候,他决定用它请父亲的10个朋友美餐一顿。

他们一起吃啊喝啊,纷纷说:"在这么多兄弟中他是唯一还记得我们的人。让我们报答他对我们的好意。"

于是,他们每个人给了他一只怀了牛犊的母牛和一些钱。母牛产下小牛,他卖了牛犊,开始用换回来的钱做生意。最后他比自己的父亲还富有。

然后他说："我父亲说朋友比世上所有的钱都珍贵，这话一点都不假。"

朋友的可贵之处在于，他总在你最需要帮助的时候出现，救你于水火。中国有句俗语说"患难见真情"，就是这个道理。

在犹太人看来，朋友比世上所有的金钱都珍贵，为了朋友，甚至可以牺牲生命。

有两个亲密的朋友，由于战争受阻，被分隔在两个敌对的国家。

有一次，其中的一个去看望另一个，结果被当做间谍囚禁起来，判了死刑。

他乞求国王发一次善心。

"陛下，"他说，"您让我回自己的国家用一个月时间料理好后事，月底我就回来接受死刑。"

"我怎么能相信你还会回来？"国王说，"你给我什么保证？"

"我的朋友可以保证，"这个人说，"如果我不回来，他可以替我死。"

国王把这个人的朋友找来，他的朋友对这个条件表示同意。

到了一个月最后一天，太阳已经落下去了，那人还没有回来。国王下令把他的朋友处死。就在刀即将落下的时候，那个人飞快地赶回来了，把刀搁在了自己的脖子上。可是他的朋友阻止了他。

"让我替你死吧。"他请求道。

国王被深深地感动了。他下令把刀拿开。

"既然你们有这么深的爱和友谊，"他说，"我恳求你们让我也加入进来吧。"从那一天起，他们都成了国王的朋友。

忠诚的朋友是可靠的避难所。中国名言说得更妙："人生得一知己，足矣！"

犹太人相信一种东西和另一种东西接触时，一定会互相影响、互相渗透。

同样道理，当一个人和另一个人接触时，一定也会产生出同一种现象——甲的一部分进入乙的心中，乙的一部分进入甲的心中，但两个都毫无感觉。丑恶和善良都可能潜移默化地进入人的内心深处。

犹太人对于交友是非常慎重的。每当他们遇到一个人时，他们都会思索一个问题：应该花多少时间接触那个人？又该沾上多少他的习性呢？

但是，犹太人又认为没有朋友的人就如同失去手臂一样。因此，他们把朋友分成三种：第一种是像面包的朋友，这种朋友是经常需要的；第二种是像菜的朋友，这种朋友是偶尔需要的；最后一种是像病的朋友，这种朋友应尽量避开。

没有一个人能独自成长或独自堕落，所以在犹太人看来，寻求一个适合自己的朋友是人生中一件很重要的事。

正如犹太格言所说："走进香水店，就是什么都不买，也会沾上芳香的气味。"

慈善乃公义

犹太人处世智慧要诀

把属于上帝的还给他，因为你及你的所有都是他的。

如果一个富人不肯把他的财富作布施，财富就不会给他带来荣耀。（《塔木德》）

在世界各国的商人中，犹太人是最有社会意识的商人。他们最愿意用捐赠的方式来表达自己的社会责任感。几乎所有的犹太商人都行过巨额的捐赠。

施格兰王国的山姆·布朗夫曼是加拿大犹太共同体的"俗界"领导人，第二次世界大战前曾奋不顾身地解救欧洲犹太难民。他们整个家族一年通常要为慈善事业捐献 150 万美元。

埃特蒙·罗思柴尔德曾为巴勒斯坦犹太移民区花费了 1000 万英镑。

修建土耳其东方铁路的莫里茨·赫希男爵作为有成就的犹太人，曾捐助 1 亿美元。

南非钻石商巴奈·巴纳特为医院、孤儿院提供捐赠，建造了约翰内斯堡犹太教会堂。

上海犹太富商维克多·沙逊为避难上海的犹太难民一次捐款 15 万美元。

至于像雅各布·希夫和伦敦罗思柴尔德这样的犹太共同体领袖的有形无形的捐赠资助，更是不计其数。

19 世纪中期至 20 世纪初期，俄国银行家金兹保家族从 1840 年创立第一家银行起，经过几十年的经营，在俄国开设了多家分行，并与西欧金融界建立了广泛的业务关系，发展成为俄国最大的金融集团，其家族成员成为世界知名的大富豪。金兹堡家族像其他犹太富豪一样，在其发迹过程中做了大量的慈善工作。

他在获得俄国沙皇的同意下，在圣彼得堡建立了第二家犹太会堂。1863年，他又出资建立俄国犹太人教育普及协会；并用他在俄国南部的庄园收入建立犹太农村定居点。金兹堡家族第二代继续把慈善工作做下去，曾把其拥有的在当时欧洲最大的图书馆捐赠给耶路撒冷犹太公共图书馆。

美国犹太商人施特劳斯，从商店记账员开始，步步升迁，最后成为美国最大的百货公司之一的总经理，20世纪30年代成为世界上首屈一指的巨富。他也做了大量的慈善活动。除了关心公司职工的福利外，他曾多次到纽约贫民窟察访，捐资兴建牛奶消毒站，并先后在美国36个城市给婴幼儿分发消毒牛奶。到1920年止，他捐资在美国和国外建立了297个施奶站；他还资助建设公共卫生事业，1909年在美国新泽西州建立了第一个儿童结核病防治所；1911年，他到巴勒斯坦访问，决定将他1/3的资产用于该地兴建牛奶站、医院、学校、工厂，为犹太移民提供各项服务。

犹太商人如此乐于做善事，实际上也是一种生意经。他们大量地捐资为所在地兴办公益事业，对他们开展各种经营十分有利。有些犹太富商由于对所在国的公益事业有重大义举，获得了国王的封爵，如罗斯查尔德家族有人被英王授予勋爵爵位。有些犹太商人还获得当地政府给予优惠条件开发房地产、矿山、修建铁路等，赚钱的路子得到拓宽。

犹太裔人热心捐钱办公益事业，归根到底是一种营销策略，为企业提高知名度，扩大影响，博取消费者的好感，起到重大的作用。目前这种营销策略已广为人知和广为企业所应用，犹太商人高明之处在于100多年前已率先采用。

这种营销策略也与犹太民族的历史背景和文化传统有很大的关系。

《圣经》中就明确规定，以色列人必须将收入的1/10作为向上帝的献祭，其中包括供养祭司阶层、用做宗教礼仪的，也包括由族人分享的。除此之外，还有诸如留1/10地块上的庄稼不要收割，收割时故意遗落一些供人拾取，以及在安息年（7年一次）不耕作，也不管理葡萄园、橄榄园，任凭地里的东西自生自长，供人拾用。

每当安息日到来之前的周五黄昏，犹太家庭的母亲们必定会点燃蜡烛，父亲则将手放在孩子们的头上吟诵祝福。此外，每个犹太家庭里都有一只上面写着"jewish national fund"的捐献箱。在吹熄蜡烛的时候，孩子们便将父母所给的硬币投入箱中作为慈善之用。这是在教导孩子从小行善。周五午后，穷人们四处拜访富有人家乞求施舍。有的父母看见有人上门乞讨时，为了培养孩子们的慈善心，并不直接把钱施予穷人，而是通过孩子的手取钱用以救济行善。

在所有这样的安排中，犹太人都有一条明确的原则，即有钱人向穷人尽"公共义务"。用《圣经》中上帝的话来说就是："原来那地上的穷人永不断绝，所以我吩咐你说：'总要向你地上困苦穷乏的弟兄松开手。'"

这种制度在犹太民族进入大流散之后，发挥了巨大的作用。无论什么地方，只要有一个完整的犹太社群，就必有自己的教会堂，教会堂中必有一个犹太人称为"司幕"的救济员，以解决犹太人一般日常需要。在他出外经商时，无论走到哪里，只要那里有犹太社群，他就会受到该集体的热情款待。如果他们的船只遇险，附近犹太社群就会主动帮助他们脱险；而要是他们不幸落入海盗之手，那么附近社群还会花钱将他们赎回来。在中世纪时，海边的犹太社群中一般都设立了专门用来赎还被掳掠犹太人的基金。

通过这样一种传统，犹太民族主要借助富人的钱，绝大多数情况下也就是商人们的钱财，把流散的犹太人联系起来。更重要的是，在每个犹太人，尤其是有钱的大商人头脑中有了这样一个观念：慈善就是公义。他们自觉地把捐赠作为协同整个民族乃至整个世界的一个机制。

所谓的"慈善"不是犹太人的说法，在他们眼里，这样的行为只是一种"公义"，捐献，也就是捐献一定数量的钱是每个犹太人必须履行的"公共义务"。

在犹太人看来，不及时捐助穷人与犯罪无异。犹太典籍《米德拉西》里记载如下典故：

有个瞎子乞丐坐在街角，两名男子行经此地，一名男子拿出一枚铜板施予乞丐，另一名男子则无任何表示。死神当场现身，告诉两名男子："刚才把铜板施予这个可怜乞丐的人，此后50年间不必怕我。但是另外一名男子马上就得死！"那名缺乏爱心的男子闻言连忙求饶："请再重来一次，我将对那个乞丐施舍铜板。"死神冷然拒绝："来不及了！乘船出海之时，岂有等到船已出海，再来检查船底是否有漏洞的道理？"

同样，《塔木德》上也记载道：

纳乌细一次赶着两头驴子出门，一头驴子驮着食物，一头驴子驮着水，遇到一个穷人。穷人向纳乌细乞食，纳乌细说："等我把东西都卸下来吧。"东西还没有卸下来，穷人就死了。纳乌细请求上帝降罪于自己，让自己的眼睛失明了，四肢断了，身上长满了疖子。

犹太人从小便用这样的故事教育自己的孩子，培养他们救济穷人的善心。

犹太人洛克菲勒，成为当时世界首富的时候，别人劝他把这些钱留给他的孩子们，洛克菲勒激动地回答："这些钱是从大众那里来的，因此也应该回到大众那里去，到它们应该发挥作用的地方去。"洛克菲勒成立了以自己名字命名的"洛克菲勒基金会"，他帮助成千上万的食不果腹的孩子，让他们可以吃上饭，并且让他们上学接受教育，让他们成为对社会有用的人。他主要投资在医疗教育和公共卫生上面。他的基金会先后投资达7.5亿美元，是世界上最大的慈善机构。

而且他还让自己的孩子们尽可能地把钱花在那些需要它的人们身上，他的孩子们秉承了他的愿望，整个洛克菲勒家族的捐款和赞助达到了10多亿美元。

在洛克菲勒知道了密西根湖湖岸的一家学校因为抵押权而被迫关闭时，他立刻捐出数百万美元去援助它，将它建设成为目前举世闻名的芝加哥大学。

他也尽力帮助黑人。像塔斯基古黑人大学，需要基金来完成黑人教育家华盛顿·卡文的志愿，他毫不迟疑地捐出巨款。他也帮忙消灭十二指肠虫。当著名的十二指肠虫专家史太尔博士说："只要价值5美分的药品就可以为一个人治愈这种病——但谁会捐这5美分呢？"洛克菲勒捐了出来。后来，他成立了一个庞大的国际基金会——洛克菲勒基金会，致力于消灭世界各地的疾病、文盲及无知。

洛克菲勒深知全世界各地有许多有识之士，进行着许多有意义的工作。但是这些拥有高科技的工作，却经常因缺乏资金而宣告结束。他决定帮助这些开拓者——并不是"将他们接收过来"，而是用他的金钱资助。1915年，洛克菲勒基金会成立中国医学委员会，由该委员会负责在1921年建立了北京协和医科大学，这所大学为中国培养了一代又一代的现代医学人才。

他的赞助给慈善业带来了一场革命。在他之前，富有的捐赠人往往只是资助自己喜爱的团体，或者遗赠几栋房子，上面刻上他们的名字以显示其品行高尚。洛克菲勒的慈善行为则更多地致力于促进知识创造和改善公共环境，其影响也更加深远。在他死后，一位曾经审问过他的检察官这样评论："除了我们敬爱的总统，他堪称我国最伟大的公民。是他用财富创造了知识，舍此更无第二人。世界因为有了他变得更加美好。这位世界首席公民将永垂青史。"

洛克菲勒的这些慈善举动，有力地说明了这样一个道理："给予，也是一种幸福。"

"有钱是好事，但是知道如何使用更好。"《塔木德》中这样记载着。

犹太人认为，提供帮助是"富人的责任"，获得帮助是"穷人的权利"。在长期流亡的艰苦岁月中，犹太富人往往自觉地替穷人掏腰包，接济贫穷在犹太人中成为一种社会习惯。哪怕是家无三餐的穷苦犹太人，也都保存着一个攒钱的小盒子，准备施舍给比他们更穷的人家。

犹太社团里必定会有慈善机构，这些慈善机构都是靠着富裕的犹太人的捐助来维持的。在每周不同的日子里，穷苦的犹太学生分别到不同的犹太人家庭中去吃饭，以便使得这些学生能够安心读书。

可以毫不夸张地说，在一些庞大的犹太共同体，如英国伦敦或美国纽约的犹太共同体中，最大最多的机构也许就是从事慈善救济和募捐的机构。它们不但保证了共同体成员的需要，而且在其他共同体处于危难之中，或面临大量移民时，提供了至关重要的支持与资助。

每当以色列处于战争之时，海外犹太人的捐款便会潮水般地涌来。除了现金和支票，人们还会送来房屋和汽车加油站的契据。妇女会献出自己的戒指和首饰。孩子会献出自己积攒的硬币。一个老人甚至献出了他的全部财产：30美元6角9分。犹太教神学院的一位教授给募捐组织送来一张2.3万美元的支票。他附带在便条上所写的一段话，最具代表性地体现了"慈善乃公义"的巨大感召力："我们愿以任何方式帮助你们，只要你们觉得可行，我会心甘情愿地奔赴以色列，换下别人去完成其他任务。"

犹太人的慈善概念可以说在死于20世纪30年代的一个犹太妇女的墓志铭上得到体现：

她向学者赠送《圣经》，向被盗者赠送祈祷书。

她经常邀请穷人去她家一起用餐。

她亲自为赤身裸体的人穿衣，并为穷人准备了数百件衬衫。一位普通的犹太妇女尚且如此，犹太富人当然更不能等闲视之。

被誉为当代最慷慨的慈善家的伊沙克·沃夫森是一个苏格兰犹太人，也是英国最大的百货公司"大宇宙百货公司"的总裁。该公司拥有3000多家零售商店，同时涉及银行业、保险业、房地产及水陆运输业等。1955年，沃夫森设立了以自己名字命名的基金会，并在以后的20年间为教育机构提供了4500万美元的经济资助。许多大学和学院都向他颁发了荣誉学位证书。

罗森沃尔德曾为美国28个城市的"基督教青年联合会"和美国一些贫困地区建立乡村学校提供资助。为解决芝加哥黑人的住房问题，他出资 270 万美元，还分别为芝加哥大学、芝加哥科学和工业博物馆各捐赠 500 万美元。1917 年，他创立了"朱利叶斯·罗森沃尔德基金会"，基金总额为 3000 万美元，并且按照他的要求，本利必须在他去世以后的 25 年内用完。罗森沃尔德向华盛顿"国家美术馆"捐献了 7.5 万件雕塑与绘画作品。他还曾向"国会图书馆"赠送了约 2000 册珍贵图书，其中有许多是印刷术发明后的首批印刷品，另外还有许多手稿。为此，他被赞誉为"美国文化史上最值得称颂的英雄……人民的最大施主之一"。

在美国 20 世纪 90 年代末期的股票大潮中，新一代的超级富翁们应运而生。尽管后来的经济形势很不景气，但是他们对慈善捐助的热情丝毫没有减退。从 1990 年以来，个人慈善捐款的数额从 1100 亿美元增加到 2001 年的 1640 亿美元，几乎增长了一半。

1999 年，世界首富比尔·盖茨做出了令人震惊的举动：他为改善贫穷国家的卫生保健，建立了 170 亿美元的基金会。盖茨和他的妻子已经为这个基金会投入了 256 亿美元，占他们现有财产的 60%。这个基金会已成为世界上最大的私人基金会。

第五章　善待婚姻和家庭

——犹太人处世智慧之五：幸福的家庭是人生成就的重要部分

尊重女性

犹太人处世智慧要诀

尊敬你的妻子，因为这样你才能丰富自己。男人要时刻注意给妻子应得的尊敬，因为家中的一切幸福都有赖于妻子。（《塔木德》）

犹太人认为男女是平等的。在犹太人的历史中，解救以色列人，使之脱离埃及的米里亚姆是女性，古代犹太的独立英雄德菠拉也是女性。

《塔木德》教导人们说：

"像爱你自己一样爱你的妻子，好好保护她，不要让她哭泣，因为神将一滴一滴地计算着她的眼泪。"

"假如有男女两个孤儿，你应该先救那个女孩，因为男孩可以去做乞丐，但是我们却不能准许女孩子如此。"

在犹太社会中，殴打妻子是可耻的行为。这一点完全区别于中世纪的天主教会。天主教会立法规定："必要时可以殴打妻子。"到 15 世纪末，英国仍然立法奖励殴打妻子。19 世纪时，竟然还允许出售妻子。

犹太人自古以来便没有对女性的偏见。犹太律法规定严罚殴妻者，当妻子被殴而提出诉讼后，常常可以获得离婚的判决，而且可以要求丈夫支付一笔可观的赡养费。

有一句谚语在欧洲流传很广：当犹太人饥饿的时候，他会唱歌；但当基督徒饥饿的时候，他就会殴打妻子。

《圣经》记载：神使亚当沉睡，并取走了他的一条肋骨，造成一个女人夏娃；女人是男人的骨中骨、肉中肉。因此，人要离开父母，与妻子合二为一，结合一体。恋爱中，男人追求女人，是因为男人一心想取回自己失去的那根肋骨，而女人也渴望回到她所诞生的地方去。这两种神奇力量相互吸引，便有了男女的结合。

《塔木德》上说：神没用男人的头造女人，因为女人是不可以支配男人的。同时，神也没用男人的脚来造女人。这是因为不可以让女人成为男人的奴隶。独用男人的肋骨来造女人，就是希望女人经常能在男人的心中。

女人不必违反自己的本意，而受男人意志的强制。在犹太人中，女人没有欲望时，丈夫若强行施暴，便要判强奸罪。犹太社会中，离婚率非常低，因为犹太男人都知道爱护自己的女人，而且同房时，要多为妻子着想，不可以自顾自地首先达到高潮。

公元 1475 年，罗马的犹太社会里，就有专门为女性而设立的学校，让女孩们在此研读"犹太法典"和"犹太教规"。与旧时代其他民族相比，犹太女性的受教育的程度明显地要高出许多。

犹太人认为，女性应该帮助成就丈夫的学业和事业，更应为育儿及家事而贡献力量。

《塔木德》还说：

"敬你的妻子，因为这样你才能丰富自己。男人要时刻注意给妻子应得的尊敬，因为家中的一切幸福都有赖于妻子。"

《圣经》上说：

"有才德的妇人，是男子的冠冕；贻羞的妇人，如同朽烂在她丈夫的骨中。"

由于犹太法律赋予丈夫在家庭中绝对的法律和财产权利，先贤特意提醒男人们幸福婚姻的基础是爱和仁慈，而不是威严。同时，他们意识到尽管妇女在法律方面受到限制，她们在婚姻和家庭生活中却有重大的影响。因此，犹太人认为，婚姻幸福的基础是爱护自己的妻子。

"如果你的妻子矮小，你要俯首聆听她的话。"

如果一个男人像爱自己那样爱妻子，比赞美自己更多赞美妻子，引导儿女走正当的路，在他们长大后安排他们结婚，那么这个男人的"帐篷充满安宁"。

一个人应该时时注意不要冤枉妻子，因为她爱哭，她容易受伤害；一个人必须留心他对妻子的敬意，因为上帝降福给家庭全都为了她。

从前，有个人的妻子有一只手畸形，但是直到她去世时他才发现。

拉比说："这个女人多么谦卑啊，她丈夫竟然从来没有发现她的残疾。"

拉比希亚对他说："她把手藏起来是很正常的，但是这个男人多么谦卑啊，因为他从来没有检查过妻子的肢体。"

犹太人认为，好的妻子造就快乐的丈夫，她使他的生命延长一倍。

坚定的妻子是丈夫的欢乐，他将在安宁中度日。

好妻子意味着好生活，她是上帝赐给敬神者的礼物。

妻子的魅力是丈夫的快乐，她用女性的技巧使他的骨头生长出血肉。

犹太人尊重女性的传统源远流长，这样就使得犹太人家庭的质量很高。这里不光是指犹太家庭比较富有，更主要的是指犹太人的家庭幸福，充满了祥和的气氛。

有了稳定的大后方，犹太人干起事业来，就精神百倍，为了这个温馨的家庭而要努力工作，这样才是人生的真正幸福。

好女人是一所学校

犹太人处世智慧要诀

好女人是一所学校。(《塔木德》)

妇女在犹太人心中的地位是很重要的，下面这则故事可窥一斑：

一位罗马皇帝对拉比伽玛列说：

"你的上帝是贼，因为《圣经》上写着：耶和华使他沉睡，于是取下他的一条肋骨。"

拉比的女儿对父亲说："让我来回答他。"

她于是对皇帝说："给我派个官员来调查一桩案子。"

罗马皇帝问："出了什么事？"

她回答说："夜里贼闯进了房子，偷了我们的一只陶罐子，但是却留下了一只金罐子。"皇帝听后喊道："天底下哪有这样的事，但愿这样的贼天天来光顾我。"

她于是反驳说："那么，一个男人只是失去了一根肋骨，却得到了一位侍奉他的女人，这不是一件极好的事情吗？"

由于意识到妇女在家庭生活中所扮演角色的重要性，她们极有尊严的地位。考虑到妇女在家庭中的责任，在犹太法律中，她们被免除了一种宗教义务。法律上规定："妇女免予执行以'你们要'行文的律法，如何遵行这一点要依具体的时间而定。譬如，在住棚节期间，应住在茅棚内或是应佩戴经卷护符匣的律令，对妇女来说，并不是必须履行的。"

但是，《塔木德》并不承认在宗教责任上不同性别之间有任何差异。"你在百姓面前所要立的典章是这样的：在牵涉到《托拉》

的一切律法时,《圣经》把男人和女人放在平等的地位上。"

犹太妇女终日忙碌的生活妨碍她们研习更为高深的关于《托拉》的学问;但事实上,犹太人认为妇女利用其影响力让自己的丈夫和儿子致力于这些学问的获得,她也应该受到赞扬。

为此,在犹太人中流行一句这样的话:"妇女如何获得荣誉呢?通过把儿子送到犹太圣堂去学习《托拉》,把丈夫送到拉比学院去进行研究。"

《创世记》里的故事说明了妇女对于男人的生活具有何等举足轻重的作用。

有位虔诚的男人娶了一位虔诚的女人,因为没有孩子,他们离婚了。

然后,这男人娶了一个邪恶的女人,这女人使他也成为恶人。

那位虔诚妇女嫁给了一个邪恶的男人,却使他变成了一位正直的人。

因此,犹太人认为在婚姻和爱情生活中,好的女人是一所学校。

《塔木德》中还记载了这样一个故事:

拉比阿吉瓦年轻时是耶路撒冷富人卡尔巴·沙乌的牧羊人。卡尔巴美丽端庄的女儿发现这个牧羊人非常高贵,于是对他说:

"如果我和你订婚,你愿意出去学习《律法书》吗?"

他回答说:"是的,我完全同意。"

他们秘密地结了婚。他走了,去学习《律法书》。可是当她的父亲听说这件事,把她从家里赶了出去。

阿吉瓦在外面待了12年。他回家时带回来1.2万个学生。

快到家的时候,他听见一个老人对他的妻子说:

"这样的活寡你还要守多久?"

他的妻子回答说: "如果他听我的话,应该在外面再学12年。"

阿吉瓦就回到学院又学习了12年。第二次回家的时候他带来2.4万个学生。

得知这一消息,他的妻子准备出门迎接。邻居对她说:

"我们借给你衣服穿吧，不要显得太寒酸。"可是她拒绝了。她来到他面前，埋下头去亲吻他的脚。他的学生们想把她推开，可是拉比阿吉瓦大叫起来："不要动她。我和你们所有的一切都是她给予的。"

当她的父亲卡尔巴·沙乌听说镇上来了一个学者，就自言自语地说："我要去找他，也许他能帮我解除誓言。"他已经开始为自己发那样的誓言感到后悔了。

"如果你知道你的女婿是个学者，你还会那样发誓吗?"拉比阿吉瓦问他。

"如果他知道一章甚至一条法律，"卡尔巴说，"我也不会那样发誓。"

然后拉比阿吉瓦说："我就是帮你放羊的那个人，我出去学习都是为了你的女儿。"

卡尔巴·沙乌听到这里，就匍匐在阿吉瓦的脚边，分了一半的财产给他。

犹太人认为，与一个女人结合，这个男人要么站起来，要么倒下去。理想的妻子正是能让男人站起来的女人。

正因为如此，在挑选对象时，《塔木德》中有一段这样的话劝告男人：不要重美貌，要重家庭；睁开眼睛挑选自己的新娘，不要只看外表，而是要看家庭背景，因为优雅风度是虚假，美貌是徒劳，敬畏上帝的女人才值得赞美。

在现实生活中，我们也会看到很多大人物的一生竟然毁在他的婚姻和家庭上。希仑皇帝便是其中的一个。

希仑皇帝的皇后玛丽是一位绝世的美人。希仑三世为她闭月羞花般的容貌所迷惑，不顾周围人对此婚事的极力反对而迎娶了她。其实，玛丽只不过是一个落魄贵族的女儿罢了。可是，他完全被她的优雅、年轻、美丽所迷惑，不顾一切地娶她为妻，并封她为皇后。

他们具备了健康、权力、财富、名声、爱情……这完美的爱情结合，真是空前轰动。但是幸福的日子并不长久。这份炽热的爱情，逐渐失去了光芒，剩下的只是一堆余烬。虽然，希仑三世好不容易娶玛丽为妻，但是，谁也想不到，充满了嫉妒和猜疑心的皇后，完全不听希仑的规劝，经常闯入政治会议中来吵。她又深恐丈夫在外另有情妇，于是严密地监视着希仑。不但如此，她还去姐妹家诉说丈夫的不是，或哭闹着跑到希仑的书房里，数落他一顿。

虽然希仑拥有好几个行宫，却永远无法获得片刻的宁静。

皇后如此地唠叨，只有加速爱情的窒息，招致不幸的后果罢了！当希仑皇帝实在无法忍受皇后的骄纵、多疑、越礼的时候，他宣布废除皇后。这时皇后才意识到自己的行为有多么的愚蠢，而更不幸的是，由于希仑皇帝择后的不当，使皇帝本人成为了臣民和群众的笑柄，这位皇帝在经历了最初几年的风光后，在不得志中被他的弟弟赶下了台。

因此，在犹太人眼中，婚姻的幸福和家庭的美满完全取决于女性，因为对婚姻和爱情而言，女性一直是最好的老师。

在犹太人一年一度的节日——安息日的晚上，在全家人一起用餐时，丈夫都要深情地唱一首赞美妻子的歌曲，来表达对妻子的尊敬。

"你用力量和温柔，来对待一切。你一张开口，就会说出有智慧的话。愿上帝祝福你，并保护你的孩子们。"

犹太人慰劳和赞美家人的这种做法，能最大限度地、真心地去尊重妻子，这样夫妻间的感情就会越来越深，家庭就会越来越幸福、美满。

孝敬父母是天职

犹太人处世智慧要诀

你必须对父亲和母亲献上相同分量的孝心。(《塔木德》)

孝敬父母是一项宗教义务,《塔木德》将其置于至关重要的地位,《圣经》则将敬奉父母与敬奉无所不在的上帝放在同等地位。

人有三个伴:上帝、父亲、母亲。一个人应该尊敬父母,不仅仅因为他们把他带到这个世界上来,更因为他们给了他道德教训。每一个人都要尊敬父母。

《塔木德》中记载了这样一则寓言故事:

一头骡子在路上走,遇到了一只狐狸,狐狸从来没有见过它。狐狸观察着它脸上的庄严神气,它的眼睛很明亮,它的耳朵很长,狐狸心里说:"我看到的这个家伙是谁呢?我还从来没有看到像他这样的……"

狐狸问骡子是谁生的。骡子回答说:"我的叔叔是国王的坐骑。打仗的时候,它腾跳奔跃,猛烈地刨地。它的脖颈上披覆着鬃毛,它高贵的嘶鸣令人恐惧。它的蹄子像燧石。它们渴望鏖战和毁灭……它的眼睛像火焰,像闪电。它是主人的力量之塔……这就是骡子的家谱。"

这个寓言说的是把自己从头到脚华丽地装扮起来的人。他装得很伟大的样子,但是,当有人问他的名字和血缘,他怕说出自己的父母感到不光彩,就说出使他显得尊贵的亲戚……

在那些说自己的父母"我从来没有见过他们"的人中,找不到一个真正的人。

另一方面，犹太人认为要尊敬父母，重要的不是你做了什么而是你怎么做。

一个人可能给父亲吃肥鸡而下地狱，一个人可能让他的父亲在磨坊里做工而去天堂。

为什么这样呢？

有一个人常常给父亲吃肥鸡。有一次父亲对他说："孩子，你从哪里得到的这些鸡？"他回答说："老东西，别出声，吃吧，就像狗那样吃东西的时候不出声。"这样的人虽然给父亲吃肥鸡，但要下地狱。

有个人在磨坊里工作。国王下令每一户出一个男人给自己干活。这个人对他的父亲说："父亲，你呆在这里，替我在磨坊工作，我要去给国王干活了。因为如果工人要受辱，我宁愿自己承受，不愿你承受。如果有责罚，希望挨打的是我而不是你。"

这样的人让父亲在磨坊里工作，但还能去天堂。

对父母不仅要实实在在的孝敬，而且孝敬的行为必须出于正确的心态。

一个人不能在言辞中对父亲表示不敬。比如，如果父亲年纪大了，早晨想早点吃饭。他要求儿子早点弄吃的，儿子说："太阳还没升起来呢，你就起床要吃的。"

或者父亲说："孩子，你给我买这件衣服，买这些吃的花了多少钱啊？"儿子说："不关你的事，不要问了！"

或者他自己想着，说："这个老家伙什么时候死？那时候我就解脱了。"

如果父亲不小心违反了《律法书》，孩子不能斥责他说："父亲，你犯法了。"他也不能说："父亲，《律法书》是那样规定的吗？"因为这两种说法都是对父亲的侮辱。

他应该这样说："父亲，《律法书》是这样规定的。"然后他引用原文，让他的父亲自己得出结论——自己错了。

犹太人认为，人最亲近的伙伴是上帝和父母。犹太人拉比说，当人尊敬父母的时候，也等于在尊重上帝，所以犹太人非常孝敬父母。

这里就有几则犹太人孝敬父母的小故事：

有人问埃利泽尔拉比："孝敬父母，什么限度最为合适？"

拉比回答："问问达玛，也许他有更好的答案。"

有一次，代表整个部落的一块玉丢失了，于是拉比问："谁有与这块玉相似的碧玉？"

有人回答："达玛有。"

于是，他们一起来找达玛商量，准备买下那块碧玉。那块玉石的售价是100个第纳尔。达玛上楼去取玉石，他发现父亲和母亲睡着了，并看见父亲的脚放在宝石盒子上，而且开盒子的钥匙也在父亲手里。

达玛马上下楼对来人说："我不能给你。"

来人怀疑达玛嫌价钱低了，他们把价格抬到了1000个第纳尔。正在这时，达玛的父母醒了。达玛上楼，取出玉石交给了来人。正当来人准备给达玛高价时，他非常生气地说："什么，难道孝敬父母也能卖钱吗？"

有此发财机会，却因不愿打扰熟睡中的父亲而放弃，这是多么令人感动的事啊。

在犹太人的世界中，这样的佳话很多：

一次，拉比塔福恩的母亲在乡间走路时，不小心把鞋带弄坏了。为了不让母亲的脚踩到地上，塔福恩就让母亲踩着自己的两只手走过去。

一天，塔福恩病了，许多长老们都来看望他。他母亲对这些长者说："为我的孩子祝福吧！他为我尽了最大孝道。"这位母亲把这事原原本本地说出来。

长老们听完后，对塔福恩的母亲说："我们要为这样孝敬母亲的拉比做祈祷，愿他永远平安、幸福。"

犹太人认为赡养父母，是对父母养育之恩的回报。只要对造物主的敬重还没有消失，赡养双亲的律例将永无止境。

《圣经》上说："尊敬你的父亲和母亲。"

犹太人智慧大全集

You Tai Ren Zhi Hui Da Quan Ji

《塔木德》这样告诫人们："不管你是十恶不赦的罪犯，还是遵纪守法的臣民，都得把孝敬父母看成是自己的天职，哪怕你是落魄天涯、衣食无着的人。"

培养孩子的财商

犹太人处世智慧要诀

一个人的能力不是天生的，但却是要从小培养的。

（《塔木德》）

犹太人从小就注重财富的教育，尤其是对于投资的教育是世界闻名的：他们会给刚满周岁的小孩送股票，这成为他们民族的惯例。

小孩 3 岁的时候，他们的父母就开始教他们辨认硬币和纸币；4 岁的时候学会由家长陪伴，用钱购买简单的用品；5 岁的时候，让他们知道钱币可以购买任何他们想要的东西，并且告诉他们钱是怎样来的；6 岁的时候，能数较大数目的钱，学用储钱工具，培养自己的金钱意识；7 岁的时候能看懂价格的标签，以培养他们"钱能换物"理财观念；8 岁的时候，知道他可以通过做额外的工作赚钱，知道把钱储存在银行的储蓄账户里；10 岁时候，懂得每周节俭一点钱，以备大笔开支使用；11 岁至 12 岁的时候知道从电视广告里发现事实，制定并执行两周以上的开销计划，懂得正确使用银行业务的术语。

一位犹太商人曾这样述说他如何对小孩灌输金钱教育，他说："我给约翰他们姐弟的零用钱不是固定的，是依他们做事的种类及多寡而定。例如我和他们约好，早晨起床后帮忙割院子里的草给10 元，去买一份报纸给 2 元，帮忙弄早餐给 3 元等。我对他们不分年龄大小，一律采取同工同酬制度。"不少犹太家庭对子女的金钱教育，都是采用以上所说的方法。在他们看来，金钱并非铜臭，也不会玷污童稚之心。相反，让孩子早早接触金钱，对其财商的培养是不无裨益的。

犹太人还通常会给孩子这样的一种清单：

"吉米拖地 15 美分，收拾好自己的床铺 10 美分，清除花园的杂草 20 美分。"

"玛丽插花 10 美分，洗碗 10 美分，收拾房间 30 美分。"

而且平时不给孩子们零用钱，如果他们想要得到零钱就必须自己通过劳动去获得。在家里干的活越多，那么他们所获得的零用钱就会相应的越多。

从这一个简单的事例中很明显就可以看出犹太家长的用意，他们要孩子们知道天上不会掉下免费的馅饼，世间没有不劳而获的成功。只有勤劳的、不断争取的人才会获得自己所需要的财富！小孩子的思维就像一张空白的纸，你最先给他画上什么样的底色，不管以后上面画些什么具体的东西，他永远和最初的色彩有关联。同样，小孩子最先接受到的教育也会影响他后来的生活。著名的石油大王洛克菲勒从小就接受了财富的教育。

洛克菲勒出生于一个典型的犹太家庭。他的父亲经常用犹太人的教育方式教育他的几个孩子。他的父亲从他四五岁的时候就让他帮助妈妈提水、拿咖啡杯，然后给他一些零花钱。他们还把各种劳动都标上了价格。他们再大点的时候，告诉他如果想花钱，就自己挣！

于是他到了父亲的农场帮父亲干活，帮父亲挤一头奶牛，跑运输，包括拿牛奶桶，都算好账。他把自己给父亲干的活都记录在自己的记账本上，到了一定的时候，就和父亲结算。每到这个时候，父子两个就对账本上的每一个工作任务开始讨价还价，他们经常会为一项细微的工作而争吵。

洛克菲勒 6 岁的时候，他看到有一只火鸡在不停地走动，也没有人来找。于是他捉住了那只火鸡，把它卖给了附近的邻居。他的母亲是一位虔诚的教徒，认为这样是亵渎了神灵，而他父亲认为他有做商人的独特本领，而对他大加赞赏。

有了这次的经商经历，洛克菲勒的胆子大了起来，不久他就把从父亲那里赚来的 50 美元贷给了附近的农民，他们说好利息和归还的日期之后，到了时间他就毫不含糊地收回 53.75 美元的本息。这令当地的农民觉得不可思议：这样的一个小孩居然有这么好的商业意识。

到了洛克菲勒成名之后，他也把这套办法交给他的子女。

在他的家里，他搞了一套完整的虚拟的市场经济。洛克菲勒让自己的妻子做"总经理"，而让自己的孩子们做家务，由自己的妻子根据每个孩子做家务的情况，给他们零花钱。他的整个家似乎就是一个公司。

这些都培养了犹太人最早的赚钱本领。要想拥有金钱，不但要学会赚钱，同时还要学会理财和节俭，学会"开源"和"节流"两套本领。

洛克菲勒还让他的孩子们学着记账，他要求他的孩子在每天睡觉的时候必须记下每一天的每一笔开销，无论是买小汽车还是买铅笔，都要如实地一一记录。而且洛克菲勒每天晚上都要查看孩子们的记录，无论孩子们买什么，他都要询问为什么要这些东西，让孩子们做一个合理的解释。如果孩子们的记录清楚、真实，而且解释得有理由，洛克菲勒觉得很满意，那他就会奖赏孩子们 5 美分。如果他觉得不好就警告他们，如果再这样就从下次的劳动报酬中扣除 5 美分。洛克菲勒的这种询问孩子的花销，但是绝对不干涉的政策，让孩子们很高兴，他们都争着把自己记录整齐的账本给他们的父亲看。

要想成为富有的人，最早的人生财富教育是不可缺少的。由于犹太民族自古就有经商的传统，具有了丰富的商业经验，这是促使犹太人成为世界商人的重要原因。

卷 三

犹太人的教育智慧

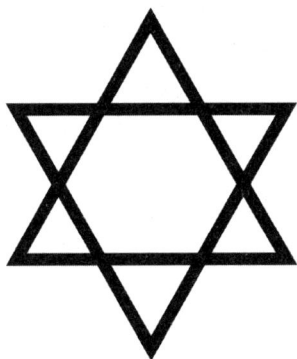

犹太人对家庭教育的高度重视，是犹太人获得如此巨大成就的根本原因。重视亲子教育，是犹太民族最为突出的优良传统。犹太人的教育不但使犹太人精明、富有，而且还使犹太人不管流落于世界任何一个地方，都能如鱼得水般地开创他们的事业。独到的家庭教育造就了无数精英，熔铸了民族之魂，托起了美好希望。

第一章 生存教育:没了生命,一切免谈

迦太基博物馆的魔鬼下棋图
——品,才能懂得苦难的甜

犹太人教育智慧要诀

在犹太人看来,苦难可以转化为生命的财富,人类正是在同魔鬼的战斗中锻炼了自己。

对于苦难,每个人都会有一种不由自主想要逃避的心理,殊不知,经历了苦难之后的生活才能更甜。所以,交给孩子品的本领,他才能够明白究竟什么才是真的甜。

在所有的成就面前,犹太人的苦难也是值得骄傲的。生活的磨难,身体的疾病,生存的险恶,到处被排挤,流离失所,人格歧视……这些苦难早已变成一种力量,随着历史的脚步,从容不迫地传递给每个人。

在迦太基一家著名博物馆里面有一幅画,名为《将军》,画面上是一个人正在和魔鬼下棋,而且危在旦夕,魔鬼正在将军。这一盘棋正是人类命运的象征,而苦难就是那个正在将军的魔鬼。犹太人总是对自己的孩子进行"磨难教育",在犹太人看来,苦难可以转化为生命的财富,人类正是在同魔鬼的战斗中锻炼了自己。

曾经有这么一则关于"磨难教育"的小故事:

一个研究《塔木德》的犹太学者，刚刚结束他的学习生涯，就到艾黎扎拉比那里，请求给他写封推荐信。

"我的孩子，"拉比对他说："你必须面对严酷的现实。如果你想写作充满知识的书，你就必须像小贩那样，带着坛坛罐罐，挨门挨户地兜售，忍饥挨饿直到 40 岁。"

"那我到 40 岁以后会怎么样？"年轻的学者满怀希望地问。

艾黎扎拉比鼓励地笑了："到了 40 岁以后，你就会很习惯这一切了。"

犹太人的"磨难教育"由来已久，"逾越节"就是其中一个最重要的节日。

"逾越节"是为了纪念摩西带领犹太人出逃埃及而设立的，通过讲祖先的艰难历程和吃特殊的食品，进行忆苦思甜和认识生命的艰难。在逾越节的时候，每家桌上都会摆着三块无酵饼、一盘食品、五种食物和四杯酒，当然，这些食物都具有各自的寓意。

先说三块无酵饼，当年犹太人逃离埃及时，来不及准备路上的干粮，只能吃不发酵的饼，三块的说法是为了纪念犹太人的三位祖先。

一盘食品、五种食物，五种食物是：烤羊腿、烤鸡蛋、哈罗塞斯、一碟苦菜、一碟盐渍芹菜。烤羊腿是"逾越节"的祭品，犹太人失去圣殿后，无处献祭，于是就在宴席上用烤羊腿（或烤肉）代替。烤鸡蛋，逾越节的鸡蛋是烤的，烤的蛋很坚韧，很难咬碎，犹太民族就像烤的蛋，受的苦难时间越长越坚强，就像烤蛋烤得越久越坚硬一样。哈罗塞斯，这是一种水果、香料和酒混合的食品，呈泥状。以色列人在出埃及前，法老为难他们，命他们做砖，又不给草料，借此责打他们，哈罗塞斯让人想起做砖的泥。一碟苦菜，是纪念犹太人在埃及受的苦。一碟盐渍芹菜，犹太人出埃及时，喝过红海带苦涩味的海水，盐渍芹菜，意思是要犹太人永远记住出埃及之苦难。

再说四杯酒，逾越节家宴的程序由四杯酒串联，中间会讲一些有关犹太人出埃及的故事，这些故事不仅说明逾越节上所有食品的含义，还讲述了犹太人在埃及所受的主要苦难和出埃及的艰辛旅程。

著名哲学家斯宾诺莎从小就受到这样的教育，父亲讲述犹太人苦难的历史，这在斯宾诺莎幼小的心灵中留下了深刻的印象。童年的斯宾诺莎常常一个人站在犹太怀疑论先驱阿古斯塔的坟墓前凝神冥想，一种为真理而献身的热望油然而生，这种热望也紧紧地伴随了他一生。

事实上，几乎每个犹太人的成功都离不开苦难，比如为了逃避迫害，门德尔松被迫迁居柏林，基辛格一家被迫移居美国……

苦难教育对一个人的一生影响深远，很多人总是逃避苦难，不愿意去品尝，但要知道，只有经历苦难，才能从苦难中汲取动力和能量，只有真正懂得苦难的含义，才能品出苦难赋予它的甜。

然而，现在的很多家庭，家长不舍得孩子吃苦，他们动辄"宝贝宝贝"地叫着，恨不得为孩子做一切。在这样的教育下，孩子好吃懒做、娇气任性，还缺乏责任心、感恩心。站在孩子的角度想一想：很多事情没有经历过，不知道生活还有不如意的一面，很多东西从来都是像天上掉下来的一样容易，不需要费一点心力，这个时候，他怎么有机会、有能力去承担生活给他的各种考验呢？

给他苦难教育，才能让他真正强大。

告诉他世界是不公平的——要懂得自救

犹太人教育智慧要诀

世界是不公平的，对此，每个犹太人都有着强烈的体验，可贵的是他们能够坦然地面对，并积极地寻求办法自救。他们深深地懂得自救的道理，这也是犹太人生生不息的秘密，也为犹太民族的壮大和奋起提供了保证。

如果犹太人总是哀怨地说："世界太不公平了，我太不幸了！"那么，显然犹太人不会创造出今天的诸多奇迹。命运再不公，如果不接受就意味着放弃，而自救，忍一时之气，却可以为崛起提供可能。换一种方式，换一种心态，等待你的将会是成功！

有人讥笑刺猬和乌龟胆小，遇到一点事就缩头缩脑，不知道这样的人是否羡慕螃蟹，总是横冲直撞，一副要与人决一死战的模样？

单看结果就知道了，刺猬和乌龟躲过危机，而螃蟹落了个入锅的下场。

生活中难免会遇到各种各样的不幸，很多不幸是自己无法把握的，比如贫穷的命运，比如突如其来的灾难，比如不被尊重和认同，工作发展受挫，别人总是用有色眼镜看自己……这时是像螃蟹一样冲上去与人一争高下，还是像刺猬和乌龟一样忍一时之气，通过努力来想办法拯救自己呢？

钢铁大王安德鲁·卡内基出身贫困。他的父亲威尔·卡内基以手工纺织亚麻格子布为生，母亲玛琪则以缝鞋为副业。1848年，由于父亲失业，卡内基全家迁往美国，居住在匹兹堡附近。为了养家糊口，父亲不得不挨家挨户去推销自己织的桌布；而母亲则为一家鞋店辛苦地刷洗缝补鞋子，经常每天都要工作 16～18 小时。卡内基则白天做童工，晚上读夜校。据卡内基回忆，那时，他只有一件衬衫，因此，每天晚上，他的母亲总是要等到他睡下之后，赶紧把它洗净、晾干、熨平，以便第二天他能接着穿。

比起那些一出生就富有的人来说，命运对他是很不公平，但卡内基没有抱怨，没有沉沦，相反，他奋发进取，想通过自己的努力来为自己争取幸福的生活。他曾说过："我从小就力求上进与发奋，决心到长大之后要亲手击败穷困。"

世界不公平，但卡内基懂得曲线自救，忍了一时的贫穷，通过努力，得到了大成功：到 19 世纪末、20 世纪初，卡内基钢铁公司已成为世界上最大的钢铁企业，它拥有 2 万多员工以及世界上最先进的设备，它的年产量超过了英国全国的钢铁产量，它的年收益额达 4000 万美元。

比尔·盖茨曾告诫年轻人：社会确实不公平，这种不公平遍布每个人个人发展的每一个阶段。在这一现实面前，任何急躁、抱怨都毫无益处，只有坦然地接受这一现实并忍受眼前的痛苦，才能扭转这种不公平，使自己的事业有进一步发展的可能。

世界是不公平的，对此，每个犹太人都有着强烈的体验，可贵的是他们能够坦然地面对，并积极地寻求办法自救。他们深深地懂得曲线自救的道理，这也是犹太人生生不息的秘密，也为犹太民族的壮大和奋起提供了保证。

此外，韩信受胯下之辱，越王勾践卧薪尝胆，不都是"自救"么？

这也就提醒我们，在教育孩子的时候，不妨学习犹太人，告诉孩子"世界是不公平的"，一个愿意接受这种事实的人要比与世界奋力抗争的人明智得多，因为只有接受了世界的不公平，才能将更多的精力集中在如何改变自己的境遇上，才能为成功提供可能。

"第一商人"的抗8级地震式管理模式
——根植危机意识

犹太人教育智慧要诀

人们曾这样评价犹太人的危机感及忧患意识："每当幸运来临的时候，犹太人总是最后感知；而每到灾难来临的时候，犹太人总是最先感知。"

犹太人的危机意识像是深深地潜在了生命里，比起动辄喊着"天下太平"的人来说，他们更懂得这个社会的生存法则：社会看起来明亮耀眼，但实际上危机暗藏，任何时候都不要以为是安全的，生活随时会给你这样那样的"意外惊喜"，为了避免措手不及，必须根植危机意识。

都知道犹太人有钱，几百年来，犹太民族是全世界最富有的民族，却很少有人知道，犹太人能达到这一目标，它的核心竞争力是什么？答案就是：犹太人一年365天都处于高度警觉和奋进的状态。

由于历史原因，犹太人总是充满着危机感，这使得他们掌握了许多抵御风险的方式。其中，最典型的就是：犹太人在刚从事商业时就会定下目标，去建立一个"商业帝国"。"犹太人对'商业帝国'管理架构的铺设无与伦比，因为这种架构能使其抵抗来自政治、经济、法律甚至自然灾害的种种风险，因此也被戏称为'抗8级地震'的管理模式。"犹太人的看家本领就是擅长于公司结构的治理，他们通常把企业作为通盘考虑，就像一盘棋，有帅、有车马炮、有卒子，各代表不同的功能，在不同情境下，这些功能有不同的行事方式，这样才能避险，才能立于不败之地。举个例子，最早在避税岛国进行公司注册就是犹太人的发明，同时，由于避税岛国可以申请豁免申报真正的股东，从而起到了很好的保护商业隐私的作用。

当然，犹太人会选择多国多地进行注册，涉及几乎所有行业，有效地进行各类资产、资源的整合。

犹太人不光在商业上具有极强的危机意识，在日常的生活中亦是如此。比如犹太人经常教育自己的孩子"黑暗着开始，明亮着结束"，意图就在于提醒孩子时刻牢记困难，从而时刻怀有危机意识。

人们曾这样评价犹太人的危机感及忧患意识："每当幸运来临的时候，犹太人总是最后感知；而每到灾难来临的时候，犹太人总是最先感知。"充满危机意识，才能有计划、有目的地制定各种目标和对策，这样即使困难、危机出现，也可以从容应对。

犹太人以各种形式让自己充满危机意识，自然，表现在教育上也是代代相传。因为危机意识决不是杞人忧天。

有这样一个实验：科学家把一只青蛙放在滚热的油锅里，在快到油面的时候，那只青蛙竟然跳离了油锅；可是，当把这只青蛙放进盛满水的锅里时，下面再放火煮，水越来越热，青蛙却已离不开锅，最后被煮死了。

青蛙的命运不就是人类命运的映照么？只有像那只快到油锅的青蛙一样，时刻充满危机意识，在任何情况下都保持高度的警惕，才能更好地掌控自己的命运。教育也是同样的道理。所以，充满危机感吧！

洛克菲勒：我不是你永远的船长，要靠自己的双脚走路

犹太人教育智慧要诀

整个犹太群体都非常推崇个人的独立精神，在他们看来，独立精神是一个人拥有一切优秀品质的基础。

"你希望我能永远同你一起出航，这听起来很不错，但我不是你永远的船长，上帝为我们创造双脚，是要让我们靠自己的双脚走路。"洛克菲勒这样告诉儿子。

洛克菲勒家族从发迹至今已经绵延6代，仍未出现颓废或没落的迹象。洛克菲特家族的节俭是出了名的，除此之外，还有很重要的一点，那就是洛克菲勒家族非常重视对子女独立精神的教育。

洛克菲勒家族告诉孩子不要过分依附别人，甚至包括父母。洛克菲勒家族教育孩子不要希望得到别人的保护，还会有意让他们亲身去经历、发现和体验生活中的困难和挫折，尝试可能涉及的危险。

不仅是洛克菲勒，整个犹太群体都非常推崇个人的独立精神，在他们看来，独立精神是一个人拥有一切优秀品质的基础。所以，在犹太人的家庭教育中，培养孩子的独立精神是重中之重。

巴拉尼年小时患了一种骨结核病。因为家庭贫困，没有医治好，他的膝关节永久性僵硬了。一般情况下，父母都会格外地疼爱这样的孩子，可是巴拉尼的父母却很"冷酷"。凡是巴拉尼自己可以做的事情，父母绝对是"袖手旁观"，偶尔表扬他一两句。18岁时，巴拉尼的父母就不再给巴拉尼经济上的支持。后来，巴拉

尼的人生充满了坎坷，父母也从来都只是在背后默默地支持。巴拉尼立志学医，在遭遇了无数次失败后，终于在1914年获得了诺贝尔生理学和医学奖。

也许很多人觉得巴拉尼父母的做法过于残酷，但客观地说，这样的做法是理智的，就像在巴拉尼15岁生日那天，父亲说的："孩子，我们从不把你当成一个残疾的孩子看待，我们不会给你特殊的呵护，因为我们知道没有人能呵护你一辈子，除了你自己。只有当你养成自理的习惯，你才有自立的能力，才能在未来掌握自己的命运。孩子，我们希望你能明白，我们也是爱你的。"正是"残酷"的教育，让巴拉尼独立自强，走上了自己的成功之路。

像巴尼拉这样的例子，在犹太人中不在少数。

犹太人的做法值得我们借鉴，给孩子万贯财富，不如培养他的独立精神，财富可以流失，而独立精神是永存的财富！

"经常申诉，令人厌恶的家伙"
——学索罗斯坚持

犹太人教育智慧要诀

成功并没有什么秘诀，只要抱着"坚持到底，永不放弃"的信念，任何人都可以取得成功。

"太难了，我不学了！"刚学了一个月钢琴，孩子就嚷着要撤退；紧接着，游泳、长跑、打鼓，结果都一样，孩子做事总是三天打鱼，两天晒网，该怎么办？让他听听金融大鳄索罗斯的故事吧！

大家都知道，生命中难免遇到阻碍，作为赚钱工具的投资自然也不例外。也许你一时财富剧增，也许不一会儿你就穷困潦倒。同一时间，有人心花怒放，有人痛哭流涕，客观上说，这些起伏波动都是正常的，关键在于，当面对这些起伏波动时，你所采取的态度是坚持还是放弃？投资大师索罗斯的成功，向我们宣布了答案。

乔治·索罗斯是一个犹太人，出生于匈牙利。他向来就是一个一旦接受了困境的挑战，就不达目的誓不罢休的人，他绝不轻言放弃。为此，人们这样评价他：经常申诉，令人厌恶的家伙。正是这种即使面临拒绝、挫折、失败，也坚持继续努力不懈的做法，为他日后在金融界大展拳脚奠定了坚实的基础。

索罗斯的第一份工作和金融毫不相关，因为当时工作不好找，而对一个没有裙带关系的人来说更是难上加难，而且，索罗斯的经济学学士学位也不能为他的职业生涯提供任何有用的帮助。通过朋友的介绍，索罗斯在英国一家生产新奇产品、纪念品、人造珠宝的装饰品厂当储训人员，成为储备干部后，担任业务代表。

后来，索罗斯又为一位从事批发的顾客工作。他担任巡回业务代表，负责在威尔斯海滨度假区的零售商销售工作。索罗斯曾说："那是我事业生涯中的低潮，那个工作和我对自己的期许相差非常远，而且又是很艰难的工作。最大的好处是，他们给我一部汽车。"虽然做得还不错，但索罗斯明白这种工作并不是他求学的目的，也不是父母期望他做的事，于是他决定彻底脱离。

接连的不如意并没有打倒索罗斯，他仍然坚持着，为自己寻找成功之路。

他开始写信给伦敦每一家商业银行的总经理，要知道，这在当时非常少见，因为没有人会写信给一个素不相识的人。这独特的求职方式看起来似乎并不是什么好做法，他的信只招来一些有趣的答复：有一位叫华特·所罗门的人打电话给他，要求和他面谈，目的只是要指出索罗斯把他的名字拼错了；同时，他也获得拉查德·傅瑞勒斯公司总经理好心的劝说，说他想进伦敦金融圈好比缘木求鱼，建议他远离。因为当时要进入伦敦金融圈都是要依靠裙带关系，下一任总经理往往是由这一任总经理的侄儿、外甥等亲戚来继任。身在这样的环境下，索罗斯并没有放弃，他也没有向社会风气妥协，他依然坚持着，同时不断寻找突破困境的途径。终于，辛格暨傅利兰德公司录用了索罗斯，原因是这家公司的总经理和索罗斯一样是匈牙利人。虽然，索罗斯最终并没有改变当时的社会风气，但他的坚持却为自己赢得了这个踏入金融界的机会。

索罗斯进入了金融界，他用他的坚持和努力，为自己赢得了"金融天才"的称号。从1969年建立"量子基金"至今，他创下了令人难以置信的业绩，以平均每年35％的综合成长率令华尔街同行望尘莫及。索罗斯仿佛具有一种超能的力量，左右着世界金融市场，他的一句话就可以使某种商品或货币的交易行情突变，市场的价格随着他的言论而上升或下跌……

"我的一生是一个漫长的努力过程，是一种整合我所有层面的艰难过程。"索罗斯凭借他在挫折中的坚持精神，踏入了金融界的大门。想一想，我们有多少人因为缺少这种精神，与成功失之交臂呢？

英国首相丘吉尔也十分推崇面对困难坚持不懈的精神。他生命中的最后一次演讲，只讲了八个字："坚持到底，永不放弃！"这种精神贯穿丘吉尔一生，他的成功实际上也在告诉我们：成功并没有什么秘诀，只要抱着"坚持到底，永不放弃"的信念，任何人都可以取得成功。

告诉孩子们犹太人的故事吧！当孩子抹着眼泪跟你说"再也不学"的时候，你是不是更应该告诉他"坚持"的道理呢？

策略性竞争——让胜利不费吹灰之力

犹太人教育智慧要诀

　　家长一定要从小给孩子灌输一种竞争意识，这也是为孩子的将来负责。

　　"那么点儿孩子，就教他们你争我抢的不好！"
　　"让他们知道有竞争这么回事就行了，那么费劲做什么？"
　　这是现在社会上很多父母的心理，带有普遍性。竞争是现代社会的主旋律，如果想让孩子不被社会淘汰，就得告诉他要竞争！而且，竞争还要懂得"策略"，否则，傻乎乎地冲上去，竞争也难有什么实质性意义。
　　"孩子只要想着学习就行了，不需要什么竞争！"很多家长心里这样想。
　　非也！
　　国外一家森林公园曾养殖了几百只梅花鹿，令人奇怪的是，尽管环境幽静、水草丰美，又没有天敌，可是几年以后，鹿群非但没有发展壮大，反而病的病，死的死，最后竟然出现了负增长。为了改变这种糟糕的局面，后来他们买回几只狼放在公园里，在狼的追赶捕食下，鹿群只得紧张地四处奔跑以逃命。谁也没想到，最后，除了那些老弱病残者被狼捕食外，其他的鹿体质日益增强，数量也迅速增长。
　　这里告诉我们的就是竞争的故事。
　　很多人不喜欢竞争，认为竞争就是优胜劣汰，过于残忍，让孩子置身于这样的环境中有碍孩子的身心成长。有人认为竞争显得赤裸裸，使人与人之间毫无温情，担心对孩子产生负面影响，使孩子变得工具化、变得冷漠。

诚然，竞争带有一定的紧迫性，但竞争也带来了更新和发展。社会需要竞争，公司需要竞争，个人更需要竞争。退一步说，人总是具有惰性的，如果没有竞争，势必固步自封，长久下去，将得不到发展，终会被社会所淘汰！

所以，家长一定要从小给孩子灌输一种竞争意识，这也是为孩子的将来负责。

但是，懂得了竞争的重要性，并不意味着家长的任务就完成了，还有很重要的一点，家长还要教会孩子学习怎样竞争。

竞争不是傻乎乎的冲杀，竞争要讲究策略，犹太人就非常善于此道。

早些年，有个犹太商人叫沙米尔，他移民到澳大利亚经商。一到墨尔本，他就轻车熟路地干起了老本行，开了一家食品店。而他的店对面，此时已经有了一家食品店，店主是一个叫做安东尼的意大利人。可想而知，两家食品店展开了激烈的竞争。

两家不动声色，一直暗暗较劲。为了战胜竞争对手，安东尼想了一个计策，他准备削价。

他在自家门前立了一块木板，上面写着："火腿，1 磅只卖 5 毛钱。"谁知，沙米尔见了，也立即在自家门前立起木板，上写："火腿，1 磅 4 毛钱。"见沙米尔如此，安东尼一赌气，随即在木板上又写着："火腿，1 磅只卖 3 毛 5 分钱。"此时，价格已降到了成本以下。没想到，沙米尔又写着："1 磅只卖 3 毛钱。"几天过去了，安东尼撑不住了，他生气地跑去找沙米尔，朝他大吼道："小子，有你这样卖火腿的吗？这样疯狂降价，知道会是什么结果吗？咱俩都得破产！"

沙米尔笑着说："什么'咱俩'呀！我看只有你会破产。我的食品店压根儿就没有什么火腿呀，板子上写的三毛钱一磅，连我都不知道是指什么东西哩！"听完，安东尼不禁叫苦连天，他知道这回他是遇上了真正的竞争对手。

沙米尔不费吹灰之力，就打赢了竞争对手，其中就体现了竞争策略。

每一个孩子最终都会走入社会，不妨告诉他真实的社会形态，并模拟社会的竞争模式在孩子求学时就向他灌输并训练，由此让他尽早适应，最大限度地掌握竞争之术，这才能为孩子的发展提供实质性的帮助！

世上无难事，只怕有心人
——犹太人制胜术

犹太人教育智慧要诀

自强不息的精神是催人奋进和获取成功的法宝，是犹太人的一种制胜术。

成功不是水中的月亮，看得见、摸不着；成功也不是雾中的小花，美丽却闻不见芬芳。成功并不难，难的只是你不愿意成功。

犹太人的成功让世人震惊。

从罗马帝国时起，犹太民族家园被侵占，大部分犹太人被迫离开故土，流散天涯。在漫长的流亡漂泊岁月中，犹太民族虽然灾难迭起，几乎遭到灭族之灾，可是，为什么经历了那么多的不幸，犹太人还能保持犹太民族的特性？他们的宗教、语言、文化、文学、传统、历法、习俗和勤劳智慧的资质从没有因这1900多年的悲惨民族史而分崩离析，他们至今仍保持着自己的特色和民族凝聚力，他们甚至在动荡不安的日子中还做出种种惊天动地的伟业。千百年来，犹太人才辈出，精英遍布世界。

处境如此恶劣，成就却如此突出，究竟是什么原因形成了这种强烈的反差？归根结底，是因为犹太民族具有自强不息的进取精神。

马克思为了共产主义事业贡献了毕生的精力。一生中，他屡受挫折，屡遭驱逐，为了写《资本论》，他花费了整整40年的时间，如果没有自强不息的信念，他又如何坚持？在逝世前，马克思仍然说："我已经把我的全部财产献给了革命斗争，我对此一点也不感到懊悔。要是我重新开始生命的历程，我仍然会这样做。"

著名的罗斯柴尔德也是犹太人自强不息的代表。在发财前，罗斯柴尔德曾效命于一位公爵，并且做了 20 年。在这 20 年中，他一直忍受着公爵对他犹太人身份的鄙视，孜孜不倦地工作着，最后终于成为控制欧洲经济命脉的金融巨擘。

还有世界连锁店先驱卢宾，他也是犹太人。1849 年他出生于俄国，后来随父母生活在俄国，因为受到歧视，不得不迁居到英国，在那里由于温饱无保，不又不得迁居到美国纽约。由于没有条件读书，16 岁那年，他去淘金。淘金失败迫使他另谋生路，于是他从摆卖小日用品开始，逐步发展成大商店，最后创造出连锁商店经营模式，成为大富豪。

还有很多人，如诺贝尔生理学及医学奖得主巴拉尼、"世界语之父"柴门霍夫、著名犹太诗人海涅、音乐家帕尔曼、文学家戈迪默、影星达斯汀·霍夫曼等著名犹太人，他们无不是在艰难和厄运中自强不息，最终取得了成功。

犹太人并不是什么天生的幸运儿，但都以顽强的毅力取得了成功。以色列为什么能在短短的时间之内跻身于世界经济先进行列？这一切无不得益于自强不息的精神。

由此可以看出，自强不息的精神是催人奋进和获取成功的法宝，是犹太人的一种制胜术。

自强不息能让人产生信心，有了成功的信心，就能设法发挥自己潜在的力量，这种力量用于自己的奋斗目标，就可以排除万难，勇敢地面对现实，坚持不懈，并最终获得成功。相反，没有自强不息精神的人，就会轻易地自我否定，并压抑自我发展的想法和潜力，成功也必然对其敬而远之。

在教育中，我们不妨给孩子讲一讲犹太人的故事，讲一讲这个民族自强不息的精神，借此来鼓励他们勇敢面对生活中的挫折和困难，给他们增添独立面对的信心和勇气！一个懂得自强不息的孩子也最能享受成功带来的幸福感觉！

搜索机会
——美国无线电工业巨头的提示

犹太人教育智慧要诀

犹太人坚信，在这个世界上，只要你有意搜索，只要你用心努力，到处都存在机会。自叹找不到脚下金矿的人，是既可怜又可悲的睁眼瞎子。

很多人总是习惯于等待机会，可是，机会是要用心去搜索的，只要努力，机会就潜伏在你的四周，随时成为你成功的催化剂！告诉孩子，等待机会不如搜索机会！

该就业了！有的大学生坐在家里干等着，说是等机会；有的大学生走马观花，还没真刀真枪地战斗就纷纷落马；还有的躲起来喝酒，哀叹时光流逝，大学光阴虚度……当然，优秀的人才早已被一些大企业预先抢订了，为什么？答案就一个，成功的学生善于搜索机会。从小，这些人就注意自我修炼，因此在找工作的时候，机会就像雨后的小笋芽一样，乐滋滋地冒出来了。当然，这归功于良好的教育。

犹太人就非常善于搜索机会！犹太父母常常讲述故事来教育孩子们，让他们懂得搜索机会。

犹太人萨尔诺夫，9岁时随父母移居美国，家庭的贫困让他没有太多机会读书。读小学时，他不得不利用放学时间及假期做工以挣钱贴补家用。在他小学快毕业时，父亲去世了，他只好辍学去当童工。

他并没有抱怨父母，也从不哀叹自己的命运，相反，他一直积极地充实自己，为自己寻找各种各样的机会。他工作很勤恳，在供给家用之后，他还省下钱买书自学。后来，他终于在一家邮电局找到一份送电报的工作。

他十分珍惜这个机会，他发誓要掌握电报技术，以后当电报业的老板。

20世纪初，电报刚问世，还属于先进科技，萨尔诺夫暗下决心，一定要好好学习和工作。10多年里，他把收入最大限度地节省下来，白天他卖力工作，晚上读夜校，他渐渐地获得了老板的赏识并得到提升。

1921年，为了发展业务，他的老板分设了"美国无线电公司"，萨尔诺夫被委任为总经理。他终于可以大显身手了！最后，他如愿以偿地成为美国无线电工业巨头。

犹太人始终相信，只要肯努力，就一定有机会。而现实生活中，很多孩子不愿意付出，只想白白地得到机会，这样在无形中，比起那些一直努力付出的人，他的机会显然就少了很多。人的一生，要想成功，就必须主动地为自己寻求机会，家长从小就应该这样教育孩子。

世界最大的制片中心好莱坞的老板高德温，是一位波兰出生的犹太人，从他传奇的一生中我们可以学到很多。

1882年，高德温出生于华沙。他11岁丧父，家庭生活非常困难。为了生计，他流浪到英国伦敦，曾在铁匠店里当童工。他没有机会进学校，就利用空闲时间自学。后来，他就到了美国，起初是打工，后来自己经营手套工厂，最后发展成为好莱坞制片中心的老板。在这个过程中，他从来都不怕苦和累，一直努力地付出。高德温的发展过程，可以说是众多犹太人的生活缩影。

犹太人坚信，在这个世界上，只要你有意搜索，只要你用心努力，到处都存在机会。自叹找不到脚下金矿的人，是既可怜又可悲的睁眼瞎子。犹太人还认为，人生的机会，大量存在于本身的周围和本身所潜在的条件中，关键在于你是否练就了开发这些条件的眼光和意志。

犹太人的成功经验也是对家庭教育的启发，我们不得不提醒自己，与其让他们仰头等着天上掉下机会，不如告诉他们，机会要自己搜索，并帮助他们从小就为自己创造机会！

即使明天是末日也不要放弃今天

犹太人教育智慧要诀

即使明天就是末日也不要放弃今天，只要你不向困境低头，不向命运弯腰，你就有机会实现目标。

同样一杯水，消极的人看到的是"只剩下半杯了"，积极的人却想着"还剩半杯呢"；同样一堆玩具，消极的人想的是"玩具会被玩坏"，积极的人却想着"如何更多地开发这些玩具的功能"。不同的想法直接决定了一个人看待世界的态度，事实证明，乐观积极的人，他们的天空更美！

一个乐观的人即使身处困境也能看到机会，而悲观的人即使机会在手边也只看到危难。犹太人一直认为，乐观的态度对孩子的成长发育起着至关重要的作用，因此每一个犹太父母都会培养孩子积极乐观的精神。

犹太人有一则名叫"飞马腾空"的童话故事，犹太父母经常讲述给孩子听。

从前，有一个人因为惹恼国王而被判了死刑，这人请求国王饶他一命，他说："只要你给我一年的时间，我就能让您最心爱的马飞上天空。如果过了一年，您的马不能在天空自如飞翔的话，我宁愿被处以死刑，绝不会有半点怨言。"国王答应了他。他回到牢房之后，另一位因犯对他说："你不要胡说了，马怎么能飞上天空呢？"这个人回答说："在一年之内，也许我自己会病死，也许国王会死，也许那匹马出了意外送了命，总之，在这一年之内，谁知道会发生什么事呢？所以只要有一年的时间，没准马真的能飞上天空！"

说不准，这种乐观的态度也许最后真的能保住他一命！

这个犹太囚犯从小就被父亲教育道："即使明天就是末日也不要放弃今天，只要你不向困境低头，不向命运弯腰，你就有机会实现目标。"因此，长大后，即使在面对死亡时，他也没有惊慌失措，更没有低头认命，乐观让他为自己寻找一切生还的希望来求拯救自己。

犹太民族一向很乐观，他们的乐观表现在一个重要的方面，那就是他们以苦中作乐而著称。

综观犹太人颠沛流离的历史，我们可以发现，他们大多数时期都与苦难为伴，然而他们对生活一直都保持着乐观的态度，否则，这个民族又怎么能经受得住那么多的折磨，最后幸存下来呢？事实上，也正是苦难造就了犹太人不可动摇的乐观精神。欢乐和笑声是犹太人生活中必备的良药，这使他们总能保持一种乐观的生活态度。

犹太人很注重培养孩子的乐观精神。有这样一个故事常为犹太父母所津津乐道：

二战期间，这两个不幸的犹太人一起被捕了。他们被分关在两个相邻的牢房里，每个小房间都有一个很小的窗口，牢房里仅有的那点微弱阴暗的光，就是从那里射进来的。

白天，所有的犯人都会被赶去做苦工，他们随时都可能性命不保。晚上，活下来的犯人在自己潮湿的小牢房里思念着家乡与亲人。这一切，他们两个人都不例外。只是当他们都把思念的目光投向窗外时，一个人发现了铁铮铮的窗棂，一个人看见了明亮的星星。

看见窗棂的人满心忧伤：这铁窗是如此坚固，什么时候才能冲出去与我的家人团聚啊！

看见星星的人满心欢喜：真好，虽然隔这么远，但是我能和我的家人一起看星星。没准儿，我们看到的还是同一颗星星呢。

就这样，前者日日夜夜忧伤，身体越来越消瘦，精神状态也越来越不好。而后者却每天都乐观积极，一心想着出狱以后的美好日子，一点也不像坐牢的人。

几年之后，二战结束了，幸存下来的犯人都被释放了。看见星星的那个人满心欢喜地跑出牢房朝着家乡的方向奔去。而看见铁棱的那个人却早在一年前就死了，是自杀。

一些孩子小小年纪就想着自杀，他们还尚未理解生命，就轻易地放弃了生命；很多孩子总是习惯无限地放大眼前的困难；还有的孩子遇到点事情就想着"完了、没救了"，这些都是消极的表现。

家长应该注意，等待孩子的将是长长的一生，如果眼前一点暂时的小困难都应付不了，今后又如何经得起大风大浪？很多家长总是习惯于帮助孩子解决问题，与其事事代劳，不如培养他乐观的心态，教给他面对困难的勇气。只有有了乐观的心态，才能积极认真地面对生活，才能在遇到困难时也不灰心，不气馁，最后顽强地坚持到底！

启发孩子，让他自己找答案

犹太人教育智慧要诀

其实教育孩子完全不必那么操心，也没有必要牺牲太多的时间和精力，只要适当地引导、启发，让他们自己寻找答案与真相就可以了。

你是否总是在向孩子强调好坏对错？你是否总是苦口婆心地告诉孩子坏行为的结果？你是否为了孩子无法改正的错误操碎了心？告诉孩子答案，不如换一种思路来启发，使他自己找到答案。

志炫是个很淘气的小男孩，他经常说谎，并且还逃课。妈妈屡次告诫他："志炫，你今天必须上课，学习是为了你的未来啊！""你不能说谎，告诉你多少次了！说谎是个坏毛病。"但志炫从来就是左耳朵进，右耳朵出。

志炫的妈妈不明白为什么孩子不听她的话，她是为他好，可是孩子却一点也不理解，依然我行我素。

志炫的妈妈可以学学犹太父母，不告诉孩子答案，而是让他自己找到答案。犹太父母往往用形象的比喻，让孩子自己去想象事情的恶果，或自己去体验结果。这样做，更容易使孩子记忆深刻，不再犯同样的错误。

一个犹太父亲和小儿子一起洗澡。当儿子艾什卡站在淋浴头下打开阀门时，冷水一冲而下，艾什卡大叫道："哎呀，爸爸，太冷了！"

父亲赶紧把艾什卡抱过来，给他披上厚厚的浴巾。

"啊哈哈，太舒服了，爸爸！"艾什卡愉快地叫着。

"艾什卡，"父亲做出深思的样子对儿子说道，"你知道冷水浴和犯罪之间的距离吗？"

"当受到冷水冲击的时候，你发出的第一个声音是惊叫声'哎呀'，暖和后才是舒服的'啊哈哈'。但当你犯罪的时候，你的第一个反应是兴奋的'啊哈哈'，然后一定是'哎呀'了。"

这位聪明的犹太父亲并没有直接告诉孩子不要犯罪，而是用冷水浴比喻犯罪，告诉孩子一开始犯罪时，其感觉是兴奋的"啊哈哈"，然后会是后悔而吃惊的"哎呀"，从而使孩子自己明白犯罪是一件多么可怕的事。

还有一个真实的故事：

在一战时期，食品奇缺，犹太作家托马斯·曼家的食品是按数学方法平分给四个孩子的，而且精确无比，每个豆子都要按粒来分的。

有一天，家中仅剩下无花果了，按托马斯·曼的妻子和四个孩子的想法，肯定是要平分这几个无花果。出人意料的是托马斯·曼把无花果只给了小女儿艾丽卡一个人，要让她一个人吃。艾丽卡毫不客气地吃掉了这几个无花果，其他三个姊妹惊讶地瞪圆了眼睛。托马斯·曼郑重其事地说："孩子们，世界从来就是不公平的，你们要早早适应这种待遇。"

艾丽卡的行为和父亲的话语在孩子们心里留下了深刻的印象，他们明白了世界的不公平，也明白了在任何情况下都要保持内心的平衡。

其实教育孩子完全不必那么操心，也没有必要牺牲太多的时间和精力，只要适当地引导、启发，让他们自己寻找答案与真相就可以了。

如果父母总是为孩子提供答案，那么最终会剥夺孩子的理解力。其实志炫的妈妈就犯了这样一个错误。与其操碎了心，不如采取一定的对策，使孩子自己知道该怎么做。她可以对孩子逃课的行为不去制止，甚至故意把他留在家中，不让他上课，这样反复几次后，给他做一些习题。他会发现逃课并不是一件好玩的事，它会使自己根本学不到知识，成绩也会下降许多。对于孩子的谎言，则可以一反常态，不说出说谎的危害，而是不断启发他，比如：你如果总是说谎，别人会怎么看你呢？说谎能不能使朋友间的关系越来越好呢？让他自己想一想说谎的结果，这样，他的错误行为就能慢慢纠正过来。

自己的事情自己做，独生子也不例外

犹太人教育智慧要诀

只有摆脱对父母的依赖，拥有智慧又能维持生计的人，他以后的人生才会走对路。

"狠"下心来，告诉孩子："自己的事情自己做，独生子也不例外。没有人可以让你依赖！"如果你继续溺爱孩子，那他以后能否自立就会成为大问题，也更不要奢望他会记得父母的爱。

一个已经上高中的学生，还要他的妈妈为他去拉抽水马桶，不是不会拉，而是每次都懒得动手。后来，他去了美国。他从那里回信说：由于妈妈多管"闲事"，几乎毁了他的前程。

一位已经上了大学的女孩子，喜欢吃鱼，但不喜欢摘刺。据说她妈妈喜欢摘刺，而不喜欢吃鱼。于是母女多年来就成了理想的"搭档"。后来，她到了一个盛产鱼的国度。她从那里回信说，正是妈妈的"喜欢"帮助，几乎剥夺了她维生的"技术"。

像这样在"溺爱"的环境中长大，没有任何自理和自立能力的孩子，在成年之后，会遇到很多本该在青少年时遇到的问题，但适应能力又不如青少年时期好。有鉴于此，犹太家教育中就在孩子年幼时做好了预防工作。

有一个4岁的犹太儿童在弯腰费力地系皮鞋带时，别人想去帮助他，他拒绝了。这个孩子问："你知道我多大了吗？""不知道，但我想你还小。"这个孩子回答说："我已经不小了，已经4岁了。"意思是他已经长大了，系鞋带这类事不需要别人帮助。

从犹太孩子懂事的时候开始，父母就告诉他们：自己的事情一定要亲自去做，没有人可以让你依赖。犹太父母还经常会给孩子讲这个故事：

　　有一个商人有两个儿子。父亲宠爱大儿子，想把自己的全部财产都留给他。但是母亲很可怜小儿子，她请求丈夫先不要宣布分财产的事。商人听从了妻子的劝告，暂时没有宣布分财产的决定。

　　有一天，母亲坐在窗前哭泣，一位过路人看见了，就走上前来，问她为什么哭得这么伤心。她说："我怎么能不伤心呢？我很疼爱两个儿子，可是我的丈夫却想把全部财产留给大儿子，小儿子什么也得不到。我请求丈夫先不要向儿子们宣布他的决定，但是我到现在也没有想出更好的办法。"过路人说："这个问题很容易解决。你只管让丈夫向两个儿子宣布，大儿子将得到全部财产，小儿子什么也得不到。以后他们将各得其所。"

　　小儿子一听说自己什么也得不到，就离开家到耶路撒冷谋生去了。他在那里学会了许多手艺，增长了知识。大儿子一直依赖父亲生活，父亲去世后，大儿子什么都不会干，最后把自己所有的财产都花光了。小儿子在外面学会了挣钱的本事，变成了富翁。

　　犹太父母通过这个故事告诉孩子：只有摆脱对父母的依赖，拥有智慧又能维持生计的人，他以后的人生才会走对路。

冒险冲锋，让胆小和懦弱无处藏身

犹太人教育智慧要诀

犹太父母特别注重从生活小事中锻炼孩子的胆量，在生活场景中，人为地设置一些障碍，鼓励孩子去勇敢面对这些"害怕的东西"，继而帮助孩子慢慢练出胆量。

请不要一味迁就那些胆小的孩子，不妨人为地设置一些令他"害怕"的障碍，从一旁鼓励他向冒险冲锋，让胆小和懦弱无处藏身。

"妈妈，我怕黑！我害怕坏人！"小男孩扯着妈妈的衣襟，不敢晚上一个人留在家里。"宝宝，乖，妈妈哪儿也不去了。"妈妈温柔地说。

若干年过去了，曾经的小男孩仍旧怕黑，也依然不敢一个人在家。不仅如此，他还害怕失败，从来不敢尝试任何新事物。

这时候的妈妈开始抱怨孩子了：男子汉，怎么就这么胆小呢！

这位妈妈可曾反省过自己，从孩子的童年找根源？很多孩子小时候，都有一定的胆怯心理，如不敢和陌生人说话，不敢一个人在家，害怕一些人，这些表现是正常的，父母如果在这个阶段没有及时纠正他的懦弱与胆小，很可能他长大后，遇到事情，还是会胆怯、畏缩不前。

那些敢于冒险、敢于创新的孩子，他们有过怎样的童年？他们的父母又是如何处理的呢？我们来看一个犹太家庭的胆量教育。

犹太姑娘尤利娅小的时候，非常活泼好动，但一见到陌生人就害怕地躲到自己的卧室里去了。她上学后，很害怕见那些陌生的小伙伴，总是一个人静静地待在角落里。

尤利娅的妈妈记得最清楚的是，有一次家里来了几个要好的朋友，女儿从来没见过他们，于是躲在房间里不敢出来。后来妈妈好不容易才把她拉出来。

吃完饭后，大家和尤利娅开玩笑说："小姑娘，给大家唱首歌吧？"然后其他朋友也应和着。女儿一个劲地摇头，最后竟然吓得尿裤子。看到女儿如此胆小，妈妈决心锻炼一下她的胆量。

一个周末，尤利娅的爸爸在单位加班，尤利娅在家里简直玩疯了。忽然，妈妈灵机一动，捧着肚子叫道："女儿，快过来，妈妈肚子疼死了！"女儿非常慌张，扶着妈妈说："快给爸爸打电话吧。让他回来啊！"妈妈说："来不及了，等爸爸回来我就要疼死了。"尤利娅急得团团转，她问妈妈到底该怎么办？"宝贝，你去把邻居胖大婶叫来，让她过来帮我看看。她是医生。"妈妈说。尤利娅平日最怕这个邻居了。听到妈妈的吩咐后，她犹犹豫豫，急得直哭。妈妈硬着心肠说："宝贝乖，快去啊，否则妈妈很快就疼死了……"女儿一步三回头，终于去了胖大婶家。她真的把胖大婶叫了过来。妈妈向胖大婶使了个眼色，结束了对女儿的考验。胖大婶走后，妈妈对女儿说："妈妈现在好多了。宝贝，真是谢谢你了。"

妈妈又问："宝贝，你不是怕胖大婶吗？怎么敢去她家呢？"

女儿说："我是很怕呀，但是一想到妈妈的情况，我就顾不上那么多了。"

经历了此事之后，女儿的胆怯心理有所好转。妈妈经常开导女儿，带着女儿到公共场合活动，大约半年后，女儿彻底告别了胆怯。

一般来说，内向的孩子多半胆小怕事又怯场。对于这些孩子，父母最好多多鼓励孩子，千万不要说"你这个胆小鬼"、"你这个没用的家伙"、"你也太懦弱了"之类的话。如果父母这么做了，会给孩子造成一定的心理阴影，他更不敢向自己的懦弱和胆小挑战了。犹太父母特别注重从生活小事中锻炼孩子的胆量，在生活场景中，人为地设置一些障碍，鼓励孩子去勇敢面对这些"害怕的东西"，继而帮助孩子慢慢练出胆量。

一勤治百病

犹太人教育智慧要诀

在犹太人眼中，懒惰等同于无能，他们不允许自己懒惰，更不能容忍孩子懒惰。他们总是在告诫自己的孩子："要养成勤奋的习惯，如此才能使自己拥有智慧和力量，从而摆脱贫困的命运。"

如果想让自己的孩子远离贫穷和无能，那么请务必让那些"能躺着不坐着，能坐着不站着"的孩子开始忙碌起来，让勤劳赶走这些坏毛病。

从前，有一个农夫，养了一只羊、一只母驴和一只小驴。每天，他都给羊喂一大堆东西，而给母驴和它的小驴，却只喂很少的一点吃的。

"我们的主人多蠢哪！妈妈，我们整天为他干活，他凭什么只给我们这么可怜的一点点东西吃？羊整天什么都不做，也就早晨叫几声，为什么还能吃得那么好？"

驴妈妈安慰它："孩子，你肯定会看见羊的不幸下场的。要知道，农夫给它这么多好吃的，并不是爱它，而是加速它的灾难。"

下一个节日来到的时候，农夫宰了羊。从此以后，小驴总是小心翼翼地吃东西，因为它总是记着羊的悲惨命运。

但驴妈妈纠正了它的想法："羊的死并不是因为吃得太多才造成的，我的孩子。要是像羊那样，什么都不做，一定活不长的。"

这是很多犹太孩子耳熟能详的故事，他们是从父母、拉比或祖父母那里听来的，而后记住了这个故事。他们从中明白了人如果懒惰和不劳而获，最终只能获得和羊一样的下场。

犹太人认为只有精明和勤奋兼备的孩子，将来才能有所建树。他们从小培养孩子爱劳动的习惯。

一个犹太家庭有 7 个孩子，虽然家境富裕，但为了给孩子更多机会学习各种劳动技能，父亲每年都抽出一个多月陪孩子一起到深山，过山里人的生活：喂牛、砍柴、挖水渠、给牛建围栏等。每个孩子每天都有不同的任务，孩子们总是忙得不亦乐乎。这几个孩子从山里回来后学到了很多生活经验，他们比其他孩子知道得多，还会把从劳动中学来的解决问题的方法灵活用到学习上。最重要的是，这些孩子养成了勤劳吃苦的好习惯。山里生活的经历对他们有着直接的影响。

在犹太人眼中，懒惰等同于无能，他们不允许自己懒惰，更不能容忍孩子懒惰。他们总是在告诫自己的孩子："要养成勤奋的习惯，如此才能使自己拥有智慧和力量，从而摆脱贫困的命运。"

犹太父母并不是一味地说教，而是用一些有趣的方法来引导孩子成为一个勤劳的人。

他们常常向孩子讲些热爱劳动的故事、寓言童话，还和孩子一起劳动，当孩子越帮越忙，把现场搞得乱七八糟的时候，耐住性子，教孩子改正及正确示范方法。他们总是不失时机地给予孩子赞许和鼓励，让孩子知道：他所做的事对家里有着多么大的帮助。

聪明的犹太父母，还懂得不断调换孩子的"工作岗位"，让他尝试不同的劳动。如给小宠物洗澡，给家里购物等。他们还会针对孩子的一些弱点，给孩子选择不同的劳动。如孩子胆小羞涩，可以让孩子上街购物等，从而让他克服胆小羞涩的性格。

真诚、大度——犹太人的待客之道

犹太人教育智慧要诀

对待客人真诚、大度是最起码的待客之道，犹太人将其演绎得淋漓尽致。犹太孩子在其父母的言传身教中，早早地通晓了待客之道。

父母为孩子的不懂礼貌，不会待客而担心：这孩子怎么就这么不懂事呢！为什么不告诉孩子一些待客之道呢？比如，笑脸相迎，亲切称呼，端茶递水，不打断客人说话，真诚大度……

面对客人，不同的孩子会有不同的表现，有的跟客人不打招呼，自己出去玩；有的见了客人就害羞；还有的孩子是典型的"人来疯"，客人一说话，他就插嘴，并且在家里折腾个没完；当然也不乏那些懂事的孩子，当客人到来时，他礼貌地称呼对方，还学着父母的样子，给客人端茶递水，最后起身相送。

犹太父母在孩子很小的时候，就把待客之道传授给他们。因此，当客人翩翩而来时，能表现得彬彬有礼。

犹太人不仅讲究待客之道，也讲究待客之心。他们将那些只做表面现象，没有真心待客的主人称为"盗贼"。这些"虚伪"的主人窃取了人们的心；嘴上老是邀请别人去玩，心里并不这么想的；明明知道邻居不会接受他的礼物，还是连续不断地送过去。犹太人对这种虚伪的待客之道深恶痛绝。

巴尔·犹哈尼决定宴请罗马的一些贵族。他跟艾黎扎拉比商量。

艾黎扎拉比说："如果你打算邀请20个人，你要备足25个人的食物；如果你打算请25个人，那就得备足30个人的食物。总之，要慷慨大方，多多益善。"

可是，巴尔只备足了 24 个人的食物，却邀请了 25 个人。

结果，他缺少一盘洋蓟丁菜，他急忙端上来一条金子做的鱼，把它放到没有菜盘的那位客人面前。这位客人非常气愤地朝他喊道："我能吃金子吗？"

巴尔·犹哈尼到拉比艾黎扎那儿，对他说："确实，我不该告诉你这件事，因为你告诉过我应该怎么做，可是我没有照办。但是我想知道：是上帝给了你们启示，使你们知道了《圣经》的秘诀，他又让你们知道了招待客人的秘诀吗？"

艾黎扎拉比回答："他也启示了我们招待客人的秘诀。"

巴尔·犹哈尼惊讶地看着拉比。

艾黎扎拉比回答："从大卫那儿知道的，因为那里写着：'押尼珥带着二十个人，来到希伯仑见大卫，大卫就为押尼珥和他带来的人摆设宴席。'（《旧约·撒母耳记下》第三章）那里并没有只说'摆设宴席'，而是说'和他带来的人'。"

对待客人真诚、大度这是最起码的待客之道，犹太人一直将其演绎得淋漓尽致。犹太孩子在其父母的言传身教中，早早地通晓了待客之道。

在犹太家庭中，当有客人突然来家时，父母有时会让孩子出门相迎，对初次来访的客人，他们会告诉孩子应该怎样称呼对方，向客人介绍自己的孩子，孩子则站起来热情地向客人问好，请他就座，倒茶递水。

在客人面前，犹太父母从不让孩子撒娇，闹脾气，向客人问好后，如果父母和客人的谈话，孩子不宜参与，那么父母就会让孩子去另外房间。如果孩子参加交谈，父母则会告诉孩子千万不要打断客人说话。

在就餐时间，犹太孩子会和父母一起摆放桌椅碗筷，端饭端菜，吃饭时，他们会请客人先吃。当客人告辞时，犹太父母会和孩子一同起身相送，与客人道别。

讲卫生——保持身体的洁净

犹太人教育智慧要诀

犹太父母把孩子的卫生教育当做重要的事情来看待，它与知识、金钱同等重要。尽管犹太人有过很长一段漂泊岁月，在那些日子里，他们的生存都成困难，但无论处于怎样艰难的环境中，他们祖祖辈辈始终保持着良好的卫生习惯。

"不要留心你的食物，要留心你的衣服。"在犹太人看来，不讲卫生，不修边幅是没有教养的表现。他们参加宴会或者去朋友家做客的时候，会穿着非常干净的服装，剪短指甲，仔细洗净自己的手指；他们认为若是一双脏手上桌面，不仅不卫生，更是对主人的不敬。

犹太人的卫生观念源于他们从小养成的卫生习惯。犹太父母非常重视孩子的卫生习惯，孩子小时候，就已经养成了早晚刷牙洗脸，饭前便后洗手，晨起排便洗肛，定期洗澡洗头的习惯。

讲卫生，保持身体的洁净，在犹太人看来是一件非常神圣的事情。上至学者、贵族，下至平民百姓，无一例外地有着良好的卫生习惯。

拉比给学生授完课后，他和他们一起走了一段路之后，便要分手。学生们问他："老师，你要去哪儿？"

"去履行一项宗教责任。"

"哪项宗教责任？"

"到浴室洗澡。"

学生迷惑地追问："这是宗教责任吗？"

拉比回答说："如果有人被指派去擦洗剧院和马戏场的国王雕像，在做这件事的时候，他不仅赚到了钱，而且还结识了贵族。那么，照着上帝的形象被创造出来的我们，不更应该保养我的身体吗？"

在这则故事中，保持身体的清洁被视为一种宗教责任，是因为犹太人认为人是上帝的杰作，身体必须受到敬奉。洗澡是一件宗教义务，它本身也有益于身体健康。洁净身体对犹太人来说，已经不是一种世俗问题，而是一件崇高的事情。

有一次，修纳拉比让儿子拉巴去跟学者希拉达学习。

"爸爸，我为什么要跟着他学？我不想去！"孩子不高兴地说，"他讲的都是些很俗的东西。"

修纳追问儿子，希拉达讲的是什么问题。儿子说，希拉达有一次整个演讲都是在讨论身体功能，还有卫生方面的问题，无聊极了。

父亲大怒，朝儿子吼道："他是在讨论人的健康问题，而你却把这些看成是很俗的事情，就凭这点，你也应该跟着他学习了！"

犹太父母把孩子的卫生教育当做重要的事情来看待，它与知识、金钱同等重要。尽管犹太人有过很长一段漂泊岁月，在那些日子里，他们的生存都成困难，但无论处于怎样艰难的环境中，他们祖祖辈辈始终保持着良好的卫生习惯。

直到今天，犹太的父母仍然在教育孩子保持这种传统习惯，把它当做一种虔诚的信念。

犹太父母本身就是孩子的榜样，他们总是保持干净整齐的仪容，在梳洗打扮时，允许孩子在一旁观看。犹太父母还给孩子制定具体的卫生规则，有时候，为了便于孩子遵守，他们便把这些规则贴到墙上。例如，不撒饭粒，饭前洗手，饭后擦嘴，等等，以此来提醒孩子注意卫生。犹太父母在卫生方面，从来都不向孩子让步。他们意在让孩子明白，有些要求是没有商量余地的。例如，规定孩子每天都要洗澡，不管他怎么要求、怎么吵闹，都不可以让步；或者可以和他谈条件："好，我知道你不想洗澡，可是你知道我们的约定，如果你不洗澡，明天可不带你去玩了！"当然，犹太父母并不是完全信任孩子，在孩子清洁自己之后，他们还会检查一遍，比如，看看他的头发有没有洗干净，耳朵背后有没有洗，手是否洗干净了，等等。

我们不妨效法犹太父母的做法，来塑造一个"爱干净，讲卫生"的好孩子。

饮食，生命的第一要义

犹太人教育智慧要诀

在犹太孩子小的时候，父母就会告诫他们饮食规则，使他们养成好的饮食习惯。这种习惯一旦成型，将有利于他们一生的健康。

民以食为天，良好的饮食习惯不仅能使孩子吃出健康，还可以使孩子的头脑变得聪慧。

犹太人非常注重饮食，他们将饮食看做生命的第一要义。在一些犹太圣典中，都有关于如何饮食的记载，如《旧约》和《塔木德》中都记载了大量的关于饮食方面的内容。饮食在犹太人的教育中也占有举足轻重的地位。这里列举几点重要的饮食规则。

一、早饭吃得早，比谁都能跑

犹太人非常注重早餐，一般早餐都做得比较丰盛。现在在以色列，犹太人的早餐包括沙拉，不同种类的奶酪、橄榄，独具特色的以色列面包、果汁及咖啡。

古代，生活条件较差，但犹太人在早餐方面是绝对不亏待自己的，《塔木德》还为不同阶层的人规定了一个进食的时间表：斗剑士在第一个小时用早餐，强盗在第二个小时，有钱人在第三个小时，干活的人在第四个小时，老百姓在第五个小时。

阿基巴拉比忠告他的儿子："早起床，先吃饭，夏天是因为热，冬天是因为冷。谚语说得好：'早饭吃得早，比谁都能跑。'"

二、节制饮食

犹太人饮食讲究"度"，其基本原则是："吃 1/3，喝 1/3，留下 1/3 的空。"在犹太民族，无论是穷人还是富人，在饮食方面都很节制。

犹太人认为，合理的进食时间是感觉到需要进食的时候，"饥时食，渴时饮"。一般情况下，犹太人是每日两餐，安息日例外，多加一餐。

犹太人通常是坐着吃饭，他们认为站着吃饭毁坏身体。犹太人还认为，吃饭的时候不应该讲话，以免把食物吃到气管里，造成生命危险。

犹太人在旅行时，往往会减少饭量。旅行的人吃的饭不应超过在荒年正常的饭量，他们认为这么做可以避免旅行者患肠道疾病。

三、有利健康的饮食

大多数犹太人以素食为主。犹太人推崇蔬菜，他们对于蔬菜有自己独到的见解：

"每 30 天吃一次小扁豆不得哮喘病，但天天吃却容易口臭。"

"马蚕豆对牙齿不好，却有益于肠道。"

"卷心菜有营养，甜菜能治病。"

"大蒜可以充饥，可以使身体保持温暖，可以使脸庞发亮，可以增强人的力量，还可以杀死肠内的寄生虫。"

"小萝卜是生命的万应灵药。"

……

此外，在各种对人体有益的食物中，犹太人最推崇鱼、蛋、蜜蜂。

而在水果中，犹太人最喜欢的是枣。

四、不洁的食物不能吃

根据《旧约》中耶和华对犹太人的指示，犹太人把食物分成两类：洁与不洁，凡不洁净的食物不能吃，甚至不能接触。

走兽中，反刍的偶蹄类动物，如羊、牛等，是洁净可食的，而奇蹄类动物，如骆驼、兔子、鸡等，属于不洁食物，是不能食用的。

水生动物中有鳞、有鳍的鱼类为洁净的可食物。无鳞、无鳍的如虾、贝类等属于不洁食物，不能食用。

无论是天上飞的，地下跑的，还是水里游的，靠食腐物为生的动物，因老病死亡的动物，都是不洁的，不可食。

即使是洁净的动物，犹太人必须通过规定的方式宰杀并加工后才能食用。

五、三天喝一次的酒是黄金

《塔木德》上写着："早晨的酒是石头，中午的酒是红铜，晚上的酒是白银，三天喝一次的酒则是黄金。"犹太人对饮酒都很有节制。

在犹太孩子小的时候，父母就会告诫他们这些饮食规则，使他们养成好的饮食习惯。这种习惯一旦成型，将有利于他们一生的健康。

其实在饮食方面，我们需要懂得一些营养学常识，才能更好地引导孩子的饮食习惯朝着正确的方向发展。

第二章　学习教育：
犹太人独步世界的快捷方式

学者的地位高于国王，教师比父亲更重要

犹太人教育智慧要诀

"即使变卖一切家当，使女儿能嫁给学者也是值得的；为娶学者的女儿为妻，纵然付出所有的财产也在所不惜。"

在犹太人看来，学者的地位高于国王，教师甚至比父亲更重要……看似不可思议的背后，原因很简单，那就是因为他们极其重视学习。学习，是犹太人成功的第一黄金定律；学习，是犹太人智慧强大的最重要秘密！

"看你也不是学习的料，干脆下来学个什么技术得了！"

无意中，你撕坏了孩子的书，你淡淡地说："重新买一本好了！"

"你们班老师挣的钱还不够我的零头，学习有什么用？"

所谓有果必有因，很多家长，总是在无形中向孩子传递"知识无用"的观点，这样又怎么能要求孩子"争气"呢？相反，犹太人的态度和做法就很值得借鉴！

比如每个人犹太人必须学习的《塔木德》，上面就写着很多格言，让人受益匪浅：

教育是人人都必须接受的，愚蠢的人受教育，可以去掉他们本性中的愚蠢。

聪明人更需要接受教育，因为聪明人如锋利的刀，不接受教育，砍到不该砍的地方，其破坏力更大。其活泼的心性，不去忙碌有益的事情，就会干出有害的事情。正如肥沃的田地，不种上庄稼，就会长出茂密的野草一样。

富人和穷人都要接受教育。

富有的人没有智慧，岂不像吃饱了糠麸的驴子一样无知至极。

贫穷的人不懂得学习，宛如一头负重的驴，只知道用自己愚昧浅薄的观点来挑战世界，结果只能是头破血流或弄出许多笑话。

……

除此之外，《塔木德》上还写着：

无论谁为钻研《托拉》而钻研《托拉》，均会受到种种褒奖；不仅如此，整个世界都受惠于他；他被称为一个朋友、一个可爱的人、一个爱神的人；他将变得公正，虔诚，正直，富有信仰；他将会远离罪恶，接近美德；通过学习，他会享有全面认识世界的聪慧和智性的力量。

12 世纪时，犹太大哲学家迈蒙尼德还宣布："每个犹太人，不管年轻还是年老，强健还是羸弱，都必须钻研《托拉》，甚至一个乞丐也必须日夜钻研。"

犹太人对学习的重视，由此可见一斑。为了教育孩子爱读书，犹太父母还在孩子识字之初，把蜜蜂滴在《圣经》上，让他们尝到知识的"甜蜜"。犹太人养成了全民好学、全民信仰知识的良好传统，这自然也成了犹太人成功的第一黄金定律。犹太人为何那么聪明，答案也不难找了。

犹太人重视学习还表现在很多方面，比如犹太人认为求知永无止境，比如犹太人非常爱护书籍，他们从不焚烧书籍，即使是一本攻击犹太人的书。在人均拥有图书馆、出版社及每年人均读书的比例上，犹太人（以色列人）超过了世界上任何一个国家，堪称世界之最。犹太家庭还有一个世代相传的说法，那就是书柜要放在床头，要是放在床尾，会被认为是对书的不敬，进而遭到大众的唾弃。

当然，最为典型的要数犹太人对于学者和教师地位的认定。

在犹太社会，学者和教师受到极大的尊崇。当其他民族王公贵族、军政要员和工商业者的地位在学者之上时，犹太人却始终认为学者比国王伟大。他们一直奉行着这样一条格言："即使变卖一切家当，使女儿能嫁给学者也是值得的；为娶学者的女儿为妻，纵然付出所有的财产也在所不惜。"在犹太人看来，一个家庭里，没有比出一名或几名博士更为荣耀的了。

犹太人还觉得"教师比父亲重要"。假如父亲和教师双双入狱，而且仅能救出其中一人的话，孩子就会决定救出教师，因为在犹太社会里，传授知识的教师非常重要。

犹太人如此重视学者和教师，这是犹太民族重视学习的表现。试想，在这样重视学习的氛围中，能够成就那么多专家、学者，也是理所应当的了。

犹太民族历经磨难，却成为世界上最受瞩目的民族，不得不归功于他们对学习的重视。作为父母，我们应该学习犹太人，教育孩子爱学习，培养他们爱读书的习惯，从而让他们从学习中汲取无穷的智慧和力量。

潜能递减谁之过——早教势在必行

犹太人教育智慧要诀

一棵树，如果按照它理想的状态生长到 30 米高，那么我们可以说这棵树具有长到 30 米高的可能性。同样的道理，一个儿童，如果按照理想状态成长，能够长成一个具有 100 度能力的人，那么我们就可以说这个儿童具备 100 度的能力。

很多家长总是认为，孩子自己会长大，家长只需耐心等待就行了。殊不知，就是在这样的等待中，家长错过了对孩子的最佳培育期，本来孩子具备的潜能是 100 度，最后即使教育再出色，他也只能具备 80 度的能力。

"孩子还小，着什么急！"（就是在"不着急"心理的支配下，家长错过了孩子的成长期，再后悔也来不及了！）

"看孩子这股聪明劲，哪需要你操心啊！放心吧，长大一定有出息！"（言外之意，只要静静地等着，孩子自己就可以优秀起来）

"哪有那么复杂啊！我小时候照样没人管，还不是长得好好的?!"（意思是教育可有可无）

很多家长都存在这样的想法，事实证明，这样只会误了孩子！

一位犹太拉比说："人刚生下来没什么两样，但因为环境，特别是幼小时期所处的环境不同，有的人可能成为天才或英才，有的人则变成了凡夫俗子甚至蠢材。就算是普通的孩子，只要教育得法，也会成为不平凡的人，假如所有的孩子都受到一样的教育，那么他们的命运决定于禀赋的多少。"

这也就是说，教育对于一个人的成长起着至关重要的作用。

孩子天赋再高，如果没有经受适合的教育，那么他也很可能变成平凡的人。

很多人在意识深处并不觉得孩子具备学习能力，认为教育对于幼小的孩子显得为时过早，这样的想法是错误的。很多犹太教育家告诉我们，婴幼儿具备非同寻常的学习能力，这种能力比常人认为的要高得多，也复杂得多。婴儿时期的学习是非常重要的。

教育家们还指出，婴儿具有辨别母亲面孔和声音的能力，婴儿的这种记忆能力，是既原始又极为高级的智能，而不正确的早期教育却偏偏无视这些卓越的能力，从而使孩子极为珍贵的能力被白白浪费。

事实上，每个孩子都是有潜能的，但教育方式不同，儿童潜能的发挥也不同。犹太教育学家约瑟伯约说："一棵树，如果按照它理想的状态生长到 30 米高，那么我们可以说这棵树具有长到 30 米高的可能性。同样的道理，一个儿童，如果按照理想状态成长，能够长成一个具有 100 度能力的人，那么我们就可以说这个儿童具备 100 度的能力。"

这其实也告诉我们，一个生下来禀赋只有 50 度的一般孩子，若教育得当，也会优于生下来禀赋为 100 度却得不到有效教育的孩子。教育的意义也就在于使孩子的潜在能力达到最高，并得以充分发挥。只要充分发挥出这种潜在的能力，就能做出不平凡的事情来。

遗憾的是，现实生活中，很多人对此并不重视。

而且，一位犹太老教育家曾指出：人的潜能并不是恒定的、永存的，而是呈现一个潜能递减规律。他说："儿童虽然具备潜能，但这种潜能是呈现递减法则的。初生婴儿具有的潜能是 100度，如果父母这时不对孩子进行早期教育，开发和利用他的潜能，而是等到孩子 5 岁时才让他接受教育，这时，即使是最为出色的教育，那也只能成为具备 80 度能力的人。而如果从 10 岁开始教育的话，即使教育再好，这孩子也只能达到 60 度的能力。以此类推，孩子的教育越晚，对孩子的开发价值就越低。"

教育不能错过，因为成长不会反方向进行，孩子更不可能等到父母认识到问题的严重性之后才长大，家长必须意识到问题，然后带着问题去解决，这才是家长最需要做的。

兴趣第一
——科学家、政治家的成功感言

犹太人教育智慧要诀

兴趣可以让一个人变得充满激情，兴趣可以让一个人全力以赴，兴趣可以让一个人取得意想不到的成就，这些都是强迫式教育所得不到的。

没有兴趣的学习就是机械式的学习，为了应付而学习；没有兴趣的工作，就是被动的工作，为了生存而工作。这不应该是每个人在做事情时正常的状态，因为这样只能让一切毫无趣味可言，那么，做这件事情本身也就失去了最根本的意义。所以，作为父母，要懂得以兴趣作为孩子行为的动力，这才是最巧妙而且最为有效的做法。

"宝贝，学小提琴吧，你看多高雅！"

"可是我不喜欢！"

"宝贝，这可是我和你爸爸一直的心愿，你看，我们给你买了最好的小提琴，又给你请了那么好的老师，你就学学吧！再说了，会拉小提琴显得你多有气质啊！"

苦心婆口之后，孩子勉强学了小提琴，可最后，父母的脸上没有流露出什么高兴的神色，反而是一副"恨铁不成钢"的表情。为什么？孩子被逼着学，能学好吗？就算最后能弹奏乐曲，相信他的琴声里定然没有感情。人只有在做自己真正感兴趣的事情时，才能投入百分之百的热情。

犹太人就深知这一点。

费曼是第二次世界大战后美国最天才的理论物理学家，他所创造的"费曼国",被人们拿来和电子元件中的"硅片"相提并论,二者都大大提高了计算机的工作速度,在效果上千百倍地延长了科技人员的寿命。诺贝尔奖得主汉斯·贝特曾说天才有两种:普通的天才完成了伟大的工作,但人们觉得那工作别人也能完成,只要足够努力就行了;特殊的天才,他做的工作别人谁也不能做,而且完全无法设想。贝特认为费曼属于后一种天才。

为什么费曼能成为这种"特殊的天才"呢?据说,在费曼很小的时候,父亲就买了五颜六色的"马赛克"给他玩,让他摆出各种花样。等他稍大后,父亲又经常带他散步和做游戏,和他讨论为什么小鸟会不断地啄自己的羽毛之类的问题,借以激发他认识事物的兴趣和习惯。稍大一点,父亲不仅帮助他在家中建立了自己的实验室,还培养他成为修理收音机的能手。

父亲对儿子兴趣的培养和教育让费曼取得了优异的成绩:24岁,费曼获得博士学位,28岁担任康内尔大学教授,47岁获得了诺贝尔物理学奖。

兴趣对一个人的影响极为深远,除此之外还有以色列的第一任女总理梅厄夫人。

梅厄夫人从小就对政治活动感兴趣。小学毕业后,她到了姐姐家。因为当时姐姐家是犹太的大本营,常常有许多人在此讨论至深夜,小小年纪的果尔达·梅厄被深深地吸引住了,这对她也产生了潜移默化的影响,促使她后来成为一名优秀的女政治家。很小的时候,她就积极地参加政治活动,或募捐或演讲。父亲虽然最初表示反对,但最后还是支持了女儿。

凭借着神圣的民族责任感和狂热的政治热情,梅厄和姐姐放弃了在美国舒适的生活,返回了故土,并成为以色列出色的女外长和优秀的女总理。也正是她从小对募捐和演讲的天赋,使她临危受命,一举在美国募捐了 5000 万美元,比原计划超出了一倍。正如"以色列之父"本·古里安所言:"有一天要写历史,将写上一位犹太妇女,她弄到了使这个国家能生存的钱。"

兴趣可以让一个人变得充满激情,兴趣可以让一个人全力以赴,兴趣可以让一个人取得意想不到的成就,这些都是强迫式教

育所得不到的。家长们望子成龙的心情可以理解，但请家长务必
注意，只有建立在兴趣的基础上，学习和其他事情才能真正有效。
兴趣第一，这是诸多犹太名人对教育的告诫！

树大自然直——前提是习惯把关

犹太人教育智慧要诀

好习惯可以影响一个人的一生，坏习惯同样可以影响一个人的一生，很多人成年后有着诸多毛病甚至走上犯罪的道路，可以说，教育在其中起着重要的作用。

抱着"树大自然直"观念的家长们，还是更新一下想法吧，因为这一个想法很可能影响孩子的一生。

很多家长并不知道习惯的重要性，或者即使知道了也从未用心地思考过如何培养孩子的习惯，这是一件让人痛心的事情。

习惯对于一个人的影响意义深远，不妨听一听卡尔·威特的故事：

卡尔·威特出生时是早产，生下后又总是生病，最后病虽奇迹般地治愈了，却反应迟钝。经过多次测验，人们断定他是一个低能儿。但威特的父亲并没有因此就放弃对儿子的教育，他深知习惯对于一个人的影响，于是就给儿子设计了一整套最完美的教育，通过帮助威特建立一种好习惯，从而把一个白痴教成了天才。

威特体弱多病，为了让孩子变得健康，威特的父母为儿子建立起一个非常规律的饮食习惯。他们定时给孩子吃东西，即使孩子饿得直哭，时间不到也不会给孩子喂奶。到孩子能自己吃东西时，在两餐饭之间也不让他吃任何食物，只能喝水。慢慢地，威特变得健壮起来。

为了培养威特的好奇习惯，威特的父母几乎每天晚饭后都要带他出去散步。一路上父亲不停地跟儿子讲解，并有意识地让他注意高树、草丛、鸟儿、栅栏、路灯、马车……渐渐地，小威特对外面的世界总是充满好奇心。

在威特学习功课时，他父亲绝不允许有任何干扰。威特的父亲严格地规定他的学习时间和游玩时间，培养他专心致志学习的习惯。

父亲还很注意培养威特专注的习惯。为此，父亲平均每天给他安排 45 分钟的功课学习时间，在这个时间内，不允许任何人打扰，如果威特不专心，也会受到严厉的批评。

此外，威特的父亲还注意培养孩子做事敏捷灵巧的习惯。如果威特做一件事磨磨蹭蹭，即使做得再好，威特的父亲也不会满意。

当然，还有很多，比如精益求精的习惯、坚持不懈的习惯、认真执著的习惯……

在习惯的作用下，威特八九岁就精通德语、法语、意大利语、拉丁语、英语和希腊语 6 种语言，并且通晓动物学、植物学、物理学、化学，尤其擅长数学；10 岁时他进入哥廷根大学；年仅 14 岁就被授予哲学博士学位；16 岁获得法学博士学位，并被任命为柏林大学的法学教授；23 岁时他出版了《但丁的误解》一书，成为研究但丁的权威。而且，跟那些后劲不足的神童不同，卡尔·威特一生都在德国的著名大学里教课，传播他的思想和智慧。

不知道家长看完之后作何感想？

好习惯可以影响一个人的一生，坏习惯同样可以影响一个人的一生，很多人成年后有着诸多毛病甚至走上犯罪的道路，可以说，教育在其中起着重要的作用。

一个罪犯临刑前，有人问，他有什么心愿，他说他想见母亲。母亲来了，他跟母亲说要吃奶，令人意外的是，他咬下了母亲的奶头。

他说："小时候，妈妈给我们吃苹果，她问谁要大的，哥哥说他要大的，结果被母亲批评了一顿；我说要那个小的，母亲不但给了我大苹果，还表扬了我。从此，我知道撒谎可以得到自己想要得到的东西。渐渐地，我就学会了偷窃……我恨她，如果不是她，我不会有今天……"

我们暂且抛开这位母亲的教育方式不谈，单单说她在分苹果过程中，竟然没有发现小儿子撒谎，即使这一次没有发现，在以后的教育过程中也没有发现么？如果她能够及早地发现并制止，又怎么会有后来的悲剧呢？

有人觉得这样的事情离自己很遥远，那我们不妨还原一下众多家教概念：

"孩子嘛！还小，难免有这样那样的毛病，也不能要求太高！"

"树大自然直！长大了孩子就懂事了，知道是非了，就不会再犯错了，不用那么大惊小怪的！"

……

这样的错误家教观念下成长的孩子，自然问题丛生。

"这孩子怎么那么讨厌上学呢？小时候哭着不肯上幼儿园，还以为长大就好了，现在还变本加厉了！"

"我家孩子老是睡懒觉，这不，都上初中了，还总是迟到！"

"这孩子，这么大了还是那么不省心，老是丢三落四的！"

"我家孩子总是改不了拖拉的坏毛病，真把人急死了！"

……

为什么曾经的小问题最后变成了"急死人"的大问题了呢？严重点，甚至有的孩子殴打父母、偷窃成瘾，最后进了少管所，原因只在于，家长忽视了习惯的存在。

孩子自私、拖拉、撒谎、任性等，最后都很可能导致走向一条不该走的路。作为家长，我们有责任也有义务帮助孩子培养良好的习惯。无论是学习，还是生活，都要有一个良好的习惯，犹太人在教育中对这一点极为关注。

所以，不要再想着"树大自然直"了，想一想：一棵带有枝丫的、弯弯曲曲的小树，长大能直吗？

懒驴推磨——没目标将一事无成

犹太人教育智慧要诀

目标让人更加清楚自己，让人在前进的道路上更加清醒和自信。目标给人以方向和动力，促使人为了实现它而奋斗一生。

很多人总是要别人推着走，即便别人推着也是茫茫然地走，毫无方向。就像一只推磨的懒驴，被动且没有目标，这样注定只能一事无成！

"你的目标是什么？"

很多孩子在被问到这个问题时总是一脸茫然，对于目标这种抽象的东西，他们没有意识，或者夸张点说，别说孩子了，甚至很多成年人对目标都没有概念。

犹太人则相反。犹太人最擅长的就是从小就确立自己的奋斗目标，随后，集中有限的时间和精力去攻克一个目标。这样的做法往往使他们能够集中力量，所以犹太人的成功率也要比别人高。

在人生的竞赛场上，不乏智力和能力相当不错的人，但他们为什么没有取得成功？在很大程度上，是因为他们没有确立目标或没有选准目标。没有确立目标，是不容易得到成功的。打一个简单的比方，有一位百发百中的神技射击手，如果他漫无目标地乱射，结果可想而知。

成功需要目标。

大卫·布朗是英国的一位商人，他是犹太人。他的发迹过程，得益于他确立了目标。

1904 年，布朗出生了。他的父亲经营一家小型齿轮制造厂，几十年来一直惨淡经营，仅够赚取一点生活费。父亲总结自己的经历时告诉儿子，这是他没有选好奋斗目标的原因，并把希望寄托在儿子身上。为此，他严格要求布朗勤于学习和读书，每逢假日就规定他到自己的齿轮厂去参加劳动工作，与工人们一样艰苦工作，绝无特殊照顾。

在父亲的教育下，布朗渐渐地熟悉了工业技术的知识，养成了艰苦奋斗的精神，并结合当时的市场情况，最后形成了自己的人生奋斗目标。通过观察，布朗发现当代人对汽车使用已经普及，他预感汽车大赛将会成为人们的一种流行娱乐。加上自己在齿轮业务方面积累的经验，布朗为自己定下了目标，大力发展赛车。他一步步地朝着自己的目标奋斗。他克服了重重困难，成立了大卫·布朗公司，然后聘请专家和技术人员做设计，并采用先进技术设备进行生产。1948 年，在比利时举办的国际汽车大赛中，布朗生产的"马丁"牌赛车夺了魁，大卫·布朗公司因此一举成名，订单如雪片般飞来，布朗从此走上发迹之路。

目标让人更加清楚自己，让人在前进的道路上更加清醒和自信。目标给人以方向和动力，促使人为了实现它而奋斗一生。

爱因斯坦，在这方面就是典范。

爱因斯坦自幼家境贫困，加上自己小学、中学的学习成绩平平，虽然有志向科学领域进军，但他知道自己必须量力而行。他对自己进行了一个自我分析：虽然总是成绩平平，但对物理和数学有兴趣，成绩较好。因此，只有在物理和数学方面确立目标才能有出路，其他方面是比不上别人的。于是，在读大学时，他选读了瑞士苏黎世联邦理工学院的物理学专业。

由此，爱因斯坦就确立了自己的目标。为了实现目标，爱因斯坦付出了极大的努力，并最终取得了令人瞩目的成就：26 岁时，他发表了科研论文《分子尺度的新测定》，以后几年他又相继发表了 4 篇重要科学论文，发展了普朗京的量子概念，提出了光量子除了有波的性状外，还具有粒子的特性，圆满地解释了光电效应，宣告狭义相对论的建立和人类对宇宙认识的重大变革。爱因斯坦取得了前人未有的显著成就！

由此也可以看出，确立目标对一个人的重要性。假如爱迪生当年在文学上或音乐上彷徨，这也学几天，那也学几天，恐怕我们很可能就不知道他的存在。

　　综观犹太人的成功经历，我们发现犹太人不管是从商、从政或是从事科学事业，都注重确立人生奋斗目标，他们认为目标决定一生，目标可以激励人不畏千辛万苦，充分发挥自己的潜在能力。在教育上，他们也一直这样教育着自己的孩子！

　　作为家长，我们是否也应该从中学习些什么呢！

犹太人的高效学习法

犹太人教育智慧要诀

在犹太人看来，学习是一件讲究方法的事情，并不是凭着蛮劲就可以学好的，为此，他们总结了很多独特的方法。

学习是哪个民族都会的事情，可是诺贝尔奖却只有犹太人能轻易获得，这是为什么？看了犹太人独特的学习方法，你就知道了！

很多孩子学习不懂方法，所以，即使他们费尽力气，最后还是难以取得成绩。

在犹太人看来，学习是一件讲究方法的事情，并不是凭着蛮劲就可以学好的，为此，他们总结了很多独特的方法，在这里，跟众位家长一起分享一下：

一、注重对阅读的培养

婴儿六个月时就已经开始熟悉声音，并对纸上的东西发生兴趣，尽管他们不懂内容，只要朗读给他们听，就能使他们熟悉并喜欢父母的声音，这也为日后的教育打下基础。研究表明，孩子喜欢听故事，即使是重复的故事。通过听故事或者自己阅读，孩子可以自由发挥想像力，阅读也有助于孩子好奇心和专注力的培养。这为孩子日后的发展都打下了良好的基础。

二、投入学习法，把书印到大脑里

在研究《塔木德》学院的学生，很多都是从早到晚一直学习的，他们经常捧着书，口中不住地读着什么。这种学习方法就是"投入学习法"。在学习的时候，可以动用全身的器官进行辅助。

比起我们通常的做法，如用彩笔标出需要背诵部分，这样的学习方法更有效。因为我们的做法是为了应付考试而进行的有效背诵，考试结束了，记忆的东西就被忘了大半。而"投入式学习"不同，如前面所描述的，犹太人学习是将眼睛看、口读、耳朵听等各种方式综合起来，而不是单纯的阅读。阅读时，他们还采取吟读。此外，犹太人还喜欢抑扬顿挫地朗读，并按一定的节律左右摇摆。他们一边手拿课本，一边动用全身的各种器官，按照文章的意思，将自己完全投入。

在犹太人看来，一旦你的记忆容量变大了，你的大脑就有能力不断地储存新的信息。

三、扮演老师，让学习突飞猛进

一项脑力测试表明：学生只能吸收教师在课堂上所讲内容的10％左右。如果一个学生自己阅读材料，那么其吸收率将急速提高到70％左右。如果学生再将所学的内容教给别人，无论他是扮演一个教师的角色，还是在合作性的学习环境下讲授，他将掌握有关内容的90％。犹太人熟知这一点，所以在家庭中，他们经常创造环境，鼓励孩子通过扮演老师来提高学习效果。如家长扮作学生，虚心向孩子请教各种问题，或者给孩子购买数个娃娃，让孩子给这些娃娃上课。渐渐地，有一天你会发现，孩子掌握的东西比你所掌握的还要多。此外，通过这样的一个方法，孩子也能变得自信，并能认识到自己的价值。

四、自教自学

犹太人认为"孩子不可能永远接受学校教育，孩子长大了，就必须有自教自学的能力，才能不断丰富自己的学识"，所以犹太人鼓励自己的孩子自学成才。他们通常会使用下面这套自学方法来丰富自己的知识：（1）从小养成了良好的自学习惯，在固定的时间和地点进行自学；（2）根据自身情况，制定相应的学习任务和计划，然后大量阅读，以开阔视野，使知识日渐广博；（3）广泛阅读，结合精读，精读的这部分内容要选取对自己有价值的领域，深入研究，使之真正转变为自己的知识；（4）通过别人的"头脑"学习，在阅读时，发现难以理解的内容时，犹太人习惯将书借给周围有学识的人读，通过参考别人的读书心得，来对知识进行深化理解并吸收；（5）多种形式、多种渠道自学，比如与人交谈等，这样可以在无形中增长自己的见识。

犹太人独特的教子方法成就了很多伟人，如果想让你的孩子成功，就试试看吧！

读 101 遍要比读 100 遍好——有效记忆

犹太人教育智慧要诀

人的一切活动，从简单的认识和活动，到复杂的学习和劳动，都离不开记忆。没有记忆，人们的思考就失去了前提。没有记忆作为基础，人们的智力活动也将受到限制。

很多孩子嚷嚷"背诵是件痛苦的事情"，"我的脑袋里再也填不下任何东西了"，为什么孩子如此惧怕记忆，为什么记忆对于他们而言那么难？记忆真的有什么神奇的方法吗？

很多人孩子害怕背诵课文，害怕记忆公式，而家长们为了提高孩子的记忆力，可谓使尽浑身解数，补品、营养品堆积如山不说，还请教名师，可最后仍然收效甚微，原因何在？

很多都说犹太民族是一个"天才的记忆的民族"，对比他们的教育，也许就会发现你在教育中存在的漏洞了。

孩子还很小的时候，犹太父母就对他们进行严格的记忆训练。

有一个犹太小孩，刚 3 岁，父亲就把他带到类似私塾的地方，开始学他们的书面语希伯来文。孩子会读之后，父亲又让孩子背诵像《般若心经》一样的通用祈祷文。这位父亲从不要求孩子了解文章的意思，只是教他读，以背诵为目标。在他看来，如果这个时候没有帮助孩子创建起记忆力基础，那么往后就没有办法学到其他知识了。当孩子到了 5 岁时，他又让孩子背诵《圣经》和《摩西律法》。父亲规定孩子在 7 岁之前必须背诵摩西五书中的《创世记》、《出埃及记》、《利未记》、《民数记》、《申命记》，他要配合旋律，反复地朗诵几百遍。7 岁后，孩子就学习《旧约》剩下的部分以及《犹太法典》。到了 13 岁，在接受成人典之前，孩子就已经全部会背诵本民族基本的学问了。

这样的记忆教育每一个犹太父母都懂得，犹太父母这样跟孩子说：读 101 遍要比读 100 遍好。

很多人听了，也许认为这是死记硬背，然而事实证明，这样的"死记硬背"颇为奏效。这样的教育在潜移默化中为孩子的大脑建立了一个大容量的记忆系统，这个系统一旦建立，接下来就很容易吸收各式各样的知识。只有这样的大脑，才能贮藏起丰富的信息知识，而只有脑内拥有丰富的知识贮藏，才能产生优秀的发明和独创性的思考，天才就这样产生了。犹太人之所以有灿若群星的天才，也许就是因为犹太人是一个记忆的民族吧。

对于每个人来说，记忆是非常重要的。人的一切活动，从简单的认识和活动，到复杂的学习和劳动，都离不开记忆。没有记忆，人们的思考就失去了前提。没有记忆作为基础，人们的智力活动也将受到限制。

所以，要想孩子有一个良好的记忆力，父母就需要加强对孩子记忆力的培养。我们不妨学习犹太人对孩子的记忆教育：读 101 遍要比读 100 遍好。

站在对岸才能独立思考
——希伯来的箴告

犹太人教育智慧要诀

综观犹太人的历史，我们可以看到很多成就显赫的名人、伟人都善于独立思考，他们也因此能从人们司空见惯的现象中发现问题，并大胆地追求，最后有所建树。

为什么诺贝尔奖只有少数人能够获得？其实，答案很简单，当所有人的脑袋想的都是一个方向，所有人都想着常规，最后又怎能制胜？道理大家都明白，可还是有很多人照样进了大众思考的圈子。

犹太人就并非如此，他们懂得独立思考。

大家都知道"希伯来"这个词，在犹太人的语言中，它的原意是"站在对岸"，也就是站在隔一条河的地方，或是与别人不同的地方。每一个人都要去找这么一个地方站着，才能立足于社会。就是在这种理念的引导下，犹太人亮出了独立思考的姿势，这也成了犹太人智慧和财富的制胜招牌。

犹太人倡导独立思考，著名的科学家爱因斯坦就是这方面的典型。在他看来，做科学要敢于蔑视权威，敢于提出自己的创见，具有"独立精神"和"创新精神"。

犹太人思维的独立性表现为善于独立地提出问题、分析问题、解决问题，还有不迷信权威，不人云亦云。综观犹太人的历史，我们可以看到很多成就显赫的名人、伟人都善于独立思考，他们也因此能从人们司空见惯的现象中发现问题，并大胆地追求，最后有所建树。

19～20世纪，德国物理学家普朗克在攻克热力学研究的难题——黑体辐射问题的过程中，遭遇了多次失败。他的老师劝他说："物理学是一门已完成了的科学，因此继续研究是不会有多大成果的。"虽然内心非常敬爱老师，但普朗克还是坚持自己的想法，他也不甘心受"中止"观点的束缚，他认为物理学远没有完成，于是继续研究，终于在1900年发表了能用量子概念导出黑体辐射的公式的论文。

不但普朗克具有独立思考的精神和品质，很多犹太科学家都是如此，比如爱因斯坦。

一次，爱因斯坦的老师海因里希·韦贝尔对他说："你是一个十分聪明的小伙子，可是你有一个毛病，就是你什么都不愿让人告诉。"

海因里希·韦贝尔老师说的"毛病"正是爱因斯坦可贵的优点——思维品质的独立性。也正是由于他的这个缺点，成就了后来敢于突破牛顿力学，建立相对论，对世界做出了划时代卓越贡献的爱因斯坦。

独立思考，并不是为了标新立异，也不是为了哗众取宠，独立思考是为了形成独特的思想体系，为了在平凡中发现并解决问题。一个总是附和别人，没有独立思考能力的人注定一生平庸。

我们的教育需要从意识深处彻底地根除那些错误的思想，比如听话的孩子才是好孩子，不能太独立，太独立就不合群，要中庸一点……多听一听希伯来的箴告吧！

专注——天才的充分加必要条件

犹太人教育智慧要诀

我们会发现，生活中，孩子似乎对很多事情都非常感兴趣，但他们往往很难专注于某事。不专注，就不会全身心投入，就永远只能在目标的外围徘徊，难以达到很高的成就。

刚坐下来写作业，不到 5 分钟，就跑去看电视了；刚拍一会儿皮球，看见别人捉蜻蜓，又跟着跑去捉蜻蜓去了；刚吃了两口饭，小伙伴一叫，就偷偷地跑出去玩了……做啥事都没个定力，小时不改正，长大只能更加"东一榔头，西一棒槌"，对此，家长要动动脑筋了！

定力就是指专注。

做任何事情都需要专注，专注才能投入，专注更容易解决问题。实践证明，很多伟人之所以成功，都与他们具备专注的品质息息相关。犹太人就非常注重这一点。

比尔·盖茨一出生就受到了家庭的精心教育，比尔的父母尤其注重培养他的专注能力。在父母的培养下，比尔专注于某一事物的天赋十分明显。比尔在关注他感兴趣的东西时，往往对周围的事物一概不管。

还在很小的时候，他就喜欢看书，经常捧着书，接连看几个小时都毫不厌倦。

到了中学，比尔·盖茨接触了计算机，这个神奇的家伙立即深深地吸引了比尔。他开始疯狂地迷上了计算机。很快，八年级学生比尔便挤进了高年级学生的圈子，他们的老师所知道的所有计算机知识，比尔用一星期的时间就超过了。

在那个时代，计算机刚刚起步，上机编程很昂贵，但比尔还是不断地寻找甚至创造机会去上机编程序。那时，比尔常与伙伴们一起乘车到学校附近一家新办的计算机中心公司编写程序，他经常忙到累得无法继续才回家。比尔总是边吃面包，边忙着编程序工作。即使回到家，比尔的心思还在计算机上。在家里，他常常为了一个问题，费尽心机地苦苦思索。他的房间里到处都是电传纸和计算机纸，成卷成沓的。

吃完晚饭后，比尔常假装睡觉，然后趁父母不注意时偷偷溜出家门，坐十来分钟汽车去计算机中心公司继续他的编程工作，偶尔他回来得太晚了，汽车已经停运，他只好走路回家。但他似乎乐此不疲。

进入哈佛大学后，学习计算机的条件优越得多了，比尔如鱼得水。他以极大的精力投入到计算机中。为了赶一个程序，比尔有时一干就是 36 个小时以上，困了就趴在桌上睡一会儿，醒来后继续忙碌。忙完后，比尔一回宿舍就拉过毯子，倒头便睡。有时太投入了，以至他在盖着毯子熟睡时，还梦着计算机的事。他一遍遍地说："一个句号，一个句号，一个句号，一个句号……"

比尔的精力全部投入到计算机上，极大的专注力让他无法再顾及其他，尽管那时家里很富有，尽管他可以在大学与人约会，但比尔的注意力从没有在这些方面停留……

正是这种极大的专注力让比尔·盖茨在计算机方面有了非同寻常的成就，最终也引导着他走向他心爱的计算机事业。

我们会发现，生活中，孩子似乎对很多事情都非常感兴趣，但他们往往很难专注于某事。不专注，就不会全身心投入，就永远只能在目标的外围徘徊，难以达到很高的成就。这其实也就要求我们，在孩子小的时候，一定要把孩子的专注力激发出来。比如，让孩子做某事，让他在规定时间内完成并帮助排除外界干扰；

让孩子对感兴趣的问题不断刨根问底，积极思考；让孩子在兴趣广泛的基础上，选择最着迷的，并有意地强化……方法有很多，用心的父母会懂得去摸索。

安装创新方程式——彻头彻尾洗脑

犹太人教育智慧要诀

犹太父母认为一般的学习仅仅是一种模仿，而没有任何的创新，当一个人能够提问时，才说明他能思考，能质疑。

没有创新意识，就没有创新的行动力，没有创新的行动力，就没有知识和智慧的爆发，就只能平凡和平庸。所以，不妨像给电脑装上软件一样，给大脑也安装一个创新方程式。只要安装完毕，就可以自主地按照指令运行，这无疑于一次彻头彻尾的创新洗脑运动，又何愁没有创新的意识和本领？

犹太人的确很有钱，他们是用事实证明了这一点：全球最有钱的企业家，犹太人占一半。《福布斯》富豪榜前 40 名中，犹太人占 18 名。从 20 世纪起，犹太人却包揽了诺贝尔奖的 1/5。

这是为什么呢？

有些家教场景可以反映问题：

孩子放学了，犹太父母问："你又提问了吗？"因为提问可以引发思考，思考为创新提供出路。

犹太父母注重提问，不仅提问孩子，还让孩子自己提问并自己解决。

如果一个孩子上课注意力不集中，犹太父母首先会观察，最后很可能去认同并鼓励孩子的"异样"行为，他们认为这是孩子好奇并富有想像力的表现。

犹太父母认为一般的学习仅仅是一种模仿，而没有任何的创新，当一个人能够提问时，才说明他能思考，能质疑。

犹太人注重创新，在他们看来，创造力是人一生中最重要的能力。正是基于这样的认识，犹太人创新思维发展得尤其好，所以，诺贝尔奖也纷至沓来。正如美籍犹太人赫伯特·布朗在回答为什么犹太人获诺贝尔奖比例这么高的问题时所说的：这些完全得益于对孩子的良好教育，特别是对创新意识的培养。

其实，强调学习，本身不是什么坏事，但强调学习并不意味着要让学习抢了风头，完全成为机械式学习，否则，得到的是漂亮分数，牺牲的是孩子的创新潜质！

犹太人中之所以有很多诺贝尔奖的好苗子，就在于成人把孩子从压抑、机械的状态中解放出来，给孩子的大脑里安装一个创新方程式，只有脑袋里想着创新，支配自己的行动去创新，才能为自己的人生创造出很多意料之外的东西。

那么，这个创新方程式究竟要怎样来安装呢？我们不妨学习一下犹太人的做法：

首先激发孩子的好奇心。犹太父母经常给孩子出谜语，让孩子猜，并给予适当的暗示；故事讲了一半，故意停下来，孩子自然很想知道答案，并询问结果，这时犹太父母就会跟孩子一起讨论大概会出现的结果，让孩子的思维能力得到锻炼。

然后鼓励孩子思考，提出问题。每个孩子一出生，都会对世界充满好奇，总是喜欢缠着大人问为什么，家长千万不要敷衍或不耐烦，这样只能扼杀孩子的求知欲。这就要求家长要在保护孩子好奇心的基础上，有意识地引导孩子，并对孩子的提问表现出自己的兴趣，跟孩子一起思考，一起寻找未知的答案。

还可以鼓励孩子动手创新，让孩子根据自己的想法做出新颖的东西来。因为犹太人认为创造力要落实到实践上，让孩子根据自己的想法，尝试着动手，这样创造力可以得到很好的发挥。

怀疑——智慧的精髓，创新的内核

犹太人教育智慧要诀

怀疑是一个人智慧的集中体现，更是一个人是否具备创新潜质的重要标准，怀疑对创新不可缺少！

面对权威或者经验，你是接受事实，一味盲从，还是冷静地站在一旁，以怀疑的眼光审视？一个善于创新的人一定是一个敢于怀疑的人，因为只有怀疑，才能开启智慧、挑战智慧；只有怀疑，才能为创新提供可能，才有机会抵达创新的内核。教育孩子，要从教育孩子敢于怀疑开始。

"听话教育"盛行，"小绵羊"到处都是，这其实揭示了现代教育存在的一个问题，那就是：这样的教育忽视了怀疑精神的培养，它与创新背道而驰，结果就是摧毁了孩子的怀疑功能，使孩子丧失创新的意识和动力。

怀疑对于一个人的一生有着极其重要的意义，怀疑才能发现，才能思考，才能激发智慧，才能不断创新。怀疑是一个人智慧的集中体现，更是一个人是否具备创新潜质的重要标准，怀疑对创新不可缺少！

犹太人就非常注重对孩子怀疑精神的培养。《塔木德》上记载了这样一个故事：

一个犹太教士问一个年轻人："两个犹太人掉进了一个大烟囱，其中一个身上满是烟灰，另一个却很干净，那么他们谁会去洗澡？"

年轻人不假思索："当然是那个身上脏的人！"

"错！那个被弄脏的人看到身上干净的人，认为自己一定也是干净的，而干净的人看到脏人，认为自己可能和他一样脏，所以是干净的人要去洗澡。"教士说。

教士又问："他们后来又掉进了那个大烟囱，情况和上次一样，哪一个会去澡堂？"

"这还用说吗，是那个干净的人！"年轻人急忙说。

教士说："又错了！干净的人上一次洗澡时发现自己并不脏，而那个脏人则明白了干净的人为什么要去洗澡，所以这次脏人去了。"

教士又问了第三个问题："他们再一次掉进大烟囱，去洗澡的是哪一个？"

"这？是那个脏人。不，是那个干净的人！"

"你还是错了！你见过两个人一起掉进同一个烟囱，结果一个干净、一个脏的事情吗？"

这个故事很有意思，很多人的回答都会像年轻人一样，这其实说明了人欠缺一种怀疑精神。想当然地认为就是如此，自然就不会产生怀疑，只有聪明的犹太人懂得从中提炼出教育内容：鼓励他们的孩子大胆怀疑。犹太人还敢于质疑权威，甚至是他们心中神圣无比的上帝，因为在他们看来，要敢于怀疑，就不能让别人来影响自己的判断，即使是权威。

犹太心理学大师弗洛伊德解释说："因为我也有犹太人的这两个天性——怀疑和思考，所以我不会受到偏见的影响，但其他人的智力则容易受到限制。作为一个犹太人，我时刻怀疑'大多数的人'的意见。"正因为怀疑精神使犹太人充满智慧，从而使他们能够在众多领域获得卓越成就。

我们也知道，很多事实都是隐藏在一些看似根本不需要怀疑的事件当中，而我们往往因为没有怀疑精神才难以发现现象背后隐藏的东西。如果我们的教育能够摒弃"听话教育"，清除孩子在"乖孩子"标准之下养成的依赖心理，转而鼓励孩子大胆怀疑，那么，孩子自然就可以通过观察、思考、发现、怀疑来认识世界，继而有所创新，开拓出自己的一个世界来。

所以，不要再不由自主地陷进"听话教育"的漩涡里。想让孩子有一番成就，就必须先从培养孩子的怀疑精神开始，这也是智慧的和创新的共同要求。

成功＝刨根问底地探求问题

犹太人教育智慧要诀

犹太父母会告诉孩子，只要有不懂的地方和觉得不对的地方，就应该指出来，向老师请教，或是自己想办法找出答案，这样才能进步得更快。

很多人把成功想得很复杂，为了让孩子具备成功的素质，可谓挖空心思。其实，成功并不需要大费周折，更加用不着费尽力气地去求经拜佛，成功很简单，用爱因斯坦的话来说就是：我没有什么特别的才能，不过是喜欢刨根问底地探求问题罢了。所以，把你的孩子培养成一个"问题篓子"吧，这可是爱因斯坦的心经！

孩子的大脑就像一条畅快的小溪，溪水欢快地流淌，奔跑得越远，孩子懂得的也就越多。可是，在溪水奔跑的过程中，孩子难免会遇到这样那样的难题，就像水中忽然横着一段枯木，隔断了水流，减缓了流速，孩子的思维受到了阻碍，这时家长就必须给予疏导。孩子的提问为自己继续认识世界提供了可能，可是很多家长却不能帮助孩子，他们往往忽视了这个问题，于是，在教育孩子的过程中，非但不能帮助孩子疏导，甚至成了孩子思维的阻碍。

我们不妨回忆一下，孩子提问时自己的态度。

大家都知道，好奇是孩子的天性，孩子好奇，自然就爱提问，很多家长也一定会有这样的体验：孩子总是喜欢缠着自己叽叽喳喳地问个不停。很多家长起初还能耐心回答，可渐渐地，就变得不耐烦起来，总是敷衍了事，回答也是模棱两可，最后甚至不理不睬，或者粗暴地制止……

家长不曾想到，这样的态度对孩子将产生怎样的影响。

孩子正在认识世界，他渴望了解世界，而父母的态度无疑是对孩子积极性的打击，久而久之，提问总是得不到解决，他就会慢慢丧失提问的欲望，因而也丧失了一个成长的最好时机。

犹太父母就意识到了这个问题，他们不但鼓励孩子提问，甚至规定孩子每天必须问多少个问题，通过这样做，让孩子在提问和解答中激发思维能力，学习更多的知识。

犹太父母会告诉孩子，只要有不懂的地方和觉得不对的地方，就应该指出来，向老师请教，或是自己想办法找出答案，这样才能进步得更快。

很多犹太父母还喜欢用比赛的形式激发孩子的提问能力。

有一个叫拉摩西的犹太人，他告诉孩子，每天上学都必须向老师提问，而且还要在课堂上积极回答老师提出的问题。用笔把这些问题记下来，一周进行一次比赛，谁提出的问题和回答的问题最多，谁就会受到奖励。

在这样的氛围中，孩子们更加爱提问了。渐渐地，拉摩西的孩子们的成绩也优于同龄孩子，尤其是一些科技类、自然类知识比同龄孩子丰富很多。

在平常的生活中，拉摩西也非常乐于回答孩子们的提问，虽然有 5 个孩子的轮番攻击，拉摩西和妻子也从来不觉得烦。如果孩子们的问题他们也解答不出时，他们就鼓励孩子去问老师。

可想而知，孩子们不断增长了见识，还练习了思维，提高了解决问题的能力。

犹太人说："创造始于问题，有了问题才会思考，有了思考才有解决问题的办法。"也正是在这样一个不断提问、思考和解决的过程中，逐渐地让孩子们充满智慧，与创新结缘，一个具备了创新这一成功素质的人，自然更可能成功！

诺贝尔奖获得者赫伯特·布朗是一个美籍犹太人，他曾经说过："我的祖父经常会问我，为什么今天与其他日子不同呢？他也总让我自己提出问题，自己找出理由，然后让我自己知道为什么。我的整个童年时代，父母都鼓励我提出疑问，从不教育我依靠信仰去接受一件事物，而是一切都求之于理。可能这一点是犹太人的教育比其他人略胜一筹的地方吧。"

　　成功往往就隐藏在一些看似微不足道的小事情上，只要你留意，你的小举动就能带来孩子的大成功！

想象需要空间才能自由呼吸

犹太人教育智慧要诀

想象力比知识更重要，因为知识是有限的，而想象力概括着世界上的一切，推动着社会进步。

抱怨孩子的作文总是像一潭死水，毫无生色？抱怨孩子的想象力像沙漠上的庄稼一般不争气？抱怨孩子的思维总是循规蹈矩？停止抱怨，先看一下自己对孩子的教育吧！将想象扼杀在狭窄的空气里，没了空间，自然就没了呼吸，没了呼吸，想象力自然也就没了生命力！

"妈妈，你说手表为什么能转呢？它那么小，肚子里还能装东西吗？"

"什么乱七八糟的东西，想这些你能多考几分吗？快去学习！"

"弯弯的月亮像什么？"

"像扁豆！"

"你这孩子，脑袋里不知道都想的是什么东西！弯弯的月亮当然像小船了！"

"来，我教你画画，先画一条线，这是地平线，然后再画长方形，这是高楼……"

很多家长都忧心孩子"想象力匮乏"，实际上，原因很简单，因为家长的脑袋里拴着"分数"和"标准答案"这两根绳子，只要这两根绳子系着，孩子的想象力就很难发展。

任何时候，学习都是关系人生的大事，所以，所有的时间都应该拿来为学习服务，除了升学、考试，是不可以有其他七七八八的想法的，家长带着这样的教育理念，孩子畅想的机会和时间自然就被剥夺了。为了答题，为了得分，不管是家长还是孩子，一定会追求标准答案。标准化答案无形中又剥夺了孩子想象的空间，最后将孩子的想象力残忍扼杀！

家长们没有意识到，短期目标达成了，却以摧毁孩子身上最重要的东西——想象力为代价！没有想象力的人是一个体会不到乐趣的人，没有想象力的民族是一个没有创造力的、可悲的民族！

家长们没有意识到对想象力的扼杀其实就是在我们的教育中进行的！父母的教育实际上成了孩子想象力和创造力发展的隐形杀手，只有家长彻底地根除这样的意识，进而在行为上严格注意，才能真正地培养起孩子的创造力！

爱因斯坦曾说过：想象力比知识更重要，因为知识是有限的，而想象力概括着世界上的一切，推动着社会进步。严格地说，想象力是科学研究中的重要因素，在现实社会中，没有想象力，就没有新的发明与创造，就无法解决生产和生活中的新问题，人类社会就无法前进。

犹太教育家向来都不主张用要求、标准等来束缚孩子，因为这样孩子的头脑就会被这些无形的东西紧紧地捆住，不能自由地想象，不能自主地探求知识。犹太教育家还反对家长对于孩子在想象力上的嘲笑和讽刺，希望那些认为孩子幼稚的家长尽可能地保护孩子的想象力，这也是对他们创新精神的培养！

不是只有钥匙才能开门，石头也可以

犹太人教育智慧要诀

开锁不能总用钥匙，解决问题不能总靠常规的方法。

"没有钥匙怎么开门？"当一个人把自己套在这样的思维里时，就永远只知道拿着钥匙开门了。在日新月异的社会中，墨守成规要不得，否则，面临的也许不仅仅是将机会和利益拱手相让，而是一次又一次的失败……

很多父母总是把自己套在常规思维里，教育也变得常规，从而孩子便成了只知道抱着老办法解决问题的一群人！

"说一说春天是什么样子？"

"春天来了，草变绿了，河里的冰融化了，燕子飞回来了……"

为什么不能打破常规思维，换种方式来描写呢？

"春天踮着脚尖轻盈盈轻悄悄地来了，你看，水中映着湛蓝的天，小草跑到了画纸上，美美的都是绿哩！人们的眼睛里闪过燕子的翅膀，天地的乐章上还有青蛙快乐饱满的鸣叫声，它在呼唤它的宝贝吧……"

孩子遇到难题，来问家长："爸爸，这道题我不会！"

"翻翻书看看例题，不是有公式吗？"

为什么只想着用书上的公式来套住孩子？为什么不跟孩子说：

"书上的解法也不是固定的，只要你觉得这个方法合理，有据可循，就可以采用，不需要受公式的约束。"

交给孩子固有的东西，不如训练他有一个特别的脑袋，这个特别的脑袋可以打破常规思维，可以创新，这才是取之不尽的法宝！犹太人就深谙此理。

《塔木德》上有一句著名的话是："开锁不能总用钥匙，解决问题不能总靠常规的方法。"

有一个犹太富翁，他有两个儿子。儿子渐渐大了，他开始苦苦思考让哪个儿子继承遗产的问题。

想起自己白手起家的青年时代，富翁忽然灵机一动，找到了考验他们的好办法。

他锁上宅门，把两个儿子带到一百里外的一座城市里，然后给他们出了个难题，谁答得好，就让谁继承遗产。

他交给他们一人一串钥匙、一匹快马，看他们谁先回到家，并把宅门打开。

兄弟两个几乎同时回到家，但面对紧锁的大门，两个人都犯了难。

哥哥左试右试，苦于无法从那一大串钥匙中找到最合适的那把；弟弟呢，则苦于没有钥匙，因为他刚才光顾着赶路，钥匙不知什么时候掉在了路上。

两个人急得满头大汗。

突然，弟弟灵光一闪，他找来一块石头，几下子就把锁砸了，他顺利地进去了。

最后，继承权自然落在了弟弟手里。

在犹太人看来，人生的大门往往是没有钥匙的，在命运的关键时刻，人最需要的不是墨守成规的钥匙，而是一块砸碎障碍的石头！

这就是犹太人的智慧，他们懂得打破常规思维，而不是固守传统。对于我们，这也是一个极大的启发！

盲人点灯——学会转换思维

犹太人教育智慧要诀

正是靠着"盲人点灯"的智慧，犹太人让别人看到了自己的价值，从而在艰难中求得生存，看似多此一举，实际上蕴含着丰富的内涵。

人的大脑需要经常性地"更换角度思考"，这就意味着，即使你自认为走进了一条"死胡同"，最后也很可能"柳暗花明"。

《塔木德》里记录了这样一个故事：

一个漆黑的夜晚，一个人外出，忽然，他看到前方有一线光亮，走近了，他发现对面来了一个提灯笼的人，但仔细一看，那人却是一个盲人。

这个人心里疑惑，就问盲人："你提着灯也看不见东西，这不是多此一举吗？"

盲人说："我点灯是为了让你们看到我！"

多聪明的犹太人！对于他而言，不管是黑夜还是白天，走路都是一样的，而对于常人而言，差别却大得多，盲人黑夜点灯实则是为了让每一个相遇者都能看清自己，从而减少自己挨撞的可能性。

这其实就体现了思维的转换，也是犹太人智慧的一大体现。显然，这种智慧是犹太人从两千多年的流散经历中提炼出来的，而这种智慧的价值和意义从犹太人的发展史上能得到淋漓尽致的展现！

作为一个弱小的民族，这种智慧显然为犹太人提供了保护，正是靠着"盲人点灯"的智慧，犹太人让别人看到了自己的价值，从而在艰难中求得生存，看似多此一举，实际上蕴含着丰富的内涵。在犹太教育中，犹太父母就经常用"盲人点灯"的故事来告诉孩子转换思维的重要性。

然而，现实中很多人对此不屑一顾，认为没必要对此进行教育，这其实是错误而又狭隘的想法。我们的教育也要懂得转换思维，这样才能为孩子自己解决问题提供方法，为创造性思维的发展提供帮助。

举一个例子，你的孩子参加智力抢答，给出了这样三道题：

1. 如果说 4 是 8 的一半，还有谁是 8 的一半？

2. 国王为挑选继承人，给两个儿子出了道难题："给你们两匹马，白马给老大，黄马给老二，你们骑马去清泉边饮水，后到者胜。"怎样才能取胜？

3. 一外商想寻求代理人，而前来应试的人都不能令他满意，他听说民间有位经商奇才，就亲自去拜访，结果却让他失望。他找到那位奇才时，那人正对着对面一家商店叫骂，原因是同样的商品，对方的价格更低，因而抢了他的生意。外商摇摇头，遗憾地走了。可是不过三天，外商又回来了，并带来了聘书。为什么？

答案很简单：

1. 0 是 8 的一半（8 是由两个 0 上下相叠而成的）；3 是 8 的一半（将 8 竖着分为两半，则是两个 3）。

2. 只要骑着对方的马冲到前面就可以了。

3. 道理很简单，两家商店都是那"奇才"开的。

这里面就运用了转换思维法。

我们都知道，摆脱固有的思维模式是创造性思维的起点。在日常的生活和学习中，只有当孩子学会转换思维的角度，才能更好地看到问题情境之间的关系，才能更有效地发现创造性的问题解决之道。

所以，我们不妨教会孩子用新的眼光来重新认识身边一些习以为常的事物。孩子一旦习惯于这种思维过程，当再次遇到不熟悉的问题时，他就会想到用不同的思维方式来为自己遇到的新挑战、新情景或新问题寻找解决方案。

第三章 品质教育：
犹太人精彩人生的稳压器

谦虚，犹太美德中的 NO. 1

犹太人教育智慧要诀

我的谦卑就是我的高贵，我的高贵就是我的谦卑。

降低自己的人，上帝会抬高他；抬高自己的人，上帝会降低他。（《塔木德》）

即便是一个贤人，如果他炫耀自己的知识的话，那么他就不如一个以无知为耻的愚者。（《犹太法典》）

谦虚，是犹太人美德中最重要的东西，他们时刻都保持着谦虚谨慎的作风。中国有一句古老的箴言："满招损，谦受益。"意思是说，骄傲招来损失，谦虚受到益处。这句名言不但中国人视为对自己的珍宝，犹太人更是如此。犹太人是世界上最聪明的民族之一，他们知道谦虚是使人不断进步，获得成功的一个重要的内在因素。那么在犹太人的眼里，一个人应该怎样谦虚呢？

首先，他们要做到实事求是地看待自己，清晰地审视自我，不要目中无人。谦虚的人总是既看到自己的优点和长处，又看到自己的缺点和短处；既看到已取得的成绩，又懂得不论成绩有多大，对于伟大的事业来说，只不过起到了一砖一瓦的作用。当人们称颂一些犹太人取得了光辉成就时，他们却认为自己的那点成绩微不足道。谦虚的人总是努力不懈，积极进取，锐意奋进的，在很多犹太人的故事里这一点早就体现出来了。

其次，谦虚就是要对别人有个客观的评价。即要懂得欣赏别人，尊重别人甚至是对手。谦虚的人会随时向别人请教，有事和大家商量。所以，谦虚的人能够主动地取别人之长，补自己之短，不断地从集体和群众中汲取养料，充实自己，为自己的进步和成功创造良好的条件，这一点犹太人比任何其他的民族的人做的都好。

再次，谦虚不是虚伪，更不能妄自菲薄。事实上，过分的谦虚是一种骄傲的表现，也给人一种虚伪的感觉。你要有清醒的认识，但是也不要自卑。自卑的人往往不会取得太大的成功，这也是一个人事业道路上的绊脚石。骄傲固然要不得，自卑却同样不可有。任何人都有他的优势和长处，要对自己有足够的信心。

在犹太人的历史中，那些贤人拉比都是很谦虚的人。对他们来说，无论是年长者还是年轻人，无论是穷人还是富人，他们身上都有自己没有的发光点。这些贤人拉比还认为，如果谁喜欢别人的夸赞，那将是十分可悲的。在他们的眼中，真正的谦虚绝非有意的做作，而是自然的流露。犹太人也一直在行使着"谦虚"的美德，即使是那些最伟大的人物也不例外。

犹太人爱因斯坦是 20 世纪世界上最伟大的科学家之一，他在有生之年中始终不断地学习、研究，活到老，学到老。有人问爱因斯坦，说："您可谓是物理学界空前绝后的人物了，何必还孜孜不倦地学习呢？为何不舒舒服服地休息呢？"

爱因斯坦并没有立即回答这个问题，而是找来一支笔一张纸，在纸上画上一个大圆和一个小圆，对那位年轻人说："在目前的情况下，在物理学这个领域里可能是我比你懂得略多一些。正如你所知的是这个小圆，我所知的是这个大圆，然而整个物理学知识是无边无际的。对于小圆，它的周长小，即与不知领域的接触面小，它感受到自己未知的东西少；而大圆与外界接触的周长大，所以更感到自己未知的东西多，会更加努力地去探索。"

一次，爱因斯坦9岁的儿子问他："爸爸，你为什么是名人呢？"爱因斯坦听了哈哈大笑，他对儿子说："你看，甲虫在球面上爬行的时候，它并不知道它走的是一条曲线。我呢，正相反，有幸觉察到了这一点。"

爱因斯坦就是这样一个人，名声越大，就越谦虚。正是拥有这种美好的品质，他总是能够站在一个客观的角度看自己，发现自身的不足，不断充实自己，弥补自身不足。

既然谦虚如此重要，那么我们如何使爱炫耀自己，整天飘飘然的孩子拥有谦虚这种品质呢？不妨参考犹太父母的方法：多给孩子讲一些名人的故事，告诉他们能够成为伟人的人，都具备谦虚的品格；帮孩子正确认识自己，既看到优点，也不忌讳缺点；从来不拿孩子与其他小孩比较，这样就不会使人陷入骄傲或自卑的双重泥潭；不要轻易表扬孩子，这样，他的自傲就失去了滋生的土壤。

最强大的力量来自反省

犹太人教育智慧要诀

犹太人认为，人有独处的必要。在单居独处之时，外界压力完全消失，只剩下内心的良知抵御着蠢蠢欲动的恶念，人在这个时候更能看清自己。

为什么从小喜欢打架的孩子，长大会误入歧途？为什么从小偷针的孩子，长大后会偷金？为什么父母用心良苦，孩子还是知错不改？其根本原因便在于在他成长的过程中，父母没有教会他反省自己的所作所为，通过这种反省来约束自己的行为。

《塔木德》中说："在三件事上自我反省，你就不会被罪孽所驾驭，要知道：你从何处来，到何处去，将要站在何人面前算总账。从何处来——来自一滴脓水；到何处去——去一处满是尘埃和虫子的地方；将要站在何人面前算账——站在至高无上的上帝面前，因为人的最终归宿不过是一只虫子而已。"

犹太先哲的"反省"，其实更强调人对自身品质的反省与认识。正是因为犹太人的慎独，他们面对一切时，多了一份从容。他们能够正确地认识自己，对自身有一个正确的评价。对他们来说，事情再糟，也不会感到吃惊；事情进展不顺利，正常；人家不喜欢你，或者不再喜欢你，也正常……这种态度使他们永远不会和自己过不去。

犹太人认为，人有独处的必要。在单居独处之时，外界压力完全消失，只剩下内心的良知抵御着蠢蠢欲动的恶念，人在这个时候更能看清自己。所以，《塔木德》上有一句话："在他人面前害羞的人，和在自己面前害羞的人之间，有很大的差别。"

在拉比的教诲中，"独居都市而不犯罪"，和"穷人拾遗不昧""富人暗中施舍十分之一的收入给穷人"同列为"神会夸奖的三件事"，其共同之处，尽在一个"独"字。犹太人不仅注意不断反省自己的品行，他们对于自己的孩子也不会纵容。

奥斯利10岁时，常跟着爸爸去钓鱼。

一天，他跟父亲在日暮时去垂钓，他在鱼钩上挂上鱼饵，用卷轴钓鱼竿放钓。不久，渔竿弯折成弧形时，他知道钓着大鱼了。他父亲投以赞赏的目光，看着儿子戏弄那条鱼。

终于，他小心翼翼地把那条筋疲力竭的鱼拖出水面。那是条他从未见过的大鲈鱼！

奥斯利神气十足地将鱼钓上岸。父亲看看手表，是晚上10点——离法律规定的钓鲈鱼开始的时间还有两小时。

"孩子，现在立刻放掉这条鱼。"他说。

"为什么？"儿子气愤地嚷道。

"还会有别的鱼的。"父亲说。

"这是我所见到的最大的鲈鱼！"儿子又嚷道。

孩子朝四周望了一眼，既看不到渔船，也看不到钓鱼的人。他告诉父亲："爸爸，没有人看见我们，我们没有必要放回去。"

父亲还是坚持让他把鱼放回水里。他非常不情愿地放了回去。

那是34年前的事。今天，奥斯利先生已成为一名卓有成就的建筑师。他父亲依然在湖心小岛的小木屋生活，偶尔惬意地垂钓。

从那件事之后，他再也没钓到过像他几十年前那个晚上钓到的那么棒的大鱼了。可是，这条大鱼一再在他的眼前闪现，每当他遇到道德问题的时候，就看见这条鱼了。

面对孩子的错误，犹太人教育自己的孩子：人必须要反省自己的行为，想一想自己的行为和自己的内心是否符合。一个人在任何场合都要保持良好的道德，即使没有人看到，也不要逾越底线。这是一个人获得社会接纳的重要条件，也是人不断提升自我的重要"功课"。

心中永存希望之光

犹太人教育智慧要诀

最后的/最最后的/黄得如此斑斓/明亮，耀眼/如果太阳的眼泪会对着白石头歌唱/这样一种黄色就会被轻轻带起/远走高飞/我肯定它飞走了/因为它希望向世界吻别……（犹太小女孩巴维尔·弗雷德曼作）

有一个犹太富翁，在一次大生意中亏光了所有的钱、并且欠下了债。他卖掉房子、汽车，还清债务。

此刻，他孤独一人，无儿无女，穷困潦倒，唯有一只心爱的猎狗和一本书与他相依为命，相依相随。在一个大雪纷飞的夜晚，他来到一座荒僻的村庄，找到一个避风的茅棚。他看到里面有一盏油灯，于是用身上仅存的一根火柴点燃了油灯，拿出书来准备读书。但是一阵风忽然把灯吹熄了，四周立刻漆黑一片。这位孤独的老人陷入了黑暗之中，只有立在身边的猎狗给了他一丝慰藉，他无奈地叹了一口气沉沉睡去。

第二天醒来，他忽然发现心爱的猎狗也被人杀死在门外。抚摸着这只相依为命的猎狗，他突然决定要结束自己的生命，世间再没有什么值得留恋的了。于是，他最后扫视了一眼周围的一切。这时，他不由发现整个村庄都沉寂在一片可怕的寂静之中。他不由急步向前，啊，太可怕了，尸体，到处是尸体，一片狼藉。显然，这个村昨夜遭到了匪徒的洗劫，整个村庄一个活口也没留下来。

看到这可怕的场面，老人不由心念急转，啊！我是这里唯一幸存的人，我一定要坚强的活下去。此时，一轮红日冉冉升起，

犹太人智慧大全集

You Tai Ren Zhi Hui Da Quan Ji

照得四周一片光亮，老人欣慰地想，我是这个世界里唯一的幸存者，我没有理由不珍惜自己。虽然我失去了心爱的猎狗，但是，我得到了生命，这才是人生最宝贵的。

犹太人历经苦难，他们深知面对苦难时，内心充满希望是多么重要。因此他们总是乐观地看待生活，哪怕前面是绝路，他们也无所畏惧。他们总在想，如何才能使事情变得更好，如何才能使希望变成现实。犹太父母经常告诉孩子：生命的天平，常在希望和绝望之间摆动不定。只要你不断增加希望的分量，才能使这个天平倾向于你理想的生活。即使二战时期惨遭迫害，犹太人依然没有动摇心中的希望。

二战时期在纳粹集中营里有一个叫玛莎的犹太小女孩，写过一首诗：

这些天我一定要节省，虽然我没有钱可节省/我一定要节省健康和力量，足够支持我很长时间/我一定要节省我的神经，我的思想，我的心灵和我精神的火/我一定要节省流下的泪水/我需要它们很长很长的时间/我一定要节省忍耐，在这些风暴肆虐的日子/在我的生命里我有那么多需要的/情感的温暖和一颗善良的心/这些东西我都缺少/这些我一定要节省/这一切，上帝的礼物，我期望保存/我将多么悲伤/倘若我很快就失去了它们。

在那样恶劣的条件下，玛莎仍然热爱着生命。她不怨天尤人，她仍然在内心聚敛一点点的希望之光。她不畏惧厄运，她只是用自己稚嫩的文字给自己弱小的灵魂取暖。

海明威说："人可以被撕碎但不可以被打倒。"因为只要你心中有光，任何外来的不利因素都扑不灭你对人生的追求和对未来的向往。很多时候击败我们的不是别人而是对自己失去信心。

履行契约，兑现最初的承诺

犹太人教育智慧要诀

犹太人父母注重孩子的诚信教育。他们认为诺言是与上帝之间的契约，人必须践行到底。他们总是告诉孩子，不要轻易允诺，如果承诺了，就必须要做到。

人无信不立，从小说话不算数，不信守承诺的孩子，如果他在成长的过程中，没有意识到诚信的重要性，那么长大怎会诚实守信呢？做商人，容易成为奸商；做学者，可能抵不住假学术的诱惑，做官，最终会陷入金钱的漩涡，做个职员，可能会行贿受贿……要想有一个好未来，必须从信守承诺开始！

一个星期日的早晨，妈妈对小远说："今天和妈妈一起出去玩吧，咱们去海底世界！"小远听到这个消息，高兴得手舞足蹈。

他本来答应帮班里的小明补课，现在早忘到九霄云外去了。虽然没有兑现承诺，但他没有丝毫愧疚。

而和他在一个学校的中国籍的犹太小孩凯伦，一般不轻易答应别人事情，但一旦允诺，无论怎么难，都要践行诺言。

这个星期日，他答应给青青捎带一只好看的"小企鹅杯子"，本来家门口的商店就有货，可是很意外，这次断货了。凯伦并没有放弃，他从早晨开始，走遍大半个东城区，午后，终于在一个小店里发现了他承诺别人的东西。

犹太人与各国商人做交易时，对对方的履约有着最大的信心，而对自己的履约也有最严的要求，哪怕在别的地方有不守合约的习惯。犹太商人的这一素质可谓对整个商业世界影响深远，真正是"无论怎样评价也不过分"。日本东京有个被称为"银座的犹太人"的商人叫藤田田，他多次告诫没有守约习惯的同胞，不要对犹太人失信或毁约，否则，将永远失去与犹太人做生意的机会。

在犹太人的商旅生涯中，他们遭到过无端的打击和歧视，也遇到过无数精心安排的谎言和圈套，但他们始终笃信上帝的教诲：遵守约定，诚实为人，死后方能升上天堂。

在具体的商业贸易领域中，《塔木德》则规定了许多规则，也严格禁止带有欺骗性的宣传或推销手段。比如：不能把家畜涂上颜色来蒙骗顾客；货主有向顾客全面客观地介绍所卖商品的质量的义务，如果顾客发现商品有质量问题，是有权要求退货的；在定价方面，如果卖主欺骗买主不知行情，使商定价格高出一般水平 10% 以上，则规定此交易无效。

对于这些规定，在我们现在看来可能是再平常不过的了。但是，《塔木德》形成于世界大多数民族还处在农耕社会的时期，它能预见将来社会以商业和贸易为主，并阐述这些诚信经商的道理，可以说是极富先见之明的。

犹太人十分重视信用和承诺的意义，相互间做生意时经常连合同也不需要，口头的允诺已有足够的约束力，因为他们认为有"神听得见"。在现实生活中，犹太人往往瞧不起那些不遵守诺言、违约的人。

犹太父母注重孩子的诚信教育。他们认为诺言是与上帝之间的契约，人必须践行到底。他们总是告诉孩子，不要轻易允诺，如果承诺了，就必须要做到。

在最初教育孩子信守诺言的时候，犹太父母会制定一些简单的规则，让孩子体会到信守承诺是一件非常令人愉悦的事情。他们还以身作则，让孩子效法家长的行为。犹太父母还施行一些奖罚措施来帮助孩子学会承担责任，比如，对那些没有说到做到的孩子进行一定程度的惩罚，对于那些守信的孩子则进行奖励。

爱"邻人"，就像爱自己那样

犹太人教育智慧要诀

帮助别人，别人也会帮助你，正如爱邻人，邻人也会爱你一样。

"爱自己"容易做到，可是"就像爱自己那样爱你的邻人"，就有些难度了。父母对孩子的美德教育往往到此戛然而止。但是，如果想让别人爱你的孩子，务必从现在起让孩子明白：只有爱"邻人"，"邻人"才会爱你。

在犹太人眼中，"邻人"从更广泛的意义上是指所有的人。犹太父母向自己的孩子一遍又一遍强调：帮助别人，别人也会帮助你，正如爱邻人，邻人也会爱你一样。

一个犹太女孩，她与人为善、热忱助人的品格在熟悉的人中有口皆碑。她把左邻右舍上门等候的亲友让到自己家端茶递烟，为外地人指路领路等全看成分内之事。

在她的养父住院期间，这个女孩奔波于医院和学校之间。喂水喂饭喂药，清理排泄物，按摩老人肢体，样样细致周全。值得称道的是她对他人难能可贵的帮助。一天，和养父同住一个病房的一名老年患者，因为孩子们都不在身边，他下不了床，结果脏物被排泄到床边和地上。打水回到病房的女孩看到这老人的无助和尴尬时，她没有犹豫，赶快动手收拾"残局"。老人被她感动得两眼热泪盈眶。

犹太女孩工作后，她依然与人友善、热情待人。有一年，一位同事休产假，女孩便利用星期天甚至下班后的时间到这位同事家忙前忙后，帮忙照顾孩子，同事被深深感动。后来公司里所有的同事都一致认为她是一个难得的好姑娘。

二战时，集中营中的犹太女孩安妮·弗兰克在日记中写过这样一段话："不管怎么说，我仍然相信人类的内心是善良的。"她看到众多的同胞被无情的杀戮，但在她的内心深处，依然坚信大多数人都是善良的，因此便值得去爱。这可以说与她从小受到的教育息息相关。

善待他人就是善待自己，爱别人，别人也会去爱你。但这种爱却必须是发自内心的，不带任何利己成分。如果关爱别人，目的是希望从别人那里捞取更多的好处，那么这种关爱是丝毫没有意义的。"爱别人是无条件的"，不仅犹太父母在给孩子灌输这种品质，而且我们每个父母都应该培养孩子"爱邻人"这种博爱的情怀。

憎恶罪，而不憎恨人——犹太式的宽容

犹太人教育智慧要诀

犹太人把罪犯的恶行看做被罪恶玷污了的人的行为。这种污痕是可以擦拭掉的，他们从不会希望恶人遭报应，而是希望罪恶最终得以清除。

当孩子问你"我应当如何宽容一个人"时，请告诉他："孩子，你需要的是去憎恨这件事，或忘记这件事，而不是要对这个人怀恨在心。否则，你将被宽容所折磨！"

犹太孩子有一次放学回家，说道："妈妈，我的好朋友把我的书弄丢了，太讨厌了！"这时候，犹太父母会说："不值得为这件事难过。忘记它吧，朋友没有错。"

这位犹太母亲强调的宽容是"忘记这件事"，犹太人的宽容是"对事不对人"的。这种不同的思维似乎更容易使人走出坏情绪。

拉比是犹太人的道德典范，但偶尔也有身为拉比的人作奸犯科的。犹太人对于这种现象，往往是憎恶他的罪行，却并不痛恨这个人。

在犹太人心里，恶是与生俱来，无处不在的。但是，犹太人认为，人完全可以通过后天的学习和努力而祛除罪恶，改邪归正。

从前，有几位拉比碰上一群坏人，这些人属于那种咬住人不吸出骨髓不肯罢休的坏蛋，世上再也没有比他们更狡猾、更残忍的人了。其中有一个拉比无法忍受他们的行为，说道："像这种人，还是让他们掉进水里去，全部溺死算了，这样人们就可以安心地生活了。"

可是，他们中最伟大的拉比却说：

"不，身为犹太人不应该这么想。虽然你认为这些人还是死了比较好，或许很多人也这么想，但不能祈祷这样的事发生。与其祈求坏人灭亡，不如祈求坏人悔改才对。"

犹太拉比认为：处罚坏人其实是没有意义的，这种行为对我们没有什么益处，不能使他们悔改，不能使他们跟随我们走正途，其实是一种损失。因此，犹太人认为，如果能够改正，那么他们就不再是罪犯。犹太人把罪犯的恶行看做被罪恶玷污了的人的行为。这种污痕是可以擦拭掉的，他们从不会希望恶人遭报应，而是希望罪恶最终得以清除。

犹太父母也是这样教育孩子的，他们告诉孩子："憎恶罪，而不要憎恨人。如果有谁做了对不起你的事，请就事论事，忘记这些不愉快，而不要对这个人耿耿于怀。"

留一片庄稼给他人——感恩

犹太人教育智慧要诀

在犹太家庭里，每当和孩子闲聊时，父母总是有意地让孩子说出自己需要感谢的人或事，这样，孩子就会把这些人和事牢牢地记在心里，在合适的时机给予他们回报。

有没有观察过你的"小宝贝"的行为？他们是自己吃饱了喝足了就什么也不管，还是能够主动关爱他人，懂得"滴水之恩，当涌泉相报"？

请不要认为"感恩"是孩子可有可无的品质，要明白，不懂得感恩的孩子也就品尝不了被关爱的幸福。

在以色列，每到庄稼收割的季节，犹太人收割完后，总要留下一部分不予收割。他们说，这是为了感谢上帝赠与多灾多难的犹太民族美好的生活，这样做能使得一些生活很苦的穷人有粮食吃。

犹太人认为，教育孩子感恩，要从教育他感谢父母开始。他们经常给予孩子讲动物反哺的故事：乌鸦长大后，还返回来喂自己的老父母，就像当初父母喂自己一样。鸟类都能做到感恩父母，更何况人类？人类不仅要感恩父母，还要感恩每一个帮助过自己的人。

犹太父母还告诉孩子，感恩在生活的点点滴滴中清晰可见，比如帮父母分担家务，当朋友遇到难题时鼎力相助，下雨时给别人撑起一把伞等。他们总是告诉孩子，懂得感恩是最平凡的举动，也是最高尚的行为，应该抓住每个感恩的机会。

犹太女孩琳达快 8 岁了，当年，妈妈在生琳达的时候难产，情况危急。医生们采取了果断的措施，经过全力抢救，终于使母女俩脱离了危险。

因此，每年琳达过生日的时候，妈妈就会带着她到医院看望当年保她们母女平安的医生，感谢他们的救命之恩。如果因为有重要的事情不能去医院，她就会让琳达打个电话问候医生。

犹太人不仅对于曾经有过"大恩"的人抱有感恩之心，并且他们对于别人看起来微不足道的小事，也常怀一颗感恩之心。

多年前在美国，一个单身女子的隔壁住着一户犹太穷人。一天晚上，当地停电了，单身女子点起蜡烛。不一会儿，突然听到邻居小孩敲门。

她打开门，小孩紧张地问："阿姨，请问你家有蜡烛吗？"女子以为小孩子是来借蜡烛的，于是对孩子说："没有！我这已经是最后一根蜡烛了。"正当她准备关上门时，小孩微笑地说："阿姨，我就是来给您送蜡烛的。"说完，从怀里掏出两支蜡烛。"妈妈和我怕你没有蜡烛，所以我给你送两支过来。"单身女子问小孩："你告诉阿姨，为什么要给我送蜡烛呢？"小孩儿说："阿姨，您平时的灯光总能通过窗户照亮我家。我妈妈说我们要懂得感恩。"

犹太父母认为，真正的感恩是发自内心的感激，他们相信，只有懂得感恩，孩子才会去帮助别人，关爱他人，才不会成为一个"自私鬼"。

在犹太家庭里，每当和孩子闲聊时，父母总是有意地让孩子说出自己需要感谢的人或事，这样，孩子就会把这些人和事牢牢地记在心里，在合适的时机给予他们回报。不仅如此，孩子在感恩的过程中，也学会去帮助别人，同别人分享快乐。这种美好的品质不仅给他带来心灵的慰藉，而且还会使他的人际关系更加融洽。

孝敬父母、兄友弟恭——不渝的美德

犹太人教育智慧要诀

孝敬父母、兄友弟恭是犹太人崇尚的美德。在犹太家庭中，成员之间不仅长幼有序，而且互相关心，其乐融融。

世上最大的悲哀莫过于"树欲静而风不止，子欲养而亲不待"。父母总是无条件地给予孩子爱，却往往忽略了对孩子"孝"的教育，很多"不孝"的悲剧正是由此开始。不妨从现在起，直言不讳地告诉孩子："我们需要你来养老!"

"兄弟若手足，手足断了难再续。"告诉孩子，兄弟之间应当互相关爱。

虽然每个民族有着自己独特的文化，但是，总有一些东西是相通的，中国人和犹太人也是如此。我们历来讲究"孝悌之义"，即孝敬父母和长辈，兄弟姐妹之间友爱和睦，推己及人，"老吾老以及人之老，幼吾幼以及人之幼"。犹太民族也非常注重孝道，他们同样主张孝敬父母，兄友弟恭。

在《塔木德》中，我们可以找到许多关于亲情的故事。

有个犹太人拥有一块非常昂贵的钻石。有个拉比想用这颗钻石来装饰圣殿的正殿，便带来大量的金币，想买下这块钻石。

可是放钻石的金库的钥匙放在父亲的枕头下方，而父亲又刚好睡得正香。这个人便对拉比说："因为我不能吵醒父亲，所以，不能把钻石卖给你。"

当他父亲醒来后，他取出钻石，交给拉比。

拉比认为，这个人为了不吵醒父亲而宁肯放弃赚钱的机会，是个孝顺儿子，值得褒奖。

这位拉比自己所行的孝道，更令人惊叹。他同母亲一起外出，走到一片高低不平的地方时，母亲每走出一步，拉比便把自己的手伸出来，垫在母亲的脚下。

《塔木德》还特别强调"兄友弟恭"。

有两个犹太兄弟。哥哥已经结婚，有妻子儿女，而弟弟还是独身。这两个兄弟都很勤劳。秋天时，兄弟俩将收获的苹果和玉米，公平地分成两份，各自藏在自己的仓库里。

晚上，弟弟辗转难眠，他觉得哥哥家过得比较艰难，于是偷偷地把自己的一部分放进了哥哥的仓库里。

同时，哥哥觉得弟弟需要更多，因为他要为以后结婚做准备，所以把自己的一部分搬到了弟弟的仓库里。

第二天早上，他们醒来后，发现各自的仓库并没有少什么。

在以后的三天里，他们重复了第一天晚上的行动。

在第四个晚上，兄弟俩在将各自的东西搬到对方仓库去的路上竟相遇了。两个人终于知道了对方的心意，紧紧地抱在一起哭了。

孝敬父母，兄友弟恭是犹太人崇尚的美德。在犹太家庭中，成员之间不仅长幼有序，而且互相关心，其乐融融。

虽然很多父母都知道这个道理，都希望自己的孩子长大成人后能够有孝心，希望孩子能够与自己的兄弟姐妹好好相处，然而在教育孩子的时候，却往往忽略这方面内容，如此造就了许多不懂得孝顺父母的孩子。如果父母在世的时候没有尽孝道，父母走了之后，纵然悔恨，也于事无补了。兄弟姐妹之间也会因为友爱的缺失而反目成仇，各奔东西。这样的事情并不少见。

当然，像这样的事情是完全可以避免的。首先，父母自己要孝敬老人，这样孩子会不自觉地效法；其次在家庭里，长幼有别，不要娇生惯养出一个小皇帝，否则会造就啃老的孩子；最后，父母对孩子的用心良苦有必要让孩子知道，父母也可以直言不讳地告诉孩子："我们需要你来养老！"

善意施恩，不要忽视别人的自尊

犹太人教育智慧要诀

在犹太父母看来，施舍就是为了给予别人而放弃自己的财物，这本来是种善举，但是施舍时轻视对方，那么这种行为实际上比不施舍还要糟糕。

看到那些可怜的人，很多人都会去施舍。但善良者不是打开钱包或拿出自己的面包给对方，而且是以一种平等的姿态给予，他们从未忽略对方的自尊；而那些标榜"善良"的人则高高在上地说："嗟，来食！"

同样是施舍，当孩子感染两个不同的行为时，他们的品质会走向不同的方向。

有些父母为了教育孩子"乐善好施"，见了乞丐时，从钱包里拿出1元钱，让孩子伸着胳膊远远地投进乞丐的碗里，当孩子碰到乞丐的衣裳时，妈妈会赶紧拍拍孩子的衣袖，生怕乞丐的脏土沾到孩子身上。

这哪里是"乐善好施"？这分明是家长在向孩子传递这样一种信息：咱们是高高在上的，施舍给他1元钱，会显得咱们的品格更高尚。

这样教育孩子，当然错矣！什么是乐善好施呢？当你拿着钱，不屑一顾地给那些需要钱的人时，这不叫乐善好施。当你把被施舍的人当做亲人，给他钱物而不要伤害他的自尊时，才是真正的乐善好施。

犹太父母常常对孩子说："别人接受你的恩惠通常是不得已而为之，你的施舍让别人对你感激不尽。但每个人都有自尊心，你不能忽视别人的自尊，让别人难以接受这种恩惠。如此，你的施恩不会得到被施舍者的感激，反而会让对方记恨。"

在美国街头，有一个盲人乞丐，常被过路人戏弄，有些人常常朝他扔石头，悲愤的盲人特意制作了一个纸牌子，上面写着：如果你不能给我同情，请不要施舍我任何东西，包括金钱和石头！

一位犹太妈妈带着自己的女儿路过这里，被这块纸牌吸引住了。当时犹太妈妈看见一个妇女往乞丐的缸子里投了四枚硬币，发出铿锵的声响。那盲人乞丐向那个扬长而去的妇女低头致谢。

犹太妈妈小声对女儿说："孩子，我给你两枚硬币，你把它放进那人的缸子里，一定要表现出对他的同情与理解，即使是施舍给他金钱，也要表现出对他的尊重。"

女儿轻盈地走到乞丐跟前，蹲下身子，把两枚硬币放进缸子，犹太妈妈嘴角露出了笑意。伴随着轻轻的响声，盲人乞丐微笑着说谢谢。看着女儿稚嫩的脸上写着施舍后的满足，妈妈知道女儿已经明白了"乐善好施"的真正含义。

路上，犹太妈妈告诉女儿："其实很多人都想施舍给那些需要钱和面包的人以财物，但是有些人态度傲慢或者不屑一顾，以至于让被施舍的人心生怨恨，丝毫没有感激之情。孩子，要明白，施舍不是高高在上的给予，而是善良的馈赠。"

在犹太父母看来，施舍就是为了给予别人而放弃自己的财物，这本来是种善举，但是施舍时轻视对方，那么这种行为实际上比不施舍还要糟糕。正是因为父母的影响，犹太孩子面对残疾人或者其他方面的弱者时，他们从不去嘲弄，从不会轻视别人的弱点，他们总是以平等的姿态想方设法帮助这些可怜的人。

两只耳朵，一张嘴巴——多听少说

犹太人教育智慧要诀

上帝给我们两只耳朵、一张嘴巴的目的，就是让我们多听少说。犹太人说："言多必失——使人能真正活下去的秘诀就是要注意使用自己的舌头。"

"这孩子怎么就不爱说话？""孩子要是能够滔滔不绝该多好！""整天不停地说话的孩子人缘肯定好！"很多父母都有过类似的想法，事实上，这种想法错了。不知道你有没有察觉到这样一种现象：喜欢倾听他人说话的孩子要比那些夸夸其谈、滔滔不绝的孩子人缘要好得多。

有这样一个流传已久的故事：

一位国王收到了他国朝贡的三个一模一样的金人，但进贡者请国王回答问题：三个金人哪个最有价值？这个问题难以回答，因为无论是称重量还是看做工，三个金人都是一模一样。

最后，一位老臣拿着三根稻草，插入第一个金人耳朵里，稻草从另一边耳朵出来。第二个金人的稻草从嘴巴里掉出来。第三个金人的稻草掉进了肚子里。

老臣说：第三个金人最有价值。第一个金人是左耳朵进，右耳朵出；第二个金人是用耳朵听了，用嘴巴说出来；第三个金人是用心去倾听。使者默默无语，答案正确。

上帝给我们两只耳朵、一个嘴巴的目的，就是让我们多听少说。犹太人说："言多必失——使人能真正活下去的秘诀就是要注意使用自己的舌头。"犹太父母在孩子很小的时候，就给他灌输这种观念。告诉孩子倾听是获得好人缘的不二法门，用心地倾听他人话语胜过在别人面前滔滔不绝。

犹太人莫尔斯小时候非常淘气，经常在父母面前滔滔不绝地讲述所有的事情，但他从来不喜欢听别人讲话，每每在别人讲得起劲的时候，打断对方的话，开始讲自己的故事。父亲在潜移默化中教导莫尔斯学会倾听。一次，莫尔斯与伙伴争吵起来，这时，父亲出现了。他对莫尔斯说："孩子，你先不要急着打断伙伴的话，听完他的话之后，再争论也不迟。"开始时，莫尔斯有些憋不住，但当他耐着性子，试着不打断对方说话时，他发现原来是因为自己总是不听伙伴说话，而误解了他。

从此，莫尔斯懂得了认真倾听他人说话的好处，他慢慢变得乐于倾听。后来他发现，"倾听"为他赢得了很多小伙伴的友谊。

鼓励孩子表现自我、口若悬河是件好事，可是如果超过了一个度，就会造成一些以自我为中心，总是夸夸其谈而不愿听他人说话的孩子。这样的孩子即使再优秀，也难免在与小伙伴的交往中碰壁。事实上，夸夸其谈的小孩远没有懂得倾听的小孩人缘好。

父母如何做才能使得孩子学会倾听呢？这里有犹太父母的做法，不妨拿来借鉴：父母首先与孩子交谈，在交谈过程中，尽量说一些能够引起孩子兴趣的话题，并提醒孩子："舞台上，不能一个人总唱主角，有时，也要做个好的听众。鼓励他人谈论他们自己。"有的犹太父母常常微笑着这样提醒孩子："宝贝，看着我的眼睛！""我刚才说什么了？""用眼睛和耳朵一起来听！"……

当孩子学会倾听父母的话时，自然也掌握了倾听他人的法宝。

微笑——最好的社交通行证

犹太人教育智慧要诀

　　对于犹太人来说，微笑是最有力的武器，它是一切财富、人脉和成功的源泉。正是"微笑"的力量使得他们历经几千年的辗转颠簸而顽强地生存下来。

　　"微笑"这张最好的社交通行证，是人人梦寐以求的。无论是犹太人，还是中国人……无一例外想把这个"通行证"送给下一代。但事实上，要想为孩子争取这张"通行证"，首先父母自己要拥有。

　　有一个犹太小孩，最近总是一副闷闷不乐的样子，他向妈妈抱怨："咱们家真穷，什么也没有。我在别人面前觉得很自卑。"

　　"傻孩子，"妈妈笑道，"其实，你应该时刻保持微笑才对，因为你是个富翁！"

　　小孩不解地望着母亲。

　　"假如，现在我出 30 万金币，买走你的健康，你愿意吗？"

　　"不愿意。"小孩摇摇头。

　　"假如，我再出 30 万金币，买走你的智慧，让你从此浑浑噩噩，度此一生，你可愿意？"

　　"傻瓜才愿意！"小孩很干脆地回答。

　　"我出这么多钱都买不走你的东西，你也是个富翁啊！应该时常保持微笑才对！"妈妈说。

　　小孩明白了。在以后的日子里，无论生活多么苦，他都以微笑来对待任何事和任何人。

　　这就是犹太的"微笑教育"，犹太父母在孩子很小的时候，就告诉孩子微笑是最美的，是上帝赐予我们的最好礼物，是最靓丽的社交通行证。在与人交往时，应该时刻对他人报以微笑。犹太人认为微笑的意义不仅如此，有时还能救命。

犹太传教士西蒙·史佩拉每天都在乡村的田野之中漫步很长时间。无论是谁，只要经过他的身边，他就会微笑地向他们打招呼问好。

其中有个叫米勒的农夫是他每天打招呼的对象之一。史佩拉每天见了他，总是微笑地说："早安，米勒先生。"

当犹太传教士第一次向米勒道早安时，这个农夫根本不理睬。不过，这并没有妨碍或打消史佩拉传教士的耐心。一天又一天过去，他持续以温暖的笑容和热情的声音向米勒打招呼。终天有一天，农夫向传教士举了举帽子示意，脸上也第一次露出了一丝笑容。

多年后，纳粹德国上台。身为犹太人的史佩拉全家与村中所有的犹太人都被集合起来送往集中营。史佩拉被送往一个又一个集中营，直到他来到奥斯维辛集中营。从火车上被赶下来之后，他就站在长长的行列之中，静待发落。在行列的尾端，史佩拉远远地看到营区的指挥官拿着指挥棒一会儿向左指，一会儿向右指。他知道发派到左边的就是死路一条，发派到右边的还有生存的希望。

他的心怦怦跳动着，不知是生是死。很快，他的名字被叫到了，那个指挥官转过身来，两人的目光相遇了。

史佩拉微笑地朝指挥官说："早安，米勒先生。"米勒的一双眼睛看起来依然冷酷无情，听到招呼后，凝视他几秒钟，然后平静地回答："早安，西蒙先生。"接着，米勒举起指挥棒指了指说："右！"

在生死攸关的时刻，史佩拉以微笑的问候唤醒了米勒的人性，为自己赢得了生存的机会。对于犹太人来说，微笑是最有力的武器，它是一切财富、人脉和成功的源泉。正是"微笑"的力量使得他们历经几千年的辗转颠簸而顽强地生存下来。

幽默，一种不可或缺的喜剧交际艺术

犹太人教育智慧要诀

在犹太人家长的教育中，他们会时不时地添加幽默的"调料"，这不仅使得孩子能够对学习、生活产生浓厚的兴趣，并且还将幽默印在了自己的脑袋里。他们在与他人相处时，也学会了幽默。

你是否因为孩子的不会交往忧心忡忡？你是否因为孩子的朋友太少而不知所措？你是否因为孩子的不够开朗而叫苦不迭？停止这些负面情绪吧！不妨在孩子生长的环境里放上幽默的"调味料"，长此以往，你会发现，孩子在潜移默化中，已经掌握了一种喜剧的交际艺术。

据20世纪60年代的一份调查发现：在当时的西方娱乐界最受欢迎的喜剧演员中，有80％都是犹太人。而在今天的西方喜剧界中，犹太人仍然占据着举足轻重的地位。犹太人的幽默是从哪里来的呢？对于犹太人来说，迫害、痛苦和贫困等灾难难以用呻吟来化解，而人无论经受怎样的摧残，生活总要继续。因此，他们逐渐学会了用幽默这种独特的智慧来调节身心，并将幽默这一独特的智慧传达给了子子孙孙。

幽默一直被犹太人视为喜剧的交际艺术。犹太人父母非常重视孩子幽默感的培养，他们自己总能保持幽默的姿态，并且不时地将其传递给孩子。

在一个犹太人家庭里，8岁的女儿奥利萨在做家庭作业时，要父亲解释"气愤"和"哭笑不得"是什么意思。

父亲想了想，把女儿领到电话机旁，拿起电话，随便拨了个号码，叫女儿仔细听。

"喂，"他对接电话的人说道，"我找杰克。"

"这儿没有叫杰克的，你打错了。"说完，对方就把电话挂了。

父亲再次重播了这个号码，问："杰克在吗？"

"打错了！"对方吼道，"我刚对你说过这儿没有杰克。"说罢砰地挂了电话。

"你瞧，"父亲解释道，"这就叫气愤。现在我让你看看什么是哭笑不得。"

他又一次拨了那个号码，当对方接起来时，他心平气和地说："我就是杰克，请问刚才是不是有人打电话找我呢？"

奥利萨的妈妈也很幽默。一次，她正在打扫卫生，一不留神，把身后的女儿碰倒了。女儿非常不高兴，把小嘴撅得老高。妈妈微笑地向女儿道歉说："对不起，我不是故意的，宝贝！"接着，妈妈说："要不，你也碰我一下，看能不能碰倒。"女儿的愤怒一扫而空，她被妈妈逗乐了，于是她拍拍身上的尘土，和妈妈一起打扫房间。

奥利萨在校车上，不小心重重地踩了男同学一脚。这个男孩不高兴。奥利萨对这个男孩说："对不起，要不你也踩我一脚吧！"男孩的怒气顿时跑到九霄云外去了。后来，他们还成了好朋友。

在犹太家长的教育中，他们会时不时地添加幽默的"调料"，这不仅使得孩子能够对学习、生活产生浓厚的兴趣，并且还将幽默印在了自己的脑袋里。他们在与他人相处时，也学会了幽默。

幽默是种好"调料"，它不仅仅属于犹太孩子，也属于中国孩子。从现在开始，你需要改变严父慈母的形象，改变一成不变的沉重生活方式，改变自己的处世法则，否则，很难教出个幽默的孩子！

远离谣言，莫让舌头操纵了心

犹太人教育智慧要诀

遇到鬼的时候，你一定会拔腿就跑；同样的，遇到小道消息时，你也要快速地逃开。

当你散布谣言、中伤他人时，当你的孩子学着你的样子，说出来的谣言天花乱坠、满天飞舞时，你是否意识到：孩子正在失去一个又一个真正的朋友，而和他结党的人却一个比一个虚伪。

有人的地方就有谣言。大人们三五成群，闲话邻家长短。孩子们也不例外，在一个美丽的小区里，粗粗的柳树投下斑驳的影子，正好遮挡了秋千，池塘里的鱼活蹦乱跳的，满墙的蔷薇争先恐后地开着，处处弥漫着沁人心脾的花香。可是与这景色不搭衬的是几个小孩子的闲言碎语。她们闲聊着别的同学的事情，期间也少不了造谣：卡卡喜欢上阿蒙了，我见过他们牵手逛街呢；悠悠是个小偷，偷了很多同学的东西；露露不是亲生的，她爸妈从来不管她……

在一个犹太人的学校里，一个小孩在说别人的闲话，甚至想恶语中伤他人时，别的小朋友对他的话表现出厌烦的样子。当他说到一半时，却发现本来围坐一圈的孩子们全跑了！

《塔木德》中有这样一句话："遇到鬼的时候，你一定会拔腿就跑；同样的，遇到小道消息时，你也要快速地逃开。"犹太人一向讨厌说闲话造谣的人。

有一个犹太女孩特别喜欢造谣，别的小孩都忍受不了她，她自己也为这张嘴烦恼不已。终于有一天，大家到拉比那里去控诉她的行为。

拉比仔细倾听每个孩子的控诉之后，便找来那个爱说闲话的小女孩。

拉比说："你不应该谈论他人的缺点，你明知这样做不好，可就是控制不了。我知道你也为此苦恼，现在我命令你做一件事情。你到市场上买一只鸡，走出城镇后，沿路拔下鸡毛并四处散布。你要一刻不停地拔，直到拔完为止。你做完之后就回到这里告诉我。"

女孩觉得这是一件非常奇怪的事情，但为了消除自己的烦恼，她没有任何异议。她买了鸡，走出城镇，并遵照拉比的吩咐一路不停地拔下鸡毛。然后她回去找老人，告诉他自己按照他说的做了。拉比说："你已完成了这件事情的第一部分，现在要进行第二部分。你必须回到你来的路上，捡起所有的鸡毛。"

女孩为难地说："这很难做到啊，现在，风已经把它们吹得到处都是了。也许我可以捡回一些，但是我不可能捡回所有的鸡毛。"

"没错，我的孩子。你脱口而出的闲言碎语就如同这些鸡毛，一旦拔下，就很难收回。你给别人所造的谣言，在你想收回的时候能收回来吗？"

女孩说："不能。"

"那么，当你想说别人的闲话时，请闭上你的嘴，不要让这些羽毛散落路旁。"

长舌远比三只手更令人头痛，谎话说多了就会变成真话，谣言足以隔离亲近的朋友。因此，最好远离谣言，莫让舌头操纵了心。

正因为如此，犹太人非常强调说话时自我控制的重要性。犹太人父母和拉比们总是这样告诉孩子："用闲话去恶语中伤别人，这对于自身是没有什么好处的。只会使自己失去越来越多的朋友，让越来越多的人讨厌你。人类应该由心来操纵舌头，而不是让舌头操纵了心。"

那些喜欢说闲话的父母，当你明白犹太人这一处世秘密之后，有什么感想？从此以后，以身作则，收回那些闲言碎语吧，如果收不回，也不要去重复这种错误了。如果你发现孩子总是喜欢抱怨他人，造谣中伤时，请务必告诉他：舌头好比刀剑，必须小心使用，否则不但伤害别人，也会伤害自己。

跟狗玩，就会有跳蚤上身
——正确选择朋友

犹太人教育智慧要诀

与污秽者为伍，自己也得污秽；与洁净者相伴，自己也得洁净。

人际关系是从童年开始萌芽的，而"朋友"对孩子的影响力有时超过父母。但是聪明的你却没有权利决定谁才能做孩子的朋友，不如向犹太人学习，早早告诫孩子："好友是面包，不可或缺；而结交那些坏友，则如同跟狗玩，会有跳蚤上身。"

在孩子的成长路途中，他会遇到各种各样的朋友，有和他趣味相投的挚友，有对他直言相规的诤友，有无话不谈的密友，当然也不乏因为某种利益而和他相交的盟友。孩子的可塑性非常强，从某种程度上来说，朋友会影响他的人生。

犹太父母就很重视孩子的交友，他们将朋友分成三类：一类是像面包一样的朋友，生命中不可或缺；一类是像蔬菜和水果一样的朋友，偶尔点缀；还有一类人，虽然平时好像是朋友，一遇到紧急状态，他就会躲得远远的。《塔木德》中说："与污秽者为伍，自己也得污秽；与洁净者相伴，自己也得洁净。"

在犹太人看来，朋友就是前进中给你指明方向的人，就是为你解决困难的人，朋友是与你知心的人，朋友是关爱你的人。

朋友不会因为小人对你的栽赃，而远离你的人，而是在这个时候，伸出援助的手来关心你，关怀你的人。真正的朋友不会见利忘义，不会随风倒，不会对有用的人就阿谀奉承，对无用的人就一脚踢开。真正的朋友不会因为一点私利，就把朋友的情谊抛开了一边。真正的朋友不会有私心的，他会在你需要帮助的时候，不顾一切的对你呵护的人，他会一直对你最忠诚的人，他会承诺你们以前的一言一行，不会因为你暂时的不顺利，而把你忘掉的人。

犹太人结交朋友靠的是诚心和真心，结交朋友要靠自己的为人，是真朋友不会因为你有难处的时候，离开你，不是你的真正的朋友，即使在你最困难的时候，离开了你，你也不必懊恼，因为你可以认清了什么是真正的朋友，在与朋友交往的问题上，要多结交朋友，在朋友最需要你的时候，你不要袖手旁观，不要对朋友远离，这样的朋友才是真正的朋友。

在犹太人看来，一个孩子选择了怎样的朋友，就等于选择了怎样的前途。选择一个有学识、善良、智慧、豁达的人为友和选择一个有暴力倾向、邪恶的人为友，会有截然相反的两种结果。

所以，犹太人非常注重孩子的择友。他们一般不会像个教官一样直接干涉孩子的交友问题，但他们会用自己的交友行为和犹太人的择友传统影响孩子。《塔木德》中那些关于交友的哲思影响了一代又一代犹太人。

当你结交一个朋友时，先考察考察他，不要急于信任他。

有些朋友，当事情对他们有利时，他们是忠诚的，但是有了困难，就抛弃了你。

有些朋友倒向敌人一边，使争吵公开，来羞辱你。

还有的朋友吃你的，但你在困难时却找不到他；当你繁荣昌盛时，他是你的心腹，但当你败落了，他就会躲得远远的。

一个忠诚的朋友就是一个安全的庇护所，谁找到这样一个朋友，谁就找到了财宝。

不要抛弃旧的朋友，新的朋友没有那么多价值。

……

入乡随俗，才能和他人打成一片

犹太人教育智慧要诀

一个人不要在睡觉的人们中间醒着，或者在醒着的人们中间睡觉；不要在欢笑的人们中间哭泣，或者在哭泣的人们中间欢笑；不要在其他人站着的时候坐着，或者在其他人坐着的时候站着；不要在其他人念《圣经》的时候读《犹太法典》，或者在其他人读《犹太法典》的时候念《圣经》。总之，一个人绝不能从周围人的习惯中游离出来。

——《塔木德》

人的确要张扬个性，但处处表现得和别人不一样，自然不会和别人打成一片。犹太父母深谙"入乡随俗"的道理，他们谨遵《塔木德》上的话："众人着衣时莫要裸身，众人裸身时莫要着衣；众人就座时莫要站立，众人站立时莫要坐下；众人哭时莫要笑，众人笑时莫要哭。"犹太人懂得，在生活中"入乡随俗"是非常必要的。犹太父母常常用一个经典故事教育孩子。

在博里纳日煤矿区，几乎所有的男人都下矿井。他们工作繁重而危险，但工资很低。他们生活相当贫穷，往往是全家人一年到头都在忍受着寒冷、疾病和饥饿的煎熬。这里的人都是"煤黑子"，肥皂对于他们来说是一种奢侈品。

文森特被临时任命为该地的福音传教士时，他找到了峡谷最下头的一所挺大的房子，和村民一起拿麻袋装了很多煤渣，在房子里升起了炉子，以免房子里太寒冷。

在他第一次传道演讲时，这些博里纳日人脸上的忧郁神情渐渐消退了，他们对他充满了信任，喜欢上了他。文森特很快就得到了他们的认可。

是什么原因使得这些人这么快就能接受他这个异乡人呢？文森特百思不得其解。最后他回到自己的住处，准备用从布鲁塞尔带来的肥皂洗脸时，脑海中突然闪过一个念头。他跑到镜子前面端详着自己，看见自己全身都沾满了黑煤灰。

"原来如此！"他大声说，"这就是他们对我认可的原因所在，我终于成了他们的自己人了！"

他把手在水里涮了涮，脸连碰都没碰就去睡了。留在博里纳日的日子里，他每天都往脸上涂煤灰，从而使自己看上去和其他人没有两样。

犹太父母给孩子讲这个故事，意在告诉孩子："如果你穿着与对方同样的服装，表现出与对方类似的举止，就会让对方觉得你和他是相似的，对方也就会对你产生好感。文森特就是这么做到的！"

很多孩子都有种想使自己看上去有些特别的心理，如果想和周围孩子打成一片的话，最好"入乡随俗"。

轻信他人，会让自己吃亏

犹太人教育智慧要诀

不要轻易把别人当朋友，除非你能证明他的确是你的朋友。

我们总是不愿让孩子知道，这个世界与童话世界有着太多的区别，也从来不愿告诉他们，并不是所有的朋友都是真正的朋友。但是生存从来就是一个很现实的问题，我们至少应该告诉孩子，不要轻信他人，否则吃亏的是自己。

一个很传统的犹太爸爸则告诉自己的孩子：世界并不是美好的，有善良也有邪恶，总之有些复杂。不要去轻信任何人，否则你会吃亏的。犹太孩子在很小的时候就被父母告诉了这些道理。

一个犹太哲学家在病重之际，问他的儿子："孩子，你生活中有多少朋友？"

"我有100个朋友。"儿子骄傲地回答说。

哲学家对儿子说："我人生阅历要比你丰富得多，可是回顾我这一生，却只找到了一个朋友。孩子，你的回答未免有些草率。你还是去试试你的朋友们，看看他们当中是否有一个真正的朋友。"

犹太哲学家接着说："现在你穿上最破烂、肮脏的衣服，把自己扮成乞丐的样子，然后到你的每一个朋友家里去向他借一笔巨款。"

儿子听从了父亲的建议。他去找第一个朋友，结果吃了闭门羹。于是他又见了第二个、第三个，直到最后一个朋友，可是每个人无一例外将他拒之门外。他把这些事情告诉了父亲。

他的父亲对他说:"很多朋友都是如此,当你成功的时候,他会陪在你身边,但当你陷入灾祸时,他们立即消失得无影无踪了。所以,你可以去找我刚才对你说过的我那个朋友,听听他会怎么回答你。"

儿子去找了他父亲的朋友,请求他借给自己一笔巨款。他父亲的朋友爽快地答应了,热情地款待他,并且给他换上新衣服。

父亲最后告诫儿子:不要轻易把别人当朋友,除非你能证明他的确是你的朋友。

或许是曾经的苦难使他们一直无法实现定居生活,所以犹太人非常重视对孩子交朋友这方面的教育。他们一方面告诉孩子不要轻信他人,朋友也不例外,另一方面告诉孩子如何识别一个真正的朋友。这一切都是为了使得孩子在长大后能够更好地生存。

我们常说,犹太人精明,有心计。其实这种生存能力并不是天生的,而是从"不轻信"开始的。中国的许多家长经常为孩子的"没有心计"而担心,可是是否考虑过,这一切的根源都可以追究到"过于轻信他人",不去分辨他人的好恶。

这个世界从来就不是像童话世界那么单纯,不妨学学犹太父母,在告诉孩子"善"的同时,不忘告诉他"恶"的存在。我们可以把自己的经历和感受讲述给孩子,告诉他轻信他人,会让自己吃亏,朋友也有真假,要懂得辨别。

1＋1＋1＞3——合作，寻求他人的帮助

犹太人教育智慧要诀

一个人的能力是渺小的，但团队合作的力量是无穷的。面对再大的灾难，只要大家团结起来，一定能够扭转局面。

糊涂的家长以为竞争是孩子成长的最佳路线。其实不然，从某种意义上来说，合作才是一条捷径。

当孩子一个人冥思苦想时，当孩子久久不能解决一个难题时，不妨建议孩子向朋友寻求帮助，在这种合作中逐步完善自己。

请先思考这样两个问题：在你心里，你是不是总是想让孩子把其他孩子都比下去？你想过让孩子与他人合作吗？

大多数父母可能会这么想：我希望自己的孩子有着很强的竞争优势，也许没有必要把所有人都比下去，但是至少可以超过一些人。至于说到合作，也许没那么重要。

与此相反，犹太父母经常给孩子讲一些关于"合作"的寓言故事，其中有一则是这样的：

有一位科学家把一盘点燃的蚊香放进一个蚁巢。开始，蚂蚁惊恐万状，约 20 秒钟后，许多蚂蚁迎难而上，纷纷向火光冲去，并喷射出蚁酸。可它们的力量毕竟有限，因此，一些"勇士"葬身火海。但它们前仆后继，短短一分钟时间，就将"火苗"扑灭。存活者立即将"战友"的尸体移送到附近的一块"墓地"，盖上一层薄土，以示安葬。

科学家于一个月后，将一支点燃的蜡烛放到原来的那个蚁巢进行观察。尽管这次"火灾"更大，但蚁群已有了经验，它们迅

速调兵遣将，协同作战。不到一分钟，烛火即被扑灭，而蚂蚁无一遇难。蚂蚁的非凡表现，尤其令人震惊。

其实蚂蚁不仅能扑灭这样的火，而且面对巨大的灾难——野火，它们也会积极发挥合作的力量。为了逃生，众多蚂蚁迅速聚拢，抱成一团，然后像滚雪球一样飞速滚动，逃离火海。那噼里啪啦的烧焦声，是最外层的蚂蚁用自己的躯体开拓求生之路时的呐喊，是奋不顾身、无怨无悔的呐喊。

蚂蚁团队的力量不可思议，令人震撼，造蚁山，能悄然瓦解各种庞然大物，甚至撼动千里之堤。

犹太人父母讲的这个故事意在告诉孩子：一个人的能力是渺小的，但团队合作的力量是无穷的。面对再大的灾难，只要大家团结起来，一定能够扭转局面。

《塔木德》教导人们："每个犹太人都要自觉地从他们会给犹太民族整体带来什么影响的角度，来衡量自己的所作所为与一言一行。"正由于这个道理，犹太人从不说"我"怎样怎样，而一定说"我们"怎样怎样。在他们看来，犹太人就像一个大家庭，每个成员都与自己息息相关。每个犹太孩子都会从父母的言传身教中，懂得和他人合作能够产生巨大的力量和智慧。

犹太人依靠古老的智慧书和世代的传承来培养孩子的合作精神，那么我们又应当如何培养孩子的合作精神呢？

首先要在家里种下合作的"种子"，鼓励孩子帮父母做一些力所能及的事，同时，父母也可以和孩子一起解决那些难解的作业题。其次，鼓励孩子向其他人求助。当孩子独自一人做某件事情，遇到困难时，不妨要求他向其他人求助，这并不是软弱的表现，甚至从某种程度上来说，孩子可以从中得到启发，思路也得以开阔。再次，周末将孩子"赶出家门"，让他去找自己的好朋友玩耍或在一起写作业。在与他人的交往互动中，逐步完善自己。

犹太版的"己所不欲，勿施于人"

犹太人教育智慧要诀

你如何对待别人，你种的是善因还是恶因，你强加于人的是自己的喜或恶，最后都会报应在你的身上。因此，不要将自己不喜欢的东西强加给别人，那是不明智的做法。

不知从什么时候起，父母的爱与教育却造就了一个又一个"自私鬼"。他们凡事以自我为中心，从来不替他人考虑，还将自己的意愿强加给别人。这些孩子在家里是"小皇上"、"小公主"，到了学校也没有什么好人缘。这一切源于父母从来没有告诉过他们"己所不欲，勿施于人"。

圣人孔子曾说："己所不欲，勿施于人"，意思是自己不想要的东西，不要强加给别人。而《塔木德》上有一句话，几乎和孔子的感悟如出一辙："你如何待人，人如何待你。"

一般情况下，自己不喜欢的东西，别人也不会喜欢；自己讨厌的东西，别人也有可能讨厌；自己喜欢的东西，别人也许接受不了。所以不能把我们自己的喜恶强加于别人，非要他人和我们一样，可以说是强人所难。

人们习惯于从自身的角色出发，站在自己的立场上来理解和看待别人，所以不同程度地存在着自我中心式思维。人们习惯于把交往中的矛盾归罪于对方，双方各执一词，互不相让，自然难以达成相互理解，因为人们习惯于"己所不欲，却施于人"。

富勒说过，"向别人扔污物的人，把自己弄得最脏。"几千年来，人类在对待人际关系中始终都遵循这样一条定律：种瓜得瓜，种豆得豆。你如何对待别人，你种的是善因还是恶因，你强加于人的是自己的喜或恶，最后都会报应在你的身上。因此，不要将自己不喜欢的东西强加给别人，那是不明智的做法。

世世代代的犹太人一直秉承这种美德，他们在教育孩子的时候，总是告诉孩子："你不想要的东西，不要强加给别人。"犹太父母经常会给孩子讲犹太最著名的拉比之一——希雷尔拉比的故事。

希雷尔拉比出身贫寒，靠自己的天赋和勤奋，最终成为一个知识渊博的人。

当希雷尔当了犹太教首席拉比之后，一次来了一个非犹太人。他要求希雷尔拉比"能在他一只脚站立的时间里，把所有的犹太学问告诉他"。希雷尔拉比用一句话拒绝了他："不要向别人要求自己也不愿意做的事情。"

犹太孩子在父母的这种教导下，早早明白了为人处世的道理。他们尊重别人的意愿，从来不会做强迫别人的事情。他们很早就明白，对别人报以亲切、友善的态度，那么对方就会回敬你同样亲切、友善的态度。

最先倡导这种处世智慧的是孔子，但是两千年后，很多人已经淡忘圣人的这些话语，对孩子娇生惯养，默认他的各种霸道行为。这些溺爱表面上是爱孩子，实质上却是害孩子。或许父母曾经受过很多苦，当自己有了孩子之后，便不自觉地想把更多的爱给孩子，来满足自己的补偿之心。但这种"溺爱"长久下去就会造就一个"自私鬼"。

放弃这种无限制的"溺爱"吧！告诉孩子："'己所不欲，勿施于人'，从现在起，真诚地帮助他人，对别人抱以亲切、友善的态度。这张'人情'支票数额越大，你未来的收获就会越多。"

乞丐的衬衫里也有珍珠
——别轻视任何人

犹太人教育智慧要诀

不要轻视穷人，他们的衬衫里面埋藏着智慧的珍珠。
不要看不起穷人，因为有很多穷人是非常有学问的。（犹
太人俗语）

有个人一辈子都很自私，他临死前，家人要他吃点东西。他
说："假如你们给我煮个鸡蛋，我会吃的。"当他正准备吃热腾腾
的鸡蛋时，恰巧有个相貌丑陋的穷人到他家行乞。那个临死的人
就把鸡蛋给了穷人，然后很安心地咽了气。

这是每个犹太父母都要讲给孩子的故事，他们试图以此来告
诉孩子：不要以貌取人，不要鄙视任何人，更不要瞧不起比自己
境况差的人。

犹太父母的这种教育方式是值得借鉴的。我们在教育孩子的
过程中，有时会忽略这一点，而导致孩子出现一些问题。比如，
在孩子中，普遍存在这样一种现象：富人的孩子有着天生的优越
感，他们凭借着父母的财富，目空一切。他们从来瞧不起那些家
境不好的孩子。有些孩子会出现一些暴力行为，总是仗着老子有
钱而为所欲为，触犯了法律，也妄图通过父母的关系来解决问题。
不仅仅是这些有钱孩子，普通的孩子也非常势力。有的父母不但
没有察觉，还为孩子的世故沾沾自喜。

人人都有自尊，你只有尊重别人，才能得到别人的尊重。千
万不要因为有点钱，就以貌取人，看不起别人，不尊重他人，否
则就会后悔莫及。

一天，一位 40 多岁的中年女人领着一个小男孩，走进美国著名企业"巨象集团"总部大厦楼下的花园，并在一张长椅上坐下来。她不停地跟男孩说着什么，似乎很生气的样子。不远处有一位头发花白的老人正在修剪灌木。

忽然，中年女人从随身挎包里揪出一团白花花的卫生纸，一甩手将它抛到老人刚剪过的灌木上。老人诧异的转过头朝中年女人看了一眼。中年女人也满不在乎地看着他。老人什么话也没有说，走过去拿起那团纸扔进一旁装垃圾的筐子里。

过了一会儿，中年女人又揪出一团卫生纸扔了过来。老人再次走过去把那团纸拾起来扔到筐子里，然后回原处继续工作。可是，老人刚拿起剪刀，第三团卫生纸又落在了他眼前的灌木上……就这样，老人一连捡了那中年女人扔的六七个团纸，但他始终没有因此露出不满和厌烦的神色。

"你看见了吧！"中年女人指了指修剪灌木的老人对男孩说，"我希望你明白，你如果现在不好好上学，将来就跟他一样没出息，只能做这些卑微低贱的工作！"

老人放下剪刀走过来，对中年女人说："夫人，这里是集团的私家花园，按规定只有集团员工才能进来。"

"那当然，我是'巨象集团'所属一家公司的部门经理，就在这座大厦里工作！"中年女人高傲地说着，同时掏出一张证件朝老人晃了晃。

"我能借你的手机用一下吗？"老人沉吟了一下说。

中年女人极不情愿地把手机递给老人，同时又不失时机地开导儿子："你看这些穷人，这么大年纪了连手机也买不起。你今后一定要努力啊！"

老人打完电话把手机递给了妇人。很快一名男子匆匆走过来，恭恭敬敬地站在老人面前。老人对那个男子说："我现在提议免去这位女士在'巨象集团'的职务！"

"是，我立刻按您的指示去办！"那个男子连声应道。

老人吩咐完后径直朝小男孩走去，他用手抚了抚男孩的头，意味深长地说："我希望你明白，在这世界上最重要的是，要学会尊重每一个人……”说完，老人撇下三人缓缓而去。

中年女人被眼前骤然发生的事情惊呆了。她认识那个男子，他是巨象集团主管任免各级员工的一个高级职员。“你……你怎么会对这个老园工那么尊敬呢?”她大惑不解地问。

“你说什么? 老园工? 他是集团总裁詹姆斯先生!”

“啊，他是总裁?”

中年女人一下子瘫坐在长椅上。

在犹太人中，穷富差距是相当大的。但是，犹太富人非常尊重穷人，他们认为即使一个靠别人施舍为生的穷人也应该有施善行为。尊重别人，不嫌贫爱富，不以貌取人，不去鄙视任何人，并帮助那些不如自己的人，这是犹太人团结友爱的处世智慧之一。也是他们一直灌输给孩子们的理念。

当你的孩子很“势力”，瞧不起他的同学时，请告诉他：真正成熟的人，他们从来不会轻视任何人，哪怕是一个乞丐。

第四章　追本溯源：
教育让犹太人成为世界宠儿

是谁拯救了爱因斯坦
——"纵容"与众不同

犹太人教育智慧要诀

　　对孩子与众不同的地方，要适度地"纵容"，加以扶持，让它得到充分的发展，不可刻意要求孩子符合常规。

　　要想把"低能儿"和诺贝尔奖之间扯上关系，那就要看家庭教育，很难想象，爱因斯坦若不是出生在那样的家庭，等待他的将是怎样的命运。不得不说，他的成功只是因为父母对他的那份与众不同的"纵容"。

　　爱因斯坦一出生，他的与众不同就把妈妈吓了一跳：他的后脑大得不同一般，而且头骨呈棱角形。连祖母见了都忍不住嘀咕："太重了！太重了！"她不是说孙子的体重，而是孙子大而怪的头形让她不安，一个弱小的身躯，如何支撑得住这个硕大的脑袋？

　　这个大脑袋在爱因斯坦小时候似乎并没有给他带来什么不同凡响的智慧，反倒是因为他四岁了还学不会说话，因而被人们怀疑是"低能儿"。

　　爱因斯坦小时候常常爱提出一些怪问题，比如：指南针为什么总是指向南方？什么是时间？什么是空间？这让别人都觉得他是个傻子。

孩子总是活泼爱动的，可爱因斯坦就爱安静，他尤其喜欢钻研和思考。在他 5 岁那年，有一次，父亲给他一个小罗盘，他就捧着罗盘仔细观察，只见罗盘中间那根针在轻轻地抖动，指着北边。他把盘子转过去，那根针并不听他的话，照旧指向北边。爱因斯坦又把罗盘捧在胸前，扭转身子，再猛扭过去，可那根针又回来了，还是指向北边。不管他怎样转动身子，那根细细的红色磁针就是顽强地指着北边。这引起了爱因斯坦极大的兴趣：是什么东西使它总是指向北边呢？这根针的四周什么也没有，是什么力量推着它指向北边呢？而在别人看来，他的行为就像一个傻孩子！

几年以后，爱因斯坦又迷上了数学和科学。他经常缠着父亲和叔父问这样的问题："黑暗是如何产生的？""太阳光的组成成分是什么？"

沉迷于数学世界，让爱因斯坦对其他学科无法产生兴趣，成绩自然很差，这引起了很多老师的不满。一次，小爱因斯坦的父亲问学校里的教导主任，自己的儿子将来可以从事什么职业，这位老师竟直言说道："做什么都没有关系，你的儿子将是一事无成。"这位老师对小爱因斯坦的成见非常深，认为他是一块朽木，再无雕刻的价值，竟勒令他退学。

"排异心理"作祟，与众不同仿佛也"行不通"！爱因斯坦挣扎于别人的讽刺和鄙视中。他变得不愿意去学校，他甚至害怕见到老师和同学。少年爱因斯坦并不知道他的这份与众不同竟给他带来如此多的烦恼。

庆幸的是，爱因斯坦遇到了一对能够"纵容"他的父母。

爱因斯坦的父亲是一位电机工程师，母亲贤惠能干，文化修养极高。当面对着宝贝儿子的这份与众不同时，他们并没有感到绝望或是恼怒，相反，经过仔细观察，他们发现爱因斯坦具有聪明才智，因此，他们不但欣赏儿子，甚至鼓励"纵容"他继续发展。父亲对他说："我并不觉得你很笨，别人会做的，虽然你做得很一般，但这并不代表你比他们差多少，但是你会做的事情，他们却未必会做。你之所以没有他们表现得好，是因为你的思维和他们不一样，我相信你一定会在某一方面比任何人都做得好。"而母亲更是对儿子呵护有加，在儿子被老师批评或被其他同学歧视时，她便开导他，给他安慰，为他鼓劲。

拿到了父母颁发的通行证，爱因斯坦如鱼得水。26岁时，爱因斯坦终于发表了著名论文《论动体的电动力学》，建立了狭义相对论。接着，他又花了11年的时间，继续刻苦努力，于1916年发表了《广义相对论原理》，进一步建立了广义相对论。后来，他又发现了光电效应。1921年，他获得了诺贝尔物理学奖……

没有人希望自己的孩子戴上"低能儿"、"痴呆"的帽子，没有人愿意自己的孩子因为与众不同就被这个社会排斥，继而引发孩子心理上的障碍，然而只有爱因斯坦的父母做到了"纵容"与众不同，也由此拯救了爱因斯坦，让他能够独立发展。

比尔·盖茨为何成为神话
——做"脑力体操"

犹太人教育智慧要诀

很多人羡慕比尔·盖茨，也希望把自己的孩子培养成比尔·盖茨，那么，分析他的成功，除了天赋之外，你是否像比尔·盖茨的父母一样，给孩子必不可少的脑力训练？做好准备，成功没有不可能！

他的名字俨然已经成了一种标志，提到他，就让人条件反射地联想到"天才"、"富翁"。从他轻轻巧巧摘得多个"世界之最"就可以看出：有史以来最年轻的世界第一富翁，人类历史上第一个靠电脑软件积累亿万财富的先行者，首先开发利用高科技和高智商……为什么比尔·盖茨那么牛？谜底很简单：做"脑力体操"！

美丽的西雅图，嘹亮的哭声搅碎了夜的美梦，谁也不曾想到，随着这哭声，这个世界也开始悄悄地酝酿、变化……

这个哭声的作者就是比尔·盖茨。

比尔的父亲是一位律师，母亲是一位教师，在西雅图，两人都非常受人敬重。他们很关注比尔的成长和教育，工作之余总是尽可能地与孩子待在一起。他们发现，宝贝儿子简直就是精力旺盛，当他还是婴儿的时候，睡在摇篮里也能自己不停地摇摆。而且，他们还发现比尔极爱思考，一旦他迷上什么事情，就全身心地投入。他们隐约感觉到比尔的天赋，于是，他们总是有意无意地为比尔创造环境与机会，不断地给他做脑力训练。

这一家人不断进行各种游戏，从棋类到拼图比赛，几乎玩遍了所有的益智游戏。其中，外婆那独特丰富的教育方式对比尔的思维发展有着极其重要的影响。

在外婆看来，游戏并非消遣，而是技能和智力的测验。于是，她和比尔的父母一起领着比尔进入游戏世界。外婆特喜欢这个聪明的小比尔，她经常教比尔下跳棋、玩筹码，还有打桥牌等。玩游戏时，外婆总爱对小比尔说："使劲想！使劲想！"每当比尔下了一步好棋或者打了一张好牌，外婆总会为他拍手叫好。不光如此，祖孙俩一起在公园里散步时，外婆也常不失时机地跟比尔交流下棋的技术或看某篇佳作后，让比尔寻找更新的想法或表达更独到精辟的见解。所有这些都极大地激发了比尔思考的潜能。

因此，他们看到的比尔经常是一副思考的状态。有时家人一起外出，别人都已经准备妥当了，只有他未做好准备。家长喊他，问他在干什么的时候，比尔总是说："我正在思考，我正在考虑。"有时他还常责问家人："难道你们从不思考吗？"

比尔渐渐地长大了，父母把目光投向社会，积极为比尔寻找属于他的空间。六年级的时候，在父母的帮助下，比尔参加了西雅图的当代俱乐部。在这个俱乐部里，许多聪明的孩子聚集在一起讨论时事、书籍和其他主题，这里已具有一种大学的气氛了。参加活动时，比尔常以积极而独到的见解博得大家的阵阵掌声。

在家人的引导下，比尔还是一个名符其实的书虫。他总是废寝忘食地读书，而这样的阅读锻炼了比尔非凡的记忆能力，培养了他敏捷而有深度的思维能力。早在 9 岁的时候，比尔就已经读完了《百科全书》全卷；在他 11 岁的时候，他就因背诵《马太福音》中冗长而晦涩的《登山宝训》的全部段落而获奖。在比赛中，比尔技压群英、一语惊人，他以独到而透彻的理解使年长的牧师惊讶不已。而这对比尔来说，只是很普通的一件小事而已。

西雅图的私立中学——湖滨中学是比尔的父母送给比尔的一个特别的礼物，也就是在这里，父母向他介绍了与他终身相伴的好朋友——计算机，他的天分也由此得到了淋漓尽致的发挥……

聪明的大脑犹如一块肥沃的土地，但再肥沃的土地，如果不懂得开垦，也终将与一般土地无异。很多人羡慕比尔·盖茨，也希望把自己的孩子培养成比尔·盖茨，那么，分析他的成功，除了天赋之外，你是否像比尔·盖茨的父母一样，给孩子必不可少的脑力训练？做好准备，成功没有不可能！

不可思议的股神巴菲特
——自信才能所向披靡

犹太人教育智慧要诀

巴菲特却在股市里气定神闲，他的怪招和独特的投资理念引来世界喧哗，继而又是叹服。对所有的一切，他只是说："我始终知道我会富有，对此我不曾有过一丝一毫的怀疑。"

巴菲特的成功与众不同，和石油大王洛克菲勒、钢铁大王卡内基和软件大王比尔·盖茨相比，只有巴菲特，以一个纯粹的投资商身份成了全球一个响当当的人物。当其他人抱着产品或发明数钱时，巴菲特却在股市里气定神闲，他的怪招和独特的投资理念引来世界喧哗，继而又是叹服。对所有的一切，他只是说："我始终知道我会富有，对此我不曾有过一丝一毫的怀疑。"

巴菲特很自信！

还在童年时，巴菲特就曾平静地对他的好朋友们说他将在 35 岁以前发财。发财梦谁都会做，但如此狂妄的话出自一个孩子之口，还是一副平静的样子，这就真的让人有些难以想象了！更难以想象的是这个孩子日后真的如他所说，发财了，还发了大财！他稳稳地坐上了股市的第一把交椅，甚至还曾超过他的好朋友比尔·盖茨，成为世界首富。

想知道原因吗？我们还是从家庭教育中寻找答案吧！

1930 年 8 月 30 日这一天，巴菲特迫不及待地来到了这个世界——他早产了 5 周。他的父亲是证券交易员，既严肃又和蔼，母亲性情活泼。从出生起，父母就对这个唯一的儿子宠爱有加，但他们从不溺爱。他们甚至鼓励巴菲特自己出去赚钱。

在巴菲特的成长过程中，父亲对他的影响尤其重要，他对儿子一直充满信心，同时对儿子所做的任何事情都给予支持。巴菲特五岁时就开始兜售口香糖，而且倒卖从球场捡来的高尔夫球。到了中学，巴菲特又利用课余做报童，此外，他还与伙伴合伙将弹子球游戏机出租给理发店老板，挣取外快。对于所有的这一切，巴菲特的父亲都给予了大力的支持。

父亲的信任和支持成了巴菲特成长中最强大的力量。

受家庭环境的熏染，巴菲特从小就具有极强的投资意识，他钟情于股票和数字的程度连他父亲也感到惊讶。这一切，都让巴菲特愈加自信！

差不多 21 岁时，巴菲特对自己的投资能力已经到了超级自信的程度。他甚至开始质疑他的父亲和老师格雷厄姆的意见，要知道，这两位可以说有着绝对的权威。虽然向父亲和老师咨询，但他仍然坚持自己的投资。

1956 年巴菲特回到家乡，一向对自己深信不疑的他决心自己一试身手。

他发誓要在 30 岁以前成为百万富翁。"如果实现不了这个目标，我就从奥马哈最高的建筑物上跳下去。"一次，在父亲的一个朋友家里，他语惊四座。

不久，一群亲朋凑了 10.5 万美元启动资金，其中有他的 100 美元，就这样，巴菲特成立了自己的公司——"巴菲特有限公司"。

不曾想，巴菲特的豪言壮语竟成了真。1962 年，巴菲特合伙人公司的资本达到了 720 万美元，其中有 100 万是属于巴菲特个人的。

尝到了甜头的巴菲特乘胜追击，他成立了"巴菲特合伙人有限公司"，很快地，他的资产一路飙升。到了 2008 年 3 月，由于所持股票大涨，巴菲特身家猛增 100 亿美元达到 620 亿美元，问鼎全球首富。

　　就像他那句话说的那样，"我始终知道我会富有"，巴菲特用事实证明了这一切。不得不说，他的成功也为望子成龙的父母们上了一课：给他自信，他就能所向披靡！

首个亿万巨富洛克菲勒
——神奇的"镜面效应"

犹太人教育智慧要诀

极强的商业意识和经营头脑让洛克菲勒成为世界上第一个亿万巨富，而这一切无不得益于父亲从始至终对他的灌输和影响。

很多人一边抽着烟、喝着酒，一边却告诉孩子抽烟喝酒不好；很多人一边打麻将、钓鱼，一边让孩子好好读书；很多人批评老师、批评学校，却让孩子见了老师问声好……什么花结什么果，什么行为、什么教育将造就什么样的孩子。所以，不要总希望孩子成为什么样，只有你先作为榜样，你的孩子才能成为镜中的另一个你！洛克菲勒的故事就告诉了我们这个道理。

1839年7月8日，约翰·D. 洛克菲勒诞生于纽约州。父亲商业意识极浓，耳濡目染的，洛克菲勒就成了父亲的翻版。

7岁那年，有一次小约翰独自去树林里玩耍，玩得高兴的时候，他忽然在林木深处发现了一个火鸡窝。他灵机一动，心里有了个奇妙的想法。此后，每天一大早，他就跑到树林子里，悄悄藏在火鸡窝附近，等火鸡暂时离开窝时，他就奔上前去，抱着一只小火鸡就跑。他把抱回家的小火鸡养在自己的房间里，细心喂养。一次又又一次地，就这样，他抱回了好几只小火鸡。到了感恩节，他就把喂养大了的火鸡卖给邻近村子里的农民。他的做法让父亲喜上眉梢，父亲表扬了他一番。

11岁那年，约翰开始帮助家里干活，有时去田里，有时挤牛奶。约翰为自己准备了一个小本子，把他的劳动成果一一计算下来，等父亲回来之后再向他结账。父亲每次给他的钱，他也都积攒起来。有一次父亲问他："小约翰，你大概存了不少钱了吧?"望着这个满脑子生意经的儿子，父亲像看到了另外一个自己，他喜不自禁。

"我贷了50美元给附近的农民。"小约翰满脸骄傲地说。

"噢，你攒了50美元啊!"父亲惊讶了。

"利息7.5%，到明年就能拿到3美元75美分的利息。另外，我在马铃薯田里帮你的工，每小时37美分，明天我把小本子拿给你看，其实像这样出卖劳力是很不划算的。"小约翰毫不理会父亲的惊讶，滔滔不绝地说着，一副精明商人的神气。这一年，约翰才12岁。

父亲每次总是不厌其烦地向儿子灌输商业意识："人生只有靠自己，做生意要趁早。"深受父亲影响的小约翰，12岁就辍学了，投身于多姿多彩的工商业世界。

小约翰奔波了几周，终于找到一家叫休戚的公司。他的工作是会计助理，薪水是每周3元50美分。在这家公司做了3年，他的商业才华逐渐显露，用别人的话说，就是："那家伙实在是个天才商人!"

3年后，约翰离开了这家公司，他有着更加宏伟的目标。他迅速与克拉克合伙创办克拉克－洛克菲勒公司。1865年，洛克菲勒又买下这家公司自己经营，同时，他还把目光转到了石油行业，于1970年挂出了新公司招牌——美孚石油公司，在当时这可是最大的石油公司。洛克菲勒大举进军石油市场。在控制了美国石油业以后，洛克菲勒又把触角伸向全球。19世纪末，在世界各地，都可以看到美孚公司生产的产品，甚至在最落后的国家的穷乡僻壤里也能找到"美孚"的踪影。美孚石油一下子把洛克菲勒推上了当时美国首富的宝座，可以说美孚石油公司繁荣过的时间表就是美国经济称霸全球的时间表。

极强的商业意识和经营头脑让洛克菲勒成为世界上第一个亿万巨富，而这一切无不得益于父亲从始至终对他的灌输和影响。正是因为父亲就是一个商业意识极强的人，才有了影响洛克菲勒的可能；正因为父亲自始至终的鼓励和引导，才有了洛克菲勒的成功。这里并不是要求每一个父母也像洛克菲勒的父亲一样，让孩子辍学，及早进入商界，真正值得我们借鉴的是这样一种"耳濡目染"的作用。如果想让我们的孩子变得优秀，变得爱学习，那我们首先就应该给孩子做个榜样。

为何马克思能成为伟大的导师
——给他放手的爱

犹太人教育智慧要诀

只有放手的爱才是真的尊重，真的爱；只有放手的
爱，才能给孩子最大的自由空间，让他致力于自己喜爱
的领域，并秀出精彩！

放手，让他自己选择。话虽简单，却很难做到。家长的内心
总是会不由自主地为孩子设计一条光明大道，而且更容易认为只
有这样的一条道路才是最完美的道路，无形中，自然束缚了孩子。
家长不知道，没有放手的爱，孩子怎么能在强迫之下秀出精彩？
倘若马克思的父母不放手，又怎么会让世界知道他们这个如此崇
高而又伟大的儿子呢？

卡尔·马克思的父亲亨利希·马克思是律师，在当地德高望
重，同时还是一个崇拜卢梭等启蒙思想家的稳健的自由主义者。
马克思的母亲出生在一个荷兰家庭，她对丈夫和孩子始终怀着温
柔的爱。马克思从小就聪明过人，作为 9 个孩子中的第三个，父
亲曾一直希望他将来能够继承自己的职业。

爱孩子，是每一位父母的天性，作为父亲，亨利希像很多父
母一样，特别关心儿子的前途，父亲希望儿子仿效他做一名法学
家。所以，卡尔中学毕业后，父亲就安排他考入波恩大学的法律
系。让亨利希失望的是，那里的学习氛围不太浓厚，于是，第二
年他又把卡尔转到了柏林大学。

但亨利希不知道儿子的理想并不是如他所愿成为一名法学家，
而且，不管是在波恩大学，还是在柏林大学，卡尔都没有按照父

亲的意愿一门心思攻读法律，而是倾心于诗歌的写作和哲学的研究。该怎么说服父亲，并取得父亲的理解和支持呢？经过慎重的考虑，马克思写了一封信给父亲，婉转地向父亲表明了自己的想法和选择：

"我懂得，写诗只应当成为一种附带的事情，我应该研究法律，但我想首先在哲学上试试自己的力量。"

聪明的父亲自然明白了儿子的意思，儿子想学习哲学。

为了说服父亲，卡尔要求提前回去探亲，但遭到了父亲的严厉拒绝。可以想象，当这个心爱的儿子突然提出转学哲学时，父亲的心里该掀起怎样的狂澜！

最后，亨利希考虑再三，只允许卡尔提前 10 天回家探亲。

回到父亲的身边，马克思细细地讲述了自己的学习情况和研究方向。他告诉父亲："我在哲学家雷马路斯身上花费了很多的时间和精力。我在阅读他的《论动物的艺术本能》一书时，感受到极大的喜悦。这几年，我又研究了亚里士多德、康德、培根、费尔巴哈等人的著作，写了许多摘要，同时，也记下了自己的读后感。可以说，我已经一头扎进了哲学的怀抱之中，深深地被哲学迷住了。"

亨利希侧头仔细地倾听着，追问一句："我想问你，你为什么要学哲学呢？请你告诉我。"

马克思不假思索地回答道："爸爸，哲学是广阔的海洋，它可以供人们有较大的回旋余地。更重要的是，通过哲学的研究，我想研究人生，研究社会，研究世界的昨天和明天。这对一个科学研究者来说，该是最有意义的吧！爸爸，您应该支持和尊重我的选择。"

亨利希的脸上不知不觉地流露出了笑意，他十分惊喜儿子的想法和见地，他决定不再坚持要儿子当一个法学家了。他高兴地对儿子说："孩子，那么就照你选择的路走下去吧！不过，我还是要提醒你，要清醒而实际地看待生活，要有真才实学，充分发挥自己由大自然母亲慷慨赐予的才能。"

有了父亲的支持，马克思开始一头钻进哲学世界。谁也不曾想到，当初这样的一个决定竟对马克思的一生产生了极为重要的影响：1867年，马克思发表了他的不朽名著《资本论》。他在这部巨著中阐明了自己经济理论的主要基石——剩余价值理论，论述了资本主义社会经济运动规律，揭示了资本主义社会的内部矛盾，论证了资本主义的必然灭亡和共产主义的必然胜利，从而把共产主义学说置于牢固的科学基础上。

马克思是人类历史上最伟大的革命家、科学家，全世界无产阶级和被剥削、被压迫群众的伟大导师，科学社会主义的奠基人。由于他的理论贡献，整个世界为之改观。

只有放手的爱才是真的尊重，真的爱；只有放手的爱，才能给孩子最大的自由空间，让他致力于自己喜爱的领域，并秀出精彩！事实上，又怎么仅仅是马克思的父母才懂得这样的道理呢？比尔·盖茨从哈佛退学，谢军选择下棋，都是父母放手，让他们自己选择的结果。

所以，作为父母，不要束缚你的孩子，不要控制他的选择，放手的爱才是真正的爱！

精神分析学之父弗洛伊德
——激发荣誉感

犹太人教育智慧要诀

我经常地感受到自己已经继承了我们的先辈为保卫他们的神殿所具备的那种蔑视一切的全部激情，因而，我可以为历史上的那个伟大时刻而心甘情愿地献出我的一生。（弗洛伊德）

不要以为孩子小，什么都不懂，如果你跟他说民族的屈辱历史和卓越成就，如果你跟他说他有得诺贝尔奖的潜质，是拿奥斯卡奖的料子，如果你愿意声情并茂地告诉他，那么，这些微妙的感觉就会聚集成一种强烈的荣誉感，而这种强烈的荣誉感也会让你小瞧不得，因为，它将产生巨大的能量……听，弗洛伊德在说……

西格蒙德·弗洛伊德（1856～1939 年），奥地利精神科、神经科医生、心理学家，精神分析学派的创始人。他的声誉之隆、影响之大，在心理学界极为罕见。作为一个治疗精神疾病的医生，他创立了一个涉及人类心理结构和功能的学说。他的观点不仅在精神病学，在艺术创造、教育及政治活动等方面也得到了广泛的运用。弗洛伊德卓绝的学说、治疗技术以及对人类心理隐藏的那一部分的深刻理解，开创了一个全新的心理学研究领域。可以说，由他所创立的学说，从根本上改变了对人类本性的看法。

听完这些，钦佩震撼之余，我们是不是应该思考一下他成功背后的秘诀呢？事实证明，他的成功离不开父亲对他的教育，尤其是对他荣誉感的激发！

1856 年 5 月 6 日，弗洛伊德出生于一个犹太商人之家，父母都是虔诚的犹太教徒。自小，父亲就要求他严格地遵守犹太教法规。弗洛伊德的父亲虽然没念过大学，但他曾用大量时间研究过犹太教法典《塔木德》，并要求弗洛伊德忠实于本民族的宗教教规。

不但如此，弗洛伊德的父亲还经常给儿子讲述民族的历史。还在 6 岁时，父亲就箴告他：1000 多年以来，我们犹太人一直处于被驱赶、压迫、剥削、耻辱和大屠杀的悲惨境遇下，但犹太人为什么还能长期生存下来？犹太人为什么操纵着社区的、国家的，甚至全世界的银行、货币供应、经济和商业？因为，犹太人百倍地勤勉、拼搏、明智和节制。

父亲的讲述让小小的弗洛伊德既愤怒又震惊，同时也由衷地为自己的民族感到自豪。这种卧薪尝胆、发愤图强的犹太人式家教，激发起弗洛伊德的荣誉感："我是一个犹太人，我永远不能理解为什么我得为我的祖先而感到羞耻，或如一般人所说的那样为自己的民族感到羞耻？于是，我义无反顾地采取了昂然不接受的态度，并始终都不为此后悔……"他曾经说："我经常地感受到自己已经继承了我们的先辈为保卫他们的神殿所具备的那种蔑视一切的全部激情，因而，我可以为历史上的那个伟大时刻而心甘情愿地献出我的一生。"

在父母的支持和帮助下，弗洛伊德果然不负众望。17 岁时，他就考入了维也纳大学医学院，并于 1881 年获医学博士学位。后来他开业行医，担任临床神经专科医生，并终生从事精神病的临床治疗工作。弗洛伊德创立了精神分析学说，认为精神病起源于心理内部动机的冲突。他抛弃了古老的催眠术，代之以自由联想，也就是让患者想起什么就说什么，由此发现隐藏的病因。在分析许多病例后他确信，性的问题对神经症的发生起着重要作用。他还发现梦在精神分析中的重要性，认为"梦中概括了神经症的心理学"。1900 年，他的著作《梦的解析》引起了广大读者的兴趣。随后，荷兰精神病学家和神经学家协会以及英国心理学会都邀请他成为名誉会员。在 1919～1939 年间，他的名誉达到了最高峰。

不要小瞧了"荣誉感"，虽然看不见、摸不着，它却能充分调动一个人的积极性、主动性，让人不断进取、不断进步！弗洛伊德的成功也是来自于荣誉感的力量。在家庭教育中，我们不妨对这方面多一些关注，在孩子心里种下一份荣誉感，就多一份成功的可能。

世界级画家毕加索
——给"白痴"和"怪异"找个理由

犹太人教育智慧要诀

所谓的"白痴"和"怪异",换一种角度看就是天赋,就是狂热的兴趣,这是一种天性,说明孩子在某方面有着别人所没有的潜力和优势。

因为不被理解,天才画家曾被讥笑为"白痴"。在很多正常人的眼里,他就像一个异形体,无法被包容,只有他的父母发现了他,并理解他,帮助他。虽然现实生活中,并不是每一个孩子都像毕加索那样"怪异",但他们身上始终有着这样那样让家长意外甚至难以接受的地方,这时,家长们需要的是发现和激发,而不是打压,只有这样,才有可能保护住孩子身上也许是最闪亮的地方。

他异常讨厌课堂上老师教的那些枯燥的东西,他的眼睛总是盯着老师的挂钟,盼望那该死的指针能走快一些。

"先生,我要上厕所。"是他的声音。

"不是刚上课吗?"被打断讲课的老师不耐烦他说,"去吧!去吧!"他走出教室,东瞅瞅、西看看,实在无处可去,便走回了教室。但没过一会儿,他又坐不住了。"先生,我能为你画像吗?"他脱口而出。"什么?你给我画像!"老师气坏了,瞪着他说,"去吧,去吧,上厕所去吧。"

这个男孩就是毕加索。

巴勃罗·鲁伊斯·毕加索(1881~1973年)出生在西班牙的一个犹太人家庭。父亲是位美术教师,曾做过美术馆长。

刚学会走路时，毕加索就经常随父亲到博物馆去，在父亲工作的画室里一待就是大半天。他常常站在父亲的身后，惊奇地看着父亲用画笔将五颜六色的颜料涂抹到画布上，变成了一幅幅美丽的图画。慢慢地，他开始趁父亲不在，偷偷地抚摸父亲的画笔。再大一点，他就更不安分了，他不光玩画笔，还用它沾上颜料，抹在纸上、墙上、地上甚至自己身上，总之，在一切他认为方便的地方"画"上自己的得意之作，然后兴高采烈地等着大人的表扬……

4 岁的时候，小毕加索还迷上了剪纸，他充分地发挥自己的想象力，用一双灵巧的小手，剪出了各种各样的花卉和小动物。可是，出人意料的是，这么一个可以灵巧地画毛驴和狗的"小神童"却被认为是一个"白痴"，逃学和旷课是家常便饭，调皮捣蛋也成了他的强项。不管上什么课，他都画个不停，不管是课本，还是练习簿，只要有空白的地方，他都要画满各种各样的人和动物，他甚至还在课间在黑板上画了两只正在交配的毛驴，还写了一首关于毛驴交配的"淫诗"。谁也想不明白，这个 10 岁男孩的脑子里究竟装了些什么。

很快，毕加索做的"坏事"全让父亲知道了。父亲并没有批评他，而是问："孩子，你真的想画像？"毕加索点头说："是的，我讨厌上课，只想画像！"父亲说："好吧，我送你去学画像，但是，你要答应我除了学画像，其他的科学文化知识也不要拒绝学习。"果真，父亲把毕加索送到了当地有名的美术学校。进了美术学校，毕加索表现出了惊人的耐力，他可以一连画几个小时不放画笔，与在课堂上的表现判若两人。看到儿子这么喜欢画画，父亲最后决定让他一直在美术学校学下去。

14 岁时，毕加索考入父亲任教的巴塞罗那美术学校高级班，16 岁毕业时画的《探望病人》参加全国美展，具有相当写实的造型水平。以后又考取了马德里费尔南多皇家美术学院。

1900 年，毕加索来到西欧的艺术中心——巴黎。到巴黎的第二年，他就举办了个人画展。从此，毕加索进入了以他生性爱好的蓝色为主要色彩的"蓝色时期"。后来，他在巴黎定居，成为法国现代画派的主要代表。毕加索的作品不仅局限于绘画，还有为数极多的版画、雕刻、陶器等。直到 92 岁逝世，他始终没有停止过艺术创作。

所谓的"白痴"和"怪异"，换一种角度看就是天赋，就是狂热的兴趣，这是一种天性，说明孩子在某方面有着别人所没有的潜力和优势。只要抱着这样的态度来看，即使是被称为"白痴"和"怪异"，也完全可以为它们找一个可以接受的理由，正确的引导还可以使它们完全朝正向发展。这其实也揭示了一个问题，那就是我们的生活中并不缺少像毕加索这样的天才，而是缺少像毕加索父母那样理解孩子的家长。所以，不要因为孩子"不一样"、"怪怪的"就给予否定，从而抑制了他天赋的发展，尊重孩子的兴趣，为孩子找一个理由，让他自由地发展，这才是真正明智的做法！

音乐诗人门德尔松
——再好的种子也要精心培育

犹太人教育智慧要诀

父母精心细致的教育最终成就了音乐诗人门德尔松。这对我们很多父母也是一个提醒，因为生活中，很多父母往往自恃孩子聪明，疏于教育，其实，这样反而是害了孩子。

纵然孩子的天赋再高，也离不开父母的精心教育，这就如同一粒优质种子，只有提供充足的水分、光照和养料，它才能出土发芽、开花结果。所以，不要认为孩子聪明，教育就无需费心，孩子平庸还是优秀，只在你的一念之间。

1809年，费利克斯·门德尔松出生于一个犹太家庭，家世显赫。他的祖父是欧洲著名的哲学家，被誉为犹太人的苏格拉底。门德尔松继承了祖父的聪明才智，以后在音乐上得到了充分的发挥。父亲是成功的银行家，母亲出身在富裕的犹太家庭，受过高等教育，懂得艺术，又有音乐素养，是门德尔松的启蒙老师。

殷实而又极具文化修养的家庭环境为门德尔松成为多才多艺的音乐大师创造了极为有利的条件，更重要的是门德尔松的父母对教育极为重视。

他们搬到柏林后，小门德尔松就开始接受音乐教育。先由母亲教他弹奏钢琴，这为他以后的钢琴创作打下了基础。从5岁开始，为了让他接受多学科、广泛的文化教育，父母不惜重金聘请最优秀的老师到家里为他授课，如著名的语言学家鲁德威格·黑斯教授他拉丁文、希腊文和历史，著名钢琴家路德维希·柏尔格教他钢琴，柏林皇家管弦乐队首席提琴手查理和海宁教他小提琴与大提琴，还请老师教他素描、绘画等。此外，小门德尔松还学习舞蹈、击剑、骑马、游泳等。为了让小门德尔松学会指挥乐队和合唱，他的父母就邀请专业管弦乐队和合唱队来家里演出，这时，小门德尔松站在椅子上，挥动指挥棒来指挥乐队或是合唱队。

在父母的精心安排下，小门德尔松学到了很多。卡尔·采尔特是对他影响最大的一位老师，他是柏林声乐学院院长、柏林合唱团团长、著名学院派音乐家。采尔特教门德尔松作曲、和声、对位，使他很小就掌握了系统的创作技巧。

另外，从钢琴家柏尔格那里，小门德尔松又学会了一手钢琴弹奏技巧。后来，门德尔松又师从当时欧洲著名钢琴家莫舍列斯。精心的教育让门德尔松进步飞快，用莫舍列斯的话来说："我无时无刻不意识到，我是在跟我的老师，而不是跟我的学生打交道……"

为了让门德尔松有更多的表演空间，得到更多的进步，几乎每个星期日，父母都在后院的音乐厅里为他举办家庭音乐会，会上宴请德国的许多文化界知名人士，如诗人海涅、哲学家里格尔、科学家洪堡、音乐家韦伯及美术家史文德等。在家庭音乐会上，小门德尔松每次都是核心人物，他的表演总是赢来赞叹。而小门德尔松也积极地接近这些知名人士，向他们请教各种问题。在这样的环境中，在新的、进步思想的影响下，在各学科和各门类艺术的熏陶下，小门德尔松在思想、艺术上迅速成熟了。

这样精心细致的教育让门德尔松很早就显露出他的音乐天才，成为神童莫扎特式的人物。9 岁，门德尔松就表演钢琴独奏，11 岁开始音乐创作，在 12 岁至 14 岁的 3 年中，他竟创作了 13 部弦乐交响曲。

不光如此，门德尔松还多才多艺，他还是个业余画家，他的写作能力很强，他的不少书信就是一篇篇散文，文字优美动人。

门德尔松后来的成就也无不得益于父母的教育：1833 年，门德尔松完成《意大利交响曲》，并在杜塞尔多夫就任音乐总监。1835 年，他又成为著名的布业大厅音乐会的指挥。1842 年，他与舒曼等人一起创办莱比锡音乐学院。1846 年，在伯明翰音乐节上，他指挥的清唱剧《以利亚》，取得辉煌成功。

父母精心细致的教育最终成就了音乐诗人门德尔松。这对我们很多父母也是一个提醒，因为生活中，很多父母往往自恃孩子聪明，疏于教育，其实，这样反而是害了孩子。再聪明的孩子，如果没有正确而充分的教育，他的天赋又能发挥多少呢？在这个竞争激烈的社会，为什么不肯多用些心，给孩子的成长多一些筹码呢？爱孩子也要精心地爱，爱孩子也要愿意投入，所以，用心教育吧，这样才可以培养出优秀的孩子！

强国富民大揭秘：教育是唯一途径

犹太人教育智慧要诀

犹太人这样教育他们的孩子："要像尊重上帝那样尊重教师。"古老的犹太文化能够一代代传承下来，不能不说是一个奇迹，当然，教育功不可没。

这样一个民族，备受驱逐迫害，甚至连生命都无法保证，最后却可以顽强而又骄傲地屹立，甚至受世人仰视。为什么犹太人那么牛？为什么犹太人中出了那么多伟人、才人和富人？并非他们有神奇的本领，也并非他们有特殊的脑袋，原因只在于：犹太人对教育高度重视。

犹太人太聪明了，以至于爱因斯坦去世后，人们还留着他的头颅要做检验。检验结果出来了，让大家很失望，经科学家检验，爱因斯坦的脑容量比一般人还小。

那么究竟是什么原因成就了这些精明的犹太人呢？又是什么原因让这个备受伤害的国家变得不容小觑呢？

世界专家们一致认为，这是犹太人对教育高度重视的结果。

犹太人重视教育的传统已经很久了。犹太哲学家迈蒙尼德说过，每个以色列人，不管年轻还是年老，都要钻研《托拉》（即《摩西五经》），就算是一贫如洗的叫花子也要如此。有人也许会觉得犹太人是出于宗教信仰才研读宗教经典，其实犹太人向来都把读书作为一种兴趣，同时也作为一种谋生的工具和手段。流散中的犹太人认为，他们的财富可能随时都会被人掠走，只有挣钱的智慧将永远属于自己。

犹太人很早就发明了一个叫做"什一金"的慈善传统，也就是说每个人至少要把自己总收入的 1/10 捐献出来。那么，这笔"什一金"用在何处呢？犹太律法明确规定，第一受益人是"那些把时间都花在研究《圣经》和其他典籍上的人"，即有知识、有学问的人。后来，这一优先权便给予了广义上的学校。犹太人这样教育他们的孩子："要像尊重上帝那样尊重教师。"古老的犹太文化能够一代代传承下来，不能不说是一个奇迹，当然，教育功不可没。

犹太人重视教育又达到了怎样的程度呢？听听他们的说法吧：人生有三大义务，其中第一项就是教育子女。犹太人把教育作为义务，在每个家庭里，只要是为了子女的求学，父母甚至不惜倾家荡产。所以，犹太人的受教育程度也很高。据调查，在美国，犹太人的总体受教育程度是最高的，70％的犹太人受过大学教育。在哈佛等一些著名大学中，犹太人的比例基本上占到 25％。

犹太人为了教育采取了一系列的举措，最让人震撼的要属政府对教育的投资。以色列建国之初，虽然四面临敌，情况危急，可教育部做的第一件事情就是拟定义务教育法，让学童们接受免费义务教育。以色列外界冲突不断，但其教育经费一直维持在国民生产总值的 6％左右，20 世纪 70 年代以后更是高达 8％左右。在教育投资上，犹太人向来毫不吝啬，他们认为，这种投资甚至比军事上的投入更有价值。所以，在羡慕犹太人国强民壮时，更应该学习他们对教育的重视。重视教育的传统和对教育的高投入，使犹太民族成为一个"以质取胜"的民族。让数字来证明一切：众所周知，以色列资源极其匮乏，外界环境也极其复杂，但经过半个多世纪的努力，以色列却将一片贫瘠的荒漠建设成为一个科技、经济和军事强国，其国内生产总值从 1948 年的 2 亿美元增长到 2006 年的 1043 亿美元，人均国内生产总值也已接近 2 万美元，并在联合国《人类发展报告》中名列世界最具竞争力的国家前 20 位。这个只占世界人口 0.2％的民族却诞生了无产阶级革命导师马克思、心理学家弗洛伊德、物理学家爱因斯坦、原子弹之父奥本·海默等一大批影响世界历史进程的伟人，另外，犹太人还包揽了 15% 的诺贝尔奖。

　　看来，"国运兴衰，系于教育"还是很有道理的，以色列在 20 世纪后半叶的迅速崛起不就是最有力的证明吗？

你的孩子患上"缺乏父爱综合征"了吗

犹太人教育智慧要诀

在犹太人看来，父亲的责任极其重大，他被认为是一个家庭的中心，即"一家之长"。犹太人认为父亲是家里最有智慧以及最具决策权的人，因此理所当然地被视为上帝委派给家人的第一位老师。

在很多父亲看来，孩子仅仅是生命的一部分，比起教育，还有更重要的事情要做，比如事业，比如个人精神上和物质上的追求。于是，在很多家庭，父亲都是远离教育的。他们没有想过作为一个父亲，他应该尽到一个做父亲的责任。责任意识的淡薄，家庭教育中的隐身角色，让现在的孩子患上了"缺乏父爱综合征"：很多男孩动辄兰花指、娘娘腔，很多男孩子胆小怯懦，或者多愁善感地像个"林妹妹"……父亲，你在哪里？

我太忙了，顾不上什么教育！（忙只是借口，只是自己不会教育或不愿意教育的借口。这是一种骨子里的自我和不负责任。作为父亲，教育是责任，个人价值再重要，但不应该建立在牺牲孩子正常的受教育权利的基础上。）

我这么忙事业，就是为了让他将来过得好！（现在教育跟不上，基础没打好，挣再多的钱也换不回他的幸福生活，这叫舍本逐末。）

错误的意识和行为直接导致了严重的后果。

那些因为缺少父亲教育，而长期生活在女性群中的孩子们，他们的性格特点和心理状态较容易出现偏差，例如容易担惊受怕，烦躁不安，精神抑郁或多愁善感。专家们称这种症状为"缺乏父爱综合征"。

有人不解，父亲对一个孩子的成长就那么重要吗？

专家表示，获得父爱，可以使男孩较好地肯定自己的性别并进行角色认同。这种认同的结果使男孩更乐意模仿同性别的父亲，对其将来的性别心理和个性的健康发育有着巨大的影响。如果缺乏父爱，男孩的性格易变得女性化，缺乏应有的男子汉气概，甚至会造成心理异常。

父爱对女孩子影响也非常大。教育心理学家们证实，父亲是力量的象征，他们勇敢、果断、眼界开阔、事业心强，女孩子受了父亲的良好的影响，成人后会更严肃认真地对待生活与事业。

另外，时间证明，那些能获得父爱，并得到父亲经常陪伴的孩子，通常在智能上发育较好。

犹太儿童教育家拉什指出：除了智力因素，父亲在教育中所起的作用还直接影响到孩子的非智力因素发展，比如自信心、进取心等。对这些品德方面的培养，父亲所起的作用比母亲更为重要。

所有这些都在告诉众位父亲，家庭教育需要你们的参与，孩子也需要你们。

在犹太人的家庭教育中，父亲就从不缺席。

在犹太人看来，父亲的责任极其重大，他被认为是一个家庭的中心，即"一家之长"。犹太人认为父亲是家里最有智慧以及最具决策权的人，因此理所当然地被视为上帝委派给家人的第一位老师。犹太民族重视教育，也非常注重父亲对孩子的教育。犹太教规定，父亲有义务教儿子学习犹太经典，父亲有义务向子女传授一技之长，父亲还必须培养孩子的学习兴趣，包括教育孩子重视知识，帮助孩子建立与书本（或是知识）的"友谊"。

犹太教育家曼德：
身为母亲，你没有理由逃避教育

犹太人教育智慧要诀

西方社会中犹太人妇女的文化教育素质很高，但有一个奇怪的现象，那就是她们的就业率低于其他民族，原因是她们要留在家里照看孩子，以确保孩子的学习质量。

犹太民族智商高，犹太女性就业率低，这中间有什么因果联系吗？

很多妈妈生完孩子，就把孩子扔给老人或保姆。有的觉得带孩子麻烦，有的觉得自己忙，还有的把时间花费在化妆和舞会上，最后没有心思教育孩子。她们都没有做到一个母亲最应该做到事情，那就是教育。

母亲逃避教育，会让孩子觉得母亲是陌生的。很多妈妈觉得孩子跟自己不亲，孩子情感世界不丰富，冷漠地像缺了一块，其实归根结底，都是因为在家庭教育中，母亲教育的缺失。母亲逃避教育，还会让孩子错过了原本应该接受的品质、性格和能力方面的教育，而这些无疑对孩子一生都有着极为重要的影响。

犹太教育家曼德在家庭交流会上与一些孩子的母亲进行交谈，他对这些母亲说："世界上没有比教育孩子更为重要的工作了。如果你没有时间教育孩子，那你为什么要生下他呢？"

这位教育家认为，母亲的教育决定犹太民族的命运，母亲是帮助孩子成就伟大事业的最高责任者。

在犹太家庭，母亲对孩子教育一直颇受重视。

西方社会中犹太妇女的文化教育素质很高，但有一个奇怪的现象，那就是她们的就业率低于其他民族，原因是她们要留在家里照看孩子，以确保孩子的学习质量。在犹太人的家庭中，母亲有一项很重要的工作就是送儿子到犹太会堂去学习《托拉》，把丈夫送到拉比学院去研究。

一位犹太母亲刚在纽约的贫民窟落脚，就去公共图书馆不厌其烦地为孩子索取图书卡。为了孩子的入学和教育，这位母亲不停地奔走操劳。由此也可以看出在犹太民族里母亲对孩子的教育有多么的重视和重要。

看起来，犹太母亲为了教育而牺牲了自己的事业，但事实上，这体现了一个民族远见卓识，体现了这个民族和家庭内的一种分工。母亲的牺牲实际上支持了整个民族向科学知识的高峰攀登，不但让男人没有顾虑，还让孩子享受足够的母爱和精心的教育。

有一位名人曾经说过：国民的命运掌握在母亲的手中。这其实也就证明了一个问题，那就是母亲在家庭中对孩子教育的重要性。所以，希望诸位母亲，能够真正地担负起自己的责任。

教育需要母亲的积极参与，孩子需要母亲的爱和教育。所以，让孩子沐浴在母爱和教育中吧！像居里夫人一样，即使身处困境，还能培养出又一位诺贝尔奖得主——她的小女儿伊蕾娜。让孩子感受到母爱和教育吧，唯有母亲的爱能让他的精神世界健康明亮。

每一位母亲都要注意，不要把孩子当做包袱，以此逃避教育。

布里丹的驴子知道该吃哪捆草
——教育要懂得因材施教

犹太人教育智慧要诀

犹太拉比认为：做父母的应该按照孩子的思维长项来寻找学习和研究的领域，即，每个孩子都有自己的特长，教育，要懂得因材施教。

每一个孩子都是绝无仅有的，如果教育采取同一种模式，那无疑于是对孩子天赋的扼杀。当所有的孩子都画着一样的房子、一样的汽车时，这其实是教育的悲哀。布里丹的驴子知道该吃哪捆草，我们的教育要懂得因材施教，只有这样，教育才会有希望。

爱因斯坦在《自述》中曾说："我看到数学分成许多专门领域，每一个领域都能费去我们的短暂一生。因此，我觉得自己的处境就像布里丹的驴子一样，它不能决定究竟该吃哪一捆干草……"

这其实也间接地表明了因材施教的重要意义。人类社会值得研究的领域非常多，每一个领域都能耗尽人的一生，而每个人所擅长的领域不同，这就要求，我们必须清醒地认识自己，也就是布里丹的驴子必须懂得该吃那捆草，它的人生定位和发展才能清晰而准确。作为父母，只有懂得了因材施教，才能最大限度地帮助孩子挖掘自己的潜能，从而做出一番事业。

但也存在一些把孩子引入歧路的现象。比如：

孩子从小爱动，你却让他学书法，他能静得下来吗？

孩子对语言文字极为敏感，你却让他学奥数，让他成为数学家，这不是为难他吗？

孩子学习一窍不通，但从小就有经商头脑。你摁着他的脑袋让他好好学习，天天向上，最后学习没学好，连经商的天赋也没了！

　　犹太拉比认为：做父母的应该按照孩子的思维长项来寻找学习和研究的领域，即，每个孩子每个孩子都有自己的特长，教育，要懂得因材施教。

　　有一个男孩叫琼尼，他的爸爸是一个木匠，妈妈是一个家庭主妇。为了送儿子上大学，琼尼的父母一直节衣缩食。

　　在琼尼读高二时，有一天，学校聘请的一位心理学家把他叫到办公室，说他不适合学习。"你很用功，但进步不大，你的各科成绩都远远落后于其他同学，你对高中的课程有点力不从心，再这样学下去，恐怕你就是在浪费时间了。"心理学家还告诉他："每个人都有自己的特长！"

　　伤心的琼尼回到家，爸爸听了之后，安慰他："孩子，每个人都有自己的优点和缺点，关键是如何避免自己的缺点，发挥自己的优点。要相信自己，尽量发挥自己的长处。所以你就尽管去吧，我相信你一定能够取得成功的。"

　　后来，琼尼再也没有上过学。

　　他到城里找了份工作。琼尼替人修建园圃，修剪花坪。他非常勤勉，手艺也越来越好，人们称他为"绿拇指"——凡是经过他修剪的花草都是出奇的美丽繁茂。

　　有一天，他凑巧来到市政厅后面，他发现这是一块满是垃圾、污泥浊水的场地，于是便向站在一旁的参议员问道："先生，你是否能答应我把这个垃圾场改为一个美丽的花园？"

　　"市政厅没有这笔钱。"参议员对他说。

　　"我不要钱，只要允许我去做就行了。"琼尼说。

　　得到了许可，琼尼当天下午就带着工具，种子和肥料来到目的地。不久，这块泥泞的垃圾地就变成了一个美丽的公园。

　　一下子，全城人都在谈论，说有一个人办了一件了不起的事。人们通过这片草地看到了琼尼，看到了琼尼的才能，他被公认为是一个天才的风景园艺家。

虽然琼尼不会说拉丁文，也不懂法国话，微积分对他更是个未知数，但园艺和色彩是他的特长。琼尼经营了自己的一份事业，获得了大家的喜爱，琼尼同样是成功的。

在犹太人看来，因材施教在家庭教育中尤为重要。所以，当孩子很小的时候，他们就会根据每一个孩子的兴趣，对他们以不同形式的教育。比如，爱因斯坦擅长物理和数学，他的父母就鼓励并引导他学习自己擅长的领域。毕加索除了喜欢画画其他成绩一团糟，他的父亲就送他到美术学校学绘画。

不要大包大揽
——责任是犹太人心中的使命

犹太人教育智慧要诀

　　犹太人重视责任教育的传统由来已久，责任感的培养已经深入了每一个犹太人的心里。

　　孩子生在蜜罐里，对于他们而言，一切都是自然而然的，不管是好吃的好用的，还是各种力气活，只要父母在，他们只要跷着二郎腿，有时，只要在旁边像个总管一样的去指挥就行了。殊不知，家长将孩子泡在安逸的生活里，只能让孩子变得没有责任心。

　　有一个人到瑞士访问的时候，在一个洗手间里，他忽然听到隔壁小间里一直发出一种奇怪的声音，由于这响动时间过长，也过于奇特，不由得引起了他的好奇心。

　　于是，这个人透过小门的缝隙向隔壁小间探望。这一看让他惊叹不已：一个只有七八岁的小男孩正在修理马桶。问了才知道，这个小男孩上完厕所以后，因为冲刷设备出了问题，他没有把脏东西冲下去，因此他就一个人蹲在那里，千方百计地想修复它。

　　他的父母、老师当时并不在身边。

　　一个只有七八岁的小男孩，竟然有如此强烈的负责精神，但相比较之下，有些孩子的责任心就令人担忧了。

　　比如有的孩子玩着玩具就跑去看电视了，任凭玩具扔得满地都是也不收拾；有的孩子则是把老师通知开家长会的事情抛到脑后，或者是屋子不收拾，做错了事情让大人兜着……

　　孩子为什么缺乏责任心？来看看犹太人的做法吧！

有一个 10 岁的孩子，因为调皮，拿起石头砸向一辆马车，这块石头刚好砸到马的身上，马受惊后狂奔不止，不仅撞伤了路人，最后连那架马车也坏了。

车夫找到这个孩子的父亲，要求赔偿 150 美元。当时，150 美元对一个普通家庭来说可是一笔不小的数目。好在父亲有能力支付。出人意料的是，父亲并没有把钱直接给车夫，而是对儿子说："你现在闯了祸，你应该自己承担责任。"儿子为难地说："可是我没有那么多钱。"父亲跟他说："这 150 美元我借给你，两年后还给我。"说着递给儿子 150 美元。

从此，这个犹太小男孩开始努力寻找赚钱的机会。经过 1 年的打工生活，他终于赚到了 150 美元，还给了父亲。后来他回忆起这件事情的时候说，父亲让他用劳动来承担过失，使他懂得了什么叫责任。

这位父亲的做法培养了孩子的责任感，经历了这次事故，这个孩子再也不会随意乱扔石头、乱说话了，他学会了对自己的行为负责。

犹太人重视责任教育的传统由来已久，责任感的培养已经深入了每一个犹太人的心里。很多人诧异犹太人为什么能够得到"世界第一商人"的称号，也与犹太人有责任感有着莫大的关联。

从大脑严重损伤到乐队指挥
——不放弃教育才能出现奇迹

犹太人教育智慧要诀

犹太父母从不轻易否定自己的孩子，对先天条件稍差的孩子，他们总是加倍地付出努力，不管有多困难，不管别人怎么看，他们从不放弃对孩子的教育。

孩子智力低下，孩子身体出现残疾、不论是什么时候，犹太人都从不会放弃对孩子的教育，因为他们坚信，不放弃教育才能出现奇迹。

生活中，我们常常看到一些报道说，有的父母见到刚出生的孩子是残疾，就狠心地把孩子抛弃，有的父母因为孩子"冥顽不灵"或者"不是学习的料"就放弃了对孩子的教育，还有的父母因为婚姻不幸，也放弃了对孩子的教育……

父母给予了孩子生命，却忘记了对这个生命负责。

家长应该明白，任何时候，只要不放弃，就能出现奇迹，教育亦如此。

在耶路撒冷，有一个叫艾尼克斯的孩子，还在几个月大的时候，他就大病了一场，昏迷了长达 24 小时之久。医生断言艾尼克斯的脑子已经受到了严重的损害。他的父母听后，并没有被医生的话吓倒，他们爱这个孩子，他们决定要让这个有病的孩子学习，让他拥有学习和想象的能力。

为此，艾尼克斯的父母付出了艰辛的努力。不管有多困难，不管别人怎么看，他们从不放弃对这个孩子的教育，最后，他们的努力终于得到了回报：艾尼克斯在 16 岁时成了一个才华出众的乐队指挥。

可以说，是艾尼克斯父母的不放弃才让奇迹有了可能。

同样，还有很多因为不放弃对孩子的教育，从而创造奇迹的故事。

有一个女孩一出生就被诊断为先天愚型儿，父母起初很震惊，但渐渐的，父母这样劝慰自己："不管怎样，都是自己的孩子，我们都要全心全意培养好，我们绝不会放弃！"

女孩渐渐长大，逐渐显露出先天愚型儿的特征：别的孩子 6 个月就能坐起来，她直到 9 个月才能坐，两岁多才学会走路，5 岁时，父母好不容易才教会她说出一句简单的话。

女孩 7 岁了，父母决定让她读正常人的学校，可上学没几天，她就不愿意去了，女孩哭着说在学校她被别人欺负，被别人说傻。

父母心如刀割，但还是劝慰孩子，找到学校和老师，希望尽可能地为女儿提供一个良好的成长环境。

孩子上学了，学习很吃力，为了给女儿补课，父母每天都要帮她辅导功课。

父母发现女儿喜欢音乐，后来为女儿报名参加电子琴班，最后，她不但能娴熟地弹奏音乐，还在市里举办的音乐比赛上获奖。母亲说，她以前对电子琴一窍不通，现在早已经学会弹奏了。

后来，女孩读完了初中后，进了一家制药公司和很多正常人一起工作。在公司她完成工作量虽然很普通，但并不比正常人差。

还有被称为"低能儿"的卡尔·威特，被称为"白痴"的爱因斯坦和毕加索，还有双耳全聋的周婷婷，如果他们的父母都放弃了教育，我们又怎么能看到他们取得的成功，所以在感慨那些了不起的犹太人时，还要赞美那些犹太父母们。

任何时候，都不要忘了给孩子一次机会，也给自己一次机会，因为，不放弃才能创造奇迹！

营造良好家庭氛围的孩子更容易成功

犹太人教育智慧要诀

在犹太人看来，家庭气氛是家庭教育中发挥重要作用的一个因素。尽管犹太民族在两千多年的发展历史中，大多过着颠沛流离的流浪生活，但他们总是竭尽全力给孩子营造出和谐、温馨的家庭氛围。

父母酷爱打麻将，却让孩子好好学习；父母从来不看书，却要求孩子当个作家；父母消极厌世，却让孩子积极乐观。没有一个好的氛围，孩子怎么能向父母要求的方向发展？

在一所动物学校里，有只小袋鼠是学校里最坏的一个学生：它经常会把吐有唾沫的小纸团在教室里扔来扔去，把图钉放在老师的椅子上，把胶水倒在门把手上，还在厕所里放鞭炮。气愤的校长决定要去家访。

校长来到了袋鼠家，袋鼠先生客气地给他让座。

谁知，校长刚坐下去就哎哟一声地跳了起来，"椅子上有颗图钉！"

"对，我就喜欢把图钉放在椅子上。"袋鼠先生说。

"嗖"，一个沾有唾沫的小纸团正好打在校长的头上。

袋鼠太太走过来说："请您原谅，没办法，我就是喜欢扔东西玩。"

这时，一声巨响又传来。

校长被吓了一跳。

"别怕，校长先生。那响声是洗漱台上的鞭炮声。我们就是喜欢听这样的声音。"袋鼠太太又说。

校长听后，赶紧起身准备离开，可他的手又被粘在门把手上了。

"我们家里每个门把手上都有胶水。用力拉就行了。"袋鼠太太说。

终于，校长把手拉了下来，急忙跑出了房间，头也不回地走了。

"这人怎么一句话没说就走了。"袋鼠先生说。

"别在意，可能是他另有约会。晚饭好了，开始吃饭吧。"袋鼠太太说。

于是，袋鼠一家人便高高兴兴地吃起了晚饭。

虽然只是一则寓言，但从中可以看出，一个孩子的行为是受其父母及家庭环境影响的。犹太人就特别注意这方面。在犹太人的每个家庭里，每个父母都会为孩子创建好一个教育环境。因为他们懂得教育环境的重要性。

一般来说，家庭气氛是两种环境关系的产物——家庭物质环境和家庭心理环境。

在犹太人看来，家庭气氛是家庭教育中发挥重要作用的一个因素。尽管犹太民族在两千多年的发展历史中，大多过着颠沛流离的流浪生活，但他们总是竭尽全力给孩子营造出和谐、温馨的家庭氛围。

对于物质环境，虽然因为每个家庭的财富不同而不同，但每个父母都尽最大努力满足孩子在学习上的物质需要。

犹太父母在创建良好的家庭教育环境时，更注重家庭心理环境的营造。他们不但给孩子爱的感觉，还给予孩子智力方面的熏陶。为了创造良好的家庭心理环境，犹太父母努力做到相亲相爱，与子女关系融洽。比如，他们不会当着孩子的面吵架，家庭成员之间关系不能紧张，要相互信任和体贴，以防止给孩子精神上带来苦闷。其次，为了创造家庭中良好的智力气氛，父母本身要对知识具有巨大的兴趣和追求，给孩子的健康成长产生无形的巨大力量。有时也利用邻居、亲戚、朋友及请家教等外部环境的智力气氛来改变家庭智力气氛。

家庭教育环境直接影响到孩子的成长与学习，每个家长都应该为孩子创造一个良好的教育环境，不要让环境影响到孩子的成长。

爱尔维修曾经说过："人刚生下来时都一样，仅仅由于环境，特别是幼小时期所处环境的不同，有的人可能成为天才或英才，有的人则变成凡夫俗子甚至蠢才。即使是普通的孩子，只要教育得法，也会成为不平凡的人。"这其实就在告诉我们：家教环境的好坏将直接影响到孩子，因此每个家长都应该特别注意对孩子的家庭教育环境。

所以，为了孩子的成长，为孩子营造一个良好的家庭氛围吧！

一部囊括犹太人智慧的百科全书

犹太人智慧

大全集

（第三卷）

沧海明月　编著

中国华侨出版社

相信自己的商品是最好的商品

犹太商人推销细节要诀

推销首先要卖给自己，然后才能卖给客户。只有说服了自己，才能最终说服他人。所以，推销人员要坚信自己的产品是最优秀的商品，信心十足地把它介绍给客户，用你的热情与理念去感染客户，得到他的认可。

犹太商人说："在商业经营中，首先自己要信任自己的产品。如果连自己都说服不了，又怎能说服别人购买自己的商品呢？即使对自己所销售的商品不很了解，也要坚信：这是优秀的产品，绝对没有问题。抱着极大的希望，坚信它是最好的商品，并从客户的角度，努力把心目中的优良产品介绍给他人。"

客户本身看到你满怀激情的推销情形，肯定会认为："嗯！这个推销员这么全心全意地推销产品，他一定对它深具信心！"这种态度能给客户以"这必定是优良的东西，没错"的安全感。

有些推销员在出门推销时心中嘀咕：这东西能卖出去吗？之所以有这样的想法，是因为对自己所推销的产品不够自信。

有位推销语言教材的推销员，在电话中向客户出售"在短期内必能说流利英语"的语言磁带。他对客户运用的讲话技巧不很高明，说了半天丝毫也引不起对方的兴趣，但他仍不愿放弃。

客户不耐烦了，冲他说了一句："如果你能用英语把刚才的话重复一遍，我就买了！"

他发了一会儿愣以后，"咔嚓"把电话挂了。因为连他自己都不相信在短期内能够学会流利的英语，所以才勉强地反复陈述商品的特性，说破嘴皮子也表现不出一点激情。

犹太商人根据他们多年的经商经验总结出："客户容易根据推销员对商品的表现来判断商品好坏。所以，在推销时，推销员表现出对自己商品的充分信任，会影响客户作出正确决定的信心。"

"西蒙"公司是以色列一家提供全套服务的服装公司。他们针对企业与专业人士的需要，亲自到办公室或家里为客户服务。他们亲自拜访客户，为他们提供全套高品质的服装。他们这种服务的一个最大优点是，可以为客户节省时间，让他们不需要外出逛街就可以购买服装。但也面对着一个大缺点，顾客对这种上门推销的产品往往不太信任。

公司创始人西蒙先生针对这个问题，总爱用这样的开场白："贝尔先生，我之所以到这里来，是要成为您的私人服装商。我知道，如果您从我这里买衣服，那是因为您对我、我的公司或我的产品有信心。为此，让我先自我介绍一下：我在这一行已干了很长时间。我研究过服装、式样与质地。因此，我十分自信我可以帮您挑选出合适的衣服，而这项专业服务是完全免费的。"

他继续说道："我的公司在这一行已有 12 年时间。从开业以来，我们每年以超过 15％ 的比例成长，而且在每个月的销售中，有 60％ 左右的人来自老客户。

"我们公司保证向客户提供所有的服装需求。在这一行里，我们公司一直是最棒的。当然只有您和我们的其他客户才能判定，我们是否是最棒的，我可以很自信地说，只要您试一试，就会发现我们是最棒的。

"在我们的生产线上，有成套西装、运动外套、衬衫、轻便大衣，以及各种场合穿着的服装——可以这么说，您想要穿的衣服，我们都有。我们生产的西装是您所能买到的最好的，每一件衣服都由我们自己的工厂制造，您从别处无法获得相等的价格、品质，以及服务。

"您当然可以从其他厂家买到类似的西装，但是当您以相同的价格买下我们公司的产品时，便是获得了一套超高品质的服装。

"在与其他公司产品相去不远的售价下，不论是西装、运动外套、裤子、衬衫或其他任何产品，我们都有品质保证，因为这正是我们的优势所在。贝尔先生，截至目前为止，您的感觉如何？"

许多年以来，公司的职员便是使用这套话术作为开场白的，而且它总是能触发正面回应。他们坚定地认为，即使他们的客户早就对他们的公司与产品保持信心，他们也必须让他对他们本人产生信心，否则达成这项交易的几率就会很低。

好的推销技巧是要让你的潜在主顾对你、你的公司或你的产品充满信心。如果一名顾客对这三者都保持信心，那么达成交易便易如反掌。

那佛尔的故事可能也会给从事推销的人带来一些启迪。

犹太商人那佛尔在1982年买下了化妆品公司"丽人"，两年后又将其出售，接着创办了自己的"那佛尔公司"。

公司的主要业务是销售中价位的美容护肤产品。在成立这家公司之前，那佛尔的当务之急便是把公司的计划寄给那些潜在的投资人以备他所需要的资金。

在寄出计划两个星期以后，他便打电话给这些潜在投资人，然后设法和他们约定一次私人会晤。其中有一名特别的潜在投资者名叫沃迪森。

那佛尔在电话中向沃迪森做自我介绍时说："之前我寄出过一份商业计划给您，今天给您打电话是想和您谈一谈那份计划。"

"是的，那佛尔先生，我收到了。"

"如果你有兴趣投资这项计划，我很乐意和您见面详谈。"那佛尔对他说。

"那很好。"沃迪森回答："你感到什么时候见面比较方便呢？"

那佛尔从来没想过，竟然这么容易就和他约定好了时间。一周之后，那佛尔坐在沃迪森的办公室里，准备投出一个完美的推销球。他是做了充分准备的，手上备有各式各样的文件、图表、财务计划，当然还有一份财务报表，上面清楚写着自己与一群投资人如何买进"丽人"公司，两年之后将其卖出而获得了高额的利润的全过程。可是当那佛尔讲述到一半时，沃迪森打断了他的话。

"那佛尔，你现在可以停下来了。"

当时，那佛尔以为他的制止行为是他对这项计划丝毫不感兴趣。忽然间，他像是一只泄了气的皮球，但是他不甘心，不愿在还未大力推销之前就此歇手。

事实上情况并没有那佛尔想象的那样糟糕。沃迪森的脸上露出了一抹微笑，他说："好了，我准备投资你的公司了。"他暂停了一会儿，继续说道："你不需要再找其他投资人了，我将提供给你全部所需的资金。"

那佛尔脸上写满惊异的神色。顿了一会儿，沃迪森又补充说："那佛尔，让我告诉你为何要做这项投资。事实上，我不是在投资你的公司，我是在投资你这个人。"

"两年前，"他继续说，"有一次我走进一家百货公司，正好看到你在那里推销你的'丽人'香水，你在你身边营造出的那种兴奋热烈的情绪让我印象深刻。你的身旁聚集了一大群人，整层楼都被'丽人'香水的氛围笼罩着。你们不断卖出产品，你们也高兴地听到现金不断进入收银机的声音。嗯，那个情景让我毕生难忘。我一直忘不了一个公司老板竟然可以放下架子，以奇特的方式进行推销。你就在那里说着、感觉着、推销着你的产品。很显然，你全身心地信任你的产品，这就是我为什么投资的原因。"

沃迪森接着补充说："我知道，你就是那种会让事情成功的人。你会走出去，做每一件你应该做的事，以确保你的事业成功。"

那佛尔便筹措到了数百万美元的资金，这正是那佛尔要组建新公司的全部所需资金。

把信誉当做自己的一笔重要资产

犹太商人推销细节要诀

信誉是商业交易的基石，信誉之于商人，恰如荣耀之于战士。从长远的观点看，信誉是一笔重要的资产，生意人的成功是靠良好的信誉来保证的。

著名犹太商人沙维尔说："在外人眼里，商人是狡诈的。而明智的商人对于这一点就非常聪明，他们在经商中从不愚弄对方。从长远的观点看，信誉是一笔重要的资产。"

犹太商人认为，推销是一种激烈的竞争，而且竞争的方式方法多种多样，使人防不胜防。但是，不管怎样做生意都要以诚相待。推销这一过程绝不是胁迫的代名词。生意人的成功是靠良好的信誉来保证的。

单从实用主义角度来看，诚实守信对于生意人来说是绝对重要的。如果你的顾客从心底里不信任你，那么他不会从你那里购买任何东西。相反，当对方认为你可信时，也就等于相信了你的产品。

世界上任何商人的经商目的都是为了赚钱，然而他们的做法却大不一样。有些人做着一夜暴富的美梦，根本没有建立良好信誉的耐心和教养，只知快刀宰人，六亲不认。他们遍布大大小小的市场，漫天要价、信口雌黄，坑蒙拐骗，直到暴力威胁。也有些人深信：君子爱财，取之有道。这"道"中，他们认为良好的信誉是至关重要的。

一位女士去犹太商人库克瓦尔的"满意"乐器店里买钢琴，最终选中了一架她认为物美价廉的。她将营业员叫到身边，将自己的选择告诉了他。营业员一看钢琴上的售价标签，愣住了，他向这位女士道歉，请她稍等，他要去向经理库克瓦尔请示一下。一会儿，经理从店堂后快步走出来，老远便向这位女士伸出手，笑着说："祝贺您！您花最少的钱，买了一架最好的钢琴！原来，也是营业员的疏忽，售价标签上少标了一个"0"，但店主与顾客的交易就这样轻松地完成了。

我也曾听过朋友博伊尔讲的他在以色列目睹的一个小小的场面，其中也可以看出犹太商人的气度。

博伊尔在以色列旅游，住在一个商业区的旅馆里，一天下午，他和一位朋友走进一家专门经营旅游纪念品的商店。商店营业面积不小，但商品的陈列非常粗放，店里没有一只玻璃货柜，铜雕银器、彩瓶挂盘、仿古的大理石雕像，都随意地摆在一张张木台子上。

那里的商店，经常都是冷冷清清的，不像我们的商店，总是摩肩接踵，拥挤不堪。可就是这么巧，有两位白人妇女在就要走出店门时，可能是因为其中的一个大概仍然留恋某件商品吧，转身要再看一眼，就在她转身之际，她腰间的挎包将门口木台子上的一个五彩瓷瓶挂到了地上，当然摔个粉碎。

若在一些别的商店里出现这个场面，毫无疑问，店主要坚持索赔，顾客要据理力争，指责店主商品摆得不是地方。

这次却不是这样。正当那位白人妇女有些不知所措的时候，店主已经走到她面前，说："对不起！没有吓着您吧？"

白人妇女也连声道歉，问他："要我赔吗？"

店主说："您在告诉我，应该把东西摆在恰当的地方。请吧，欢迎您再来！"

最后的结局是这样的：那位白人妇女买走了一个古希腊的铜像。她的朋友大概也觉得这位店主可以信赖，买走了两个彩色挂盘。

用良好的信誉经商、做推销，对一些人来说，需要一个体味的过程，在这个过程中，顾客是最好的教育者，可以令那些不懂此道的人渐渐上"道"。

面对失败要有重振旗鼓的勇气

犹太商人推销细节要诀

面对失败去争取胜利，这是伟大商人成功的秘诀。一个优秀商人的最明显标识，就是面对失败要有坚韧的意志。不管环境变换到何种地步，初衷与希望仍不会有丝毫的改变，直至克服阻碍，达到所期望的目的。

犹太商人认为：检验一个商人品格的优劣，最好是在他失败的时候。失败了以后，他是怎样一个境况？失败能唤起他更大的勇气吗？失败能使他付出更大的努力吗？失败能使他发现新的力量，焕发出潜在力吗？失败了以后，是决心更加坚强呢，还是就此心灰意懒？越是在这种境地，越可以测试一个推销员人格的大小。

一个人除了自己的生命以外一切都已丧失了，那他还剩余些什么？换一句话说，一个人在屡遭失败以后，他还有多少勇气的余威可以让他重振旗鼓？假使他在失败之后，从此偃卧不起，放手不干，而自甘于永久的屈服，那我们就可以断定，他不是个什么大不了的人物。假使他能雄心不减，迈步向前，不失望，不放弃，别人就能感到他人格的伟大，十足的勇气，是可以超过他的损失、灾祸与失败的。

跌倒以后立刻站立起来，在面对失败时去争取胜利，这是自古以来伟大商人的成功秘诀。犹太商人罗森沃德说："我曾问一个小孩子，他是怎样学会溜冰的。小孩回答道：'就是在每次跌跤后，立刻爬起来！'我想，促使每个人成功的实质也正是由于这种精神。跌倒算不上失败，跌倒后却站立不起来，那才叫失败。"这也是他在经商中，对面对失败所应具有的品格的理解。

拥有坚韧的意志，是一个想事业有成的推销员所具有的特征。他们或许缺乏其他良好的品质，或许有各种弱点与缺陷，然而他们具备了坚韧的意志。这是所有事业有成的高手所绝不可缺少的涵养。劳苦的奔波不足以使他们灰心，事业中的困难不足以使他们丧志。不管处境如何，他们总能坚持与忍耐，因为坚韧是他们的天性。很多人成功的秘诀，就在于他们不怕失败。他心中想要做一件事时，总是用全部的热诚，全力以赴，从来想不到有任何失败的可能。即便他失败了，也会立刻站起来，保持更大的决心，向前奋斗，直至成功为止。

那些普通的推销员，他们在推销中一经失败，就会一败涂地，一蹶不振。而那些有坚韧力的推销员，则能够坚持不懈。那些不知怎样才算受挫的推销员，是不会一败涂地的。他们纵有失败，但他们从不以那个失败作为最终的命运。每次失败之后，他们会以更大的决心，更多的勇气，站起来向前进，直至取得最后的推销胜利！

在《塔木德》中有这样一句话："我们不能以一个人竞赛起步时的速率来评判他得冠军的潜力，而应该在他将达到终点时的速率来评判他。"在推销中，有很多推销员做事不能有始有终，他们开始时还满腔热忱，但在遇到困难后，往往会半途而废。他们之所以会这样，就因为他们没有充分的坚韧力，来使他们达到最终的目的。当一个人满腔热诚、意气豪迈的时候，他做事是何等的容易啊！所以开始做一件事时，是毫不费力的，正因为如此，我们不能在一个人刚开始做事时就估量他的真价值。

一个人在做事时，是否有不达目的不罢休的意志，这是测验一个人品格的一种标准。坚持的力量是最难能可贵的一种品德。许多人都有随众向前的意识，他们在情形顺利时，也肯努力奋斗；但是在大众都选择退出，都已向后转，让他自己觉得是在孤军奋战时，要是仍然能坚持着不放手，这就更难能可贵了。这是需要坚韧力，需要毅力的。

有一个人，他想向他的一位在纽约的商人朋友推荐一个推销员，在他向他的朋友举出了那个推销员的种种优点后，商人这样问道："他有耐性吗？这是最要紧的事。他能坚持吗？特别是在困难的时候。"是的！这是对一个好的推销员终生的问句："你有耐性吗？你有坚韧力吗？你能在失败之后仍然坚持吗？你能不管遇到任何阻碍仍然前进吗？"

罗森沃德是美国最大的百货公司西尔斯一娄巴克公司的最大股东，他也是美国 20 世纪商界风云人物。当然这个做服装生意起家的富翁却也经历了许多创业时的失败与艰辛。

罗森沃德出生在德国的一个犹太人家庭，少年时随家人移居美国，定居在伊利诺伊州斯普林菲尔德市。罗森沃德的家境不大好，为了维持生活，中学毕业后，他就到纽约的服装店当跑腿，做些杂工。罗森沃德从年幼时就受犹太人的教育影响，确立了艰苦奋斗的精神。他确信凡人皆有出头日，一个人只要选定了目标，然后坚持不懈地往目标迈进，百折不挠，胜利一定会酬报有心人。罗森沃德本着这种精神，十分卖力地赚了几百美元。

"我要当一个服装店老板。"这是罗森沃德的奋斗目标。为了实现这个目标，他除了在工作里留心学习和注意动态外，他把全部的业余时间用于学习商业知识，找有关的书刊阅读。几年后，他认为有些经验和小小本金，决定自己开设服装店。

可是，他的商店门可罗雀，生意极不佳，经营了一年多还把多年辛苦积蓄的一点点血汗钱全部亏光了，商店只好关门，罗森沃德垂头丧气地离开纽约回到了伊利诺伊州。

痛定思痛，罗森沃德反复思考自己失败的原因。最后，他找出了原由：服装是人们的生活必需品，又是一种装饰品，它既要实用，又要新颖，这才能满足各种用户的需求。而自己经营的服装店，没有自己的特色，也没有任何新意，再加上自己的商店还未建立起商誉，那是注定要失败的。针对自己出师不利的原因，罗森沃德决心改进，他毫不气馁继续学习和研究服装的经营办法。他一边到服装设计学校去学习，一边进行服装市场考察，特别是对世界各国时装进行专门研究。二年后，他对服装设计很有心得，对市场行情也看得较为清楚。于是，决定重振旗鼓，向朋友借来几百美元，先在芝加哥开设一间只有 10 多平方米的服装加工店，他的服装店除了展出他亲自设计的新款服式图样外，还可以根据顾客的需求对已定型的服式进行改进，甚至完全按顾客的口述要求重新设计。因为他的服装设计款式多，新颖精美，再加上灵活经营，很快博得了客户的欣赏，生意十分兴旺。又过了两年，他把自己的服装加工店扩大了数十倍，改为服装公司，大批量生产各种时装。从此以后，他的财源广进，名声鹊起。

回忆以前的经历，罗森沃德说："在人生的游戏中，失败时常发生，每个人都别悲观，因为失败并不意味着没有希望，相反活用失败与错误，是自我教育和提高的有效途径。商场如战场，成功人士的背后可能有更多的失败和辛酸。"

作为商人、推销员，面对失败，就应该像爱迪生那样坦然而决不气馁。爱迪生一生有 1000 多项科技发明，当有人问他经过许多试验而失败时是否会感到心灰意冷，他回答说："不，我抛弃了错误的试验，重新采取别的方法，决不沮丧！"的确，面对失败，一定要记住，决不气馁！用现代管理学的说法就是：失败就是我们的学习曲线和经验曲线的自变量，只有经历失败，才会汲取教训和积累经验，为下一次做准备。

罗森沃德还说："在面对失败时，对失败要持正确健康的心态，不要恐惧失败，要懂得失败乃是成功必经的过程；在面对失败时，焦点不要对着过错与失误！应该对准远大的目标，活用自己的过错或失误；面对失败时，千万不能气馁，要坚忍不拔，矢志不移；在面对失败，发现此路不通时，要设法另谋出路，使自己顺应环境，适应潮流；在失败以后，还要善于伺机，巧于乘势，等待机遇。"

第二章　每一步都清楚自己在做什么

——犹太商人推销细节之二：制订明晰有序的行动步骤

制订一个切实可行的推销目标

犹太商人推销细节要诀

目标是方向，是既定的目的地，没有目标只能稀里糊涂地往前走。就好像射箭需要靶子固定目标一样，推销员在行动之前需要一个明确的推销目标，以此来引导自己的行为朝着一个固定方向前进。

《塔木德》上说："明确的目标就好像弓箭需要靶子一样，向空中射出一箭，需要一个靶子固定目标。"在工作中，有的人拥有一个战略性推销视野，有的人却带着"等着瞧，看到底会发生什么"的态度。你认为哪种方式可以使他们成功呢？

在犹太商人看来，优秀的推销员在推销之前不能没有明确的目标，如果没有的话，就好像没有舵的轮船，无论如何奋力航行，乘风破浪，终究无法到达彼岸。

事实上，目标不明、横冲直撞的推销员比比皆是。你若随便问一个人："你做这份工作是为什么？"大概有人会这么回答："为了生计"或"为了挣钱"。然后你若是问："你打算 5 年后有什么成就？"或"你打算 5 年挣多少钱？"可能大部分人都答不出来，即使回答，许多人也是异想天开，并未实际考究过，他们的这种情况就是没有明确目标的心态。

犹太人有这样一句话："要想成为一个成功的人，首先必须要有明确的人生目标；要想成为一个成功的商人，要有明确的商业目标。"同样，要想成为一个成功的推销员，必须要有一个明确的销售目标。知道了目标的重要性，那么怎样制订一个切实可行的目标计划呢？

首先让我们了解一下目标的 4 种类型。

期限为 1～30 天的即期目标。一般来说，这是最好的目标。它们是我们每天、每周都要确定的目标，在我们为争取成功而做出努力时，它们能不断地给我们带来幸福感和成就感。

期限为 1～12 个月的短期目标。这些目标好比是马拉松运动员的公里显示标志，它能鼓舞你前进。这些目标提示你，成功和回报就在前方，鼓足干劲，努力争取。

期限为 1～5 年的中期目标。这些目标是你眼下最想得到的，如挣钱买小汽车、晋升销售主管等等。要注意经常检查和更新这些目标。

期限为 5 年、10 年或 15 年的长期目标。专业推销员总是知道他的前进方向。长期目标很重要，但不要过于拘泥细节。东西离你越远，就越不重要。这里总的思想是，要有特定的目标追求。

制订目标计划，首先要把目标写出来。这样可以增加明确度，可以经常检查。你以前设定的目标没有实现的原因，是因为当你有一些梦想和目标的时候，只是在头脑里面去想它，然后没多久就忘记了。如果你把它写下来，你就会体会到"白纸黑字"的力量。试试这个方法，你会发现，非常大的转变将会在你身上发生。把你的目标写下来，要具体，而且加上期限，然后把它贴在门上、镜子上、书桌上、梳妆台上、床头柜上。当你白纸黑字写下来的那一刻，你就会发现，这时你的内心感觉，跟只有一个想法是不一样的。

设定目标要注意合理性。一步就能成功的目标没有太大的价值，因为太容易达到，所以激励作用不大，不会激发你的潜力，即使完成了，也没有什么成功的快乐。同样，好高骛远，脱离现实的目标也不好。制订一个"一周内赚100万元"的目标，对一个普通的推销员是根本不可能实现的。正因为它的不可能，如果你以实现这个目标为理想，到后来只会使你有失败感，这很容易挫伤你的自信心。

一般来说，制订远期目标可以大一些，但近期目标应该在"跳一跳，够得到"的程度比较合适。这样达成每一个目标，你都会跳高一点。一步一步地循序渐进，就会达到你最终的目标。比如：你可以将目标首先定为在某个期限内成为小组内前几名高手，进而在营业所内，再进一步到公司内、地区内，以至于全国。如果达到全国第一时，你就已经有了向更高目标挑战的功力了。

还要尽量减少定目标的事项，不要过于贪多，目标太多会分散你的精力，使你不能集中于一项目标。以房屋推销员为例，如果把年度目标设定为：在公司争取第一名的业绩；取得一级建筑师的资格；考取建筑物交易者资格；获得公司内部设计竞赛的奖次；提升高尔夫球的技术，这样多的目标绝对不可能达到。

制订目标要具体。注意，一定要给你的目标定一个期限！"有一天成为销售经理。""若干年后，个人收入达到100万。"这样的目标你会有什么感觉？事实上这只是一种积极的愿望，而不是可行的目标。

可行的目标一定要具体化。比如可以是这样的形式："用3个月的时间提高30%的业绩。""半年内将地区内占有率提高为20%。""本周要拜访50位客户。""今年个人收入要完成10万元。"这里不但要有完成的目标，而且还要有明确的期限。制订目标还要能够验证。把你的目标想清楚，别自己蒙自己。如果是抽象的目标，一开始要以自己的方式加以定义，然后再实施。比如

"成为顶尖的推销员"，因为"顶尖推销员"这个名词无法界定，实施起来就会茫然。

再如为了提升业绩而设定"确保 100 名固定顾客"的目标时，重点就在于自己要先确定所谓"固定顾客"的定义究竟是什么。

为目标制订有效的行动计划

犹太商人推销细节要诀

有一个远大的目标时时激励着自己，固然是成功所必需的条件，但是，如果没有一个如何达到目标的详细计划，那就像是水中捞月，可望而不可即。

在犹太商人看来，目标虽然是让人产生动机的原动力，但成果是无法自动产生的。如果不安排周密的行动计划，目标很难实现。

犹太商人说："推销中的行动计划犹如罗盘，具有引导每日推销活动的作用，推销员可以根据行动计划来核对自己的工作状况，查看每天的销售方向是否有误。"对于那些长远目标，有时看起来好像稍高一点，但只要有健全的行动计划，长远目标也能变成现实。

首先，面对长远目标，要把它细分，细分到每周、每天都做哪些事。比如，你决定今年的销售目标是 120 万美元，那么，就做你的计划：一年 12 个月，平均每个月的销售应该达到 10 万美元。根据你以往的业绩，平均一家的销售额是 5000 美元，如果要达到目标的话，每月就必须销售 20 家。再统计一下，你拜访 5 家才有 1 家成功的几率，这样一来，你每个月必须拜访 100 家顾客，平均每周 25 家，平均每天 4 家，这 4 家未必都会接受你的推销，但是肯定会接受你的拜访，还有的由于各种原因，无法拜访，把这个几率也计算进去，因此，你每天的拜访名单上，应该有 8 家以上的顾客。这样你就知道今天该做什么了。

把一年、一个月、一周、一天的事情安排好，这也是对目标进行有效的计划。这样你可以每时每刻集中精力，处理要做的事情。这可以给自己一个整体的方向感，使自己看到自己的宏图，有助于达到目标。

但要知道，对于推销员来说，一日之计在于昨夜，不是在于今晨，每天晚上就应该写好明天早上要做的事情；一月之计在于上个月底，每个月底你就应该写好下个月你要做的一切事情；一年之计在于去年底，而不是在于今年年初。年底你就应该写好一切明年要做的事情，在明年的时候全部把它完成。这样一来，你在每天清晨，每月的第一天，以及每年的开始，都看到当时所有的任务，然后，把这个任务装在心里，指导当日、当月、当年的工作。

犹太青年巴布大学毕业后，满怀信心地投入了寿险推销工作。为了给自己鼓励，他规定自己每天至少要拜访 5 个客户。他想如果能坚持下去自己一定会成功的。由于新生活带来的巨大的积极性，巴布决心每天都记日记，把每一天所做的访问详细地记录下来，然后把第二天要做的事情也列出来，以保证每天至少访问 5 个以上客户。通过每天记录，他发现自己每天实际上可以尝试更多的拜访；并且还发现，每天要拜访 5 位客户，保持不间断，还真是一件不简单的事。在采取了新的工作方法之后的当月中，巴布卖出了 3 万美元的保单，这是他 3 个月的转正任务量。

为了尽量少地浪费时间，拜访更多的客户，巴布决定不再花时间去写日记了。但命运似乎捉弄了他，自从他停止记日记之后，他的业绩开始往下掉，几个月之后，他甚至到了难以想象的地步。巴布只好向公司的资深推销员求教，他向这位资深推销员讲述了自己的苦恼，对方并没有多说，只是向他讲述自己每天的工作计划及步骤。终于他明白了一个道理，业绩回落，这并不是因为他偷懒，而是因为自己没有规律地走出去拜访的结果。此后他又重新记工作日记了。

通过坚持写工作日记，巴布发现他每次出门的价值在不断地提升。在短短的几个月之中，他从每出门 29 次才能做成一笔生意上升到每出门 25 次就成交一笔，又以每 20 次一笔，直至每出门

犹
太
人
智
慧
大
全
集

You Tai Ren Zhi Hui Da Quan Ji

四
一
四

10次，甚至3次就有一笔生意成交。对工作进行了调整、分析之后，巴布感到要使工作效率得到更大的提高，就必须把生活和工作安排得井然有序。他说："安排好下次工作的计划是推销工作开始的必须。我必须花时间做好工作计划，我每次在下一次行动出发之前，找出旧的工作记录，仔细地研究一下以前拜访客户时说过哪些话，做过哪些事，再写下下次要做的拜访中准备说些什么内容，提出什么样的建议，整理出下次的行动计划。"

他发现要使一周的工作计划做到很充分，至少需要四到五个小时的时间去制订一个星期的工作计划。于是巴布将每个星期的星期六上午划出来专门做下周的工作计划，用他的话来说是做"自我规划"。这种做法使他的心态和工作效率有了很大的改观。对此，巴布说："任何事情都可能由别人代劳，唯有两件事情非要自己去做不可。这两件事一是自我思考，二是自我规划。"在接下来的一个星期，巴布严格地按工作计划去工作，每次出门的时候，再也不会因为毫无准备、没有目标而团团转了。他说："我从此可以从容地带着热诚和自信去拜访每一位客户了。因为有了星期六上午的计划，我每天都渴望能见到这些客户，渴望和我们一道研究他们的情况，告诉他们我精心想出来的那些对他们有帮助的建议。在一个星期结束之后，我再也不会觉得筋疲力竭，或者沮丧而没有成就感。相反地，我感到前所未有的兴奋，并且迫不及待地希望下一个星期早些到来，我有信心在下一个星期得到更大的收获。"

推销前详尽地调查客户资料

犹太商人推销细节要诀

推销成功与否与事前准备工作的程度成正比。推销员在与客户见面之前，必须要做一些准备工作。详尽地了解一些客户资料，要尽量熟悉对方的底细，甚至就好像与他有 10 年的老交情一样。

犹太商人认为，推销员在与客户见面之前，必须要做一些准备工作。虽然这种准备或基础工作很浪费时间，但必须得做。他们有句这样的话："推销成功与否与事前准备工作的程度成正比。"在他们看来，第一次见到客户，一定要熟悉对方的底细，就好像与他有了 10 年的老交情一样。

在犹太商人看来，在推销前详尽地了解客户的资料，可使推销员在推销中占据主动的地位。推销员对对方情况了解得越透彻，他的工作就越容易开展，甚至可以收到事半功倍的效果，这样成功的几率就很大了。

有一些推销高手，厉害到能把见到的陌生客户从头到脚地描述出二三十条细节出来，再通过细节归纳出他的个性、兴趣、收入、生活方式、家庭状况等一些特征，再来推销。这种观察本领，真令人叹服。当然，这种本事是需要经过不断训练，积累经验才能拥有的。

在推销工作中，优秀的推销员会把每一位客户看成未来开花结果的种子，要想种子结果，就要对其多加照看。所以他们就要善于收集顾客的资料。他们也把这些资料当做"治疗"客户"病情"的"药方"，以便做到对症下药，当进入推销阶段之后，专业推销员就能点出客户的问题所在，说出他的渴望、他的要求、他的担忧，然后向客户提供解决方案。当他们做了认真的准备后，客户就很容易接受他们提出的解决方案，不需要对客户做很多工作，客户会毫不迟疑地买他们的东西。

"威特利寿险公司"优秀的保险推销员犹太人凯蒂从她多年的推销经验中说出了事先调查客户资料对推销成功的重要性。她说："一个优秀的推销员，他首先必须是一个优秀的调查员，同时还要像一台高度灵敏的雷达，随时随地注意身边发生的事、身旁走过的人，眼观六路，耳听八方，绝不放过一条有价值的信息，以不断扩大自己的资料库，增加客户资源。"

凯蒂认为，不管是推销员找客户谈生意还是客户主动找推销员谈生意，一开始，最好要事先探知一些有关客户的资料。比如：客户长的是什么样子？他的整体外表、衣着打扮如何？开什么车？对待同事的方式如何？甚至要注意极细微的小地方，如手指甲、头发、鞋、手上戴的戒指和手表等等。

凯蒂是个细心的女人，有一天，她搭乘出租车去办事，车在十字路口遇红灯停了下来。有一部黑色高级轿车和她的出租车并列停在了路口。透过车窗玻璃，凯蒂看到那部豪华轿车的后座上坐着一位很有气派的男士，正在闭目养神。乘坐如此豪华的轿车，一定是一位大富豪，有很大可能会购买保险，凯蒂心想。于是，她乘机记下了那辆豪华轿车的车牌号码。当她办完事后，立即着手调查那辆豪华轿车车主的情况。当她得知该车是"卡拉"公司的之后，立刻打电话给那家公司。

"您好！是卡拉公司吗？请问贵公司××号码的轿车是哪一位先生搭乘的？"

"请问您是谁？您问这个干什么呢？"

"没什么，只不过今天在街上碰见了这部车，车内的那位先生很面熟，所以冒昧打听。"

"哦！请您等一下……是我们罗杰斯常务董事的车。"

"非常感谢您，请再问一下，他平常大约什么时候下班？"

"不一定，大约在5点至5点半左右。"

"谢谢！打扰您了。"

接着，凯蒂从办公室里找出各种各样的名人录、公司名录、电话号码簿及地图，开始对那位名叫罗杰斯的常务董事做全面调查了。经过调查她得知，那位常务董事毕业于纽约一所著名大学，在这家公司从基层干起，逐渐晋升到了今天的地位。

从资料上，凯蒂得知那位常务董事是一个名叫"美国旅馆招待者"组织的会员，于是她又开始了第三个程序的调查。这次调查是打电话到那个组织。

"请问是'美国旅馆招待者'组织吗？我也是本组织的会员，请问一下，您是否知道下一次集会的举行日期？"

"是在5月8日。"

"谢谢，我一定准时参加。对了，卡拉公司的罗杰斯常务董事也是我们的会员，您认识吗？"

"我和他很熟呢！"

"很久没有看到他了，他最近可好？"

"他看来身体很健康，你知道的，他为人幽默、风趣又热情，每次集会他都参加。"

这个电话又增加了凯蒂对那位常务董事的认识——幽默、风趣、热情。

凯蒂仍不放松，继续对那位常务董事进行更深一步的调查。

第四个程序的调查开始了，凯蒂来到那位常务董事的住处。那位常务董事的住所是一幢二层楼洋房，看起来还很新，突出的阳台，可俯瞰屋外的院子，院子里铺满了青翠的嫩草，并种了一些树木。那真是一幢令人心旷神怡的好房子啊！凯蒂看清了住宅的情况之后，就来到附近的杂货店，再打探情况。

"请问住那幢洋房的罗杰斯先生家，通常是谁来买东西？"

"有时是太太，有时是小姐。"

"哦！他家的小姐年龄有多大了？"

"唔！好像已在上中学。"

……

诸如此类的问题，只要有助于凯蒂深入了解那位常务董事本人及他的家庭的，她都尽量在住宅附近打听、询问，以便获得更详细的资料。调查工作完成之后，凯蒂就开始追踪那位常务董事本人了，这是第五个程序的调查。

因为早已知道对方的下班时间，所以凯蒂便在某天的下午在他公司的大门前等候那位常务董事。下午5点，那个公司下班了，该公司的员工陆续走出大门，每个人都服装整齐，精神抖擞，并愉快地在门口挥手互道再见。凯蒂认为这个公司员工不多，看来规模不大，但纪律严明，而且公司的上上下下都充满了朝气和活力。

5点半整，有一辆黑色的轿车出来了，仔细一看，正是那位常务董事的车。一会儿，常务董事出现了。虽然只见过一面，但凯蒂已经对他非常熟悉了，所以一眼就认出对方来了。看到那位常务董事上了车，凯蒂马上叫了一辆出租车追踪他。在车上，凯蒂想：他是直接回家吗？是不是去应酬喝酒呢？是去跟客户见面吗？为了弄清楚这些问题，凯蒂又锲而不舍地追踪下去了。

你也许会笑，没有那么严重吧，搞得像做间谍一样，但是，凯蒂认为这是很必要的，她说："如果推销员想把东西卖给一个人，他就应该尽自己的力量去收集那个人那儿与自己生意有关的情报，不论他推销的是什么东西，如果推销员每天肯花一点时间来了解自己的客户，做好充足准备，为推销铺平道路，那么，他就不愁没有自己的客户了，当然也不愁推不出产品了。"

必须预先设计好对付竞争对手的方案

犹太商人推销细节要诀

在推销过程中，推销员应当全面了解并掌握竞争对手的一些情况，然后根据竞争对手的情况制订有针对性的推销计划，这样才不至于在推销中落入被动竞争的困境。

在一般情况下，市面上同一类商品往往不止一种品牌，常常是一类商品几十种品牌，甚至上百种、上千种品牌，客户为什么非买你的商品呢？你怎么说服他们买你的而不买别人的商品呢？

在犹太商人看来，不贬低诽谤同行业的产品是推销员的一条铁的纪律。商谈的目的是要达成某种商务目标，而不是评价同行业绩。犹太商人说："不要讲同行业其他企业或公司的坏话。这不仅显示了一个人的修养问题，也反映了一个公司的精神风貌，客户对此十分注意。所以在推销中，必须记住，把别人的产品说得一无是处，绝不会对你自己的产品增加一点好处。"

"各卖各的货，井水不犯河水。"似乎可以说成是今天的销售原则。然而，不幸的是，按这种观点办事往往不是最佳战略。一个竞争厂家的牌子可能早已在准客户的脑子里占据了很大位置，用回避的办法是难以将它驱除的。但是，有些客户并不愿意主动谈论他们内心偏爱的另一种产品，因为他们害怕推销员会指出他们的偏爱有问题。所以，他们常常采用保持沉默的方式以求相安无事。这样一来，如果推销员决定要对付竞争对手，他首先就必须设法让客户把心中向往的另一种商品讲出来，并谈谈看法，以争取客户。

毫无疑问，避免与竞争对手以硬碰硬是明智的。但是，要想绝对回避他们看来也不可能。但如果推销员主动攻击竞争对手，客户开始也许会这样想：他一定是发现竞争对手非常厉害，觉得难以对付。或者：他对另一个公司的敌对情绪之所以这么大，那肯定是因为他在该公司手里吃了大亏。最后客户下的结论就会是：如果这个厂家的生意在竞争对手面前损失惨重，他的竞争对手的货肯定比他的好，我应当先看看别家的货，再决定买不买他的产品。

　　有时，即使客户先讲其他公司的坏话，也不要随声附和，讨好客户。客户讲其他公司的坏话，无外乎有两个目的：一是通过讲其他公司的坏话来达到吹捧你公司的目的。你如果随声附和，很可能会上当，到最后发现自己落入了对方的圈套之内。二是如果你随声附和，客户可能会因此瞧不起你的公司，认为信誉不佳，因而使商谈半途而废。所以既使客户先讲对手的坏话，推销员也要慎重考虑自己的言行。当客户讲同行坏话时，不妨轻轻为其掩饰，用话一带而过，顾客反而会认为你很有自信，相信你的公司一定会比其他同行更有优势，从而更愿意与你合作。

　　如果客户称赞同行公司，不要加以否定，这样很容易引起对方反感，倒不如也随之称赞别的同行公司。有时候，客户已经买过了竞争对手的产品，这时推销员在评论其产品时就必须特别小心了，因为批评那种产品就等于是对购买那种产品的人的鉴赏力提出怀疑，这样，客户就会对你产生一种厌恶感。

　　那么，在推销中，面对竞争对手的产品应怎样对待呢？一个推销办公室档案设备的女推销员做的就很恰当，她设法说服一家客户全部更换了原有的档案系统，重新装起一套价值近2000美元的设备。她没有让客户觉得他安装第一套设备时不够明智，相反，她还为此恭维了他，只是巧妙地证明了由于生意的扩大、条件的变化和新的办公器具的出现，不赶快更新就要落伍了。

　　另外，当竞争变得异常激烈的时候，也可以采用直接对比试验的方法来确定竞争产品的优劣，比如在销售配件农具、油漆和计算机时就可以这样做。如果你的产品在运行起来之后客户马上可以看到它的优点，采用这种对比试验进行推销就再有效不过了。

有家螺丝厂，生产技术和设备都属一流，产品的质量也远远超过市场上的其他同类产品。但由于生产成本高，产品售价要高出同类产品三成左右，这就给产品的推销带来了一定的难度。这个厂的推销员走了不少弯路，吃了不少苦头，最后还是见效不大。

后来，终于有个名叫尼奥的推销员想出一个办法，尼奥每到用户那里，就客气而又坚决地要求对方将该厂的产品和用户常用的其他厂家生产的螺丝同放在一盆盐水中，浸泡一会儿，然后再一同取出晾在一旁，并向客户说明下周再来看结果。过了一周，尼奥再度登门，经过盐水浸泡的螺丝只有他推销的那种没有生锈，其余的都已锈迹斑斑。这时，尼奥不失时机地将本厂的生产技术和设备的先进之处、产品的优越性，以及产品价格为何高于其他同类产品的原因，向客户做详细的介绍。他又与客户算了笔账：该厂螺丝价格虽然高于同类，但由于质量过硬，折旧率低，还是合算的。特别是该厂的螺丝质量无可挑剔，使用安全可靠，这一优点是其他同类产品无法比拟的。经过实际试验和尼奥的详细说明，几乎所有的用户都心服口服，自愿改用了该厂的螺丝。

总之，在推销过程，推销员应当全面了解并掌握竞争对手的一些情况，推销员外出执行任务时，会不断地听到关于他人产品优点和自己产品弱点的议论，可以把收集到的信息汇集研究，从头至尾重新制订自己产品的推销计划。这样才不至于在推销工作中落入被动竞争的困境。

敢于用较长的时间准备大生意

犹太商人推销细节要诀

> 要想做成大生意，就要付出更大的努力，敢于用较长的时间去准备。那些善于做大事的推销员，在等待时机来临之前，总能不动声色地运行好计划工作，然后等待时机，伺机而动。

在犹太商人的眼中，绝大部分的推销员总有这样一个特点：第一次在见到客户时就急于销售他们手中的产品；或是面对一宗大买卖，想在最短的时间里就把它拿到手。而结果却往往是令他们遗憾。而另外一小部分有远见的推销员，特别是那些善于做大事的推销员总能不动声色地运行他们的计划，等到万事俱备，又来东风的时候，他们就会抓住时机，一举成功。而此时，那些目光短浅的人还只会叹惜他走运呢！

这也好像我们经常说的"放长线，钓大鱼"一样，要想"钓"到大客户，必须要事先提前做好一切铺垫工作，等到时机成熟，就可以伺机而动。

下面就是一个为长远利益做打算的例子，我们不妨感受一下那种着远于长远目标的广阔胸怀。

美国人泰瑞·威廉姆斯，早年供职于《箴言》杂志，从事推销和公关工作。由于杂志社的支持，他在组建了自己的公司后仍在《箴言》杂志社任职 6 个月之久。1988 年，他组建了自己的公司——泰瑞·威廉姆斯公共关系代理公司。埃迪·墨菲是他的首位客户，此外还有珍妮特·杰克逊、辛伯德等好莱坞大牌明星。

早在 1980 年，泰瑞就认识了有一定名望的演员迈尔斯·戴维斯。可是当时，他并没有想到这对他的生活会有多么重大的影响。那时，泰瑞在纽约医院进行社会公益活动，而迈尔斯则刚刚在纽约医院做完手术。他引起了泰瑞的好奇，后来泰瑞提出要去拜访他。而他答应后，泰瑞便自我介绍了一番。此后，泰瑞每天都去看他，等到迈尔斯出院时，他们已成为关系非常好的朋友。

他们经常保持联系，一天，泰瑞收到了迈尔斯的妻子西塞莉·泰森的请柬，邀请他去参加迈尔斯的 60 岁寿宴。这次宴会只邀请了他最好的朋友，这对泰瑞而言真是荣幸之至，宴会将在一艘游艇上举行。

宴会上，泰瑞结识了埃迪·墨菲，他们简短地互相介绍了一下，并没有过多地交谈——仅仅是互相问候一声"你好"。同样也遇到了肯尼迪·福瑞斯和埃迪的堂兄——雷·墨菲，他们都与埃迪一起工作，泰瑞非常高兴地同他们聊天。当游艇开到码头，宴会结束时，他们说："泰瑞，今晚埃迪在卡门迪俱乐部有表演，你愿去吗？"

"好啊，我当然愿意！"泰瑞答应道。

埃迪表演得相当不错。节目过后，泰瑞与肯尼迪和雷一起参加晚会。只是埃迪也许还有别的计划，因为那晚泰瑞就再也没有看见她。对于这次令人难忘的晚会，泰瑞说：

"如果换了别人，他可能只认为那是个很好的晚会、他同两位志趣相投的伙伴在卡门迪俱乐部度过了非常有趣的一晚。但我并没有这么做，我仍然继续与朋友保持联系。回去之后，我立刻给他们去信，对他们在我到西海岸出差时的热情招待表示衷心的感谢。"

泰瑞过去常常订阅近百种杂志，近一打报纸，但他一般只看那些他喜欢看的事。当某位明星或者名人提到他或她对某一特殊领域有独特兴趣时，泰瑞便将它记录下来，然后输入电脑。于是，只要读到认为可能引起那些人的兴趣的东西，泰瑞就将文章寄给他们。泰瑞一直这样做，尽管他没有一个确切的概念，这样做究竟有什么目的，但他感觉到早晚它会派上用场。

泰瑞有埃迪·墨菲的地址，也知道联系电话号码，自然读到认为可能引起埃迪和另两个朋友兴趣的文章时，他也都给他们寄过去。这些文章包括泰瑞看到的各种内容，例如音乐、电影、电视，这正是他与他们保持联系，让他们记得他的一种方式。

两年以后，泰瑞逐渐同埃迪·墨菲和他的同事们建立了一种比较密切的关系，肯尼迪邀请他去参加了一些聚会，他也逐渐为埃迪·墨菲的圈内人士所接受。

有一次泰瑞受邀参加了埃迪的第一次音乐剧的拍摄。影片取得了很大的成功，同时埃迪也随即成为世界最具票房价值的人物。不久，泰瑞又参加了一部影片的首映式。有一位妇女自我介绍了一番话，泰瑞的第一个反应是对方这么做是想知道他为什么会参加影片首映式，事实上，以前他们曾在电话里交谈过一次。在这次见面时她说："我听说埃迪正在寻找一个公关代理人。"谈话进行到这里，泰瑞感觉到机会正向他走来。他说：

"她这话一出口，我就明白我将成为埃迪的代理人。但麻烦的是，我不知道该如何去让它变为现实。事后，有人认为这是一个野心勃勃的目标，但我仍然希望成立一家公关代理公司，而且有世界最具票房价值的埃迪成为我的第一位客户，这就是对我最大的支持。"

泰瑞所做的第一件事就是将尽可能多的背景信息综合起来，主要是那些能够担保他的工作标准和传播能力的人士。在给埃迪的信中，泰瑞写道："我们交往了几年，但你可能还没机会了解到我的工作是做什么的或者是如何工作的。"他简单地介绍了一下自己的工作，然后列出了自己在《箴言》杂志社所遇到的工商界、政界和娱乐圈的朋友，也就是那些他认为会推荐他的人。泰瑞非常清楚地表示，希望自己能成为埃迪的公关代理人。一旦把自己"包装"好了，泰瑞知道，他还必须让埃迪意识到他是最佳的人选。

一个月过去了，埃迪并没有回信。于是泰瑞决定给她家打电话。是雷·墨菲接的电话，一如既往，他非常热情地跟泰瑞打招呼："嗨，泰瑞，是你！"

闲聊了一会儿，然后雷说："埃迪就在旁边，她想和你谈谈。"

埃迪的声音传来，令泰瑞高兴万分："泰瑞，我收到了你的信，我非常高兴由你代理我的公关宣传。"

真是令人难以想象，就这样简单，泰瑞成功了，这简直有点让他不可思议。但是，泰瑞感觉到一定会有自己的公司了。现在终于有机会代理埃迪·墨菲，她成为泰瑞的第一位客户。

高效地安排和利用你的时间

犹太商人推销细节要诀

如果想推销获得成功，必须重视时间的价值。必须先学会如何有效地利用时间、节约时间，从而倍增自己的时间。精于安排时间，使时间的浪费减少到最低限度，不仅是为自己，也为客户带来了时间的节省和效率的提高。

一位犹太商人在与他的业务员交谈时谈起时间，他说："记住，时间就是金钱。假如说，一个每天能挣 10 美元的人，玩了半天，或躺在沙发上消磨了半天，他以为在娱乐上仅仅花了 5 美元而已。这是不对的，他还失掉了他本可以挣得到的 50 美元……"这段话通俗而又直接地阐释了这样一个道理：如果想推销获得成功，必须重视时间的价值。

《时间的有效管理者》一书的作者里奇·波特说："认识你的时间，是每个人只要肯做就能做到的。这是一个人走向成功的有效的自由之路。"的确，时间就是金钱。我们不能向别人多借些时间，也不能将时间储藏起来，更不能加倍努力去赚钱买一些时间来用。唯一可做的事情，就是把时间花掉。虽然，我们只可以花掉自己的时间，但是，如果我们能够将时间运用得当，就会在事业上创造出很大的成功。

《塔木德》上说："时间对于任何人、任何事都一视同仁，既宽厚大方，又吝啬专制。"意思是说：当你有效地利用时间，它显得宽厚大方；当你无所顾忌地浪费它，它就显得吝啬专制。因此，你必须先学会如何有效地利用时间、节约时间，从而倍增你的时间。

美国麻省理工学院对 1000 名优秀的推销员做了调查研究，发现他们有一个共同的特点，就是都精于安排时间，使时间的浪费减少到最低限度。

推销员所从事的工作，自由度比较大，于是许多推销员把该工作的时间，用在了吃、喝、玩、乐等方面，结果一无所获。他们的时间，不是赚钱反而是"花钱"。当你要想成为一名成功的推销员，就应该有效地利用时间，相信自己能够将时间变出金钱来。

分析那些被人们誉为"顶尖推销员"的人时，你会发现，他们在客户面谈之前，都会做好调查工作。他们总希望能够事先拟定好最佳的会谈方案，以便随时提供给客户。所以正式面谈一开始，他们大都会说："您的时间很宝贵，我也很忙碌，我们就开门见山谈事情吧！"可见他们是如何珍视时间！他们这样做不仅为自己，也为客户带来了时间的节省和效率的提高。

很多推销员都有一个共同的通病，那就是喜欢在办公室里和同事、朋友聊天，一天的时间很快就过去了。我们白天必须要认真工作至少 8 个小时，其间包括整理客户名单和收集客户资料，研究客户心理，物色明天的客户对象，安排好见面的时间等，或者是否在午餐时间里会见客户，与人倾谈。充分地利用工作时间，将给推销员自己带来更多的成功机会。

英国犹太人琳达·迈尔斯开了一家顾问公司，一年要接下 100 多个案子，她每年旅行各地，有很多时间是在飞机上度过的。迈尔斯相信和客户维持良好关系非常重要，所以常利用在飞机上的时间写短信给他们。曾经，一位同机的旅客和她攀谈，他说："我在飞机上注意到你，在 2 小时 48 分钟里，你一直在写短信，我敢说你的老板一定以你为荣。"迈尔斯回答："我就是老板。"

接着迈尔斯说："要善用等候的时间，比如去看医生时带一本书，如此一来，你就不必看他们的没用杂志。我的一位公共关系主管，他在电话旁边放了一叠阅读资料，每次在等对方接电话时便可以翻阅。由于我必须在机场花很多时间，每次在下飞机去领行李的路上，我就停下来打公共电话，等我打完电话，行李也已经出来了。只要我能利用任何时间，就不会浪费时间。"

犹太人迪安·拉斯克在其著作《推销员如何把一分一秒变成钱》中提出了以下合理利用时间的建议：

1. 集中使用时间

迪安·拉斯克认为，作为一名推销人员，一定要学会集中时间，切忌平均分配时间。

在每日制订的拜访计划表中，要选择拜访的准客户集中在同一地区，而非一个在南，一个在北；对重点拜访客户，要投有一定比例的时间，并必须不间断地重复拜访。

2. 养成节约时间的习惯

随身携带一本记事本，准备将一切突然走进脑海的念头记下来。如果没有记录，恐怕日后再花双倍的时间和精力，也抓不住那一瞬间的灵感。

准备一个储藏资料的抽屉，将自己的一切文件、资料、思想和笔记等东西，有系统地整理出来，好好地保存。约束自己每天必须把它们放回原处；合理安排准客户档案、资料卡，用完后一定要做到物归原处。一旦要使用，便不会浪费时间。作为一名推销员，日常准备的准客户资料与达成保单等，一定要分门别类，归属得当。

3. 善于应付"自由时间"与"应付时间"

任何人都面临着两种时间：属于自己控制运用的"自由时间"和属于对他人他事的反应时间，即不由自己支配的"应付时间"。迪安·拉斯克强调，对这两类时间要合理调配，不能顾此失彼。没有"自由时间"，完全处于被动、应付状态，不能自己支配时间，不是一名有能力的推销员。

4. 善于利用零散时间

一个人的时间不可能非常集中，往往会出现很多零散时间。如早晚餐前后的空余时间、散步时间等。迪安·拉斯克建议，在这些时间间隙，可以整理拜访准客户的有关资料，分析他的性格及购买可能；也可制订下一步工作计划，该做哪些准备等等。

5. 拒绝懒惰

偷懒可以在不知不觉中浪费掉许多时间。如果你是一个爱偷懒的人，那么从现在起杜绝你的偷懒思想。偷懒的思想并不难除，因为偷懒无非有两种：一是对自己要求不严，得过且过；另一种则是积习而已。找出你的懒惰根源，对症下药，从偷懒之人转变为积极上进之人。

迪安·拉斯克说："对于一个善于利用时间的人来说，每天早上5点是一天的开始。"要赶在太阳升起前爬起来的确需要相当的毅力，但好处颇多。早上没有干扰，安详清静，让你有一种幸福的感觉，你会觉得必须为了达成目标努力工作，而且任何发生在你身上的好事都是你该得的。迪安·拉斯克建议推销员利用这段安静、无干扰的时间检查库存量、下订单、写感谢函，然后计划整天的工作。

6. 养成守时的习惯

"守时的习惯"对任何一个人来说，都有很大的好处和利益。一个成功的推销员必须准时拜访约定好的客户。一个不守时的人，是很难赢得准客户信任的。

可以在短期内做些有意的训练，迪安·拉斯克建议如下：写下你今天所要赴的约会及要处理的事情。用彩色颜色标明时间（注意，是两个时间，一为约会时间，一为准时间）以示提醒，时间一到立即放下手头其他工作，不管其重要与否，每天都坚持如此。

从长远考虑，迪安·拉斯克建议可依照下述方法去做：在日历表上注明哪一月哪一日你应该实现对客户的承诺或提供必要的售后服务，或有某个特殊约会，提前为将要到来的"守时事情"做准备，做到有备无患，新约会或计划的安排考虑不要与已订的时间相冲突。

7. 淘汰无价值的准客户

迪安·拉斯克认为：推销员如果一味纠缠在那些毫无成交希望的准客户身上，无异于自杀，淘汰无价值的准客户是避免浪费时间的有效途径。准客户是否有价值，该不该淘汰，要经过你的调查分析、衡量后再做出决定。迪安·拉斯克建议从以下几个方面做出是否淘汰准客户的决定：

考虑如果你坚持说服他所花的时间与所得的回报，是否等值？

考虑是否有无法克服的障碍？

考虑准客户自身方面的问题，如观念、收入等。

8. 做事要分轻重缓急

凡事经合理安排才有序，有序才能出成果。同样，凡事经合理安排，你才能有效地利用时间。迪安·拉斯克告诉我们说："你可能非常努力工作，甚至因此一天结束后感到沾沾自喜，但是除非你知道事情的先后顺序，否则你可能从开始工作时距离你的目标更远。"

因此，你必须为你所进行的推销工作制订或安排出一个行之有效的时间计划表。但你必须了解，你的时间计划表上的事情并非同等重要，不应对它们一视同仁，你应当按"先重后轻，先急后缓"的原则来处理。

你可以制作一个短期优先顺序表，具体方法如下：

写下你明天要拜访的五至十位准客户。

在这五至十位准客户中，你认为哪一个最重要，哪一个次之，哪一个相对来说最不重要，用"1、2、3"或"A、B、C"标出。

然后按先后次序拜访。当然，他们最好在同一地区，先后不能分离太远。

制作长期先后顺序表，方法如下：

在记事本上写下你这一周将要拜访哪些区域，哪些准客户，按先后顺序排列，并标明拜访日期。最好先按重点区域排列，然后再按每一区域里重点客户的先后次序排列。

第三章　把东西卖给尽可能多的人

—— 犹太商人推销细节之三：构建强大的客户资源网络

拓展客户群是推销的第一工作

犹太商人推销细节要诀

客户开发是其他销售环节的先决条件。如果你不能有效地开发客户和拓展业务，你也不可能会见潜在客户，向他们推销所需的产品，完成销售并提供优良的售后服务，那你也不可能在其他销售环节中取得成功。

客户是推销员的利益所在，现代化企业经营最终的通路都会在客户的身上显示出成效。如果你不能有效地开发客户，那就不可能在销售中取得成功。倘若缺乏有效的客户开发术，你面对的将是一个半途而废的结局。

犹太商人把客户分为三种：一是老客户，即已经推销成功的客户；准客户，即有待成交的客户；潜在客户，即有待发展成为准客户的人。一个推销员要想事业有所发展，必须处理好这三个方面的关系。推销路上，不忘老朋友。犹太商人说："优秀的商人永远不要做猴子掰玉米那样的蠢事。"

当你检查今天的访问时间表时，你也许会说："我今天不必再浪费时间去看格林先生了——他在以后 5 年中不会再买我们的货品。"如果你还想成为一个顶尖的推销员的话，不要这么想。全世界的推销经验都证明，新生意的来源几乎全来自老顾客，几乎每一种类型的生意都是如此。

犹太商人认为老顾客是一个可以带来新顾客的最佳途径。如果你觉得过于在老顾客身上用时间很累，那好，你的竞争者是不会怕累的。也许不久以后，彼特先生成了他的客户。也许他不会在短期内买你的产品，但是他对你仍然是有影响的。你应该让他成为你人脉链上的一环。他身边可能还有一些潜在顾客，潜在顾客身边还有另外的潜在顾客……鸡生蛋，蛋生鸡……重视老顾客还可以让他成为你的活广告。犹太商人说："几乎没有任何一种广告宣传能够比产品使用者的口头宣传更有效。"

顾客并不是只向推销员买一种产品。如计算机的推销员 5 月份向顾客销售了计算机，10 月份可能说服顾客买了一套人事档案管理软件系统，12 月份顾客可能打电话给他，问能否提供一套库存管理软件。企业在发展过程中，会不断推出新产品或换代新产品。这些新产品的推销对象可能没有多大的改变。

日用化妆品的推销员沃尔夫，由于是新手，又摸不清客户的心理，因此推销结果很不理想，一连几天都没有把东西推销出去，他心里焦急万分。一天，他又在一家商店推销，正好碰上了 3 个月以前推销过的老客户雅黛尔。

他们打过招呼以后，雅黛尔说："沃尔夫，上次你给我推销的那种化妆品快用完了，怎么好长时间不见你了，我正准备再买一些呢？"这个消息令沃尔夫很吃惊。

接下来他们继续谈话，雅黛尔说："最近销售得怎么样？"

沃尔夫说出了他的困境。

"这样吧，我正好认识一个人，他是家百货化妆品部经理，我给你写份推荐信，他一定会要你的产品的。像这样物美价廉的商品，现在市场上已不多见了。"

沃尔夫高兴极了，拿着信去拜访了那位经理。

"现在化妆品比较走俏，市场也很大。"经理看到信后说。

"是呀，但是正是由于这一点，许多厂家纷纷推出一些化妆品，致使市场鱼龙混杂，顾客很难找到好的产品，同时，好的产品由于一些因素，也不为顾客所了解。"

"你说的对，我听雅黛尔说她用了你的化妆品后，感觉很好，我想，她的感觉也是顾客的意见，所以我决定订购一些。"

于是，沃尔夫得到一笔大订单。

以后，沃尔夫又走访了一些老客户，结果又得到了一笔订单。经过这些事后，他激动地说："与朋友和客户保持联络，甚至是只见过一面的人都可以使你获得更多的客户资源。"

那么怎样维护好老顾客呢？在工作中要把一部分精力放在老顾客身上。有很多考虑欠周到的推销员常常失去不该失去的生意，因为他们太忙于兜揽新的生意，而没有采取适当行动处理成交之后的细节问题。当然，这样的推销员最终也会以同样的原因去忽视那些新的交易。

切记，再度拜访老顾客，是很重要的工作，即使不做售后服务，打一个表示友谊的问候电话也可以，养成再度回去探望顾客的习惯，你会拥有无尽的"人脉链"！

也可以打电话或回访客户对商品的感受，看看他们是否有疑难杂症需要帮忙。保持这种习惯，至少每年一次。

顾客生日也可以去庆祝一下，经过客户家门，也可以顺便问候一声。这些都是与老顾客联系的好方法。

有些时候还需要告诉他们各种相关的好、坏消息。如推出新的型号、价格调整等等。

在维护老客户关系的同时，也不要放弃准客户。准客户的数量，肯定远远大于老顾客的数量。你不能忽视他们，与准客户建立良好的关系十分必要。在未成交的顾客中，有一部分确实没有希望，但还有相当一部分，仍然有希望，今后随时可能成为你的客户。没有成交是由多种原因造成的，有的是暂时缺乏足够的购买能力，有的是已有稳定的供货渠道，有的则纯粹是由于观望而犹豫不定，这种情况很多。

情况有时会变化，成交障碍消失，潜在顾客就会采取购买行动。如果你在初次访问失败之后，没有着手建立关系，那么就无法察觉情况的变化。当他有了购买行动时，他就成了别人的顾客。这是你的过失。

推销不是一次访问就能成功的。如果每次访问之后，你不主动与顾客联系，就难以获得更有价值的信息，就不能为下一次访问制订恰当的策略。在顾客拒绝你之后，如果你从此不再与顾客接触，不与之发展关系，也就失去了改变顾客态度的机会。而如果利用第一次访问的契机，发展与顾客的关系，逐步培养个人之间的友谊，就可能改变顾客原来的认识，更有机会说服顾客采取购买行动。

那怎样与未成交顾客建立关系呢？

首先，要有重点。你不可能在每一个未成交顾客身上都花费大量精力和时间，所以你必须选择那些符合条件的未成交顾客，作为发展关系的主要对象。在推销中要剔除那些根本没有需求的顾客，然后根据购买量、购买能力、近期购买的可能性等标准，找出重点建立关系的对象，把主要精力放在他们身上。

其次，必须从最初的成交努力失败那一刻开始建立关系。面对初次努力的失败，你一定要表现正确的态度，感谢顾客给予我们的宝贵的机会，为建立良好关系打个好底子。

再次，不能急功近利。在发展关系的初期，除非顾客主动提出，你不应在时机不成熟时试图让顾客采取购买行动。而应把工作重点放在保持联系、建立友谊和搜集信息等方面。

最后，在适当时机向顾客请教，了解上次成交努力失败的原因。顾客从买者的角度所做的分析，对改进成交策略与技巧将有很大帮助。

善于在陌生人当中寻找你的贵人

犹太商人推销细节要诀

向你所遇见的每一个陌生人展示你的商品或服务。有时，顾客对推销员推销的产品缺乏了解，或是推销员推销的是新产品，选择陌生拜访是增加准客户的一个极为重要的途径。

从陌生人那里开发客户是犹太商人的拿手好戏。陌生拜访实际上是一种普遍的方法，推销员要时时刻刻想着去结交陌生人，并取得他们的信任，然后把其中的一部分变成了自己的客户。

进行陌生拜访前，你应打破不必要的心理障碍。人是最高级的情感动物，你为他人献出一个真诚的笑脸，几句和美的关爱话，即使他对你所推销的产品给予拒绝，但他已知道你的产品了，并且认识了你——这比什么都重要。当再有第二个、第三个这方面的推销人员上门时，他首先想到的是你！

挨户推销，虽然辛苦，但是对推销员而言，是个磨炼的好办法，也是最有效率的方法。

开始时先固定一定的范围，以街道或行政区域为原则，不分对象采取密集式挨家挨户的访问，搜寻可能接受或者有购买商品能力的客户群。

基勃乐在最初加入保险推销的那一年夏天，参加公司组织的旅游会。他在车站上车时，正好看到一个空位，就坐了下来。当时，那排坐位上已经坐着一位三十四五岁的妇女，带着两个小孩，大的约有 6 岁，小的约有 3 岁。他知道这是一位家庭主妇，于是便动了向她推销寿险的念头。

在列车临时停站之际，基勃乐买了一点小礼物，很有礼貌地赠送给她，并同她闲谈起来，一直谈到小孩的学费，还打听到她丈夫的工作内容、范围、收入等。

那位妇人说，她计划在车站住一宿，第二天乘快车回家。基勃乐答应可以帮她在车站找到旅馆。由于此地是避暑胜地，又时逢盛夏，出来旅行的人要想找旅馆是相当困难的。那妇人听后非常高兴，并愉快地接受了。当然，基勃乐也把自己的名片巧妙地给了她——在背面写着介绍住店的内容。

两周之后，为了见到她的丈夫，基勃乐前往她的住所拜访。而就在那天，他的推销获得了成功。

如果你是刚踏入推销行业的推销员，手头上没有几个准顾客，在这个时候，你就采用挨户推销法。下面是一个推销员的做法，可以领会一下其中的精神。

第一天：采取地毯式挨家挨户推销。15户访问完毕后回家休息。

第二天：接着第一天的时间，从第16户开始挨家挨户推销，访问到第30户完毕后休息。

第三天：继续第二天的访问，从第31户开始挨家挨户推销，访问到第45户完毕后休息。

第四天：对第一天所访问过的15户，在这一天进行第二次访问，前往催促。

第五天：对第二天所访问过的15户，在这一天进行第二次访问，前往催促。

第六天：对第三天所访问过的15户，在这一天进行第二次访问，前往催促。

至于第七至十二天，所做的工作与第一天到第六天完全相同，只要重复做一次就行了，不过访问的对象要更新。

记住，买或是不买的决定权是操在客户的手中，你事先无法判断，所以你不能任意选择自己喜欢的大门去敲，你要挨家挨户地拜访，不要想：这家不可能会买我的货。

这种逐门逐户的推销方法是大面积作战的无重点推销。如果人为地定下重点，有选择地进行，你就会养成避难就易的毛病，这是陌生推销中的大忌。所以在陌生拜访时，从一开始就养成这个习惯，一家也不要漏！

在陌生拜访中，有些办公楼、住宅楼的大门挂着"谢绝推销"的牌子，好多推销员见此就放弃了。

可是，聪明的推销员则会认为这类情况推销成功率更高，因为很多推销员一看到这样的牌子就自动打退堂鼓，所以，这类人家一定很少遇见推销员，当然不习惯和推销员打交道，说得更明白些，这类客户比一般人更不懂得如何向推销员说"不"。这类型的客户通常拙于应付推销员，以至于常购买一些不是真正需要的物品。这类型的客户通常都是有钱人家，要不就是出手大方的人家。要是没有钱，死咬着"没有钱"这个理由就可以拒绝推销员了，根本不会特意去订做这个牌子。此外，若是小气的客户也不可能花钱去订做，一定会觉得那是种浪费。

所以基于上述理由，大门挂着"谢绝推销"牌子的客户，反而更值得推销员一试。

年轻的推销员雷兹走进一家商务楼，来到一间办公室门前，虽然门前挂着"谢绝推销"的牌子，但他还是按了这间办公室的门铃。

"请进。"

顾客抬头打量了他一下，问："你找谁?"

"就找您行吗?"雷兹面带真诚的微笑。

"找我有什么事?"

他没有直接回答顾客的提问，而是说："当我进门的时候，看到您一脸和气，但我心里非常紧张，不知道您会不会听我的讲话?"

"没关系，你讲。"

"请问先生，为什么你的门外挂着一块'谢绝推销'的牌子?"

"因为，每天来我们这里的推销员很多，影响我们正常的工作。"

"原来是这么一回事！那挂上此牌后是否推销的人就少了呢?"

"是的，少多了。"

"那请问先生，你们一般在什么时间比较空闲？"

对方像是恍然大悟似的笑了。"我们一般在下午 3：30 有时间。"

"这样吧，我明天下午 3：30 再来行吗？"雷兹微笑着等顾客回答。

顾客看着雷兹，被他的微笑感染了，也微笑着回答，"明天我外出，后天吧。"

虽然做陌生拜访很辛苦，但是最重要的是贵在坚持。所以，推销员要在当天有一个明确的目标，要充满信心，一旦走出公司，就不要考虑到"先休息一下，再……"

即使只想休息 10 分钟，那么由于你的目标不明确，信心不足，10 分钟就可能会被延长到 20 分钟或者半个小时。而这时那些消磨你信心和意志的念头就会不知不觉地出现在你的脑海里。

所以，早晨只要开始工作，就要义无反顾地向目的地前进，拜访客户，聚精会神。

充分利用你的亲友团来帮助你推销

犹太商人推销细节要诀

巧妙动用老朋友、老关系进行推销。运用这种关系可以很容易切入主要话题，减少许多不必要的时间浪费，这些关系由内而外有亲戚、朋友、同事、同学、邻居、同宗等等。运用这些关系可以拉近彼此的距离，只要能够掌握好，准客户就在眼前。

犹太商人中流传着这样一个寓言：有个傻子骑在驴背上数他的驴群，结果总是少了一头，即是他自己骑的那一头。寓言的主旨告诉人们：做生意，搞推销，眼睛往外瞅的同时，千万别忘了你的朋友和家人。如果你是食品推销员，别忘了他们也同样需要吃饭；如果你是日用品推销员，别忘了他们一样也需要洗澡……然而，这却是我们最常犯的错误。到处寻找客户，到处拜访，却忘了自己的邻居、家人和朋友。

许多人不向亲人朋友推销的原因，不是因为他们没有意识到亲人朋友的需要，而是一些有害的观念在作祟。有的人认为，业务员的高超推销技巧、良好的推销素质，应体现在与陌生人、大的团体交往上面。也有的人认为，推销不是一种体面的工作，向亲朋推销，是一件丢面子的事。还有一些人认为，兔子不吃窝边草，不能赚自己人的钱。由于各种原因的作祟，所以他们迟迟不肯对亲人朋友"下手"。

巴甫罗德有一个很要好的朋友，叫艾迪，是一家汽车公司的业务经理。巴甫罗德起初并没有告诉他的朋友他改行做寿险推销了，他觉着如果让艾迪买保险单很不好意思。可是后来一个偶然的机会，他认为那样想是大错而特错的。因为一次和艾迪在一块儿吃饭时，无意间说起人寿保险时，艾迪说他一直想买一份保险，可没有时间和时机。

巴甫罗德听到这儿，心中一惊一喜。惊的是"有心栽花花不成，无心插柳柳成阴"，喜的是"踏破铁鞋无觅处，得来全不费工夫"。于是，他告诉艾迪，说自己改行干寿险推销已有一阵子，只是觉得不好意思，没有向他拉保。

艾迪哈哈大笑说："这有什么不好意思，寿险如同生活必需品，从哪儿都是买，从朋友处买，还可以更放心。"巴甫罗德就这样顺利地做成了他的生意。

后来，巴甫罗德说："做推销不要拘泥于面子的栅栏内，你的亲朋好友也是潜在客户的一个缩影，要知道他们也需要你的产品，而你也需要他们这样的知心客户。"所以，不要忘记了你的亲朋好友也可以成为你的客户。

在寻找潜在客户时，你可以先画出你日常的朋友圈，面要尽可能的广。列出每一栏中所认识的人的名字，有多少写多少。尽力想，假设每想起一个名字可得 100 元，看能写出多少。名单列出后，要慎选突破口。找出最容易成交的"朋友客户"。因为你对他们的收入状况，身体状况，工作风险状况，接受新观念的程度大小等各种情况都有一定的了解，所以不难做出决定。然后订好拜访日期，按先易后难的序号逐个拜访。

在犹太商人看来，请你的亲朋好友或买过你商品的人或虽然没有买但是对你或你的商品表示好感的人，不断地介绍他们的熟人给你，这是寻找新客户的又一好的办法。毕竟个人的人际关系和直冲市场的精力都是有限的，要迅速有效地开拓自己的业务，必须要借助别人的力量。这种力量的来源，就是转介绍。让每一个你所认识的人，把你带到你所不相识的人群中去，这就是转介绍法。

转介绍还可以无限地向下发展。通过新结识的朋友再为你介绍，"关系"就可延绵不绝。故此这种方法也可以称之为"连锁反应"法。这种好像化学上的"连锁反应"，一个介绍两个，两个带动四个，从而使客户源源不断，推销日趋扩展。

但是，和他们建立友谊不是件轻而易举的事情。它需要你富有耐心、爱心、信心、真心、执著的热情及诚恳的态度对待他们，感染他们，惟有如此，你才能借助"转介绍"之舟，横穿茫茫人海，寻找最佳准客户。

请求客户或熟人介绍其他人，最大的优点是使被介绍人有信任感，商品推销中客户的信任感正是促使客户购买的第一要素。

一个意气消沉的年轻推销员向他的售销主管请教。他说他搞电脑推销已经一年半了，刚开始做得还不错，但后来就不行了，感觉到没有市场了。销售主管向他提了几个问题，发现年轻人对许多准客户都浅尝辄止，浪费了许多"资源"。

销售主管告诉他说："你只做到事情的一半，回去找你卖过电脑的客户，由每个客户那里至少得到两个介绍的名单。记住，在你卖给一个人商品之后，再没有比你请求他介绍几个人的名字更重要的事了。此外，不管你和准客户推销结果如何，你都可以请他们替你介绍几个朋友或亲戚。"年轻人高兴地告辞了。

6个月后，他又来到销售主管的办公室，热切地告诉他说："这些日子来，我紧紧把握一个原则：不管面谈结果如何，我一定从每个拜访对象那里至少得到两个介绍名单。现在，我已得到500个人以上的名单，这比我自己四处去闯所得的要多出许多。"

"你的业绩怎么样？"

"我已经卖出了几百台电脑，这是以前任何时候我所没有的成绩。转介绍无限倍增的魔力，改变了我的营销模式。"

不过要注意的是，请求别人介绍，要注意适当的方式，要根据不同的对象，采取不同的说辞。

征询他人转介绍时，不要觉得难为情。其实，请求别人帮助，和向别人推销一样大胆、无畏和保持热情是首要的。为了增进被介绍对象对推销员的信任，推销员让介绍人写一张介绍卡或介绍信也是一个很好的办法。如果可以的话，让介绍人领着你去拜访那位被介绍者，这是再好不过的事了。但如果遭到介绍人拒绝时，你可以说："没关系，我想我了解你的感受，你把你朋友的名字告诉我，我不在他面前提及你就是了。"

当被介绍人问你"你从哪儿知道我的名字"时，你可灵活应对。如果在此之前，介绍人叮嘱你不要告诉是他介绍的话，你可以这样说："先生，我的工作就是与人打交道，我要处理很多保密材料，必须遵守别人的保密要求，只要我的确知道您就行了。反过来，我也可以为您保密，如果您能告诉我您的许多朋友的话。"最后，拜访成功后别忘了向你的介绍人表示感谢。你可以这样说："请您介绍××先生、他的部下或他的朋友给我认识好吗？"

或者："您认识最近要搞装修的家庭吗？"

"您认识像这样的顾客吗？"

"您认为在你的朋友当中，谁还比较需要这种产品？"

"您休闲时做什么呢？提供几位朋友给我认识好吗？或是约个时间一起活动活动。"

"您对我的服务还满意吗？我想请您帮个忙。公司安排我做一个今年医疗花费的调查，您把您认识的人中今年生过病的名单提供给我一些好吗？"

如果客户愿意多讲，就可以继续问下去，比如，他的年龄、收入、家庭状况、爱好、脾气等等，只要对方愿意，问得越详细越好。

尽一切可能通过社交打开局面

犹太商人推销细节要诀

最好的推销方法，就是多认识一些人。当然，你要用热情与坦诚去跟他们问好。要想得到更多的客户，就要多去结识人，就要尽一切可能打开社交局面，并让别人知道自己所从事的职业。

广义地讲，人与人之间打交道便是社交。社会是由人组成的，人与人之间的交往关系，则构成社会关系。可见，社交于人于己乃至社会都是重要的。

缘于社交，社会才充满活力与激情；缘于社交，世界才多了一份爱心与关怀；缘于社交，你我才感觉到生活中的真善美远远强大于假恶丑；缘于社交，你我才懂得帮助别人、爱护他人，才能帮助自己、爱护自己。

社交同时是一种社会的行为艺术，它需要的不是虚假、诈骗、险恶、利用等伎俩，而是坦诚、热情、爱心、优美与帮助。真诚、高尚的社交，有助于你走向成功；阴险、功利的社交则会使你走向毁灭——即便你有所成功也只能是昙花一现。

许多功成名就的大富豪、商业巨子无一不是成功的社交家。美国有名的犹太商人巴罗说："最好的推销方法，就是多认识一些人。当然，你要用热情与坦诚去跟他们问好。"犹太商人认为，要想得到更多的客户，就要多去结识人，要尽一切可能打开社交局面，并让别人知道自己所从事的职业。

当你走进一个典型的商会活动时，你基本上每次都会见到同一个画面：大多数参加者都坐在吧台旁或在冷盘前逡巡，他们喝一点酒，吃上点东西，彼此说着话，而且他们绝对不是在做生意，可能某些方面更像个不错的舞会，但是许多人都把这种活动美其名曰建立准客户网络，他们相信他们正在做生意，因为他们处身于这个活动，做的最有成果的事就是每隔一会儿结识一些不认识的人并且交换名片。

在这里，不管何时，你必须做一名"真诚的政客"。以既真诚又有信心的风采出现；保持开朗，不过别显得异常活跃及伶牙俐齿；做个好人，都对你周围的人报以真诚的笑脸。"一张带笑的脸能让人如沐春风。"别吝啬说"您早"、"晚安"、"再见"、"您好"。

向一些新人做自我介绍。非常重要的一点就是把自己介绍给那些有影响力的中心类型的人。这些人有非常庞大而且颇具威望的影响范围。一般情况下，这种影响力中心类型的人在这个社区待了很长一段时间。人们认识他们，熟悉他们，喜欢他们，而且相信他们。这些影响力中心人物自己不一定在生意上很成功，不过关键在于，他们认识其他许多你想认识的人。

所以设法一对一地结识这个人。如果这个人总是被那些追随他的人团团包围着，那么，你又怎么做到这一点呢？基本办法是当你在房间其他地方时，把你目光始终放在那几个有影响力的中心人物身上。最终他们中的一位会准备离开，也许是去洗手间，去拿一杯鸡尾酒，去冷盘桌，或者，甚至去认识一个新人。等待你的机会，然后走上前向那个人介绍你自己。

在介绍完毕后，建议把你谈话时间的大部分用在询问这个有影响力的中心人物的生意上。

所以不要主动谈你自己或你的生意。你所需要的就是在与有影响力中心人物第一次交谈时，给他或她留下一种印象，这种印象可以激发出他或她去认识你、喜欢你和相信你的感觉，而这种感觉在培育一种互惠、双赢的关系中不可或缺。你可通过谈话做到这点，谈正确的话。也可以把你才结识的人介绍给其他人，最好是他们彼此能互惠互利的人。

你在这种活动中应该能认识几个有价值的人，所以不妨让他们彼此认识。这个叫做"有创意地做媒"。把你自己定位成一个有影响力的中心人物，一个认识各行业中领军人物的人。人们会对这个有所触动，你也因而会很快成就你的愿望。给予每个人一个很好的介绍并且解释他们的生意。建议并介绍他们彼此为对方寻找线索的方法。他或她是如此地被震动！这个中心人物会觉得你对他或她确实很关心，你确实在倾听他或她的谈话而且记住了它们。这会显示出你身上的真诚关心，因而他们也更愿意帮助你。

一个好的小手段就是找出一个理由礼貌地半途从交谈中离开，留下他们两个人交谈。猜猜他们一开始会谈什么和哪一个人？一定是你，因为他们对你是如此地印象深刻。另一个保证你结识的人确实和你能互惠互利的办法就是把自己介绍给那些与你目标市场有关的人。比如，你正在不动产市场里创造一个利基市场，显然你希望结识不动产经纪人，特别是有强大影响力范围的经纪人，并且和他们建立准客户网络。你如何在你自我介绍之前知道这个人是一名不动产经纪人呢？拿出你的创意。如果可能的话，你可以查看一下来客名单，查出谁做什么。向其他可能知道谁是不动产经纪领域有影响力的中心人物的人询问。

另一个办法是看姓名标签。当你经过某人时，你可能会在他们姓名标签上瞥见一个不动产公司的名字。或者你可能无意中听到他或她和别人的谈话，从而知道这个人是名不动产经纪人。你会找出一个办法去获得这方面信息的。

当活动结束时，你会发现你已经认识了 5 个或更多的知名人物。即使是一个或两个也不坏。这是你所需要的全部。得到一个或两个好的关系要比递出一大把名片给那些从头到尾也不会与你做生意的人要好得多。

独木难成林。要想在推销界有所作为，那请你走到你周围的民众中，参加各种活动。

比如：参加亲朋的婚丧喜庆宴会。

亲戚、朋友、结婚、生子、节假日聚会、长辈去世等，在这种场合下可以结识新人，获得有价值的信息。

还可以参加单位的年会、座谈会、联谊会，参加外出考察旅游团和各种社会群众组织。对推销员来说，接近、参加各种社会和民间组织，可以获得更多的与准客户接近的机会。

　　参加各种产品博览会、展评会、订货会、物资交流会、技术交流会也可以获得有价值的信息。

　　总之，参加各类活动时要把握一个原则，那就是引起他人注意自己，给别人留下一个好印象。

敢于利用有影响力的客户

犹太商人推销细节要诀

不要惧怕看起来高不可攀的客户，某些具有社会影响力的知名人士或大公司，他们对你产品的认同，会把一批人变成潜在顾客和用户。

在说服这些有影响力的客户时，你一般需要花费较长的时间与精力，可能需要相当的耐心与多样的公关手法才能达到目的，但这是很划算的。而犹太商人却善于走捷径，通过"名人提携"来帮助自己拓展新客户。他们常常会对一个客户说，"某某大公司对我们的产品十分满意"、"××教授两年来一直在用我的产品"。此时，客户不可能什么想法都没有。

日本推销之神原一平曾很成功地运用了"名人提携"拓展新客户的法则。在原一平33岁那年，他的业绩已是全国第一。有的人也许会就此满足了，但原一平是一个"永不服输"的人，他梦想更大的成功。

有一天，他突然闪出一个念头：让三菱银行的总裁串田万藏给他写封介绍信。他所介绍的客户，一定都是企业巨子！

他为这个激动不已，并立即展开行动。首先，他去找公司的业务最高主管。业务主管听了他的伟大计划说："你的计划很好，如果能够成功的话，我也很高兴。我们公司虽然隶属于三菱集团，不过，有些情况是你所不了解的。当初三菱投资我们公司（明治保险公司）时，讲明了绝不介绍保险。所以，如果我代你向串田董事长请求开介绍信的话，可能我明天就被革职了。"

可原一平的犟劲上来了，不达目的，誓不罢休。他决定亲自去找串田。

一天早晨，原一平等了两个小时后，见到了串田先生。

"你找我有什么事？"串田劈头就问。

"我是……我是明治保险公司的原一平。"

"你找我到底有什么事？"

"我要去访问日清纺织公司的总经理宫岛清次郎先生，请董事长帮助我，给我写一张介绍信。"

"什么？保险那玩意儿也是可以介绍的吗？"

原一平一听董事长攻击保险，一下火了，向前大跨一步，大声说道："你这个混账东西！"

串田愣住了，往后退了一步。

原一平继续大声说："你刚才说'保险那玩意儿'，公司不是一再告诉我们推销员是神圣的工作吗？你这个老东西还是我们的董事长呢！我要立即回公司，向所有员工宣布……"

原一平冲出大门，可一会儿，他就为自己的粗野懊悔不已。他觉得没脸再在明治待下去了，他决定辞职。可就在这时，串田董事长打来了电话向他道歉说，自己以前对保险有偏见，既然身为明治保险公司的高级主管，对保险不但应该有正确的看法，而且应当积极地推动保险业务的扩展才对，他称赞原一平是一个敬业的、优秀的寿险推销员。

从此以后，三菱银行介绍了许多有身份有地位的企业家给原一平，原一平的名字也在三菱银行迅速传开了。

任何事情只要你坚信是正确的，事前切勿顾虑过多，最重要的是，拿出勇气全力冲过去。过分的谨慎反而成不了大事。

"一个让人放心的人，才会博得他人的同情与支持。"所以，要想获得有影响力的名流的提携，必须加强你的信誉与热情的力度赞美他人。

在人与人的交往中，适当地赞美对方，会增强和谐、温暖和美好的感情。赞美具有一种不可思议的推动力量。对有影响力的名流赞美更是如此，真诚而不是虚伪的赞美，会使对方的行为更增加一种规范。同时，为了不辜负你的赞美，他会在受到赞扬的这些方面全力以赴。

要经常性的拜访。人是情感动物，经常性的拜访，必然增进相互了解。了解他所从事的事业，同时也引导他了解你的工作进展情况。

时常传达一些美好的信息。传播好信息比传播坏消息有价值得多。好的消息于人于己都有益。所以在传播好消息时，要尽量做到只讨论有趣的事，抛开不愉快的事。传播好消息时，首先你自己要精神饱满，喜悦溢于言表。将公司先进的保障制度、成功兑现的事例及时传达给你的朋友或客户。

要有适当的礼品赠送。一个小小的精美的工艺品，或一份地道的土特产，都能打动对方的心。礼轻情义重就是这个道理。你送了他礼物，他必心存感激，要么对你有深刻的印象，要么热情地帮助你。

不妨搞些适当的宴饮、娱乐。不可铺排、夸张。浪费不是什么美德。极度的铺排也许会适得其反。俭朴、有情调即可。

也许有人会说："我身边根本没有什么有影响力的名流，我也不认识他们。"其实，"名流"就在你身边，只不过你把他们的位置定得太高了。你的亲戚、朋友中有实力的人你就可以把他们看作是"名流"。

你目前已掌握的准客户的名单中，他们或为银行家、企业经理、律师、学校行政人员，或为小工头、财务人员，或是有成就的人士的家人，也可以把他们定为有影响力的人。

顾客不分贵贱，切莫以貌取人

犹太商人推销细节要诀

推销员能广结善缘，不以貌取人，就好像播下了成功的种子，不久便会生根发芽，结出意外的果实。

在犹太商人看来，在推销中，不要对任何人轻下判断，优秀的推销员应该懂得，顾客没有高低贵贱之分，不要以貌取人，在推销领域中这点很重要。

犹太商人认为，推销成功与否虽然看似取决于客户，其实在于推销员自己。因为每一个潜在客户都有被重视、被关怀、被肯定的渴望，如果推销员满足了客户的渴望，客户自然会心存感激，并回报以成功的交易。所以，推销员如果能广结善缘，不以貌取人，就好像播下了成功的种子，不久便会生根发芽，结出意外的果实。

在这方面，我们要多多向爱迪蔼里学习。爱迪蔼里是著名的犹太房产经纪人，他早年从事房地产推销工作，之后创办了自己的房地产经纪人公司——爱迪蔼里公司，取得了很好的成绩。

"客户就在你身边。推销人员应当重视每一名潜在顾客，因在这个纷繁复杂的社会里，任何一个企业、一家公司、一个人，都有可能成为某种商品的购买者或某项服务的享受者。"

以上是爱迪蔼里的肺腑之言。在他从事房地产推销的这些年，他懂得了一名推销员绝对不能事先对潜在客户以外貌做出判断的道理。

爱迪蔼里曾经帮助一位建筑商推销房子。当时这位建筑商正在开发"假日花园"房地产工程，他所做的是前人从未做过的事

——冒险投资建造价值 20 万美元一套的房子。但关键的问题在于他还没有一位确定的买家。在那时，没有人敢这么冒险来投资建造这么高级的房子，除非事先有人买。

一天，爱迪蔼里正在等一位顾客，那位建筑商停车跟他打招呼。又过了一会儿，一辆汽车开了过来。从车上下来一对年纪较大、有点不修边幅的夫妇。他们径直朝门口走来。当爱迪蔼里热情地与他们打招呼时，正瞥见那位建筑商摇着头对他打手势，那意思是在说："不要把时间浪费在他们身上。"后来推销成功了，爱迪蔼里曾说：

"我天生对任何人都很讲礼貌，因而我当时热情地接待他们，就像对待其他潜在买家一样彬彬有礼。因为我知道，一名优秀的推销员应该随时随地优化自身的形象，注意自己的言行举止，牢记自己的工作职责，不要对任何人先下判断。老练的推销员应该懂得这一点，不要以貌取人，在推销领域中这点尤为重要。"

那位推销商认为爱迪蔼里在浪费时间，便生气地离开了，既然房子空荡荡的，而且建筑商又走了，爱迪蔼里就领他们参观了一下房子。

房子里豪华的设施，令这对夫妇感到有点不可思议。12 英尺的屋顶使他们彻底地叹服。很显然，他们从未见到过这样高级的房子。爱迪蔼里也为自己有机会领这样赏识房子的人参观而表示高兴。

在看完第四浴室后，丈夫对妻子感叹道："想一想，一幢房子有四个浴室！"然后他转过身对爱迪蔼里说："这么多年来。我们一直梦想拥有一栋有一个以上浴室的房子。"

这时，妻子眼含泪水看着丈夫，而且爱迪蔼里还注意到她温柔地握着他的手。

他们参观了房子的每一角落后，最后来到卧室。"让我们私下里聊几分钟好吗？"丈夫彬彬有礼地问道。

"当然可以。"爱迪蔼里答道，然后朝厨房走去。

几分钟后，他们出来了，丈夫问道："爱迪蔼里先生，你说这房子售价是 20 万美元？"

"没错。"

他脸上露出一丝微笑，然后从衣兜里掏出一个旧的大信封，细数出 20 万美元现金，并把它们整整齐齐地码成一堆。原来，客户是一家旅店里的服务员领班。许多年来，他们一直过着拮据的生活，为的就是攒钱买一栋豪华的房子。

他们走后不久，那位建筑商回来了。爱迪蔼里给他看了看签的合同，并且把信封交给他。当那位建筑商朝里面看时，惊讶得差点晕过去。爱迪蔼里笑着说：

"我觉得推销过程中要学会重视客户，重视特定推销环境中的每一个人。不以貌取人，哪怕是一个热情的招呼也能收到意想不到的效果。不论是谁，都应同样热情。"

"顾客就是上帝，而上帝是没有高低贵贱之分的，"爱迪蔼里说，"我就是在平等地给予每一个顾客的热情中，赢得了他们的好感和信任，因此才推销得轻松自然且成交率高。我认为，推销员对任何一个潜在客户都不可能完全了解。他是否有购买能力、兴趣何在，不经过面谈你便无从知晓。所以，千万不要以貌取人，因小失大。如果怠慢了一个顾客，你可能失去的是一大批顾客。"

第四章　与客户面对面愉快地交流

——犹太商人推销细节之四：保证拜访过程畅通无阻

用漂亮的开场白打开访谈局面

犹太商人推销细节要诀

　　在面对面的推销访问中，说好第一句话是十分重要的。开场白的好坏，差不多就决定了一次推销的成败，买卖有时不是在推销结束时达成的，精彩的开场白更容易抓住客户的心。

　　在推销中，最常见的方法莫过于登门拜访，在拜访中当你作为一个陌生人第一次与客户谈话时，你想过怎样说第一句话吗？如果没有认真想过，你一定不是个好推销员。

　　犹太商人霍伊拉说："买卖有时不是在推销结束时达成的，精彩的开场白更容易抓住客户的心。开场白的好坏，差不多就决定了一次推销的成败。"

　　在犹太商人看来，在面对面的推销访问中，说好第一句话是十分重要的。可以说，好的开场白就是推销成功的一半。大部分顾客在听推销员第一句话的时候要比听后面的话认真得多，听完第一句问话，很多顾客就自觉或不自觉地决定了尽快打发推销员上路还是准备断续谈下去。因此，推销员要重视做好开场白，才能迅速抓住顾客的注意力，并保证推销访问顺利进行下去。犹太商人沙维尔在研究推销心理时发现，洽谈中的顾客在刚开始的 30 秒钟获得的刺激信号，一般比以后十分钟里所获得的要深刻得多。

在不少情况下，推销员对自己的第一句话处理得往往不够理想，有时废话太多，根本没有什么作用。比如："先生，您需要……吗？"这是最常见的用于第一句话的方式，也是最错误的说话方式，因为推销时的商谈当然并不是一开始就完全切入正题。如果打一个招呼就开始介绍自己的商品，迫不及待地反复强调自己的商品是如何如何好以及购买该商品有什么好处，然后就请客户购买，这种方式的推销很难有好的结果。

又比如：人们习惯用的一些与推销无关的开场白，"很抱歉，打搅您了，我……""您不买些什么回去吗？""生意好不好？"在聆听第一句话时，顾客集中注意力而获得的只是一些杂乱琐碎的信息刺激，一旦开局失利，以下展开推销活动必然会困难重重。

好的开场白应一开始就抓住顾客的注意力。为了防止顾客走神或考虑其他问题，在推销的开场白上要多动些脑筋，开始几句话必须是十分重要而非讲不可的，表述时必须生动有力、语言简练、声调略高、语速适中。讲话时要目视对方双眼，面带微笑，表现出自信而谦逊、热情而自然的态度，切不可拖泥带水、支支吾吾。

犹太商人认为，一开场就使顾客了解自己的利益所在是吸引对方注意力的一个有效方法。比如：有一位推销图书的女士，平时碰到顾客和读者总是从容不迫、平心静气地向对方提出这样 3 个问题："如果我们送给您一套关于经济管理的丛书，您打开之后发现十分有趣，您会读一读吗？""如果读后觉得很有收获，您会乐意买下吗？""如果您发现此书并不想看，会把书重新寄还给我吗？"

这位女士的开场白简单明了，连珠炮似的3个问题使对方无法回避，也使一般的顾客几乎找不出说"不"的理由，从而达到了接近顾客的目的。后来，这3个问题被许多出版社的图书推销员所采用，成为典型的接近客户的方法。

比如，还可以这样说："史密斯先生，您认为贵公司目前的产品质量问题是由于什么原因造成的？"

产品质量自然是经理最关心的问题，推销员一提问，无疑将引导对方逐步进入面谈。一位汽车推销员为推销新型节油汽车，找到了某公司老板，这样开头说："约翰先生，请教一个你所熟悉的问题，也就是增加贵店利润的三大原则是什么呢？"

老板对这种话题是十分乐意回答的，他会告推销员："第一，降低进价；第二，提高售价；第三，减少开销。"

推销员立即抓住第三条接下去说："你说得句句是真言。特别是开销，都是无形中的损失。比方汽油费，1天节约20元，你想过1年能节约多少钱吗？如果贵店有3辆车，1天节省60元，1个月就是1800元，发展下去，10年可省21万元。如果能够节约而不节约，就好像把金钱一张张撕掉，一共要撕掉多少张呀！换句话说，这么大的开支无形中从你的金库里被提出了，更何况这21万元不是从营业额开支，而是从盈利额中开支。如果放在银行，以5分利计算，那等于240万元本金存1年的利息。不知老板高见如何，有没有节油的必要呢？你可以精细地计算一下吧，如何？"

上述三个事例中，推销员是直截了当地用问问题的方式来让顾客了解自己的利益所在。在开场白中，推销员也可以开门见山地告诉顾客，揭示你可以使对方获得哪些具体利益，比如：

"总经理先生，安装这部电脑，一年内，将使贵厂节约15万元开支。"

"史密斯先生，我能告诉您贵公司提高产品合格率的具体办法……"

当然，利用适当赞美做开场白，也很好。比如："斯考特先生，您好！""我是戴尔公司的杰夫，今天我到贵府，有两件事专程来请教您这位附近最有名的老板。"

"附近最有名的老板？"

"是啊！据我打听的结果，大伙都说这个问题最好请教您。"

"哦？大伙都这么说？真不敢当！到底什么问题呢？"

"实不相瞒，是……"

"站着不方便，请进来说吧。"

每个人都渴望别人的重视和赞美，只是大多数人把这种需要隐藏在内心深处罢了。因此，在开场白中只要你说"专程来请教您这位附近最有名的老板（专家、学者）"时，几乎可以百试不爽，没人会拒绝的。

优秀的推销员不仅懂得如何用好的开场白来打开话局，他们也可以灵活多变地谈论各个话题。比如一位推销员这样说："温德尔先生，您早，今天的天气太好了！"

"是啊！空气很好，伦敦的冬天像这个样子不多见呀！"

每个推销员对访问时该谈些什么话题作为开场白会感到非常棘手；即使再老练的推销员，也很少有人认为自己对这个问题非常有把握，尤其是和从未见过面的人谈话，会感到更加紧张。

有些推销员，往往会因为过度慎重，而使自己太紧张，因为他们对商谈是否能顺利进行没有把握，而让开场白的话拖得太冗长。

其实，无论是第一次拜访客户还是与客户早已认识，开场白都要做到自然，不要太慎重。例如，走进第一次访问的客户家的大门时，看见女主人的身材非常健美，也可以以此为话题做为开场白："对不起，冒昧地请教你平常都做什么运动呢？你一定是天天都跳韵律操吧！"

虽然这种讲话的口气对初次谋面的人而言稍嫌唐突，但是却可以给客户留下相当深刻的印象。

聪明的推销员懂得如何选用开场白来控制谈话场面，所以可以灵活地运用各种方式。经验比较少的推销员就不同了，比如上例，经验少的推销员一定不敢对初次谋面的客人用那样的谈话方式。

用热情换取客户的信任和好感

犹太商人推销细节要诀

　　热情是推销中最重要的礼仪和态度，推销员找到自己的热情并燃烧它，把它传给每一个客户，用诚挚的热情去融化客户的冷漠和拒绝。

　　犹太商人认为，任何事业，要想获得成功，首先需要的就是工作热情。推销事业尤其如此。因为推销人员在推销商品中，必须整日整月甚至整年地到处奔波，非常辛苦，其所遭遇的失败自不必说，就是推销工作所耗费的精力和体力，也不是一般人所能承受得了的，再加上失败甚至连连失败的打击，不难想象，推销人员是多么需要热情和活力。可以说，没有诚挚的热情和蓬勃的朝气，推销人员将一事无成，所以，推销人不仅要有健康的体魄，更重要的是具有诚挚热情的性格。热情就是推销成功与否的首要条件，只有诚挚的热情才能融化客户的冷漠拒绝，使推销人员"克敌制胜"，可见，热情的确是推销人员成功的一种天赋神力。

　　犹太商人说："热情的力量真的很大！当这股力量被释放出来，并不断用自己的信心补充能量时，它就会形成一股不可抗拒的力量，并足以克服一切困难。"

　　"热情可以传递给别人，当一群人都处在沉闷的气氛中，只需一位热情的人加入，立马就能使每个人笑逐颜开，并且大家能唱起歌，跳起舞，就如神助一般，推销也是一样。在推销中，推销员可以将这股力量传给每一位客户，并可以激发他们的想象力和购买欲。"

　　无论何种推销人员，小商小贩也好，在高级商场工作的人也好，或者是独自上门推销的人以及企业进行的大规模销售，都离不开热情。只有拥有热情、传递热情才能创造交易。

据犹太商人的一份调查表明，热情在推销中占的分量为95％，而产品知识只占5％。当你看到一名新雇员在不知道成交方法，而只掌握一点最基本的产品知识，却能不断将产品推销出去时，你就会认识到热情是多么的重要。

犹太商人克莉斯说："我们的客户也是有血有肉的人，也是一样有感情的，他也有种种需要，因此，你如果一心只想着增加销售额，赚取销售利润，冷淡地对待你的客户，那很抱歉，成交免谈了。因此，面对客户时，你应该首先用热情去打动客户，唤起客户对你的信任和好感，这样，交易才能顺利完成。"

有一位中年妇女走进了克莉斯的汽车展销室，说她只想在这儿看看车，打发一会儿时间。她说她想买一辆福特，可大街上那位推销员却让她一小时以后再去找他。另外，她告诉她已经打定主意买一辆白色的双门箱式福特汽车，就像她表姐的那辆。她还说："今天是我55岁的生日，这是给自己的生日礼物。"

"祝您生日快乐！夫人。"克莉斯说。然后，她向秘书交待了几句后，又对她热情地说："夫人，既然您有空，请允许我介绍一种我们的双门箱式轿车——也是白色的。"

不多久秘书走了进来，递给克莉斯一束玫瑰花。

"祝您福寿无疆！尊敬的夫人。"克莉斯说。

那位妇女很感动，眼眶都湿润了。"已经很久没有人给我送花了。"她告诉克莉斯。

闲谈中，她对克莉斯讲起她想买的福特。"那个推销员真是差劲！我猜想他一定是因为看到我开着一辆旧车，就以为我买不起新车。我正在看车的时候，那个推销员却突然说他要出去收一笔欠款，叫我等他回来。所以，我就上你这儿来了。"

结果，当然是克莉斯成功地向她推出了那辆双门箱式白色轿车了。

之后，克莉斯说："在销售中，任何一位顾客都讨厌受到冷遇。推销员把顾客晾在一边，那顾客当然会让他的生意泡汤。所以，在推销中，热情地对待每一位顾客，让顾客感受到这种热情的重视，这样顾客才会接受你。"

在推销中，发挥你的热情还要高度真诚，不要让顾客有媚俗的感觉。你的热情要让客户觉得你是在帮助他，而不是仅仅想赚他的钱。你应该帮助他说出他的真正需要，然后做他的热心参谋，帮他算账，帮他决策，时时让他切身体会到你的热情，从而感到你非常值得信赖，可以与你签约成交。这样，你的销售额便会芝麻开花节节高。

人在灾难面前是脆弱的、感性的。在这种时候，推销员若能给予顾客热情的关爱，客户不仅仅是认可你，而且会感激你，使你获得更广泛的支持。

给客户实质意义上的热情帮助是表达关爱的最佳方式。作为一名推销员，你应当是坚信你的服务的意义，并在此基础上满足顾客，让他成为你忠实的朋友。

犹太人露丝是伊那特保险公司在纽约唯一的女性高级保险理财顾问。她的客户和销售对象大多数是因火灾遭到巨额财产损失的。

每当她做推销拜访时，她的第一个问题是："每一个人都没受伤吧？"这个热心的关怀式问题显示了对火灾户的真正的关切，有助于制造有利于访问的气氛，也容易将话题转到财产损失上。

一旦顾客向她表示没有人受伤，她简单地表示她的宽慰以及她对财产损失的遗憾。在建立友好关系后，她问第二个问题："你过去有过重大的财产损失吗？"（大多数都没有）"你曾要求对汽车损害的赔偿吗？"如果答案是肯定的，她会问道："结果如何？"如果答案是"令人满意"，她会说："通常说来，小的损失受到的待遇多半是公平的。"如果答案是否定的，她会说："那么你已经熟悉保险公司如何使理赔的金额减至最低程度的做法？"接着等候答复。

露丝接着提出许多问题，让顾客了解她必须雇用专业的代表为她索赔，因为保险公司会有专家来调整理赔的金额。这并非暗示保险公司想要欺骗任何人，或会不公平对待索赔者。实际上，房主多半不了解他的权利，事实上也忘不了大火毁的许多东西。

露丝接着以发问方式让顾客了解，她的公司平均可代表火灾户多争取到 30％的火险损失赔偿，而她的公司只收取 10％的费用，同时保证若得不到足够弥补客户损失的理赔金额，她的服务分文不取。

她接着问："你希望我们今天就开始为你工作，好让你尽早搬回家去，还是另选时间？"

客户："我们没有什么地方，所以我们能越早搬回去越好。"

露丝："你若同意这份合约，我们可以立刻着手，所以尽管对损失难过，你不会再有财务上的负担。这正是你所想要的，是吧？"

客户："是的。"

可见，热情是我们推销中最重要的礼仪和态度，热情能使我们推销成功。在推销中，找到自己的热情并燃烧它，把它传递给每一个客户。一旦你把热情传递给了客户，你便拥有了成功。

所以，要想成为一个成功的推销人员，必须先要具有这种热情的待客态度。

找一个有趣的话题把谈话继续下去

犹太商人推销细节要诀

在访问中选择一个好的话题，借以缩短与客户之间的距离，能使自己逐渐被客户接受，然后把话引向自己的商品，从而开始商谈，这样有利于推销成功。

在犹太商人看来，好的开场白是为了引发客户的继续商谈，但如果推销员说完了开场白，却并没有让客户对他的产品或服务产生好感或是兴趣，而客户仍然告诉推销员没有时间，或是没有兴趣，那就表示推销员的这个开场白是无效的，这时，应该赶快设计另外一个更好的话题来替代。

他们这样看待访问中话题的选择："在访问中选择一个好的话题，借以缩短与客户之间的距离，能使自己逐渐被客户接受，然后把话引向自己的商品，从而开始商谈，这样有利于推销成功。"

一位名叫杰比西的销售员看到一家小吃店生意很好，于是想向老板推销他的绞肉机。杰比西走入店中的时候，老板正在做包子，老板娘跑出来迎接杰比西并向他打了个招呼，但杰比西并没有表示要买什么东西，老板娘也就忙着去干她的活了。

杰比西被晾在那里好一会儿，为了打破这种局面，他决定向老板谈谈他的包子。他选购了 10 个包子并请老板代为包好，又买了两个放在盘子里，一边品尝，一边和老板聊了起来。

"老板，您做的包子很好吃，里面的馅一点都不粘牙！您是怎么做的？用的是什么蒸笼？还有您的豆沙馅甜而不腻，用的是砂糖吗？"这一连串的有关包子的问题将老板的话头勾起来了。

"是啊，先生，您真有眼力。讲起包子，馅最重要，绝不能直接掺糖水，您说这包子皮很好，真是个行家！"

杰比西赶忙说道："哪里，哪里，是您的包子做得好！"

老板接着继续说："我这包子是我一个一个用手工做出来的，而不是用机器压出来的。你知道，机器压的虽然快，但是没有手工的有味道，顾客爱吃手工包子，为了让顾客满意我只有这么做了。"

说到这儿老板突然问道："你刚才对我太太说的什么呀？"

"噢！我是食品加工机械厂的推销员。今天我是专程来买您的包子作为礼物送给朋友的，我看到你那么忙想给你介绍一个好帮手。喔！那里摆的那个盆景也是您的杰作吗？真看不出来，您也喜欢盆景！"

"先生，您刚才说给我介绍好帮手，是什么好帮手啊？"这位老板反而着急起来，想问个究竟了。

最后，杰比西终于如愿以偿，老板也觉得认识了一位知己，很高兴。杰比西面谈的成功，就在于他谈及了对方关心的话题，而且他所提的问题都是客户所最熟悉的事情，最得意的事情，以至于客户想不说都不行了。

在推销过程中，主角永远是买方，是客户。而卖方必须自始至终完全扮演配角才可以。如果推销员本末倒置，在商谈过程中以自己为中心。只是洋洋自得地反复谈论自己的事情，自己的爱好，只是自夸自己的商品，只管发表自己的看法，而不从买方的角度来考虑，这种谈论必定引起客户的反感情绪："这家伙只会谈论自己"，"谁听你的"！照这种情形，推销的失败是可以预期的了。当推销员终于结束他的高论而向客户说出"请您购买好吗"时，得到的反应恐怕只会是冷冷的两个字："不买。"

多问几个问题寻找成功突破口

犹太商人推销细节要诀

　　每个客户都有内在的防卫机制，当他们的空间或利益受到干扰时，就会条件反射地加以轻微地拒绝。这种没有深思熟虑，只是为了抵御推销员的进攻而采取的应付手段，推销人员完全可以忽略，在推销的过程中多问几个为什么来化解这些轻微的拒绝。

　　在犹太商人看来，第一次访问时被拒绝并不是一件值得大惊小怪的事，因为他们认为被客户拒绝的频率以第一次为最高。了解到这一点之后，他们采取了一些应对措施。

　　在犹太商界有这样一句话："被拒绝并不表示完全没有希望，有时候反而是一种购买的信号。当有人告诉你他不想买某产品时，他是在表达一种意愿，希望知道他为什么应该买。"

　　在推销时我们应该认识到顾客的拒绝具有两面性：其一，它可能是达成交易的障碍，如果对方没有得到推销员满意的答复，那么他就不会采取购买行动。其二，顾客提出拒绝也为交易成功提供了机会，如果推销员能够恰当地解决顾客提出的问题，使其对推销产品及其交易条件有充分的了解，那么接下来的便是决定购买。这就要求一名推销员，不仅应当尊重来自顾客的各种拒绝理由，积极主动向顾客介绍宣传商品，还必须不断提出"为什么"，以引导顾客公开自己的不同意见，并有针对性地采取措施。

　　亨瑞·杰克生于美国旧金山城的一个犹太移民家庭，大学期间主修市场营销专业，毕业后即踏入保险推销行业。29岁时正式成为美国百万圆桌协会会员，并是该协会历史上最年轻的推销员之一。在他的推销生涯中，他认为，面对客户拒绝的一个最有效的方法便是提问题。当客户对你提出一系列毫不相干的异议时，他们很可能是在掩饰那些困扰他们的真正原因。如果你懂得"要是不想购买的话，没有人会提出如此之多的真正异义"，那你就可以提一些问题，以便能洞悉对方的内心世界。只要客户能够给你几个理由说明他为什么不想买保险的时候，你便可以用这个办法逐个击破这些理由，但绝对不要强迫推销。

他的这个经验来自于他的一位名叫保罗的机械推销员讲述的自己的经历：保罗在访问中向一位先生推销公司的一台机器，保罗告诉那位先生需2700美元，那位先生回答说太贵了。保罗接着问："为什么？"

"付不起这么多钱。"

"为什么呢？"

"因为本钱太高，赚不回本呀！"

"为什么？"

"难道你认为它值得？"

"为什么不值得？它一直是最划算的投资。"

每次客户拒绝或提出反对意见，保罗就问他为什么，并认真倾听他的回答。他说得愈多，保罗愈发现他的理由并不完全正确，后来那位客户还是决定买下那台机器。这笔交易完成得很快。

事后，保罗对亨瑞·杰克说：如果我已没耐心听他谈论原因，而扯出自己的长稿推销辞的话，这笔生意恐怕就泡汤了，所以，推销员要有锲而不舍的精神，打破沙锅问到底能够找到客户拒绝你的真实理由。推销员应该能从客户的众多推辞中找出真正的阻碍成交的原因。不要被客户的那些不是理由的理由而迷惑。然后再有针对性地去说服客户最后达成交易。"

这件事对亨瑞·杰克的启发很大，在以后的推销生涯中，面对类似的情况，他都试着用保罗教给他的方法去解决问题。

有一天，亨瑞·杰克打电话给某公司的总经理怀特先生，希望约个时间碰面，当亨瑞·杰克在约定的时间来到他的办公室时，怀特先生看了一眼亨瑞·杰克，说："我想你今天来访的主要目的，还是关于那份团体保险的事吧？"亨瑞·杰克以爽快的微笑做了肯定的回答。

"对不起，我们公司不准备买这份保险了。"

"先生，你是否可以告诉我到底为什么不买了呢？"

"因为公司现在赚不到钱，要是买了那份保险，公司一年要花掉 1 万美元，这怎么能受得了呢？"

"差不多是需要那个数目。"

"所以我们决定在情况没有好转以前必须减少支出，除非是一定要花的钱。"

"除了这个理由，还有没有什么其他让您觉得不适合购买的原因呢？可否把您心里的想法都告诉我呢？"

"当然，还有一些其他的原因……"

"我们是老朋友了，您能告诉我到底是什么原因吗？"

怀特先生开始陈述他的原因："你知道我有两个儿子，他们都在工厂里做事。两个小家伙穿着工作服跟工人一起工作，每天从早上 8 点忙到下午 5 点，干得不亦乐乎。要是购买了你们的那种团体保险，如果有人不幸身故，那岂不要把我在公司里的股份都丢掉？那我还留什么给我儿子呢？工厂换了老板，两个小家伙不是要失业了吗？"

直到这时，真正的拒绝理由总算被挖出来了，原来所有的拒绝只不过是一些漂亮的掩饰，真正的原因是受益人的问题。可见，这笔生意还有商谈下去的希望。

亨瑞·杰克告诉怀特先生，因为他儿子的关系，他现在更应该做好计划，让儿子将来更好地生活。亨瑞·杰克把原来的计划做了修改，使他两个儿子变成最大的受益人。这样一来，无论父子谁先发生意外，另一方都可以享受到全部的好处。

形势发生了逆转，怀特先生最终接受了亨瑞·杰克的建议，当场签下了 1 万美元的保险契约。

后来，亨瑞·杰克多次研究分析了他所做的拜访记录，发现有 62％的拒绝是对方开始时所提出的拒绝理由都不是他们真正的理由，只有 38％的客户从一开始就老老实实地告诉了他，他们为什么不想购买人寿保险。亨瑞·杰克通过琢磨和实践，总结出推销工作中最美妙的一句话就是"为什么"。

他说："要让客户买下你那份保险，你就要不停地问对方问题。虽然你第一次去拜访客户的时候，他的拒绝听起来理由相当充分。但是，不要跟客户争论人寿保险到底重不重要，你只是问他为什么没有兴趣，等他向你解释了为什么没兴趣时，鼓励他继续讲下去，就这样，多问几个'为什么'，让对方在回答'为什么'时去思考、去说服自己。"

每个客户都有内在的防卫机制，当他们的空间或利益受到干扰时，就会出现条件发射。这种条件反射多数表现为轻微的拒绝，推销人员完全可以忽略。因为这没有深思熟虑，只是为了抵御推销员的进攻而采取的应付手段。专业推销员应当化解这些轻微的拒绝，在推销的过程中多问几个为什么。

谨防在看似无关的小事上摔跟头

犹太商人推销细节要诀

有很多推销员失去客户的主要原因是他们没有注意那些看起来似乎无关紧要的细节。如果你能够稍微认识到忽视细节有可能得罪客户的话，你就应该毫不犹豫地把那些小事情列入重点考虑范围。

《塔木德》里说："小小的一滴水也能折射出太阳的光辉，一个人的细微之处往往就可以反映出他的为人。"在犹太商人看来，推销中的细微之处并不细微，小中实际上能见大，因此在推销过程中，他们认为千万不可轻视了那些所谓的细微之处，它甚至可以左右着推销的成功。

"华泰"建筑公司准备购买一批建筑材料，经过对产品价格和质量的比较，该单位的负责人决定向一个名叫"泰勒"的建材公司购买。第二天，泰勒建材公司的销售人员打来电话，要来拜访这位建筑公司的负责人。当时，建筑公司的负责人心里想，对方一来就可以在订单上盖章了。

没想到销售人员提前来访，原来是因为销售人员打听到该单位职工宿舍楼即将动工兴建，因此希望职工宿舍需要的设备也能向他公司购买。于是，公司的推销员带来了一批资料，前来拜访，不巧的是，建筑公司的负责人刚好有事，便让秘书请那位销售人员等一下。那位推销员等了一会儿后还没有什么结果，就收起资料说："那么我改天再来打扰吧。"

突然，建筑公司的负责人发现对方在收拾资料准备离去时，不小心把自己的名片掉在地上，并在走时又不小心踩了一脚。等那位推销员走后，那位负责人非常生气，对秘书说："这样的推销员我以后不想再见了。我们的采购计划应该改变一下！"于是，泰勒公司的这笔到手的业务就这样丢了。

问题出在哪里？就因为一个看似微小的失误，使那位推销员永远失去了和建筑公司做生意的机会。其实，这一小小的失误是一个巨大的、不可原谅的失误，因为名片是"自我的延伸"，它代表着名片的主人，对名片的不尊重，就是对主人的不尊重。要想推销给顾客东西，又不尊重顾客，天下哪有这么好的事。

有很多推销员失去客户的主要原因是因为，他们没有注意那些看起来似乎无关紧要的细节。如果你能够稍微认识到忽视细节有可能得罪客户的话，你就应该毫不犹豫地把那些小事情列入重点考虑范围。

世界上，人们最关心的莫过于与自己相关的事情，哪怕是微不足道的小事。对能百分之百满足自己愿望的推销员，客户总希望下次还能关心到自己。对于推销员来说，一旦在小事上摔跟头，就要背上沉重的包袱。

有一个名叫斯瓦提的计算机推销员，真是太粗心了，得罪了顾客竟然还一点儿不知道为什么。有一次，一位名叫塞尔尼的先生想买一台计算机。和斯瓦提约好下午 1 点半在斯瓦提的办公室里面谈。这位塞尔尼先生是准点到达的，而那位斯瓦提却在 20 分钟之后才趾高气昂地走了进来。

"对不起，我来晚了。"斯瓦提说，"我能为你做点什么？"

"你知道，如果你是到我的办公室做推销，即使迟到了我也不会因为这个而生气，我完全可以利用这段时间干我自己的事。但是，我上你这里来照顾你的生意，你自己却迟到了，这是不能愿谅的。"塞尔尼先生直言不讳地说。

"我很抱歉，但你知道我正在街对面的餐馆吃午饭，那儿的服务太慢了。"斯瓦提急忙辩解道。

"我不能接受你的道歉。"这位先生说，"既然你和客户约好了时间，当你认识到可能迟到时，你应该抛开午餐赶来赴约。是我，你的客户，而不是你的胃口应该得到优先考虑。"

尽管那种计算机的价格极具竞争性，斯瓦提也毫无办法促成交易，因为自己的迟到激怒了客户。更可悲的是，他竟然根本想不通为什么会失去这笔生意。

　　很多推销员便是这样，往往由于不拘小节而导致失败，甚至还有多数人没有意识到是怎样失败的。推销员重要的是赢得顾客的信赖，然而不管采用何种方法达此目的，都离不开从一些微不足道的小节开始。犹太商界有这样一句话："推销员比别人要更懂礼节。"作为推销员，他的行为举止对客户有着重要的影响，因此推销员在推销中一定要有良好的礼节。这些礼仪细节要求很多，比如：推销员和客户在一起时，不要乱丢果皮纸屑，绝对不能随地吐痰，注意保持地毯、地板清洁；吸烟要把烟灰弹入烟灰缸，就餐时要把骨刺及用过的牙签、纸巾等放在盘中或桌上；个人用过的废弃物，应放入自己的手帕或口袋中，过后丢入垃圾桶；不要用脚蹬踏桌椅沙发；雨雪天进入室内，要注意踏擦鞋底，防止将雨水、雪水、泥巴等带入室内，等等、这些细节都要注意。

　　推销员在与客户商谈中，还要注意避免和克服各种不雅观的举止。握手作为一个"见面礼"，有助于大家的进一步交往。在握手时应注意以下问题：

　　推销员在登门拜访时，主人应先伸手，离别时，客方先伸手；主、客双方在别人引见或介绍时，一般是主方、身份等级高或年龄较大的长者先伸手；在异性之间，一般是女性先伸手。另外，握手的力度不要太大，尤其是与女士握手时。一般力度要适度。握手一般应走到对方的面前，彼此间的距离大约有半个手臂长，过近使人不舒服，过远则显得陌生。当你握手时，面部表情应为发自内心的喜悦和真心诚意的笑容，展现自信的精神面貌。握手不宜隔着桌子、椅子或其他什么东西，这样会给人一种应付了事的感觉。如果你戴着手套，握手前要先脱掉。女士的手不要握起来没完。

　　名片在日常交往中也经常用到，递名片时也应有适当的方法。当递名片时，身体前倾，走到客户容易接到的地方才出手。名片应该倒过来，把自己的名字向着客户，双手将名片送到对方的手中。同时要相应地做一些介绍，以免对方弄错你的名字。拿取名片时，动作要干净利落。名片不要放在里面衣服的口袋里，需要时用手去摸半天才拿出来，皱皱巴巴的很不体面。接收客户回赠名片时同样要双手接回名片，并同时将名片清晰地读一遍，这是对客户应有的尊重和礼貌。读完名片后，要小心地将名片放在包里或名片夹里，别在手中玩弄，也不可将它放置于下身裤兜里。

谈生意一般是坐着的，所以坐的礼节也是很重要。一般来说，应把上座让给顾客。比如：在咖啡馆里与顾客谈生意，靠墙壁的一方应该是上座，靠走道的一方是下座。在火车上面对前进方向的是上座。背对前进方向的是下座。坐在轿车里的时候，后排司机身后的座位是上座。这些上下座的区分并不是谁硬性规定的，而是一种"礼节"上的习惯。上座给人以舒适、安全的感觉。把方便舒适让给对方，表示尊重。当然，如果客户待人非常热情，一定要你坐上座，你也不必过分推辞，过分的客气会让客户觉得你这个人过于呆板或是城府太深，与你交往时他会有戒备心理，不利于推销的进行。

坐下时要注意腰、背挺直坐好，不要弓腰驼背，显得懒散，没有精神。两膝不要开得太大，否则大张着两条腿，显得很不礼貌。适宜的距离不要超过肩膀的宽度。此外还有两个切忌的事项：一、忌翘起二郎腿，脚尖乱抖，这样不仅使别人认为你不懂礼貌，没有教养，还显得你没有诚意，态度不严肃；二、更不能脱下鞋子搔痒。"隔靴搔痒"，当然是办不到的。可是如果因为脚痒就脱下来搔，实在是太失礼了。且不说你的脚是不是臭气熏天，单是那形象就可以令人作呕三天了。"恶心"成这样，商谈就别再奢望有一丝成功的希望了。

交谈时推销员要保持正确得当的位置和姿式，最好是将手轻轻置于面前的桌上，或交叠放于膝上。以下各项都是不正确的举止：

用手指拨弄眼前的茶杯、钥匙、打火机等物品，这样做不仅显得你心不在焉，没有礼貌，有经验的客户还可以通过小动作看出你的弱点，不利于你与他之间的商谈。

用手抓摸脖子、鼻子、头发、揪耳朵、摸下巴等。有经验的客户通过这些动作可判断出你此时的心理状态，从而把商谈引向对他有利的方向。

用手指弹纸上的不存在的灰尘，弄出很大的声响。做这样的动作尤其显出你没有教养，对商谈不重视，不感兴趣，的确令人非常恼火。

商谈中在纸上乱涂乱画。这个无意间的动作也会显得你心不在焉，还会泄露你的秘密。

在商谈中，还要小心留意客户的暗示。如果客户对谈话失去兴趣时，可能会利用"身体语言"或行为语言做出希望结束谈话的暗示。比如有意地看看手表，或频繁地改变坐姿，或游目四顾、心神不安。遇到这些情况，最好知趣地结束谈话。

所有上述这些不雅的举止都是有害于商谈进行的，推销员应该尽快避免并纠正。

为下一次再访做点铺垫

犹太商人推销细节要诀

推销访问一般来说都不会在第一次就达成交易，推销需要第二次、第三次的接触。但第一次的访问结果是第二次访问的开始，所以，在第一次拜访时就创造出再访的机会十分重要。

犹太商人有一句推销俗语："第一次访问的结果是第二次访问的开始。"

在犹太商人看来，推销访问一般来说都不会在第一次就达成交易，推销需要第二次、第三次接触。因而，他们认为创造再访的机会十分重要。

推销新手往往在遭受拒绝后，没有创造一个再访的机会就打道回府。顶尖推销员则总是会制造一个再次访问的机会，以便日后达成交易。

适当地运用再访技巧，并不是虚伪矫情的行为，这是现代社会的竞争使然，旧式的推销技巧已经失效，新一代的业绩创造者必须要有新的理念与新的技巧，才能在快速进步的市场中占有一席之地，因此学习各种不同的再访技巧与方法，将有助于自己推销业绩的提高。

比如，下面一个对话：

顾客（孕妇）：我们目前不需要你推销的这种大冷冻室的冰箱，这里有个小的已经够用了。

推销员：没关系！等你们有了孩子，添了人口，需要换成大冷冻室的冰箱时打电话找我，我再来为你们服务。这是我的名片和电话……

如此一番对话，很容易就创造了一个再次访问的机会。

许多推销员在好不容易得到拜访客户的机会后，却没有继续再访的行动，这样，一旦时间拖得太久，客户的需求意念降低，就算产品十分优良，想要再得到客户的认同也不会很容易。所以想要更有效率地达到销售目的，客户再访的技巧就非得好好研究不可，以下有一些不同的再访技巧，若能好好加以运用，相信一定可以增加许多再访的机会，提高销售成绩。

1. 利用名片做铺垫

第一次见面时推销员故意没有留下名片，为日后再见打下一个伏笔。或者故意忘记向客户索取名片，也是一种不错的方法。

客户有时也会借名片已用完或还没有印好为由，而不给名片，这时推销员可以顺水推舟，并将这种事当做是客户给自己的一次再访机会。

推销员还可以印制两种以上不同式样或是不同职称的名片，这就可以借更换名片或升职为理由再度登门造访。但最好是做好记录，免得下次又送了同一种名片，这就穿帮了。

2. 利用资料做铺垫

当客户不太能够接受但又不好意思拒绝时，通常会要求推销员留下资料，等他看完以后再联络。这常常只是一种逐客令的借口，他可能根本不会看，所以你可以婉转地推辞，故意不留下宣传资料，留下个再访的借口。或者也可以当场留下资料，并说明它的重要性，言明下次再见时，必须取回，这样，客户就算不看也不敢把它弄丢。

推销员还可以送给他一份"新"资料，这份资料必须是客户未曾见过的，当做新的给他送去。

如果发现报纸或杂志上刊登着与商品相关的消息或统计资料，并足以引起客户兴趣时，推销员都可以立即带给客户看看，或是请教他的看法。

3. 借口路过此地，看望一下

这种办法很常用：向客户说明自己恰巧在附近找朋友或是拜

访客户，甚至是刚完成一笔交易。

但不要说顺道过来拜访，以免让客户觉得不被尊重。如果再加上一份近期的资料，那当然会令客户感觉到你的用心良苦。

4. 在特别的日子送上一份特别的礼物

逢年过节或是客户的生日送上一份礼物，当然，礼物的大小要自己把握，非常有希望成交的客户才能送较重的礼，否则可能赔了夫人又折兵，这是需要事先判断清楚的。

5. 免费赠予资料

某些公司会出一些月刊、周刊或市场消息等。利用免费赠予公司刊物的机会，作为再访的借口。

6. 利用调查问卷

设计几份不同的客户调查资料让客户填写或是有奖调查问卷也行。

7. 利用产品说明会、讲座

如果有可以提供最新商品的资讯说明会，吸引客户对商品的认同，或是提供免费的奖品，相信会吸引很多人前来参加。推销员在送给客户邀请卡时，可以稍微解说讲座的内容，并在临告辞前请其务必光临指导。

8. 不用找借口，直接拜访

与其费尽心思为自己的行为找理由而踌躇不前，不如直截了当地登门拜访更加有效。虽然比较唐突并可能碰壁，但也是训练自己能力与胆量的一个机会。

总而言之，如何运用对客户再访的技巧和方法，要根据每位客户不同的情形而定，做到灵活运用。在销售技巧的领域中，推销方法可以说是变化无穷，没有一定的模式或是规定，只要稍加用心，相信任何人都可以创造出许多独具创意的销售模式。

第五章　用耳朵比用嘴巴得到的好处更多

——犹太商人推销细节之五：洗耳恭听比能言善辩更具威力

不仅能言善辩，更要洗耳恭听

犹太商人推销细节要诀

成功的推销员不仅仅是一位口齿伶俐的说者，而且也是一位出色的听众，能够在聆听中感知潜在客户和现有客户所带来的无限商机。善于洗耳恭听的人，不仅到处受人欢迎，而且也会变得越来越聪明。

推销是一种沟通。推销的过程就是沟通的过程，推销的成功就是沟通的成功。犹太商人认为：推销最难的地方不是如何把自己的意见、观念说出来，而是如何听出别人心里最想说的话。

有位经验丰富的推销高手说："推销之道，贵在先学少说话。"犹太商人几千年的经商经验表明：多听少说，做一位好听众，处处表现出聆听、愿意接纳对方的意见和想法的模样，你会慢慢发现对方也比较愿意接纳你，并且提供所需要的答案和讯息，甚至把他的真正想法告诉你，让你事事顺心。

成功的犹太商人经常花相当多的时间和他的客户做面对面的

沟通，他们最常运用到两项能力：一是洗耳恭听；另一项能力则是能说善道。"洗耳恭听"是"聆听"的能力，这是迈向沟通成功的重要一步。"能说善道"是"说服"的能力。

当别人来跟你做面对面的沟通，或者你主动与别人进行面对面的会谈，争取别人支持你的计划并说服他们与你通力合作时，你是否善于运用"聆听"与"说话"的艺术来达成你的目的呢？政治家邱吉尔说："站起来发言需要勇气，而坐下来聆听，需要的也是勇气。"因此，做推销工作，不仅要善于说话，更要善于听话，听话有时会比说话获得的信息多。

在犹太商人看来，聆听是一门必须学会的经商技巧，它和与生俱来的听截然不同。聆听是有目的的听觉，这是一个相当积极的过程，人们必须专心聆听说话者所说的内容。

有效的聆听，是对听到的东西进行消化、综合、分析，并理解其中的真实意思，以及哪些东西没有说到。良好的聆听，意味着对说话人所说的内容获得了完整、准确的理解。

在犹太商人看来，聆听的目的不仅在于知道真相，而且在于听众能够自己理解出所有事实，并且评估事实之间的相互联系，进而努力寻找信息所传达的真正含义，这样的聆听才是富有意义的。

威廉·杰夫在《聆听管理》一书中提到：一天到晚我们都在聆听，但我们总是当不好听众。聆听是一项值得开发的技巧，推销人员可以通过聆听技巧获得以下几个方面的好处：

与顾客建立良好的人际关系，增加今后再度见面的机会；

使自己更快、更准确地具备这些技巧；

更好地理解顾客的需求，以及他们对竞争者情况的看法；

减少误会，并以更好的方式解决顾客的问题与个人冲突；

改善推销方式，更好地将推销重点集中在顾客的实际需求上；

以更有效的方式处理顾客对推销产品或服务的抱怨；

察言观色，并细致地解读顾客的购买信号，更快地成交。

犹太商人席耶在谈及有效的聆听时说："推销员从现有顾客和潜在顾客那里获取反馈的成效如何，依赖于他本人对这些反馈信息的接收质量。大多数人都认为自己是合格的听众，然而事实上听也有不同的效果，有用耳听，还有用头脑、用心去听之分。"我们大多数人能依靠耳朵接收外界声音，不过，用心去听不仅需要耳朵的简单参与，还涉及到怎样去努力理解讲话者的真实含义，传达你对此的理解，以及如何鼓励对方进一步澄清其语义。无论你用耳朵听得多么认真，如果你不能用心去听，对方也会对你失去兴趣，结果你将什么也听不到。

为了和对方建立和睦友善的关系，你必须向你的潜在顾客表明你在认真地听他们的讲话。如果你是一位优秀听众，那么潜在顾客很可能因此喜欢上你，而且还会认为你也很喜欢他。如果你认真地听潜在顾客讲话，他们经常会告诉你，他们对产品或服务的关注之处是什么，有关潜在顾客需求的信息又提醒你，应在哪些方面予以格外强调。不掌握这些资料，你的推销基本上将是一事无成的，而且也几乎没有希望使你的提供物满足这一需求。在取得了这些资料后，你就可以进一步向潜在顾客表明，你的产品将如何满足其需求。

认真听的另一个好处，是你通常可以由此获得有关潜在顾客的个性特征的资料。人们一般喜欢向别人讲述自己的事，他们发现这种话题是令人感兴趣的。在推销拜访中较为亲善和友好的气氛下，比如共进午餐，或在一次社交聚会上，通过认真倾听，你就可能获知有关一位潜在顾客的大量信息，这些信息在确定该如何向你的潜在顾客进行推销方面是极为有用的。

为什么要认真听的另一个重要原因是，你可以由此揭示出可能存在于潜在顾客心中的疑问。潜在顾客也许会告诉你，他们不买你产品的原因是因为他们不了解产品，或是对有关信息了解得不够全面。另一方面，如果你不认真倾听，你就会面临隐藏疑问的可能。因为你不知道该提供什么信息释疑，这些隐藏不露的疑问就很难得到解决。

一般的人总喜欢让别人听他们自己讲，因此，如果你是一位优秀的听众，可能会有助于潜在顾客实现自我推销。如果你能使潜在顾客发挥主动性，自行评估他们的需求状况，以及按照你为其解决需求的能力来设计自己的方案，那么这种潜在顾客自我推销的情况就非常可能出现。潜在顾客自我推销具有低压力的优点，如果潜在顾客能以这种方式做出购买决定，那将胜过你滔滔不绝的游说。

任何人都希望受人欢迎，也希望别人能了解自己，因此，不少人都想方设法训练自己的口才，让自己能言善道，成为雄辩的顶尖高手。这都是"会说话才能使沟通顺畅圆满"的心理所造成的。会说话是否就能使沟通顺利呢？以开会来说，无论是公司会议或公众会议，纵然主持人擅长说话技巧，但如果从头到尾都是他一人发表意见，那么这会议充其量只是报告会。只有出席者也发言，提出具有建设性的问题或意见，才能达到会议的沟通目的。"说"与"听"是沟通不可或缺的条件，而这两者相互平衡，才会产生理想的沟通。像这种情形也适用于一对一的交谈。由此可见，与其强求成为很会说话的人，不如先成为能倾听的人，如此有助于沟通。

听人说能获得对方的任何信息，这一点可从许多人身上证明。可以肯定，不听人说话的人，不可能受人欢迎。

从你周围的人身上可以发现，懂得说话艺术的人，也都了解听人说话的重要，由于他们不断吸纳别人的话题，于是更丰富了自己的话题。相反的，那些言语乏味的人，大都是从不听人说话的人，不但如此，反会炫耀自己或批评别人。

在犹太商人心中，说话技巧好坏与否并不重要，只要能用心学习听话技巧，就能受人欢迎，做事更容易成功。虽然能言善辩是一位优秀推销员必须具备的重要能力之一，但是，成功的推销员不仅仅是一位口齿伶俐的说客，而且也是一位出色的听众。

真诚聆听顾客心声更能说服顾客

犹太商人推销细节要诀

　　说服别人的最佳方式是使用自己的耳朵聆听别人的说话。专注地聆听，并对顾客所言做出有利的反应，能够让顾客产生尊重之感和对自己的认同感，毫无偏见地与自己合作。

　　许多推销员简单地认为：说服是一种单方面的程序，通常是推销员讲道理，而顾客听完后也被推销员说服了。在有关推销性演讲与示范的图书中，大多数都设有专门讲述推销员如何说服顾客的内容。因此，人们也就很自然地将说服与推销性演讲等同起来。事实上，这种纯粹的口齿伶俐、能说会道的推销员，已经难以满足当今复杂社会中那些高知识水平的顾客的需要了。

　　演说可以追溯到古希腊罗马时代，人们刻意营造一种进行辩论的环境，以说服听众赞成他们的言论。直到今天，许多推销员仍然会对顾客说："现在，让我来说明一下贵厂需要安装使用我们公司生产的新喷涂设备的建议。"当然，为了推销产品，实现交易，精心策划举办一场具有说服力的产品展示会是很有必要的。但是，聆听也是非常有说服力的。

　　说服，既是一门艺术，又是一门技巧。犹太商人认为，对推销员来说，说服主要是用以游说顾客，使他们赞同自己推销的产品是能够帮助他们解决问题的一种工具或能够满足他们的需要。尽管如此，除非自己的顾客具有可接受的心智结构、能够接受新思想和新观念，否则，再有说服力的产品展示演讲，或者能说会道的推销员说破了嘴，也难以对这种顾客产生效果，顾客未必愿意客观地分析推销员提出的建议。有一句犹太谚语说得好："说服并非观点相同。"这也就是为什么推销需要精心设计，按部就班地实施，顾客才会愿意考虑自己的建议，并与自己产生共鸣的缘故。

犹太商人认为，主动而又真诚地聆听顾客的心声，能够表明推销员愿意敞开自己的心扉，并且能够明智地对待顾客所言。如果推销员全神贯注地聆听顾客吐露心声，并适时对顾客所言做出回应，即尽可能地表示赞同，顾客会有受人尊重之感；反之，顾客也会有礼貌地聆听推销员说话，而且还会以心无偏见与合作的方式聆听推销员说话，甚至会对推销员产生认同感。

顾客一般都愿意聆听自己喜欢的推销员说话，并且很可能对专心聆听顾客心声的推销员做出有利的反应。在实际生活中，一般人都喜欢亲近那些自己看着顺眼的人，而尽量疏远那些自己看不顺眼的人。由聆听产生的可接受的心智结构，能够使推销员的说话或产品展示更有说服力。但是，即使是才华横溢的推销员，加上组织完美的产品展示会，如果顾客没有聆听的心情，这时，推销员深思熟虑的建议也会变得毫无意义。同样，如果推销员非常专注地聆听，并且与顾客建立了和谐的关系，那么，顾客便不会吹毛求疵，也不会用批评的眼光去审视推销员的建议。一旦顾客欣赏并尊重某位推销员，那么，他们往往能够接受这位推销员所提建议的小毛病。

聆听顾客的心声，并且给顾客一吐为快的机会，那么，顾客有时也会被说服，并确信推销员所推销的产品或服务非常好。

犹太商人马尔伯勒回忆他的一次愉快推销经历时说："我还记得，曾经同一位很健谈的顾客通电话。我竟然从头到尾一句话都插不上，我觉得他好像是在他说话中间始终没有停顿过。显然，他好像是很喜欢我，因为当时我正在专心练习聆听。但是，我毫无机会向他说明他们公司使用我们公司生产的计算机所能带来的好处，这样一来，我迫不得已，只好打断他的话，我插话说：'先生，你怎么知道使用我们的计算机能够具体帮助贵公司的运作呢？'我发现，我终于切中要害了！当我继续专心聆听时，顾客做了两件了不起的事情：一是他为我提供了大量的信息；二是他告诉我，他们公司安装使用我们公司生产的计算机后所带来的好处。只要顾客越能说服自己，我就越能通过专心聆听而更多地'奖励'他，之后，我就可以在尽可能短的时间内达成交易。"

心理医生、心理学家和心理顾问都是通过聆听来帮助自己找出解决问题的答案的。著名心理学家卡尔·罗杰斯曾经说过："如果我专心聆听顾客的倾诉，如果我能了解整个事件对顾客的意义，如果我能感觉这对顾客有多大的影响，那么，我会帮助释放出顾客内部变化的强大潜力。"

聆听还是一种结束交易过程的很有说服力的方式。顾客经常会为了采取拖延战术而告诉推销员说："这听起来很好，但是，目前在我们公司好像还派不上用场。"或者"我想多参考几家公司的产品后，再做购买决定。"当顾客采取这种拖延战术或行为不确定时，专心聆听则能够明白地使顾客了解，推销员是不怕挫折的。一位优秀的、具有良好聆听技巧的推销员会表现出自信：只有本公司的产品，才能解决顾客的问题，最能满足顾客的需要。推销员这种坚如磐石的信心将会对顾客产生重大影响，并有可能说服顾客重新考虑购买意向。

犹太著名销售训练大师惠勒在向学员传授销售之道时说："在顾客采取拖延战术期间，推销员不应该立即向顾客多做解释，以试图挽回这笔交易。因为推销员这么一推，顾客也会顺势推回，结果毫无进展。相反，此时，推销员倒是应该做一些旁敲侧击的工作，试探顾客犹豫不决的原因，然后，再仔细聆听顾客到最后一刻还犹豫的缘由。这样一来，推销员隐约而又强烈地表现出非常关心，而且非常了解顾客的态度。最重要的是，推销员表现出丝毫不担心顾客犹豫的自信，因为他知道顾客将会做出购买决定。"推销员在顾客面前表现出紧张的心情，话说得很快，并且试图强迫顾客做出购买决定的话，最后的结果只能适得其反。因为那样会使顾客觉得现在做出购买决定毕竟不是一个最好的时机。

总之，改善自己的聆听技巧，不仅有助于推销员提高推销业绩，使推销生涯获得发展，而且还有助于推销员改善同顾客之间的人际关系和业务往来关系，改善推销员在各种社交场合的人际关系和家庭关系。良好的聆听技巧能够使每个人的生活都变得丰富多彩。

不露痕迹地配合才显出最高明的聆听

犹太商人推销细节要诀

聆听光用耳朵是远远不够的，必须达到心神合一的境界。最高明的技巧就是不露痕迹地配合对方，用身体语言来营造一种轻松愉快和互相信任的气氛以及良好的人际关系。

犹太商人认为，商业交谈好比是趣味竞赛中的"同心协力"，两位配对的选手在配合中出现一点细小差错，都会造成失误而输掉比赛。同样，在倾听时，我们也应注意配合说话者，哪怕是一些看似不起眼的细节，也不可忽视。

听人说话技巧高明的犹太商人，都能不露痕迹地配合对方的喜怒哀乐。对方说到伤心处就随着哀痛，对方高兴也随着欣喜，整个人的感情都专注于对方身上，几乎抹煞了自己的个性。有位心理医师曾说："我有 A、B 两种个性，而后者足以凌驾前者。"他由于工作上的关系，更需配合患者的情绪变化而变化，如果只是静静倾听，可能无法获得患者的信任，这会影响治疗工作。

那些有经验的推销员大都懂得"善于倾听"的秘诀。一般商场里有经验的职员在处理投诉时，都会默默不语地倾听顾客的满腹牢骚。在这种时候，顾客会把你的沉默理解为：你尊重我，你认为我的投诉是正确的，这样等顾客把不满倾泻之后，他的火气也就消了，那么问题也就迎刃而解了。

推销员学会倾听，是建立良好的人际关系的重要方法，不会倾听的人是不懂得沟通的。倾听别人的谈话是日常交往中最为常见的沟通方法，但倾听并不是静听，而是积极地把自己投入到角色中，在听的同时去激发说话者的热情。比如点点头、眨眨眼睛的动作，对于说者来说，都是莫大的鼓励。如果听者不会及时地给予说者以恰当的回馈，那么纵使你听的时间再长，也不会被当做知音。说话的人宁愿去对牛弹琴，也不愿面对着这样一个"莫测高深"的人。

犹太商人认为：要想成为一名合格的听者，必须达到心神合一的境界，光用耳朵是远远不够的。当你全身心地投入，满足了说者自我表现的欲望，那你就达到了无声赞美的目的。每个人都是一个独特的世界，都是一道美丽的风景，只是被深深的掩藏在心灵的帷幕之后。当一个人把他成功的喜悦、失败的痛苦、人生的惆怅表白给你的时候，你用你的倾听将阳光播撒于他内心的世界，给予他的是对他失败的同情、成功的赞美和生命能量的激发。

倾听时加入必要的身体语言，是非常有必要的。行动胜于语言，身体的每一部分都可以显示出激情、赞美的信息，可增强、减弱或躲避拒绝信息的传递。精于倾听的人，是不会做一部没有生气的"录音机"的，他会以一种积极投入的状态，向说话者传递"你的话我很喜欢听"的信息。

优秀的推销员都会使用身体语言来强化其聆听技巧，推销员恰当地使用身体语言的目的，在于营造一种轻松愉快和相互信任的气氛，以及与顾客建立良好的人际关系。这可以促使顾客侃侃而谈，继续与推销员分享信息。除了语言线索之外，推销员还可以利用身体语言来使顾客知道你在用心聆听他说话。

"眼睛是心灵的窗口"，适当的眼神交流可以增强听的效果。这种眼神是专注的，而不是游移不定的；是真诚的，而不是虚伪的。发自灵魂深处的眼神是动人心魄的。与顾客保持强烈的眼神交流，而又不是死死地盯着顾客。推销员在与顾客进行眼神交流时，要像你和朋友谈话一样友好与自然，千万不要脸转一边，而眼睛还看着顾客。在顾客办公室里，切不可东张西望，一会儿看窗户，一会儿又看走廊、看笔记或看其他有趣的地方。

保持眼神交流对于同顾客建立良好的关系来说是极端重要的，因为这样会使人觉得你既有诚意又贴心。如果无法做到这一点，不但会损害推销员与顾客的信任关系，引起相互之间的猜疑，还会导致双方之间的沟通失败。

在聆听时，推销员的脸部表情必须随着顾客谈话的心情和情绪的变化而变化。比如，在顾客开心时，推销员应该跟着顾客微笑；在顾客心情沮丧时，推销员也要表现出关切之情。同时，推销员适当地点头表示赞同顾客所说的话，这样简单的举动就能够促使顾客滔滔不绝地说个不停。当然，在聆听时，千万不要皱眉头或表现出任何批评顾客的表情。还需要注意的是，在抬头看顾客时，推销员不可以45度的角度看人，这样做，会给顾客以自己夸张而又自高自大的感觉，也不可以一味地缩下巴，搞得自己的眼神要向上扬，才能看得见顾客。

在聆听时要端正地坐在椅子上，并且要尽量靠近顾客的桌子。推销员应该坐得端正，但又要保持轻松自然，不可以像懒汉那样瘫坐在椅子上，或者像一根木头一样一动不动。同时，切不可将双手交叉放在胸前，摆出一副有所防备的架势。犹太商人认为：如果推销员摆出这种姿势会令顾客畏惧，从而使顾客再也无心继续谈下去了，或者使顾客无法继续进行评论。经验丰富的推销高手一般会坐姿端正，一条腿架在另一条腿上，手要自然地放在椅子的扶手上。推销员在进行第一次推销访问时，千万不要坐在椅子的边缘上，不要倾身将自己的手肘顶在顾客的桌子上，因为许多顾客在推销员第一次访问时，离得太近会感到不舒服或者会感到这是一种威胁。除此之外，推销员在聆听时，坐在椅子的边缘也使顾客感到不舒服。不过，倾身的姿势有时用在顾客非常看重的事物，或者顾客正在发表个人看法比较敏感的话题时，也是很有效的。向前倾身是一种表现出推销员对话题具有浓厚兴趣的姿势，好像推销员正在努力聆听顾客所说的每一个字。

推销员在聆听时，要尽量避免一些奇特的姿势或动作，比如，玩铅笔或顾客桌子上的物品，转圈圈，咬指甲，用脚在地板上打抽等等。当然，打呵欠也是不合适的。还有一个需要注意的重点是：推销员绝对不可以公开看手表。顾客一般都不喜欢推销员的这种动作，因为这好像是在暗示推销员的时间比顾客更宝贵。推销员不断地看手表（特别是连续多次看手表）的动作，不仅容易分散顾客的注意力，也会损害彼此之间的关系，而且还可能导致讨论的话题因此而终止。如果推销员是为了估计一下还有多少时间可以用来讨论其他重要问题，或者是为了不要错过下一次约会，那么，最好是将戴表的手放在笔记本上，或是把手放在膝上，再巧妙地瞥一眼。这样做，比把手腕抬起来看时间要策略得多。

在聆听中捕捉顾客的购买信息

犹太商人推销细节要诀

如果仔细聆听，顾客自然会告诉你何时购买的信息。要特别关注顾客说的表示感兴趣的话，非常强烈和乐观的陈述，以及下定购买决心时的身体语言信号，有时连他自己都不知道他已经下订单了。

犹太商人认为，如果顾客在交谈时发出了购买信息，仔细聆听的推销员往往能够获得这些关键信息。这是因为，如果推销员能够立即捕捉到这些信息，他就能够迅速做出反应，并尽快促成交易。

犹太商人在经商实践中发现：捕捉购买信息并适时做出反应，实际上能够使推销员提高 10%～50% 的工作效率和推销业绩。如果推销员错失购买信息，不但会不必要地延长销售时间，而且还会使整个交易过程复杂化，更糟糕的是，可能会使对手捷足先登。

当顾客说话或做事情表现出他对产品、服务或公司有所喜好时，或者顾客表现出渴望继续谈下去，想订购产品时，购买信息也就出现了。犹太商人麦格特认为："当顾客经历心理决策过程并决定购买时（或者具有强烈的购买欲望时），顾客已经假定'心理拥有'这种产品。"当顾客对某项推销建议很满意时，他会开始有意无意地发出积极的信息，以帮助推销员加快推销过程，迅速达成交易。

犹太商人有一句谚语：如果你仔细聆听，买主自然会告诉你他什么时候下订单，有时，连他自己都不知道他已经下订单了。

这句话深层的意思是：购买信息通常因顾客购买欲望的强弱而变化，或者提高提问的兴趣："我在哪里签字？"在推销循环的早期，一些购买信息很微弱；而在接近达成交易时，这种信息通常会越来越强烈，越来越直接，顾客也越有可能下订单。这时，推销员的主要任务就是仔细聆听而且要注意观察这类信息，然后，再进行试探性地下单或真正下单，以达成交易。

犹太商人考德威尔认为，有一种购买信息通常是一系列详细的、具体的关于产品或服务的问题。问题越详细，越涉及到你的产品，顾客购买你的产品的意愿即购买信息就越强烈。这样的信息表明：顾客可能对你的产品非常了解，事先已经做了大量的准备工作，而且始终密切注意你的一举一动。同时也表明：顾客对你的产品或你的公司非常感兴趣。

下面是考德威尔在《成交》书中提到的，如果顾客感兴趣时可能会提出的一些问题：

"你认为，AB32 型号的产品符合我公司的需要吗？为了掌握这种型号机器的操作，本公司需要派多少员工来接受培训呢？"

"如果需要维修的话，能否在一天内维修好？有这种可能性吗？"

"我可不可以具体指定颜色呢？"

"贵公司是否能够提供某种主要市场或促销帮助？"

"你打算怎么运输——是用汽车运输还是用火车运输？什么时候交货呢？交货期能否短一点呢？"

"如果我们购买的这种型号的机器不适用的话，能否在一周内退货？"

"我能否保留一份协议书给我的律师看呢？"

有的顾客虽然已经决定购买，但是，他还是会故意提出一些观点不明朗的问题，让推销员误认为顾客尚未下定决心。这里的主要原因是，顾客这样做的目的在于避免推销员在一旁催个不停，或者是为了留下进一步讨价还价的余地。考德威尔列举出了下面这些"戏弄性"问题，都是顾客通常表明购买意愿的例子：

"如果我们公司决定购买你的产品，我想知道可否……"

"我还有一个不重要的、纯粹是出于好奇的问题想向你请教，不知道是否……"

"哦，顺便说一下，贵公司能否……"

"到目前为止，我们公司尚未做出购买决定，但是，我可不可以向你请教这个……"

考德威尔认为：另外一些观点不明朗的问题需视情况而定，而且这些问题的句子的开头一般都使用"假如"、"如果"、"是否"、"可不可以"等之类的词。下面是他列举出的一些类似的例子：

"如果我们继续谈下去，并且订购贵公司的产品……"

"如果我们待会儿选择贵公司的建议案……"

"可不可以说，我们对贵公司提议的租约感兴趣……"

"假如我们对贵公司的建议书很感兴趣……"

对推销员来说，顾客的一种十分强烈而又非常乐观的陈述，是另一种需要聆听的最重要的购买信息，它表明顾客已经下定了购买决心。因此，推销员需要特别注意这类购买信息。这类信息的准确性高达99%，它的内容主要集中在产品上，并且暗示顾客已经下定了购买的决心，现在只需要注意一些购买程序之类的细节问题。因此，推销员需要注意顾客所表现出来的这类"心理拥有"了这种产品的言语：

"我需要赶快让公司的副总裁审阅这份建议书，他肯定会满意的！"

"我希望在星期五完成这项交易。我会尽快地请你同我们的合约人见面。"

"我肯定需要蓝色的座椅套，因为它们看上去与汽车淡蓝色的外观很般配。"

"这辆车的外观简直棒极了，我很喜欢这种外观，相信驾驶员也会有同样的感觉。"

推销员要切记，如果在推销访问中只出现上述情况中的一种情况，那还不能说明顾客具有强烈购买欲望，换句话说，顾客的购买愿望并不高，但是，当以上几种情况同时出现在推销访问中时，表明顾客的购买兴趣相当高。因此，它们就成为越来越有意义的反映顾客心情和态度变化的预测指标。

善于排除聆听过程中的障碍

犹太商人推销细节要诀

聆听是一种包括身体、心智和情绪在内的经历，因此，多少会有某些听力障碍影响人们的听力。作为推销员，应该知道这些听力障碍是什么，并努力将这些障碍的影响减到最小。

一个人具有良好的聆听技巧能给他带来许多好处，但是，要开发并保持主动的聆听技巧绝非是一件容易的事情。

聆听是一种包括身体、心智和情绪在内的经历，因此，多少会有某些听力障碍影响人们的听力。作为推销员，应该知道这些听力障碍是什么，并努力将这些障碍的影响减到最小。对于推销员来说，无论是从短期看，还是从长期看，努力排除这些听力障碍，能够提高自己的推销业绩，改善自己个人和事业上的人际关系。

著名的销售训练师、犹太人惠勒在训练课上传授了以下消除推销过程中聆听障碍的建议。

1. 抛开自己的好恶情感去听客户说话

如果推销员对客户没有好感，就很难坦诚而又客观地聆听他所说的话。客户所表现出的某些特质也会在某种程度上影响其所说的内容而干扰推销员聆听的注意力。比如说，推销员可能因为过于注意客户的服装、饰物、手势或其外貌、身材等而分散自己的聆听的注意力。还有，客户的说话方式也会影响推销员听的注意力。客户说得太快或太慢，或者语音不悦耳（单调、急促，或者结结巴巴）或口音很重等都会分散推销员听的注意力。推销员也可能会从客户的说话风格来对他做出判断，以至于消极地对待他，认为他情绪过于紧张，用词枯燥乏味，语言具有挑衅性、讽刺人或骄傲自大等。

要想克服这些感觉上的障碍，推销员要在聆听对方说话时，不带个人情感色彩，即使不喜欢对方，也要克制自己，坚持听下去。

2. 客户的话即使枯燥也要耐心听下去

有的顾客话语少，也有的顾客很健谈。如果遇到健谈的顾客说话漫无边际，即使推销员主动而又努力去聆听顾客说话，但由于很难从顾客说的大量无关的信息中找到相关的有用信息，推销员也会感到顾客说的话枯燥乏味。最后，使推销员聆听时遗漏自认为对自己的推销活动不重要的信息。

要想排除这种障碍，推销员必须培养自己的忍耐性，在对方枯燥的话语中发现一些有利的信息，也可以耐心周旋，巧妙地把顾客的"废话"引导到你需要的话题上来。

3. 不受对方不友好的态度左右而影响情绪

客户说的任何含有威胁、恼人、沮丧、失望或挑衅意味的话——故意刁难，都会使推销员的聆听效果降到最低点。推销员自然会对此有所反抗，感到不高兴或因此而生气。所有这些情绪反应，实际上都会影响推销员的聆听效果。推销员的另一种情绪上的聆听障碍就是顾客提出一系列问题非难。这些问题也许是挑剔推销员推销的产品，也许是抱怨推销员所在公司的服务态度很差，或许是顾客根本听都没听推销员的说明就说不要其推销的产品或服务。

当听到某些令人失望，或者感到被人"戏弄"的事情时，一般人很自然地会反应过度而变得情绪激动，甚至采取一些只会使事情变得更加糟糕的行动。所以，推销员要以良好的心态去对待客户的不友好态度，控制住自己的情绪，冷静地寻找应答的方法，尽量让不愉快的事情过去。

4. 调节好自己的精神状态

推销员的身体、心情和情绪状态都会对其聆听效果产生影响。

如果推销员身体相当疲乏——无论是因劳累过度、情感压力、睡眠不足等所引起，还是因时差所致——就会影响自己的听力，并且使自己难以集中精力去聆听。如果推销员身体不适或生病，则会使本来已经糟糕的情况变得更加糟糕。另外，午餐时大吃大喝，加上喝了一些含酒精的饮料，然后，再坐在办公室柔软舒服的椅子上，以至于使人昏昏欲睡而无法专心聆听。

推销员要想排除这种障碍，一定要注意自己的健康状况，平时还要培养自己集中精力做好一件事的习惯，专心致志地做事，不受其他因素的干扰。

5. 不要过于坚持自己的观点

如果听者对于某个主题具有强烈的自我看法，而说话者又正好持有与听者相反的观点（而且他们彼此的信念都很坚定），这会使聆听很快终止。推销员试图说服顾客通过安装自己推销的某种机械设备，以实现公司运作自动化，但是，顾客却觉得自动化在他们的公司行不通。因此，顾客自身的偏见就会使彼此之间的谈话立即结束。

可见，每个人都基于自己坚定的信念，都认为自己的观点、感觉和行事方式才是正确的，所以，他们基本上不考虑对方的看法，更不愿采纳对方的意见，并且认为其他理论都是很幼稚的、错误的、不真实的、短视的、理想化的。要想说服对方，我们就要在推销自己的观念时，求大同存小异，不要过于固守自己的立场，要听取对方的想法。

6. 选择适宜的环境与客户交谈

一种可能会影响聆听的环境条件就是室内温度与空气的流动情况。无论是任何人，只要坐在一间很热、很冷、通风不良、很潮湿或很干燥的房间里，特别是长时间坐在这样的房间里，就会感到不舒服。当然，感觉也会很糟糕，所以，很难认真听进别人说的活。

另一种可能影响聆听的因素是光线。如果房间里的光线太刺眼，太阳光会透过窗户直射室内，或者是整个房间里的光线暗得使人感到很不舒服的话，都会影响听者的聆听效果。

接下来的问题就是噪音和音响效果了。如果令人分心的噪音和说话者的声音交杂在一起时，也会耗费听者的精力；如果这一类噪音长时间持续下去的话，最后，就可能会使听者无心聆听说话者说的话了。

有些顾客的办公室设在摩天大楼的顶层，人们可以从室内的落地窗俯视窗外的整座城市，可以说整个城市的美景尽收眼底；而有的顾客的办公室则坐落在乡村田野中，人们可以从室内的落地窗眺望窗外美丽的田园风光，看到一片绿色世界。这类视觉诱惑令人难以抗拒，以至于使听者无暇聆听说话者说话了。因此，推销员最好征求客户的意见，让双方在一个适宜的环境中进行商谈。

第六章　用提问得到你想知道的答案

——犹太商人推销细节之六：善于用话套话，巧妙加以引导

提问越多双方的误解就越少

犹太商人推销细节要诀

不真正清楚对方的意图，就要多提问。提问不仅是一种弄清所谈论的话题的最佳方式，而且也是一种确认，谈话双方都能理解彼此看法、期望与需要的最佳方式。

作为一名推销员，你是否经常误解顾客说话的意思或要求呢？而顾客是否也经常误解你所说的内容或提出的问题呢？在犹太商人看来：对于大多数推销员来说，误解一般都是因为没有真正了解双方真正的意图而引起的。

而犹太商人就认为，提问对于减少误会大有益处。所以，推销员在推销前，要经常提醒自己千万不要做任何假设。推销员不能以自己的定义、思想、经验、价值观或知识等，把许多事情都认为是理所当然的。然而，通过提问，推销员可以了解顾客是否完全理解自己的意图，而利用反馈提问，又可以确认自己有没有听错顾客的意思，以保证自己与顾客之间进行良好的双向沟通，

并使推销沟通过程中可能出现的问题降到最低程度。所以，在推销时，不真正清楚对方的意图，就要多提问。

当推销员和顾客谈商品的时候，当然不只推销员会问，顾客也会问。

所以事先推销员应该考虑好客户可能提出的任何疑问，这些疑问能让推销员更进一步了解顾客的需求，记住，除非你完全明白客户发问的动机，否则不要直接回答，以避免造成误会。

有一个汽车推销员就是在没有弄清顾客的发问动机后直接回答了顾客的疑问，结果造成了一场误解。

客户问："所有这种类型的汽车都有电动窗吗？"

这位汽车推销员便以为这位客户想要一个带有电动窗的汽车，于是把他带到装有电动窗的汽车跟前，大谈汽车电动窗有多么棒。结果客户却说："我不喜欢电动窗，假使汽车掉入水里，电线一定会短路，电动窗打不开，到时候我怎么出来？"

这真是一场糟糕的推销说明。如果这时听到客户的真正购买动机后，再向他推销不带电动窗的汽车，也有点不自然了，毕竟你误解了客户的意思。所以为了避免这样的误会，当客户问"所有这种类型的汽车都有电动窗吗"时，推销员不妨反问一句："你想买有电动窗的汽车吗？"之后，就可以听到顾客的真正动机了，这样就可以向他推销不带电动窗的汽车，同时也避免了以上的误解。

所以，当面对顾客的疑问推销员仍无法把握他的真正发问动机时，推销员不妨反问一问，把问题丢给顾客，让他自己回答自己的疑问。

把问题丢回给客户，我们当然知道自己发问的动机。在无法明白客户的动机时，假如你大费唇舌，像刚才那位汽车推销员那样大谈电动窗有多棒，但他并不知道客户下面要说的是什么？没弄清楚客户问话动机就轻率深谈，而客户又无意多谈，反而让推销员陷入进退两难的窘境。而如果你像下面那样问他，可能就会得到一个对你有利的回答了。

有一个名叫安得的犹太电话推销员，曾经多次面对不同顾客提出的相同问题："你们的电话有来电显示装置吗？"聪明的安得并没有立即回答这些顾客提出的问题，而是把问题反问到顾客自己身上："来电显示装置对你而言很重要吗？"然后听他们自己回答自己的提问。

刚开始时，面对顾客的疑问："请问你们的话机有来电显示装置吗？"安得心里确实想过很多："我们没有。她会这么问，就表示她有这种需要，怎么办？我要不要告诉她，再过 6 个月，我们就会提供来电显示功能？也许我该建议她再等一阵子。"这就是他当初的种种猜想，后来他又想："算了，别让自己头痛了吧，也许他并不需要这种装置，只是随便问问罢了。"所以他就鼓起勇气反问客户："来电显示装置对你而言很重要吗？"

果然不出他所料，顾客回答："不，不重要，因为我听说有许多公司提供这套服务，老实说，没用的服务我可不想多付钱。"

当然，不同客户提出相同疑问的动机是不同的，但安得都能用相同的一句反问来弄明白对方的疑问。比如下面的一位顾客的不同动机。

客户："你们公司提供来电显示装置吗？"

安得："这种装置对你很重要吗？"

客户："听起来很不错，当然，价钱也是很重要。"

安得："你说你们最需要的是没有死角的 100 千米通讯范围，这一点我们绝对没有问题，而且我们还有转接和插拨装置；我们目前尚未提供来电显示功能，但是我们已经打算增加这项功能，6 个月后就能上线。"

客户："没关系，这项装置不错，不过如果没有也无所谓。"

当然，换一个角度说，身为销售员，总会有客户提出你无法提供的另一种服务的疑问，如果对方确实想要那种服务，而你们没有，你也可以针对他的疑问而随机应变。

一位名叫瑞恩的服装推销员在面对客户对他提出的疑问后，总是会给客户以巧妙的回答。

客户："这些衣服还有其他颜色吗？还是只有你带来的桃色和粉色？"

瑞恩："颜色齐全对你很重要吗?"

客户："我希望多几种颜色,让我的顾客多一点选择。"

瑞恩："我了解,不过我们工厂只供应桃色和粉红,之所以只有这两种颜色,是因为我们做过市场调查,发现这两颜色是今年最受年轻人欢迎的颜色,我们认为应该把最热门的货色卖给顾客,而不是弄一堆货堆着,结果根本卖不出去。"

客户："你说的也很有道理,今年的确有很多顾客到我那儿挑选桃色和粉红色的衣服。这些颜色的衣服的确很畅销,好吧,我就先来点这些桃色和粉红色的衣服吧。"

瑞恩虽然没有顾客所要的其他产品,但是他站在顾客的立场上,说明了其原因,也得到了顾客的认可。

用提问把握谈话的优势

犹太商人推销细节要诀

在推销过程中，引导话题并控制推销局面是推销员的责任，利用双方互动的谈话方式来达到这一目的可谓是最好的办法，而这一办法的最佳实现途径就是提问。

犹太商人认为，在与顾客交流中，为了实现自己的推销目的，推销员必须要有能够控制讨论问题细节的能力，以及控制会谈发展总体方向的能力，但是，这并不意味着推销员应该努力去操纵讨论过程，也不意味着要随时提醒顾客应该谈些什么话题，或者突然控制会谈期间发生的情况。

一些推销员说起话来滔滔不绝，甚至会一个人说个没完，想以此来有效地控制顾客，不给顾客说话的机会。但犹太商人则认为，这实质上是控制顾客参与推销访问。其实推销员可以通过先提出相关问题，然后再认真聆听顾客说话的方式，鼓励并吸引顾客参与推销讨论过程，这样，有利于激励顾客按照某种有助于推销员满足自身目标的方式完全参与到推销会谈与决策过程中来。

在一些推销访问过程中，顾客也许会清楚地留下这样一种印象：自己唱主角，控制整个会谈局面，因为自己一直在不停地说，并且一直在引导谈话，而推销员却一直在聆听自己说话，并且一直在按照自己的思路进行。但聪明的犹太商人明白，顾客的这种判断错了。他们认为事实上，在整个推销访问过程中，一直是推销员在引导谈话的方向与主题，而顾客则是在按照推销员的指示行事，顾客也许从来就没有想到这一点。

这是因为，推销员事先巧妙地提出了一些与顾客自身利益相关的问题，然后再仔细聆听顾客谈话，以引导顾客顺理成章地达成交易。这对于顾客来说似乎是自然而然的事情。顾客对此也许从来就没有想过要拒绝、再考虑考虑或提出异议。

原因很简单：因为推销员并没有对顾客施加压力，这完全是顾客自愿的事情。顾客也不会感到自己必须购买某些东西，而是自己想买这种产品。不仅如此，顾客还会感到这完全是自己自主做出的选择。因此，推销员恰当的提问是一种怎样使顾客自然而然地感到自己完全控制了谈话的局面，而推销员却不动声色地用一种神不知鬼不觉而大家又都能接受的推销方式。

在这里，还是让我们来看一则实例吧！著名的推销专家、犹太人维克多曾出席一个推销培训会，在会上，一位名叫比尔的学员突然对他提问说："维克多博士，你被认为是全球最好的推销员，那么，现在，你就向我推销一些东西吧！"这种问话很突然，维克多却微笑着回答说："你希望我卖什么东西给你呢？"

维克多的这一举动使比尔大吃一惊，有些人在听到上述的话后，可能会滔滔不绝地说一大堆，比如，开始说一些推销的行话，而维克多却紧接着就开始提问而非对自己的问题进行解释。

比尔想了一会儿回答说："哦，就卖这个桌子给我吧。"

比尔话音刚落，维克多接着就提出了另一个看起来似乎很天真的问题："你为什么要买它呢？"

比尔再一次对这个内容感到吃惊，然后，看着桌子回答说："哦，是的，它看上去很新，外形也美观，而且色彩也很鲜艳。除此之外，最近，我们刚刚搬到这个新摄影棚，暂时还不想处理掉。"

维克多对此不做说明，却利用提问让比尔自己说出购买的原因及其为什么看中这个桌子。于是，维克多接着说："比尔，你愿意花多少钱买下这个桌子呢？"

比尔听后似乎显得有点迷惑不解，他说："我最近还没有买过桌子，但是，这个桌子这么漂亮，体积又这么大，我想我会花 18 美元或 20 美元买下来。"

维克多听到这句话后，立刻接过话题说："那么，比尔，我就以 18 美元的价格把这个桌子卖给你。"这样，交易就结束了。

上面的例子是一个利用提问来控制谈话局面并快速达成交易的典型范例。在这个例子中，顾客觉得自己控制了谈话的整个局面，而事实上却是推销员牢牢地掌握了局势的控制权。它证明了这样一种观点：提问比滔滔不绝地说一大堆推销行话以及草率地进行推销展示要强得多。因此，推销员要切记：说话并不等于推销！

提问不仅能使顾客积极参与推销过程，而且又能给顾客一种温暖而又安全的感觉——顾客会感到整个局势都在自己的控制之中，而不会有自己被推销员出卖之感。提问不仅仅有助于使顾客的想法公开化，而且还有助于顾客自己做出判断，什么事情是对的，什么事情是错的，都由顾客自己来判断，而不是由他人告诉顾客事情的对错。在问句中加入相关的利益说明，将会有助于使顾客说服自己，进而营造合作的交流气氛。

问到点子上可以有效提高成交几率

犹太商人推销细节要诀

对于推销员来说，最重要的是，要尽可能有针对性地提问，以便使自己更多更好地了解顾客的观点或者想法，而非一味地表达自己的观点。巧妙地提问等于获得了一半的智慧。让客户回答你的问题比试图让他们遵照你的思维方式去考虑更有效。

在推销中，最令人伤脑筋的情况是：当推销员向顾客作了一番精彩的说明后，并认为一切都在朝着达成交易的目标接近时，却突然发现自己正在"唱独角戏"，顾客有着许多他不愿购买的反对意见。而推销中的恰当提问则可以避免这类事情的发生。

犹太商人说："巧妙地提问等于获得了一半的智慧。让客户回答你的问题比试图让他们遵照你的思维方式去考虑更有效。"

犹太商人认为，在推销过程的每个阶段，推销员都可能并且应该有针对性地提问。无论哪种形式的推销，为了实现其最终目标，在推销伊始，推销员都需要进行试探性提问与仔细聆听，以便顾客有积极参与推销或购买过程的机会。然而，问题是，大多数推销员总是喜欢自己说个不停，希望自己主导谈话，而且还希望顾客能够舒舒服服地坐在那里，被动地聆听，以了解自己的观点。但是，对于推销员来说，最重要的是，要尽可能地有针对性的提问，以便使自己更多更好地了解顾客的观点或者想法，而非一味地表达自己的观点。

在推销场合，顾客经常会对推销员推销的产品或服务及其公司，以及另一个与推销相关的因素提出问题，表示关切，提出保留意见或者公开表示拒绝等。作为一位推销员，如果不对顾客的冷漠或拒绝购买产品做出适当的反应，推销员就无法达到完成交易的目的。推销员通过巧妙地运用提问技巧，就能使顾客说出他们对购买推销员推销的产品或服务犹豫不决的真正原因是什么，以及他们最大的顾忌又是什么。一旦顾客向推销员敞开思想，说出自己的顾忌，推销员也就真正了解了顾客拒绝购买的潜在原因，也就知道该如何妥善解决这些问题。

当顾客被推销员认真地问到他的感受，并且推销员又在仔细地聆听时，顾客一般都会感到比较放松，这样一来，就会使问题更加容易地得到解决。顾客一般都比较欣赏推销员巧妙地运用提问技巧，以解决任何隐藏在推销背后的顾客对购买的担心与问题。然而，不幸的是，一些推销员只会花言巧语，说得很动听，想利用一些固定的答案来搪塞顾客提出的问题。因此，推销员必须首先学会善用发问的方式去了解顾客的心声，要让顾客有机会吐露自己心中的真情实感，这样，推销员不仅能够完全知道顾客的问题，而且能够消除顾客心中的疑虑，而不是自己在那里信口开河。

下面还是让我们来看一下两个截然不同的实例吧。

安雅公司是美国一家地区性的沙发工厂，拉尔森是他们的销售员。拉尔森跟伊思尔家具店有约，他们新开张没多久，所以拉尔森想，生意上门了。

请看拉尔森下面的推销对话。拉尔森："伊思尔，非常感谢您，给我这次机会让我为您介绍我们的产品。"

伊思尔："欢迎您来。"拉尔森："容我介绍安雅的最新系列产品——安逸，你也知道，现在顾客比较喜欢颜色亮一点的家具，老旧的款式已经不流行了。为了符合消费者的需求，我们的'安逸'系列正式问世。顾客想要的任何颜色——深红、紫色、黄色、亮粉红色等等，应有尽有。而且，我们为零售商提供顾客订制的家具，你的顾客要粉红底座沙发，可以！订制不另加价，两天交货。价钱嘛，标准型只要 350 美元，很不错吧？"

伊思尔："嗯，那么……"

拉尔森："我的解说很清楚了吧？还有什么你想知道的吗？"

伊思尔："你说得很清楚。只不过，嗯……我想年轻人会很喜欢你们的东西，可是你知道，这附近有不少退休老人公寓，我打算把我的目标顾客锁定在比较年长、有固定收入的人，进货也以典雅、价钱合理的款式为主。"

瞧，一个不小心，拉尔森唱了一出独角戏——因为他只顾介绍他的产品，而不知道顾客需要的是什么。

事实上，安雅公司也有适合这位顾客的产品——"高雅系列"，可拉尔森却自以为是地认为他要的是"安逸系列"。

拉尔森应该先做一些提问，然后让这位顾客多说，最后再做决定。所以作为推销员，你应该学会技巧性地发问，否则可能无法找出客户的真正需求。

好了，再看看另一位高明的推销员迈克·杰姆斯是怎样做成这批生意的。

迈克·杰姆斯："谢谢你给我机会介绍我们的产品。"

伊思尔："欢迎你来。"

迈克·杰姆斯："我们先谈谈你的生意，好吗？你那天在电话里跟我说，你想买坚固且价钱合理的家具，不过，我不清楚你想要的是哪些款式，你的销售对象是哪些人？能否多谈谈你的构想？"

伊思尔："你大概知道，这附近的年轻人不少，他们喜欢往组合式家具连锁店跑。不过在离这不远的另一条公路附近，也住了许多退休老人，我亲戚就住在那里。一年前他们想买家具，可是组合式家具对他们而言太花哨了。她们虽有固定的收入，但也买不起那种高级家具，以她们的预算想买款式好的家具，还真是困难！她们告诉我许多朋友都有同样的困扰，这其实一点也不奇怪。我做了一些调查，发现我亲戚的话很对，所以我决心开店，顾客就锁定在这群人。"

迈克·杰姆斯："我明白了，你认为家具结实，是高龄客户最重要的考虑因素，是吧？"

伊思尔："对，我的客户生长的年代有别，他们希望用品长年如新，像我的祖母吧，她把家具盖上塑胶布，一用就是 20 年。我明白这种价廉物美的需求有点强人所难，但是我想，一定有厂商生产这类的家具。"

迈克·杰姆斯："那当然。我想再问你一个问题，你所谓的价钱不高是多少？你认为主顾愿意花多少钱买一张沙发？"

伊思尔："我可能没把话说清楚。我不打算进便宜货，不过我也不会采购一堆路易十四式的鸳鸯椅。我认为顾客只要确定东西能够长期使用，他们能接受的价位应该在 450 美元到 600 美元之间。"

迈克·杰姆斯："太好了，伊思尔，我们一定帮得上忙，我花几分钟跟你谈两件事，第一，我们的'高雅系列'，不论外型与品质，一定能符合你的客户的需要，至于你提到的价钱，也绝对没问题。第二，我倒想多谈谈我们的永久防污处理，此方法能让沙发不沾尘垢，你看如何？"

伊思尔："当然，没问题。"

就这样，迈克·杰姆斯做成了这批生意，而拉尔森却没有。

聪明人会用最恰当的提问解决问题

犹太商人推销细节要诀

与在从事某种特定的工作时，必须使用某种特定的工具一样，在推销过程中，提问也是一种非常有用的工具。对推销员来说，重要的是要知道使用何种提问方式以及何时使用这种方法解决问题。

犹太商人马吉德讲述了一个有关提问的幽默故事：

有一天，一名教士在做礼拜时，忽然忍不住烟瘾，便问他的上司："我祈祷时可以抽烟吗？"结果，遇到了上司的斥责。其后又有名教士，也犯了烟瘾，却换了一种口气问道："我吸烟时可以祈祷吗？"上司竟莞尔一笑，答应了他的请求。

可见，提问是很有讲究的。提问问得巧，才是好口才的标志。怎样问得巧，首先是选择恰当的提问方式。人与人进行谈话，必然有问有答。发问和应答，都有一定的艺术。问话首先是有一定的目的，然后通过一定的方式表达出来。推销也是如此。

犹太商人说："与人们在从事某种特定的工作时，必须使用某种特定的工具解决问题一样，在推销过程中，提问也是一种非常有用的工具。对于推销员来说，重要的是要知道使用何种提问方式以及何时使用这种方式来解决问题。"

犹太商人把人们提出的问题大致分为两种：开放型问题和封闭型问题。下面让我们来了解一下这两种分类及其特点。了解了这些分类及其特征后，推销员就能轻而易举地选择最有效的提问方式，帮助自己达到目的。

几乎所有提问的问题都可以分为开放型问题和封闭型问题。

所谓开放型问题，就是不限定顾客回答问题的答案，而完全让顾客根据自己的喜好，围绕谈话主题自由发挥，它的特点是讲究自然。推销员提出开放型问题的目的，主要是为了使顾客感到没有约束，可以根据自己的需要进行选择，并且有自由表达个人观点与情绪的空间。这样，推销员就可以从顾客那里获得大量真实有用的信息。比如说，开放型问题可以给一个人回答问题提供自由发挥的余地，不妨想一想人们在进行私人谈话时提出的最基本的开放型问题："你能谈一谈你自己吗？"对于这个问题的回答有数以百计的答案，它是如此之开放，以至于说话的人可以花几天时间——甚至几周时间来回答这个问题。

推销员在与顾客初次见面时，最好提出开放型问题。一般地说，推销员需尽快与顾客建立良好的人际关系，解除顾客防卫心理，并且开始与顾客进行建设性的讨论。而开放型问题则会使顾客感到自己受到重视，受人尊重，因为推销员愿意聆听并重视感受。使用这种不设限制的问题强烈地意味着，推销员不仅尊重顾客的判断能力，而且还相信顾客选择的信息，以及所谈论的话题。此外，在许多谈话场合，顾客都觉得自己控制了谈话局面，引导了讨论的话题，与被动地聆听推销员大谈特谈其千篇一律的感觉是完全不同的。推销员提出开放型问题，不仅能够使自己从顾客那里获得大量有用的信息，而且还能免除顾客的心理压力，因为顾客不必不断地考虑巧妙地运用一些事情来向推销员做说明，或者一直专注于推销员提出的一个接一个的封闭型问题。一般地说，成功的推销员都会仔细地选择好的开放型问题，然后，再悠闲自得地聆听着，偶尔也参与讨论。这样做可以利用剩余时间来考虑其他问题，考虑如何对顾客提出的问题做出反应或者下一步的行动计划。

具体来说，开放型问题也可以分为以下一些句式：商量式问题。比如："下个月我们有个商品展销会，你愿意去吗？""我们公司想搞一个产品技术革新，希望顾客对产品提出一些建议，你是我们的老客户，你愿意参加吗？"这类问题，一般和对方利益有关，属于征询对方意见的发问形式。

探索式问句。它是针对对方答复内容，继续进行引申的一种问句。例如："你谈到经济上存在困难，你能不能告诉我主要存在哪些困难？""你说另一家公司的同类产品不错，你能不能说得详细些？"探索式问句不但可以发掘比较充分的信息，而且可以显出发问者对对方所谈问题的兴趣和重视。

启发式问句。它是启发对方谈看法和意见的问句。例如："现在接近年末了，你对你今年工作的看法怎样？""你在报刊上发表了不少有关推销学方面的专题学术论文，对于学术研究有什么窍门？""我们估计明年的这个产品价格还要上涨，你对此有什么看法？"这类问句主要是启发对方谈出自己的看法，以便吸收新的意见和建议。

总之，在推销过程中，发问者要多听少说，多运用开放式问句，谨慎采用封闭式问句。发问者应事先了解对方情况，打好腹稿，注意发问的时机，取得对方同意后再进一步提问，由广泛的问题逐步缩小到特定的问题，避免含糊不清的措辞，避免使用威胁性、教训性、讽刺性的问句，避免盘问式或审问式的问句。

虽然用开放型问题提问有许多好处，但是，这类问题也存在一些不足。与封闭型问题相比，推销员提出开放型问题，将会对顾客回答问题的方式更加难以控制。因为开放型问题涉及的范围很广泛，而且还可能会使顾客的谈话偏离主题，甚至谈一些完全与主题不相关的问题。如果遇到一位过于爱说细节的顾客，则会使只需要了解一些简单要点的推销员有点难堪。在这样的情况下，推销员将不得不想方设法再次使顾客的注意力集中到主题上来。因此，如果推销员希望在推销访问中投入较多的时间，那么推销员就应该提出开放型问题。

与开放型问题相对应的就是封闭型问题，就是答案很简单或很短的问题，其答案通常不是"是"，就是"不是"，或者其他简单的回答。当推销员需要获得准确或详细的信息，或者需要控制讨论问题的方向与讨论的时间时，一般可以采用这种封闭型问题。封闭型问题是一种弄清问题、确认事实的最佳方法。

封闭型问题虽然是一种非常有用的方式，但是，推销员使用这种提问方式时要小心注意。一般地说，经常地、大量地使用这种方式会使顾客感到推销员好像是在讯问自己。如果夸张地使用这类问题，顾客甚至会觉得自己被人操纵利用、受人摆布、灰心丧气或气愤，谈话也会出现唐突和不连贯的感觉。同时，顾客也会觉得，推销员对自己的观点与意见事实上并不感兴趣，而只希望自己简单地回答问题。这些问题可能是在会谈开始之前就准备好了，甚至还是某种固定的格式，就好像是推销员用来对顾客进行调查的千篇一律的调查问卷。顾客反复回答这类限制性问题，可能会感到推销员低估了自己，或者觉得推销员根本就没有充分利用自己提供的信息。

如果推销员发现时间不够或者只需要很具体的信息，而必须更多地控制讨论主题时，提出封闭型问题就是一种比较好的方法。

具体地说，封闭型问题也可以分为以下几种情况：

选择式问句，即给对方提出几种情况让对方从中选择的问句。比如："你喜欢涤纶面料还是丝绸面料？""你喜欢这套卡通书，还是那套童话书？""要不要加鸡蛋？""加一个鸡蛋还是两个？"等等。这都是提供两个或两个以上的条件，没有超出范围的选择。

澄清式问句，即针对对方答复重新让其证实或补充的一种问句。比如："你说考虑，考虑好了吗？""我这样的说明你理解了吗？需要我对此再做一些说明吗？"等等。这种问句在于让对方对自己说的话进一步表明态度。

暗示式问句，这种问句本身已强烈地暗示出预期的答案。比如："一个明智的母亲应该在孩子小的时候就让他了解历史故事，你说是吗？""照你的意思来说，不也是以产品质量为主考虑吗？""我对你刚才所讲的话的理解，你的意思是……对吗？"等等。这类问句中已经包含了答案，无非是推销中敦促对方表态而已。

参照式问句，即把第三者意见作为参照系提出的问句。比如："很多顾客认为红色是今年的流行色，你以为呢？""你的朋友查理说你很需要这种产品对你的帮助，是吗？"这类含第三者意见的问句中，如果第三者是对方熟悉的人，对客户会产生重大影响，客户就可能会同意。

开放型问题与封闭型问题在程度上各有不同，也各有所长。介乎两种问题之间的非此即彼的问题的设计，可以引出既不短也不长的答案。下面的范例是推销员经常采用的问题类型，这些问题的回答可长可短。

比如："你认为售后服务是不是需要考虑的最重要的因素呢？""你是不是觉得同大公司做生意比较可靠呢？""你认为，如果我们能再提前一些时间交货是不是对贵公司更有利呢？""你对我的建议书还有什么看法？"

以上问题集中了开放型问题与封闭型问题两者的优点，这类问题不仅能够帮助推销员控制局面，而且还可以让顾客的谈话不至于偏离话题太远而又能说到点子上。由于这类问题能够先大致上划定谈话的范围，所以，有助于推销员决定下一个谈话主题。

当然，推销员也不光是只要懂得一些发问的技巧，有时顾客也会问到推销员一些问题，所以，推销员也要掌握一些回答问题的方式。回答问题和发问一样，也要讲究艺术、讲究方式。按应答问题的方式分，可以把回答分为正面回答、侧面回答；按应答问题的性质分，可以把回答分为肯定性回答、否定性回答和模棱两可的回答。

正面回答。当然是问什么，答什么，有问必有答。一般比较直截了当，这样有利于推销双方的互相沟通。

侧面回答。在推销交往中有些问题一时难以答复，应当回答说"让我考虑考虑"或者"研究研究再说"。这种回答说是没有答复，也已经做了答复；说是作了答复，又等于没有答复。

肯定性回答。按肯定的程度可区分几种不同的情况，如完全同意对方的答复，加以补充的回答，附加条件的回答。

否定性回答。否定性回答要讲究方式，要委婉地把意思说清，说明难以同意的理由，使对方理解，不要生硬推回去，使发问者不好下台。

模棱两可的回答。既不表示同意，也不表示不同意，似乎是同意，又似乎是不同意。这种方式不宜多用，尤其是对熟识的客户或朋友推销，不要闪烁其辞，令人不可捉摸。

无论是封闭型提问方式还是开放型提问方式都有其优点和局限性。在推销过程中，推销员要从实际需要出发灵活恰当地选择多种发问方式，以求得到最佳效果。

　　有道是"到什么山唱什么歌，见什么人说什么话"。提问也要考虑客户的年龄、身份、文化素养、性格特征等。在推销中，有的客户热情爽快，有的性格内向，有的大大咧咧，有的审慎多疑，性格不同，气质迥异。如果不顾这些特点，仅用一个腔调、一种方式提问，就会碰壁。

提问要准、快、变，才能大奏奇效

犹太商人推销细节要诀

提问犹如音乐的定音，音定准了，乐曲演奏起来就顺畅、动听，推销员有针对性的提问意在使双方之间营造与维持一种有益的、富有成效的沟通气氛。所以，推销员要有能在适当的时机提出适当的问题的能力。

在最初几次推销访问中，推销员访问的主要目的，就是为了尽可能多地从顾客那里获得信息，以便今后更加有效地开展产品示范和服务展示，并且有效地介绍产品或服务给顾客带来的直接好处。同时，推销员还必须在最短的时间内获得这些信息，以获得超过竞争者的优势，进而使自己的推销时间更加富有效率。为了达到这个目的，犹太商人认为可以运用有针对性的提问方式，既有目的，又具体，而又不会冒犯顾客。提问的艺术意在使双方之间营造与维持一种有益的、富有成效的沟通气氛。所以，推销员要有能在适当的时机提出适当的问题的能力。然后，再专心聆听顾客说话，并适时做出反应，以从顾客那里获得自己需要的答案或信息，或者达到其他目的。为了帮助推销员有效地运用提问方式，下面我们介绍一些提问题的技巧。

犹太商人说："提问犹如音乐的定音，音定准了，乐曲演奏起来就顺畅、动听。因此成功的访谈、对话必须善于提问。"

如何巧妙地提问，是有许多技巧推销的。总地来说是要抓住要害，讲究逻辑，提问方式也要灵活多样，措辞也要恰当。

提问首先要抓住要害，问得明白具体。交谈提问应该化大为小，变笼统为具体，善于抓住关键进行提问。那些大而空泛的问题，往往让客户摸不着头脑，难以回答；相反，问题明白具体，就有助于打开对方的思路。

其次，提问要讲究逻辑，问得有条有理。这样既有助于自己从客户谈话中归纳总结出谈话的规律或要点，也有助于自己回答问题。

还要注意提问方式的多样性。不是所有客户一开始就愿意如实回答你所提的问题，他们往往不给予配合。因此，交谈应注意灵活运用多种提问方式。

提问也要讲究和运用一定的语言技巧。

要注意词语选择的恰当性。如柜台售货员问顾客："您要看点什么?"这里，用"看"就比用"买"或"要"更得体，要能体现出对顾客购物自由的尊重。

还要注意句式的选择。比如，有家咖啡店卖可可饮料可加鸡蛋。服务员通常问顾客："要加鸡蛋吗?"后来，一位人际关系专家建议他们改问："要加一个鸡蛋，还是两个鸡蛋?"结果，这家咖啡店的生意更好。因为这个选择问句会促使顾客做出必然选择。

最后还要注意词语顺序的调整。比如，一些缺少人手的商店，想减少送货任务。为了达到目的，同时又不违背文明服务的规则，有的商店就将"是您自己拿回去呢，还是给您送回去呢?"改为"是给您送回去呢，还是您自己带回去呢?"结果大奏奇效。

下面，让我们来研究一下具体的提问方式的运用。在做推销面谈时，推销高手首先要注意利用信息问题、开放性的问题或以下几种问题来提问。

如果推销员想从客户的话中了解相关信息，不妨针对某种特定事物或状况故意向客户提出一些启发性的问题，比如："你能否谈谈你对这类产品的大致看法?"

这类问题可以使推销员在客户的回答中收集到相当宝贵的信息，或者重要的细节，而推销员越能巧妙地利用现场提出的问题，就越能了解客户的特殊要求。因此，在上门拜访前，推销员一定要先准备几个这类的问题，并将它们白纸黑字地写下来，以供参考利用。等到这类问题给推销员带来了一些启示，他就可以在做产品介绍时，将重点或方向做出适当调整。

如果推销员想了解客户在一阵面谈后是否还在注意听，不妨问一些检验性的问题。比如："你对我说的话有何看法？"

"你是不是觉得我这个建议比较不错呢？"这样的问题能引起客户的反应，推销员可以根据客户的反应检验出他的吸收程度，或者他是否已经有了对立拒绝的心理。

如果推销员想要测知客户的心意或者促使他做决定，不妨问一些带沟通性的问题，比如："同你看到的其他公司的建议书相比，你觉得我们公司的建议书怎样？"

"就按刚才说的那样给你送货好吗？"

如果推销员在交谈中想确定客户听了半天后的感想，不妨问一些定位性的问题，比如："对这一点，你还有什么意见吗？"

"到目前为止，在这方面你的看法怎样？"从这种定位性的问题答案中，推销员可以测出客户的了解程度，或者对推销员的认同心理有几成。

诱使对方做出肯定答案的问题，是推销过程中最常被利用的问句。依照心理学家的研究发现，如果你能够持续向对方问六个问题而让对方连续回答六个"是"，那么当第七个问题或要求提出后，对方也会很自然地回答"是"。

一位做百科全书的推销员，为了让顾客做出肯定答复，一连问了顾客几个肯定的问题。

"这位先生，请问我可以问一下您对教育的看法吗？"

"可以。"

"请问您相信教育和知识的价值吗？"

"相信。"

"如果我们放一套百科全书在您家里，用来做展示，请问您能接受吗？"

"能。"

"请问我可以进来向您展示一下我们的这套百科全书吗？"

"可以。"

"我不是想把这套百科全书卖给您，我所想要做的只是希望把这套百科全书放在您的家里，当您的朋友来到您的家里看到这套百科全书时，如果他们有兴趣，您只要告诉他们我们的联系电话，他们就可以和我们联系。"

当然，在推销过程中，面对客户的反对意见或拒绝是常有的事，而聪明的推销高手则善于利用反射性的问题来扭转客户的反对意见或是拒绝。比如："你们的计划还不够完整。"

"你的意思是，如果我们向你介绍你完全满意的项目计划，你就愿意与我们公司进一步谈判并订购我们公司的产品，是吗？"

这类带肯定意味的问题是推销员屡试不爽的法宝。因为对方最容易回答是。

另外，有一种问题是推销员比较少利用的，通常只有在他本身相当能掌握答案，或者当时状况极能配合他的策略时才会用到，比如暗示性的问题。

如果推销高手想从谈话中套出对方的意见，不妨使用一下诱导性的问题，比如："你确实认为如果当一件产品的包装采用简易包装，那么它的价格也应降低吗？"

这种问题的目的是要挑起客户的意见，只有在想探求客户某种主张的真正含义时才会用上。

还有，在推销中，对所谓的万事通先生，推销员不妨使用针锋相对的反问，可以使对方哑口无言。比如："那你认为怎样的说法才算对？"

"何种证据才能让你相信？"

"有没有你认为值得赞赏的优点呢？"

在推销中，如果谈话离题，将要陷入僵局时，推销员不妨利用导向性的问题使客户回到主题上，而又不使其恼火。比如："先生，你前面提到的事情，能否再给我说一遍？"

最后，推销员若想结束此次推销，不妨使用一下略带征求意见的反问技巧，比如："你还有其他问题吗？""在我们进行下一个项目的讨论及你填写订单之前，你还有问题需要讨论吗？"或者："我很高兴，看起来我们对贵公司所有的需要和问题解决的都很令人满意，如果没有别的问题需要讨论而你也同意的话，我希望我们签署一下订单，然后，你对订单进行检查并批准，你同意吗？"

在这里，建议推销员在出去拜访客户前，最好事先为自己编写好一个提问方针，应该把那些重要的核心问题写下来，并做好应对准备，比如：

"我该如何开场？"

"我要如何提出理由与论辩？"

"对方可能会提出什么样的反对借口？"

"我要如何驳倒对方的论点？"

"我该准备什么样的终结说辞才能做成生意？"

这样做后，推销员在真正的拜访时，可以确立一个明确的方向，不至于盲目提问，而且还会提高推销的访问效率，同时也会使顾客知道你组织得井然有序，从而留下推销员专业水平高的好印象。

卷 二

犹太人的处世智慧

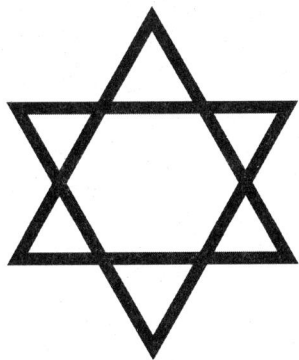

犹太人的格言说："山峰永不相遇，而人却时时相逢。"犹太人非常重视人际关系，重视处世的智慧，他们相信：人的专业本领往往只能带来一种机会，而处世智慧则可以带来百种千种机会；专业本领只能利用自身能量，而处世智慧则可使你利用外界的无限能量。

第一章　首先做一个生活的智者

——犹太人处世智慧之一：会生活的人才能取得长久的成功

过有节制的生活

犹太人处世智慧要诀

> 财产越多，好梦越少；妻子越多，安宁越少；女仆越多，贞洁越少；男仆越多，治安越乱。（《塔木德》）

有一艘船在航行途中遇到了强烈的暴风雨，偏离了航向。

到次日早晨，风平浪静了，人们发现前面不远处有一个美丽的岛屿。船便驶进海湾，抛下锚，作短暂的休息。

从甲板上望去，岛上鲜花盛开，树上挂满了令人垂涎的果子，一大片美丽的绿阴，还可以听见小鸟动听的歌声。

于是，船上的旅客分成五组。

第一组旅客，因担心正好出现顺风而错过起航时机，便不管岛上如何美丽，静候在船上；

第二组旅客急急忙忙登上小岛，走马观花地浏览了一遍盛景，立刻回来；

第三组旅客也上岛游玩，但由于停留时间过长，在刚好吹起

犹太人的处世智慧

顺风时急忙赶回，丢三落四，好不容易占下座位；

第四组旅客一边游玩，一边观察船帆是否扬起，而且认为船长不会丢下他们把船开走，故而一直停留在岛上，直到起锚时才慌忙爬上船来，许多人为此而受了伤；

第五组旅客留恋于美丽的风光，留在岛上。结果，有的被猛兽吃掉，有的误食毒果生病而死。

犹太人认为，第一组对人生的快乐一点也不体会，人生缺少乐趣；第三组、第四组人由于过于贪恋和匆忙，吃了很大苦头；只有第二组人既享受了少许快乐，又没有忘记自己的使命，这是最贤明的一组。

正是出于这个道理，犹太人认为享受人生乐趣是人类的特权和义务。漂亮的衣物、漂亮的家、贤惠的妻子、聪明的儿子，这会使人心情愉快，工作中也是力量倍增。所以，拉比们把发誓不喝酒的人认为是"罪人"和"傻瓜"。

但拉比们在对酒的态度上也体现了犹太人那种掌握适度的分寸感，故而他们也认为，酒这种东西最忌过度，一喝多了，麻烦就来了。"只要不沉溺于酒杯，就不会犯罪"。想一想生活当中那些因烂醉如泥而丢尽脸面的人，更觉犹太人的态度非常有道理。

所以犹太人认为，当魔鬼要造访某人而又抽不出空的时候，便会派酒做自己的代表。

当然，完全放弃享受，一味地拼命工作也不应提倡。所以，犹太人推崇真实，顺其自然，即使有不好的念头但只要不去做就是高尚的人。这才是真正的、有血有肉的人，而不是不食人间烟火的"神"。

犹太人认为，不但要承受遭遇到的困难，还要让自己享受生活中的快乐。先贤们为幸福而感激的时候从不犹豫，鼓励人们从拥有的一切事物中寻找幸福。

《传道书》中这样赞美美好的生活：

"美丽、力量、财富、荣誉、智慧、年老、成熟和孩子气都是正当的，而且就是世界。去吧，高高兴兴地吃面包，快快乐乐地喝酒，你的行为早已得到了上帝的恩准。把你的衣服洗得干干净净，头上永远不要缺了香油。和你钟情的女人共浴爱河吧，一生中飞驰而过的岁月都是在阳光下赋予你的——你所有飞驰而过的岁月。仅仅为此，凭着你在阳光下所获得的权利，你可以尽力发掘生活。

"不管什么，只要在你权利许可的范围内，你就用最大的力量去做。因为在你即将进入的未来世界里，没有行动，没有思想，没有学问，没有智慧。

"即使一个人已经活了很久，也要让他尽情享受，要记得将来黑暗的日子会多么漫长。那惟一的将来是一片虚空！"

在犹太人看来，世间除了快乐之外，还有罪恶跟在后面，因此人们应防止过度贪婪。

例如，当一个人习惯了高高兴兴地吃喝，一旦吃喝不了，他就会感到失望，他就会为了钱财奔波，只为了保有他已经用惯了的餐桌。这引发了狡诈和贪婪，随之而出的是伪誓和其他一切由之而来的罪恶……然而，如果他不受到快乐的引诱，他就不会堕入这些罪恶的深渊。

正如《塔木德》所示的一样：

"肉越多，蛆越多；财产越多，好梦越少；妻子越多，安宁越少；女仆越多，贞洁越少；男仆越多，治安越乱。"

一个人不过是一个使自己的感觉、精神和物质追求都服从自己的王子，他统治着它们……

他适合做领袖，因为他是国家的王子，他对待肉体和灵魂都一样公平。他征服激情，把它们控制起来，同时也给予它们应得的一份满足，对待食物、饮酒、清洁等都这样……

那时，如果他让每一部分满足（给主要器官所需的休息和睡眠，让肢体苏醒、运动，从事世间的劳作），他召唤自己的集体就像一个受人尊敬的王子召唤自己纪律严明的军队，帮助他一起达到神圣之境。

犹太人这种把自我满足和自我约束给合起来的生活方式正是其伟大高明之处。

舌头是善恶之源

犹太人处世智慧要诀

语言的价值是一个塞拉，沉默的价值是两个塞拉。

沉默对聪明的人有好处，对愚蠢的人则更有好处。

（《塔木德》）

犹太人强调，尽管舌头没有骨头，但也应该特别小心。因为话一旦说出口，就像射出的箭，再也不能收回了。

犹太人常常对他们的孩子讲这样一个故事，拉比西蒙·本·噶玛利尔对他的仆人塔拜说：

"到市场去给我买些好东西。"

塔拜去了，带回来一个舌头。

西蒙又对塔拜说："到市场上给我买些不好的东西。"

塔拜去了，又带回来一个舌头。

拉比对他说："为什么我说'好东西'你带回来一个舌头；我说'不好的东西'，你还是带回来一个舌头？"

塔拜回答说："舌头是善恶之源。当它好的时候，没有比它再好的了；当它坏的时候，没有比它更坏的了。"

从这则犹太故事中可以看出舌头的重要性。人之所以有两个耳朵、一张嘴巴，是为了让人多听少说。于是，那些懂得听话艺术的人总是让人尊敬，而那些只知喋喋不休地说个不停的人只能让人更厌恶。

犹太人认为，愚者常常暴露出自己的愚昧，贤者却总是隐藏自己的知性。基于这样，犹太人坚信："假如你想活得更幸福、更快乐的话，就应该从鼻子里充分吸进新鲜空气，而始终关闭你的嘴巴。"

犹太人有一句俗话说："当傻瓜高声大笑时，聪明人只会微微一笑。"因为善于听话的人，易表露知性；而喜欢表现自我、喋喋不休的人，通常都是些傻瓜。

一个波斯国王快要病死了。他的医生告诉他，喝母狮子的奶是存活的惟一希望。国王转向仆人们，"谁去把母狮子的奶给我拿来？"他问道。

"我愿意去！"有个人回答说，"条件是让我带上10只山羊。"

那人带着羊群上路了。他找到一个狮子洞，那儿有一头母狮子正在给幼崽喂奶。第一天，这人远远站着，把一只山羊扔给母狮子，它很快就把山羊吃掉了。第二天，他走近了一些儿，又扔过去一只山羊。这样他一点点往前走着。到第10天，他和母狮子成了朋友。最后他取了一些它的奶。这人就返回来了。

走到半路，这个人睡了一觉，梦见自己身体的各个部分吵了起来。他的腿说："要不是我们走近母狮，这个人就没办法取到奶。"

手回答说："要不是我们挤奶，他也没有办法取到奶给国王。"

"但是，"眼睛说，"要不是我们指路，他什么也干不了。"

"我比你们都好！"心喊叫着，"要不是我想到这个办法，你们都没有用。"

"而我呢，"舌头回答说，"是最好的！要不是我，你们还能干什么？"

"你怎么敢和我们比？"身体的各部分一起叫起来，"你整天在那个黑暗的地方呆着，你甚至连一根骨头都没有。"

"你们早晚会知道的，"舌头说，"到那时你们就会承认我是统治者。"

这个人醒过来，继续赶路。当他走进国王的宫殿，他宣布："这是我给你带回来的狗奶！"

"狗奶！"国王咆哮道，"我要的是狮子奶。把这人带走吊死。"

在去刑场的路上，这个人身体的各个部分都颤抖起来。这时舌头对它们说："如果我救了你们，你们会不会承认我统治你们？"

它们都忙不迭地同意了。

"把我送到国王那里去。"舌头冲着刽子手大喊。这人又被带到国王面前。

"为什么你下令把我绞死？"这人问道，"你不知道有时候母狮子也叫做母狗吗？"

国王的医生从这人手里接过奶，检查后发现真的是母狮子奶。国王喝了以后，病很快就好了。

这个人获得了丰厚的奖赏。现在身体的各部分都转向舌头：

"我们向你致敬，你是我们的统治者。"它们谦恭地说。

从这则犹太故事可知，话应该一字一句地斟酌才对。适量的言语可以一针见血，但是用量过多就会有害。警惕自己的舌头，如同慎重地对待珍宝一样。使自己的舌头保持沉默，人生将会得到很大的好处。

拥有自己的一份强过拥有别人的九份

犹太人处世智慧要诀

拥有一份自己的比拥有九份别人的能让人更高兴。（《塔木德》）

正如犹太传说中的先贤和智者阿卡玛雅·本·玛哈拉雷尔所说：

"人正如来自母亲的子宫，终究还要离开，和来的时候一样赤条条。"

一只狐狸，发现了一座葡萄园，到处围着篱笆，只有一个很小的洞口。

它试图进去，可是进不去。

它3天没有吃东西，变得瘦骨嶙峋，然后从洞里钻了过去。它在葡萄园里大吃起来，变得肥胖了。

想离开的时候，它没法钻出那个洞。所以它又饿了3天，直到又变得瘦骨嶙峋。

然后它出去了。

走的时候，它回头看看这个地方，说：

"唉，葡萄园啊，葡萄园啊，你的一切都值得赞美。可是你给了我什么享受呢？谁进去了，都得离开。"

这个世界，也是这样，就像一个结婚礼堂。

一个男人走到华沙的小酒馆。晚上，他听到音乐和跳舞的声音从隔壁的房子里传来。

"他们一定是在庆祝婚礼。"他自己这样想着。

但是第二天晚上，他又听到了这样的声音。第三天晚上还是这样。

"一户人家怎么能有这么多的婚礼呢?"这个人问酒馆主人。

"那个房子是一个结婚礼堂,"酒馆主人说,"今天有人在那里举行婚礼,明天还会有别人。"

"这个世界也是这样,"一个哈西德派拉比说,"人们总是在享受,不过有时候是这些人,有时候是另外一些人。没有谁是永远快乐的。"

因为生活为一切而存在,为世间的每一种经历而存在。

有颠覆之时,有建设之时;有哭泣之时,有欢笑之时;有哀号之时,有舞蹈之时;有拥抱之时,有分离之时;有收获之时,有失落之时;有保存之时,有丢弃之时;有生之时,有死之时;有播种之时,有收割之时;有杀戮之时,有救助之时;有撕裂之时,有缝合之时;有沉默之时,有言笑之时;有爱恋之时,有憎恨之时;有战争之时,有和平之时。

在生活中,每个人都莫因所获渺小而放弃,要知足常乐。

一条落入网中的小鱼对渔夫说:"我太小了,不值得你一吃。你把我放了,让我再长长,满两年以后我一定来让你吃。到那时候,你就会在老地方找到我,发现我大多了,比从前胖了7倍。那时,如果你把我煮在水里,你全家一定像过节一样开心。"

渔夫回答说:"与其将一个巨兽让我的邻居们管制一年,还不如有条小鱼就抓在我自己的手中。"

每个人都能说出故事的含义:

别人手里一堆堆的希望也比不上你自己手中把握着的小小满足。

在篱笆上蹦蹦跳跳的两只鸟,还比不上关在笼子里面的一只鸟。

《塔木德》说:"抓住好东西,无论它多么微不足道;伸手把它捉住,不要让它溜掉。"

勿盗窃时间

犹太人处世智慧要诀

今天就是最后一天，永远不要等待明天，因为没有人知道明天会是什么样子。(《塔木德》)

在犹太人看来，时间和商品一样，是赚钱的资本，因此盗窃了时间，就等于盗窃了商品，也就是盗窃了金钱。

犹太人把时间看得十分重要，在工作中也往往以秒来计算时间。一旦规定了工作的时间，就严格遵守。下班的铃声一响，打字员即使只有几个字就可以打完，他们也会立即搁下工作回家。因为，他们的理由是"我在工作时间没有随便浪费一秒钟，因此我也不能浪费属于我的时间"。

瞧！这就是犹太人的时间观念。

他们把时间和金钱看得一样重要，无缘无故地浪费时间和盗窃别人金柜里的金钱一样是罪恶的事情。一个犹太富商曾经这样计算过：他每天的工资为 8000 美元，那么每分钟约合 17 美元，假如他被打扰而因此浪费了 5 分钟时间，这样就等于自己被盗窃现款 85 美元。

犹太人的思想观念里，时间是如此重要，千万不可以随便浪费。即使一些看来是必要的活动，也被他们简单化了。比如客人和主人约定时间谈事情，说好在上午 10：00～10：15 的，那么时间一到，无论你的事情是否谈完，都请自动离开。犹太人为了把会谈的时间尽量压缩。通常见面后，他们便直奔主题："今天我们来谈谈什么事情……"而不像其他民族，见面就谈一些"今天的天气不错"之类的客套话。在犹太人看来那些是毫无意义的，纯粹是在浪费时间，除非他觉得和你客套能从中得到什么好处，才跟你客套几句。

约定时间，请务必准时到达，即使差一分钟也是不礼貌的；一进办公室，立即进行谈话，这样才是礼貌的商人。在规定的时间把话题说完，如果需要，请你来之前作好谈话的准备，但是既然来了，切勿拖延对方的时间，这就是礼貌。

钱可以再赚，商品可以再造，可是时间是不能重复的。因此，时间远比商品和金钱宝贵。

犹太人把时间看得那么重，是有其道理的。时间是任何一宗交易必不可少的条件，是达到经营目的的前提。与对方签订合同时，要充分估计自己的交货能力，是否能按客户要求的质量、数量和交货期去履行合约。如果可以办到，就与其签约；如果办不到，切不可妄为。

时间的价值还显示在赶季节和抢在竞争对手前获取好价格和占领市场方面。在竞争激烈的市场中，谁能在一个市场上一马当先，把质优款新的产品抢先推出，谁就一定能够获得较好的经济效益。

时间的价值还表现在生意的全过程。一个企业经营效益的高低，是与其经营费用水平的高低息息相关的。如一个企业一年的营业额为10亿美元，其资金年周转率为两次，言下之意，该企业每年占用资金为5亿美元。按通常的银行利息为12％（年息）计算，一年共支付利息达6000万美元。如果该企业能把握一切时间和进行有效管理，使资金周转达到一年4次，那么，其支付的利息就可节省3000万美元，换句话说，该企业就可多盈利3000万美元了。除此之外，加快货物购入和销出，加快货款的清收等，都体现出时间的价值。

时间就像海绵里的水，只要善于挤，就总会找出来。商人的时间更是如此，要想赚钱，首先就得有赚钱的时间。有空闲才能集中精力经商。会赚钱的商人，就应该是一个管理时间的高手。

时间，是这个世界上最宝贵的东西。它不像金钱和宝物，丢失了可以再找到或者赚回来，而时间只要被浪费掉了，就永远不会回来了。

人最不该浪费的东西就是时间，对人而言，时间就是命运；对于商人而言，时间就是金钱。要经商，首先就要保证自己拥有充足的时间。

犹太人喜欢紧迫地工作，一分钟都不可以放弃。因为要经商就要有时间，必须有大量的时间可以让你支配，否则是不会轻易成功的。成功是经过大量艰苦的劳动得到的。他们善于利用和把握时间。

把每一天都当做最后一天吧。犹太人就是这样紧迫地看待时间，时间就是金钱，是绝对不可以随便浪费的。犹太人说"不要盗窃时间"。

一个商人要赚钱，首先就要考虑好如何合理地安排好时间。

正因为对时间有了这样一种认识，犹太商人在做生意也好，工作也好，对时间的使用极为精打细算。

所以，犹太人在商业活动中非常注意时间安排。公司每天上班开始的一小时内，是所谓的"发布命令时间"，将昨天下班后至今天上午上班前所接到的一切业务往来的材料或事务处理或做出具体安排。在这段时间里，不允许任何外人的打扰。而外人即使是商业上的联系，也必须事先约定。"不速之客"在犹太人的商务活动中，几乎等于"不受欢迎的人"。因为不速之客会打乱原先的时间安排，也会浪费大家的时间。

日本某著名百货公司宣传部的一位年轻职员，曾经为了进行市场调查，来到纽约市。当他想到自己应该有效地运用自由时间，就直接跑到纽约某个著名犹太商人的百货店，贸然叩开了该公司宣传部主任办公室的大门，向门房小姐说明来意。

门房小姐问："请问先生您事先预约好时间了吗？"这位青年微微一愣，但马上滔滔不绝地说："我是日本某百货店的职员，这次来纽约考察，特意利用空闲时间，来拜访贵公司的宣传部主任……"

"对不起，先生！"小姐打断了他的话说。

就这样，这位职员被拒之于冰冷的大门之外。

这位职员利用闲暇之余，主动地访问同行人，从某个角度看，应该值得表扬。但犹太人不假思索地拒绝了他，为什么呢？这仍然和"盗窃时间"的警言有关。对于贯彻"时间就是金钱"的犹太人来说，在工作时间里，放弃几分钟而跟一个根本没有把握的"不速之客"去谈判，是根本不可想像的。犹太人从来不做没有把握的生意，因此，"不速之客"在犹太人看来是妨碍他们工作的绊脚石。只有拒绝他，才能让自己的工作畅通无阻，直奔"时间就是金钱"的主题。

　　现在来看看犹太巨商摩根是如何有效利用时间的。

　　摩根的办公室和其他人的办公室是连接在一起的。摩根这样做就是为了经理们有什么需要请示的事情，他直接就在现场告诉他怎样处理哪个问题。如果工厂出现了什么问题，也可以直接来找他解决问题，他不会让问题随便拖延哪怕一分钟。

　　摩根和人会面的时候，就是犹太人这种处理方式。他直接地问你有什么事情要处理，他一般简明扼要地交代三两句，就把来人打发了。他的经理们都知道他的这种作风，于是给他汇报工作的时候，都必须干净利落地说明问题，任何含糊和拖泥带水的行为都会遭到他严厉的批评。他也很少和人客套寒暄，除非是某个十分重要的人物来了，他才说几句客套的话。但是他有个原则就是与任何人的聊天时间不超过5分钟，即使是总统来了，他也一样对待。

　　时间足可以使财富"无中生有"。

　　巴奈·巴纳特是一个旧服装商的儿子，出生于佩蒂扣特港，以后就读于一所专为穷人孩子建立的犹太免费学校。成年后，巴纳特带着40箱雪茄烟作为创业资本来到南非。他把这些雪茄抵押给探矿者，获得了一些钻石，从而开始了钻石买卖。巴纳特的赢利呈周期性变化，每个星期六是他获利最多的日子，因为这一天银行较早停止营业，巴纳特可以放心大胆地用支票购买钻石，然后赶在星期一银行重新开门之前将钻石售出，以所得款项支付货款。

　　说到底，巴纳特其实是钻了银行停止营业一天多这个"时间"

空子，然而只要他有能力在每星期一早上给自己的账号上存入足够兑付他星期六所开出的所有支票的钱，那他就永远没有开"空头支票"。所以，巴纳特的这种拖延付款，是在吃透了市场运行的时间表，没有侵犯任何人的合法权利的前提下进行的。

巴纳特靠打"时间差"生财，真可谓精明到了极点。在此，时间成了商人手中的"王牌"，"一寸光阴一寸金"已不再是一个隐性的比喻，而成为了一种现实的陈说。

商业竞争就是时间的竞争。学会合理有效地安排时间，这是商人最大的智慧。

光明总在黑暗后

犹太人处世智慧要诀

人的眼睛是由黑白两部分组成的，但是为什么只让透过黑暗的部分看东西？因为人必须透过黑暗，才能看到光明。(《塔木德》)

有这样一个有趣的故事：

一个女儿对父亲抱怨她的生活，她不知该如何应付生活，想要自暴自弃了。

她的父亲把她带进厨房。父亲往一只锅里放些胡萝卜，第二只锅里放入鸡蛋，最后一只锅里放入碾成粉状的咖啡豆，他将它们浸入开水中煮。

女儿不耐烦地等待着，纳闷父亲在做什么。大约20分钟后，父亲把火闭了，把胡萝卜捞出来放入一个碗内，把鸡蛋捞出来放入另一个碗中，然后又把咖啡舀到一个杯子里。转过身问女儿："亲爱的，你看见什么？""胡萝卜、鸡蛋、咖啡。"她回答。

他让女儿靠近些并让她用手摸摸胡萝卜。她注意到它们变软了。父亲又让女儿拿一只鸡蛋并打破它。将壳剥掉后，她看到的是只煮熟的鸡蛋。最后，他让她啜饮咖啡。她品尝到香浓的咖啡，女儿问道："父亲，这意味着什么？"

父亲解释说，这3样东西面临同样的逆境——煮沸的开水，但其反应各不相同。胡萝卜入锅之前是强壮的，毫不示弱，但进入开水后，它变软了，变弱了。鸡蛋原来是易碎的，它薄薄的外壳保护着它呈液体的内脏，但是经开水一煮，它的内脏变硬了。而粉状咖啡豆则很独特，进入沸水后，它们倒改变了水。"哪个是你呢?"他问女儿,"当逆境找上门时,该如何反应,是选择做胡萝卜、鸡蛋,还是咖啡豆?"

这是一则耐人寻味的小故事。面对逆境,犹太人是如何反应的呢?

犹太教的信念告诉他们:"只要不断地保持希望的灯火,就不怕忍受黑暗。"黑暗过去就是光明,这是他们存活下来的希望,因此无论环境多么恶劣,他们都不会绝望。只要还有一息尚存,就要忍耐着生存下去。

"人的眼睛是由黑白两部分组成的,但是为什么只能透过其黑暗的部分看东西?因为人必须通过黑暗,才能看到光明。"人生也是从苦难和黑暗开始,最后才到达幸福和光明的境地。不要害怕痛苦,因为一个人只有痛苦到了极点,才能品尝到甜美的果实。这些都是《塔木德》告诉他们的。

犹太人的意识里面永远充满了痛苦的观念和深深的忧患。

当他们被生下来的时候,大家不是为他的降临人世而高兴,而是为他而哭泣。犹太箴言是这样解释的:"孩子出生时我们觉得高兴,有人去世时我们感到悲伤。其实应该反过来才对。因为孩子出生时不知今后的命运如何,而人死之时一切功业已盖棺论定。"犹太的先知们认为人的一生分为 6 个阶段:

1 岁时是国王——家人像扶持国王一样扶持他,对他的关心无微不至;

2 岁的时候是头小猪——喜欢在泥巴里面玩耍;

18 岁的时候是小羊——无忧无虑地欢笑、跳跃;

结婚时是驴子——背负着家庭的重担,低头缓行;

中年时是狗——为了养家糊口,不得不摇尾奉承,乞求他人;

老迈时是猴——行为和孩童无异,然而再没有人去关心他了。

综观人的一生,犹太人认为困难和不如意占十之七八,而幸福和快乐只占人生命运的十之二三。既然这样,也就不必惧怕痛苦和人生的失意。

来看这样一个真实的故事:

德国纳粹占领东欧的时候,在一个小镇上,有个犹太家庭,全家五口躲在一间仓库的小阁楼上。

每当纳粹巡逻队或不怀好意的市民走进仓库，他们全家人都得屏声敛气，一点声音都不敢弄出来。时间一长，他们学会了比手画脚，完全以动作来交换思想，传达感情。

为了生存，父母和叔叔要轮流外出寻找食物和水。三个月后的一天，母亲外出觅食未归，关心他们的市民说："你们的母亲被德国兵抓住了。"过了两个月，父亲又一去不返。半年后，叔叔刚出门不久，两个孩子就听到一声枪响。

三个大人相继死后，寻找食物的重担就落在了姐姐的肩上。每当仓库附近有风吹草动的声音，姐姐就掩住弟弟的嘴巴。姐弟俩相依为命。一个多月后姐姐又没有回来。从此以后，凡听到异样声响，弟弟只有自己掩住嘴巴。最后，弟弟终于幸存了下来。

彩虹是希望的象征，每经历一场暴风雨后，天空便架起美丽的彩虹。黑暗过后必是光明——这是犹太人存活下来的信念，也是如今世界上仍有许多犹太人留存下来的真正原因。他们永不绝望，只要一息尚存，就要为希望而忍耐。

对犹太商人而言，忍耐就意味着在困境中奋斗，于艰难中勃发。成为大富翁的犹太人，几乎都是由赤贫发家的。投资家乔治·索罗斯从匈牙利到美国时还一文不名，英特尔总裁安迪·汩罗布是从匈牙利空手移民过来的，罗斯柴尔德也是在父母很早过世身无分文的情况下起步的。犹太人中大部分成功人士都是白手起家的，而且都经历了诸多磨难。但他们都隐忍不发，为以后的崛起蓄养了巨大的力量。

有这样一个实验：科学家烧开一锅油，把一只青蛙放在滚热的油锅旁边，那只青蛙在快到油面的时候，竟然跳离了油锅；然而，把这只青蛙放进注满水的锅里，下面放火去煮。这只青蛙开始还觉得温热，后来水越来越热，它却离不开锅里，最后被水煮死。

犹太人就像那只快到油锅的青蛙，他们时刻充满了危机意识，在任何情况下都保持着警惕。许多犹太人的一生经历了许多痛苦和苦难，因此，当他们有了安定的生活的时候，他们是不会忘记曾经受过的苦难的。

犹太人考夫曼能成为股市"神人"，是他顽强忍耐奋斗的结果。他1937年出生于德国，因遭受纳粹的迫害，1946年随父母逃到美国定居。他刚到美国时不懂英语，但他很有耐性，不怕别人嘲笑，大胆地与美国小朋友交谈，从中学习英语。他还利用课余时间补习英语，吃饭时和走路时也背诵英语词句。半年时间过去了，他能熟练地讲英语了。他家境不佳，却以半工半读形式读完了大学，并获得了学士、硕士和博士学位。在工作中，他不辞劳苦，从银行的最底层做起，直至成为世界闻名的所罗门兄弟证券公司主要合伙人，以至首席经济专家和股票、债券研究部负责人。他对股市料势如神，成为美国证券市场的权威之一。

巴拉尼是生于奥地利维也纳的犹太人，他年幼患了骨结核病，由于家贫无法医治，使他的膝关节永久性僵硬，行走不得。但他没有灰心丧志，反而艰苦奋斗，刻苦攻读，终于在医学上取得了惊人的成就，除了荣获奥地利皇家授予的爵位外，1914年还获得了诺贝尔生理学及医学奖金，他一生发表了184篇很有价值的科研论文。

"世上无难事，只怕有心人。"忍耐是成功的信心表现。成功之途是崎岖曲折的。成功者的特长之一，是善于处理前进中的障碍，有坚忍不拔的忍耐性。"成功者是踏着失败而前进的"。

犹太人贝弗里奇说："人们最好的工作往往是在处于逆境的情况下做出的。思想上的压力，甚至肉体上的痛苦都可能成为精神上的兴奋剂。"人们可以把逆境当成动力，激励自己顽强地奋斗，去争取幸福。

犹太人告诫人们，挫折是在所难免的，重要的不是绝对避免挫折，而是要在挫折面前采取积极进取的态度。挫折乃至失败并不可怕。可怕的是因为挫折失败而失望，放弃追求。这时必须采取积极的态度，以应付遇到的意料之中或意想不到的挫折，但绝不能因此而放弃对幸福的追求。聪明的做法应当是，审视自己所受的挫折甚至失败，使挫折成为成功的阶梯。

忍耐是逆商的基本体现，逆境是成功的一种回响。爱迪生成功发明电灯泡，其发明过程失败了起码三千多次。后来记者访问他失败了三千多次有何感想。他回答说："我一次也没有失败过，因发明电灯泡总共需要三千多个步骤。同时我成功地发现了三千多个没有效果的方法。"

爱迪生和许许多多的发明家为什么有超乎常人的忍耐力？对于每一次失败的经验，他们都看成为一种"响应"，这种"响应"告诉他们应该怎样尝试不同的方法。在他们的信念系统里，他们坚信通过这样的回馈机制，他们总有一天会成功。

《塔木德》里说："有10个烦恼比仅有1个烦恼好得多。"因为有10个烦恼的人不会再惧怕烦恼，而拥有1个烦恼的人会觉得整天都很烦恼。

这就是犹太人的人生观。痛苦，才是人生之路。人生是痛苦的，没有经历过痛苦的人生是不存在的，人生的大部分时间要经受痛苦。人在这个世界上就是为了人生的某个目标而痛苦、努力地生活的，直到人死了，痛苦的努力才算结束。

苦难和痛苦充满了犹太人的一生。他们经历了最惨绝人寰的屠杀，经历了被驱逐、压迫。他们走到哪里，欺凌和侮辱就跟随他们到哪里。他们四处流浪、衣食没有着落。

经历了这一切之后，他们已经不怕任何苦难了。再大的苦难他们已经丝毫不觉得难以忍受了。因此，只要环境相对稳定下来，他们千百年的忍耐与顽强就像火山一样爆发出来，做出让世人称羡的成就。

犹太民族正是凭借着这种生存意志和聪明才智，在各大洲之间辗转迁移。犹太人对苦难的忍耐力是罕见的，他们就像弹簧一样对压力有着极大的韧性。他们认为只有饱尝苦难和贫穷的人，才能在商场上有所作为，从而摘取生活甜美的果实。

犹太人从《圣经》所讲述的故事的时候开始，就遭受无尽的迫害，一部犹太人的历史简直就是他们遭受迫害的历史，而这也造就了他们坚忍不拔的性格。

做一个会享受生活的人

犹太人处世智慧要诀

会享受生活的人才能够更好地去创造生活。(《塔木德》)

从前有一位学者站在一个百货商场门口，目不暇接地浏览着色彩缤纷的商品。这时，他身边走来一个衣冠楚楚的商人，口里叼着雪茄。学者恭敬地走上前，对绅士礼貌地问："您的雪茄很香，好像很贵吧？"

"两美元一支。"

"那您一天抽几支呢？"

"10支吧。"

"天哪！您抽烟多久了？"

"40年前就抽上了。"

"什么？您仔细算算，要是不抽烟的话，那些钱足够买这幢百货商场了。"

"那么说，您也抽烟了？"

"我不抽烟。"

"那么，您买下这幢百货商场了吗？"

"没有啊。"

"告诉您，这幢百货商场就是我的。"

只有大把地赚钱，大把地花钱，这才是富人的做法。犹太人认为生活要过得幸福和开心，日子一定要有滋润的感觉，不要怕花钱，相反要大把大把地花钱。犹太人喜欢在那些装饰考究、豪华的饭店吃晚餐，而且一吃就是两个小时，吃的极为丰盛。

这让想要拼命追上犹太人的日本人自愧不如，日本人花钱极其吝啬，他们一天到晚只是拼命地省钱和拼命地工作。"日本人崇尚早睡早起、快吃快拉，得利三分"，于是，他们的生活里就只有工作，为了工作，连吃饭的时间都要尽量缩短，甚至觉得人应该只干活，不要吃饭睡觉才好。

对于一个商人来说，赚钱的时候，有运筹帷幄的能力，花钱的时候，就大把大把地花。这样，才显示出商人的胸怀和自信、气定神闲、从容不迫，这样才算是一个真正的商人。

乔治·萧伯纳在他的《巴波拉市长》中这样说道："最大的罪行和最坏的罪行是贫困。"

财富是进入社会的通行证，富有是社会安定的基础。为了人生的幸福，你万万不可贫穷。生活的富裕不但是一种抱负，更是人生的一种义务。拥有了财富，你才能得到别人的尊重，你的地位才能显示，否则，就不被大家所认可。

犹太富豪中有不少人充其量不过三代人的历史，犹太商人没有靠攒小钱积累资本的传统。

一方面，犹太商人集中于金融行业和投资回收较快的行业，他们把注意力集中在"钱生钱"而不是"人省钱"上面。靠辛辛苦苦攒小钱的人是不可能具备犹太商人身上常见的那种冒险气质的。另一方面，犹太商人在文化背景上没有受到禁欲主义束缚。犹太人在宗教节日期间有苦修的功课，但功课完毕之后，便是丰盛的宴席。所以，那种形同苦行僧般的生活方式，并不为犹太商人所推崇。

这两个因素的结合，使犹太商人的经营方式和生活方式形成了鲜明对照。在业务方面，犹太商人精打细算到了无以复加的地步。但在生活上，类似于每天吸10支两美元一支的雪茄，并不是什么罕见的现象。像英国犹太银行家莫里茨·赫希男爵那样，在庄园里招待上流社会人物，光是狩猎游戏中宾主射杀的猎物就达1.1万头。即使节俭如冬天不生火炉的上海犹太商人哈同，也舍得以70万两银子修造上海滩最大的私人花园爱俪园，并经常在花园中举行"豪门宴"。

一个犹太人见了另一个人就问对方："你多大了？"

"我 50 岁了。"

"那你还可以享受 10 年呢！"

这个犹太人问一个老人他多大了，似乎很不礼貌。但是他的回答告诉了他的人生态度，他的生命还有 10 年，应该好好地享受这生命中的最后 10 年。犹太人始终认为活着就是为了享受，人活在世界上就应该尽情地享受。

"大手大脚地花钱，过舒适的生活，始终记住：不要按你的收入过日子！这样能使一个人变得自信。"好莱坞巨头之一的刘易斯·塞尔兹尼就这样教育他的儿子大卫，大卫后来成为电影《飘》的制片人，这句话后来成为风行好莱坞的经营原则。

笑是风力，哭是水力

犹太人处世智慧要诀

思考时请感情离开，因为你需要的是理智。（《塔木德》）

"笑是风力，哭是水力。"犹太人的父母这样批评他哭泣的孩子。

一个犹太孩子和他的姐姐争夺玩具，他的姐姐不给他，他于是哭了。他旁边的父母这样笑话他："笑是风力，哭是水力。"这句话是什么意思呢？是说笑就像风刮过去一样消失了，而哭就像水流过去一样没有了痕迹。在他们的父母看来，小孩的哭泣是他自己一种不愉快的感情的宣泄。而小孩子任意宣泄自己的感情只是他不肯动脑筋想办法的一种没有能力的表现而已。犹太人是很不喜欢这样单纯的感情的需求的，他们需要的是事情的圆满解决，而事情的解决只能依靠他动脑筋，想办法。

笑也是一样的。没有根据的笑和不解决问题的哭都是一种短暂的感情宣泄，都是没有多大意义的。犹太人始终认为，在任何时候运用理性的思考，想办法去解决摆在面前的问题，才是真正有用的。而遇到问题就感情用事，是一件很没有意义、让人觉得可笑的事情。

用理性看待这个世界，绝不要盲目。这是犹太人的思维方式。而理性摒弃了愚昧和偏见，所以，人应该用理性去恢复这个世界的本来面目。在他们看来，生活中有许多事情，是我们自己的盲目和冲动造成的。我们任意使用自己的感情才造成了对世界的惶恐、惧怕。

犹太人为我们列举了生活中我们由于感情的冲动而造成的偏见，"我一点儿都不像自己的母亲"、"我忙得实在没有时间锻炼"、"我根本不需要治疗"、"我不想结婚"等。再如，大家讨厌"恶"的行为，但是犹太人却说："恶的冲动有善吗？有，如果没有恶的冲动，相信就不会有人盖房子，娶太太，生孩子，或者拼命地赚钱了。"

"没有根据的憎恨，是最大的罪恶。"犹太人这样理智地告诉人们，不要轻易地喜欢和憎恨一个人。

犹太人从来不喜欢感情用事，他们认为感情用事只是犯愚蠢错误的开始。而理性思考的人才是真正明智的人。那么，是不是就不需要感情，不再要热情，只是一味的理性呢？

犹太人把人的热情分为两种：一种是感情所煽起的热情，另一种则是理智所支持的热情。

犹太人认为，感情所煽起的热情是很危险的，因为感情不能持久，理智则可贯彻终生。

人的热情要靠理性来支持。比如爱因斯坦对"相对论"研究，都充满着热情，并以理智为基础，理智促进热情，使热情向困难挑战，终于建造了伟大的理论金字塔。

同时，在犹太人心中，凡是经不起时间折磨，过了一段时间就会失去价值的东西，都不珍贵，感情便是这种不堪时间折磨的东西。

犹太人认为同情是一种感情煽动起来的热情。

犹太人称同情为"雷赫姆"，"雷赫姆"是"母亲的子宫"之意。

拉比们说母亲怀胎10月时，不管肚子里的孩子是男是女，她都一定会流露出深切的母爱，"同情"的语源就是这么来的。

《圣经》上说：神本来打算让这个世界成为只有正义才可以统治的地方，但是没有成功。在不得已的情况下，他把"同情"给了人，使人能继续生存于世上。

犹太拉比告诫人们：绝不可因过度的热情而引火焚身，毁灭自己。因为这种热情会使人生的齿轮狂转，恋爱就是其中的一项。

犹太人很少有激烈的热恋，他们认为，恋爱只不过是为建立家庭预做准备而已。

虽然如此，但并不是所有的犹太人都不重视感情。

《塔木德》中有一句很美的话："心满了的时候，就会从眼睛溢出来。"可见《塔木德》是肯定感情的存在。

作为商人，应该是一个纯粹的理性主义者，需要用理性的态度对待商务上发生的一切事情，而不应该感情用事。

众所周知，犹太人是最注重遵守契约的人，如果有谁违反了这个契约，那他就会被认为是犯了一件绝不可以饶恕的错误，这个错误是所有错误里面最严重的。但是一旦发生这样的事情，犹太人会怎么做呢？

一次有个印度人和犹太人洽谈好了一笔生意，结果最后的时候印度人不能履行合同了。这个印度人和犹太人打过交道，知道犹太人最讲究的就是生意的契约。他忐忑不安地去见犹太人，找出了种种的理由，试图说明不能履行合同的原因，同时他心里还在想对方是不是已经发怒了。可是犹太人简单地听了几句之后，就立即打断他，平静地对他说："哦，你违反了我们的合同，按照协议，你应该赔偿我损失，这个损失是这样计算的……"印度人听了，觉得简直不可思议，犹太人居然没有动怒。

其实，犹太人是聪明的。即便是你再计较契约的严肃性，愤怒地谴责他，也是没有任何的意义的。事情已经发生了，现在只有尽快地弥补自己的损失才是最重要的。生意人应该是彻底的理性主义者。因为金钱和利润是可见的、现实的。而感情是无形的、很快消逝的。

犹太人在经营自己的企业和公司时也是一样，如果自己的公司连续三个月都没有赢利，而且可以判断出三个月后仍然没有获利的可能，便会毫不犹豫地舍弃这个公司。而很多人在为当年开创公司时所流的血汗而感到难过，对自己对公司投入的深厚的感情感到难以割舍的时候，犹太人会轻松地一笑："伙计，公司又不是自己的老婆和情人，有什么好留恋的。"

总之，在处世智慧中，犹太民族是比较偏重理性的。

第二章　重视知识和教育

——犹太人处世智慧之二：知识是永远的财富

读书自有妙用

犹太人处世智慧要诀

与一切有知识的人交朋友，也可以从朋友那里学习知识。(《塔木德》)

犹太民族是"书的民族"。犹太人对书的崇拜，对知识的渴望和追求，已经不能用一般的求知好学来概括了。

用他们的话来说，书就是他们一切智慧的根源，也是获取一切财富的根本。他们对书的喜爱达到了嗜书如命的地步。

据联合国教科文组织的调查表明，在人均拥有图书的比例上，以色列为世界之最，超过了世界上任何一个国家。

除教科书外，以色列每年出版的图书品种达几千种以上。13岁以上的犹太人平均每月读一本书。

以色列全国公共图书馆和大学图书馆共有几百所，平均不到几千人就有一所公共图书馆。国内办出的借书证有上百万，相当于以色列全国500多万人口的1/5。

以色列城市的最佳风景是咖啡馆和大大小小的书店。以色列人的每一天往往是从一张报纸、一杯咖啡开始的，而大学生则愿意在幽静的书店中度过周末。

以色列每年都要在耶路撒冷举办国际图书博览会。博览会期间，很多世界各地的图书爱好者或商人前来洽谈、参观，选购者都能得到自己想要的书。

当地每年还要举办"希伯来图书周"，这是以色列人自己的图书节。不少犹太人很早就准备一部分钱，像盼望盛会一样等待图书节的来临。

《塔木德》上这样记载：把书本当做你的好友，把书架当做你的庭院，你应该为书本的美丽而骄傲！采其果实，摘其花朵。

在每一个犹太家庭里都会有着世代相传的规定：书橱及学习用具只可放在床头，不可放在床尾。这样的规定就是告诫本民族的人：书是神圣的、不可侵犯的，不能对书本有所不敬。

如果一个人在旅途中，发现了他们未曾见过的书，那么这个犹太人一定会买下这本书，带回去与家乡人共同分享。因为他们认为外来的书籍和知识是别人智慧的结晶，应充分地学习和利用，为自己的未来打下深厚的基础。

犹太人认为，人们之间可以有各种恩怨，然而知识却是没有界线的，它是属于全人类的，不能因为存在偏见而影响智慧和真理的存在及传播。因此，不论在什么情况下，都不能抛弃书本。

为了保护书籍的传承性，1736年拉脱维亚的犹太社区通过了一项法律。

该法律规定：当有人借书时，如果书本的拥有者不把书本借给需要它的人，应罚款；如果有人去世了，要在棺材里放几本他生前喜欢的书，让书伴随他死去的躯体，宽慰他的灵魂。这些都充分地体现了犹太人对知识的态度：学习可以让人获得对生命的期望和更多的奖赏。

有一则这样的故事：

有一个富翁的儿子对学习毫无兴趣，最后，他的父亲放弃了所有努力，只是教他《创世记》一书。

后来，侵略者攻打他们居住的城市时，俘虏了这个男孩，并把他囚禁在一个很远的监狱里。

几年过去了，国王来到了这个城市，视察男孩被囚的那座监狱。在视察时，国王要看一看监狱中的藏书，结果他发现了《创世记》这本书。

"这可能是一本犹太人的书，"国王说，"这里有人会读这种书吗？"

"有！"典狱官答道，"我这就带一个人来见你。"

男孩被典狱官从监狱里提出来，说："如果这次你不能读这本书，国王就会把你的脑袋砍掉。"

"父亲只教我读过这一本书。"男孩答道。

他被带到国王面前。

国王把那本书拿给他。男孩就开始大声朗读，从"起初，上帝创造天地"一直朗读到"这就是天国的历史"。

这显然是《创世记》的第一章和第二章其中的一部分。

国王听完说："这显然是上帝让我打开囚禁他的监狱，把这孩子送回到他父亲身边。"

于是，国王送给男孩一些金银，安排两名士兵护送他回到父亲身边。

这个普通的故事已经在犹太民族中流传很久了。它教给犹太人这样的道理：虽然这孩子的父亲只教会他读一本书，赐福的上帝就奖赏他了。那么，如果一个父亲能不辞辛苦地教他的孩子读会《圣经》、《密西拿》和《圣徒传记》，那他该得到上帝多大的赐福呀！

由此可见，读书自有妙用。

万事教育为先

犹太人处世智慧要诀

只因有了活泼可爱的学生，世界才得以万世长存。一定不能使学生耽误了学业，即便是为了修筑庙宇。没有学生的城镇终将毁灭。（《塔木德》）

以色列开国元勋本里安曾说："没有教育，就没有未来。"

在犹太社会中，文化教育占据着举足轻重的地位。犹太人认为，人生的第一义务是教育子女。在犹太典籍中常见到这样的话："父亲给子女的教诲，就是智慧之言"；"孩子，要听你父亲的教诲，不可背弃你母亲的教导。"

由此可见犹太人把教育儿童作为毕生的事情。犹太人之所以如此强调对子女的教诲，是因为他们意识到一个人的成材不在先天，而在后天的教育。

早在中世纪的时候，遍及欧美的犹太社团都极为重视教育与学术研究。为了让孩子成为有知识的人，犹太人对教育怀着极高的热忱。

以色列建国后为了振兴教育事业，很多以色列国家领导人从领导岗位退下来之后，又全身心投入到教育事业当中来。如前总统纳冯教授在卸职以后又勤勤恳恳地当上了教育部长，而且还全身心投入其中。这在其他国家是极为罕见的，但在以色列却是很平常的事，其原因就在于他们真正认识到了"教育是社会发展的先决条件之一"。

1978年，著名科学家卡齐尔在卸任总统职务后，便到魏茨曼科学研究院和特拉维夫大学从事学术研究，而且常常给学生们上课，三尺讲坛成了他工作中的一部分。

尽管以色列历任政府施政纲领不同，但在教育问题上的政策却始终如一。他们都"视教育为以色列社会的一种重要财富，它是开创未来的关键"。他们教育的目标是把一个人造就成对国家、对民族富有责任感的成员。

犹太人对教育的重视不是空喊口号，而是实实在在地投入，政府会千方百计地为教育创造各种优厚的条件。

《塔木德》上曾经指出：如果学习是最高尚的事，那么，创造学习的机会便是仅次于学习的事。所以，许多犹太社团都把教育投资视作一种责任与义务。

犹太人的教育是每一个社团都要提供年轻人去各种学校学习所需要的经费。他们还支持每个年轻人辅导两个小孩，以便他能和孩子们口头讨论他已学过的《革马拉》，从而体验《塔木德》观念的实质。小孩将由社团慈善基金会或公共食堂提供伙食。

如果社团是由 50 个家庭组成的，那么它至少要抚养 200 个青年和儿童。一个家长将被指定抚养一个青年和两个儿童。

在每个社群，学院的院长都享有盛誉。每一个人，不管是富人或穷人都听从他的教诲，每个人都顺从他的吩咐，也没有人对他的权威性表示疑问，当然他的学识很渊博。他手持木棍和鞭子，惩戒和责打越规者，颁布学院法令和禁令。但是，每个人都热爱学院的院长。

由于学习和研究需要花费大量的资金，单靠社团本身来筹措，往往力不从心。因此，犹太人把教育事业与慈善机构结合起来，把"什一税"作为追求学问的经济支柱。

关于"什一税"的用途有一点极为明确，即"什一税"首先要用在"那些把时间都花在研究《圣经》和其他典籍的人身上"。

此外，一些发迹的犹太人也纷纷解囊，为教育和研究提供经费。在他们中间早已达成一种共识：赚钱营利并非最终目的，而是要用赚来的钱"购买知识与经验"。

直至今天，犹太人捐款的第一投向仍是学校建设。在以色列的一些大学里，奖学金、研究基金都由外国犹太商人提供。希伯来大学、特拉维夫大学、以色列理工学院这三所最有名的大学中，至少有一半董事是外国人，尤其是美国犹太人。

20世纪70年代中期以来，以色列教育经费在国民经济中的比重一直很高，甚至超过了许多发达国家。能做到这一点，对于资源贫乏、军费高昂的以色列来说，确实极为不易。

《塔木德》就这样告诫人们："弃绝管教的必致受辱，领受责备的必将尊荣。"由此可见犹太人对教育的态度。犹太人形成了一整套自己的教育思想，这在世界教育史上占有一定的地位。

聪明的犹太人，在流离辗转中，始终念念不忘教育，把教育视作头等大事。以色列建国后，就积极地提出了"教育兴国"的口号，并迅速建立健全了一整套完备而有效的教育制度，发达的教育事业成为这个年轻国家创造奇迹的坚实基础。

一个尊师重教的民族，必然是文化素质很高的民族。犹太民族有尊师重教的优良传统，它使犹太人成为世界上公认的文化水准很高的群体，并为人类社会的进步作出了令人瞩目的贡献。

以色列建国后，始终把教育放在优先地位。

1953年颁布了《国家教育法》，1969年颁布了《学校审查法》等。这一系列法律的制定，确立了教育的地位，形成了以色列特色的教育制度。

以色列是个移民国家，来自四面八方的移民把世界各地的文化带到以色列。其中既有东方文化又有西方文化，既有传统农业文化也有现代工业文化。以色列教育的目的之一就是填平这些不同文化的鸿沟与差距。为此《国家教育法》明确规定："以色列的教育目的，一方面是让学生学习知识和技能，以适应国家发展的要求；另一方面是促进来自世界各地的犹太人之间的融合，清除他们之间的文化差别，以形成一种新的犹太国民文化。"

以色列在教育方面投入了较高的经费。从20世纪70年代始，以色列教育经费始终高于全国国民生产总值的 8%，最高的 1979～1980 年度竟达 8.8%。

以色列的教育投资之高，在世界上也是罕见的。

另外，散居在世界各地的犹太人都捐款资助以色列发展教育。犹太人重视教育这一优良传统在以色列的发扬光大，造就了大批高质量的杰出人才。除了依靠发展自己的民族教育，浓厚的学术氛围也给以色列送来了大量优秀的人才。几十年来，来到这个国家的移民中，有不少是欧、美、亚地区第一流的科技文化人才。他们的到来，使以色列的科学和教育从一开始就建立在很高的起点之上。正是因为有了较高的教育投资，以色列的教育才有了迅速发展的坚实基础。

高昂的教育投资使以色列的教育结出了累累果实。

以色列的人口只有 500 多万，但是在校人数达到 138 万人之多，还有很多成年人参加各种形式的学习。在以色列人中有 1/3 是学生，也就是说，每 3 个人中就有 1 个学生。

以色列的大学是公认的世界一流的大学。凡是到过以色列的人都必去"游览"以色列的大学。凡是到过这些大学的人无不为校园之优美、建筑之宏伟、设备之先进和藏书之丰富而赞叹不已。以色列的大学的许多研究成果被国际学术界承认为权威性项目。

以色列每 4500 人中就有一名教授或副教授。由于国内容纳不了这么多专家、学者，以色列已开始"输出"人才。

正是对教育的重视，使以色列在许多方面都处于世界前列，如每 10 万人口中的在校大学生为 2769 人，仅比美国和加拿大略低，比欧洲和前苏联都高；以色列 14 岁以上的公民平均受教育达 11.4 年，与美国和英国相等；目前，以色列已基本扫除了文盲，妇女识字率占 93.2%。以色列的历届总理也都有大学学历：本·古里安曾上大学法律系；夏里特在三个国家学习过；梅厄夫人毕业于美国一所师范学院；贝京毕业于华沙大学法律系；沙米尔先后在两所大学学习过；佩雷斯是哈佛大学的毕业生；拉宾也曾到一所军事学院进修过。这在其他国家是极其罕见的。难怪以色列人会自豪地说："我国资源缺乏，有的只是阳光、沙漠和大脑。"

发达的教育和优良的人才素质终于使以色列成为一股不可忽视的政治力量和国际力量。

套用现在的一个观点，犹太人非常重视人力资本的投资，其中又以教育上的投资为第一。犹太人深刻地体会到教育投资不仅仅是经济上的投资，因为知识是特殊形式的资本，它往往起到放大其他资本（土地、货币）的作用。知识，包括脑的知识——学习，手的知识——技能，同时也就是他们投资的浓缩和凝固形式。犹太人在流散四方的过程中或移居新的居住地后能迅速地找到那些他们具有竞争优势的位置，从而站稳脚跟，恢复元气进而兴旺发达起来，这种智力资本起了至关重要的作用。

在国外居住的犹太人同样对教育非常重视。

以美国为例，在金融、商业、教育等文化行业中，美籍犹太男子占 70% 以上，女子占 40% 以上，而同期全美国平均仅仅有 28.3% 的男子和 19.7% 的女子占有这样的比例。在收入最高的两大职业：医生和律师中（他们要求文化素质特别高），犹太人位居首位。如 20 世纪 70 年代，美国共有 3 万多名犹太医生，占美国医生总数的 14%；另外，有约 10 万名律师，占美国律师总数的 20% 左右。

对于任何一个时代来说，教育都是通向成功的途径。在今天的社会中，受教育程度和收入水平之间更是存在着直接关联。据统计，一个高中毕业生一生大约要比一个初中毕业生多挣 10 万美元。一个大学毕业生要比一个高中毕业生多赚 25 万美元。一位分析家这样说道："犹太人家庭是学问受到高度评价的地方，在这方面，非犹太人的家庭则相形见绌。就是这个因素构成了其他一切差异的基础。"

早在 11 世纪时，犹太民族就几乎消灭了文盲，人人都能阅读识字。而在当时欧洲的基督教徒中，绝大多数人却是文盲。当历史进入近现代以后，犹太民族乐于学习、善于学习、崇尚知识的巨大优势立刻体现了出来。他们迅速地适应和接受了现代世俗教育，在文化科学领域里迅速地走到了别人的前头。因此，在近现代，犹太民族人才辈出，出现了一大批的科学家、众多的诺贝尔奖获得者和各行各业的杰出人物。一位著名的学者总结得好："犹太人善于赚钱，他们的知识和教育决定了主要方面。"

知识是永远的财富

犹太人处世智慧要诀

生活困苦之余，不得不变卖物品以度日，你应该先卖金子、宝石、房子和土地，到最后一刻，仍然不可以出售任何书本。（《塔木德》）

犹太民族是一个对知识非常重视的民族。虽然他们在很长的一段时期里连最基本的生活来源都无法保证，但是只要有一段时间的安定生活，他们也能创造出惊人的财富。因为他们其实是富有的，这种富有就是他们本身所拥有的丰富知识。

相传，古时候，犹太人的墓园里常常放有书本。他们认为夜深人静时，死人会出来看书。当然这种做法有一种象征的意义：生命有结束的时候，求知却永无止境。

犹太人还有这样的规定：生活困苦之余，不得不变卖物品以度日的时候，你应该先卖金子、宝石、房子和土地，到了最后一刻，仍然不可以出售你的书籍。他们认为，世间的金银珠宝、房屋土地，都是可以变化消逝的东西，而知识则是可以长久流传的财富。

犹太小孩最早期得到的关于书本的教育就是：书是甜的。

在每一个犹太人家里，当小孩稍微懂事时，母亲就会翻开《圣经》，点一滴蜂蜜在上面，然后叫小孩子去吻圣经上的蜂蜜。这个仪式的用意不言而喻，书本是甜的。让孩子从小就养成与书接触的习惯。慢慢地，孩子们开始喜欢看书。小时候是因为蜂蜜，长大了则是从书地内容中体会到书是"甜"的。

犹太人把知识视为财富，认为"知识可以不被抢夺且可以随身带走，知识就是力量"。

在每个犹太人小的时候，他们的母亲就会经常地问他："假如有一天，你的房子被火烧了，你的财产也被抢光了，你会带着什么逃跑呢？"

如果孩子们回答是"钱"或者是"钻石"的话，他们的母亲就会进一步地问："有一种东西比钻石更重要，它没有形状、没有颜色、没有气味，你们知道是什么东西吗？"

如果孩子回答不上来，母亲就会说："孩子，你们带走的东西，不应该是钱，不应该是钻石，而应该是知识。因为知识是任何人也抢不走的，只要你还活着，知识就永远跟着你。"

父母就是这样告诉他们的孩子：知识是一切财富的来源，是唯一可以永久打开财富之门的金钥匙。犹太人的历史也一再验证了知识的价值。与其把那些有限的财富交给他们，不如把可以永远打开财富之门的金钥匙——知识给他。

在这个世界上，财富是可以随着境遇的改变而消失和增加的，而知识却是永恒的，它是不会随着时间和条件的变化而改变的。《塔木德》记载了这样一个故事：

所有的犹太人都知道这个道理，因此，犹太人就特别重视学习。为了让自己的后代注意引导他们的孩子学习，在他们小的时候，就引导他们学习犹太教。犹太教的托拉是这样说的："愈学《塔木德》，生命愈久长……精通《塔木德》的人便在来世获得了永生。"还说，"研习《塔木德》的人值得尊敬。他会被称为一个朋友、一个可敬的人、一个崇敬上帝的人；他将变得温顺谦恭，变得公正、虔诚、正直、富有信仰。他将能远离罪恶、接近美德。通过他，世界就有了智慧、忠告、理性和力量。"这些教义就是鼓励犹太人从小要喜欢学习。把钻研和学习提到信仰的高度来看待，这在世界上的各种宗教中是绝无仅有的。

犹太人热爱知识，因为在他们的眼里，知识是唯一的永远也夺不走的财富。在这个世界上世俗的权威不重要，财富和金钱不重要，只有知识才是最重要的。权威没有了人们的拥戴和支持就不能形成，财富和金钱也会随着时间发生变化，而知识是你生存和发展的可靠保证。

犹太人在历史上不断地遭人驱逐，被迫四处流浪，他们的财富可以被任意地剥夺，然而只要他们拥有了知识，他们依然可以凭借自己良好的教育、杰出的智慧、经商的经验，很快再次变得富有。他们的经典如《圣经》、《塔木德》等，是他们保证自己是犹太人的根本，也是他们再度富有的知识和理论的根源。知识是他们在长期的流浪生活中重新振作起来的根本原因。

犹太人在经济运营、商业运作上的非凡成就，是与他们孜孜不倦、不断探索的求索精神分不开的。

犹太人求知精神的基点在于他们对知识有着深刻的，也相当实际的认识，知识就是财富，由此便产生了对知识这种财富近似贪婪的欲望。犹太人四处流浪，没有家园，居无定所，没有生存和发展的权利保障。他们所到之处，唯一的支撑点就是自己头脑中的知识，靠知识创造财富，从而由财富、金钱来为自己争得一条生路，一个生存发展的空间。物质财富随时都可能被偷走，但知识永远在身边，智慧永远相伴，而有智慧有知识，就不怕没有财富。这正是犹太人流浪数千年依然生生不息的原因所在。

也正基于此，犹太人才会认为没有知识的商人不算真正的商人。犹太人绝大部分学识渊博，头脑灵敏。在他们眼里，知识和金钱是成正比的。只有丰富的阅历和广博的知识，在生意场上才能少走弯路少犯错误，这是商人的基本素质。

犹太商人具有令人叹服的经商头脑，正是他们的民族尊重知识、酷爱学习、重视教育的必然结果。以知识武装起来的犹太商人，纵横捭阖，处变不惊，这就是"第一商人"的魅力所在！

以色列是一个小国，资源贫乏，既缺水，又缺能源，且沙漠比重大。但是，它却有丰富的人才。数十年来，世界各地的犹太人纷纷移民到这里，他们带来了资金，也带来了知识、技术和特长，他们将这些知识用于国家建设，以色列迅速崛起。这个国家独创了举世闻名的农业技术，靠贫瘠的土地养活了自己，还大量出口农产品；这个国家拥有世界上一流的工业技术。创造这些奇迹，靠的就是知识。

在世界上任何地方，犹太人凭借着自己拥有的"可以随身带走"的知识，跻身于知识要求高、流动性强的各种行业，特别是金融、商业、教育、科技、律师、娱乐和传媒行业。在华尔街的精英中近一半有犹太血统，律师中30％是犹太人；科技人员中一半以上是犹太人；犹太人执掌着《纽约时报》、《华盛顿时报》、《新闻周刊》、《华尔街日报》和美国三大电视网的帅印，时代华纳公司、米高梅公司、福克斯公司、派克公司也都是犹太人开拓的。在美国前400名巨富中，犹太人占了近三成。我们不得不感叹犹太民族神秘的知识力量。知识在这个古老民族中竟然能焕发出如此巨大的力量，是知识拯救且复兴了这个古老而年轻的民族。

学校在，犹太民族就在

犹太人处世智慧要诀

一个不重视教育的民族是没有前途的民族。（《塔木德》）

犹太民族的智慧与丰富的知识除了具有学习和求知的传统这样的"软"的东西外，在"硬件"上，则表现为他们尊奉着一套完善的教育制度。犹太人四处流浪，他们的"学校"也随着他们迁移，在流动不居的恶劣环境下，犹太人从来没有忽视教育，而是将其列为第一位的事情。

从历史上看，犹太人很早就实行了义务教育，称得上源远流长。

犹太传统规定父亲对儿子有三项应尽的义务，其中之一就是教儿子学习犹太经典。许多犹太儿童在幼儿时期就随父亲一道学习识字，诵读《托拉》。公元前516年，波斯王居鲁士打败新巴比伦尼布甲尼撒二世，允许巴比伦的犹太人返回故乡。一批有识犹太先知为了保持民族精神和文化传统，进行了一系列宗教改革，家庭教育被看成是保持民族传统的一个重要环节，因而受到极大的重视。犹太会堂的出现使人们多了两个学习场所。公元前3世纪，犹太会堂开始开办学校，招收儿童入学。公元前1世纪，出现了一些非犹太会堂办的学校，主要向儿童教授读书写字的基本技能。大一些的儿童则进专门学校，在那里系统学习犹太宗教文献。至此，义务教育体系开始在犹太民族中形成。第一位为创立全民义务教育体系做出重要贡献的是耶路撒冷元老院的大法官西缅·本·蔡奇。他于公元前75年制定了一项教育计划，推行广泛的初级教育。他颁布法令规定犹太社区必须资助公共教育，父母必须送儿子入学。到了公元 64 年，大祭司约书亚·本·加玛拉拉比重申西缅的法令，并规定每个犹太社团都必须设立学校，供 6 岁以上的儿童就学，同时规定 6 岁至 10 岁的儿童必须入学，在老师的监督下学习。约书亚的这一做法标志着正规学校教育的开始。约书亚的功绩在于，他以法律的形式规定每个社团都必须出资聘用教师，以保障所有的儿童都有受教育的机会，从而在立法上完善了义务教育体制。《塔木德》对班级规模有具体规定：如一名教师最多只能教 25 名学生。如果学生数超过 40 人，则必须聘请两名教师进行教学。儿童 6～10 岁在小学学习，10 岁毕业后进入律法学校。15 岁以后，如父母有能力支付教育费用，还可留校进一步深造。

当时的教学内容主要是犹太教经典。《密西拿》对此作出了这样的规定：6 岁开始学习《圣经》，10 岁起学《密西拿》，13 岁学习犹太戒律，15 岁学习《革马拉》。

在 19 世纪之前，犹太教育体系的典型模式是：一个教师带着一批学生，整日学习宗教课程。这样的学校被称作"和读"（意为"房间"）。所有阿什肯纳兹和塞法迪犹太社团都以这一教育模式对儿童进行教育。虽然学生随着学业的增长，可以从一个教师手中毕业，去跟另一位教师学习，但这样的学校还不是现代意义上的学校。部分社团开设一种称之为律法学校的学堂，有各种班级，但绝大部分课程都与宗教有关。多数学生在这些学校中学上几年，然后便开始做事。很少有人能一学十几年。19 世纪犹太教育的一个重要现象是经学院大量开办，这在东欧尤为突出。犹太民族的传统教育模式由此奠定。

20 世纪以前，犹太教育在很大程度上是为犹太男子服务的。犹太女子受到的主要是伦理道德的教育和对《圣经》的了解，有关口传律法的课程从不为女子开设。这一局面在 20 世纪终于得到改变。自 1917 年美国正统犹太教学校开始系统地为犹太女子开设《塔木德》课程以来，几乎所有的宗教学校都同时为男女开设同样的课程，打破了在教育上男女有别的传统。

20 世纪以来，美国正统犹太教为了鼓励人们学习、研究犹太教教义，开设了一些全日制宗教学校，在主要讲授宗教课程外，也开设部分世俗课程。今天这样的学校数量已从第二次世界大战结束的 100 所增加到了 600 所。此外，传统经学院的数量也开始在以色列和美国迅速增长。这些经学院主要招收高中毕业生入校，有的是专为大学毕业生开办的。第二次世界大战结束以来，世界许多大学纷纷开办犹太学系，向犹太和非犹太青年提供学习希伯来语和其他犹太学方面知识的机会，使犹太学研究真正成为一种科学。

"宁可变卖所有的东西，也要把女儿嫁给学者；为了娶得学者的女儿，就是丧失一切也无所谓。"

"假如父亲与教师两人同时坐牢而又只能保释一个人出来的话，做孩子的应先保释教师。"

这些犹太格言正是犹太人尊师重教传统的真实写照。

从犹太人对教育的重视和对教师的敬重，任何人都不难想像出教育的场所——学校，会在犹太人生活中具有何等重要的地位。

犹太人之所以特别重视学校的建设，除了他们具有那种"以知识为财富"的价值取向之外，还因为在他们看来，学校无异于一口保持犹太民族生命之水的活井。《塔木德》中记载的三位伟大拉比之一，约哈南·本·札凯拉比就认为：学校在，犹太民族就在。

传说公元 68 年前，耶路撒冷正陷于罗马军队的包围之中，城内的犹太人面临灭绝的危险。

当时，犹太人内部分成相互对立的两派：一派是主张以武力相拼的鹰派，另一派是主张通过和平解决的鸽派。

相互对立的两派形成了剑拔弩张的态势。鸽派斗争失败后，约哈南被鹰派关押在耶路撒冷的监狱中，受到了严格的监控。

这时，约哈南突然想到了一个办法。

之后不久，从监狱中传出了约哈南的死讯，并且很快传遍了耶路撒冷的大街小巷。

信徒们把约哈南的遗体装进棺材，这样约哈南以下葬为名，逃出了鹰派的看守，来到罗马军队驻守的阵地前。

罗马守兵正要用刀刺入棺材来验尸，约哈南的信徒们纷纷跪地求情说："如果罗马的皇帝死了，你们是不是用刀验尸？我们现在已经没有武装，还能作出危害罗马军队的事吗？"

最后他们一行终于来到了罗马统帅部。

这时，约哈南走出棺材，要求见罗马军队的统帅。

约哈南直视着司令官韦斯巴芗的眼睛，说道："一直以来我对将军阁下和罗马皇帝怀着非常高的敬意。"约哈南想的是，韦斯巴芗不久将会成为罗马帝国皇帝。

粗暴的韦斯巴芗对这位长者所给的头衔摸不着头脑，并怀疑约哈南在羞辱他。

约哈南此时看出了韦斯巴芗的不悦，解释道："阁下不久就会成为罗马帝国的皇帝。"

韦斯巴芗看到约哈南十分认真的样子，火气大消，说道："那么，你来拜见我的目的是什么呢？"

约哈南回答说："请您答应我一个请求，给我留下一个能容纳10多个拉比的学校，并且永远不要破坏它。"

韦斯巴芗认真地点了一下头，并说如果他能到耶路撒冷，约哈南保存学校的愿望就会得以实现。

那一年，先是尼禄皇帝突然遇害。不久，执掌大权的三员大将又相继被暗杀。韦斯巴芗作为帝国最有贡献的将军成为帝位继承人中的预选者，这时他自称国家元首。其帝位被元老们认可。

韦斯巴芗登上皇帝宝座之后，也许是为了感谢约哈南拉比对他做出的预言，也许他还没有认识到一所学校对一个正在沦落的民族所起的精神作用。

当罗马军队血洗耶路撒冷时，他发出了一道命令：留一所能容10个拉比学习的学校。这样位于沿海平原小镇亚布内的圣经学院才得以幸存。

实际上，约哈南拉比早就想到罗马军队最终会杀进城来，血洗耶路撒冷。为了保留民族生存的希望，他才冒着生命危险保下了这所学校。

学校留下了，留下了学校里的几十个老年智者，维护了犹太民族的知识、犹太民族的传统。战争结束后，犹太人的生活模式也由于这所学校而得以继续保存下来。

约哈南拉比以保留学校这个犹太民族成员的塑造机构和犹太文化的复制机制为根本着眼点，无疑是一项极富历史感的远见卓识。

一方面，犹太民族在异族统治者眼里，大多不是作为地理政治上的因素考虑，而是文化上的吞并对象。小小的犹太民族之所以反抗世界帝国罗马而起义，其直接起因首先不是民族的政治统治，而是异族的文化统治，亦即异族的文化支配和主宰：罗马人亵渎圣殿的残暴之举。

另一方面，犹太人区别于其他民族，首先又不是在先天的种族特征上，而是在后天的文化内涵上。在一个犹太人的名称下，有白人、黑人和黄种人；至今作为犹太教大国的以色列向一切皈依犹太教的人开放大门，因为接受犹太教就是一个正统的犹太人。

为了达到这一文化目的，犹太人长期追求的，不仅仅是保留一所学校，而是力图把整个犹太人生活的传统和犹太文化的精髓保留下来。从犹太民族 2000 多年来持之以恒、极少变易的民族节日，到甘愿被幽闭于"隔都"之内以保持最大的文化自由度，到复活希伯来语，所有这一切都典型地反映出了犹太民族的这种独特追求和这种独特追求中生成的独特智慧。

无独有偶。流散时期的犹太人更注重学校教育，当他们在某一处站稳脚跟后就立即创办学校，使学校成为犹太社团存在的标志。

犹太人对学校教育的重视程度从上海犹太难民身上可以窥见一二。

20 世纪 30 年代，在德国实行的灭犹政策下，大约有 3 万名德、奥犹太人远渡重洋在黄浦江畔登陆，来到了上海滩。

来到上海后，待生活稍有好转些，犹太人便急于为自己的孩子寻找求学的地方。

在著名的犹太财团嘉道理家族的慷慨援助下，1938 年和 1939

年抵达的 120 名犹太儿童被送进了上海犹太学堂,由嘉道理家族主持的"上海犹太青年协会"代付他们的学费。

当时上海犹太学堂已人满为患,但陆续而来的难民儿童却与日俱增,因此,为了解决实际困难,上海犹太社团又先后办起了几所学校,其中最有名的是"上海犹太青年学校"(即嘉道理学校)。他们聘请了经验丰富的教员,传授数学、美术、历史、语言(包括汉语、英语、法语)等课程。

由于教学严谨、治学有方,1946 年,这所学校的学生参加了剑桥学校的考试,并取得很好的成绩。而那些前往美国的学生,也先后进入了名牌大学。

当时一位著名的教育家在参观了嘉道理学校后留言:"欢乐的笑声一直回荡在这个已经忘记了怎样笑的世界里。"

一些经历过上海犹太社区生活的犹太人,回忆这段岁月留给他们的感触时说:"青少年教育是上海犹太人生活中的一个亮点。"

犹太人非常注重学校建设,一种原因是由于他们的文化传统:另一种原因是由于他们对学校教育各种层面上的不同认识。他们认为,学校的责任不仅是培养人才,更是"维护民族共同体的重要途径"。通过正规的学校教育,才能保证其后代们很好地维护犹太人的民族身份,发扬犹太人的民族精神。

商人也要学识渊博

犹太人处世智慧要诀

深井里的水是抽不完的，浅井却可一抽见底。（《塔木德》）

在任何时代，学识渊博的人都会得到人们的尊敬。

有位犹太人某次应邀出席英国的金融会议。在苏格兰与会期间，一日晚餐后他外出散步，走到一处风景优美的地方，不禁触景生情，乘着酒兴吟诵了英国诗人史考特的诗。英国人听后大为叹服，认为这位先生学识渊博。最后对他另眼相看，在谈判桌上自然赢得了不少的好处。

与犹太人待在一块，你很快就会发现，犹太民族是知识丰富的民族。犹太人很健谈，话题很多，而且涉及各个方面，大到世界政治、人类生存，小到节假日消遣；长到世界历史、民族历史，短到近期的体育新闻。犹太人有如此丰富的知识，实在是令人大为称奇。

犹太商人要求自己懂得的并不仅仅是业务知识。他们对与商业几乎没有什么关系的事物，往往都知道得很详细。犹太商人很健谈，话题涉及各个方面。不管是经济、政治、法律、历史还是生活小细节，他们都能滔滔不绝，谈得头头是道。

例如，他们对大西洋海底的鱼类，汽车构造及植物种类等，都能说出一二，有的甚至具有近似专家的知识。在我们看来，这些知识和商人没有什么关系，不过是为生活增加一些趣味而已。犹太人并不这么认为。他们认为拥有各方面的知识，是商人的基本素质，是在生意场上赚钱的根本保证。因为商人拥有丰富的学识，视野就变得十分开阔，而有一个广阔的视野，对形成正确的判断，作用实在太大了。

正因为用这么丰富的知识武装了经商的头脑，犹太人的经商总是处于不败之地。在他们的眼里，知识和金钱是成正比的。只有掌握了知识，特别是掌握了大量业务知识，在经商中才不会走弯路，才会先于别人到达目的地，也才能更快地赚更多的钱。

只要看看犹太人在全世界拥有的财富，就可以知道，学识渊博给商人带来了什么！

有个日本商人，他对犹太商人的经商办法掌握得很好，并在经营服饰品贸易中立住了脚跟。他想进一步扩大营业范围，就看中了犹太人发财的钻石生意，但他又了解到日本的钻石生意很不景气，为了避免遭受失败的命运，这个日本商人拜访当时有名的世界钻石大王玛索巴氏，问他：

"钻石生意要取得成功必须具备哪些条件？"

玛索巴氏毫不客气地回答他：

"要想成为钻石商人，必须先要拟好一个 100 年的计划。也就是说，单靠你一生的时间是不够的，最少要赔上你孩子那一代，要两代人的时间才行。同时，经营钻石买卖，最要紧的一点是获得别人的尊敬和信任，被人尊敬和信任是贩卖钻石的必备基础。因此，钻石商人学识要非常渊博。"

玛索巴氏想考一考日本商人的学识，冷不丁地问：

"你知道澳大利亚近海一带有些什么种类的热带鱼吗？"

该日本商人被问得哑口无言。

虽然有些懊恼，但他又不能不由心底里佩服玛索巴氏的学识和经商的经验。事实上要使学识渊博，一代或两代的时间就能解决是远远不可能的。犹太人本身也是在继承几千年祖先留给他们的经验的基础上才拥有了这样丰富的学识。至于怎样才能获得别人，尤其是顾客的尊敬和信任，其途径只有一个，即学识渊博。

最重要的是，学识广博的人就可以放眼世界，他们站在经营大师们的肩膀上俯瞰脚下的财富。知识丰富的人就是把自己放在了世界巨富们那里学习他们最为精髓的赚钱秘诀。

正因为拥有如此渊博的知识，他们才具有高智商的头脑，从而才在生意中永远立于不败之地，成为公认的"世界第一商人"。在犹太人眼里，知识和金钱是成正比的：只有丰富的阅历和广博的业务知识，在生意场上才能少走弯路少犯错误，这是能赚钱的根本保证，也是商人的基本素质。

学识渊博的犹太商人还遵循着另外一条原则，那就是他们绝对不和见闻狭隘、品德卑下的商人来往。因为，与这些人交往不但不会给自己生意带来效益，反而会影响到自己的信誉。结交一些同样学识渊博的商人做生意朋友，则不但可以互相得益，而且可以提高信誉，使自己的事业立于不败之地。

教师是民族的精神领袖

犹太人处世智慧要诀

教师是学生生活中地位最高的人，他比父母享有更高的荣誉。(《塔木德》)

早期的犹太社会中，社会上不存在专职教师这一职业。教育子女的责任主要是由父亲和拉比分别完成的。在家庭内，父亲不仅仅是子女的监护人，还承担着教育子女的重任。他把学识以及为人处世之道和做人准则传授给自己的子女。

其实在希伯来语中，"父亲"一词本身就具有"教师"的含义。如今在西方语言中以"Father"（父亲）来称呼教师，正是希伯来习俗的延续。在社会上，教师的职责由象征着智慧与权威的拉比来完成。因为在希伯来语中，"拉比"一词的第一涵义就是"教师"。

因此，现实中的拉比是各地犹太学校（早期的学校往往与教堂合二为一）的负责人与专职教师。他们被称为智慧的化身，人们有难题的时候，往往也求助于拉比，因此拉比的言语往往被视为金科玉律。

公元 6 世纪，学校逐渐独立。教师与父亲、教师与拉比的两位一体化也随之慢慢分离，实际意义的专职教师也随之应运而生。

在犹太人看来，教师的职业是一种神圣的职业。因此，"每一个人要像尊重上帝那样尊重教师"。

《密西拿》中把教师（犹太人习惯上把有名望的法学家也称为教师）叫作"塔尔米德哈卡姆"，意思为"圣贤的门徒"。犹太人对待获得"塔尔米德哈卡姆"身份的人非常尊重。犹太教义规定：

凡是侮辱了"塔尔米德哈卡姆"的人都要罚以重金，情节如果很严重者就被逐出犹太区。能与"塔尔米德哈卡姆"的女儿结婚被犹太人视作一种高尚且值得夸耀的行为。

在犹太人中曾长期流传着这样一则故事：

有一个孩子，出生于贫困家庭，父亲含辛茹苦地把他拉扯大。一次，出海的时候，父亲和教师都同时落入水中，而这时的条件只允许他救一个人，这位孩子的选择是先救出教师，再救出父亲。

《塔木德》中也记载着这样一个故事：

两位检察员受拉比之命来到一个镇上，要求拜见镇上的守卫之人。镇上的警察局长闻讯后急忙出来迎接，检察员却说："我们要见的是守卫这个市镇的人，不是你。"这时，守备局长又跑出来迎接，检察员仍然摇头。他们说道："我们想见的既不是警察局长，也不是守备局长，而是学校的教师。警官和部队都会破坏市镇，教师才是市镇的真正守护者。"

可见，在犹太人的眼中，教师是民族利益的守护者，教师的事业关系到整个民族的未来。

在犹太人心中，拉比是至高无上的圣者，是上帝的代表和使者，是他们的精神领袖。

犹太教中把精通经典律法的学者称为拉比，负责执行教规、律法并主持宗教仪式。

其实，在犹太社会中，拉比身兼数职，传道、教学、咨询、评判等都是他们的职责，是享有崇高地位的精神领袖。

在罗马人统治犹太人时期，为了毁灭犹太民族，他们想尽了各种办法，例如封锁学校、禁止做礼拜、焚烧书籍、禁止犹太人的各项庆典、禁止培育拉比等。

罗马统治者发出布告，如果有人参加拉比的任命仪式，不管是任命的一方还是被任命的一方，都将被判处死刑。举行这种仪式的城市村庄，也将遭到毁灭。

这是罗马统治者采取的各种压迫手段中最极端最残忍的一种。这种手段在一段时间内确实起到了恐吓的作用。

犹太人并没有就此屈服。对犹太人而言，没有拉比，就等于社会宣告瓦解。拉比是犹太民族的领导者，代表犹太人社会中的一切权威。如果没有了精神领袖，犹太民族必会陷入诚惶诚恐的慌乱中。

有位德高望重的拉比看破了罗马统治者的险恶阴谋，于是率领他最可靠的5个弟子溜出城市，来到荒无人烟的两座大山之间。因为在这样的地方，可以避开罗马人的视线，万一被罗马人捉住也只有自己受到刑罚，不会导致整座城市被毁。

在这个距离城镇很远的地方，这位杰出的拉比任命了他的5个弟子为新拉比。

但是，他们的活动还是被罗马人知道了，于是派军队来抓他们。老拉比说："我活了这么大的年纪，死而无憾。你们必须尽快逃走，因为有好多事业等着你们去继承并发扬光大！"

5位新拉比听从老拉比的话，都安全地逃走了，最后只有年迈的老拉比被罗马人抓住了，恼怒的罗马人把老拉比凌迟处死。

老拉比死了，但是5个年轻的新拉比继承了他的事业。老拉比虽死，但是犹太人的精神生活却复活了。

在犹太人的观念里，拉比是整个社区最有智慧的人，所有人都应该听从这位智慧和学识都很高的教师的教导。一个犹太人在为自己的女儿选择夫婿的时候，他会选择一个受过良好教育的青年，而不会选择一个世俗的有钱青年。

犹太人就是这样的民族。尊重知识，追求真理。知识是最伟大的，在它的面前，世俗的一切统治都要让位。

犹太人的杰出就是因为拥有了智慧的拉比们。犹太精神不灭，与拉比们的功劳分不开。犹太人的心灵不死，是拉比精神指引的结果。犹太教最后成为世界性的宗教，正是犹太拉比用上帝之言广为传播的结果。

尽管拉比们经历了犹太社会不同的动荡时期，但他们的精神却超越了各自的时代和历史事件，打造并完成了共同的宗教原则和伦理规范。这对犹太教有着积极、永恒的意义。

无论苦难与快乐，犹太人始终团结在拉比的周围，用真理去战胜谬误，用屈辱去谋求生存。因此犹太人被追杀后能重新聚集，生生不息，不断壮大。

犹太拉比们用自己的智慧启迪着伟大的犹太民族。在拯救宗教、发展宗教的同时，形成了犹太民族特有的生存智慧。

智慧是财富之源

犹太人处世智慧要诀

犹太人唯一的财富是智慧。当别人认为1加1等于2时，你应该想到大于2。(《塔木德》)

犹太人有则笑话，谈的是智慧与财富关系。

两位拉比在交谈：

"智慧与金钱，哪一样更重要？"

"当然是智慧更重要。"

"既然如此，有智慧的人为何要为富人做事呢？而富人却不为有智慧的人做事？大家都看到，学者、哲学家老是在讨好富人，而富人却对有智慧的人摆出狂态。"

"这很简单。有智慧的人知道金钱的价值，而富人却不知道智慧的重要。"

拉比即为犹太教教士，也是犹太人生活等方面的"教师"，经常被作为"智者"的同义词。所以，这则笑话实际上也就是"智者说智"。

拉比的说法不能说没有道理，知道金钱的价值，才会去为富人做事，而不知道智慧的价值，才会在智者面前露出狂态。笑话明显的调侃意味就体现在这个内在悖谬之上。

有智慧的人既然知道金钱的价值，为何不能运用自己的智慧去获得金钱呢？知道金钱的价值，但却只会靠为富人效力而获得一点带"嗟来之食"味道的酬劳，这样的智慧又有什么用，又称得上什么智慧呢？

所以，学者、哲学家的智慧或许也可以称做智慧，但不是真正的智慧。在金钱的狂态面前俯首帖耳的智慧，是不可能比金钱重要的。

相反，富人没有学者之类的智慧，但他却能驾驭金钱，却有聚敛金钱的智慧，却有通过金钱去役使学者智慧的智慧。这才是真正的智慧。

不过，这样一来，金钱又成了智慧的尺度。金钱又变得比智慧更为重要了。其实，两者并不矛盾，活的钱即能不断生利的钱，比死的智慧即不能生钱的智慧重要；但活的智慧即能够生钱的智慧，则比死的钱即单纯的财富——不能生钱的钱——重要。那么，活的智慧与活的钱相比哪一样重要呢？我们都只能得出一个回答：

智慧只有化入金钱之中，才是活的智慧。钱只有化入了智慧之后，才是活的钱；活的智慧和活的钱难分伯仲，因为它们本来就是一回事。它们同样都是智慧与钱的圆满结合。

智慧与金钱的同在与统一，使犹太商人成了最有智慧的商人，使犹太生意经成了智慧的生意经！

真正有智慧的人，懂得金钱的价值，懂得如何用自己的知识来获取金钱，用自己的知识来创造现实社会的财富。

如果知识不应用到实践中去，知识没有转化为金钱也是没有价值的。

犹太人对待那些整天只知道学习的人的看法是："有些人过度钻研学问，以至于无暇了解真相。"他们甚至这样看待死读书的人："学者中也有类似驴马之人，他们只会搬运书本。学者中有人被喻为载运昂贵丝绸的骆驼，但骆驼与昂贵的丝绸是毫不相干的。"如果这样说来，他们只是书籍的搬运工而已，根本算不上是有知识的人。真正有知识的人就应该把自己所学的知识和实践联系起来，在实际的生活中，创造价值。

财富不光是钱，也不光是财产。财富是智慧，财富是力量，财富是智慧和魄力的结晶，财富是物质和精神的统一。

有些人的财富装在脑袋里，有些人的财富装在口袋里，财富装在脑袋里的才是真正的富翁。财富的源头是智慧。有智慧的人，赤手空拳也可以创造财富。

很多年前，一则小消息在人们之间传播：皇宫的大殿需要重新装修，其中的石料因破损需要更换。这时，一位不起眼的珠宝店老板却没有等闲视之，他毅然买下了这些报废的石料。

没有人知道小老板的企图。他一定是疯了，人们都这样想。他关起店门，将那些石料重新打磨切制，变成一小块一小块的石块，然后装饰起来，作为纪念物出售。皇宫大殿的纪念物，还有比这更有价值的纪念品吗？

就这样，他轻松地发迹了。接着，他买下了宫廷中流传的皇后的一枚钻石。人们不禁问：他是自己珍藏还是抬出更高的价位转手？他不慌不忙地筹备了一个首饰展示会，当然是冲着皇后的钻石而来。可想而知，梦想一睹皇后钻石风采的参观者会怎样蜂拥着从世界各地接踵而至。他几乎坐享其成，毫不费力就赚了大笔的钱财。

许多人拥有智慧，但是他们的智慧都没有用来创造价值，所以他们始终是十分贫困的。学者应该运用自己的知识来获得智慧，而且应该学习那些真正的智慧，可以赚钱的智慧。

有位叫阿巴的外科医生非常著名，他给人看病是收费的。当时人们的观念是医生是救死扶伤的天使，收费是不应该的，医生们于是在大街上摆上一个箱子，向路人募捐。人们纷纷指责这位名医，但是阿巴告诉他们："不收费的医生是不值钱的医生。"

在商界，还流传着这么一个故事：

一次，美国福特汽车公司的一台大型电机发生故障，公司的技术人员都束手无策。于是公司请来德国电机专家斯坦门茨，他经过检查分析，用粉笔在电机上画了一条线，并说："在画线处把线圈减去 16 圈。"公司照此维修，电机果然恢复了正常。在谈到报酬时，斯坦门茨索价 1 万美元。一根线竟然价值 1 万美元！很多人表示不解。斯坦门茨则不以为然："画一条线只值 1 美元，然而，知道在哪里画值 9999 美元。"

这就是知识的价值。

有智慧的人敢于为自己的知识喊价，这也是他们善于把知识转化为金钱的聪明之处。

世界上各个民族中惟有犹太人是最能够运用智慧的，因为他们知道怎样把自己头脑中的智慧变成他们手中的金钱，这就是犹太人的过人之处。他们对知识的崇拜和敬爱之情达到了疯狂的程度，因为这些知识不仅仅显示他们的博学，最关键的是这些知识教会了他们怎样赚钱。犹太人说："手艺者比宗教家更值得尊敬。"因为宗教家虽然有知识，但是他的知识没有运用出来，这样的知识等于没有知识。而手艺者虽然知识不多，但是他们把自己仅有的一点知识也贡献出来了，这样他的智慧虽然少，但却是有用的，所以更值得尊敬。

活到老，学到老

犹太人处世智慧要诀

《托拉》应反复研读，因为它包罗一切；要对它反思，直到老去也要孜孜不倦；学习《托拉》不得心神不安。这是最好的准则。（《塔木德》）

《圣经》中有这样一个故事：

犹太人曾被多次召集起来学习上帝授予他们的律法。摩西这样命令各长老："把你们各支派的男人、女人、孩子都召集来，将这些律法说与他们听，让他们研读。"

摩西死后，约书亚成为犹太人的领袖。上帝第一次召谕他就说："这《律法书》不能离开你的嘴，要日夜诵记，好使你谨守书上所写的每一句话。"

在犹太教中，勤奋好学不只是仅次于敬神的一种美德，而且也是敬神本身的一个组成部分。在世界上所有的宗教中，把学习和研究提到这样高度的，几乎绝无仅有。

《塔木德》中写道："无论谁为钻研《托拉》而钻研《托拉》，均应受到种种褒奖；不仅如此，而且整个世界都受惠于他；他被称为一个朋友，一个可爱的人，一个爱神的人；他将变得温顺谦恭，他将变得公正、虔诚正直、富有信仰；他将能远离罪恶、接近美德；通过他，世界享有了聪慧、忠告、智性和力量。"

学习之为善，在于其本身。它是一切美德的本源。

12世纪的犹太哲学家、犹太人的"亚里士多德"，精通医学、数学的迈蒙尼德明确把学习规定为一种义务：

"每个以色列人，不管年轻年迈，强健羸弱，都必须钻研《托拉》，甚至一个靠施舍度日和不得不沿街乞讨的乞丐，一个要养家糊口的人，也必须挤出一段时间来钻研。"

由这一原则所带来的结果是形成了一种全民学习的传统。尽管并非人人都有"研习"的能力，但确实人人都把各种程度的"研习"视作当然之事。

这样一种为学习而学习的传统，对长期流散的犹太人尤其是其中的青年人来说，在调节其心理、保持其民族认同方面所起的作用是十分巨大的。即使从现代的立场上看，作为一种卓有成效的培养、激发人们的学习积极性的价值观念来说，也深深浸透着犹太人的独特智慧。

在犹太人看来，不管一个人到了多大岁数，也不论他有多么贫穷，只要他是人，就可以学习。人们可以通过学习保持"青春"，保持年轻人的心态，还可以通过学习获得"财富"，取得精神上的富足。

"忍冻学习的西勒尔"的故事，是一个为犹太人熟悉的故事：

名垂千古的西勒尔年轻的时候，抱着一个很大的希望，那就是专心致志研究《塔木德》。可是，他没有足够的时间，也没有充裕的金钱。因为他实在太穷了。

在左思右想之后，他终于发现了一个办法：拼命地工作，靠工钱的一半过活，把剩下的钱送给学校的看门人。

"这些钱给你，"西勒尔对看门人说，"不过，请你让我进学校去听课，我很想听听贤人们在说什么。"

西勒尔就靠着这种办法听了不少课，可是他的钱实在太少了，到最后他连一片面包也买不起。这时候，看门人坚决地拦住了他，不再让他走进学校一步。

怎么办呢？他终于找到了一个好办法。他沿着学校的墙壁慢慢爬上去，然后躺在天窗边。这时候，他就可以清楚地看见教室里面上课的情形，也可以听到教师讲课的声音。

安息日前夕，天寒地冻，冷风刺骨。第二天，学生们照常到学校去上课，屋外阳光灿烂，可是屋里却漆黑一片。

原来，西勒尔躺在天窗上，已经被冻得半死。他在天窗上已经躺了整整一夜了。

从此以后，凡是有犹太人以贫穷或者没有时间为借口不去求学，人们就会这样问："你比西勒尔还穷吗？你比他还没有时间吗？"

《塔木德》中有这样一些话：

"对于像孩子那样学习的人，我们把他比做什么呢？就像用墨水在新鲜洁净的纸上书写。

"但对于像老人那样学习的人，我们把他比做什么呢？就像用墨水在破旧不堪的纸上书写。

"世界只为了学童们的呼吸而持久存在。"

拉比阿基瓦是一个贫苦的牧羊人，直到40岁才开始学习，但后来却成了最伟大的犹太学者之一。

拉比阿基瓦在40岁之前什么都没有学过。在他与富有的卡尔巴·撒弗阿的女儿结婚之后，新婚妻子催他到耶路撒冷学习《律法书》。

"我都40岁了，"他对妻子说，"他们都会嘲笑我的，因为我一无所知。"

"我来让你看点东西，"妻子说，"给我牵来一头背部受伤的驴子。"

驴子牵来后，她用灰土和草药敷在驴子的伤背上，于是，驴子看起来非常滑稽。

他们把驴子牵到市场上的第一天，人们都指着驴子大笑。第二天又是如此，但第三天就没有人再理那头驴子了。

"去学习《律法书》吧，"阿基瓦的妻子说，"今天人们会笑话你，明天他们就不会再笑话你了，而后天他们就会说：'他就是那样。'"

阿基瓦妻子的意思就是他40岁去学习，即使别人会嘲笑他，但是第三天就不会嘲笑了，因为什么时候学习都不迟。

因此，犹太人常把西勒尔说过的一句名言挂在嘴边："此时不学，更待何时？"以此激励自己或鼓励别人去学习知识。

只要是活着，犹太人总是不停地学习。因为对犹太人来说，学习是一种神圣的使命。犹太人认为到达天国以前，人必须不断地学习。学问的追求是永无止境的。所有的犹太人一向秉持着这样一种观念：肯学习的人比知识丰富的人更伟大。

在犹太人眼中，学问不只是学习，而是以本身所学为基础，自行再创造出新东西的一种过程。学习的目的，不在于培养另一个教师，也不是人的拷贝，而是在于创造一个新的人。

在犹太人看来学生有 4 种：海绵、漏斗、过滤器、筛子。

海绵把一切都吸收了；漏斗是这边耳朵进那边耳朵出；过滤器把美酒滤过，而留下渣滓；筛子把糠秕留在外面，而留下优质面粉。

因此，犹太人倡导：学习知识，应该去做筛子一样的人，只有学习才能使人更接近完美。

日本人和犹太人对学习态度有很大区别。

日本人把做学问称作"勉强"（在日语中，做学问一词即为汉字"勉强"），意为强制性地激励自己努力学得一技之长。在做学问上，日本人也需要激励和强制的手段。无论是在学校还是在私塾，日本孩子每天的学习生活都是"痛苦的"。

和日本人的"勉强"相对，犹太人把学习称作"重复"。从字面上看，它的意思是亲自读、说、听，多遍地练习，最终将文章全部内容记住。这种韧性在犹太人当中是普遍存在的。

这种韧性是在犹太人的生活方式中养成的。年复一年，犹太人在自己的节日到来之际，整整一周时间都会吃一种无味的面包，以体味辛劳的感觉。饭后，他们还要诵读经文，感谢上帝的恩赐。犹太人在漫长的历史中一直遵守着这种传统。

在这种环境中培养出的犹太子女，即使不聪明，也会不断地通过练习和复习来达到对某事物的理解。正是这种努力进取的热情使犹太人比别的民族明显高出一筹。发明家爱迪生说："天才就是百分之一的灵感加百分之九十九的努力。"

犹太人对教育的热情早就人所共知。在希伯来语中，教育是"hinukh"，有服务、奉献之意。就是说，教育不是知识的传授，而是培养能为上帝和社会做贡献的人才。

犹太人喜欢探索，敬畏事物背后隐藏的神秘。犹太人关心的问题不是人类掌握了多少知识，而是拥有了多深的造诣和洞察力。

犹太人在教育方面最大的特点应该是贯彻完全的幼儿教育和一生学习的生涯教育。对日本人来说，"勉强"是一种苦行僧式的生活，但是，对于犹太人，学习却是一生的课题。

70多年前，有一个基督教徒想在街上雇一辆马车。他环顾了一下四周，发现不远处有一排犹太人的马车。走近一看，马正在吃草，却找不到车夫。他就问在路上玩耍的小孩："车夫哪去了?"小孩回答说："在车夫俱乐部吧。"于是，这个基督教徒就来到街道深处的车夫俱乐部，看到在狭窄的屋子里面，车夫们都在学习《塔木德》。虽然是车夫，但他们一有时间就学习圣书。

这就是传统犹太人的写照。

犹太人实行的是"投入式"学习法。

在研究《塔木德》的学院里的学生中，很多都是从早到晚一直学习的。人们经常可以看到他们捧着书，口中不停地读着什么。这种学习热情真是让人感慨万分。

犹太人的学习方法可以称作"投入学习法"。他们在学习的时候，动用全身的器官进行辅助。

犹太人学习是将眼睛看、口读、耳朵听等各种方式综合起来，而不是单纯地阅读。课文虽然单调，但他们可以用一种旋律来吟读。这种旋律和他们以圣歌为原形改造的歌曲（做礼拜时吟唱）的风格一样。无论是《圣经》还是《塔木德》，他们都用这种旋律来吟读。

犹太人读书的时候，除了抑扬顿挫地朗读，还要按一定的节律左右摇摆。他们一边用右手按着课本，一边动用所有能想到的身体器官，按照文章的意思，将自己完全投入进去。这种同时使用看、读和听的学习方法，比单纯默读效果好多了。

犹太人早礼拜的祈祷文只有150页左右，如果每天早晨都反复朗读，谁都可以记住。

普通的犹太人很少能用希伯来语将《圣经·旧约》全部背诵出来。但《塔木德》的研究者却有人能记住经文的全部内容，他们就是用带有节律的吟读的方式将《塔木德》"印"到大脑里面去的。他们在记忆文章的线索时，经常先背诵某一提示性的句子，然后再反复诵读《圣经》和《塔木德》，直到眼前能出现所背文句的出处。

犹太人海歇尔博士就有这种卓越的记忆力。有一次，一个学生给他借来一本非常珍贵的书。因为不断地遭受迫害，犹太教的典籍多数已经流失，那本书就属于残存不多的孤本之一。

古籍书店表示要把这本书送给他，而东岸书屋表示要帮他影印。海歇尔博士用两三天读完了这本书，便对学生说："谢谢你了。这本书已经全在我的脑子里了。"

第三章　把握自我是成功的起点

——犹太人处世智慧之三：世界上你唯一能把握的只有自己

做自己命运的主人

犹太人处世智慧要诀

上帝夺取了我们的一切，剩下的只有我们。（《塔木德》）

从前，一头驴子不小心掉到一口枯井里，它哀怜地叫喊呼救，期待主人把它救出去。驴子的主人召集了数位亲邻出谋划策，却想不出好办法。大家倒是认定反正驴子已经老了，"人道毁灭"也不为过，况且这口枯井迟早也会被填上。

于是，人们拿起铲子开始填井。当第一铲泥土落到枯井中时，驴子叫得更恐怖了，它显然明白了主人的意图。又一铲泥土落到枯井中，驴子出乎意料地安静了。人们发现，此后每一铲泥土打在它背上的时候，驴子都在做一件令人惊奇的事情：它努力抖落背上的泥土，踩在脚下，把自己垫高一点。

人们不断把泥土往枯井里铲，驴子也就不停地抖落那些打在背上的泥土，使自己再升高一点。就这样，驴子慢慢地升到了枯井口，在人们惊奇的目光中，从从容容地走出枯井。

这则故事给我们三个启示：其一，假若你现在就身处枯井中，求救的哀鸣也许换来的只是埋葬你的泥土。那么，驴子教会我们走出绝境的秘诀，便是拼命抖落背上的泥土，变本来用来埋葬你的泥土为拯救自己的泥土，即将不利因素转化为有利因素。其二，无论绝望与死亡如何惊天动地，有时候走出"枯井"原来就这么简单。其三，驴子走出枯井时，表现得从从容容，这应该说是从生活或从困境中走出来的人，面向未来，充满活力的一种值得探讨和推崇的理念。

《塔木德》教导人们："要救赎自己"，这种救赎不能靠别人，必须由自己来完成，看看犹太人是如何救赎自己的。

因为犹太人会精心设计自己的人生，所以在发现自己真正想要从事的职业之前，他们会不断地变换工作。美国犹太商人朗司·布拉文就属这一类人。

布拉文是 37 岁才开始经商的。他的父亲在洛杉矶经营一所拥有 100 名员工的会计师事务所，他在大学学的是会计学，毕业以后他马上进了父亲的事务所工作。周围人都认为他会顺其自然地成为事务所的第二代继承人继续经营会计师事务所，但是，他总是觉得事务所的工作不适合自己，最后辞职了，开始自己尝试着经商。

他进入商界也就十几年时间，但年交易额已达 35 亿日元。他主要向日本出口高尔夫用品等与体育有关的用品、服装及辅助设备等。经销地点除了公司本部的拉斯维加斯外，还有日本及瑞士。他设想有朝一日能够建立世界规模的公司。

幸亏布拉文转换了工作，才发现更适合自己发展的道路。但是，当初作出从父亲的事务所辞职的决定肯定是很难的。虽说犹太社会父子关系是各自独立的，但是就这么眼睁睁着放弃非常成功的父亲的事业，自己出去独立发展是需要很大决心的。但是，遇到该选择父亲还是该选择自己的情况，犹太人会毫不犹豫地选择自己。

看看下面这则很有寓意的故事吧，之后你会有所感悟：

有三个人要被关进监狱三年，监狱长说可以让他们三个一人提一个要求。

美国人爱抽雪茄，要了三箱雪茄。

法国人最浪漫，要一个美丽的女子相伴。

而犹太人说，他要一部与外界沟通的电脑。

三年过后，第一个冲出来的是美国人，嘴里鼻孔里塞满了雪茄，大喊道："给我火，给我火！"原来他忘了要火了。

接着出来的是法国人。只见他手里抱着一个小孩子，美丽女子手里牵着一个小孩子，肚子里还怀着第三个。

最后出来的是犹太人。他紧紧握住监狱长的手说："这三年来我每天与外界联系，我的生意不但没有停顿，反而增长了200%。为了表示感谢，我送你一辆劳施莱斯！"

这个故事告诉我们：什么样的选择决定今后过什么样的生活。今天的生活是由三年前我们的选择决定的，而今天我们的抉择将决定我们若干年后的生活。

犹太人就是这样，什么事情都是靠自己来争取。不能因为环境改变了，就要放弃自己的计划。中国有句俗语：三句话不离本行。犹太人素来以经商为主，不管他在哪里，他都会牢牢记住自己的理想，不会放弃。因为一旦放弃了，那么就等于放弃了自己。在他们的意识里面，生活只能靠自己去选择，去创造。

追求成功，得靠实力，追求财富也离不开自身的拼搏。只要拥有了凡事求己的坚强和自信，人人都能成为自己的财神。其主旨就是要揭示这样一条真理：凡事不要依靠别人施舍，也不要希望财富与成功自天而降。只有将命运之舟紧紧地掌握在自己的手中，才能使它准确地驶向成功的彼岸，驶向财富的绿洲。只有自己才是操纵自己人生的真正主人。

休·赫胡是美国一家著名杂志的老板，他的杂志在国内极受读者欢迎，是美国最热门的杂志之一。

赫胡早年经历极为平凡，只不过是一位记者，这在美国是一个普通得不能再普通的职业。在他当记者的时候经常因为工作而耽误了吃饭休息，甚至连好几个女朋友都先后离他而去，但他仍然勤奋工作，毫不懈怠。

到后来，他才突然发现，自己这样做，并没有得到应该得到的报酬。

于是，他终于鼓起勇气，来到总编办公室，要求总编给他增加 10 美元的工资。

总编对这位年轻的记者丝毫不放在眼里。他轻蔑地对赫胡说："像你这样的年轻人，值得拿这么多的工资吗？况且，要那么多钱干什么？"

赫胡听到总编说出这样粗鲁的话，看到总编的态度如此蛮横无理，顿时有被要弄的感觉，当场提出辞职要求，并且毫不犹豫地离开了报社。

他虽然离开了报社，但报社也曾给他带来很多好处，让他从这份薪俸微薄的记者工作中积累了丰富的生活素材，为他后来成就事业打下了坚实的基础。

赫胡凭着自身具备较为优越的条件，开始筹集资金，发行杂志。这个被迫辞职的记者，不久成了杂志社的编辑，又不久成了杂志社经理。

杂志成功后，赫胡又在芝加哥开设了俱乐部，其俱乐部形式生动活泼，项目新鲜，服务周到，分店很快就遍布了全世界。他也因此成了一个蜚声中外的成功人士，可谓名利双收。

休·赫胡决意掌握自己的命运，不甘于仰人鼻息，为他人卖命。他通过自己的努力，闯出一条成功之路。

唯我可信

犹太人处世智慧要诀

最值得信赖的朋友在镜子里，那就是你自己。(《塔木德》)

犹太民族在长时间的流浪生涯中，有一个深刻的体会就是"唯我可信"。他们不相信任何人，他们坚信自己的生活只能靠自己来创造。

在孩提时代犹太人就被灌输独立自救的意识，以期待在将来未知的坎坷人生路上应付自如。父母们对他们的孩子这样教育着，"只相信自己，不相信别人，任何人都不可靠"。

这种只相信自己的思想，是孩子们独立意识形成的基础，它使犹太小孩从小便有独立生计的意识存在。他们相信，只有自己才能养活自己，靠别人来过活绝对是天真的幻想。因此，他们在任何条件下，都能顽强地生存下去。他们凭靠的是自己的能力。

这种"唯我可信"的做法，也使他们在处理所有事务时，小心谨慎，认真思考后再作出抉择，所以他们很少上当受骗。

这种培养孩子独立意识的做法，在我们看来虽有些残酷，但绝对理智！它正是犹太民族长期流浪而不散不亡的一个重要原因。在长期的流浪生涯和被人排挤中顽强生存下来的犹太民族自然会对他人疑窦丛生。而商业经营者作为独立掌握自己命运的市场经济一分子，首先应具备的便是这种理智的独立意识与生存意识。这种意识还构成了犹太商人自我保护的防护膜，使他们从不陷于别人的商业陷阱。

反之，轻信别人，就很容易落入别人设的商业陷阱。

在 19 世纪初，德国人梅里特兄弟移居美国定居密沙比。他们无意中发现密沙比是一片含铁丰富的矿区。于是，他们秘密地大量购进土地，并成立了铁矿公司。洛克菲勒后来也知道了，但由于晚到了一步，只好等待时机。

1837 年，机会终于来了。由于美国发生了经济危机，市面银根告紧，梅特里兄弟陷入了窘境。

一天，矿上来了一位令人尊敬的本地牧师，梅特里兄弟赶紧把他迎进家中，待作上宾。

聊天中，梅特里兄弟的话题不免谈到了自己的困境，牧师连忙接过话题，热情地说：

"你们怎么不早告诉我呢？我可以助你们一臂之力啊！"

梅特里兄弟大喜过望，忙问："你有什么办法？"

牧师说："我的一位朋友是个大财主。看在我的情面上，他肯定会答应借给你们一笔款子。你们需要多少？"

"有 42 万就行。你真的有把握吗？"

"放心吧，一切由我来办。"

梅特里兄弟问："利息多少？"

梅特里兄弟原本认为肯定是高息，但他们也准备认了。

谁知牧师道："我怎么能要你们的利息呢？"

"不，利息还是要的，你能帮我们借到钱，我们已经非常感谢了，哪能不付利息呢？"

"那好吧，就算低息，比银行的利率低 2 厘，怎么样？"

两兄弟以为是在梦中，一时呆住了。

于是，牧师让他们拿出笔墨，立了一个借据：

"今有梅特里兄弟借到考尔贷款 42 万元整，利息 3 厘，空口无凭，特立此据为证。"

梅特里兄弟又把字据念了一遍，觉得一切无误，就在字据上签了名。

事过半年，牧师再次来到了梅特里兄弟的家里。他就对梅特里兄弟说："我的那个朋友是洛克菲勒，今天早上他来了一封电报，要求马上索回那笔借款。"

梅特里兄弟一时间毫无还债的能力，于是被洛克菲勒无可奈何地送上了法庭。

在法庭上，洛克菲勒的律师说："借据上写得非常清楚，被告借的是考尔贷款。考尔贷款是一种贷款人随时可以索回的贷款，所以它的利息低于一般贷款利息。按照美国的法律，一旦贷款人要求还款，借款人要么立即还款，要么宣布破产。"

于是，梅特里兄弟只好选择宣布破产，将矿产卖给洛克菲勒，作价52万元。

几年之后，美国经济复苏。洛克菲勒以1941万元的价格把密沙比矿卖给了摩根。而摩根还觉得做了一笔便宜生意。

"切忌轻信"实是犹太商人从活生生的商业活动中得出的高级生意经，而其适用范围竟然已经到达潜意识层次。只有一个发明了精神分析学的民族的商人，才会在这种极其细微、极不容易觉察的地方，有如此清晰的认识，并且驾轻就熟、游刃有余。这真是一条保持内心平衡，不被他人策动的生意经。

《塔木德》上说：朋友就像燃烧的煤炭。如果距离不够接近，很难感觉温暖；然而如果过分接近，就要烫坏身子。

犹太人中还流传着这样的民谚："与其是个暧昧的朋友，毋宁是个明确的敌人。"人最难应付的，就是态度暧昧的朋友。他究竟是不是真的朋友？抑或根本是个敌人？因此，与人交往之时态度暧昧强作友善，毋宁做个明确的敌人。

犹太人虽相信"血浓于水"的教条，但遇到金钱问题永远小心而猜疑，甚至连太太也不相信。有些犹太人为了省去这些麻烦，干脆不结婚。这种情况在犹太富商中很常见。有位当律师的犹太人，特别富有，已到中年，仍旧孑然一身。当有人问他为何不找对象结婚时，他表情严肃地说："我一旦结婚，妻子一定会觊觎我的财产。她还可能会等不及我咽气，便把我给谋杀了，好接收我的全部遗产。你说何必冒失去生命和财产的危险而去结婚呢？"不相信太太，惧怕太太到这种程度，真是有点难以让人置信。

这个犹太律师月收入50万美元，生活十分舒适，一般是休息两个月，工作一个月，别人忙得不可开交时，他总在开着车到处兜风。他宁愿把钱花在酒吧女郎及豪华奢侈的生活上，也不愿娶个太太来约束他，使他整日活得不轻松。

人们常说，亲密的朋友，有时候是最可怕的敌人。犹太人大概是相信了这句话而一同生出惧妻症来了。

经商需要诚信，但拒绝轻信。轻信只会使我们失去判断力，被他人牵着鼻子走，甚至被引入歧途甚至深渊。对于早已把商业作为一种职业的犹太人来说，经过千百次失败的考验，他们早已把"不轻易相信对方"列为经商秘传。

哪怕同再熟的人做生意，犹太商人也不会因为上次的成功合作，而放松对这次生意的各项条件。他们习惯于把每次生意都看作一次独立的生意，把每次接触的商务伙伴都看作第一次合作的伙伴。犹太人和外国人签约时，总是用不信任的态度来对待别人。这是由于他们多年流浪后，为保护自己而形成的一层小心谨慎的屏障。

洛克菲勒的父亲叫威廉，他曾经说过："我希望我的儿子们成为精明的人，所以，一有机会我就欺骗他们。我和儿子们做生意，而且每次只要能诈骗和打败他们，我就绝不留情。"

威廉无疑是想通过这件事告诉儿子：世界是复杂的，不要轻信任何人，每个人，哪怕是最亲近的人，都可能成为你的敌人。

犹太人在经商时，视商场为战场，视他人为假想敌，心理高度警惕，永不放弃戒备心。纵然是自己的妻子或者丈夫，也把他当外人看待，从不轻易信任，这也是犹太人防范交易风险的智慧之举。

超越自我

犹太人处世智慧要诀

超越别人的人，不能算真正的超越；超越从前的自己，才是真正的超越。（《塔木德》）

《塔木德》上记载：超越别人，不能算真正的超越；超越从前的自己，才是真正的超越。在犹太人看来，人有两个生命，一是父母给的，二是自己赋予自己生命的实质。赋予自己生命的实质，只能依靠创造力，而旧有习性却束缚创造力。要获取创造力只能自己凭意志和毅力超越这种旧习性。

犹太人有一则故事教导人们要去超越自己。

有一对父子俩都是拉比。父亲性格温和，考虑周到；而儿子却孤僻、傲慢，所以他一直没有成功。

有一天，儿子对父亲抱怨。老拉比说：

"我的孩子，作为拉比我们之间的区别是：当有人向我请教律法上的问题时，我给他回答。他提的问题以及我的回答，我的提问人和我都满意。但是若有人问你问题，则双方都不满意——你的提问人不满意是因为你说他的问题不是问题；你不满意是因为你不能给他一个答案。所以，你不能怪别人而必须放下架子鼓励自己，才能成功。"

"父亲，你是说我必须超越自己？"

"是的，"父亲回答，"超越从前自我的人，才是真正成功的人。"

道理很简单，如果勤劳自勉，借以超越自己，那么总有一天，就会自然而然地超越别人。人一定要把握住自己的内在动力，超越自己，才能不断地鞭策自己前进。

若想超越自我，就要打破现有的状态，敢于向未知的领域挺进，具有冒险精神，正如犹太科学家爱因斯坦所说："人必经常思考新事物，否则和机器没什么两样。"

犹太人认为，超越自己的事情一天都不能放松，尽量地学不同的事物，将它们组合起来，才会有新的智慧和洞察力，产生这些不同的事物相互影响之后，往往会有许多新的创见。每个人都有与生俱来的创造力，只是有些人通过坚持不懈地学习，把它发挥了出来，更多的人则因为懈怠让这种才能荒废掉了。

美国著名影星保罗·纽曼是一位犹太人。因为善于适应环境，活用自己身上的天赋，不断超越自我，在演员和商人两重身份间出入自如，从而"财""艺"双收。

保罗·纽曼有杰出的演艺才能和先天的强健体魄，在银幕上成为男性美的化身。他拍摄了许多影片，如1956年的《上帝喜欢我》，1958年的《漫长炎热的夏季》、《热锌皮屋顶上的猫》，1960年的《阳台上》、《成功》等，其中有不少影片获得好评，他曾先后5次被提名为奥斯卡金像奖最佳男主角。在他60岁那年第六次被提名时，终于摘取了奥斯卡金像奖最佳男主角的桂冠。保罗·纽曼除了有高超的演技外，还是一个出色的导演，他曾导演拍摄过5部电影，也执导过电视剧。他导演的《雷切尔》获得了很大的成功。

这位出生于美国俄亥俄州克利夫兰的犹太人，父亲是一家体育用品商店的小老板，小时候喜欢运动，故长得一副好身材。他的母亲是位音乐戏剧爱好者，小保罗受母亲的影响，也喜欢音乐戏剧。当他上大学时，常参加学生的娱乐活动，有时还登台演出自编自演的小剧目。这样，无形中练就了他的表演技能。

1982年，保罗·纽曼向一位作家朋友提出自己想开发一种拌面条用的酱汁，这种酱汁是保罗自己在厨房做菜时调配的。

两人一谈即合，同意各出资50万美元开发这种产品，取名为"保罗·纽曼面汁"，生产这种面汁的企业亦取名为"保罗·纽曼公司"。公司创办之初，使用最便宜的家具和工具，但他们却使用最好的原料和最佳的配方，以确保面汁质量。产品推向市场后，各地超级市场不断要求补充货源，他们不得不雇请工人扩大生产，仅仅经营了一个月，就纯赚 4 万美元。

第一炮打响以后，"保罗·纽曼面汁"的销量开始月月增加，合伙投资的 100 万美元本金，在开业的几个月就收回了。到开业一周年时，公司的纯利润达 1200 万美元，到第六年，该公司已成为一个大企业，被喻为"食品王国"。

保罗·纽曼无论在台前演戏，还是在幕后经商，都显示出了超凡的能力。不断超越自己使他在演艺界和商界齐头并进，成为了一个名利双收的富豪明星。

保罗·纽曼从商人到演员直到天皇巨星，再从天皇巨星到企业家，再到食品大王，他的人生之路告诉人们，只有不断超越自我，不断让自己在新的生活和环境中去迎接挑战，才能保持住不灭的创造力，才能最大限度地发掘自己的潜力。

善待自己

犹太人处世智慧要诀

每时每刻都要善待自己。（《塔木德》）

要享受自己的生活，这样才是有意义的人生。

犹太人不赞成过分节俭。《塔木德》说："当富人没有机会买东西的时候，他会自认为是个贫穷的人。"如果自己拥有了金钱，却守着它们不松动，把它们紧紧地攥在自己的手里，是愚蠢的。

犹太人认为，即使追求神圣的精神生活也不应该让自己贫困。信仰上帝和追求享受是可以相提并论的。他们认为自己追求精神的崇高，也应该追求世俗生活的幸福。一味追求精神生活而忽略物质上的舒适是不可取的。

因此，犹太人对自己的生活要求有一种很高的品位。他们喜欢豪华的居所、精美的食物和名贵的车辆，因为这样才配得上自己所赚取的财富和自己高贵的地位。犹太人的节俭精神与他们享受生活并不矛盾。犹太人认识到赚取财富是为了更好地生活。他们在日常生活中，也买自己喜欢的东西，并愿意为这样的昂贵的物品付出代价。在纽约这样的大城市，经常可以在晚上看到在装饰豪华的中国餐馆和意大利餐厅，坐着颇有绅士风度的犹太人，他们和家人、朋友一边吃着精美的食品，一边亲密地交谈，那惬意的神态让人羡慕不已。他们毫不吝啬地把白天赚来的钱花出去，通常可以为了一顿精美的晚餐而一掷千金——为了享受他们是愿意花钱的。

犹太人有个习惯，就是不在餐桌上谈论工作。

犹太人的工作简直就和打仗一样充满了战斗的气息，即使是一分钟也要尽量抓紧。

犹太人就是这样拼命赚钱的，在这种紧张的工作气氛下，倘若忙活了整天，到了晚上好好地吃顿可口的晚餐，那将是多么好的享受啊，而这顿喷香的饭菜就是对自己努力工作最好的奖赏。

犹太人说，人生就是为了吃饭而活着，要好好地享受吃饭的乐趣。他们还说，喷香的饭菜是上帝赐给自己的礼物，一定要好好享受，他们把吃饭当做是一种高级的享受。

尤其是晚上的那顿饭，在豪华的饭店里端上喷香精美的食物，犹太人就和朋友们一起开始海阔天空地聊天，但是他们也有三不谈：不谈政治、不谈战争、不谈女人。

犹太人享用晚餐的时间长达两个小时。在尽情享用美食的同时，他们还会聊很多话题，例如娱乐、名胜古迹、花卉、动物等，但同时，他们绝不会谈到战争、宗教和工作。战争和宗教的话题，常常会勾起他们被迫害的痛苦回忆，破坏融洽的气氛；谈工作，则会影响就餐的情绪。总之，犹太人在吃饭时，一定是放松心情，慢慢地吃，把人生和工作的烦恼统统抛诸脑后。

这是他们一天最为幸福的时候，他们把白天赚来的钱大把大把地花出去，这样他们觉得自己的人生很有意义。

犹太商人的这种生活方式，令同为当今世界著名商人的日本商人叹为观止。其他不说，光犹太商人不管工作如何忙，对一日三餐从不马虎，总留出专门的进餐时间，还要吃得像模像样，而且进餐时忌讳谈工作，就让日本商人感慨万分。

岂止吃饭这点时间不谈工作，虔诚的犹太商人每周同样要过那整整 24 小时不谈工作甚至不想工作的安息日！因为犹太人是世界上最谙熟"平常心即智慧心"的民族。

每周星期五晚上一直到星期六的傍晚，是犹太人禁烟、禁酒、禁欲的时间。他们将一切杂念都抛到九霄云外，一心一意地休息和祈祷。事实上他们正是在运用这段时间养精蓄锐，准备投入下一场生意的搏斗。星期六的晚上，犹太人则开始尽情享受，过一个开心的周末，以一种动态的休息方式来排遣工作压力。这种动静兼顾的适度休息，保证了犹太商人在下一周有充沛的体能和精力去投入新一轮的商业拼杀。

有人这样问一个犹太富翁：

"你们工作一小时可赚钱 50 美元以上，如果每天休息一小时，一月就少赚 1500 美元，一年少赚 1.8 万美元以上，这值得吗？"

犹太人算得更快：

"假如一天工作 8 小时不休息，一天可赚 400 美元，那我的寿命将减少 5 年，按每年收入 12 万元计算，5 年我将减少 60 万美元收入，假如我每天休息一小时，那我虽然损失每天 1 小时 50 美元，但将得到 5 年每天 7 小时工作所赚的钱，现在我 60 岁，假设我按时休息可活 10 年，那么我将损失 15 万美元，15 万和 60 万谁大呢？"

犹太人确实是很精明的！

不会休息的人是愚蠢的人。连视钱如命的犹太人也愿意放弃钱来休息，而那些为钱所束缚的人们为什么不保护一下自己的生命，在工作之余找点时间休息？

犹太人从周六日落到周日日落的时间是休息日，这是《圣经》上规定的休息日，《圣经·创世记》上说，神造物用了 6 天时间，所以到了第七天就要停止一切工作。神赐福给第七日，意为圣日，在这一天，绝对不能从事工作，因为神停止了他的一切的工作，就安息了。

所以这一天是放假的日子。这一天不可谈论有关工作的事，不可思考有关工作的问题，不可阅读有关工作的书。当然，也不可从事有关工作的计算，甚至连煮饭做菜都在禁止之列。

休息的意义何在呢？

一张弓如果一直绷着，即使是钢做的，也会失去弹力。同样，不管大脑多么聪慧，长时间地紧张、过度疲劳地思考，就会开始麻木。犹太人就是用八分的紧张和二分的松弛来保持最佳的工作状态。

根据犹太律法，休息日的活动范围原则上是从街口起 1 千米以内，当然，这个规则在现在犹太人当中已经没有什么约束力了。但是，作为一个思考方式，即以不疲劳为限，还是得到了广泛的认同。

休息的目的就是缓解一周工作的疲劳，恢复原有精力。有的人利用周末休息的时间来工作，这种做法实在是本末倒置。要进行生产和创造性的活动，本来就应该学会养精蓄锐。

在古代，只有犹太人在每周都拿出一天时间来休息。这在当时的外国人看来是非常奇特的事情。美索不达米亚文明、希腊文明和罗马文明里都没有过休息日这样的事情。在那种环境中，犹太人还是遵守着他们一周休息一天的习惯。这种休息日的制度即使一个犹太人皈依了其他教派后仍会继续得到遵守。

如果说犹太人在休息日什么也不干，也不尽然。他们只是在这一天停止一切的商业活动。从另一层意思上讲，休息日也是劳动日，就是说使用大脑的劳动。他们早上 8 点就出去做礼拜，一直到中午。他们用希伯来语诵读祈祷文，倾听《圣经》的教诲。拉比们会讲述那些平时接触不到的深邃思想，让人们心智一片光明。回到家后，犹太人一家其乐融融地吃过午饭，很快就午睡了。4 点左右，他们会在自家或是犹太教堂和朋友或是拉比们一起交流，研究《塔木德》和《圣经》。

俗话说："不会休息，就不会工作。"那些不重视休闲生活的人，总是以工作太忙，抽不出时间为由，来自欺欺人。实际上这些人总是浪费自己的休息时间，使自己一天到晚在紧张忙碌中度过。而这一切对身体健康、提高工作效率、个人生活都是有害的。

因为越是工作忙时，越应该合理地休息。俗话说："休息是为了更好地工作。"必须学会强迫自己休息。工作繁忙的公司总经理们，就非常注意休息，常常把自己的休息安排得适当合理。我们应该把休息列进作息时间表，与工作一样重要，坚持执行。

犹太人认为，活着就是为了享受，应该在条件容许的情况下尽量善待自己。

一位住在芝加哥的犹太人已经 70 岁了，却要买一套很豪华的公寓，别人觉得很奇怪，问他："你年纪这么大，估计也就只有几年的寿命了，还要这么大的房子干什么？"

这位犹太人反问道："难道只有几年就不可以享受了吗？"

来看看洛克菲勒的教训吧：

洛克菲勒在33岁时第一次赚到了100万美元。43岁时，他建立了世界上前所未有的最大垄断企业——"标准石油公司"。但他在53岁时又怎么样呢？烦恼和高度紧张的生活已经破坏了他的健康，他的头发全部掉光，甚至连眼睫毛也一样，"看起来像个木乃伊"。

根据医生们的说法，他患的病是"脱毛症"。这种病通常是由过度紧张引起的。他的头部光秃秃的，模样很古怪，使他不得不戴上帽子。后来，他订制了一些假发——每顶500美元。从此他就一直戴着这些假发。

做不完的工作，无穷的烦恼，长期的不良生活习惯，经常失眠以及缺乏运动和休息，已夺去他的健康，使他挺不起腰来。

洛克菲勒早在23岁的时候就全心全意追求他的目标。当他做成一笔生意，赚到一大笔钱时，他就高兴得把帽子摔在地上，痛痛快快地跳起舞来。但如果失败了，那他也随之病倒。

"缺乏幽默感和安全感"，这是洛菲勒一生的特征。他说："每天晚上，我一定要先提醒自己，我的成功也许只是暂时性的，然后才躺下来睡觉。"

他手上已有数百万美元可以任意支配，但他仍然担心失去一切财富。他没有时间游玩或娱乐，从未上过戏院，从没玩过纸牌，从来不参加宴会。诚如马克·汉纳所说："在别的事务上他很正常，独独为金钱而疯狂。"

这些就是洛克菲勒前半生生活的真实写照。他为了金钱，为了事业，将自己彻底地搞垮了。美国一个著名企业家福特说过："只知工作而不知休息的人，就像没有刹车的汽车，极为危险。"

53岁以前他一直沉溺于不择手段地赚钱，使得他的身体每况愈下。最终洛克菲勒选择了从事业上退休。他学习打高尔夫球、整理庭院、和邻居聊天、打牌、唱歌。总之，他是彻底地休息，开始善待自己。

甚至于后来洛克菲勒在吃饭的时候从不谈工作，只是尽情地享用他的美食。这种良好的习惯，让他在90高龄的时候还能精力充沛地工作。洛克菲勒是当时世界上最为富有的人，也是所有商业大亨中最为高寿的一位。

以上我们不难看出犹太民族是一个很会享受的民族。在日常的生活中，他们注重吃喝的享受，吃得好，身体自然就健康。健康是犹太人最大的本钱。犹太人曾经浪迹天涯，处处遭人歧视和迫害，但是犹太人并没有因此而灭绝，不能不归功于他们养身有术——注重健康。还有和饮食一样对健康有相同功效的就是充分的休息，犹太人也是非常注重的。

善待自己，就要善待自己的身体。

只拿属于自己的

犹太人处世智慧要诀

我们行事为人凭着信心信念，不是凭着眼见。(《塔木德》)

犹太人虽然爱钱，但他们却只赚属于自己的钱。他们在金钱的诱惑面前，总能保持足够的定力。他们绝不让金钱腐蚀自己的灵魂。犹太人追求财富，靠的是自己的头脑和双手光明正大地赚。在犹太人的眼中，拿不义之财就会受到神的惩罚。

有个犹太妇女购买东西，当她从百货公司回到家里从袋中取出东西时，忽然发现里面有一枚戒指。她并没有买这东西。她把此事告诉了小儿子，并带着孩子一并去找拉比，请教怎样处理此事。

拉比给他们讲了《塔木德》中的一则故事：

有位拉比平日靠砍柴为生，每天要把砍的柴从山里背到城里去卖。拉比为了节省走路的时间，决定买一头驴来代替。

拉比向阿拉伯人买了一头驴牵回家来。徒弟们看到拉比买了头驴回来，非常高兴，就把驴牵到河边去洗澡，结果驴脖子上掉下来一颗光彩夺目的钻石。徒弟们高兴得欢呼雀跃，认为从此可以脱离贫穷的樵夫生活，可是拉比领他们赶快去街上把钻石还给阿拉伯人。拉比说："我买的只是驴子，而没有买钻石。我只能拥有我所买的东西，这才是正当行为。"

阿拉伯人非常惊奇："你买了这头驴，钻石是在驴身上，你实在没有必要拿来还我。你为什么要这样做呢？"

拉比回答："这是犹太人的传统。我们只能拿支付过金钱的东西，所以钻石必须归还给你。"

阿拉伯人听后肃然起敬，说："你们的神必定是宇宙中最伟大的神。"

听罢这则故事，妇人立即决定回去把戒指还给百货公司。拉比告诉她："如果对方问到你退还戒指的原因时，你只需说一句话就行：'因为我们是犹太人。'请带着孩子一块儿去，让他亲眼目睹这件事。他一定会对自己母亲的正直与伟大永记不忘。"

从此故事可以得到启示：犹太人对待金钱是很有原则的。正所谓"君子爱财，取之有道"。

如果民族的灵魂变肮脏了，民族就彻底完了。犹太人的生存经历是一面明镜，值得人类学习和借鉴。灵魂的纯洁是最大的美德。经商者应当牢记，抓住属于自己的钱，而不抓不属于自己的钱！

犹太人从来只拿属于自己的东西，这里属于自己的东西就是已经付过钱的。他们把这当成一种传统，是不可以破坏的。

犹太商人最重道义，对于金钱，他们坚持取之有道。从不用手段去骗钱。从意识层面来说对利益的追求应该受到一定的制约，有所节制。

以义制利是给私利的追求提出一个标准，对私利的追求，凡符合义的要求的是正当的，凡不符合义的要求的就是不正当的，这就是所谓的"取之有道"。在对利的追求上，问题不在于是不是追求私利，而在于对私利的追求是否合理。只要符合义的要求，即使如舜从尧那里接受天下，也是合理的；相反，如果所求不符合义的要求，那就是不合理的，即使是一碗饭、一分钱，也是不能要的。

既然对利益的追求要服从和符合义的要求。那么在有利可图时，就要先想一想是否合乎道义，来决定取舍；符合道义的就取，不符合道义的就不取。这就是"见利思义"，从反面讲就是不取不义之财。

犹太小伙子罗斯曼大学毕业后在一家外贸公司工作，由于工作出色，很快被公司提升为负责和法国外贸的主管。一次，罗斯曼和法国一家大公司有个合作项目，经过艰苦的谈判，双方都求得了自己要求的利益，达成了一致协议。为了表示对这个项目的重视，法国公司的市场部主管亲自来以色列签约。在签约之后，双方很快进行了交易。可事后，公司的财务部给罗斯曼传来信息，说是公司账上多了5000万法郎，要求查清楚。罗斯曼非常重视，他很快就发现是和法国公司合作中，对方由于某种原因造成一个失误。罗斯曼当时就打电话联系法国公司，随后亲自携带款项到法国，询问这个问题。法国公司对罗斯曼这一举动非常感动，也看出了罗斯曼不取不义之财，他们公司是值得好好合作的一个伙伴。为表示感谢，法国公司主动把合约条款改宽很多，给罗斯曼公司每年增加200万美元的收入。

罗斯曼不取不义之财之举换来的是公司的长期财富。

谦卑是最高尚的道德

犹太人处世智慧要诀

降低自己的人，上帝抬高他；抬高自己的人，上帝降低他。

在众人面前要谦卑。（《塔木德》）

犹太古谚有一句批评自大的话："没有你，太阳照样东升西下。"

犹太人认为，当人自满自大时，就会失去一个人应有的谦虚以及改过向上的念头。因此，虽不认为自大是一种罪过，却认为它是一种愚昧。有很多人总认为自己是世界中心，但是周围的任何人却绝不可能那么重视自己，因此他厌恶别人的漠不关心，同时更为自己没有达到更高的目标而生气，于是就会产生过度的自我嫌恶。在犹太人看来，这也算是自大的一种。因为这种自我嫌恶和虚荣心是互为表里的。

犹太人说："如果自己的内心已被自己占满时，就再也不会有留给神住的地方了。"

犹太人告诫孩子们不可自大时，常引用《圣经·创世记》做比喻：

在《创世记》中，神首先分别光明与黑暗；再分割天空和地面；并将地面划分为水、陆；然后他开始创造生物；到了最后才创造人——亚当。因此，甚至跳蚤都比人早到这个世界，所以人有什么了不起呢？

谦虚是美德。因此《塔木德》对谦虚有很严格的规定，告诫人们说："即使是一个贤人，只要他炫耀自己的知识，他就不如以无知为耻的愚者。"

犹太人有许多嘲笑不谦虚的人的故事。

有一位从事神圣工作的拉比好像在熟睡。他的旁边的信徒讨论这位神圣的人无与伦比的美德。

"他是多么虔诚！"一个信徒带着陶醉叫了出来，"在整个波兰也找不到第二个像他的人！"

"谁能和他比仁慈？"另一个狂热的呐喊，"他给人宽广无私的施舍。"

"还有多么温和的脾气！"另一个信徒眼睛发光地低语。

"啊，他是多么的博学！"一个信徒用圣歌般的调子说。

信徒们陷入了沉默。这时这位拉比慢慢地睁开眼睛，用一种受伤害的表情看着他们。

"怎么没有人说说我的谦虚？"他责备说。

这则故事的名字就叫《谦虚的拉比》，它嘲讽了一个毫不谦虚的拉比的愚蠢。

犹太拉比希雷尔据说是一位最谦卑的人，他的名言："我的谦卑就是我的高贵，我的高贵就是我的谦卑。"

下面这则轶事体现了他这方面的品质：

有两个年轻人打赌，如果谁能让希雷尔拉比发怒，谁就可以赢 400 元钱。这天刚好是安息日前夜，希雷尔拉比正在洗头。

这时，有个人来敲门，并大声喊道："希雷尔，希雷尔在家吗？"

希雷尔拉比忙用毛巾包好头问道："孩子，你有什么事吗？"

"我有一个问题不明白。"年轻人说。

"请讲吧，孩子。"希雷尔拉比说。

"为什么巴比伦人的头是圆的？"年轻人问道。

"这的确是一个重要的问题，原因在于巴比伦人缺乏熟练的产婆。"希雷尔拉比回答。

那个年轻人听完就走了。没过多久，这个年轻人又来了，大声喊道："希雷尔，希雷尔在家吗？"

希雷尔拉比连忙又包好头，走出门来问道："孩子，你有什么事吗?"

"我有一个问题不明白。"这个年轻人说。

"那就请讲吧,孩子。"希雷尔拉比说。

"为什么帕尔米拉地方的居民都长烂眼睛?"那人问道。

"这的确是一个重要的问题,因为他们生活在沙尘飞扬的地区。"希雷尔拉比回答。

这个年轻人又说道:"我还有许多问题要问,但我怕惹您生气。"

希雷尔拉比干脆把身上都裹好,坐下来说:"有什么问题,你尽管问吧。"

"你就是那个被人们称为以色列亲王的希雷尔吗?"

"不错。"

"但愿以色列不要有太多像你这样的人。"

"为什么呢?"

"因为为了你,我输掉了 400 元钱。"

希雷尔问明情况后,对他说:"年轻人,希雷尔是值得你为他输掉 400 元钱的,即使再加 400 元钱也不算多,不过希雷尔是肯定不会发火的。"

面对年轻人一次又一次的刁难,希雷尔始终以一种谦卑的态度耐心作答。试想,没有很高的修养,是很难做到这一点的。

另外一位拉比美雅也可称得上是一位谦卑的人:

拉比美雅是一位天才演说家。每个周五晚上,他都要在礼拜堂里宣讲教义,听者数以百计。其中有一位妇女为之着迷不已。

通常周五晚上,犹太妇女都要在厨房准备安息日的饭菜,但是这位崇拜美雅的妇女,每次都到教堂听讲而耽误了家里的事。

美雅讲道时间很长,但听众却觉不出来。有一天,这位妇女听完讲演回到家时,发现丈夫怒气冲冲地在门口等她,看到她就暴跳如雷地骂道:

"明天就是安息日了,饭菜还没有准备好,你到哪里野去了?"

妇女回答道:

"我到教堂去听拉比美雅讲道了。"

丈夫气急败坏地说：

"除非你往拉比的脸上吐一口痰，否则你休想再进这个家。"

这位妇女只得暂时借住在朋友家中。

消息传到拉比美雅的耳朵里，他深感不安。自责的同时，他邀请这位妇女到自己家中，对她说：

"我的眼睛很痛，用水洗一洗也许会好一些。请你替我洗一洗。"

这位妇人以为美雅是在调戏她，就朝美雅的眼睛吐了一口痰。

这位妇女回家了。

弟子们问美雅：

"您是一位尊贵的受人尊敬的拉比，怎能甘受侮辱而不声不响呢？"

美雅说："只要能挽回一个家庭的和睦，任何牺牲都是值得的。"

这就是高贵人的谦卑之处。《塔木德》以此教导世人。

一部囊括犹太人智慧的百科全书

犹太人智慧

大全集

（第二卷）

沧海明月　编著

中国华侨出版社

合同是与神签订的契约

犹太商人生意经要诀

一旦签订合同就要承担自己的责任，不管发生任何困难，也绝不毁约。生意经的精髓在于合同。当然也要求签约对方严格履行合同，不容许对合同有不严谨和宽容。

犹太人的经商史，可以说是一部有关契约的签订和履行的历史。犹太人之所以成功的一个重要原因，就在于他们一旦签订了契约就一定执行，即使有再大的困难和风险也会自己承担。

犹太人信任契约，相信签约的对方也一定会严格执行。因为他们深信："我们的存在，是履行和神签订的契约。"他们之所以不毁约，是认为契约是和神的签约，不可毁约。

所以，犹太人一旦签订就要承担自己的责任，在犹太商人中，根本就不会有"不履行债务"这句话。

那么犹太商人在实际经营中是如何信守合约的呢？有个小故事可见一斑：

有一个犹太老板和雇工订了契约，规定雇工为老板工作，每一周发一次工资，但工资不是现金，而是工人从附近的一家商店里购买与工资等价的物品，然后由商店老板结清账目领取现款。

过了一周，工人气呼呼地跑到老板跟前说："商店老板说，不给现款就不能拿东西。所以，还是请你付给我们现款吧。"

过一会儿，商店老板又跑来结账了，说："贵处的工人已经取走了这些东西，请付钱吧。"

老板一听，给弄糊涂了，反复进行调查，但双方各执一辞，又谁也不能证明对方说谎，而毫无凭证。结果，只好由老板发了两份开销。因为唯有他同时向双方做了许诺，而商店老板和该雇员并没有雇佣关系。

你看，犹太商人由于普遍重信守约，相互间做生意时经常连合同也不需要，口头的允诺已有足够的约束力，因为"神听得见"。犹太商人首先意识到的是守约本身这一义务，而不是守某项合约的义务。

犹太人都十分守约。只要和他们签订了契约，你就不会有任何的后顾之忧了。在这样的商业大背景下，犹太人对于不履行契约的人，严格追究责任，毫不客气地要求对方赔偿损失；对于不遵守契约的犹太人，他们会义无反顾地把他驱出犹太人商界，让他永远背负一生的骂名。

由于各个国家对契约的重视程度不一样，所以犹太人在与人做生意、打交道时，总是小心谨慎，因为他们对对方不了解，不清楚对方是否会守约，所以他们开始不太信任对方。尤其是第二次与不守约的人交往时，犹太人根本不会相信所签订的契约。因此，在与犹太人交往中，要想博得犹太人的信任，第一件重要的事便是遵守契约，无论发生了什么突变，无论在任何特殊的环境之下，都要毫无余地地做到这点，否则你便是枉费心机，因为犹太人绝不会信任一个对他们的"神"不敬的人。

犹太人在签合同时，向来善于讨价还价，这正说明了他们对合同的重视，否则也就没必要那么认真了。订约时，一切尚未决定，商量的余地大得很，接不接受全由自定。而合同一旦签订，由自己决定的东西，全成了决定自己的东西，哪怕再吃亏，也得认真去履行。

这样也就决定了他们对违约者的厌恶，一旦犹太人违约了，他们就会毫不犹豫地将其逐出教门，一个受到犹太人同体排斥的犹太人就意味着生意史的结束。而对于非犹太人，他们一方面会诉至法院，要求对方赔偿一切损失，另一方面也会向犹太共同体通报。

既然国际贸易是犹太人的天下，那违约者被挤出国际市场的危险就会马上来临。这种规矩一旦确立，就会对犹太人和一切生意伙伴形成一种威慑力。

犹太商人如此缜密的做法，确保了契约的顺利完成。即便出现意外，也能及时采取弥补措施，把可能的损失降到最低限度。这种作风，受到了商界一致首肯，也是我们应当学习借鉴的。

这里有一个犹太人做生意十分注重合同的典型例子：有一位日本出口商与犹太商人签订了 10000 箱蘑菇罐头合同，合同规定为："每箱 20 罐，每罐 100 克。"但日本出品商在出货时，却装运了 10000 箱 150 克的蘑菇罐头。货物的重量虽然比合同多了 50％，但犹太商人拒绝收货。日本出口商甚至同意超出合同重量不收钱，而犹太商人仍不同意，并要求索赔。出口商无可奈何，赔了犹太商人 10 万多美元后，还要把货物另作处理。这是因为犹太人极为注重合同，犹太人可以说是"契约之民"。

犹太人懂得，合同的品质条件是一项重要条件，或者称为实质性的条件。合同规定的商品规格是每罐 100 克，而日本出口商交付的每罐却是 150 克，虽然重量多了 50 克。但卖方未按合同规定的规格条件交货，是违反合同的。按国际惯例，犹太商人完全有权拒绝收货并提出索赔。

犹太人生意经的精髓在于合同。他们一旦签订合同，不管发生任何困难，也绝不毁约。当然他们也要求签约对方严格履行合同，不容许对合同有不严谨和宽容。

订合同要防止存有漏洞

犹太商人生意经要诀

对于订立合同要谨小慎微，思虑周密，决不允许出现漏洞。商场如战场，在现实生活中，我们在和别人签一个即使很小的合同时，也一定要留神，否则很容易被对方钻空子。

犹太人认为在一个法制国家里，从事经营活动，如果缺乏法律意识，必然会在生意场上栽跟头。犹太人具有极强的法律意识。就拿商品贸易中签订合同来说，如果经营者缺乏法律意识，就可能会在合同中造成一些漏洞，给对方以可乘之机，从而使自己受损失。

一则犹太人的故事说，有个贤明的富翁，他把儿子送到很远的耶路撒冷去学习。一天，他突然染上了重病，知道来不及同儿子见上最后一面，就留下了一份遗嘱，上面清楚地写着：家中所有的财产都让给奴隶，但要是儿子想要的话，只能选择其中一件。

这位富翁死后，奴隶很高兴地星夜赶往耶路撒冷，向死者的儿子报丧，并把遗嘱拿给他看。儿子看了遗嘱后非常伤心，也非常吃惊。

办完丧事后，儿子左思右想，觉得自己的父亲不应该将财产留给奴隶，于是就牢骚满腹地去找拉比。拉比看完遗嘱后，盛赞他父亲的聪明和对他的爱。

儿子却对父亲的做法非常生气，认为父亲对他"一点关怀的意思也没有"。

拉比要他好好动动脑筋，只要仔细分析遗嘱就可以知道，父亲把全部财产留给了自己。拉比告诉他，父亲知道，如果自己死了，儿子又不在，奴隶可能会带着财产逃走，连丧事也不报告他。因此，父亲才把全部财产都送给奴隶，这样奴隶不仅不会逃走，而且还会急着去见儿子，并把财产保管好。

可是这个儿子还是不明白父亲的用意。拉比只好给他挑明：

"你不知道奴隶就是主人的财产吗？你不知道奴隶的全部财产都属于主人吗？你父亲不是说给你留下了一样财产吗？你只要选奴隶就行了。这不是他充满爱心的聪明之举吗？"

从这则故事中可以看出，那个犹太人在遗嘱（也是一种合同）中实实在在地玩了个"圈套"，给奴隶吃了个"空心汤圆"。虽然遗嘱将所有财产都给了奴隶，但其儿子只能选择一件财产。这里暗含着一个前提未写出来，奴隶不会注意到，甚至连死者的儿子也没有注意到，那就是奴隶的全部财产都属于主人。这是一个惯例，其实也是一个无需说明的前提。那么只要前提一变，一切权利皆成泡影，这就是这个犹太人计谋的关键所在。后来，正是在拉比的指点下，年轻人才终于解开这个活扣，既没有违背父亲的"遗嘱"，又没有违约，因为犹太人从不违约。这实际上就是我们现在所说的钻合同的空子。

这则故事充分揭示了这样一个事实：犹太人对于订立合同谨小慎微，思虑周密，决不允许出现漏洞。商场如战场，在现实生活中，我们在和别人签一个即使很小的合同时，也一定要留神，否则很容易被对方钻空子。

还有一个这样的事例。一天，有一位美国律师约翰给"日本的犹太人"藤田先生打电话，请求预约。

其时，藤田手头正忙，便拒绝了对方。

"无论如何请您抽出一点时间给我。"对方恳求道。

"很遗憾，对不起，我实在没空。"藤田再一次婉言谢绝。

"那这样好了，每谈一小时，给您奉上酬金200美元。"对方给时间标了价，如此诚恳的态度使藤田很难为情，看来确有要事相商。

"好吧，那就给你30分钟。"

约翰是美国一家犹太人开的大公司的法律顾问，该公司与日本一家商社达成了合作意向，现在需要一名监视日本公司是否守约的监督人，一月付1000美元，请藤田给推荐一合适人选。约翰拿出公司老板给藤田先生的信：

　　"因为您是犹太人的朋友，所以您介绍的监督员一定可靠。"

　　之后，约翰又拿出了该公司同日本商社的合作协议。藤田看完后，不觉笑了起来。从美国人眼里看来，这也许是一份完满的协议，而在日本人看来，则是一份漏洞百出、暗算人的合同。于是，藤田不仅给约翰律师指出了该合同的漏洞，而且介绍了一位可靠的监督员。这个人几乎不干什么工作就可以轻而易举地获得每月1000美元的收入。

　　尽管如此，约翰还是非常满意的。因为他不仅及早发现了合同的漏洞，而且找到了一名合适的监督员，否则，一旦日本商社钻其漏洞，他的损失可就更大了。

"反向思维"出奇别胜

犹太商人生意经要诀

法律是人制订的，人一定能找到它的漏洞所在。法律是为人服务的，那么就要善于利用法律打擦边球，在其允许的范围内让它替自己服务。

犹太人认为，诚信经商就是遵守法律，只要不违反法律，做什么生意都行。

例如，贵重物品的寄存按常理应放在金库的保险箱里，对许多人来说，这是唯一的选择。但犹太商人却不是这样做的。

一个犹太人走进纽约的一家银行，来到贷款部，大模大样地坐了下来。

"请问先生有什么事情吗？"贷款部经理一边问，一边打量着来人的穿着：豪华的西服、高级皮鞋、昂贵的手表，还有领带夹子。

"我想借些钱。"

"好啊，你要借多少？"

"1美元。"

"只需要1美元？"

"不错，只借1美元。可以吗？"

"当然可以，只要有担保，再多点也无妨。"

"好吧，这些担保可以吗？"

犹太人说着，从豪华的皮包里取出一堆股票、国债等，放在经理的写字台上。

"总共50万美元，够了吧？"

"当然，当然！不过，你真的只要借 1 美元吗？"

"是的。"说着，犹太人接过了 1 美元。

"年息为 6％。只要您付出 6％ 的利息，一年后归还，我们就可以把这些股票还给你。"

"谢谢。"

犹太人说完，就准备离开银行。

一直在旁边冷眼观看的分行长，怎么也弄不明白，拥有 50 万美元的人，怎么会有来银行借 1 美元这种事情。他慌慌张张地追上前去，对犹太人说：

"啊，这位先生……"

"有什么事情吗？"

"我实在弄不清楚，你拥有 50 万美元，为什么只借 1 美元呢？要是你想借 30 万、40 万美元的话，我们也会很乐意的……"

"请不必为我操心。只是我来贵行之前，问过好几家金库，他们保险箱的租金都很昂贵。所以嘛，我就准备在贵行寄存这些股票。租金实在太便宜了，一年只须花 6 美分。"

这是一则只有精明人才想得出来的犹太商人的故事。这样的精明，一般人是学不到的，因为它不仅是盘算上的精明，首先更是思路上的精明。

这就是犹太商人在思维方式上用的所谓"反向思维"。而借"反向思维"，犹太人"倒用法律"更是大发横财。

1968 年前后，由于日本经济的高速增长和贸易顺差，日元逐渐升值，美元日显疲软，因而日本的外汇储备飞速增加。

20 世纪 70 年代初，日本的外汇储备只有 35 亿美元。这是日本战后全体日本人 25 年辛勤工作的结果。可是，从 1970 年 10 月份开始，日本的外汇储备便成亿成亿地向上爬升，1971 年 8 月达到 125 亿，其中 8 月份 1 个月的外汇收入就超过了战后 25 年的积累，达到 46 亿美元！最后总储备额竟达到 150 亿美元，而时间还不到 1 年。

对此，日本政界、新闻界，还有商界中大多数人都陶醉于良好的自我感觉中："这是日本人勤劳的象征，因为日本人勤奋工作，才积攒下这么多的外汇。"

然而，犹太人却在暗暗好笑，向日本大量抛售美元。因为他们知道，日元的升值是迟早的事情，只要日本的外汇储备超出100亿美元，这个时候便会来临。这个美日汇率的大幅变化，也许是20世纪中最后一个发大财的机会。所以，犹太人甚至从银行贷款向日本抛售美元。

对于犹太人的动作，反应迟钝的日本政府一直弄不明白是怎么回事，因为他们认为日本有严格的外汇管理制度，靠在外汇市场上搞买空卖空式的投机是不可能的。他们没有想到，从他们眼里看是一个周详严密的外汇制度，从犹太人那边看，却有一个大漏洞，这就是当时的"外汇预付制度"。根据该条例，对于已签订出口合同的厂商，政府提前付给外汇，以资鼓励，但这个制度有个缺陷，那就是必须允许退货。

犹太人正是盯上了日本的"提前付外汇"和"退货"这两点。这样，犹太人先与日本出口商签订合同，将美元卖给日本，然后耐心等待，等到日元升值，再以退货的方式将美元买回来。一卖一买，利用日元升值造成的差价，便可以稳赚大钱。

等日本政府的外汇储备达到129亿美元时，方如梦初醒，意识到这种状况的危险，然后才停止"外汇预付"，不过，还留了一个尾巴，允许每天成交1万美元。最后，等外汇储备达到150亿美元时，日本政府只好宣布日元升值，由360日元兑换1美元提高到308日元兑换1美元。这样，犹太人在短短几个月内1美元就净赚52日元，日本政府则总共损失了8亿美元，相当于每个日本人损失5000日元。而这笔钱据说大多是犹太人赚去了。难怪有的犹太人流着泪感谢日本政府的"宽大"，"宽大"到不用说及早关闭外汇市场，就是连按原比值退还预付款的办法也不敢用。

按理说，日本的"外汇预付制度"本来是为了促进日本企业开展外贸的。接到国外订单，尽早拿到外汇就可以及时进口所需的原料，确保按期交货；企业拿到预付款还可以减少资金占用，何乐而不为？而且，允许退货，也是交易场上的常例，本身并不是什么大漏洞，除非在日元升值的情况下。

在合理合法避税上找回些利润

犹太商人生意经要诀

为了多赚点利润，也要在税收上想方设法，从而达到合法避税的目的。当然，避税不应是商人的根本目的，也不能够通过避税迈入富人的行列，它的根本目的应在于促使管理者对管理决策进行更加细致的思考，进一步提高经营管理水平。

犹太人认为，纳税是商人和国家订立的神圣契约。无论发生什么问题，都要履行契约，偷税、漏税、逃税是无法原谅的。

犹太人视纳税如义务。假如一个人从海外旅行归来，把钻石藏在鞋里或者其他的某处，企图不通过缴税入境，而且还真的蒙住了海关人员，那么犹太人知情后一定会说：

"像钻石之类装饰品的关税一般不会超过8％的比例。依法纳税，堂堂正正地进入国境，只要提价8％把钻石卖出就可以保本，提价18％就可以赚取10％的利润。这样简单的问题怎么他就不知道呢？难道8％的关税就能买去一个人的良知吗？"

在犹太人的心目中，神圣的契约可以是商品，宝贵的时间可以是商品，但良知和尊严绝对不容出卖。

当然，犹太人为了多赚点利润，也会在税收上想方设法，从而达到合法避税的目的。

他们在长期的商场历练中总结出了一套合法避税的办法，对合法避税有着如下的认识：

（1）合法避税是经营活动与财务活动的有机结合。

（2）合法避税是经营时间、地点、方式、手段的精巧安排。

（3）合法避税是会计方法的灵活运用。

（4）合法避税是决策者超人的智慧和高超的管理水平的精彩体现。

（5）让避税行为发生在国家税收法律法规许可的限度内，做到合理合法。

（6）巧妙安排经营活动，努力使避税行为兼具灵活性和原则性。

（7）避税行为围绕降低产品价格而展开，以避税行为增强企业的市场竞争力。

（8）充分研究有关税收的各种法律法规，努力做到在某些方面比国家征税人员更懂税收。

当然，避税不应是从商者的根本目的，即使是一个天才避税者也不能够通过避税迈入富人的行列。它的根本目的应在于促使管理者对管理决策进行更加细致的思考，进一步提高经营管理水平。

"纳税天经地义，避税合理合法。"《塔木德》早就有过类似的表述。他们在做到"合法避税"的同时又做到"绝不漏税"，从根本上来说应该得益于由《塔木德》等犹太圣典所承载下来的智慧。

国籍也是商品

犹太商人生意经要诀

时间是商品，知识是商品，那么国籍当然也可以成为商品，而且是一种特殊的商品。(《塔木德》)

在今天这个商品世界里，时间是商品，知识也是商品，那么国籍当然也可以成为商品，而且是一种特殊的商品。在犹太人的眼中，时间可以用钱买，国籍更容易，只要有钱，便可以买到别国的国籍。他们买国籍的目的是为了赚取最大利润，为经商道路扫除障碍。

犹太裔人罗恩斯坦就是一个典型的靠国籍致富的人。

罗恩斯坦的国籍是列支敦士登，但他并非生来就是列支敦士登的国民，他的国籍是用钱买来的。

列支敦士登是处于奥地利和瑞士交界处的一个极小的国家，人口只有 1.9 万人，面积 157 平方公里。这个小国与众不同的特点，就是税金特别低。这一特征对外国商人有极大的吸引力。为了赚钱，该国出售国籍。非本国国民获取该国国籍后，不分贫富，无论有多少收入，只要每年缴纳 9 万元税款就行了。因而，列支敦士登国便成为世界各国有钱人向往的理想国家。他们极想购买该国的国籍，然而，原来只有 1.9 万人的小国容纳不下太多的人，所以想买到该国国籍也并非易事。但是，这难不倒机灵的犹太商人。

罗恩斯坦把总公司设在列支敦士登，办公室却设在纽约，在美国赚钱，却不用交纳美国名目繁多的税款，只要一年向列支敦士国交纳 9 万元就足够了。他因此获取了最大利润。

对于一般人来讲，国籍是神圣的，会认为这种以国籍为资本做生意的行为是对国籍的亵渎。但是对于犹太人来说国籍是不存在的，犹太人从不看重这个政治概念，在他们看来，如果以它为资本能够给自己带来巨大利润，为什么要选择放弃呢？所以对于生意而言，国籍和政治不是最重要的，它们只是提醒人们做生意要采取不同的方式和方法而已。

罗恩斯坦经营的其实是一家"收据公司"，靠收据的买卖可赚取 10％的利润。在他的办公室里，只有他和女打字员两人。打字员每天的工作是打好发给世界各地服饰用具厂商的申请书和收据。他的公司实质上是斯瓦罗斯基公司的代销公司，他本人也可以说是一个代销商。

提及斯瓦罗斯基公司，便不能不提罗恩斯坦致富的本钱——美国国籍，下面是罗恩斯坦的一段真实的故事：

斯瓦罗斯基的大公司实力雄厚。达尼尔·斯瓦罗斯基家是奥国的名门，他的祖先世世代代都生产玻璃制假钻石的服饰用品。

第二次世界大战后，斯瓦罗斯基的公司因为在大战期间，曾奉德国纳粹党的命令制造军用的望远镜等军需品，所以将被法军接收。当时是美国人的罗恩斯坦，悉知上情后，立即与达尼尔·斯瓦罗斯基家进行交涉："我可以和法军交涉，不接收你的公司。不过条件是——交涉成功后，请将贵公司的代销权让给我，收取卖项的 10％好处，直到我死为止。"

斯瓦罗斯基家对于犹太人如此精明的条件十分反感，但经冷静考虑后，为了自身的利益，他只好委曲求全，以保住公司的大利益而全部接受了罗恩斯坦的条件。

对法国军方，罗恩斯坦充分利用美国是个强国的威力，震住了法军。在斯瓦罗斯基家接受他的条件后，他马上前往法军司令部，郑重提出申请：

"我是美国人罗恩斯坦。从今天起斯瓦罗斯基的公司已变成我的财产，请法军不要予以接收。"

法军哑然。因为罗恩斯坦已经是斯瓦罗斯基的公司主人，即此公司的财产属于美国人。法军无可奈何，不得不接受罗恩斯坦的申请，放弃了接收的念头。接收美国人的公司是毫无正当理由的，况且美国对于法国来说，是惹不得的。

就这样，罗恩斯坦未花一分钱，便设立了斯瓦罗斯基公司的"代销公司"，轻松自在地赚取销售额 10％ 的利润。

罗恩斯坦轻松致富，是国籍帮了他的大忙，以美国国籍为发家的本钱，再靠列支敦士登国的国籍逃避大量税收，赚取大钱！

这就是犹太人。国籍也是能赚大钱的手段。

犹太人巧妙用国籍的本领与他们两千多年饱受歧视、屡遭迫害的流浪漂泊生活不无关系。他们没有自己的家园，没有属于自己的真正情感和文化意义上的国家。所谓的居住国国籍，也不过是他们借以获取一国公民正常拥有权利的手段之一罢了。因此，国家不过是一个外在化的手段和工具，那么，利用这个工具来为自己谋取更好的生活，来为自己赚取更多的钞票就自然而然了。因此，在犹太人看来，国籍并无神圣性可言。在千差万别的各个地方，有的地方犹太人可以被接受，他们便可以在那里生存发展下去；而在另一些地方，当地的政府对犹太人充满了敌视与仇恨，犹太人备受歧视和迫害，甚至财产也遭掠夺，在这种地方，犹太人只能逃走，另觅他乡；有一些地方是经商的天堂；还有一些地方苛捐杂税多如牛毛。在这些环境和条件各异的地方，选定何处作为立足点，又选定何处作为自己施展才华的空间，犹太人早已有了自己的经验和本能。而作为商人，天生的商业基因使得他们嗅到了任何可以生财、赚钱的途径。利用国籍来赚钱，自然成了犹太人的生意经。

从犹太人选择国籍的情况可以印证这一点。在第二次世界大战前，全世界 1/3 的犹太人集中在 19 个城市，每个城市有 10 万以上的犹太人，其中纽约有 200 万，占美国犹太人的一半。1970 年世界犹太人约 1400 万，其中有 250 万居住在以色列；约 75 万生活在南美和中美洲国家；约 20 万居住在南非和澳大利亚；其余在北美以及英国、法国、瑞士等西欧国家，可见，美国犹太人终于赢得了体面的生活，也获得了一个公民应有的权利和尊严。

犹太人就样精明，国籍也成为赚大钱的媒介。他们认为生意没有禁区，既指交易内容上没有禁区，也指交易对象上没有禁区。

犹太人还经销酒类，在《塔木德》中对酒的评价很低，他们认为："当魔鬼要想造访某人而又抽不出空来的时候，便会派酒当自己的代表。"为此，《塔木德》告诫犹太人："钱应该为生意而用，不应该为酒精而用。"但世界上最大的酿酒公司施格兰酿酒公司，就为犹太人所经营。

施格兰酿酒公司创建于 1927 年，到 1971 年为止，这个公司共拥有 57 家酒厂，遍布世界各地，能生产出 114 种不同商标的酒和饮料。

这些看上去如此矛盾的事，为什么又能和谐地统一在犹太人的身上呢？

因为每一个犹太商人，都会有一张经商"底牌"，那就是他们通常所说的生意无禁区。犹太人的清规戒律繁多，很多人认为犹太人作茧自缚，完全没有必要受这么多约束。

其实，这是出于对犹太人的不了解。实际生活中，犹太人比许多民族都要少受束缚。因为规定越多越详尽，从某种意义上讲反而意味着可以不受限制的地方越多。因此，相比之下，犹太人更加自由了，体现在商业活动中，就是犹太人做生意没有禁区。

犹太作为一个民族，它独立于世界划分的势力范围之外，只存在一种意识形态——上帝及其律法。

因此，犹太人的无禁区体现了他们做生意的时候，尽可能地避免各种非理性的先入之见和属于意识形态因素的影响，这样一种生意经，应该是每个商人不可不学的经验。

第八章　学会把时机货币化

　　——犹太商人生意经之八：如果良机不在，就自创良机

用智慧创造机会和财富

犹太商人生意经要诀

　　有的人抓住了机遇，但是由于缺乏智慧，并未理解到这一机遇的全部内涵，因此他们也没能创造出巨大的财富。历来成就大事业、跻身超级富豪之行列的人，无不具有非凡的智慧才能，并能够抓住不寻常的机会，勇于创新，成为财富的主人。

　　有的人一生中曾有过许多很好的机遇，但他们不懂得充分利用这些机遇，结果丧失了使自己的事业"更上一层楼"的机会。也有的人抓住了机遇，但是由于缺乏智慧，并未理解到这一机遇的全部内涵，因此他们也没能创造出巨大的财富。

　　历来成就大事业、跻身超级富豪之行列的人，无不具有非凡的智慧才能，并能够抓住不寻常的机会，勇于创新，成为财富的主人。这样的例子可是数不胜数。旅馆大王、犹太人威尔逊就是这样一个既有智慧又善于经营自己智慧的人。威尔逊在创业中，

全凭个人苦斗，才有了出头之日，一跃成为国际假日旅馆集团的老板。

威尔逊创办新型假日旅馆的想法，出自于一次开车旅行。1951年，威尔逊带着母亲、妻子和5个孩子，开车到华盛顿旅行，一路所住的汽车旅馆，房间矮小，设施破烂不堪，有的甚至阴暗潮湿，又脏又乱。几天下来，威尔逊的老母亲抱怨地说："这样的旅行度假，简直是花钱买罪受。"善于思考问题的威尔逊听到母亲的抱怨，又通过这次旅行的亲身体验，得到了启发。我为什么不能建立一些便利汽车旅行者的旅馆呢？他经过反复琢磨，并暗自给汽车旅馆起了一个名字叫假日旅馆。

远见卓识、敢想敢干的威尔逊，冒着失败的风险，果断地将自己的住房和准备建旅馆的地皮作为抵押，向银行借了30万美元的贷款。1952年，也就是他旅行的第二年，终于在美国田纳西州孟菲斯市夏日大街旁的一片土地上，建起了第一座假日旅馆。

威尔逊颇有经营之道，为了赚钱、招揽更多的顾客，在假日旅馆里，增设了很多设施和娱乐场所。为了节省旅客的费用开支，在父母的房间里，免费设置了婴儿床，深得父母的欢迎。在假日旅馆内，设置了蒸气浴、游泳池、高尔夫球、保龄球等服务项目。这些设施和活动场所，所需开支都打入总费用中去，当顾客一住进假日旅馆中，就可以自由利用这些器具、场所。连看病的诊视费（药费除外）也免了。这样就赢得了很多顾客，这就是威尔逊经营的绝招，他的挣钱之道。正如威尔逊所说："人们一般都有一种心理，他不在乎花大钱，但却喜欢占小便宜。如果样样服务都跟他们算小账，不仅麻烦人，也使旅客每次都觉得被敲了竹杠，自然非常反感。我们把这些可能提供的服务费预先打进总费用中，旅客使用时，不再收费，他们会觉得占了点便宜，有一种优待的满足感。"这就是威尔逊的高明之处。

威尔逊精明的经营思想和独到的服务特色，使他的假日旅馆事业蓬勃发展。如今，他的个人财产早已超过50亿美元。但他仍旧兢兢业业，一丝不苟。

威尔逊的成功是抓住机遇的典型事例，足以让我们明白抓住机遇的重要性。但是，有时候机会就摆在那儿，我们却由于众多原因，前怕狼后怕虎，犹豫不决，以致机会从手中溜走，这样的事例还经常发生在我们身上，这正是由于我们往往不敢相信自己也能借机遇而一夜暴富，对自己缺乏足够的信心的表现。

　　而那些成功者都似乎从没有这种忧虑，因为他们总是敏锐地抓住时代性、行业性的机遇，抓住了大机会，使自己的产业不断扩大。一句话，就是因为抓住了大机会，才使得那些成功者能够"运筹帷幄，决胜千里"。

有头脑的人善于发现致富良机

犹太商人生意经要诀

市场的机遇没有注定要被谁发现。善用头脑、细心观察的人在普通的事物中就可以发现许多的机遇。而对凡事马马虎虎的人来说却怎么也找不到机遇。

犹太人认为，致富的机遇是客观的，它并不因为人的喜恶而改变。因此，一般说来机遇是平等的。想认识机遇的奥秘，你就必须有的放矢，有一个标准来辨别机遇，那就是说你必须认得出机遇的特征。

机遇是指能促进事业获得成功的偶然的或一闪即逝的现象、先兆或时机，生活中，人们经常遇到一些很小的不方便。如果在此基础上进行一些小改动或小发明，就可能成为发财赚钱的好机会。可为什么这种人人都遇到的小麻烦却被少数几个人抓住机遇来发财了呢？这就是善不善于发现机遇的问题了。

市场的机遇没有注定要被谁发现。善用头脑、细心观察的人在一般普通的事物中就可以发现许多的机遇。而对凡事马马虎虎的人来说却怎么也找不到机遇。

犹太人银行大王拉裴萨托的故事可以给我们以启示：

拉裴萨托年轻时，有一段时间找不到工作。有一天，他独自到一家银行去找董事长，要求被雇佣，然而一见面便被拒之千里。这种经历对他而言已是第52次了。当他心灰意冷地走出银行时，看见银行门前的地上有一根大头针。他觉得如果有人为了它而受伤就不好了。于是他就把大头针拾了起来。

这件小事被董事长看见了，他忙叫住快要走开的拉裴萨托，当场雇佣了他。因为在董事长看来，这么小心的人很适合当银行的职员。拉裴萨托是一根针也不会放过的人，因此他才能在法国银行界平步青云，直到成为法国银行大王。

大卫证券公司的创业者阿沃丰年轻时也是靠一次诚实的行动获得成功机会的。

阿沃丰13岁就出外谋生，20多岁时开了一个小商店，同时替一家机器制造公司当推销员。有一个时期，他推销机器非常顺利，在半个月内同33家顾客顺利做成了生意。后来他发觉他所卖的机器比其他公司出口的同类机器要贵一些，他认为不能让顾客当冤大头。于是阿沃丰花了3天时间逐一找到33位顾客要求解约，并如实声明他所卖的机器贵了一点。可那33位顾客很佩服阿沃丰的诚实，没有一个解约。

后来人们就像被磁铁吸住一样，纷纷来他的店买东西或购买机器。不为别的，就因为对阿沃丰感到放心。阿沃丰就这样逐渐发达了，靠自己的诚实抓住了成功的机会。

这位出身贫寒的阿沃丰成为大企业家后说："做生意成功的第一要素是诚实，诚实像是树木的根，如果没有根，树木别想要有生命了。"他还常对员工说："你们应该记住，做生意最重要的是要有为顾客着想的正确观念，那比玩弄花招来得有效多了。"

可见，机遇只有有头脑有准备的人才能获得，再给大家举个小得不能再小的例子，它离我们的生活是那么近。1973年，年仅15岁的犹太人格林收到别人送给他的圣诞礼物——一双冰鞋。他非常高兴，因为他一直渴望有滑冰的机会。这个愿望终于实现了。

拿到这件礼物后，格林马上就跑出屋子，到离家很近的结了冰的河面上去溜冰。可能是他初次出来溜冰的原因，他感觉天气太冷了，一溜冰，耳朵被风吹得刀子割似的发疼。他戴上了皮帽子，把头和腮帮捂得严严实实，结果时间长了，又闷又热直流汗。

格林想：应该做一件能专门捂住耳朵的东西。他终于琢磨出一个大概的样子，回家后请妈妈照他的意思做。妈妈摆弄了半天，给他缝了一双棉耳套。

格林戴上棉耳套去溜冰时，果然不感到冻耳朵了。一些朋友看见，都向他要。格林和妈妈商量了以后，把祖母请来，一起做耳套。经过几次修改，耳套做得更适用、更美观了。格林把它叫作"绿林好汉式耳套"，并且向美国专利局申请了专利。

你也许会问：一副耳套值多少钱？申请专利又有什么用？你如果这样想，很遗憾，类似的机遇你一生也抓不住、看不见。

告诉你：格林后来成为世界耳套生产厂的总裁，因为这项专利，他成为了千万富翁。

一旦看准就敢于大胆行动

犹太商人生意经要诀

一旦看准，就大胆行动。幸运喜欢光临勇敢的人，冒险是表现在人身上的一种勇气和魄力，当别人看不见希望的时候，你却看见了发财的机会。冒险与收获常常是结伴而行的，险中有夷，危中有利。做人必须学会正视行动的正面意义，并把它作为走向成功的唯一条件。

犹太人认为，经历风险是所有超越平凡、脱颖而出的成功者的必须阶段。所以犹太人在时机面前从不等待，他们都是积极行动的信奉者。

犹太人桑福特·韦尔读完大学之后，多次应征经纪所的招聘，结果屡屡失败，他一度觉得前途非常迷茫。然而，韦尔是一个雄心勃勃的年轻人，绝不甘心命运的摆布，他很快又投入到新的创业中去。

1955 年，韦尔在华尔街当信差，周薪 35 美元。次年，他做了股票经纪人。1960 年，他联合了 3 名经纪人集资 3 万美元创办了一家公司。从此，韦尔在华尔街大展宏图。

随着业务的发展，公司兼并了一些商号，韦尔也独霸了整个公司。韦尔是一个目光敏锐、判断力极准确的经济强人，他能够抓住许多有利时机，大胆去干，从而发展自己的事业，跻身于高手如林的金融界。

在 20 世纪 70 年代，股票行情一直不稳定，股票价格也飘忽不定，较小的经纪所往往朝不保夕，纷纷倒闭，但韦尔的经纪所不但没有遭受损失，反而扩大了规模。他不仅乘机吞并了大批较小的商号，而且接管了一部分经济不景气的大商号。韦尔接管洛布·罗兹公司，就是一件令同行交口称赞的壮举。

洛布·罗兹公司也是一家投资商号，它的经济实力在华尔街与韦尔经营的希尔森公司不相上下，然而它的机构不够灵活，管理方法有些落后。韦尔看到这一点之后，就提出与洛布·罗兹公司合并。在合并谈判过程中，韦尔先躲在幕后操纵，然后在关键时刻亲自出马，充分发挥自己的才智，最后取得合并成功。

1974 年，在韦尔的苦心经营下，希尔森·洛布·罗兹公司宣告成立，它成了华尔街第二大证券公司。韦尔以此为基点不断扩充，使这家公司在 1981 年销售额达到 9.36 亿美元。

韦尔就是这样既摆脱了困境，又赚了大钱，从而在华尔街巩固了地位。然而，韦尔并不是轻易地搞吞并的。他常说："涉及到合并的谈判，人人都会紧张，因为处处都有陷阱。"

1981 年 6 月，韦尔做了一件令人费解，出乎人们意料之外的事，他居然把辛辛苦苦花费了 20 年时间创建的希尔森公司出售给拥有 80 亿美元销售额的美国捷运公司。虽然美国捷运公司是一家经营赊账卡、旅游支票和银行等业务的大公司，但韦尔初入美国捷运公司，并不被重用。因此，许多人认为韦尔吃亏不小，然而一段时间后，人们就不得不对韦尔的决策叹服。现在韦尔在捷运公司的职位仅次于董事长和总裁，他的股份总额有 2700 万美元，个人年收入高达 190 万美元。

当然，韦尔为发展捷运公司也是兢兢业业。在他的一手策划下，捷运公司用 5.5 亿美元买进了南美贸易发展银行所属的外国银行机构，这家银行机构经营外汇、通货市场、珠宝贸易、银行业务等，因此这桩大生意的成交，不仅是韦尔津津乐道的一件值得自豪的事，而且使韦尔在捷运公司身价百倍，成为华尔街的热门人物。

由于公司的董事长常要外出应酬，所以美国捷运公司的实权掌握在韦尔手中。在韦尔的领导下，公司各部门齐心协力，互相配合，使捷运公司的利润不断增值。

韦尔管理公司有方，突出的一点是善于协调上下级的关系。

他常说："领导的责任在于给下级鼓劲。我善于和下级融洽相处，不时倾听他们的呼声。同样，下级有责任发表意见，不让问题愈积愈多，最终不可收拾。当领导的要当机立断，不能含含糊糊，使下级无所适从，或让有些人钻了空子。"

韦尔的成功经验有许多，然而最重要的却是他能够抓住时机，敢想敢做。创业之初，对于合并与否，他果断地拍板；后来他吃小亏获大利，与捷运公司合并，现已成为该公司第二号人物。

美国哈佛大学有一门成功学，叫"行动成功学"，其最主要的精神就是告诉人们：一旦看准，就大胆行动。

幸运喜欢光临勇敢的人，冒险是表现在人身上的一种勇气和魄力。冒险与收获常常是结伴而行的。险中有夷，危中有利。

"一旦看准，就大胆行动"已成为许多商界成功人士的经验之谈。甚至有人认为，成为成功人士的主要因素便是行动，做人必须学会正视行动的正面意义，并把它作为走向成功的唯一条件。因为成功就像"冷美人"，只爱热情似火、主动示爱的"男人"。

想发财就要有冒险精神，因为你的想法要超出别人，才有可能获得胜利，如果你的想法与别人的一样，你就不会成功。冒险就是你要在别人不敢做某事时，你就大胆地去做。当别人看不见希望的时候，你却看见了发财的机会。

"立即执行！"可以影响你各方面的生活。它能帮助你去做你所不想做而又必须做的事，同时也能帮助你去做那些你想做的事。它能帮助你抓住宝贵的时机，这些时机一旦失去，就决不会再回来。

王安在哈佛求学期间，曾经在哈佛实验室进行有关计算机存储问题的研究。哈佛大学有一条既定方针，那就是当技术一旦发展成熟到商业应用的程度，它就会强行停止该项技术的研究。而就在王安取得突破性进展后，离哈佛停止该项技术研究的日子为期不远了。

王安对计算机的研究具有浓厚兴趣，他本希望将来能在这一领域大显身手，可是哈佛却要断送他的美好前程，令他非常懊恼。于是，他想到了去申请专利，但这样会将自己陷入了两难的境地，因为他工作上的最佳搭档艾肯博士一再声称，计算机不受任何专利限制，一旦自己去申请专利，必然会招致艾肯的猜忌，甚至会因此反目成仇。王安犹豫了，可是经过一番深思熟虑后，他还是果断地作出了改变一生的决定。

说干就干。1949 年 10 月 21 日，王安正式向专利局提出了"脉冲转移控制器"的专利申请。这件事传到哈佛实验室后，立刻引起轩然大波，很多人指责他是叛徒，还有一部分人为他担心，害怕他遭受艾肯的谴责和惩罚。但王安毫无惧色，他不再为决定后悔，他要不惜一切代价为自己谋出路。

出乎意料的是，艾肯对待这件事很冷静，没有暴跳如雷，他只对王安耸了耸肩，摊了摊手，一切就都过去了。至此，王安终于凭借果断为自己开创了一个庞大的电脑帝国。

果断决策抓住瞬间的机会

犹太商人生意经要诀

机会就是时间流动中最好的一刹那。成功之道就在于果断行事，如果犹豫不决，进退徘徊，机会就会从手中悄悄溜走。由于机会稍纵即逝，所以往往难于掌握，更需要快速行动。

犹太人认为，机会之所以难于把握，就在于它稍纵即逝，当机会来临之时，犹犹豫豫、优柔寡断无疑是最致命的毛病，没有一点果断的风格，即便是机会接踵而至，也会被自己一一丧失殆尽。

在一百个把握机会失败的事例中至少有一半以上是因为做事不够果断导致的。而要想把握住难得的机会，就要求人们在机会面前果断决策、果断抓牢。

犹太报业巨子麦克斯韦尔就是这样而成功的人。麦克斯韦尔曾一度由"巨富"沦为"乞丐"。成为他人跟中的笑料。这使麦克斯韦尔意识到，如果自己继续这样混下去，情况只会越来越糟糕，1979年，麦克斯韦尔看准时机，毅然决定重新崛起，并果断地筹集资金收购了英国印刷公司，配合当时雷厉风行的撒切尔主义，以奸雄的本色与强悍的印刷工会对抗，在短短数年间转亏为盈。1984年，他又以1亿英镑的巨资收购了《镜报》集团，反败为胜。继而他横渡大西洋，到纽约抢夺《每日新闻报》，终于成立了麦克斯韦尔通讯公司，实现了多年的梦想。

麦克斯韦尔的成功之道就在于他果断行事，如果他当时依然犹豫不决，进退徘徊，机会就会从他手中悄悄溜走。

犹太人认为当一个机会出现时，或许你还没有做好准备，面对这种情况，会有两种不同的选择，有的人尽可能的补足准备不足的地方，但前提是一定要占有机会；而另外一种人则是认为机会在等着自己。然而，有的事情，你错过了一回，就错过了一辈子。或许这样的机会在你的一生中只有一次，而你错过了这一次，即便以后你做好了种种准备、也会变得毫无价值。

正所谓"机不可失，时不再来"，当已经意识到机会降临时，就应该勇于决断，才能把握住难得的机会。

有这样一个故事：

两个年轻人，同时看到一则投资广告，内容是说某公司研制成功一种新产品，需要批量生成，但资金有限，寻求志同道合的合作者。面对这样一则广告，两位青年人都是刚走上工作岗位不久，可谓一贫如洗，甲青年认为自己没有资金，无法投资，希望自己现在努力赚钱，等日后有机会来投资；乙青年虽然也是两手空空，但他意识到这是一个千载难逢的好机会，所以他想方设法四处借钱，凑够了足够的资金，成为该公司的合伙人。几年之后，他不仅还清了所借的款项，还获得了额外的利润，并成为该公司的股东。随着公司的逐渐扩大，他也随之财源广进。而回过头来看看甲青年，虽然在几年之后赚了一定的钱，但却失去了这一个对他而言一生中重要的机会。

可见，机会对于每一个人都是平等的，当机会到来时，你稍微的疏忽和彷徨，无异于把机会拱手让与别人。有的机会错过了还可以再来，但有的机会错过了一次，便错过了一辈子。犹太人知道，机会的特征之一就是它的瞬时性，由于机会稍纵即逝，所以往往难于掌握，更需要快速的行动。

只要值得就敢用血本去下赌注

犹太商人生意经要诀

开创性的工作总是充满着风险，要敢于冒险，在风险面前毫不畏惧，勇于开拓，追求平常人不敢追求的目标，取得常人所永远无法取得的成就。当然，冒险不等于莽撞，在冒险中需有谨慎的态度。有了谨慎的态度，跌的跤必定会少一些。

犹太人认为，风险和利润的大小往往是成正比的，巨大的风险能带来巨大的效益。要想有卓越的结果，就要敢冒风险。

敢于冒险，敢作敢为，是成功商人的重要性格特征，也是成功者的性格特征。开创性的工作总是充满着风险，只有敢于冒险的人，才能在风险面前毫不畏惧，敢于开拓道路，敢于追求平常人不敢追求的目标，也才有可能取得常人所永远无法取得的成就。

美国但维尔市的百货业巨子、犹太人约翰·甘布士就是一个敢于冒险、善于冒险，并最终获得巨大成就的勇士。

有一次，但维尔当地经济萧条，不少工厂和商店纷纷倒闭，被迫贱价抛售自己堆积如山的存货，价钱低到1美元可以买到100双袜子了。

那时，约翰·甘布士还是一家织造厂的小技师。他马上把自己积蓄的钱用于收购低价货物，人们见到他这股傻劲，都公然嘲笑他是个蠢才！

约翰·甘布士对别人的嘲笑漠然置之，依旧收购各工厂抛售的货物，并租了一个很大的货仓来贮货。

他妻子劝他，不要把这些别人廉价抛售的东西购入，因为他们历年积蓄下来的钱数量有限，而且是准备用做子女教养费的。如果此举血本无归，那么后果便不堪设想。

对于妻子忧心忡忡的劝告，甘布士笑过后又安慰她道："3个月以后，我们就可以靠这些廉价货物发大财。"

然而，严峻的经济形势使得甘布士的话似乎兑现不了。过了10多天后，那些工厂贱价抛售也找不到买主了，便把所有存货用车运走烧掉，以此稳定市场上的物价。

太太看到别人已经在焚烧货物，不由得焦急万分，抱怨起甘布士。对于妻子的抱怨，甘布士则一言不发，只是忙于考察市场的状况变化。

终于，越来越严重恶化的经济状况迫使美国政府采取了紧急行动，设法开始稳定但维尔地方的物价，并且大力支持那里的厂商复业。这时，但维尔当地因焚烧的货物过多，存货欠缺，物价便一天天飞涨。约翰·甘布士便开始有计划地把自己库存的大量货物抛售出去，从而赚了一大笔钱。在他决定抛售货物时，他妻子又劝告他暂时不忙把货物出售，因为物价还在一天一天飞涨。

他平静地说："是抛售的时候了，再拖延一段时间，就会后悔莫及。"

果然，甘布士的存货刚刚售完，物价便跌了下来。他的妻子对他的远见钦佩不已。后来，甘布士用这笔赚来的钱，开设了5家百货商店，由此走上了发达之路。如今，甘布士已是全美举足轻重的商业巨子了。

可见，在风险面前胆怯的人，不敢去做前人未做过的事，不敢去攀登前人未曾攀登过的高峰，当然也不会体验到冒险的刺激与成功的喜悦，结果只能是永远也不会有什么作为，甚至被时代所抛弃。

当然，冒险不等于莽撞，在冒险中需有谨慎的态度。有了谨慎的态度，跌的跤必定会少一些。但若是过分谨慎，在复杂多变的现代社会，处处谨小慎微，就会吓得不敢行动，从而错失良机。

"只要值得，不惜血本也要冒险。"这是犹太人哈默的座右铭和生意经；人无我有，人弃我取，使他在激烈竞争的商战中立于不败之地。也正因如此，他才最终成为美国的"石油巨人"。

1956年，58岁的哈默购买了西方石油公司，开始大做石油生意。石油是最能赚大钱的行业，也正因为最能赚钱，所以竞争尤为激烈。初涉石油领域的哈默要建立起自己的石油王国，无疑面临着极大的竞争风险。首先碰到的是油源问题。1960年石油产量占美国总产量38％的得克萨斯州，已被几家大石油公司垄断，哈默无法插手；沙特阿拉伯是美国埃克森石油公司的天下，哈默难以染指……

如何解决油源问题呢？1960年，当花费了1000万美元勘探基金而毫无结果时，哈默再一次冒险地接受一位青年地质学家的建议：旧金山以东一片被德士古石油公司放弃的地区，可能蕴藏着丰富的天然气，并建议哈默的西方石油公司把它租下来。哈默又千方百计从各方面筹集了一大笔钱，投入了这一冒险的投资。

当钻到860英尺（262米）深时，终于钻出了加利福尼亚州的第二大天然气田，估计价值在2亿美元以上。

你看，冒险和成功常常是相伴在一起的，冒险的价值不仅仅是它可以把握机会，更重要的是这样的行动本身同样可以创造出机会。瞅准行情，大胆下注，财富便会滚滚而来。

经商要具备很强的投机意识

犹太商人生意经要诀

经商与其说是做生意倒不如说是投机，生存本身也需要有很强的投机意识。每一项投资行为所带来的利润与其风险是呈正比的，高利润的背后必然是高风险。所以说投机本身是一种智慧和胆量的经商行为。

犹太人认为，每一项投资行为所带来的利润与其风险是呈正比的，高利润的背后必然是高风险。所以说投机本身是一种智慧和胆量的经商行为。

犹太商人历来负有一个投机家的名声。犹太人善于投机、敢于投机也与他们经商时的积极乐观态度有很大的关系。犹太民族历经劫难，但在看待事物的发展趋势时，却常抱乐观的态度，并采取相应的行动。而事实是，无论经商还是做什么，乐观者总要多点机会，投中的次数也更多些。

确实，犹太商人长时期不是在做生意而是在投机，就是他们的生存本身也需要有很强的投机意识。有不少时候，犹太商人确实靠准确地投这种机而得以发迹。

上海犹太富商哈同就是这样一个典型的投机高手。

在旧上海的经商中，哈同是靠经营土地起家的。在旧上海，经营土地的利润非常之高，从 1865 年到 1933 年，平均上涨 2570 倍。不过，当时上海外商做土地生意的多的是，像哈同这样一文不名的穷小子而成百万富翁的，即使在精明的上海犹太人中也仅此一个。这不能不归之于他的善于投机。

哈同从进到沙逊洋行供职，手头略有结余之时起，就放起高利贷来。以后职位高了，薪水也高了，加上高利贷利滚利，手头资金多了之后，便开始涉足房地产。1883年，中法战争全面爆发后，法国军队分海、陆两路进攻中国。这种情况下，上海租界，特别是法国租界内的外国侨民，非常恐慌，纷纷外逃。

老沙逊洋行的老板，面对这样一片混乱状况，也慌了手脚，在外逃与滞留之间犹豫不决，一时不知如何是好。哈同这时已担任该洋行的地产部主管之职，见此便向老板献策。

哈同提出，紧张局势不会持续多长时间，上海的市面很快就会重新繁荣，现在人心不定，地价暴跌，倒反是低价购进地皮的大好机会，所以他劝老板大批购买地皮，多造房屋。

老板接受了哈同的意见，照此办理。中外商人见到老沙逊洋行的这番举动，也渐渐定下心来。不久，中法战争结束，法国殖民势力进一步渗入中国领土，这不仅使原来迁出租界的人流返了回来，而且浙江、福建等地又有许多人移居上海，进入租界。这样一来，房地产价格连连猛涨，老沙逊洋行仅这段时间里的房地产获利就高达500万两银子。而哈同自己也通过这期间低价购进的地产价格猛涨，而一下子成了百万富翁。

哈同的这次投资，主要靠的是他灵敏的政治嗅觉。他知道在当时国际政治格局下，清王朝不可能真有多大的作为，所以才敢于在别人看来不好的形势下，他坚持看好，并乘机低价购进，结果又让他成功了。

与风险"亲密接触"

犹太商人生意经要诀

当机会来临时，不敢冒险的人永远是平庸之辈。（《塔木德》）

要想做成任何一件事都有成功和失败两种可能。当失败的可能性大时，却偏要去做，那自然就成了冒险。问题是，许多事很难分清成败可能性的大小，那么这时候也是冒险。而商战的法则是冒险越大，赚钱越多。当机会来临时，不敢冒险的人，永远是平庸之人。而犹太商人大多具有乐观的风险意识，并常能发大财。

犹太人相信"风险越大，回报越大"，"财富是风险的尾巴"，跟着风险走，随着风险摸，就会发现财富。

确实，犹太商人长期以来不仅是在做生意，而且也是在"管理风险"，就是他的生存本身也需要有很强的"风险管理"意识。所以在每次"山雨欲来风满楼"时，他们都能准确把握"山雨"的来势和大小。这种事关生存的大技巧一旦形成，用到生意场上去就游刃有余了。有不少时候，犹太商人正是靠准确地把握这种"风险"之机而得以发迹。

公元 1600 年前后，摩根家族的祖先从英国迁移到美洲来，到约瑟夫·摩根的时候，他卖掉了在马萨诸塞州的农场，到哈特福定居下来。

约瑟夫最初以经营一家小咖啡店为生，同时还卖些旅行用的篮子。这样苦心经营了一些时日，逐渐赚了些钱，就盖了一座很气派的大旅馆，还买了运河的股票，成为汽船业和地方铁路的股东。

1835 年，约瑟夫投资参加了一家叫做"伊特纳火灾"的小型保险公司。所谓投资，也不要现金，出资者的信用就是一种资本，只要在股东名册上签上姓名即可。投资者在期票上署名后，就能收取投保者交纳的手续费。只要不发生火灾，这无本生意就稳赚不赔。

然而不久，纽约发生了一场大火灾。投资者聚集在约瑟夫的旅馆里，一个个面色苍白，急得像热锅上的蚂蚁。很显然，不少投资者没有经历过这样的事件。他们惊慌失措，愿意自动放弃自己的股份。

约瑟夫便把他们的股份统统买下。他说："为了付清保险费用。我愿意把这旅馆卖了，不过得有个条件，以后必须大幅度提高手续费。"

这真是一场赌博，成败与否，全在此一举。

另有一位朋友也想和约瑟夫一起冒这个险。于是，两人凑了10 万美元，派代理人去纽约处理赔偿事项，结果，代理人从纽约回来的时候带回了大笔的现款。这些现款是新投保的客户，出了比原先高一倍的手续费。与此同时，"信用可靠的伊特纳火灾保险"已经在纽约名声大振。这次火灾后，约瑟夫净赚了 15 万美元。

这个事例告诉我们，能够把握住关键时刻，通常可以把危机转化为赚大钱的机会。冒险是上帝对勇士的最高嘉奖。不敢冒险的人就没有福气接受上帝恩赐给人的财富。

犹太人是天生的冒险家。

犹太大亨们个个都经历过各种各样的风险，他们在风险的惊涛骇浪中自由地活动，做了一场又一场风险的游戏。

任何一个企业要想做大，所面临的风险是长期的、巨大的和复杂的。企业由小到大的过程，是斗智斗勇的过程，是风险与机会共存的过程，随时都有可能触礁沉船。在企业的发展过程中常常会遇到许多的困难和风险，如财务风险、人事风险、决策风险、政策风险、创新风险等。要想成功，就要有"与风险亲密接触"的勇气。不冒风险，则与成功永远无缘。

风险总是与机遇、利益相伴，如影随形。如果一个商人整天只是想着要发财，要成功，要赚大钱，但是往往却因为怕担风险，对未来心存胆怯而裹足不前，那么他就很可能与成功失之交臂，只有事后叹息、后悔的份了。

　　一位很成功的企业家邱德根曾经这样说过："我不信命运，我从风浪中拼出来，建立了自己的事业，即使到最后一刻也不会放弃，我的许多生意都是在风险中度过的。"

　　其实很多事在未真正完成之前，都是具有风险性的，常常会有一波未平一波又起的时候，也常常会有看似平静，但内部暗藏危机的时候。商业场上更是如此。但是一旦你勇于去开始，敢于去克服那些困难，那么在最后你将会有意想不到的收获。在那些看似难以捉摸的风险背后，往往隐藏着巨大财富！

机遇：一念定乾坤

犹太商人生意经要诀

我见日光之下，快跑的未必能赢，力战的未必得胜，智慧的未必得粮食，明哲的未必得资财，灵巧的未必得喜悦，所临到众人的，全在乎当时的机会。（《塔木德》）

根据自己所处的环境、自己所具备的条件和优势，对自己人生理智设计及运作，这就是"运"的含义。如果这种选择、设计和把握恰好跟上了时代的潮流，跟上了市场的发展，那就是你的运气来了。

在我们一生中，机会像流星一样极易逝去。它燃烧的时间虽然很短，却往往能带来巨大的能量。尤其是在追求财富的过程中，也许只有那么一次小小的机会，就能让我们大发其财，成为巨富。犹太人总是这样相互鼓励说："试着去做一件自己早就想做但却始终没有勇气去做的事，你会拥有焕然一新的人生。"

仅仅只花了6年时间，美国人马克·奥·哈德林先生就由一名穷困潦倒的失业青年变成一个小有名气的百万富翁。

哈德林先生描述说，在他25岁的时候，看了一本名叫《我是怎样在业余时间把1000美元变成300万的》的书，好像看到了一个辉煌世界。于是，他尽可能地了解有关投资和不动产的知识，一有机会便和从事房地产的朋友、亲戚聊天，暗暗为自己定下目标：在30岁时成为百万富翁。

有一天，一个房地产中间商激动地告诉他一个投资少、收益惊人的买卖：一所坐落在中产阶级住宅区的现代式房子，维护良好，房况极佳，数一流建筑。房主出价14500美元，由于某些原因，她必须在一月之内把房子卖掉。哈德林听后很是动心。经过还价，买卖双方定为1万美元。尽管哈德林当时银行存款不足500美元，但他觉得这是一个不容错过的机会，即使万一筹不到这笔钱，也不过要付给中间商100美元酬金而已。他毫不迟疑地和房主签了约，返身直奔城里最大的银行，以借款的形式得到了1万美元，付给了房主。他又来到另一家银行，以新购的房产作抵押，贷款1万美元还清了第一家银行的借款。没几年，他的住户又帮他还清了第二家银行的贷款。就这样，马克·奥·哈德林先生很快成为了百万富翁，实现了自己的梦想。

在大多数人看来，所谓机遇是那种可遇而不可求的东西，其实不然。《塔木德》告诉我们，机遇随时都有，机遇无处不在。只是看我们善不善于发现，能不能把握罢了。在我们生活当中，一个偶然的机会，一个突发的事件，往往都能产生出无数的机遇。所以，要想成为富翁，就得把握机遇，千万别放过身边每一个可能发财的细节。

从前，一个穷人一心想富起来，天天在盘算着怎样才能变成富翁。偶然的一天，他在桥畔苦苦观察思索，不知不觉中已到黄昏。一群木匠路过，走在后面的学徒们手中有很多木片，每走一步，就会有木片掉下来，但却无人回头去捡。穷人看了觉得可惜，就跟在木匠后面将木片捡起来，竟捡了300担之多，第二天拿出去卖了250文钱。他恍然大悟：原来脚底下就有这么好的赚钱法，为什么以前没发觉呢？从此以后，每到黄昏，他就跟在木匠后面拾木片，赚了不少钱。后来他想出了用木片加工制作筷子的主意，也有利可图，最终成为以制作筷子而发家的大富翁。

20世纪20年代的时候，有一位欧洲的神父到一小镇传教。他看到当地人民生活非常苦，动了恻隐之心。他苦思良策想改善教友们的生活。

有一天，神父走过一户人家，看见妇人在门口梳头，有些头发掉在地上。这一幕触发了他的灵感。

神父想起了他的家乡——欧洲，从工业革命后，工厂纷纷设立，厂内的女士都必须戴发网上工，不仅避免头发卷入机器，而且也是一种装饰。如果把妇女掉在地上的头发捡起来，然后编织成发网销到欧洲去，岂不是可以改善工友们的生活吗？

于是，神父就告诉妇女们，在梳头时，务必把落发收集起来。另一方面，他告诉商人，拿些针线与火柴来交换妇人的零碎头发，编织成发网，外销欧洲。他的计划果然实现了。

这是什么道理呢？机遇本就无处不在，如果说机遇就是那一块块木片、一根根头发，丢在大街上多数人都熟视无睹，那么机遇也就白白地浪费了。只有善于发现和挖掘机遇的人，才能把握机遇，创造财富，成为财富的主人。

机遇好比被你遗忘的物品，虽然你看不到它，它却天天看到你。这时，你如果要去寻找它，就得耐心地去寻找。也许不经意间，它就会突然出现在你的眼前。因为，它早已存在于我们周围，散布于人生的角落，只不过被你遗忘罢了。

一个农场主不慎将一只名贵的金表遗失在仓库里，他遍寻不获，便要人们帮忙，悬赏 100 美元。面对重赏的诱惑，很多人卖力地翻找。无奈谷仓内杂物堆积如山，要想在其中找寻一块金表如同大海捞针。

人们忙到太阳下山仍没找到金表。他们一个个放弃了寻找金表的行动。

只有一位小孩在众人离开之后仍不死心，在仓库内坚持寻找。当一切喧闹静下来后，他突然发现了一个奇特的声音，那声音"滴答、滴答"不停地响着。小孩循声找到了金表，最终得到了100 美元的赏金。

可见，机遇如同仓库内的金表，早已存在于我们周围，只要我们冷静地思考，我们就会听到那清晰的滴答声。

1984 年的一天，瑞士发明家乔治·德·曼斯塔尔带着他的狗去郊外打猎，乔治·德·曼斯塔尔一直想发明一种能轻易地扣住、又能方便地脱开的尼龙扣，但是一直没有结果。当他和狗从牛蒡丛边擦过时，狗毛和曼期塔尔的毛料裤上都粘了许多刺果，这引起了乔治·德·曼斯塔尔的极大兴趣。

回到家里，曼斯塔尔立即用显微镜仔细观察粘在皮毛上的刺果。他发现刺果上的千百个细小的钩刺钩住了毛呢和狗毛。

这使他顿然发现：如果用刺果作扣件，真是再好不过了。受此启发，他发明了以一丛细小钩子啮合另一丛细小圈环的新型扣件——凡尔克罗，这是一种能轻易地扣住的尼龙扣，不仅能方便地脱开，而且可以水洗。它的用途很广，包括服装、窗帘、椅套、医疗器材、飞机汽车制造业。最终，曼斯塔尔成功了。

不同的人面对不同的机遇，会产生不同的结果。《塔木德》说，机遇不是命中注定的，上天也不会安排。能不能抓住，就看你是否能把握好关键的时机。可见，机遇完全就在你手中，抓住了它，也就抓住了成功，抓住了财富。

下面这个故事就说明了这一点。

日本绳索大王岛村芳雄当年到东京一家包装材料店当店员时，薪金只有 1.8 万日元，还要养活母亲和 3 个弟妹。因此他时常囊空如洗。

有一天，他在街上漫无目的地散步，他注意到女性们，无论是花枝招展的小姐，还是徐娘半老的妇人，除了带有自己的皮包之外，还提着一个纸袋，这是买东西时商店送给她们装东西用的。岛村芳雄整个心就被纸袋和绳索占住了。两天后，他到一家跟商店有来往的纸袋工厂参观。果然，正如他所料，工厂忙得不可开交。参观之后，他怦然心动，将来纸袋一定会风行全国，做纸袋绳索的生意是错不了的。岛村虽然雄心勃勃，但身无分文，无从下手。以后几天，资金问题一直困扰着他，最后他决定到各银行试一试。一到银行，他就对纸袋的使用前景、纸袋绳索制作上的技巧、他的原价推销法及这事业上的展望等说得口干舌燥，但每一家银行听了他的打算之后，都冷冷淡淡地不愿理睬他。起初态度冷淡得连他的话都不愿听的职员们，过了几天，对他的蔑视的态度就逐渐表面化，终于耐不住厌烦地大发脾气，一看到他就怒目而视。有时他一来，大家就发出一阵哄笑，有时干脆把他赶了出去。

苍天不负苦心人，前后经过 3 个月，到了第 69 次时，对方竟被他那煞费苦心、百折不挠的精神所感动，答应贷给他 100 万日元。当朋友和熟人知道他获得银行贷款 100 万日元后，纷纷帮他筹集资金，就这样他很快就筹集了 200 万日元的资金。于是岛村辞去了店员的工作，设立凡芳商会，开始绳索贩卖业务。他深信，虽然他的条件比别人差，但用自己新创的"原价售销商法"干下去，一定能在竞争激烈的商业界站稳脚跟。

后来，岛村终于成为了日本的富豪。

这些事例都告诉我们，要想成功，获取财富不仅需要努力，而且，你最好还要长一双善于发现机遇的眼睛。

《塔木德》箴言的哲理告诉我们，在人生的旅途中，缺乏的并不是机遇，而是缺乏发现机遇的眼睛。因为，机遇无处不在，如果你不能发现它、捕捉它，那么它也只好无奈地和你擦肩而过。在追求财富的过程中，也是一样。要想抓住发财的机会，就得善于捕捉发财的机遇，方能相得益彰。

不要慨叹没有机遇，也不要在机遇面前彷徨无助。因为机遇就在你身边，机遇就在于你发掘。不要白白地浪费了发财的机会，也不要在机遇面前麻木不仁。

当机遇出现时，立刻抓住它，也就抓住了本钱。此时，机遇已不再是机遇，而是一种创业的资本。创业的本身，可以是前途，也可以是"钱"途，无论走哪条路，机遇必然伴随。

下面来看看达比的教训吧。他就是因为一念之差，而使自己与机遇和财富擦肩而过的。

在 20 世纪初的淘金热潮中，年轻的达比在做着"黄金梦"的叔叔的带领下，前往西部挖金矿。他们买到了一块矿地，没日没夜地用铲子和尖嘴锄去开采。

辛苦了几个星期，他们终于从矿地上挖到了金矿。达比和叔叔十分高兴，但他们需要用机器把金矿从地下弄到地上来。

达比的叔叔很镇静地把矿坑掩埋起来，除掉自己的脚印，然后火速赶回马里兰州威廉斯堡的老家，把挖到金矿的消息告诉他的亲戚和几位邻居，大家凑了一笔钱，买来了所需的机器，托人代送。这位叔叔和达比也动身回到矿区工作。

第一车的金矿挖出来，送到一处冶金工厂，结果证明他们已经挖到了科罗拉多州最富的一个矿源。只要再挖出几车金矿，偿还所有买地欠下的债务后就可以大赚特赚了。

叔叔和达比高高兴兴地下坑工作，带着无限的希望挖矿。但在这时候，发生了他们料想不到的事，金矿和矿脉竟然不见了，黄金没有了。

他们继续挖下去，焦急地想要挖出矿脉来，但是，他们一无所获。绝望的叔叔和达比放弃了寻找，将地卖给别人。

然而，根据一位工程师的计算，只要从达比和他叔叔停止挖掘的地点再往前挖90厘米，就能找到金矿。

果然，就在工程师所说的那个地方，矿脉又重新找到了。请工程师的人是一位售货员，他把挖出来的金矿出卖，获得了几百万美元。

抓住了机会，所以在很短的时间里就可以不费力气地获得成功，而失去了机会只会让自己费力。因此，能否抓住机会，一念定乾坤。

因为机遇往往在瞬间就决定了人生和事业的命运，抓住了机遇，就彻底地改变了自己的命运前途。机遇，是瞬间的命运。

犹太拉比告诫人们："抓住好东西，无论它多么微不足道；伸手把它抓住，不要让它溜掉。"

犹太商人的口才攻略

第一章　用智语攻穿对方心理防线
——犹太商人口才攻略之一：心与心的较量最能显本领

从对方最热心的话题切入

犹太商人口才攻略要诀

在商业活动中，商人必须跟着客户的兴趣走。对人说话，应该投其所好。能够投其所好，你的话才能在对方心中产生作用，反之，则会没有任何意义。

犹太商人认为，在谈生意时，要想与对方畅通无阻地交流，就必须找出对方的兴趣所在，从对方最热心的话题切入，因为共同的爱好能够让人走到一起。

在犹太商人看来，生意场上虽然有些交谈需要直截了当地切入正题。比如，对方已经知道你的来意，或者彼此已经约定了这次交谈的内容，那就不必要说很多题外话。但是，在很多场合，交谈进入正题前是需要进行一些准备工作的，特别是当你需要通过你的交谈对象达到一定目的，且需要你去说服对方时，如果突然地将交谈切入正题，很可能会遭到对方一口回绝。

在这样一些场合，如果你不急于将交谈转入正题，而是说一些有关对方感兴趣的题外话，然后再将对方引入正题的交谈，结果可能会完全不一样。

巴黎有一位叫巴哈尔的犹太商人，经营一家高级葡萄酒公司。他想把自己的葡萄酒推销到巴黎一家大饭店。于是，他一连 4 年都给该饭店的老板克莱恩打电话，还去参加了克莱恩出席的社交聚会。他甚至在该饭店住了下来，以便成交这笔生意。

巴哈尔的这些努力都是白费心机。克莱恩很难接触，他根本就没有把心思放在巴哈尔的葡萄酒上。巴哈尔苦苦思索，最后找到了症结所在。他立即改变策略，去寻找克莱恩感兴趣的东西，以便投其所好攻克难关。经过一番细致的调查，巴哈尔发现克莱恩是一个叫作"法国旅馆招待者"组织的骨干会员，最近还被选为主席，对这个组织极为热心。不论会员们在什么地方举行活动，他都一定到场，即使路途再远也并不影响他的出席。

第二天，巴哈尔再次见到克莱恩时，开始大谈特谈"法国旅馆招待者"组织，这位老板马上做出令他吃惊的反应，当即滔滔不绝地跟巴哈尔热情交谈起来。当然，话题都是有关这个组织的。结束谈话时，巴哈尔得到了一张该组织的会员证。在这次会面中巴哈尔丝毫没提葡萄酒之事，但几天以后，那家饭店的采购经理就打来了电话，让巴哈尔赶快把葡萄酒样品和价格表送过去。

事后，巴哈尔不无感叹地说："在商业活动中，商人必须跟着客户的兴趣走，投其所好，对客户最热心的话题或事物表示真挚的热心，巧妙地引出话题后，应多多应和，表示钦佩，这对做生意非常有利。"

在犹太商人看来，谈话没有趣味性、共同性是无法进行下去的。对人说话，应该投其所好。能够投其所好，你的话才能在对方心中发生作用，反之，则不会产生效用。

犹太商人为了要和客户之间培养良好的人际关系，总是尽早找出共同的话题。最有效的方式就是询问，在不断的发问当中，他们很快就可以发现客户的兴趣。犹太商人经常拿高尔夫球具、溜冰鞋、钓竿、围棋或象棋、天气、季节、新闻、股票、体育、影视、文学、曲艺、商业等作为话题，靠长年的经验积累，他们对不同的人都有什么样的兴趣和话题多多少少知道一些。打过招呼之后，谈谈客户深感兴趣的话题，等气氛缓和一些后，再接着进入主题，往往会比一开始就立刻进入主题效果要好得多。

在对方的虚荣心上下工夫

犹太商人口才攻略要诀

人人都有虚荣心，虚荣招致奉承。没有人不喜欢被人奉承，世界上最美妙动听的语言就是奉承话。说奉承话，别人听了舒服，自己也不降低身份。说奉承话需要把握相当的分寸，既不流于谄媚，又不损伤人格，这才是讨人欢心的法宝。

犹太商人在谈生意时，总是习惯地逢迎对方的虚荣心去说一些奉承话。在他们看来，当人们听到他人对自己引以为荣的事情称赞时，往往会心情愉快，对所谈的话题感兴趣，愿意继续交谈，渐渐地放松戒备心和敌意，在自我陶醉中迷失自我。

下面是犹太商人如何让顾客满心欢喜而又不知不觉地促成生意成交的一个情景。

一位身材高挑的年轻女子在犹太人阿布巴卡的服装商店试衣服，试了几件衣服，不是这儿鼓起来，就是那儿紧巴巴的，都不合适。阿布巴卡凭经验觉得，问题出在她没有挺直身子。于是在一旁对她说："这些衣服看来不是有些大就是有些小，把您娇美的身材给遮住了。"

年轻女子一听，直起身来重新在试衣镜中打量自己。这时情形发生了变化：年轻女子发现自己挺立的身躯看起来那么令人赏心悦目，那些难看的鼓包和皱褶都不见了，线条和轮廓也显现出来了。

阿布巴卡看得出，她喜欢这件衣服。"真漂亮！"阿布巴卡赞许地说，"你喜欢这一件吗？""是的，它使我苗条多了，啊，真的，我好像减轻了两三公斤体重。"年轻女子惊奇地说。

聪明的犹太商人与人谈生意的诀窍就是谈论他人最引以为荣的事情，他们对人的心理揣摩得非常透彻：恭维话人人爱听，对人说奉承话，如果恰如其分，他一定十分高兴。越是傲慢的人，越爱听奉承话，越喜欢受人奉承。说奉承话是商人的一门重要功课，艾特森就是凭着一张妙嘴赢得了一笔笔大生意。

美国大富翁伊斯特曼决定要在洛加斯达城捐造"伊斯特曼"音乐学校及"凯伯恩"剧院用以纪念他的母亲。纽约辛纳格座椅制造公司的老板，即后来成为著名犹太商人的艾特森，想谋取该剧院座椅的合同，于是他就和伊斯特曼约会见面。

见面自我介绍了之后，艾特森便一脸真诚极其自然地说道："伊斯特曼先生，当我在外边等着见你的时候，我很羡慕你的办公室，假如我有这样的办公室，我一定也很高兴在里面工作，要知道我从来不曾见过这么漂亮的办公室。"

伊斯特曼高兴地说："你使我想起一件几乎忘记了的事。这房子很漂亮是不是？当初才建好的时候我特别喜爱它，但是现在，因为有许多事忙得我甚至几个星期坐在这里也没空看它一眼。"

艾特森一边听着一边走过去用手摸摸壁板，说道："这是英国橡木做的，对吗？和意大利橡木稍微有些不同。"

伊斯特曼回答："是啊，那是从英国运来的橡木。我幸好也略懂一些木料的好坏，亲自挑选的。"

随后伊斯特曼领着艾特森参观他自己当初帮助装饰公司设计的房间配置、油漆颜色及雕刻图案等等。当他们在室内夸奖木工的技术时，伊斯特曼走到窗前站住了脚，然后亲切地表明要捐助洛加斯达大学及市立医院等机关一些钱，用以表达自己的心意。艾特森热诚地赞许他这种慈善义举的古道热肠，伊斯特曼随后又走过去打开一个玻璃匣，取出他从前买的第一架摄影机。他告诉艾特森，这是从一位英国发明人手中买来的。

艾特森从上午10点1刻走进伊斯特曼的办公室，时至中午他们还在滔滔不绝地谈着。最后伊斯特曼对艾特森说："上次我去日本，在那里买了几张椅子回来，我把它们放在阳台上。日子一久阳光就把漆给晒退了，我就到商店买了漆回家自己动手油漆那椅子，你想看我自己油漆的成绩吗？好极了，就同我到舍下去吃中饭吧，我给你看看。"

饭后，伊斯特曼把从日本带回来的椅子指给艾特森看。那椅子每把不过 1.5 美元，但是伊斯特曼虽然家财万贯，对那椅子却异常满意，因为那是他自己动手油漆的……结果不用说你也会想得到，艾特森拿到了 10 万美元的订单。

犹太商人艾特森从伊斯特曼最热心的话题切入，渐渐地说到对方值得引以为荣之处，尽管这些引以为荣之处有的不是伊斯特曼的一件什么大事，由于给予了恰如其分的赞美，同样收到了良好的效果。伊斯特曼心中一高兴，便在自我陶醉中迷失自我，生意于是顺利成交。

"人人都有虚荣心，虚荣招致奉承。没有人不喜欢被人奉承，世界上最美妙动听的语言就是奉承话。说奉承话，别人听了舒服，自己也不降低身份。"艾特森说出了他屡试不爽的秘密武器。

世人都爱奉承，但说奉承话需要把握相当的分寸，既不流于谄媚，又不损伤人格，这才是讨人欢心的法宝。只要自己愿意，总是能够在别人身上找到某些值得称道的东西。

戈尔滋年轻时离开以色列移民到美国，不久便与亚特兰大市本地一位女子结婚。后来他们夫妇开始做生意，创建了变色龙油漆公司。公司刚刚开发出一种新型油漆，具有色泽柔和、不易剥落、防水性能好、不褪色等等很多优点。虽然广告费花了不少钱，但收效甚微。戈尔滋决定以市内最大的英骄莱弗家具公司为突破口，来打开销路。

一天，戈尔滋直接来到英骄莱弗家具公司，找到总经理斯坦纳："斯坦纳先生，我听说，贵公司的家具质量相当好，特地来拜访一下。久仰您的大名，您又是本市杰出企业家之一，您经过这么短的时间，就取得了这么辉煌的成就，真是让人羡慕！"

这么一说，斯坦纳自然非常高兴，就向他介绍本公司的产品、特点，并在交谈中谈到他怎么从一个贩卖家具的小贩走向生产家具的大公司的历程，还领戈尔滋参观了他的工厂。在上漆车间里，斯坦纳拉出几件家具，向戈尔滋炫耀那是他亲自上的漆。戈尔滋顺手将喝的饮料倒了一点在家具上，又用一把螺丝刀轻轻敲打。斯坦纳很快制止了他的行为，还没等斯坦纳开口，戈尔滋发话了："这些家具造型、样式是一流的，但这漆的防水性不好，色泽不柔和，并且易剥落，影响了家具的质量，不知对不对？"

斯坦纳连连点头称是，并提到，听说变色龙油漆公司推出一种新型油漆，因为不了解而没有订购。戈尔滋从包里掏出了一块六面都刷了漆的木板，只见它泡在一个方形的瓶子里，还有另外几块上着各种颜色的漆的木板。戈尔滋声称，泡在水中的木板，已浸了一个小时，木板没有膨胀，说明漆的防水性好，用工具敲打，漆不脱落，放到火上烤，漆不褪色。于是英骄莱弗公司很快就成了变色龙公司的大客户，双方都有利益可图。

在这则事例中，戈尔滋一开始并没有直接称赞自己的油漆多好，而是从赞美英骄莱弗公司的产品入手，又赞美了斯坦纳的奋斗历程。受到赞美的斯坦纳心里乐滋滋的，戈尔滋在其心情愉快之后，点出了英骄莱弗家具公司的产品的油漆性能差，直接影响到了家具的质量，而在此时，展示了本公司最好的产品。相比之下，凸现了本公司的新型油漆。于是，斯坦纳很自然地接受了其建议，戈尔滋顺利地赢得了这家客户。

无论是谁，当他被人奉承时都是愉悦的。敬佩别人的话发自内心，对方埋藏于内心的虚荣心被人所承认，那他一定非常高兴。奉承必须"确有其事"，理由充分。毫无根据地奉承一个人，他不仅感到费解，还会莫名其妙，觉得你油嘴滑舌，有诡诈，进而引起他对你的防范。

做到让对方同情你的处境

犹太商人口才攻略要诀

同情心是人类最根本的情感，哪怕是一个平常很古板的人，一旦触及到同情心，他的立场也会发生不同的变化。巧妙地利用人类的感情来做文章，本来不打算购买的人，此时也会产生"再也不能让他白跑了"的想法，有了心理负担和欠人情债的感觉。

犹太商人在经商过程中得到一条经验：同情心是人们天生迷恋的东西，人类毕竟是感情动物，即使有千百个理由，也比不上一个令人感动的事实。用感情或感觉来突破难关，可以使客户由反对者变成赞成者，这是潜在心理术的突破点。

有一次，犹太商人阿佩尔在推销产品时，遭到客户的拒绝，但过了一段时期之后，他再次来了。这时客户仍绝情地说："我并没有购买的意思，你再来几次也是枉费心机，因此，我劝你不要再浪费口舌、白费力气了。"

阿佩尔却不在乎，仍精神抖擞，面带笑容回答说："不，请不必为我担心，说话跑腿，是我的工作职责，只要你能给我一点时间，听我解释，我就心满意足了。"

客户看到他全身是汗，却还满脸笑容，不买就觉得再也不好意思了，于是就买了一点。

下雨下雪是阿佩尔上门的好日子。外面下着雨，别人都躲在家里，而阿佩尔站在门口，不能不使人产生同情心，因而难以出口拒绝。

阿佩尔这种推销方法，就是巧妙地利用人类的感情来做文章，本来不打算购买的人，此时也会产生"再也不能让他白跑了"的想法，有了心理负担和欠人情债的感觉。于是客户就会这样想："这位推销员若是多跑几处地方，也许他的产品早就卖完了，但是他却常来这里，使他花了不少宝贵时间，再不买他的产品，就有点对不起人了。"这就是加重人们心理负担的一种推销方法。

要使对方做大幅度的退让，就要尽量让对方多积累些细小的心理负担，当这种心理负担扩大到一定程度时，对方就肯定会让步了。

美国著名的剧团经理人犹太人尤洛克，在较长时间内和夏里亚宾、邓肯、巴芙洛丽这些名人打交道。有一次，尤洛克说，同这些明星打交道他领悟到的第一点就是，必须对他们的荒谬念头表示同情。

尤洛克为曾在纽约剧院演出过的最著名男低音夏里亚宾当了3年的剧团经理人。夏里亚宾是个令人难堪的人，比如，该他演唱的那天，他会给尤洛克先生打电话说："我感觉非常不舒服，今天不能演唱。"尤洛克没有和他争吵，而是马上就去夏里亚宾的住处，向其表示同情。

"多可惜，"尤洛克说，"你今天当然不能再演唱了。我这就吩咐他们取消这场演出。这样你总共要损失 8000 美元左右，但这对你能有什么影响呢？"

夏里亚宾呼出了一口长气说："你能否过一会儿再来？晚上 5 点钟来，我再看感觉怎样。"

晚上 5 点钟，尤洛克来到夏里亚宾的住处。他再次表示了自己的同情和惋惜，重申取消演出的建议。

夏里亚宾对他说："请你晚些时候再来，到那时我可能会觉得好一点儿。"

晚上 8 点 30 分，夏里亚宾同意了演唱，同时提出了一个条件，要尤洛克在演出之前宣布他患感冒，嗓子不好。尤洛克说一定照此去办，于是撒了这次谎，因为他知道这是促使夏里亚宾登场演出的唯一办法。

利用同情心打动别人，除了在生意场上外，在其他场所也能经常见到。

接下来说的是一件真实的事。日本有一位少年在地铁的站台上不小心掉到了铁轨上面，刚好有一辆电车飞驶而来，虽然他万幸地保全了性命，但是却受了重伤，失去了一对手腕。于是这个少年就对地下铁路公司提出控诉。但是不论是地方法院的审判还是最高法院的审判，都认为这完全是少年自己造成的，地下铁路公司没有过失。于是这个少年便每天心情沉重地过着郁郁寡欢的日子。

终于到了最后判决的日子。在当天的最后辩论中，少年的辩护律师说了这么一句话："昨天我看到他吃东西时，直接用舌头去舔盘子里的食物，使我不禁掉下了眼泪。"这句话使陪审团的判决峰回路转，全体陪审员一致认同地下铁路公司应向受伤少年赔偿。这表面上看起来是一个理性的意见或判决，但事实上却是依赖人的感情和五官的感觉来做判断的。

同情心是人类最根本的情感，哪怕是一个平常坚持理论立场的人，一旦触及到同情心，他的立场也会发生不同的变化。在日本作家菊池宽冬著的《若杉法官的立场》一书中，若杉法官是一个非常有名的人道主义者，平时他在审案判决时，总是判得很轻且优柔寡断。直到有一天夜里，他自己家遭到强盗的袭击，他体验到强烈的恐惧感，开始同情受害者，从这以后他就变成了犯罪者的克星了，每次审案判决时，他总是给予罪犯最严厉的处罚。

不妨在对方的自尊心上撒点胡椒面

犹太商人口才攻略要诀

刺激对方的自尊心，其实就是"激将法"。在面对一个做事拖拖拉拉、犹犹豫豫难以下决定的人时，用这种方法来激发他们的决心。说话最具刺激性的是说讥讽话，对于一些妄自尊大、傲慢固执的人，说这样的话会起到一定的作用。

人人都有自尊心，希望得到别人的高看和尊重。自尊心越强的人，越是希望自己与众不同，不愿与一般人混为一谈。犹太商人在生意难以达成的情况下，有时会用适度的话来刺激对方的自尊心，从而俘虏对方。

巴黎的一家大商场的珠宝玉器柜台前，有一对穿着讲究的夫妇对一只标价 10000 法郎的翡翠戒指很感兴趣。营业员见他们犹豫的样子，知道他们嫌价格太贵。于是热心地说："这只戒指的确很精美，只是价格稍微有点贵。很多人都看上了，最终还是没有买下它。有个国家的总统夫人戴在手上舍不得取下，后来换了一个价格适中的戒指走了。要不您二位再看看别的有没有中意的？"

那位夫妇看了营业员一眼，女士说道："既然总统夫人给我留下了，那我就要它了。"于是当即付钱，瞧她那神情，简直比总统夫人还阔气。

说反话也可以刺激顾客的自尊心。犹太商人面对衣着非凡的顾客时，有时会故意先推荐档次低的商品："先生，这是最便宜的一款，很实惠。"结果却是顾客把中高档的一款买走了。

刺激对方的自尊心，其实就是"激将法"。日本推销女神柴田和子在面对一个做事拖拖拉拉、犹犹豫豫难以下决定的人时，也总是用这种方法。她常常对顾客说这些稍微逆耳的话：

"一个有主见的人，从不回家跟老婆商量。"

"只有能自我判断做出决定的人，才配称有魄力。"

"最近的男人好像都变得婆婆妈妈的，您不是这样的。"

因这种激将法生效而当场填妥投保书的人，几乎没有人会再打电话来取消保险契约。

说话最具刺激性的是说讥讽话，对于一些妄自尊大傲慢固执的人，说这样的话会起到一定的作用。

犹太商人韦森有一次和一位办公室经理谈打印机生意。那位办公室经理想买，但他害怕他的上司会批评他，于是这桩生意一拖再拖毫无进展。韦森再三与之联系，他们为那台愚蠢的过时的点式字模打印机争得面红耳赤，但这一切都是没有用的。

后来韦森弄清楚了，决定利用他的骄傲去消除他对上司的恐惧。于是当韦森又一次拜访他时，故意拍了一下他的点式字模打印机，用全办公室的人都听得见的声音说道："'T 型福特！T 型的！'"

"你说 T 型是什么意思？"那位办公室经理问道。

"没什么，T 型福特是过去盛极一时的汽车，正如你的点式字模打印机。但今天，它只是一个怪物！"韦森说道。

这深深地触动了那位经理，他坐在那里陷入沉思。两天后他打电话给韦森说，他想用激光打印机代替他原来的那部。

虽说是为刺激对方的自尊心，但话也要说得巧妙含蓄一些为好。有的商人在顾客放弃购买离开前会说出"买不起就别买"的伤害感情的话，这是毫无意义的，顾客听了后肯定下次不会再来。

要让对方产生惺惺相惜之感

犹太商人口才攻略要诀

在谈生意时，如果能体恤对方的心情，设身处地，为对方着想，别人被你的话所感染，也会反过来考虑一下你的立场。这样，在不知不觉中，你们在感情上取得了共鸣，对方自然也就毫不费力地接受了你的意见。

有一位犹太商人说："为了让自己成为受人欢迎的人，我们必须抛开自己的立场置身于对方的立场上去说话。只要把话说到对方的心坎上，引发对方心理上的同感，就能与顾客建立和谐与信任关系，让顾客能够敞开心胸接受你的讯息。"

在犹太商人看来，生意场上如果有所谓成功的秘诀，那必定就是指要能了解别人的立场。一个生意人，除了站在自己立场考虑之外，也必须要有站在别人立场考虑的处世能力。

在谈生意时，要想说服顾客，如果能体恤对方的心情，设身处地，为对方着想，别人被你的话所感染，也会反过来考虑一下你的立场。这样，在不知不觉中，你们在感情上取得了共鸣，对方自然也就毫不费力地接受了你的意见。

日本有一位叫格森的犹太人经营一家清酒公司，有一次，公司开发出一种新品牌的清酒，在扩大市场过程中，遇到一个开了10家连锁饭店的潜在大客户龟田。格森想把新的清酒销售给这个客户，他去拜访龟田许多次，每一次都吃闭门羹：对方不是态度很冷淡，就是敷衍了事。

有一次，他再度尝试去拜访龟田。当他走进对方的办公室，还未来得及问候，龟田一见到他就很生气地一拍桌子说："你怎么又来了，我不是告诉过你我最近很忙，没有空吗？你怎么那么烦人，你赶快走吧，我没时间理你。"

如果一般人遇到这种情况，也许会心里不舒服，以至扭头就走人，但格森不仅没有心里不舒服，而且马上想到：龟田有什么烦心事吧。他立刻用和客户几乎一样的语气说："龟田君，你怎么搞的，我每次来，都发现你的情绪不好，你到底为了什么事情烦心？我们坐下来谈谈。"

格森说完之后，龟田马上平静下来，停止说刺耳的话，变得非常和气。格森见了之后，马上改变说话的口气，很和气地说："龟田君，怎么回事呢？我来拜访你四五次了，每一次都看到你的情绪不是很好，你是不是有什么烦心的事？我们一起聊聊。"

这时，龟田也用相类似的语气说："格森君，我最近实在是烦死了。为什么呢？你知道我是从事连锁餐饮行业的，我好不容易花了很多时间培养了 3 个分店经理，因为，我今年下半年计划开 3 家分店，什么东西都准备好了，结果上个月我新培养的 3 个分店经理却都让我的竞争者以高薪给挖走了。你说我能不生气吗，事情简直糟透了。"

格森听了拍拍他的肩膀，说："哎，龟田君啊，你以为只有你才有这么烦心的人事问题吗？我也跟你一样啊。你看看，我们最近不是有新的产品要上市吗，前几个月我好不容易用各种方法招来十几个新的行销人员，每天我早上加班，晚上也加班培养他们，想把我们的市场打开。结果才 3 个多月的时间，十几个新的行销人员走得只剩下五六个了。"

接下来的几分钟，他们互相抱怨，现在的员工是多么的难培养，人才是多么的难寻找……最后，格森站起来拍拍龟田的肩膀，说："龟田君，好了，既然我们俩对于人事的问题都比较头痛，咱们也先别谈这些烦心的事了。正好我车上带了一箱新的清酒，搬下来你先免费尝一尝，不管好喝不好喝，过两个星期，等我们两人都解决了人事问题后，我再来拜访你。"

龟田听了后就顺口说："好吧！那你就先搬下来再说吧。"搬下来后，两个人挥手互道再见离开了。结果可想而知，龟田成了格森的大客户。在谈话的整个过程中，格森从头到尾都没有讲他的产品，那他是怎么成功的呢？事实上他花了大部分时间与龟田聊天，触动龟田的同感，与之建立共鸣，这样就水到渠成地达成了交易。

根据心理学的研究，双方刚开始接触的时候产生共鸣是最重要的，这时的所作所为，可以决定后面的沟通是否顺利成功。在游说别人的时候，你如果能够设身处地站在对方的立场上替对方说话，将会收到出人意料的效果。

把对方的信心鼓动起来

犹太商人口才攻略要诀

人们在缺乏信心和信任时，根本不可能做出购买决策。说服顾客对自己有信心以及相信他们买的物品能物有所值，这是让顾客最终决定购买的有利途径。

犹太商人心里清楚，对于所有行业而言，使顾客树立起对生意人、公司或产品的信任感相当重要。曾经购买过同类商品却从某些因素留下不好印象的客户是最不好处理的，首先一定要先找出问题症结，将客户的怒气平息下来，才有可能让客户以正常的心态重新接纳商家。

下面是犹太商人杰姆斯与客户的对话：

客户："上次那个卖割草机的，在没买之前天天来找我，买了之后就找不到人了！"

杰姆斯："那真是太不应该了！不过，人嘛，总是有好有坏的，只是您运气不好碰上个恶劣的人！"

客户："唉！你们都是这样的，张嘴就说好听话，我可不会再受骗了！"

杰姆斯："请您仔细看看我，我是那种人吗？这是我的名片，如果您有任何问题，欢迎您随时打电话来……"

犹太商人杰姆斯经常利用他的好口才来赢得顾客信任。有一次杰姆斯向怀特律师推销几种西服。在杰姆斯告诉怀特律师价钱之前，他就说："我要这件和那件。"想了一会儿，怀特问："怎么卖的？"

当杰姆斯报了价钱后，怀特律师就不再说话了，杰姆斯看见他面红耳赤。杰姆斯知道，除非能赢得怀特律师的信任并能摆出理由让他相信，用比他以前所花的要多得多的钱来买这两套西服是个明智的选择，要不然买卖又要完了。

突然，杰姆斯注意到窗外停车坪上怀特律师开来的新凯迪拉克，于是他装出一副很神秘的样子问道："怀特先生，我能问您一个问题吗？"

"可以。"怀特回答说。

"您开什么牌子的车？"

"哦，凯迪拉克。"

"在您开凯迪拉克前，您还开过什么车？"

"雪铁龙。"

"您记不记得，当您从雪铁龙换到凯迪拉克时对价钱是不是也很关心呢？"

"我明白了。"怀特很快就轻松了起来。那时，价钱已经不再是个问题了，通常顾客们都会花更多的钱来购买一些质量好的产品，怀特于是买下了两套西服。

在许多类似的情况下，杰姆斯都能从汽车开始引申到服装，从而说服顾客。当然，杰姆斯也会用办公家具和计算机等许多东西来打比喻。杰姆斯认为，说服顾客树立信心的另一种方法是，给他们讲一个特定的顾客买服装的例子。

"几年前，有位推销别墅的罗伯特先生从我这儿买服装。当时，他的业绩平凡，几年下来，他居然成为他们公司最出色的推销员。我问他的成功取决于什么，他说是自信，是开始穿我推荐的服装后的自信感觉，他觉得自己与那些拜访的人是平等的，他再不会为自己的衣着感到窘迫不安。

"另外一个可讲的是亚特兰大市商业协会主席本·温伯格。我第一次拜访他时，在我的推销演示过后一会儿，他爽快地让我为他挑两套西服。当我把他的服装给他时，温伯格试穿了一件，说：'不错，我喜欢您所做的，也喜欢这套西服。以后每个季节，我希望您能到我的办公室来，给我送两套您认为我可能喜欢的服装来。'现在温伯格先生已经将他的订单改为三套了。"

以上这些故事，杰姆斯讲过许多次，而且非常有效，因为它使许多犹豫不决的人产生信任之感。可以想象，这些例子增加了顾客的信念，也就是相信杰姆斯提供的服务是很公道的。

最后，如果一个时常在服装上花钱很少的顾客抱怨产品的价格，杰姆斯也会说："威廉先生，我知道您很关心比您平时多付150美元是不是值得，我知道您很担心，但我不。我相信，一旦您穿上我们生产的西服，您会觉得您的价值比以前高多了。我可以向您证明，我有多信任我的产品，我愿意给您开一张90天的远期支票。也就是说，30天左右您可以拿到西服，然后您还有60天的试穿时间，如果您觉得不值，您可以把我的支票兑现，这样您就不必比您通常花的钱多了。"

这种做法给杰姆斯带来了不少成功的交易，但还从未有人接受过他的支票。他们的反应通常是："好，如果您这么自信……"或者别的相同意思的话。总之，杰姆斯经常利用他的好口才让顾客产生一种信任感，一旦人们拥有了这种信任，他们决策起来就简单多了。

一点一点磨掉对方的逆反心

犹太商人口才攻略要诀

我们在别人请求做自己事先没有想到的事情时，总会有这种心理：凭什么要我这样做？你越要这样做，我越偏偏不这样做。顾客买东西时，遇到生意人的主动推荐，往往也会持有这种心理。聪明的商人从来不会强行推销，在与顾客说话时，应发挥才智找到一个令对方乐意接受的方式。

在犹太商人看来，顾客都是有逆反心的，要想让顾客买自己的商品，首先要消除他的反感心理，使自己和他之间不再有隔阂，拉近距离，而这往往只需一句话即可。

假如一位推销员初次见面时对顾客这样说："约翰先生，您是剑桥大学毕业的吧？真巧，我也是，那真是一所不错的学校。"

另一位推销员说："约翰先生，您要不要一瓶'钙王片'啊？很便宜又补身，本公司产品极棒……"

如果您是约翰先生，两位推销员您喜欢和哪位交谈呢？一位能挑起您的谈话瘾头，另一位只是一股劲地吹嘘自己的产品，相信明智的你，能很快做一抉择。

恰当的说话方式是至关重要的。同一种事情用不同的方式表达出来，其结果可能正好相反。生意人在与顾客说话时，应发挥才智找到一个令对方乐意接受的方式，这样开启了对方的金口之后，生意成交便大有希望了。

有一位名叫布拉德利的犹太人，刚开始向客户销售保险时，一见到客户便在谈保险的好处的同时，向对方大讲现代人不懂保险会有哪些不利的情形。最后往往会说："你应该买一份保险。"可是，却极少有人从他的手里买保险，整整一个月下来，他没有得到一份保险业务。后来经过一番思考后，他改变了策略，不再对客户夸夸其谈，而是换了一种交谈的角度。

布拉德利："您好！我是国民第一保险公司的推销员。"

客户："哦，推销保险的。"

布拉德利："您误会了，我的任务是宣传保险，如果您有兴趣的话，我可以义务为您介绍一些保险知识。"

客户："是这样，请进。"

于是布拉德利向客户迈进了第一步。在接下来的交谈中，他像是叙说家常一样，向客户详细介绍了有关保险的全部知识，并将参加保险的利益以及买保险的手续有机地穿插在介绍中。

最后，布拉德利说："希望通过我的介绍能让您对保险有所了解，如果您还有什么不明白的地方，可以随时和我联系。"此时布拉德利才递上自己的名片，直到告辞也只字未提动员客户买他的保险的话。可是第二天，客户便主动给布拉德利打电话，请他帮忙买一份保险。

布拉德利成功了，一个月卖出的保险单最多时达150份。布拉德利前后两次的经验表明，像第一次那样把客户看成什么也不懂的人进行一番说教，必然会引起客户的反感，而且客户对"推销保险"本身便怀有一种不合作的态度，所以成功的机会非常小。而第二次，布拉德利避开"推销保险"这一敏感的话题，以"义务宣传"员的身份接近客户，而且只字不提推销的事，从而使客户对他放松了敌对心理，在不知不觉中，让客户自己主动选择了"买"。布拉德利的成功在于他改变了第一次的那种说教方式，转化为一种宣传，而宣传本身便是一种说服。

我们在别人请求做自己事先没有想到的事情时，总会有这种心理：凭什么要我这样做？你越要这样做，我越偏偏不这样做。顾客买东西时，遇到生意人的主动推荐，往往也会持有这种心理。聪明的商人从来不会强行推销。

一位以色列中年妇女说了她亲历的这样一件事：

有一次我在家里，正在忙的时候，有人敲门，一个女孩子来推销一种冲洗地毯的水，一打开门，我一看她是来推销东西的。当时我很忙，对她确实不太感兴趣，而这个女孩子经过专业化的训练，她说："太太，你不买没有关系的，我只是告诉你，现在市场上已经有了这种洗地毯的水，你看一看，真的很好。你们家的房子那么大，地毯很漂亮呀，有没有什么地方有一点点脏，我帮你去清洗清洗。"我被她说得没话可说。

　　为什么我被她弄得无话可说呢？第一，她给我讲，我没有责任一定要买，所以我的逆反心理消失了。第二，她很和蔼的态度，很亲切的表情让我没有办法拒绝她，也不忍心，然后她再步步为营，她说我的地毯很漂亮，有些地方脏了，实在很可惜，她来帮忙清洗一下吧！结果我只好打开了大门，让她进来。餐厅的地毯上有小孩洒的可乐水，我说："那么你看看能不能帮我清洗掉。"她就把一点清洁剂倒在上面，擦一擦，然后再拿毛巾一抹。啊！那里的污点就不见了，我也觉得很吃惊，我说这个真的很好，她就给我再进一步介绍产品优越的地方，结果我不仅买了，而且买了两瓶。

第二章　用巧语牵引对方的思维跟我走
——犹太商人口才攻略之二：比一比谁手中的牌更厉害

先让顾客进来参与，再慢慢谈生意

犹太商人口才攻略要诀

人性的特点之一是喜欢参与！让顾客自己参与进来，自己说服自己购买，这确实是一种销售境界。如果我们不能在最短的时间内，用最有效的方法来突破客户的抗拒，说服他们参与进来共同"表演"，那么我们所做的任何事情都是无效的。唯有客户将所有的注意力放在我们身上的时候，我们才能够真正有效地开始我们的销售过程。

犹太商人在做生意时经常坚持这种观点：不管谈的生意是什么，最终的目的是让对方尽可能完整地接受自己的方案或商品。

一些人不明白其中的道理，经常要写计划书、建议书、可行性报告等等，他们为了给对方留下一个美好印象，把这些书面文件搞得尽善尽美，无可挑剔。遗憾的是，这类会让专家点头不已的文件，放到客户面前后，往往毫无效果。为什么呢？完美文件的制作者或许精通自己手中的商品或方案，却不懂得人性的特点之一是喜欢参与！

美国有一个名叫斯坦巴克的犹太人，在做销售安全玻璃的业务员时，他的业绩一直都维持北美整个区域的第一名。在一次顶尖业务员的颁奖大会上，主持人说："斯坦巴克先生，你有什么独特的方法来让你的业绩维持顶尖呢？"

斯坦巴克说："每当我去拜访一个客户的时候，我的皮箱里面总是放了许多截成15厘米见方的安全玻璃，我随身也带着一个铁锤子。每当我到客户那里后我会问他：'你相不相信安全玻璃？'当客户说不相信的时候，我就把玻璃放在他们面前，拿锤子往桌上一敲。每当这时候，许多的客户都会因此而吓一跳，同时他们会发现玻璃真的没有碎裂开来。然后客户就会说：'天啊，真不敢相信。'这时候我问他们：'您想买多少？'直接进行缔结成交的步骤，而整个过程花费的时间还不到1分钟。"

当斯坦巴克讲完这个故事不久，几乎所有销售安全玻璃公司的业务员出去拜访客户的时候，都会随身携带安全玻璃样品以及一个小锤子。

但经过一段时间，他们发现斯坦巴克的业绩仍然维持第一名，他们觉得很奇怪。而在另一个颁奖大会上，主持人又问："我们现在也已经做了同你一样的事情了，那么为什么你的业绩仍然维持第一呢？"

斯坦巴克笑一笑说："我的秘诀很简单，我早就知道当我上次说完这个点子之后，你们会很快地模仿，所以自那时以后我到客户那里，唯一所做的事情是，当他们说不相信的时候，我把玻璃放到他们的面前，把锤子交给他们，让他们自己来砸这块玻璃。"

让顾客自己参与进来，自己说服自己购买，这确实又是另外一种销售境界。

先把顾客引诱进来再慢慢地谈生意，这是斯坦巴克从事推销生涯多年来的总结。他刚从事推销职业时，靠推销装帧图案给纺织公司为生。纽约有一家大纺织厂是他的目标客户，他每星期跑一次，整整跑了三年，始终没有谈成一笔生意。老板总是看一看草图，双手一摊，说："很抱歉，斯坦巴克，我看今天我们还是谈不成。"

后来，斯坦巴克学习了影响他人行为的心理学，就故意带着未完成的装帧草图，再次去见那位老板。

"我想请您帮个忙，如果您愿意的话。这里有一些未完成的草图，希望您能指点一下，以便让我们的艺术家们根据您的意思修改完成。"

这位老板答应看一看。三天后，斯坦巴克再次去见那位老板，老板中肯地提了意见。而且，根据老板的意见，艺术家们修改了图案。

结果，这批设计图案全部推销给了这位老板。从此，斯坦巴克用同样的方法，轻松地推销了许多图纸！

每一个人都希望自己为某些事物的发展和形成出一分力，特别是这些事物非常美好时，这就是"参与心理"。斯坦巴克总能利用"参与心理"在众多竞争中轻松获胜。

在一次颁奖大会上，斯坦巴克介绍了他的一些口才技巧。他讲了许多，总结起来意思是这样的：

每当我们接触客户的时候，时常会发现客户仍在忙着其他的事情，而在这个时候，如果我们不能在最短的时间内，用最有效的方法来突破客户的这些抗拒，说服他们参与进来共同"表演"，那么我们所做的任何事情都是无效的。唯有客户将所有的注意力放在我们身上的时候，我们才能够真正有效地开始我们的销售过程。

一般情况下，顾客虽然会持激烈的反对意见，但只要用话引导他参与进来，就比较容易接受你的决定，心理学上称之为"参与的效果"。

顾客即使原本没有什么反对意见，只因没有他参与，他便很难接受你的观点。因此，如果你想使自己的生意能够顺利成交，不妨也学会利用一下"参与的效果"。

表面上附和，暗地里诱导

犹太商人口才攻略要诀

　　对方说话的时候，如果我们能经常地在恰当的地方随声附和，将激发起他的讲话热情，使对方感到愉快。附和的主要目的就是，想要借这种方式，来寻求最佳的沟通切入时机，让双方产生共识，借由这种表达，可以激发对方的好感，使得良好的对话气氛得以延伸。于是，我们便可一步步将对方诱入自己的圈套，最后，对方已不知不觉地将自己整个看法推翻。

　　犹太商人在与顾客谈话中，总是能随时插上一些附和语言，表示对顾客的赞同。大致说来，他们的附和主要有两种，一是重述对方所言；二是随声附和，其中还夹杂着某种赞同的表情、语言、情绪。

　　一位精明的犹太商人说："当你重复对方所说的话，或随声附和，并配合一定的表情，就更能细致入微地窥视对方的心态。"

　　重复对方所说的话或随声附和，主要是让对方知道自己正专心一意地听他讲话，不但表示了对对方语言的重视，而且可以以此消除对方的心理防备，进而深入对方，探明对方真正的意图。

　　"对方说话的时候，如果我们能经常地在恰当的地方随声附和，将激发起他的讲话热情，使对方感到愉快。"犹太出版商布朗先生正在与他的部下讲述诱导心诀。"要想实现你的目的，你不妨先跟对方说些这样的话。比如——"

　　"啊！真有这样的事？"

　　"您说得很对。"

"完全正确。"

"这事儿倒新鲜。"

"啊，难怪。"

"我也深有同感。"

布朗告诫他的部下：附和的时机很重要，没有比呆板的附和更使人感到虚伪的了。附和中，惊讶和共鸣是少不了的，没有这两点的附和就等于是开了盖的汽水瓶——跑了气了。

为了让部下清楚地领会这一要诀，布朗先生讲了自己亲历的一件事情。

"有一次，我急于赴一个作家那里商谈出版事宜，真见鬼，汽车在中途抛锚，我只好搭出租车。那个司机正在收听棒球比赛的实况，于是我和他也顺便聊些有关球队的问题。如：乙队如何，甲队又如何等等，当然在我尚未明了他心中的意向之前，我没有轻言附和，唯恐引起对方的不快而影响到自己乘车的安全。

"开始时，我只是适当地附和对方，当确知对方意向与自己不甚相符时，我就暂依其意，之后再以缓缓导向方式使其趋向于我。这么做更易为对方接受，而且能避免宾主间的不快。但这种方式只在对方无明确的主见，或其主张不理想时，方才适用。

"对方正发表高见时，你不妨频频点头以表同感，使对方感到你与他属同一道上的人。即使你提出或多或少的异议，他也不会在意，于是，你便可一步步将对方诱入自己的圈套，最后，对方已不知不觉地将自己整个看法推翻。若一开始便与对方唱反调，反而对自己不利。"

有一位推销员和一位太太对话时就使用了附和语言。

"太太，你的皮肤很适合用本公司化妆品。"

"可是，我已经有化妆品了呀！"

"哦，你已有化妆品了？"

"嗯，我用的是玫琳凯的化妆品，差不多该有的都有了。"

"都有了？"

"是啊！像我这种年纪的女人，平时不常出门。"

"哦，原来你很少出门。"

"是的，我的儿女都快要成家了，以后参加婚宴的机会会多一些。"

"噢，太太的人缘很不错。"

"还行吧。每个女人都希望自己更漂亮一些，尤其是我们这种年纪的女人……"

就这样顺势谈下去，那位推销员用这种语言技巧先取得她的好感继而逐渐摸准她的心理。而这位太太也会觉得这名推销员善解人意因而愉快地买下他的化妆品，尽管她已经有足够的化妆品，仍然难以拒绝推销员的热情。

恰到好处的附和技巧也是需要学习的，犹太商人通常的做法是：

适时迎合对方的论点来表达善意的回应。

旁敲侧击，找出对方做法和自己相同之处，借此拉近彼此的距离。当看法一致，马上表明支持，以降低不能达成共识的比例。

顺势而为，为对方的论点补充说明，借机表明和对方站在同一立场。

特别加强谈论对方一向引以为荣的事情。

以幽默、清淡的语气说出好话，让人不起鸡皮疙瘩。

营造开心、欢乐的气氛，只有在轻松的场面下，才能把话说得圆融。

总之，附和的主要目的就是想要借这种方式，来寻求最佳的沟通切入时机，让双方产生共识，借由这种表达，可以激发对方的好感，使得良好的对话气氛得以延伸。

启发顾客在两种方案中选择

犹太商人口才攻略要诀

选择越多，也就选择越少。给客户提供的选择越多，客户越是不容易下定决心。人们总是在更多的选择面前会变得迟疑迷惑，向客户提供两种选择最佳。尤其是在顾客已接受我们的商品或服务前提下，向顾客提出两种选择的问题，任顾客自由选择往往会收到最佳效果。

"先生，您喜欢黄色的那一件，还是喜欢蓝色的那一件呢？"

"小姐，您看这两种护肤霜都是深受欢迎的化妆品，不知您更喜欢哪一种？"

"太太，您看什么时候给您送货最恰当？是今天下午，还是明天上午？

上面的三段话，看起来好像是来自商场中销售员的话语，其实它是在课堂上出自惠勒之口。他在向学员讲授"二选一"法则时讲出了上述案例。

二选一法则的秘诀最初是由犹太裔销售训练师艾米尔·惠勒最先提出的，因此也称为惠勒秘诀。还是让我们接着免费听一听这位大师每小时 500 美元的课吧。

"我们和客户约定见面拜访的时间时，恰当的方式是使用二选一法则。也就是：提出两个见面的时间来让客户选择，不问客户有没有空，而应该问他们哪个时间有空？你可以问客户：请问您是明天上午有空还是下午有空呢？"

"当你问完这个问题后，如果客户说这些时间都没有空，你必须一直持续地问下去：那您后天的上午什么时候有空？如果他说后天上午也没有空，那你继续问他：那么后天的下午您什么时候有空？每一次都给他两个时间去做选择，而不要只问他有没有空，你应该问他什么时间有空，一直问下去，直到他告诉你什么时候可以去拜访他为止。

"在这个过程中，常常有人会碰到客户回答：你明天再打电话与我约时间。当客户提出这样的要求时，我们需要注意的是：绝对不可以答应客户到第二天再打电话约时间，因为第二天打电话约时间就等于约不到时间了。所以每当客户要求你明天再打电话联系时，你可以说：先生（小姐），我知道您的时间非常宝贵，而我也不希望浪费您的时间，因为刚好在我的面前有我的行程表，所以如果我们现在就把时间约好，可能会比明天再打电话麻烦您更能节省您的时间。

"依照经验，当你用这种方式回答客户时，几乎大多数的人都会马上同你约定好见面时间。"

有一位名叫赛姆的汽车推销员听了惠勒的训练课后，深受启发。"忽然间，我的脑袋像是开了窍，我知道该怎么做了。"他惊奇地说。以后在向客户推销汽车时他就经常使用这种方法。

在此之前他总是这样说："彼特先生，只需付35750元，这辆车就归您了。您看怎么样？"结果客户并不能轻松地做出决策，他也许需要时间考虑考虑。

学了惠勒的"二选一"法则，赛姆通过和客户进行下面的一段对话，卖出汽车就顺理成章了。

赛姆："您喜欢两个门的还是四个门的？"

约翰尼："哦，我喜欢四个门的。"

赛姆："您喜欢这两种颜色中的哪一种呢，是红的还是黑的？"

约翰尼："我喜欢红色的。"

赛姆："您要带调幅式还是调频式的收音机？"

约翰尼："还是调幅的好。"

赛姆："您要车底部有涂防锈层的还是不涂防锈层的？"

约翰尼："当然是有防锈层的了。"

赛姆："是要染色的玻璃还是不染色的？"

约翰尼："那倒不一定，还是染色的吧。"

赛姆："汽车胎要白圈还是银圈？"

约翰尼："银圈的吧。"

赛姆："我们可以在 10 月 1 日上午 8 时到 12 时或下午 3 时到 6 时交货。"

约翰尼："10 月 1 日 8 时到 12 时最好。"

赛姆运用这个方法的妙处在于，以咨询的方式将选择的自由委之于顾客，不管规格大小也好，颜色也好，数量也好，送货日期也好，让顾客任选一种。只要顾客答出其中一种，即可以认定他已经决定接受了，按完成交易的手续办理。

在提出了这些对客户并不难做的小决策后，赛姆递过来订单，轻松地说：

"好吧，约翰尼先生，请在这儿签字，现在您的车马上就可以为您工作了。"

在这里，赛姆所问的一切问题都假定了对方已经决定买了，只是尚未定下来买什么样的。

在使用"二选一"方法时，要注意所提的问题中最好不要用"买"字，这样顾客便有主动感或参与感，觉得这是自己的选择，而不是他们硬要卖给我的。另外，所提出的选择最好不要多于两个，如提供的选择太多，致使顾客转眼看花花不定，这虽不至于完全丧失买意，也会在相当大的程度上影响成交，使生意转眼泡汤。

一步一步地诱"敌"深入

犹太商人口才攻略要诀

如果分段地、有步骤地向顾客介绍产品，顾客就不必马上做出是否正式购买的决定，这样就能诱使顾客深入。这种做法，还可以在保证一个商品成交的前提下，再诱导出另一种商品的交谈。这些商品之间大多具有关联性，用关联诱导一步步地激发起顾客的购买欲，双方皆大欢喜。

犹太商人在经商活动中，非常注意避免迫使顾客做出困难的全盘决定。在促使顾客作出购买决定之前，他们有步骤地向顾客提问一些问题，让他就交易的各个部分一一作出决定，诱其深入到购买的圈套内，或者就一些特殊要求、特殊条件等做出决定。特别是对一些部件多、结构复杂、配套材料多的商品来说，使用这种方法比较适合。

请看犹太商人格雷维尔是怎样卖汽车配件的。

格雷维尔："您喜欢哪一种颜色？"

顾客："我对蓝颜色较为感兴趣。"

格雷维尔："您需要一顶太阳篷吗？一些豪华轿车就配有这种太阳篷。尤其是夏天，轿车是很必要配备太阳篷的，您难道不这样认为吗？"

顾客："你说得对，但这种太阳篷太贵了。"

格雷维尔："要不了多少钱。"

顾客："是吗？"

格雷维尔："各种型号的汽车都装有雾灯。因为当你在冬天或者在春天比较寒冷的日子里行车的时候，雾灯是必不可少的。"

顾客："我个人认为配备雾灯是没有必要的。它只会抬高汽车的价格。另外，在天气不好的情况下，我肯定不会经常开车外出的。"

格雷维尔："把座位往后推到这个位置，你坐在里面感觉舒服吗？坐在这个位置上开车感到很方便吧？"

顾客："还可以，不过我想座位还是稍高一点好。"

格雷维尔："把座位调高一点很容易，你看还有哪些地方需要改进？"

格雷维尔的方法值得我们借鉴。如果你分段地、有步骤地向顾客介绍产品，顾客就不必马上作出是否正式购买的决定，这样就能诱使顾客深入。如果他对产品的供销做出否定的回答，比如上面例子中关于雾灯和座位高低的问题，它对于生意人来说并没有什么危险，因为它只否定了产品与顾客个人愿望有关的部分。尽管你和顾客之间有分歧，但只要这个分歧是涉及某个问题，那它就不会对达成交易产生危害。

犹太商人的这种做法，还可以在保证一个商品成交的前提下，再诱导出另一种商品的交谈，这些商品之间大多具有关联性，所以又称作"关联诱导"。

一位顾客选定一条价值20美元的领带，正当他掏出信用卡准备付款时，犹太商人梅勒问道：

"您打算穿什么样的西服来配这条领带？"

"我想穿我那件藏青色西服应该很合适吧。"

"先生，我这儿有一种漂亮的领带正好配您的藏青色西服。"说着，他就抽出了两条标价为25美元的领带。

"是的，我懂你的意思，它们确实很漂亮。"顾客点着头说，并且把领带收了起来。

"再看一看与这些领带相配的衬衣怎么样？"

"我想买一些白色衬衣，可我刚才在哪儿都没有找到。"

"那是因为您没有找对地方，您穿多大号的衬衣？"

还没有等顾客反应过来，梅勒已经拿出了4件白色衬衣，单价为 50 美元。

"先生，感觉一下这种质地，难道不是很棒吗?"

"是的，我是想买一些衬衣，但我只想买 3 件。"

你明白发生了什么事吗? 梅勒把 20 美元的生意变成了 190 美元的交易，那可是这位顾客最初购买金额的 9.5 倍呀! 他提出过异议吗? 没有。他心满意足地离开了商场。梅勒用关联诱导一步步地激发起顾客的购买欲，双方皆大欢喜。

想象一下你自己是一个商场里的售货员，这时如果有人走进来要买领带，你最多只是把领带递过去，然后微笑着收下钱吧。这样做，你推销出去什么东西了没有? 答案真让人沮丧，什么也没有。当然，也得承认，你倒没有什么不妥的地方，从而导致这位顾客最终没有买其他任何东西。这一点相对于大多数的售货员来说，已经难能可贵了。但是，你也并没有努力激发这位顾客的购买欲呀。

一千句话不抵一次示范更具诱惑力

犹太商人口才攻略要诀

在销售过程中让客户亲自接触，直接体会商品的利益与好处。不要担心顾客不肯下水，因为每个人都有亲自操作的欲望。有很多人看到有趣的事情，都会心痒手痒。让顾客自己做，把他们置身于具体的情景当中，让他们深刻感悟到产品带给自己的好处，这是最高明的推销法则。

在犹太商界中广为流传这样一句话："一次示范胜过一千句话。"他们认为自己向顾客示范是一种非常好的方法，然而，如果能让顾客自己亲自示范，效果就更好了。让顾客自己做，把他们置身于具体的情景当中，让他们深刻感悟到产品带给自己的好处。这是最高明的推销法则。

《塔木德》里有一个犹太寓言很形象地说明了这个道理。

"早安，聪明的鹤！你今天好吗？"一只狐狸看见水滩边有一只鹤，连忙上前打招呼。

"很好，谢谢你。"

"我有一个问题想请教，聪明的鹤，如果风从南边吹来，你的头转向哪儿？"狐狸问完就把头转向北边。

"当然转向北边。"鹤跟着把头转向北边。

"如果风从东边吹来，你的头转向哪呢？"狐狸边说边把头转向西边。

"转向西边。"鹤也跟着把头转向西边。

"果然是只聪明的鹤。如果风从四面八方吹来呢，你怎么办？"

狐狸说完，把头低下埋在自己的腹下。

"我把头藏在自己的翅膀下面——像这样。"鹤把头埋进了翅膀下。

狐狸趁机立刻跳到鹤的背上抓住了它。

犹太商人在经商过程中体验到，即使客户对某种商品产生了兴趣，他并不一定会自行采取购买决定，付诸购买行动。所以有必要在客户兴趣点上做些文章，动动脑筋。客户自发的兴趣往往具有很大的局限性，需要生意人运用多种方法去激发并引导顾客直至促成购买。

犹太商人认为，通过示范让客户亲眼看到商品的特性，就更容易使客户产生兴趣。可以说，促使客户产生兴趣的阶段就是向客户进行示范的阶段，在示范过程中，通过特定的动作和场景，运用各种各样的方法向客户展示某件商品的特性或某项服务的优点，对方的兴趣便会油然而生。

为了更直观地让顾客认同自己所卖商品的优点，一些犹太商人经常采用对比的示范手段。

西比尔羊毛衫批发商在推销羊毛衫时，总是附身携带一只放大镜。当顾客顾虑产品的品质以及产品的价格太高时，他就把放大镜给顾客说："在你没决定购买之前，请用放大镜看看这羊毛衫的工艺和成分。"没多久，那些靠低档货和他竞争的同行被他远远抛在后面。西比尔说："我再也不用不厌其烦的向顾客们解释为什么我的货价格要高了。顾客们居然那么容易就接受了这种鉴别方法，我的销售额直线上升了。"

商人的自我表演，并不是最高明的示范。精明的犹太商人认为体验示范才是示范的最高境界。在销售过程中让客户亲自接触，直接体会商品的利益与好处。激发客户兴趣的关键，在于首先使对方看到购买的利益所在。使客户看到好处，使客户产生好感，这就是体验示范激发客户兴趣的要点所在。

经销电动车的犹太商人葛西为了引起客户对新型号电动车的兴趣，总是现场安排一辆新车，让客户骑上兜几圈，亲自体验一下新车的灵巧、轻便和稳当。在让客户体验商品时，葛西有时给予一些指导性的提示。客户试骑新电动车时，一旁的葛西提示道："踩快一点，看看这车子多轻快。""刹一把，瞧，多稳，连声音都没有。""买去吗？今天我已卖出30多辆这种车子了！"

只要条件许可，犹太商人总是尽量让客户参与体验示范，尤其是对于机械产品、电子产品的推销，满足客户亲手操作的愿望，让客户参加体验要比商人自己示范更能引起客户的兴趣。客户一经学会一定的使用操作技巧之后，使用愈熟练，愈想永久地使用它，就愈可能达成交易。

当然，体验示范不仅仅局限于让客户触摸，犹太商人还会让对方品尝、聆听、观赏等。

我们在日常生活中看到的销售例子也多种多样，书店开架卖书，目的在于激发客户的阅读兴趣；食品商场先尝后买，目的在于激发客户的口味兴趣；音响门市部试放唱片，目的在于激发听众的欣赏兴趣。在销售工作中，体验示范有着广泛的应用天地，值得每一个生意人重视。

总之，示范具有很大的说服力，让顾客亲眼看见实际结果，你就会很轻易地推销自己和你的产品。不要担心顾客不肯下水，因为每个人都有亲自操作的欲望。有很多人看到有趣的事情，都会心痒手痒。

话中设置悬念吊起对方好奇心

犹太商人口才攻略要诀

　　人人都有好奇心，在你满足了他人的好奇心的同时，对方也就会自觉地接受了你的意见。由于好奇心，对方的胃口就被吊了起来，这样你就很容易达到你说服的目的。

　　犹太商人认为，好奇心是所有人类行为动机中最有力的一种，在实际推销工作中，可以用话先勾起客户的好奇心，引起对方的注意和兴趣，然后从中说出推销商品的好处，迅速转入面谈阶段。

　　人人都有好奇心，在你满足了他人的好奇心的同时，对方也就会自觉地接受了你的意见。

　　犹太商人鲍洛奇早年在美国一个叫杜鲁茨城的最为繁华的街道替老板看摊卖水果，周围有众多的水果摊。这里车水马龙，行人摩肩接踵，确实是一个经商的绝好地理位置，于是各家都展开看家本领，争抢顾客，竞争如火如荼。

　　鲍洛奇干得有声有色，把其他摊位上的顾客也拉过来了，摊位前的顾客多得让他有点忙不过来。不料，发生了一件事却差点使他刚刚红火起来的生意全败下去。正当鲍洛奇为自己的胜利而踌躇满志时，老板贮藏水果的冷冻厂发生了一场意料不到的火灾。当消防人员赶来把大火扑灭时，16箱香蕉已被大火烤得变成了土黄色，表面还出现不少小黑点。老板把这些香蕉送到鲍洛奇的摊位上，让他降价处理。

　　当时，普通香蕉每磅的售价是4美分，老板让鲍洛奇以每磅2美分，降价一半出售，老板交待他，香蕉只要能够卖出去，不至于浪费掉就行了，即使价格再低一点也可以卖。鲍洛奇接过这些黄黑黄黑的香蕉感到有苦说不出。他又无法开口拒绝老板交给他的任务，不得已，鲍洛奇只好把这些变质的香蕉，摆到了摊上。

尽管窝了一肚子闷气，鲍洛奇还是尽职尽责地大声吆喝起来，不少顾客走到他的摊前，见到这些丑陋不堪的香蕉，只好摇着头转到别的摊位前去了。鲍洛奇赶忙解释："各位先生女士，这些香蕉表面看起来不好看，但是吃起来味道还是很不错的，并且价格非常便宜，只是其他香蕉价格的一半。"任他说破了嘴皮，顾客还是不想买这些难看的香蕉。

鲍洛奇见水果不受顾客欢迎，生了一阵闷气之后，坐下来把那些变色的香蕉检查了一遍。他掰开一只香蕉，剥开那黄中带黑的皮，然后放进嘴里。"是的，这些香蕉一点都不变质，相反，由于火烤的原因，这些香蕉还别具一番风味。对了，我何不……"他在心里琢磨着，突然想到了一个绝好的主意，他不禁为此而微笑起来。

第二天一大早，鲍洛奇又开始叫开了："各位先生，各位女士，大家早上好！我刚批过来一些进口的阿根廷香蕉，正宗的南美风味，只此一家，数量有限，快来买呀！"很快，鲍洛奇的摊前就围了一大群人。众人目不转睛地盯着这些黄中带黑的"阿根廷香蕉"，有些犹豫，因为价格比较贵，不知道要不要买。

看到这么多人围到自己的摊位前，鲍洛奇兴奋极了，立刻鼓动三寸之舌："阿根廷香蕉，阿根廷香蕉！最新进口的，我们公司好不容易批到的。这种香蕉产在阿根廷靠海的地区，阳光充足，水分多，风味独特！"他把这些黑不溜秋的"阿根廷香蕉"吹得如何名气大，风味好，又费了多大的劲才搞到这么十几箱"最新品种"，说得天花乱坠。

在人们将信将疑之际，鲍洛奇不失时机地问一位穿着得体的小姐："小姐，请问您以前尝过这种'阿根廷香蕉'吗？"这位小姐在摊位前张望很久，鲍洛奇早已注意到她了。她的眼睛好奇地盯着这些香蕉很久了，那样子很像打算买，只是还没有最后拿定主意。鲍洛奇决定从她身上打开突破口。

"哦，我可没有，从来没有尝过。这些香蕉蛮有意思的，只是有点黑。"小姐说。

"这正是它们的独特之处，否则的话，它们也就不叫阿根廷香蕉了。你见过鹌鹑蛋吗？鹌鹑蛋也是带有黑点，但是鹌鹑蛋却特别好吃，不是吗？"鲍洛奇唾沫飞溅地说，"请您尝尝，您从来没有尝过这种风味如此独特的香蕉，我敢打赌！"接着马上剥了一只香蕉递到小姐的手里，小姐接过吃了一口。

"味道怎么样，是不是非常独特？"鲍洛奇不失时机地问。

"嗯，味道确实与众不同。我买8磅。"小姐说。

"这样美味的阿根廷香蕉只卖10美分一磅，已经是最便宜的啦。我们公司好不容易弄到这么一点货，大家不尝尝？错过机会您想买就买不到了。"鲍洛奇大声吆喝起来。

既然那位小姐已经带头买了，而且说味道独特，再加上鲍洛奇的鼓动，大家不再犹豫，纷纷掏出钱来，想尝尝"进口的阿根廷香蕉"到底是什么样的独特味道。于是你来5磅，他来3磅，很快，16箱被大火烤过的香蕉竟然以高出市价一倍的价钱卖得精光。有许多慕名来买"进口香蕉"的人因没有买到而失望而归，倍感遗憾。

第三章　凭暗语摸透对方的心理

——犹太商人口才攻略之三：你不侦察别人，别人侦察你

用问题作为探路的石子

犹太商人口才攻略要诀

　　用提问作为探路的石子，可以通过对产品质量、购买数量、付款方式等提问，了解对方的虚实，得到更详细的有效资料，以便做出自己的抉择。要做到每提出一个问题，就好像投出一块石头，落地有声。

　　谈判中，用提问的方式来揣摩对方的各种情况是犹太人常用的策略。作为买主，他由此可以从卖主那里得到卖主很少主动提供的资料，来分析商品的成本、价格等情况，以便做出自己的抉择。

　　犹太商人借助这种方式在谈判中常常可以摸索、了解对方的意图，以及某些实际情况。比如，如果他们要购买3000件产品，他们就先问如果购买100件、1000件、3000件、5000件和1万件产品的单价分别是多少。一旦卖主给出了这些单价，敏锐的犹太商人就可能分析出卖主的生产成本、设备费用的分摊情形、生产

的能力、价格政策、谈判经验丰富与否等，最后就能够得到购买3000件产品非常优惠的价格。

在谈判中，运用提问题来揣摩对手思路的策略，通常都能问出很有价值的资料，知道的资料越多，就越能把握主动权。一般来说，在用提问作为探路的石子时，可以提出下列问题：

"假如我们订货的数量加倍，或者减半呢？"

"假如我们和你们签订一年的合同，或者更长的时间的合同呢？"

"假如我们减少保证金，你有何想法？"

"假如我们自己提供材料呢？"

"假如我们自己提供工具呢？"

"假如我们采取分期付款的方式呢？"

"假如我们自己解决运输问题呢？"

当你想取得对方的情报，获取所需要的信息时，可以提出下列问题：

"请您告诉我，为什么半个月后才可以发货？"

"请问这批货物的出厂价是多少？"

"究竟什么时候才能到货？"

当你想引起对方的注意，并引导他的谈话方向时，可以这样提出问题：

"您能否说明一下，这种类型的商品的修理方法？"

"如果我们大批定货，您们公司能不能充分供应？"

"您有没有想过要增加生产，扩大一些交易额？"

"请您考虑签订一份三年的合同，好吗？"

当你希望对方做出结论时，可以这样提问：

"您想订多少货？"

"您对这种样式感到满意吗？"

"这个问题解决了，我们可以签订协议了吧？"

总之，每一个提问都是一颗问路的石子，可以通过对产品质量、购买数量、付款方式等提问，了解对方的虚实。

犹太商人沙米尔想购买5套西装，他正在用这种提问的话术来揣摩销售小姐的意图。

"我买 100 套，能打 4 折吗？"

"4 折不可能，是赔本生意。这样好了，如果真的下订单的话，我试着帮您向上级争取，也许可以打到 5 折呢！"

太好了，资讯愈来愈详细，局面也对沙米尔愈来愈有利。看来，这位销售小姐的"权力"比沙米尔想象中的大，一定要把价格压下去。于是，沙米尔又说道：

"这样好了，我自己先买 5 套，4 套送人，另一套我穿回公司给老板看看，如果老板满意，就立刻回头向你订购。我这样帮你做这笔生意，这 5 套西装可给我多少优惠？"

"5 套就是原价，没有优惠。不过……这样好了，算您8.5 折。"

"才 8.5 折，可你刚刚谈的是 5 折，怎么一下子落差这么大！"

"5 折是大量订购 100 套的量才有的。现在，您只买 5 套，让我怎么再打折呢？再低的价格，您让我怎么写报表呢？老板会骂人啊……"

"小姐，我这套不穿回去，就别谈团体订购了，老板连看都没有看过的产品，让他怎么下订单？放心，我是个天生的衣架子，西装穿在我身上，老板保准对这套西装满意，没问题。"

"好吧，既然你这么说，那就 7.5 折吧，这可是最低的价格了。"

刺探出顾客的品位和购买需求

犹太商人口才攻略要诀

　　每一个购买行为的实质都是为了满足人的某些需求。对待客户在态度上要一律热情，而方式方法上一定要因人而异。不同的客户，其性格、心理、气质也会不同，所以，在销售中，要善于从客户的言行、举止中发现这一点，然后针对不同的客户的品味，选择有针对性的试探用语，否则只会使生意泡汤。

　　犹太商人认为，推销员在推销过程中，善于从语言交谈中判断客户的性格。客户的缺点可以从谈话中透露出来，客户的性格也是如此。

　　一家时装店新来一位店员，向一位打扮得雍容华贵，正在选购高级套装的女士建议道：

　　"小姐，这套服装既高贵又便宜，穿在你身上正好相得益彰！其他的服装又贵，又不见得适合你，你觉得怎么样？"

　　没想到，她的一番殷勤没有收到效果。那位女士听完话后。竟气势汹汹地嚷起来：

　　"什么叫作便宜？你以为我没钱买贵的衣服是不是？真是岂有此理，太瞧不起人！"

　　这位女士为什么发那么大的火？是因为女店员的话刺伤了她的虚荣心。

　　"价廉物美"，对于很多人来说，具有很大的吸引力。但对于另一些人，也许使他们感到有奚落之意。由于虚荣心作祟，有些人不愿说他"拣了个便宜货"。

很多推销人员在运用说服技巧时，常常由于没有考虑到对方的心理，所以不能成功。

因此，掌握顾客的心理需求也很重要。犹太商认为每一个购买行为的实质都是为了满足人的某些需求。人为什么会购买某种产品？许多人会以为原因是产品的价格低，或者是因为产品的品质好，所以才决定购买。事实上大部分购买行为的发生，并不仅仅只是因为产品的价格或者是产品的质量，任何人购买某种产品的目的都是为了满足他自己客观上的某些需求。而这些需求的满足大多数时候并不是由产品表面所提供的功能来实现的，实际上是因为这些产品能满足客户消费本质的某些价值观或感受。

犹太商人认为，客户的购买需要是多种多样的，在接受行销、使用和消费过程中，他们总会直接或间接地表现出来。这就需要行销人员要善于发现，既而采取适合的话术去行销。

犹太人凯尔莎是一家商场专柜的销售人员，她的销售业绩是全商场最好的，开经验交流会时，她向大家讲了一件她差点失去一位客户的故事：

有一天，一位年轻的女士来到服装柜台前，仔细观看着挂在衣架上的几款"亚历山大"牌羊毛衫。稍后，她从衣架上取下一款红黄相间几何图案的羊毛衫，端详了一会儿对我说："请问这件多少钱。""80 美元。"我回答。"好，我要了！"那位女士把毛衣放在服务台上，边掏钱包边对我说。

为她包衣服的时候我恭维了她一句："小姐真有眼力，很多人都喜欢这种款式。"谁知那位年轻的女士听了这句话，沉吟片刻，然后微笑着对我说："抱歉，我不要啦！"

没想到，一句恭维的话反倒使顾客中止了购买！我真心客气地问："怎么，这样子您不喜欢吗？""有点。"她也很客气地回答，然后准备离开。我立刻意识到刚才那句恭维可能是个错误，必须赶紧补救。

趁她还未走开，我赶紧问："小姐，我们这几款羊毛衫是专门为像您这样气质高雅的年轻女士设计的，如果您不喜欢，请留下宝贵的意见，以便我们改进。"

听了这话，那位女士解释道："其实，这几款都不错，我只是不太喜欢跟别人穿一样的衣服。"噢！原来这是位不追求时尚，却喜欢标新立异，与众不同的顾客。"小姐，请您愿谅。我刚才说很多人喜欢看中的这种款式，但由于质量好，价格高一点，所以买的人并不多，您是这两天里第一位买这种款式的顾客。而且，这种款式我们总共才做了 10 件……"经过我的一番争取，那位女士终于买走了那件羊毛衫。

凯尔莎最后告诫大家说："对待客户在态度上要一律热情，而方式方法上一定要因人而异。不同的客户，其性格、心理、气质也会不同，所以，在销售中，要善于从客户的言行、举止中发现这一点，然后针对不同的客户的品味，选择有针对性的试探用语，否则只会使生意泡汤。"

琢磨对方的弦外之声和未尽之言

犹太商人口才攻略要诀

　　一个人内心的想法，除了通过文字表达外，更多的是从口头上流露出来的。推销要注意倾听对方的潜台词，分析其言外之意或未尽之言。如果听话不听音，则必然领会不到说者表达的意思，从而做出错误的判断。

　　犹太商人说："一个精明的销售人员，要善于从顾客的潜台词里挖出对方的真正意图，毫不放过任何一个有利时机。"

　　在犹太商人看来，一个人内心的想法，除了通过文字表达外，更多的是从口头上流露出来的。顾客所表达出来的一些想法，推销员能否听明白、理解清楚，对于推销来说十分重要。如果推销员听话不听音，则必然领会不到顾客表达的意思，从而做出错误的判断。

　　听话听音还要注意倾听对方的潜台词，分析其言外之意或未尽之言。有些话顾客虽然没有明确说出，但意思却是十分清楚的，这就需要推销员认真领会了。

　　一位女士走进一家百货店，站在手套专柜观望了很久，这时一位细心的女店员走过来热情地问："请问你要什么样的手套呢？"那位女士向女店员问道："有没有银灰色的手套？"这位女店员微笑答道："很抱歉，刚刚卖光，再过几天才能进货。进货前，能不能用白色的代替呢？"

　　面对女店员的恳切之情，这位女士说："买白色也行。不过，白手套容易脏。"

　　"对，白色确实容易脏。不过，白色手套更醒目，与你的时装更相衬，最近也比较流行这种白色手套，只要你勤洗，我想如果再有一付可替换的，那就方便多了。您可以选两双。"

这位女士听后立即露出了愉快的笑容，高高兴兴地买了两双。

这便是一个经典的善于听出顾客言外之意的例子。起初那位女店员用试探的语气询问，从顾客所说的一句"买白的也行"中揣摩出她并不是一个固执的人，既而再用"花言巧语""软化"了女士的思想，导致她慷慨解囊。

以色列有位著名的谈判家名叫罗特，他惯用的谈判技巧就是善于听出对方的未尽之言。

有一次，这位谈判家的邻居，一位名叫舒兹的医生想请他帮忙，因为舒兹说他家的房子在遭到台风袭击后，损害得很厉害，希望罗特能帮他从保险公司那儿多获一些赔偿。

经过商议过后，罗特同意帮忙，并问舒兹："你希望能得到多少赔偿呢？"

舒兹回答说："我希望通过你的帮助，保险公司能赔偿我 500 美元。"

罗特点点头，然后又问道："那么请你老实地告诉我，这场台风究竟使你损失了多少钱？"

舒兹回答道："我房子的实际损失在 500 美元以上。"

几个小时以后，保险公司的理赔调查员到了，并对他说："我知道，像您这样的专家，对于大数目的谈判是权威。但这次你恐怕无法发挥才能了，因为根据现场的调查情况，我们不可能赔得太多。请问，如果我们只赔你 300 美元，你觉得可以吗？"

罗特沉思了一下，然后对调查员说："你的顾客受到这么大的损失，你居然还有心思开玩笑？任何人都不可能接受这样的条件。"

双方沉默了一会儿，调查员打破了僵局："好吧，你别把刚才的价钱放在心上，不过我们最多也就能赔 400 美元了。"

罗特严肃地回答："看一看毁坏的现场，你就会知道这点钱是多么可怜。绝不可能！"

"好吧，好吧，500 美元总该行了吧？"

"小伙子，别随便说出结果，我们再一起去看看现场吧。"

在罗特的一再坚持下，这一桩房屋理赔案的谈判，最终竟以不可思议的 1500 美元的赔偿费了结，这简直太出乎舒兹的意料了。

罗特到底从理赔调查员的谈话里听出了什么呢？以至于放心大胆地与对方讨价还价，甚至当对方已出到原先商议好的价格却仍不让步呢？

原来，聪明而富有经验的罗特从理赔员说话时的口气里，发现了事实的真相，找到了隐含在对方谈话中的重要信息。理赔调查员一开口就说："如果我们只赔你 300 美元，你觉得怎样？"注意，关键就在于这个极易被忽视的"只"字上，它表现出了理赔调查员自己也觉得这个数目太小，不好意思张口。因此，他第一次出价后一定还有第二次，乃至第三次。在做出了这种判断后，罗特在和调查员谈判过程中紧紧地控制住了局面，不轻易松口，最后取得了意想不到的成果。

这便是罗特所运用的"善于听出对方未尽之言"的威力。

挖掘出顾客的真正需求点

犹太商人口才攻略要诀

在顾客还没告诉我们他的脑子里究竟想什么之前，我们必须先做一些敦促和引导，以便发现对方的真实意图。要想洞察对方的心机，最好多问几个"为什么"，从对方的答语中去发现客户的真正需求，从而就可以"对症下药"了。

犹太商人说："在顾客还没告诉我们他的脑子里究竟想什么之前，我们必须先做一些敦促和引导，以便发现对方的真实意图。在我们遇到真正异议之前，最好全面分析一下情况，最好多问几个为什么，从对方的答语中去发现客户的真正需求，同时，还可以提出一点顾客没有想到的异议，以便在交谈的过程中套出他的实际想法来。"

犹太著名的推销商洛克先生，讲了一个他亲身经历的有趣故事。一位中年顾客和他谈了 15 分钟后，这位顾客向洛克订购了一个热水器和一个新式煤气灶、一台电子微波炉，并约定第二天早上 8 点来取货。可是第二天，这位顾客却挂电话给洛克先生说："不要了。"洛克先生既没有作罢，也没有埋怨，他驱车前往顾客家，微笑地质问："为什么呢？您昨天不是高高兴兴地和我闲聊这些炊具的好处吗？"

"我太太说免了罢，因为用热水在煤气灶上烧就可以了，旧的煤气灶还可以用……""那么电子微波炉呢？""我太太说家里有电炉，也有火锅，何必再花那么多钱。"他还接着说，"我太太说准备省一些钱给我买一部车。"洛克先生突然打断他，问道："对了，

犹太人智慧大全集

You Tai Ren Zhi Hui Da Quan Ji

您不是刚买一套新楼房吗?""没错啊!"顾客回答。洛克先生继续问道:"以先生的财力买一部车易如反掌,从前怎么不买呢?""那时我太太一直怕我开车有危险……""现在难道就不怕了吗?"说到这里,俩人都不禁哈哈大笑。洛克接着又说:"先生,依您的财力和身份,买汽车的确和您的身份相配啊!德国的'奔驰'、美国的'福特'、日本的'丰田',七八万就可买到八四或八五式。有了汽车,不但会提高您的身价,而且事业会取得更大的成功……您希望要大型的,还是小型的?"这位中年顾客支支吾吾地说:"买汽车是我多年的愿望,就不知道买哪种好,您是生意内行人,是否能帮我……"

"我也只是略知一二,不过我乐于效劳,但是新房子、新汽车和旧炉灶是很不相称的啊!"听了洛克先生的谈话,那位顾客不禁说:"是啊,我们还要热水器、煤气灶,还有微波电炉,请您马上派人给我送货,顺便也请几个人给我安装。""噢,您要慎重考虑,不要勉强自己,您太太的意思应该考虑考虑……""没关系,没关系,这事还是我说了算。其他就拜托您了……"

通过以上事例,我们可以从中了解到顾客退货并非是因为缺乏支付的经济能力,而是想买一辆车。为什么要买车呢?因为他觉得那样与自己的身份、地位更相称。于是,洛克先生就抓住他这个想提高自己身份、地位的欲望作为突破口,劝他买汽车,燃烧起对方对高层次生活的欲望,然后话锋一转,使对方觉得原来的订货和他求得社会地位的欲望并不矛盾,于是便水到渠成地完成了原来的交易。

还有一次,洛克向一位名叫戴维的先生家里展示了一套炊具的功能,因为是在他们家中,洛克有机会察看他们的柜橱,正缺乏他所推销的这种炊具。洛克自然认为这个顾客家需要一套炊具。然而他足足花费了 2 个小时,仍未达成交易,戴维太太不断地说:"没有钱,太贵了,买不起!"可是,当洛克无意中提及细瓷器的时候,戴维太太的眼睛像彩灯一样,闪出了亮光。

戴维太太:"你有细瓷器吗?"

洛克:"巧得很,我们正备有世界上质地最好的细瓷器!"

戴维太太："你带着没有？"

洛克："您真走运！"

几分钟后，洛克带着一份瓷器订单离开了戴维先生家，金额比他曾试图兜售的炊具要大得多。事实上，洛克并没有专做过兜售，他所做的，不过是顺着顾客的欲念，选出她比较喜欢的式样，并且商定付款办法而已。

既然戴维太太买的瓷器价格高于炊具，而她却嫌炊具"太贵"，说"买不起"，那她是不是撒了谎？是的，她撒了个谎。这的确是个有趣的问题！让我们分析一下：当戴维太太说她没有钱，买不起那炊具时，她真正的意思其实是：我没有钱买那套炊具，因为我不要那炊具。在这种情况下，关键在于查明她不想买炊具的原因，很明显，她此时并非缺钱，而是她根本没有拥有它的愿望。戴维太太后来买下瓷器的原因是：她真正想要。洛克殷勤地为她服务，起到了买主助手的作用，以至使她说出了她意欲拥有的是优质瓷器而不是炊具。

由此可见，当顾客拒绝你的时候，请不要再喋喋不休地叙述商品的好处了，而应该转移一下话题，谦虚地多问几个"为什么"，这样，你就可以听到顾客的真正意图了，这就说明你的推销还有希望。

用假设性的话语进行试探

犹太商人口才攻略要诀

顾客的有些语言虽然看似拒绝，但无非都在表示一种意思：顾客需要购买这种东西。利用假设的语气来回答对方的疑虑，一旦疑虑消除时，假设就有可能会变成真的了。

在推销中，顾客在没做购买决定之前，常常会找一些借口来拒绝推销。比如：

"我还要再考虑一下。"

"我想再逛逛。"

"我想看看市场上还有什么。"

在犹太商人看来，顾客的有些语虽然看似拒绝，但无非都在表示一种意思：顾客需要购买这种东西。作为推销员应该看到这一线希望，不放弃努力，坚持下去，找出顾客拒绝推销的原因，并且帮助他解决问题。

一位推销语言处理机的商人在听到顾客说出"我想再看看"时，这样说："我明白了，您所唯一担心的是这台机器不能像计算机一样收付应收账款。如果我能满足您的这个要求的话，您就会购买它的，是吗?"一旦顾客同意这是唯一的原因，这位商人就进一步解释说："某些软件也可编程序，所以这台机器也能收付应收账款。"

很明显，商人用这种"如果……你会"假设性的话语，就轻易地堵住了这位顾客的退路，因为他刚才承认了这是他不愿购买语言处理机的唯一原因。

用这种"如果……你会"的话术的好处就是利用假设的语气来回答对方的疑虑，一旦疑虑消除时，假设就有可能会变成真的了。比如推销员在推销保险遭到拒绝时，就这么试问："您不要这张保险单的唯一原因是担心您在丧失劳动能力后还要付保险费，是吗？"

"是的，是这样。"顾客认真地回答。

"但是，如果有种方法可使您在丧失劳动能力后免付此项费用，您就会接受这张保险单的，是吗？哦，这个问题是唯一的原因，是吗？"

"是的。"顾客答道。

现在这位推销员使用这种语术使顾客别无退路了。因为推销员向顾客这样解释："只要多花几美元就可在您的保险单上加上丧失劳动能力后免缴保险费。这正是您所希望的，所付的费用将会用来抵补您丧失劳动能力期间的保险费用。"

"我负担不起。"也许顾客会这么说。但是推销员很明白地知道在推销约会之前就调查了他的情况，并且知道他能负担得起，那么推销员不妨这样说："我可以问您个问题吗？为什么您要同意这次约会安排？如果负担不起，您为什么要同意我来拜访您呢？好吧告诉我，真正的原因是什么？"

"我想跟妻子商量商量。"顾客只好承认。

"现代男人都希望成为有主见的人。如果能与不受别人左右自己拿主意的人坐下来洽谈真是太好了。"很显然，这样的鼓励顾客是乐意接受的。

犹太人艾本是一家装饰品公司的优秀销售员，当别人问到他成功的秘诀时，他总是这样说："当我遇到客户的拒绝时，我总爱这样问他们："如果……你愿意要多少"，结果他们总会不由自主地说出自己的想法。

有一次，艾本向一位商店经理推销他的产品，那位顾客并未打算买东西，但艾本丝毫不放弃，婉转地问："如果连赠品包括在内的话，每件您愿支付的买价是多少呢？"

经理："我打算拿出 70 美元来，但目前我仍未决定要购买你

犹太人智慧大全集

You Tai Ren Zhi Hui Da Quan Ji

的物品。"

艾本："这我明白，那如果您要购买本公司的产品，您会选购哪一种物品呢？我的意思是'如果'。"

经理："如果要我选择嘛，我可能会选购钻石别针或水晶袖扣，不然便是檀木衣架，大概是这三种中的一种吧！"

艾本："谢谢您所提供的宝贵意见，如果您能确定您所要物品的需要量的话，那我们必定会减价优惠您。另外，如果您真的想购买本公司的产品，需要量是不是差不多9.5万个呢？"

经理："别开完笑了，我们顶多要7万个。"

艾本："既然如此，那何时交货较好呢？"

经理："唉！我也不知道，不过我们大概在下个月的25日购进新的物品。"

艾本："哦，这是没问题的，我能不能借用一下电话？"

艾本随后打了个电话。"谢谢，先生，我刚才打电话回公司，公司说没问题，至于衣架的颜色用贵公司以前常使用的颜色可以吗？"

结果艾本成功地拿到了7万个衣架的订单。

找出谁是真正的购买决定者

犹太商人口才攻略要诀

能否准确掌握真正的购买决定者，是成交的一个关键。有时候，你会发现表面上的拍板人并不是握有实权的人。这时需要你既巧妙地照顾拍板人的面子，又要设法争取实权派的支持，让实权派为你说话。寻找具有决定权的人物一点也不难，只要你细心地从客户的言语中揣摩，从他的神色上观察，就一定会得出结果的。

犹太商人说："在推销过程中，能否准确掌握真正的购买决定者，是成交的一个关键。如果条件允许，就要事先做好调查；如果时间紧迫，就要从对方的言行举止中仔细观察、揣摩，以便少走弯路。"

有位名叫巴布森的电热毯推销员为了一笔很大的生意，三顾茅庐访客户，有时谈到深夜。最后一次谈到深夜，当从客户家的卫生间出来走到走廊上时，忽然听到一个老太婆用沉重的语气说："说实在的，我不同意。前天他来时，看到我连声招呼都不打，根本没有把我放在眼里！为什么我非得掏腰包？我活了这么大把年纪，从未用过电热毯，不也过得很好吗？东西那么贵，我可没钱！"

巴布森听到这话大吃一惊，恍然大悟，原来这个他前天来时都未正眼瞧的老太太，却是真正的购买决策者。他做梦也没想到这个老太太就是问题的所在。

巴布森后悔不已，没想到不仅白费了自己一番苦心，还得罪了真正的买主。为了挽回这场交易，他决定送一个电热毯给老太太，因为他从客户的谈话中得知，还有 20 天就是老太太的古稀寿诞，便在电热毯上绣上"恭贺古稀寿辰"，赠给了这位一辈子未用过电热毯也活得好好的老太太。

不用说，老太太一定会惊喜一场。可对巴布森来说，他掏钱买人情，一是表达敬老之意，可更重要的是对他自己的惩罚，告诫自己今后再不能这么"有眼不识泰山"了。

在谈交易时，推销员一边说话一边看着客户，若客户点了头，就认为客户真正在听自己说话，这未免言之过早；说得明白一点，客户虽然脸对着推销员，可是他的视线可能随时注意着整个房间的某个角落。这时候，客户也许会这么想：

"假定现在我答应了买下来，我的部属会做何想法呢？"

"我的上司对于我的决定会不会赞成呢？"

种种推销员无法洞悉的心理状态，可以从对方的眼神或表情中流出一些痕迹。在客户犹豫不决时，就会边听着你的游说，一边用眼睛望着房间四周打转儿。

如果是客户的办公室中有其上司，那么当推销员前来兜售商品时，这客户的心念就更为复杂了：身为下属的客户虽然是负责采购的，但他并不具有最后裁夺权，决定权还是在旁边的上司那里，有时上司可能不太听得懂推销员与其属下（客户）所谈论的技术问题、品质问题、价格或价值问题等专门性服务，这个时候，推销员单是与客户（下属）交谈呢？或是把视线集中到上司身上呢？

倘若光对客户推销，客户心里一定会想："你为什么不详细解释清楚，让我的上司也能够彻底明了？"客户多么希望推销员适时说一句："经理先生，你认为如何呢？贵公司买这种品牌的机器绝对会使销售额蒸蒸日上。"

在上司这方面呢？其心理也相当复杂，心中也许嘀咕着："他们两人到底在讲什么？也许他们谈妥了，可是我可不愿盖章，这件事情决定权在我，这个推销员应该对我谈才是。你也不能看不起我呀！"……聪明的推销员应能够立即剖析上司心里头所萦绕的种种想法。

所以在去团队做销售时，如果时间和情况允许，应事先调查，旁敲侧击，弄清拍板人是谁，但要是时间紧迫，无法预先充分调查，则有必要开门见山一下子切进主题：

"我找你们的总经理有事要商谈！"

"我要和贵公司商谈一件生意，请安排能做主的那个人和我谈。"

"我要谈的是这样这样的一件事，请问你能做主吗？"

"我来谈这样这样的事情，请问哪位负责这方面的事务？"

以上这些话语，都是针对一个团队进行推销或交涉时所用的。找到拍板人后，就看你的商谈能力了。

有时候，你会发现表面上的拍板人并不是握有实权的人。这应当需要你既巧妙地照顾拍板人的面子，又要设法争取实权派的支持，让实权派为你说话。

犹太商人认为，对一个优秀的推销员来说，寻找具有影响力的人物一点也不难，只要你细心地从客户的言语中揣摩，从他的神色上观察，就一定会得出结果的。

在家庭中，究竟谁是购买决定者，一般来说，正常情形是夫妻共商，有时是妻子做主，有时是丈夫做主，有时是丈夫出面谈判，妻子在幕后指挥。但有时会出现伏兵四起、奇兵难料的情况。

那么，怎样看出谁是购买决定者呢？通常，出来谈判的多半是购买决定者，但为了防止伏兵，不要眼睛只盯着他一个人，必须注意他周围每个人都可能对他产生的影响力，即使别人没有丝毫决定权。

比如，在不知道谁掌管金钱的情况下，推销员可以这样试探问："您要是在家里大小事情都管，您自个儿决定就行。像这类小事，不妨放手让您爱人去管，回去跟您爱人说一声，让他（她）来看看。"这样一说，从对方的回答中就能很容易搞清楚到底谁是购买决定者了，又为对方留足了面子，为进一步推销埋好了伏笔。

戴维一致被认为是最聪明的保险推销员，而戴维则认为自己只不过是能找到真正的决策人罢了。谈到"找到决策人"这一方法时，戴维说："找到决策人的方法很简单，只要你多向客户提出几个略带挑衅性的问话，再从他的言语表情中观察就行了。"

有一次，他在与一个服装店老板谈论保险时，就发现了这位服装店老板并不是一个真正的购买决定者。

"克莱德，我想跟你谈谈万一你有什么不测，如何保护你的家庭的一些方法。"

"尽管说吧，戴维，我完全相信保险。我小的时候，父亲去世了，没有保险赔偿金，那种生活实在太可怕。"

克莱德显然是保险的支持者，看来会谈的结果可能会成交，但戴维发现他们谈得越多，克莱德就越是着急。他跟戴维更多地谈起他的妻子，戴维开始怀疑是不是自己找错人了。

"克莱德，"戴维问，"下周我来见你夫人怎么样？我们可以一块儿坐下来谈谈保险的事。"克莱德咕哝着说："我想我们今晚就可以谈，我会向她解释的。"

"克莱德，我这有一份你满意的建议书，你看一看，如果没有问题你可以马上就签字了。""哦，我想我还是应该再考虑一下，不用那么快吧！"

"好吧，克莱德。你的店真漂亮，你一定很忙吧，你是怎样找到这块地方的呢？"戴维开始转移了话题。

"是我的妻子找到的，她平时帮我进货。"克莱德老实回答。

"好吧，朋友，你妻子可真棒，我希望见她一面，你看周末行吗？""好吧，我可以帮你问一下。"

就这样，戴维找到了真正的决策者。

第四章　给自己拉上一道帷幕

——犹太商人口才攻略之四：真假交错暗中逼近目的

巧妙制造立场上的错觉

犹太商人口才攻略要诀

每个人的内心或多或少都存有潜在的"自我意识"，谁也不愿意受别人的左右。经常使用"大家"、"我们"等这类字眼，会使人感受到大家均是同路人、是生命共同体，于是原本坚固的防备堡垒会不攻自破，并在不知不觉中认同你的观点。自我意识愈强烈的人，愈容易被对方这种说话技巧所牵引。简单的几句话即可笼络人心，使对方产生命运一致的感觉，从而达到休戚与共的效果。

犹太商人在与顾客说话时，不仅清楚自己的目的，还非常注意自己所站的立场，权衡哪一种说话方式更有利于自己。犹太商人认为，"我们"、"大家"这类具有共同意识的字眼很容易造成对方的错觉，让对方分不清你的立场。

自古就有许多团体的首脑人物利用这些字词来混淆视听，当他举起手中的刀枪或拳头时，成千上万的听众也同样地举起拳头附和。例如西方国家的竞选者，一些派别或团体的领袖人物都是如此。这些人物在台上一呼百应，往往轻而易举煽动起群众感情的火焰。为什么他们能够靠着演说将听众紧密地结合在一起呢？其秘诀在于所使用的言辞和所抱持的态度，他们表达所做的一切不是为个人，而是为了广大的群众，目的是使他们产生共同意识。

犹太商人在商谈中，频频使用"我们"、"我们大家"等字眼，以表示与对方追求的目的、利益息息相关。简单的几句话即可笼络人心，使对方产生命运一致的感觉，从而达到休戚与共的效果。

由于每个人的内心或多或少都存有潜在的"自我意识"，谁也不愿意受别人的左右。如果他认为你是在说服他，那么他的反抗意识就会更激烈，而不易与你看法一致，即使你说得天花乱坠、头头是道，在他眼中也不过是为谋取私利而进行的表演。

经常使用"大家"、"我们"等这类字眼，会使人感受到大家均是同路人、是生命共同体，于是原本坚固的防备堡垒会不攻自破，并在不知不觉中认同你的观点。自我意识愈强烈的人，愈容易被对方这种说话技巧所牵引。

有时，在商业谈判中，要想迷惑对方，言明双方立场相同时，也可以制造一个"第三者"的敌人。这样一来将双方的矛盾一起转向第三者，对手就可以觉得"我们"是站在同一战线上的了。在一部小说里，叙述美、苏二强在对峙后引发了战争，正欲动用核武器时，突然传来一则消息：火星人攻向地球了。此时，美、苏便打消了对战的意念，协力对付外来共同的敌人。这个故事启发人们，有时可以十分巧妙地利用心理学的技巧来拉近彼此间的距离。

有两家厂商为了生意上的竞争，搞得十分不痛快，此时，消费者突然对他们提出共同的指责，于是这两家厂商顿时停止竞争，共谋解决问题。

德国有一家建筑公司，因为生意不好，所以一直拖延一些工程款项。工程公司的经理辛尼加是犹太移民，他非常不高兴，因为收不到款项，已经严重影响到公司的财务调度。

当辛尼加怒气冲冲地开车去建筑公司的途中，竟然发生了连环车祸。幸好，他的车子是最后一辆，只是很轻微的擦撞，并无大碍。但是前面4辆车的车体都各有损伤。

第二辆车的车主在发生事故之后，一直坐在车里，连下车看看都不肯，于是第一辆车的车主火了，跑过去理论，两人吵得不可开交。

而第四辆车的车主在发生事故之后，马上下车上前察看第三辆车的毁损情形，他的脸上充满歉意表情，并且关心地慰问第三辆车的车主是否受伤。辛尼加也下车来关心双方的谈话。

很快地，第四辆车主得到了第三辆车主的谅解，早早将车开走了，只剩下前面三辆车还在那里争执不休。

辛尼加看了这种场面，一路沉思，到了建筑公司之后，他将原先的一脸怒容换上了笑脸，在建筑公司老板的办公室坐了下来。

辛尼加温和地对建筑公司老板说："让我们来分析一下情况吧。以您的能力来说，不可能会出现周转上的问题，我猜应该是银行上作怪吧！现在的银行只有在晴天才会借伞哩！"

建筑公司老板有一肚子苦水，听到辛尼加这么说，就对着他大叹银行的无情。

于是，两人你来我往地批评银行政策。一时之间，两人同仇敌忾，仿佛站在了同一战线。

过了许久，谈话告一段落后，辛尼加坐直身体，诚恳地对建筑公司老板说："请您务必要帮忙，否则我们连薪水都发不出来了。"

晤谈结束之后，辛尼加摸摸口袋里的支票，满意地开车返回公司。握着方向盘，他自言自语："还好，让我碰上了那场车祸。"

他想起连环车祸中的第4辆车车主，与第三辆车车主一起指责前面车的情景，他的嘴角露出了一抹微笑。心想："我又学到了一招，将双方的矛头一起转向第三者，以此表明双方是站在同一条战线上，进而说服对方，真是很好使啊！"

不知不觉与对方纠缠在一起

犹太商人口才攻略要诀

　　面对顽固的客户，采用贴身术是一种有效的手段。与之耐心周旋，反复渲染，不达目的决不收兵。面对客户的拒绝，要毫不在乎，愈发精神抖擞。审时度势，利用口才技巧，把顾客引到自己的主题上来，不知不觉与自己纠缠在一起，让他想跑都跑不掉。

　　犹太商人在经商过程中深有体会，不怕难缠的顾客，就怕顾客不缠你。一个优秀的商人必须能说会道，才能吸引顾客、说服顾客，最终达到推销成功。这种能说会道当然不是口若悬河，泛泛而谈，而是要审时度势，利用口才技巧，真正做到能说会道，把顾客引到自己的主题上来，不知不觉与自己纠缠在一起，让他想跑都跑不掉。

　　温德尔医生对付推销员有自己的一套手法，从不让任何人上门推销，有一位犹太推销员萨利赫和他的秘书电话交谈过几次，但都没有什么收获。好在萨利赫从秘书的言谈中收集到了一些宝贵的资料，那就是温德尔医生爱好美术，业余时间都花在了走访画廊上了，尤其不错过任何新开幕的画展。萨利赫侦探似的给每家画廊打电话，查出每一个新的展出时间和地址。当然，他到场的时候，温德尔医生也在。

　　跟温德尔医生搭讪之前，萨利赫细心观察了这位毫不知情的未来客户好一会儿：他怎么到场的，他言谈的方式，谈些什么，他的穿着打扮等等。在这一类的场合要想攀谈不难，轻描淡写来一句观感就能引起对方的谈兴。

萨利赫应声附和着医生的见解，对展出作品发表了几句得体的观点，又提出了几位其他画家的名字，然后问温德尔医生的看法——同为艺术爱好者的意见。萨利赫连商品的名字都没提，只是说了自己的名字。温德尔医生心情颇佳，难得这么个美好的晚上，和一位修养不错的人谈得如此愉快。

几天后，萨利赫用电话和温德尔医生搭上了线。"是那位在某某画廊见过的先生吗？"温德尔医生在接到秘书传话的时候问道。这个名字他记得，却感到惊讶：这位令人喜爱的聪明人是位业务顾问，也就是推销员喽？

温德尔医生斩钉截铁，毫不客气，想"诱使"他买什么都是白费力气。到后来忍不住断然回绝："少跟我说些什么邪门歪道的节税投资了，你们这些推销员统统是骗子！"

没什么可谈的了，温德尔医生正要挂电话，却听到萨利赫的声音："大夫，容我说最后一句，医生统统都是凶手！"

"什么话？"医生气愤地问。萨利赫不动声色，私底下早就料到温德尔医生会反应激烈，因为在推销圈子里，温德尔的名声早有定论，所以启用了事先备妥的第二招。

萨利赫讲了朋友由医疗失当而丧命的故事，为了强调其真实性，甚至详述了一些细节。温德尔医生了解这类医疗上的问题，生气地反驳："你不能以偏赅全啊！"

"说得也是，那你也不该把推销员一视同仁。你我都是明达之人，不必故弄玄虚，我登门拜访时你再亲身印证不迟。我相信，到时候你会有正面的看法。"萨利赫在电话那头笑着说。

温德尔医生气势稍退，他自己也在思忖是否太过分了。终于答应约见的时间。萨利赫不仅攻克了约会的第一道难关，而且还化解了危机。换成口才不佳的推销员，很可能就把关系弄僵了。

在温德尔医生家，萨利赫叹服他的高雅装潢、典雅的家具和墙上的现代版画等等，他表现出十足的欣赏、赞叹，立足于一盏维多利亚时代的灯具前说："真够精巧的！古董！至少要值 4 万元，真是稀世珍品！"他兴奋地脱口而出。

温德尔医生上钩了："猜猜我多少钱买的？"

萨利赫当然说了个高于温德尔医生出的价。

结果萨利赫免不了会问："你怎么那么厉害，哪里买到的？"

温德尔医生据实相告这件古董的来龙去脉，夸说自己对古董多么在行，没有人能骗得了他等等。

萨利赫继续说道："真是不可思议！你真是行家，好眼力，会挑东西。"边说边指着一张座椅，准确地说出它是属于什么风格的设计，再赞一句："这张椅子一定也花费不少！"

"猜我花了多少钱？"温德尔大夫神气地讲了同样的台词。萨利赫又是惊讶又是赞叹，机灵地应对，又花了几分钟，尽量让医生与自己纠缠在一起。他很清楚：交谈的最初 8 分钟，是生意成功与否的关键。

"温德尔医生，你府上搜集的都是价值连城的珍品，你一天要工作多久啊？"温德尔医生承认时间不够用。萨利赫说："如果能合法节税，辛苦赚来的钱少送一点给财政局，你就能够积累更多的财富了。"

温德尔医生有了兴趣，仔细地听萨利赫解说，讨论数字并进行计算。渐渐冷静下来之后，不免有点生气：这家伙打探什么，弄了半天还不是要推销东西，我才不上当！

萨利赫言谈间已经准备了一项详细建议，如果温德尔医生想在鸡蛋里找骨头，那就听他说。最后温德尔训示：这样不行，这些数字得再好好核算，时间太紧，或许有更好的方法，真要考虑的话，这个方案得换一种方式处理，比如……

萨利赫心中另有盘算。正是所谓"权威转移法"，很多推销员就败在这上面，因为他们缺乏坚持到底的毅力，害怕丢掉眼看就要到手的订单，不敢施压。

温德尔医生正在考虑，该如何开口拒绝才好，萨利赫首先打破了沉默："温德尔先生，你通常早上几点钟开始工作？"

"都是早上 8 点钟准时进手术房，问这做什么？"

"我会准时到场！"

温德尔医生一头雾水："开刀是不准参观的。"

"不是去看，我要动手术。"萨利赫声调沉稳坚定，毫不妥协。

一阵沉寂。温德尔医生的脸部表情像是要发作，这个大胆无聊的家伙到底在搞什么？

"是啊！"萨利赫理解似的笑了，好似看穿了温德尔医生的心思："如果我这个病人去找你，一定百分之百信任你。你受长期教育，经验丰富，十分清楚自己该做什么，难道会在动手术时听我的建议吗？我在自己的本行也是科班出身，经验不少，应该知道怎么做对客户最好。"

温德尔医生沉思不语，怒气渐消，这人说得对，他心里想，笑着想解除窘状："请继续说，我听着哪。你说服了我，我就买你所推销的东西。"

这一晚，萨利赫不但拉到一个新客户，而且赢得了他的信服，因为温德尔不但自己签了合约，还把他推荐给医院同事。

当时若是话不投机，他的合约就飞了，好在萨利赫基础扎实，方法恰当，才扳回一局。看来好的口才确实能让推销员步步为营，让顾客步步陷入，但好的口才是建立在广博的知识上的，上例中萨利赫对艺术和古董精品就有相当水准的知识。

说个故事给顾客听

犹太商人口才攻略要诀

　　双方无法沟通是破坏推销最为恶劣的潜在因素之一。以讲故事为例，这是简易有效沟通思想的方法。榜样的力量是无穷的，当一个鲜活的、具有强烈感情色彩的故事，让顾客深信不疑时，那么，它就是一个榜样，一种无穷的力量。

　　犹太商人非常清楚，没有人喜欢枯燥无味的说教，也没有人喜欢平淡的说辞，正因为如此，他们发明了"故事推销法"。它的新奇、感性，往往是吸引顾客并获得顾客认可的重要原因。

　　以保险业为例，要对客户说明某个论点，可以用客户熟知的故事作为例证，这可以成为达成交易最为确切、短暂、安全的途径。双方无法沟通是破坏推销保险最为恶劣的潜在因素之一。以讲故事为例，这是简易有效沟通思想的方法。

　　以色列一家保险公司副总裁哈里森先生，在推销保险时有一套杀手锏，那就是他的"讲故事成交"推销话术。

　　哈里森能够向不同层次、不同年龄的人讲故事。他通过讲述一些保险用户的经历来完成推销。他讲叙得很自然，很轻松，没有人能看穿他，因为他们已经被迷惑了。故事讲完以后，他们很受感动，以至于他们禁不住要买。

　　有一天，哈里森向科尔——一位粗暴的经理——进行推销。科尔不喜欢保险，也不喜欢哈里森，他有点傲慢无理。这次谈话似乎没有什么进展，科尔的反对使哈里森处处受阻。沉默了一会儿，哈里森发话了："上个月在这个城市里发生的一件事情让我想到了你，科尔先生。"

科尔立刻被吸引了，他说："什么事呢？"

"当时我正在一家饭店吃饭。起初，我并没注意柜台后面的妇女。后来我听到她喊：'哈里森！'我看了看说：'喂！海伦！'我很惊奇。'海伦，你在干什么？'我问。'哈里森，你没有听说？''听说？听说什么？''关于乔治？''不，不要告诉我他已经……'她开始哭。'是的，'她说，'乔治已经走了，他在 6 个星期以前去世了。''不！''他死得很突然，一天晚上他回到家中，仍然很健康，可两天后他就死了！'她哭得更厉害了，我不想追问他死得是否很安详，可她自己说了。"

哈里森继续给科尔讲："乔治不相信学校捐赠给儿子彼尔的保险，他总是告诉我：'我能比保险公司更有效地投资利用我的钱！'他是绝对认真的，也很相信这一点。但是他的投资并未见效，而后又发生了最近的股市风暴。他的妻子海伦是饭店的服务员，儿子彼尔已经退学了。

"科尔先生，当我告诉您这件事时，我的意思是：乔治看上去很像您，您总是让我想起他。当然，发生在他身上的事不可能会发生在您的身上。但没有人经历过那位可怜的寡妇所经受的痛苦和折磨，而我们真应该负起对家庭的责任。"

沉默片刻，这位有经验的推销员意识到是成交的时刻了。然后，科尔，这位在 5 分钟前严厉地斥责哈里森的"暴君"说："我已经重新考虑过了，那么我的保险检查需要多长的时间呢？"

"他已经把自己放在乔治的位置上了，他想到了妻子，他不想遭遇那种事，于是他买了保险。"签单过后哈里森这么说，"榜样的力量是无穷的。当一个鲜活的、具有强烈感情色彩的故事，让顾客深信不疑时，那么，它就是一个榜样，一种无穷的力量。"

其实，像这样说故事的实例是再普通不过的了，每一位与保险业务员有过接触的人可能都有过这种经历。

我有一位朋友，不久前干起了跑保险的业务。一天，他在与我闲谈时无意中他问我一句："你听说过这样的一件稀罕事吗？"

"什么事？"我不禁被吸引进去了。

"有一个人，替 10 岁的儿子请了一位小保姆，他在雇佣合同里不要求小保姆干家务做饭，只让小保姆天天关注他家儿子的健康，他平均每个月给小保姆 237 美元工资。在小保姆服务期间，如果孩子得了大病，由保姆负责 10 万元以上的费用来替孩子治病，治病之后小保姆就要被解雇；如果孩子一直健康，小保姆的工资也只开 20 年，20 年中工资不变，如果主人的儿子活到 81 岁仍然健康，保姆就可以退休，但在退休时要把主人给她的工资全部退回来，给主人的儿子留着养老。你听说过吗？"

"别瞎说，天底下哪有这么好的事呀！"我反问。

"假如有这么好的好事，你愿意为你的孩子请这位小保姆吗？"朋友试探着问。

"谁都愿意请，别说我了。"

"那好吧，请看我这有一份保险计划书，是为你的孩子设计的，我们有一个'健康天使'的保险，正适合你 10 岁的孩子，我为你设计了一份 10 万美元的保险，平均每月交费大概 237 美元，至于保险责任就像刚才所说的小保姆的责任一样，怎么样，你把这位'小保姆'请回家吗？"

结果我无话可说，成了他的投保户了。这就是讲故事推销保险的功效所在了。

制造假象使对方麻痹松懈

犹太商人口才攻略要诀

制造不利于自己的假象迷惑对方，或者制造有利于自己的假象来迷惑对方。无论哪种情况，其目的只有一个：以虚攻实。对付厉害的对手，故意暴露出自己的弱点，以此麻痹松懈对手，最后再用实力进攻，是一个最好的攻击办法。

利用言语或行动巧妙地制造一些假象，来迫使对方就范，也是犹太商人在经商中惯用的技巧。他们把这种利用假象迷惑对方的手段分为两种情况：一是制造不利于自己的假象迷惑对方；二是制造有利于自己的假象来迷惑对方。无论哪种情况，其目的只有一个：以虚攻实。

对付厉害的对手，故意暴露出自己的弱点，以此麻痹松懈对手，最后再用实力进攻，是一个最好的攻击办法。

有一位著名的拳击手在一次比赛中不幸失去了拳王的宝座，他决心在下回的比赛中夺回冠军，于是他宣布要向现任拳王挑战。

在比赛前夕召开的记者会上，这位拳击手全身裹着厚重大衣，戴着口罩还频频传出咳嗽的声音，精神显得十分异常，同时，他还发言："很不幸我染上了肺病，不过我会尽力一试的。"

他的对手看到这场景，就很自信，于是就放松了警戒。可比赛结果却出乎大家的预料，拳王的宝座被这位"有病"的拳击手夺回来了。原来，在赛前的记者招待会上，他不过是在作戏而已，其目的是要松懈对方。

这就是一个制造于自己不利的假象来迷惑对方的事例。这样的例子在商品销售中也比比皆是。

以色列一家家用电器批发商有一次与美国一家家用电器生产厂家，就一批家用电器的交易进行谈判。在谈判中，美方报盘价较高，经以方争取，美方虽然做出了让步，但以方仍觉得价格过高，而美方又不肯继续让步，以方又不忍心前功尽弃，左右为难。

这时，以方抛开这一主题，对美方谈判者说："我们还准备订购一些这批家用电器的装配零件，不知你们愿意供货吗？"

美方代表兴奋不已，因为他们也正想寻找合作伙伴。

以方谈判者继续说："我们准备订购 200 万美元的装配零件，搞批量组装，可以在价格方面提供一些优惠吗？"

美方代表觉得他们的订货数量可观，表示愿意就这一问题开始谈判，结果双方的谈判议题竟从成品交易转移到配件组装方面。以方趁机与美方进行来件组装方面的讨价还价，美方感到其中利润可观，同意大幅度降低价格，最后双方在配件组装问题上终于达成初步协议。

之后，双方继续商谈成品电器的交易问题，美方仍坚持原来的立场不降价。这时以方代表先从美方同类产品配件的供给价格谈起，加上组装费用，算出该类电器的成本远低于他们的开价，美方坚持原来价格是毫无道理的。这时美方才发现中了对方的"以虚击实"之计，但又不能改变以前的配件价格，只好面对现实，做了让步，这样，以方在成品贸易上避免了损失，就是以后即将开始的配件组装交易也有利可图，真是一举两得。

无中生有制造危机意识

犹太商人口才攻略要诀

有许多人对一件事总是迟迟下不了结论，其中"时机未到的意识"以及"等待更好机会的意识"占有很大的成分。无中生有、制造危机感是说服那些自认为时机未到的准客户的一种巧妙策略。在生活中，有很多人看起来似乎不需要某种商品或服务，可是一经分析，却发现好像什么又都需要了。

犹太商人在经商实践中发现：有许多人对一件事总是迟迟下不了结论，其中"时机未到的意识"以及"等待更好机会的意识"占有很大的成分。也可以说，是"反正还有时间，再考虑考虑或许还有更好的结果"、"还有时间再继续等待，应该会有更好的机会"等这类期待感，使他不愿现在就下决心。对这样的人，如果给他长时间的考虑简直是浪费时间，倒不如设法催他早作决定。

"无中生有，制造危机感"是犹太商人常用的说服那些自认为时机未到的准客户的一种策略。在生活中，有很多人看起来似乎不需要某种商品或服务，可是一经推销员的分析，却发现好像什么又都需要了。

一位名叫阿尔文的犹太人寿保险推销员，最喜欢对那些有着高收入而又未婚的青年人做推销。当然，他知道这些人最爱用的一句拒绝话语就是："我还年轻，还不需要保险！"而这时，他也总有自己的一套话术，让他们心甘情愿地购买。阿尔文所用的这套话术，就是"无中生有，制造危机意识"。

有一次，他向一个有着 5 万美元年薪的年轻人推销保险，这位年轻人说："我没有任何需要抚养的家眷，而且在短期内我也不想结婚，所以我不需要你的保险。"

阿尔文笑眯眯地说："我是一个保险专家，我可以坦白告诉您，您现在并不需要保任何险，可是请问，您计划结婚吗？"

"哦！也许过一两年吧！可是那是很久以后的事。"

"即使等您结了婚，您还是不需要保险，您知道为什么吗？因为万一您不幸发生了什么意外，您太太仍然年轻，她可以工作，也可以再婚。所以在这段时间内您不需要投保人寿保险。那么再请问您，您将来计划要小孩吗？"

"当然我们都希望养个小孩，所以我想应该会有小孩吧！"

"当您太太怀孕的时候，我想您就应该投保了，现在让我们来看看人寿保险的基本原则，任何人要买人寿保险时都要考虑三个问题：第一个是职业，您的职业不属于危险性高的职业，所以我想没有问题。第二是健康，您现在身体健康，这也没有问题。不过三四年以后，我就不敢说了，但现在我们假定您的健康情况一直良好，所以也不成问题。第三个问题，就是您的年龄，您年龄愈大，买保险时保费就愈高，一般而言，每增加一岁，保费就增加 3%。"

"不过再等 3 年实在也差不了多少。"

"老兄，那可有差别呢！假如在 3 年之内您太太怀孕了，那时您准备买人寿保险，您就要付比现在高出 9% 的保险费；如果您现在的所得税税率是 37%，那也就是说您必须要多赚 12% 的年薪，才付得起那份保险费。这并不是说在第一年就得多付 9%，这笔账您算算看怎样才划算。

"假如您现在投保，3 年以后，您还是拥有同样价值的保险，可是每年就省下了 12% 以上的保费。我相信以您的努力，将来一定会飞黄腾达。而且我也希望多一位杰出的客户，这样我的业绩才能蒸蒸日上呢！所以我愿意现在为您设计一套保险计划，让您从现在开始节省 12% 的多余保费。"

"啊，让我考虑考虑……"

这就是阿尔文的"无中生有"推销话术，其实他说的也很对，只是当时有很多人还没有认识到这一点罢了。

阿尔文还善于运用一种叫作"制造危机感"的话术，他说："不买保险的人，有的是自忖身体健康不需要买，有的是自认为银行里有存款，可以应付家中生计，也不需要买。这一类型的客户，本身已具经济基础，只是危机意识不很强，只要在这一方面多下工夫，一定能达到效果。"

所以，阿尔文遇到这样的客户时，他总是会说出一点带危机感的话，让客户心里颤抖颤抖。有一次，阿尔文就遇到了这样一个客户，还没等他开口讲保险，这位客户就抢先开口说："我还年轻，身体健康，不需保险。"

阿尔文不动声色地说："先生，这正是我现在催促您投保的原因。您年轻，身体又健康，所付的保费较低，您相信'每个人都不能预测未来'这句话吗？还有这么一句话请您不要介意，'坟墓里装的死人不是老人'。并不是老年人才先我们一步而去，在这个高速运转的社会，每天都有那么多意外发生在我们周围，假如我们万一突遭不幸，我们还能宣称健康吗？没有健康的年轻最可怕，我们靠什么面对家庭的重担？"

这位先生还不服气，又说："我有钱存银行，不买保险。"

阿尔文又不慌不忙地说："先生，把钱存到银行的确方便，需要时就去取回。但恰恰因为需要钱用的时候，往往克制不了，因此很少有人做到利用银行存款来凑足养老金；但如果把钱存到保险公司，情况就不一样了，它要求我们做长期的规划，并且每年缴费都有保险公司的提醒和'约束'，所以肯定能够达到养老的目的。"

"再说我们并不能保证什么时候都有金钱，也许今天我们是百万富翁，明天却是穷光蛋，这类事现在太多了。而寿险的保值作用却不一样，只要您在保单上签上字，您就拥有一笔可观恒定的财富。哦！对了！我刚刚在外面看见您的车子，真漂亮！刚买的吧？不知道您有没有买安全保险？"

客户很自豪地说："买了，万一车子被偷了，被撞了，保险公司会赔！"

这时，阿尔文见机行事，说："您为了怕车被偷被撞，为车子买安全险，车子怎么说也只是个代步工具，只是资产的一部分，但是，您却忽略了创造资产的生产者——您自己，何不趁现在为家庭经济购买'备胎'？"

客户被说动了，问："那你说以我目前状况买哪种保险最好呢？"

就这样，阿尔文说动了一位自认为不必买保险的人成了他的保户。

善用减压技巧让对方欣然应允

犹太商人口才攻略要诀

减压式的迷惑性，容易让人在感到轻松的同时产生错觉。在谈判中，先用苛刻的虚假条件使对方产生疑虑、压抑、无望等心态，然后逐步优惠或让步，使对方满意地签订合同，自己从中获得较大利益。

犹太人善用减压技巧说服别人，这种方法在商业活动中经常被用到。

在美国被誉为畅销书制作大王的犹太裔出版商布朗先生，策划了一本以《攻心术》为题的书，并约心理学家维纳格来写。对于从未有过写书经验的维纳格，这的确是一件难以办到的苦差事。可是布朗先生不理会这种顾虑，语气轻松地说："怎么样？题目还不错吧？马上动手写吧！300页左右就可以了，你一天写5页左右就行！"奇怪的是，经他这么一说，维纳格先生忽然感到肩上的负担轻多了，觉得2个月后交出底稿也并非不太现实。实际上动手起来，才觉得一天5页的定额是够高了，不过既然已经答应下来，就不能再往后拖了。

维纳格尽管是心理学专家，但还是被老谋深算的布朗给迷惑住了。布朗的话具有减压式的迷惑性，容易让人在感到轻松的同时产生错觉。仔细一想，这是一种叫人当时欣然应允的心理作用，心理学上称之为"减法技巧"，这种心理在我们的生活中用得相当广泛。

其实，犹太出版商布朗先生策划的《攻心术》一书的缘起，还是从他的一次商务旅行中受到启发的。维纳格在他的《攻心术》

书中提到了事情的经过：

　　一次，布朗先生乘坐的西南航空公司的一架班机即将着陆，机上乘客忽然听到机务人员报告：由于机场地面拥挤，本机暂时无法降落，预定着陆时间推迟 1 小时。布朗先生发现，顿时机舱里一片喧嚷、抱怨之声，但乘客们也只得做好思想准备，在空中熬过这令人生厌的 1 小时。谁知几分钟后，机务人员宣布：晚点时间缩短到半小时。布朗先生又看到，乘客们听罢都如释重负地松了口气。又过了 5 分钟，乘客们再次听到广播说，最多再过 5 分钟，本机即可着陆。这一下，乘客个个都喜出望外，拍手相庆。布朗先生从这个例子的最终结局发现，飞机实际上虽然是晚点，但乘客们却反而感到庆幸和满意。

　　后来布朗先生在谈判中尝试运用这种减压技巧，先用苛刻的虚假条件使对方产生疑虑、压抑、无望等心态，然后逐步优惠或让步，使对方满意地签订合同，自己从中获得较大利益。

　　维纳格在《攻心术》一书中进一步举例说：比如，买方想要卖方在价格上多打些折扣，但同时也估计到如果自己不增加购买数量，卖方很难接受这个要求。于是，买方在价格、质量、包装、运输条件、交货期限、支付方式一系列条款上都提出了十分苛刻的条件，此所谓先给卖方点"苦"。在讨价还价的过程中，买方尽量让卖方感到，在绝大多数的交易项目上，买方都"忍痛"做了重大让步。这时，卖方鉴于买方的慷慨表现，在比较满意的情况下往往会同意买方在价格上多打些折扣的要求。之所以如此，重要的一条，就是卖方产生了错觉：在价格上做减让之前，已经从买方那里占了不少便宜。

　　这就是维纳格的减压技巧，推销员不防尝试着运用一下。

施放烟雾诱使对方判断错误

犹太商人口才攻略要诀

在商务谈判中为迷惑对方，要善于借用谈判烟雾，让对方辨不清东西南北，做出错误判断。有意向对方提供足以导致他错误判断的资料或信息，并且，有意施放一些烟雾来干扰对方，使对方的计划被打乱，或接受你的误导，使谈判对自己有利。

在商务谈判中为迷惑对方，要善于借用谈判烟雾，让对方辨不清东西南北，做出错误判断。

谈判的成功常常需要借助两个因素：正确地判断对方；对方对你的判断失误。对方对你的判断失误，或者是归于他的判断能力差，或者是因为你有意识地引导对方进行错误的判断。

因此，有经验的犹太商人在谈判中常常采取故布疑阵的策略，有意向对方提供足以导致他错误判断的资料或信息，并且，有意施放一些烟雾来干扰对方，使对方的计划被打乱；或接受你的误导，使谈判对自己有利。

犹太商人施用故布疑阵的策略，通常做法是：

将一个本来很简单的问题复杂化，把水搅浑，好浑水摸鱼。提供一些详细琐碎的资料，使之成为对方的负担。

节外生枝，另辟战场，以此来分散对方的精力。

改变计划，突然提出一项新建议，使每件事情又得重头做起。

问东答西，答非所问，故意装糊涂。

故意打岔，插进一些和这次谈判不相关的谈话内容。

借口资料丢失，必须凭记忆把它们汇集起来，从而偷梁换柱，篡改数据或其他内容。

找替罪羊，把责任推到某一个人身上。

佯称身体不舒服，需要休息，使谈判中断。

这些做法，目的都在于干扰对方，打乱对方的阵脚，自己可以乘虚而入，达到目的。

犹太商人发现，一般情况下，由间接途径得到的信息，常常被认为比公开获得的资料更可信赖。人们之所以宁愿相信小道消息，原因就在于此。因此，丢失的备忘录、遗忘的便条等，常被犹太商人认为是最佳提供对方确实情况、最有利用价值的依据。同样是这些资料，如果是在谈判桌上直接递交给对方，对方一定不会感兴趣。

以色列有位承包商得到了一个大型建筑项目的承包合同，他需要把其中的大部分工程转包给其他较小的承包商。当然，在转包的过程中他要设法压低承包价格，以保证自己获得尽可能多的利润。

按惯例他采取招标的方式。有意思的是，每当有投标者来拜访他时，都会很意外地发现在写字台边上有一张手写的竞价单。

对于这一"意外"的发现，投标者暗自庆幸。因为这张竞价单向他表明只要他出更低的价格，就有中标的可能。却不知这张竞价单是主人有意放在那里的，主人托辞离开几分钟以便让那些精明的投标人来窥探虚实。

结果是，每个投标者都上了当，都"自觉"地按照那位狡黠的承包商的意图行事。

要实现故布疑阵的目标，最重要的一点是要做得一切都合乎情理。否则，被对方窥破真相，就会落个聪明反被聪明误的下场。

利用价格的悬殊让顾客"占便宜"

犹太商人口才攻略要诀

先要在对方心里安放一个价格太高的心锚，在对方心里设置悬念。再以一个低得多的价格来铲除这个悬念，让对方尝到好处。对方在心里一比较，觉得很实惠，就很容易决定购买了。利用价格的悬殊来推销是一个非常好的推销方法。

著名的犹太推销员杰德森，有一次他找到某公司的经理，带着一个正好符合对方利益目标的方案。杰德森说："我们这里有个非常好的方案，它价值 50 万美元，而我们的转让费是 30 万美元。"不想那位经理说："遗憾的是，你开价 30 万美元，你的价格是不合理的。"

杰德森附和着说："您说得很对！这个价是不合理的。"然后，杰德森微笑着走了。

一个星期后杰德森又来拜访，"上次向您介绍的那个方案不用说正好满足您的要求，可是开价 30 万，实在太荒唐。为那件事我一直耿耿于怀，我一直想为您做点什么才好。一个礼拜来，我遍寻名家高手，终于发现了这个方案，它绝对物超所值 10 倍。如果我能向您提供一个价格仅为 75000 美元，而效果又相当于 30 万美元的方案，您是不是觉得是件好事？"

那位经理当时见价格从 30 万美元降到 7.5 万美元，自然很感兴趣。他怎么能放弃一个以 7.5 万美元的代价获得价值 30 万美元服务的绝好机会呢？当下就签字答应了。杰德森轻易地完成了这笔交易。

这是典型的"价格悬念推销"，杰德森第一次推销只是个幌子，先要在对方心里安放一个价格太高的心锚，在对方心里设置悬念。第二次，以一个低得多的价格来铲除这个悬念，让对方尝到好处。对方在心里一比较，觉得很实惠，就很容易决定购买了。

　　推销的真谛是帮助别人得到他们想要的东西，同时实现自己的理想。以上面这样一种方式使人做出错误的判断、错误的决定，有人认为是一种低级的、没有道德的推销。任何事情都有两面性，看你是以什么样的方式去做，以什么样的角度去做。

　　利用价格的悬殊来推销是一个非常好的推销方法，但有人用这种方法去赚取不义之财，这是对推销的玷污。利用价格的悬殊来推销，正确的方法是：形式可以多种多样，可以故弄玄虚，可以设置悬念，但真正的意图却是帮助顾客做出正确的决定，为顾客带来好处。

第五章 口头上一定要盖过对手

——犹太商人口才攻略之五：在气势上把对方给镇住

利益是最好的进攻武器

犹太商人口才攻略要诀

在与顾客商谈中，应着重把商品给顾客带来的利益放在第一位考虑，要首先告诉顾客，从而使顾客对产品产生兴趣。在见面之初直接向可能买主说明情况并提出问题，将他的思想引到可能为他提供的好处上。

犹太商人几千年的经商经验表明，利益是最好的进攻武器。把商品给顾客带来的好处直接表达出来，有助于顾客认识他自身的利益，从而增强购买信心。

在英国工业革命方兴未艾时，以发明发电机而闻名的法拉第，为了能够得到政府的研究资助，他去拜访首相史多芬。

法拉第带着一个发电机的雏形，非常热心并滔滔不绝地讲述着这个划时代的发明，但史多芬的反应始终很冷淡，一副漠不关心的样子。事实上，这也是无可奈何的事情，因为他只是一个了不起的政治家，要他看着这种周围缠着线圈的磁石模型心里想这将会带给后世产业结构的大转变，实在太困难了。

但是法拉第在说了下面这段话后，却使原本漠不关心的首相突然变得非常关心起来，他说道："首相，这个机械将来如果能普及的话，必定能增加税收。"史多芬首相听了法拉第所说的话后，态度突然有了强烈的转变。其原因就是因为这个发动机，将来一定会获得相当大的利润，而利润增加必能使政府得到一笔很大的税收，而首相关心的就在于此。

犹太人认为，在与顾客商谈中，应着重把商品给顾客带来的利益放在第一位考虑，要首先告诉顾客，从而使顾客对产品产生兴趣。

点明买主的利益是这种方法的主要技巧。这种技巧就是在见面之初直接向可能买主说明情况并提出问题，将他的思想引到可能为他提供的好处上。

通常情况下，只需要简单地提出一个问题或观点，让可能买主对此进行认真的思考。一个冰淇淋供应商向一个冷饮厅的经理推销时首先提出这样一个问题：

"您愿不愿意每销售 2 加仑的冰淇淋节省 40％的投资？"不用说，这位经理很想听听到底是怎么回事，于是供应商就来详细解释，若能使用他出品的配料即可达到此目的。

再比如，一位文具推销员说："本厂出品的各类账册、簿记比其他厂家生产的同类产品便宜三成，量大还可优惠。"

"去年，高速公路上发生多起汽车事故，有 28％的肇事原因是爆胎。"这是一位轮胎商行的推销员与顾客的开始谈话。他利用具体事实说明利弊以引起对方的注意。

某地一家涂料厂的推销员这样告诉客户："本厂生产涂料每公斤 40 元，可涂 4 平方米的墙面，一个 20 平方米的房间，只用 5 公斤就够了，还花不到 200 元。"

下面让我们看看一个精彩的推销实例吧。犹太人杰克是一家制桶公司的销售代表，最近他的公司生产出了一种新型的耐高温的塑料制桶，他打算把这种产品买给一家名叫炸鱼加炸土豆片店的老板艾文斯先生，他知道艾文斯先生很需要这种产品。

"你好，艾文斯先生，我是极品制桶公司的销售代表，我很乐意让你看看我们公司的最新产品——闪光2号桶。我注意到你们用了很多电镀铁桶，而我们这个闪光2号桶的最主要特点就是它完全是由高密度的塑料制成，这就意味着它很轻，易搬运。有了它，你们就会生活更方便，不是吗？"

　　"主保佑你，朋友。但是，不要了，谢谢你。搬东西都是我老婆的活，而她壮得像头牛。"

　　"那好吧，但你能不能告诉我，在使用你们的铁桶时有什么麻烦吗？"

　　"主保佑你，朋友，我的桶倒是问题不大，除了最明显的那一个。"

　　"最明显的一个？"

　　"是的，你知道，得想办法去给各个桶做上记号以把它们区分开来。由于这里蒸汽太大，标签什么的都贴不上去。这有时也可能会带来生命危险。今天早上我就把两加仑的醋倒进了热油里，用鳕鱼酱擦鞋，用消毒剂腌鸡蛋。这弄得我们时刻提心吊胆。"

　　"你看，艾文斯先生，我很乐意再向你介绍我们公司的新产品：闪光2号桶，这种桶由高密度的塑料精制而成。这就意味着我们能够把它做成三十几种不同的颜色。那么，对你来说，就意味着你能够为每个不同的用途选择一个颜色。比如说，滚烫的东西用红色的桶，绿色的装安全的，黄色的装有毒的等等。那样就不会再有可怕的意外发生了，不是吗？"

　　"真的吗？杰克，如果是这样的话，那可太好了，好吧，让我看看你的闪光2号桶吧！"

　　杰克成功地推出去了自己的产品，因为他通过调查早就发现了艾文斯先生的特定麻烦，所以在推销时针对这个问题直接展开进攻，推销成功。

抢先一步堵住顾客的反对意见

犹太商人口才攻略要诀

抢先一步堵住顾客的反对意见，是一种高明的进攻，能够达到先发制人的奇效。在推销活动中，如果你确信顾客会提出某种反对意见，可以抢先提出来，并把它作为你的论点，妥善处理好顾客的反对意见，排除成交的障碍。

抢先一步堵住顾客的反对意见，是一种高明的进攻，能够达到先发制人的奇效。犹太商人认为，把客户担心的问题，事先想出来，然后在客户提出之前给自己提出问题，再一一解决，这会让客户感觉你的的确确是在为客户着想。

犹太人马祖兹早期从事日常家用品的推销工作，曾经成功地向家庭主妇推销出上万只压力锅。马祖兹事先知道客户会提出安全问题，他在向一位家庭主妇推销时，先介绍一下压力锅的简单情况，而后说："现在你可能考虑压力是否过大了。请不要担心，这个安全阀门的作用正是防止压力过大的。"

马祖兹首先承认事实，然后消除人们的顾虑。他必须保证，推销不应该让顾客对一些根本不存在的东西感觉到担忧。

还有一次，马祖兹向一些家庭妇女推销一种切食物的机器。他在快速而轻易地切割三四种食物后，看着顾客说："看过示范的人经常问我，他们买了这种机器后能不能像我这样处理食物？

"坦白说，不可能。你们绝对不可能像我这样巧妙使用，这不是吹牛，而是事实，因为我每天都要操作这玩意儿好几个小时，瞧我用来多轻松自如。说实话，我之所以熟练是因为我已成了专家。"

她们相信了马祖兹的话，马祖兹继续介绍："你若不能像我一样有效使用这机器，你或许想知道你应如何省时省钱又给家人带来更吸引人的食物。我们可以拿这位女士（通常挑选靠近前面的一位年轻女士）做试验，给她5分钟时间阅读使用须知，她切食物会比这里其他任何三位女士使用最锋利的菜刀切得更快更好。这并非因为她是机器专家，而是因为她有这种机器替她代劳——这不就是你们想要的吗？"

这时马祖兹再切两三种食物，把机器上的第一个刀片取下，然后示范说："这机器有5个刀片，我只用了一个就可切6种食物。我问你们，如果这种机器只有这一个刀片，你们有多少人已经决定要拥有这台机器？"

有很多的女士举起手来，或嘴上说出她会要一台。马祖兹明白他的顾客仍然会有异议，所以，这时他会再切两三种食物，然后应付另一种反对意见说："女士们经常问我，买了这种机器会不会切到手？我会笑着回答，是的，你可能会切到手，但我们不建议你这么做。女士们，你们若想用这机器切手，非常简单。你只要打开机器，把手指插到刀片和漏斗中间就行了！你们若不想把手切到，别把手放进去！还有什么问题？"

这个方法显然漂亮地应付了会切到手的反对意见。以后，马祖兹再也没听到异议了。

在推销活动中，如果你确信顾客会提出某种反对意见，可以抢先提出来，并把它作为你的论点，妥善处理好。

自身的优势就是最大的筹码

犹太商人口才攻略要诀

在说服客户时，谈到自身的优势非常重要。一席话既打开了顾客的心，又降低了客户的抗拒，顾客马上就会很高兴地想知道他的过去客户得到了哪些利益，而客户也会从他的服务中得到那些好处，客户也从开始的疑虑变成后来的开放与接受。

犹太人汤姆·诺曼说："在说服客户时谈到自身的优势非常重要。因为在高度竞争的市场里，顾客要在众多的产品当中选择产品或服务，会比较不放心向新的公司购买。"

汤姆·诺曼认为，许多小公司，以及许多刚出道不久的销售人员失败的原因，就是因为他们很难了解到，要耗费多少时间才可能在当今市场上，建立起被视为合格供应商的客户信赖度。许多公司必须在市场经过两三年甚至四年以上的时间，才会开始被未来客户认真列入考虑。

"假如你的公司已经成立了好多年，这是一项你有能力满足客户要求的有利证明。有时候，公司的悠久历史本身就能够让你在销售访谈中更具胜利优势。"汤姆·诺曼说出了他的经验之谈。

汤姆·诺曼是一家服务公司的销售顾问，他在工作中常用这样的开场白："我叫汤姆·诺曼，我是利多盟公司的销售顾问，我可以肯定我的到来不是为你们添麻烦的，而是来与你们一起处理问题的，帮你们赚钱的。

"我们公司在这个市场区域内是规模最大的。我们在本区的经营已有 22 年的历史，而在过去 10 年里，我们的员工数由 13 人扩张到 230 人。我们占有 30％的市场，其中大部分都是客户满意之后再度惠顾的。您有没有看到，查理经理采用我们的产品后公司营运状况已大有起色。"

汤姆·诺曼用这样一个精练的开场白，已给自己、他的公司，以及他的服务建立了从零到最大的信赖度，他已经回答了顾客的"它安全吗？""它可靠吗？"这两个疑问。他用这一席话既打开了顾客的心，又降低了客户的抗拒，所以顾客马上就会很高兴地想知道他的过去客户得到了哪些利益，而客户也会从他的服务中得到哪些好处，客户也从开始的疑虑变成后来的开放与接受。

以色列实力雄厚的泰勒房地产开发公司，有一次看中了一家公司所拥有的一块极具升值潜力的地皮。而这家公司正想通过出卖这块地皮获得资金，以将其经营范围扩展到国外。于是双方精选了久经沙场的谈判老将，对土地转让问题展开磋商。

泰勒公司代表史密斯先生首先发言："我们公司的情况你们可能也有一些了解，我们公司是文勒公司与安泰公司合资创办的，经济实力极其雄厚，近年来在房地产开发领域业绩突出。在我们去年开发的伊园别墅，收益相当不错，听说你们公司的阿斯特总经理也是我们的客户啊。几家公司正在谋求与我们合作，想把地皮转让给我们，但我们没有马上表态，你们这块地皮对我们很有吸引力。"

对方代表也不示弱说："很高兴有机会与你们合作，我们之间虽从未打过交道，但对你们的情况还是有所了解的。我们遍布全国的办事处也有多家用的是你们开发的，这可能也是一种缘份吧。我们的确有出卖这块地皮的欲望，但我们并不是急于脱手，因为除了你们公司外，还有其他一些公司也对这块地皮表示了浓厚的兴趣，正在积极地与我们接洽，当然，如果你们的条件比较合理，价钱也很合适，我们还是愿优先与你们合作的。"

双方的谈判代表都不愧是久经沙场的谈判行家，简单的自我介绍，就把己方的实力充分地显示出来，特别是泰勒公司代表史密斯的发言，简直就是该公司的"实力宣言"。"文勒公司、安泰公司合资创办的"背景已令人刮目相看，而"去年开发的伊园别墅"又把泰勒公司的实力立刻具体化，"几家公司正在谋求与我们合作，想把他们手里的地皮转让给我们"更是让对方感到迎面而来的压力，最后涉及的该公司业务人员的调查结果，也更不得不赞叹该公司工作的高效率和无孔不入。

面对如此实力强大的谈判对手，对方公司的代表表现得相当镇静，不卑也不亢，在对对方的合作愿望给以回答的同时，简短地介绍了己方不可小觑的实力。"遍布全国的办事处"表明该公司并不是局限于某市的小角色，而是有着雄厚实力和广泛影响的全国性公司。而更可贵的是，一向看起来轻描淡写意在联络感情的客套话里却隐藏着意在显示实力的意图，足见其谈判技巧的熟练与高超。"我们并不是急于脱手，还有其他一些公司也对这块地皮表示了浓厚的兴趣"则是针对对方制造的压力，反将一军，增强己方谈判实力的同时让对方也有一种危机感，使己方不致在未来的讨价还价中处于下风。

以上例子中的谈判者通过简单的自我介绍，展示实力，使对方觉得彼此都能满足各自的需要，因而在针对双方最为焦点的价格问题时，也就能够各取所需，进一步细谈了。

软硬兼施：石头绳子一起用

犹太商人口才攻略要诀

石头可以给人硬的攻击，威力很大，但是绳子虽软，也能照样把对方捆起来。两个人配合使用这种手法时，一位首先提出尽量苛刻的要求，令对方惊慌失措，不知如何应对，即在心理上把对方逼倒。这时由另一位提出一个折中的方案，即真正的方案，自然是给了对方一条出路。在这种阵势面前，就是客观上分析相当不利的条件，对方也会认为折中案好得多，表示接受。

我们经常会在影视中看到这样的场景：当警察审讯犯罪嫌疑人时，首先由攻击型的警员来审问他，想用凌厉的攻势摧毁对方的意志，向他说明他的罪证确凿、他的同伙都招供了等等，把他逼到进退两难的边缘。接受了这样的审讯后，有的人会屈服，而顽固的犯罪嫌疑人则会死不认罪。

这种情况下，则派另一位温和型的警员审问他。警员完全站到犯罪嫌疑人的立场上，真心地安慰他、鼓励他："你的家人都希望你得到宽大处理，希望你为他们考虑。"对这种软招，犯罪嫌疑人往往会自惭形秽，坦白自己的一切犯罪行为。

这种手法是一种奇异的心理法则，犹太人称之为"石头绳子一起用"。因为石头可以给人硬的攻击，威力很大，但是绳子虽软，也能照样把对方捆起来。两个人配合使用这种手法时，一方首先把对方逼到心理的死胡同里去，令他一筹莫展；这时另一个人出来指点给他一条逃避的暗道。这种情况下的对方自然会奔向那条可以脱身的暗道了。

这种技巧并不仅仅适用于审讯等特殊的场合，在经商洽谈时也可以发挥巨大的作用。谈判时，订货一方并不首先把真正的条件摆出来。尤其在买方派出两人去参加谈判的场合，其中一位首先提出尽量苛刻的要求，令对方惊慌失措，不知如何应对，即在心理上把对方逼倒。这时由另一位提出一个折中的方案（即真正的方案），自然是给了对方一条出路。在这种阵势面前，就是客观上分析相当不利的条件，对方也会认为折中案好得多，表示接受。

据说美国富翁霍华·休斯性情古怪，脾气暴躁。有一次为了采购飞机，与飞机制造商的代表进行谈判。休斯要求在条约上写明他所提出的 34 项要求，并对其他竞争对手保密。但对方不同意，于是针锋相对，谈判中冲突激烈，硝烟四起，对方甚至把休斯赶出了谈判会场。

后来，休斯想到自己没有可能再和对方坐在同一个谈判桌上，也意识到是坏脾气把这场谈判弄僵了，于是就派了他的私人代表犹太人奥马尔出来继续同对方谈判。他告诉奥马尔："你只要争取到 34 项中的那 11 项没有退让余地的条款就行了。"奥马尔态度谦和，通情达理，使飞机制造商的代表感到格外轻松。经过了一番谈判之后，争取到其中包括休斯所说的那非得不可的 11 项在内的 30 项。

休斯惊奇地问奥马尔怎样取得如此辉煌的胜利时，奥马尔回答说："其实很简单，每当我同对方谈话不一致时，我就问对方：'你到底是希望同我解决这个问题，还是要留着这个问题等待霍华·休斯同你解决？'结果，对方每次都接受了我的条件。"

这种技巧被犹太商人用得几近经典。他们先是作势虚张，气势十足，以"如果不接受此种条件，一切免谈"之语，先来个下马威。而如果此招不成，就开始以"退出谈判"要挟，最后目的难以得逞，就转为甜言蜜语，先硬后软。

显然，休斯的面孔及其私人代表的面孔分别看来并无奇异之处，合二为一则产生了奇特的妙用，这便是上面所讲的石头绳子一起用的奥妙所在。

在谈判中，利用石头绳子一起用的话术可以更好地刺激谈判对手。刺激对方的方法各种各样，但作用和效果都在于能够引起对方的忧患意识。在商务谈判中，许多场外行动都可能引起双方的注意，直接影响谈判桌上的形势，对商谈者起到刺激作用。例如：在商谈期间，还在继续和另外的商家接洽；在谈判过程中，突然有其他客商找上门来，暂时中断了正在进行的会谈；埋怨商谈时间拖得太久，自己的日程活动安排得很紧；直接和其他客商交换资料等等，这些是彼此非常敏感的举动，其实是在给对方暗示，使对方有紧迫感。

当然，这种场外刺激的方法不能乱用，因为它们很具冒险性，容易伤害对方的感情和诚意。另一方面，切忌小题大作，装腔作势，结果让"假"客商赶走了真正的合作者，鸡飞蛋打一场空。所以，刺激对方必须巧妙，至少要表现出自己的诚心诚意，着意在说："我并不是嫁不出去的女儿，而是确实中意于你，就看你领情不领情了。"这样的刺激才会促进双方的理解与合作。

软硬兼施这种方法通常由两个人配合来使用，若是一个人使用这种话术时，一定要机动灵活，若发起强攻，声色俱厉的时间不宜过长，同时说出的"硬话"要给自己留有余地，不然反倒会把自己架住，万一冲动之下过了头会陷入被动。

配合周围环境借势进攻

犹太商人口才攻略要诀

善于假借周围的人和物来辅助自己去说服，使对方降服。无论是借势还是借人，目的都是一个：化被动为主动，趁其不备，击其要害，使你的客户作出决定。

犹太人在生意场上很好地利用了"借势进攻"的引导驱迫威势。他们善于假借周围的人和物来辅助自己去说服，使对方降服。当取胜有余的时候，就会乘胜追击，使对方接受自己的建议。

通常借势推销可分为借物推销和借人推销两种。但无论是借势还是借人，目的都是一个：使你的客户作出决定。

犹太商人帕特有一次为推销一套可供一座 40 层办公大楼用的空调设备，与某公司周旋了几个月，但购买与否的最后决定权还在买方的董事会。

一天董事会通知帕特，要他再一次把空调系统的情况向董事会员们介绍。"热"天气使他忽生一计，他不再正面回答董事们的提问，而是很自然地改变了话题。他说："今天天气很热，请允许我脱去外衣，好吗？"说罢，还掏出手帕认真地擦着前额上渗出的汗珠。他的话和他的动作立刻引起了董事会的条件反射，他们似乎一下子也感到了闷热难受，一个接一个脱外衣，又一个接一个拿出手帕擦汗。

"各位董事，我想贵公司是不想看到来公司洽谈业务的顾客热成像我这个样子，是吗？

"我公司安装的空调噪音小，而且运用了世界上最好的省电装置，它不仅可以为贵公司节省开支，更可以为来贵公司洽谈业务的顾客带来一个舒适愉快的感觉，以便成交更多的业务，您说这样好吗？假如贵公司所有的员工都因为没有空调而感觉天气闷热，穿着不整齐，影响公司的形象和顾客对您的感觉，您说这样合适吗？"

至此，这里起关键作用的，显然是帕特及时抓住了所处环境的特点，恰到好处地利用了环境提供给他的条件，采用了与周围环境极为适应的语言表达方式，化被动为主动，趁其不备，击其要害，达到了预定的目标。

还有一次，帕特去拜访一家公司的老板，目的是向该公司的办公室推销一套新打字机。

老板去了外地，帕特便主动请求与老板的秘书萨拉花几分钟的时间来讨论一下打字机的情况。在讨论中他诱使秘书说出了她对自己工作中使用的打字机的看法，喜欢它什么和不喜欢它什么。帕特抓住她提到的一个特点赶紧邀请她到下面的汽车上去看一看和试一试自己推荐的新型打字机。他成功地向秘书从头到尾地展示了一番。他离去时还特意为占用了秘书的时间向她表示了歉意。

几个星期之后，帕特赴约再次造访，女秘书萨拉安排他与老板见了面。

帕特开始介绍自己的产品。没等他说到一半老板便表示，生产打字机的公司应当把眼睛盯在各种打字机互相竞争的打字机商店，到那里去一显身手，因为打字机商店才是他们的真正客户——这是典型的应酬话。

帕特听后立刻拿出手中的王牌："先生，您秘书告诉我，她现在使用的打字机械装置很完备，但是操作起来太费劲，她打 2 个小时的字就会感到疲劳。她说她下班前的 3 小时内出现的错误超出了前 5 小时的总和，是她的打字机影响了她的效率。我肯定，这对您来说是个巨大的损失。您说是吗？如果贵公司拥有了这种打字机，秘书小姐省力多了，公司的业绩自然会得到提升，先生您难道不愿意吗？"

老板按下蜂鸣器，女秘书萨拉进来了。老板指着帕特带进屋的样品问："这台打字机确实不错吗？它是不是比你现在用的那一台容易操作?"

"噢，是的，绝对没错!"萨拉回答。帕特站在一边，女秘书在另一边按照 3 周前帕特教她的方法重新将机器演示了一遍。老板看着操作速度确实快了很多，当下就作了决定，帕特得到了订单。

这便是"借势"推销所给帕特带来的成果。使用这种话术时，要注意善于发现对自己有利的人或物，辅以进攻。

抓住对方的缺陷发起猛攻

犹太商人口才攻略要诀

在谈判中，每个精明的谈判者都不会放过这些对自己有利的攻势，进攻需要时机，最好的时机莫过于抓住对方的缺陷，狠狠地拿捏两下。但是在证明对方的缺点时则需要拿出铁一般的证据，让事实替你说话，这样就可以最大限度地获得成功，也可以防止因证据不足而被对方反咬一口。

《塔木德》上说："进攻需要时机，最好的时机莫过于抓住对方的缺陷，狠狠地拿捏两下。"

犹太商人认为，谈判中给对方的商品挑剔毛病，就等于贬低商品的价值，如果商品的价值被贬低，商品价格在对方心目中就失去了应有的基础。

因此，谈判讨价还价时，如果能将对方的商品挑出一大堆毛病来，比如从商品的功能、质量到商品的款式、色泽等方面挑不足，这样，就等于向对方声明：瞧你的商品多次。对方的要价就会成为空中楼阁了。

做橙子批发生意的犹太水果商人德里恩就是一个很会挑别人毛病的人，有一次他去一家果园里采购，开始了他的精彩表演。

"多少钱？"

"90美分500克。"

"整筐卖多少钱？"

"零买不卖，整筐90美分500克。"

卖主仍然坚持不让。德里恩却不急于还价，而是不慌不忙地打开筐盖，拿起一个橙子在手里掂量着、端详着，不紧不慢地说："个头还可以，但颜色不够红，这样上市卖不上价呀。"

接着伸手往筐着掏，摸了一会儿摸出一个块头小的橙子："老板，您这一筐，表面是大的，筐底可藏着不少小的，这怎么算价呢？"

他边说边继续在筐里摸着，一会儿，又摸出一个带伤的橙子："看！这里也许是雹伤。您这橙子既不够红，又不够大，有的还有伤，无论如何算不上一级，勉强算二级就不错了。"

这时，卖主沉不住气了，说话也和气了：

"您真的想要，那么，您开个价吧。"

"您一年到头也不容易，给您 70 美分吧。"

"那可太低了……"卖主有点着急，"您再添点吧，我就指望这些橙子过日子哩。"

"好吧，看您也是个老实人，交个朋友吧，75 美分，我全要了。"

双方终于成交了。

在谈判中，每个精明的谈判者都不会放过这些对自己有利的攻势，但是在证明对方的缺点时则需要拿出铁一般的证据，让事实替你说话，这样就可以最大限度地获得成功，也可以防止因证据不足而被对方反咬一口。这种进攻话术在谈判中应用很广，每个聪明的谈判高手都不会放过这样的机会。中日汽车索赔案就是一个很成功的实例。

在一次中日汽车索赔案的谈判中，双方唇枪舌剑，你来我往各不相让。因为他们都知道，这是关键的一搏，结局怎么样，不是十万五万的小数目，而是几亿、几十亿巨额的得与失。

日方代表深知汽车质量问题无法回避，因而采取了避重就轻的办法。日方每讲一句话都非常谨慎，含糊其辞："有的车子轮胎炸裂，挡风玻璃炸碎，电路出现故障，铆钉有的振断，有的车架偶有裂纹。"

中方代表马上予以回击："贵公司的代表都到过现场，亲自察看过现状的。经商检部门和专家小组鉴定，铆钉非属振断，而是剪断的，车架出现的不仅仅是裂纹，而是断裂裂缝！所有损坏情况不能用'有的'或'偶有'推托，最好还是用事实数据说明更为精确。"

中方代表将问题汽车的质量检测证据一齐放在日方代表面前，这些验证材料除了使用中国国产检车设备得出的结论，还有日方刚出口给中国的最先进的检车设备做出的复核结果。

中方代表采取的攻其缺处的谈判策略，给日方来了个措手不及，让他们走进了死胡同。据此，中方依据科学的、精确的计算，清清楚楚地提出质量索赔要求，并提出了赔偿中方用户由此而造成的间接损失。日方代表在铁的事实面前百口莫辩，同意支付中方汽车加工费 7600 万日元，以及间接损失费 50 亿日元，并承担另外几项责任。

用激烈的言行扰乱对方的思维

犹太商人口才攻略要诀

激将法可以起到促进成交的功用。在销售活动中，我们可以用激烈的言辞对心不在焉或过于固执的客户进行激将。引起对方的注意后，又以微笑的方式调和，再次抓住谈话的主动权，进行下一个步骤。利用这种话术，既达到了刺激的目的，又不致使顾客翻脸或恼羞成怒，拂袖而去。

犹太人认为，在推销中，如果遇到了拒绝，采用激烈的言行激怒对方，可以引起对方的兴趣或重视，继而达到成功推销的目的。其实，这也可以称作为挑衅术或激将法。

斯库利最初从事寿险推销工作时，血气方刚，干劲十足，急于求成，但又不屑于向准客户低三下四，有一次，他去拜访一位十分孤傲的准客户。由于这位准客户特别固执，并且孤芳自赏，所以尽管这是斯库利第三次拜访，可准客户仍然毫无兴趣，反应也十分冷淡。

由于年轻气盛，斯库利有点不耐烦了，所以讲话速度快了起来，其中有一句很关键的话引起了准客户的反应，但又没听到，于是客户问："你说什么？"斯库利回了他一句："您好粗心！"

那位准客户本来面对着墙，听到这一句话后，立刻转过面来，面带怒色问："什么？你说我粗心，那你来拜访我这位粗心的人干什么呢？""别生气！我只不过跟您开个玩笑罢了，千万别当真啊！"斯库利笑着说。

"我并没有生气，但是你竟然骂我是个傻瓜。""哎，我怎么敢骂你是傻瓜呢？只因为您一直不理我，所以我跟您开一个玩笑，说您粗心而已。"

"嘿嘿嘿，嘴怪巧的！""哈哈哈。"

斯库利不失时机地刺激了一下那位傲慢的准客户，引起对方的注意后，又以微笑的方式调和，再次抓住谈话的主动权，进行下一个步骤。

在销售活动中，推销员可以用激烈的言辞对心不在焉或过于固执的客户进行激将。比如：在面对一个固执的准客户时，推销员可以这样说："卡罗尔先生，想不到您是这么固执的人，真是无可救药。"

"邓肯先生，您是一个很自私的人，您根本不知道对家庭的真正责任是什么！"

有时也可以使用一些"温和"的挑衅话术，比如："马克先生，想不到您的成见这么深呀，真是赶不上时代潮流喽！"

"坎菲尔先生，难怪您的员工们说您粗暴、蛮横，从不体恤他们、同情他们。您对这样一个可以改变您在员工心目中的形象、表现您对下属们关心和爱护的绝对可靠的投保计划都拒绝，真让人失望呀！您真的想成为员工所说的那种人吗？"利用这种话术，既达到了刺激的目的，又不至使顾客翻脸或恼羞成怒，拂袖而去。

伟大的犹太推销员乔治·盖莫斯就这样说："在你被拒绝且没有什么损失的时候应当采取激烈的言行。为什么不呢？不试你就没有任何机会，采取激烈的言行可能会震动买主采取行动，而且你也没有任何损失。"几个月以来，乔治一直在拜访沃尔特·霍根。沃尔特需要乔治的产品，但他从来不会离开电话来长时间地谈论正事，他简直是个话务员。

有一天乔治走进去，沃尔特问他想做什么。"只占用您几分钟的时间。"乔治说。

"不行。"沃尔特说着伸手去拿电话，"我周围的事情已经忙不过来了。"沃尔特拨了一个电话，他的行动就表示拒绝。就这样吧！乔治想，现在成交或永远不再见面。

他等到沃尔特打完电话，然后抓起电话，拨到公司的总机，说：“请挂断霍根先生的所有电话，直到下一次通知时。”

沃尔特很惊讶，乔治控制了局面。“沃尔特，3个月以来我们只进行这样的见面——我一直没有机会向您介绍这种产品，您买了另一种牌子的产品，可我碰巧知道它并不令人满意。那是您的一天，而今天是我的一天，您同意这样说吗？”

没有电话，沃尔特感觉不知所措，就答应了——但他还是看了看表。然后乔治以简短的介绍概括了产品的优点。“好吧！乔治，你赢了。”沃尔特说，“我们将要试试，现在我可以接我的电话了吗？”

乔治摇摇头。“直到您签了购买订单才可以，”他说，“我不敢再让您接触电话。”沃尔特签了订单。“这是一种很好的产品，”他说，“我希望以前听说过它。”那是一个评论，乔治决定不予回答。毕竟他拿到了订单，他已经挽救了一个失败的销售。

悄悄使用时间的无形压力

犹太商人口才攻略要诀

　　大部分的妥协都是在最后一分钟发生，一定要有耐性，强韧的耐力才是真正的本事。尽量控制情绪，冷静寻找有利的时机，忍耐总是有报酬的，等一等，忍一忍，事情或许应该这样做，当不知道如何做时，最好是什么都不做。只要能够善加利用时机，往往会达到最好的说服效果。

　　《塔木德》上说："时间分秒飞逝，是众所皆知的事实。不论我们做什么，对每个人来说，时间走动的脚步，都是一样的速度。因为无法控制时间的快慢，我们就必须分析时间对商战过程的影响。"

　　犹太商人认为，大部分的妥协都是在最后一分钟发生，一定要有耐性，强韧的耐力才是真正的本事。尽量控制情绪，冷静寻找有利的时机，忍耐总是有报酬的，等一等，忍一忍，事情或许应该这样做，当不知道如何做时，最好是什么都不做。

　　在犹太商人看来，交涉之中最好的策略就是测知对方的截止期限。无论对方的表现是怎么冷静、平稳，对所交涉的事情总有期限存在。常常在他们平稳的面具之后，隐藏着无比的压力。

　　在谈判中，一般而言，一蹴而就的交易，通常不是最好的交易。往往在交涉的最后一分钟，由于对方的改变才会尝到甜美的果实。谈判的对象不变，但随着期限的紧紧迫近，情况会改变。所以，在谈判中如果能够善加利用时机，往往会达到最好的说服效果。

对于一个谈判者来说，时间的要素非常重要，而其中的"时间限制"更是重要，像这样的实际例子实在不胜枚举。

一位年轻的美国人叫哈曼，第一次被公司派往东京和日本商人进行为期14天的会议谈判，哈曼兴奋不已。经过一个星期的准备，带着所有关于日本文化背景、理论的书籍出发了。他告诉自己："我要好好大干一场，我要轻易地摆平日本人，向国际市场进军。"

飞机在东京着陆后，哈曼第一个冲出机场大厦，出关前，两位温文有礼的日本绅士鞠躬欢迎，并协助他通过检查，然后引他坐入一辆豪华的礼车。坐在舒适柔软的后座上，手肘靠着椅垫，哈曼对挤在前面的人说："后面宽敞得很，为什么不一块儿坐在后面？"

他们答道："噢，您是这样有地位的人，来参加这种重要会议显然必须好好休息。"日本人的态度和回答使哈曼感到非常满意，有点飘飘然起来。车子在行驶当中，一位接待员说："先生懂不懂这儿的语言？"

"你是指日文？"

"是啊，就是我们国家的语言？"

"噢，不，不过我希望能学些日本用语，我带了字典。"日本接待员继续道："先生回去的时间确定了吗？是否已经订好了回程的机票？到时我们可以先将车准备好送你到机场。"

真是善解人意。哈曼伸手到口袋中拿出机票并交给接待员，因而日本人得知他的截止时间，而他却不知道他们的用意，无意中亮了底牌。会议并未立即开始，日本人先安排哈曼参观并经历了日本礼仪及文化。不止一个星期，哈曼忙碌着参观了从皇宫到博物馆各地，甚至还安排了一项用英文讲的课程来说明日本人的信仰。

每天晚上有4个半小时，他们让哈曼跪坐在硬地板上的软垫上，享受着传统的晚宴。你想象得出在硬地板上跪坐4个半小时是什么滋味吗？每当哈曼提到会议时，日本人总是答道："噢，还早嘛，有的是时间啊！"

会议终于在第十二天开始。但是必须提早结束才不会耽误哈曼 18 洞的高尔夫球。第十三天，会议也必须提早结束，以便参加为哈曼预定举办的欢送会。最后，第十四天的早上，双方终于渐渐谈到重点。正当哈曼要提出意见时，接他去机场的车已经到达。大家挤在车内一路继续谈判，在车停下之前，双方终于订下协议。

你想这项交涉会有怎样的结果？许多年来当哈曼的老板提起这件事时总是说："这是日本人在珍珠港事件后最大的一次收获。"

为什么会有这样的失败？就因为接待员控制了哈曼的截止时间，而他却不知道他们的用意。他们延迟不做任何要挟，正确地击中哈曼不愿空手而回的心理。更甚者，哈曼不耐烦的心态让他们占了上风，以此轻易地被日本人掌握于股掌之间。

请相信，任何交涉的一方，永远有着他们被限制的期限。假设他们没有任何压力，你也不会和他们碰面了。可是每一次的谈判，对手似乎都在态度上无所谓谈得成谈不成，使自己永远占到上风，而你永远处在时间的压力下。

这种情形普遍存在于各种交涉事件中。因此，如果你有件困难的事需要谈判，不论是价格、成本或是利息，当对方投入了相对的时间与精力之后，你要将它放在谈判最后。

当最困难的事被对方当做主题先提出后，你应该转开话题，只有在对方已投下时间和精力之后，才转回这个话题，你会惊讶地发现对方在投放大量的时间和精力之后发生了多大的改变，在谈判的尾声，似乎有很大的弹性。

记住，只要在结束之前到达，永远不会太迟。当对方表现出毫不在乎或过分热情时，小心他们醉翁之意不在酒。

抓住交易的关键准确利索地说服

犹太商人口才攻略要诀

抓住事情的关键，是推销活动中说服客户的核心。在生意场上，获胜的核心是抓住交易的本质，不在小事上浪费精力。说话如果抓不住关键点，结果将适得其反，反而会帮倒忙。

抓住事情的关键是推销活动中说服客户的核心。在生意场上，获胜的核心是抓住交易的本质，不在小事上浪费精力。

在犹太商人看来，有很多推销员对自己的业务非常熟悉，他们常常想对此加以详细地说明，可问题在于详细地说明就会失去听众。最能烦死别人的方法，就是一位销售一款功能齐全自动售货机的犹太商人雅格布最近正在为公司里一个推销员头疼。

"唉，约翰从来没卖出去什么东西。"雅格布认为约翰的口才在公司是一流的，但问题出在哪里呢？

于是，雅格布跟着约翰一起出去推销，希望发现问题的答案。约翰正好要去见一个客户，他们来到客户的办公室。

这时，客户鲍尔曼先生进来了，他神色匆匆地解释说："我忘了你们今天会来，而两分钟后我还有一个重要的会议，因此，你们能不能手脚麻利一点。"说完，他瞧了一眼售货机。

"就是这个吗？"

被挡在售货机后面的约翰气喘吁吁地说："是呀。"

"嗯，看起来还不错，我现在赶时间，就要这个吧，接上插头，给我开张发票。"

约翰从售货机后面伸长了脖子，像个长颈鹿似的，一副惊慌万状的样子，简直像有人拿一根烧红了的铁棍从后面捅他一下："那可不行，先生，您先得看我们演示一下呀。"

鲍尔曼叹了口气说："噢，上帝。好吧，好吧，不过麻烦你快一点。"

约翰开始埋头苦干起来，丝毫不理会鲍尔曼刚才的郑重声明，也不顾他这会儿时而抱怨连天，时而唉声叹气，时而跺脚，时而瞄一眼手表，一副烦躁焦急、坐立不安的样子。再看看约翰，只见他正有条不紊地演示，如何让售货机送出咖啡来，不送出来，再送出来，多送点出来，少送点出来；接着又示范一番如何买到17种不同口味的茶，还配有日本茶道的电子录音，一按按钮就能听到；跟着，他又示范如何买到法国洋葱汤，还搭配有不同口味的新鲜烤面包，再佐以令人开胃的橙汁和清凉罗宋汤。

接着，他又得意扬扬地拉了两个暗藏的阀门。这时，整台售货机就像一朵巨型的金属花朵一样，绽放开来，露出里边嗡嗡作响、微微振动的部件。接着，他又亮出一双大号的石棉手套、一条同材质的围裙和一个面罩。雅格布简直被他弄得哑口无言，而鲍尔曼则质问他说：

"见鬼，这些东西是干什么用的？"

约翰带着一脸自作聪明的样子说："啊，您知道，这台神奇的机器之所以能调配出各种天然口味，靠的就是超高温的沸水和流动的水蒸气。但这样一来，就会产生一些副作用。也就是说，这台售货机在使用过程中，会有些危险。嗯，老实说，危险还真不小呢。"

话音未落，鲍尔曼就吼起来："滚出去！滚！滚！滚！"

几秒钟后，雅格布就被悻悻地赶下楼去，雅格布郑重其事地向约翰宣称："你是个地地道道的白痴。"约翰激烈地为自己分辩说："我必须做出个产品演示，至于客户不合作，那不是我的错。"雅格布尽可能耐心地向他指出："实际上，鲍尔曼早在我们到达后的半盏茶工夫里，就答应要买下售货机了，而你倒好，花上一个小时的时间，让他发现售货机的缺陷，结果呢，不但买卖做不成，还被轰了出来。"

事实上，只要约翰事先有礼貌地询问一下，鲍尔曼对售货机有什么疑问或者特殊的要求，然后针对这些疑问和要求来演示产品就好了。约翰简简单单地说上一句："我们不会耽误您开会的。鲍尔曼先生，请问一下，您最喜欢喝什么？"

"黑咖啡。"

"按一下这个蓝色按钮，黑咖啡出来了。怎么样，味道还好吧？"

如此一来，不用再多费口舌，鲍尔曼就会心悦诚服地买下售货机。干吗还要冒那么大的风险，再对他喋喋不休呢？说话如果抓不住关键点，结果将适得其反，反而会帮倒忙。

后退一小步方能前进一大步

犹太商人口才攻略要诀

　　无论是经商也好，谈判也好，暂时的退却是为了将来的进攻，运用以退为进的方略，要有度，应做到顺理成章，退得巧妙，进得有力。

　　以退为进的话术是犹太人在谈判中经常运用的一种方略。这种策略的含义就是，以貌似与本意相悖的言行，采取退下、让步之法，以期待时机，获得优势，最终取得更大的进展。

　　在许多情况下，以退为进要比只进不退好，因为在退的过程中可以积蓄更大的进的优势。运用以退为进的方略，要有度，应做到顺理成章，退得巧妙，进得有力。

　　你也许见过这样的场景：公司职员已对天天加班感到厌烦，但是公司希望职工能再加一天班，以便工作进展顺利。于是经理向职工们说："喂，大家都疲倦了，今天是不是早点结束回家休息，好明天再加一天班。"如此一说，职工们即使很累，也不会对"再加一天班"进行抵制了。这便是一个典型的以退为进的实例。

　　在销售中我们会经常遇到这种情景：对方对我们频频指责，又不给你解释的机会。这时我们可以先应承下来，尽量不予反驳，在退中求进。

　　犹太商人琼斯先生是一家啤酒厂的经营者，他就经常遇到这样的事，有一家公司的采购员克劳恩欠琼斯先生1000美元啤酒款长期未付。一次，克劳恩来到啤酒销售部，对琼斯先生大发脾气，抱怨他出售的啤酒质量越来越差，并说社会上骂声一片，人们不再会买他们的啤酒。最后竟说出自己欠的那1000美元钱也就免付了，原因是他出售的啤酒的质量一直就不怎么样，并表示他所在的公司及他本人不再购买对方的啤酒等。

琼斯先生压住火气，仔细听完克劳恩的唠叨后，却出乎意料地向克劳恩赔起不是，声称啤酒质量确有不尽人意之处，最后说："对你的意见，我会尽快向厂部反映的。至于你欠的那 1000 美元啤酒钱，你要不付，也就算了，谁让我的啤酒一直不争气呢！你说今后你们公司和你本人不再买我的啤酒，这是你们的自由，随你们的便。你说我的啤酒质量有问题，我现在给你介绍另外两家有名的啤酒厂……"

琼斯先生这一番话里有话的艺术性表述，确实出乎克劳恩所料。欠账还钱，这是不成文的一种自然法规。克劳恩本意不想付那所欠的 1000 美元，以啤酒一向质量不怎么样为借口试图堵琼斯先生的嘴。然而，琼斯先生没有单刀直入地正面反驳克劳恩，却用了巧妙的迂回战术，假装虚心承认并接受克劳恩的意见，待克劳恩发泄完后，即刻展开了攻势，用诚挚的话语，向对方表明啤酒厂的现状及未来的发展前景等。克劳恩最后被琼斯先生的诚意和坦率所征服了，自此不但继续到该啤酒店为其所在的公司购买啤酒，而且还动员了另外几家兄弟公司及几个单位常年向该啤酒店购买啤酒。在这里，琼斯先生使用的就是先退后进的话术。

无论是推销也好，谈判也好，暂时的退却是为了将来的进攻，这也是"退"与"进"的辩证法在销售中的灵活运用。

第六章　善于摆脱对手的控制

——犹太商人口才攻略之六：千万别让自己陷入不利境地

破解对方的数字陷阱

犹太商人口才攻略要诀

切不可盲目相信对方所提供的任何数字，不论这些数据出自什么权威之手。数据准确是一回事，这些数据的真实含义又是另一码事。因此，在商务谈判时，不但要对所有的数据"再算十遍"，而且要努力挖掘发现它的意义，要注意隐藏在数字里的可能是故意制造出来的事实、解释、假设、习惯以及个人的错误。尤其当无端的实惠突然而至时，我们更应保持头脑清醒。

犹太商人在商业谈判中，特别是涉及重大利益的贸易洽谈，不但会表现出极大的耐心，而且还具备极大的细心，既不操之过急，也不粗心大意，而是时刻提防交易过程中对手设下陷阱。

我们知道，在商务谈判中，不可避免地要说到各种各样的数据，如价格、成本、利息或设备的各项技术指标等等，这些数据对谈判双方都有重大的意义。但是，一般来说，许多人都不善于迅速地处理数字，特别是在紧张的谈判气氛中，更容易犯错误。

在商务谈判过程中，当对方像连珠炮一样抛出各种数据的时候，相信还是不相信？点头还是摇头？这时候，千万不可鲁莽行事，一定要慢慢来。

在犹太商人看来，承认自己对数字处理的能力不够，并非是一件丢脸的事，请对方一项一项地说，自己一项一项地算，斟酌一番，检查一遍，并请谈判助手再帮你重新算过。如当场算不过来，就拿回去仔细研究过后再表态，切不可盲目相信对方所提供的任何数字，不论这些数据出自什么权威之手。要知道，有的谈判对手特别喜欢钻对方不善于处理数据的空子，而在谈判中占便宜。

犹太商人认为，数据准确是一回事，这些数据的真实含义又是另一码事。因此，在商务谈判时，不但要对所有的数据"再算十遍"，而且要努力挖掘发现它的意义，要注意隐藏在数字里的可能是故意制造出来的事实、解释、假设、习惯以及个人的错误。可是，如果不多问几个"这是什么意思？"你就无法从表面轻易地看出这些陷阱，也就难免会上当受骗。

当无端的实惠突然而至时，我们更应保持头脑清醒。假如有人对你说，他的那批货物只以成本价让给你，你先别太高兴，应该马上来个打破砂锅问到底："成本价是怎样计算的？"特别是对外贸易中，由于国家之间会计规则的差异，买卖双方对各种数据意义的解释相差很大，所以一定要让对方解释清楚："这项数据到底是什么意思？"千万不能自作聪明，以己度人，以防止跌入他人设下的数字陷阱无法自拔。

犹太商人一旦作为买方，自然也有破解这一招术的策略。他们通常注意做到以下几点：做好该项业务的调查研究，做到知己知彼；出价要经过深思熟虑；如有多个卖主，会货比三家；确认对方在运用筑高台策略时，提前点破其计谋。

这些措施只要运用得当，他们就可以有效地遏制"漫天要价"的策略。作为买主时，犹太商人时刻记住：杀价要狠，抬价要少。破解这种策略后，在以后的谈判中他们就可以选取有利时机给予反击。

识破对方的假出价陷阱

犹太商人口才攻略要诀

为防止买主假出价，通常采取这些措施：要求对方先付大笔订金，使他不敢轻易反悔；或给对方最后取货期限，过时不候；或同时与几个买主接洽。为了防止卖主假出价格，应该仔细询问对方价格的含义，提出各种疑难问题和对方纠缠，最后协议要反复推敲，如果万一发现上了对方的当，不应忍气吞声，而应该因地制宜采取必要的措施，给对方以坚决的还击，使己方在商务谈判中的基本利益得到保障。

在犹太商人看来，生意场上既有合作又伴随着竞争。商业竞争可分为三大类：买方之间的竞争、卖方之间的竞争，以及买方与卖方之间的竞争。在买方与卖方之间的竞争中，一方如果能首先击败同类竞争对手，就会占据主动地位。当对方觉得别无所求时，就会委曲求全。

犹太商人认为，在多角谈判中买卖双方为了在成交中获得最大限度的利益，通常会采取假出价的策略巧妙周旋，这种策略在各类经济业务谈判中经常被运用。

假出价格，即买主利用高价的手段（或卖主利用报低价的手段），排除交易中的其他竞争对手，优先取得交易的权力，可是一到最后成交的关键时刻，便大幅度压价（或卖主大幅度提价），洽谈的讨价还价才真正开始。在这种情况下，一般是假出价格的一方占便宜，而另一方只好忍痛割爱。假出价格，虽然是不甚道德的，但却是生意场屡见不鲜的陷阱。

休·蒙克是德国有名的犹太富翁，他想兴办一座高尔夫球场来作为他事业的开端。几经努力，他终于选中了一块场地，这块场地按市值 2 亿马克，竞争者很多。如果相互加价，价格就会相应抬高。怎样才能得到这块场地，并且使价格不至于提高呢？蒙克在思考。于是，他找到了地主的经纪人，表明了自己想购买这块场地的意愿。经纪人知道蒙克是个有钱的主儿，便想敲他一笔，说："这块场地的优越性是无可比拟的，建造高尔夫球场保证赚钱，要买的人很多，如果蒙克先生肯出 5 亿马克的话，我将优先给予考虑。"经纪人首先来了个狮子大张口。

"5 亿马克？"蒙克表现出对地价行情一无所知的样子，"不贵，不贵，我愿意购买。"这一招果然有效，经纪人喜滋滋地将这个情况向地主做了汇报。地主也大喜过望，觉得 5 亿马克的价格已高得过头了，所以回绝了其他的竞争者。所有想购买这块场地的人听说自己的竞争对手是大富翁蒙克，也就纷纷退出了竞争。

陷阱已经布好，就等有人掉入。蒙克再也没来找经纪人，经纪人多次找上门去，他不是避而不见，就是推三托四，说买地之事尚需斟酌斟酌。这可难坏了经纪人，不得不磨破嘴皮，希望蒙克将买地之事赶快定夺下来。

稳坐钓鱼台，你急我不急。蒙克还是不理不睬，最后才说："场地我当然要买的，不过价钱怎么样呢？""您不是答应过出价 5 亿马克的吗？"经纪人赶紧提醒道。

"这是你开的价钱，事实上地价最多只值 2 亿马克，你难道没听出我说'不贵，不贵'的讥讽意味吗？你怎么把一句笑话当真了呢？"蒙克笑着说。

经纪人这才发现已经中了蒙克的圈套，只好照实说："地价确实只值 2 亿马克，蒙克先生就按这个数目付款也行。"

"真是笑话，如果按这个价格付款，我就不需要犹豫了。"蒙克回答说。这可让经纪人进退两难，其他人已退出竞争，如果蒙克不买就无人来购买了，最后只好以 1.5 亿马克成交。

在商场，我们不可忘记的两个字是"冷静"。在任何时候，即使你所得到的高于你的期望值，你也不必欣喜若狂。无奸不商，我们何不冷静思考一下，丰厚的回报是否有潜在的不利因素。

为防止买主假出价，通常可以采取这些措施：要求对方先付大笔订金，使他不敢轻易反悔；或给对方最后取货期限，过时不候；或同时与几个买主接洽。作为买主，为了防止卖主假出价格，也可以采取一些措施；比如仔细询问对方价格的含义，提出各种疑难问题和对方纠缠，最后协议要反复推敲，如果万一发现上了对方的当，不应忍气吞声，而应该因地制宜采取必要的措施，给对方以坚决的还击，使己方在商务谈判中的基本利益得到保障。

无论是对于买方的假出价还是卖方的假出价，最重要的一点是，洽谈者在谈判时不要低估了对手，不要有贪占便宜的心理，要知道占小便宜吃大亏的道理。

灵活应变，扭转劣势

犹太商人口才攻略要诀

在经商活动中，生意人不仅要把握有利局势，积极发动进攻，而且还要善于转化对自己不利的时局，然后再进攻。能否顺利摆脱僵局，这就要沉着冷静、机智灵活地逐一处理，把不利的因素消解，甚至化为有利的因素，同时又绝不放过任何一个有利的突发因素为自己的推销增加筹码。

在经商活动中，生意人不仅要把握有利局势，积极发动进攻，而且还要善于转化对自己不利的时局，然后再进攻。

在生活中犹太人很会处理因失误而造成的被动局势，《塔木德》上说："如果不小心被对手指出错误而受到攻击，而当时又不容许出现这种局势，此时必须马上将对方的注意力引开，或者将问题巧妙地推回给发问者。"

有一名英语老师言语偏激，常常对犯错的学生冷嘲热讽，令那些自尊心强烈的学生难堪不已，所以在他执教的学校里，他算是一名不受学生欢迎的老师。

不巧的是，某天他讲授英文时，不小心在语法问题上犯下一个明显的常识性错误，并当场被一名昔日他嘲讽过并耿耿于怀的学生发觉。这名学生马上逮住报复的机会，毫不客气地指出错误，此时所有的学生都默默不语，想看看平时嚣张跋扈的老师会如何应付。

这位英文教师却很冷静地说："噢，看你平时上课心不在焉，想不到居然这么细心，连这么不起眼的毛病都被你发现了，其他

犹太人智慧大全集

卷一 犹太人的经商智慧

三四九

同学是怎么回事？为什么疏忽了这个错误呢？"

这位学生本来是以报复的心态向教师展开攻击，不料竟得到向来偏激的老师当众赞扬，心里刹那间一种自豪的满足感溢满胸怀，马上又觉得这位老师其实也有可爱之处，并不是那种人见人嫌的人物。

这位老师在这则案例中发挥他的语言长处，给这位企图让他难堪的学生戴了一顶高帽子，堵塞他急欲让对方当众出丑的思路，最后又补充说："像这种不起眼的小毛病，必须要仔细认真才不会发生，如果不加以改正，时间一长便容易犯下更大的错误，所以大家要记取今天这个教训。"

这位老师所使用的说话术可谓高明之极，他接住别人射来的利箭，又反掷回去，并且丝毫不带杀气，以他的这番谈话来看，只会让人觉得他在赞扬那位发现小错误的学生，而不是承认自己失误，进而警戒学生谨慎勿犯，无形中将自己的失误淡化了，进而扭转了对自己不利的局势。

如果这位老师没有这种随机应变的说话技巧，便无法从容应付，只能恼恨成怒地大加斥责，或者竭尽所能地欲盖弥彰，这样犹如火上加油，使对方的逆反情绪更加激昂，造成下不了台的局面。

同样的言语技巧也可以运用于商业谈判中。

例如，你正在对顾客介绍某样商品，但对方却说："这东西太贵了，另外几种和它效果差不多的商品，却便宜许多。"此时你可点头说道："你说得很对。"先听取对方的意见，再运用语言的特殊性转移对方攻击的要害，接着再对他说："你的担心不是没有道理，但你要了解，我们的产品省油省电，又是高性能，在同类产品中，只有我们的售后服务方式是最先进可靠的。"对方会因你开始赞同他的观点而不再排斥你，听了你的介绍后，他会认真地和其他商品做一番比较，即使不买你的商品，也会对你留下诚恳的印象。

在推销过程中，并不是一帆风顺的，有时可能会因为客户的不满而遭到进攻，对于这些不利的形势，如何处理，直接关系到推销活动能否顺利摆脱僵局，走出低谷。这就要求推销员要沉着冷静、机智灵活地逐一处理，把不利的因素消解，甚至化为有利的因素，同时又绝不放过任何一个有利的突发因素为自己的推销增加筹码。

犹太青年瓦尔萨正当着一大群客户推销一种钢化玻璃酒杯，在他进行完商品说明之后，他就向客户做商品示范，就是把一只钢化玻璃杯扔在地上而不会破碎。可是他碰巧拿了一只质量没有过关的杯子，猛地一扔，酒杯摔碎了。

这样的事情在他整个推销酒杯的过程中还未发生过，大大出乎他的意料，他也感到十分吃惊。而客户呢，更是目瞪口呆，因为他们原先已十分相信了这个推销员的推销说明，只不过想亲眼看看得到一个证明罢了，结果却出现了如此尴尬的沉默局面。

此时，如果瓦尔萨也不知所措，没了主意，让这种沉默继续下去，不到 3 秒钟，准会有客户拂袖而去，交易会因此遭到惨败，但是瓦尔萨却灵机一动，说了一句话，不仅引得哄堂大笑，化解了尴尬的局面，而且更加博得客户的信任，交易大获全胜。

那么，瓦尔萨是怎么说的呢？

原来，当杯子砸碎之后，他没有流露出惊慌的情绪，反而对客户们笑了笑，然后沉着而富有幽默地说："你们看，像这样的杯子，我就不会卖给你们。"大家一起禁不住笑起来，气氛一下子变得活跃起来。紧接着，瓦尔萨又接连扔了 5 只杯子都成功了，博得了客户们的信任，很快推销出几十打酒杯。

这个例子充分说明了随机应变的重要性。

以毒攻毒拆穿对方的平台

犹太商人口才攻略要诀

当觉得对手正要把自己往陷阱里推时，出其不意，来个主动攻击，拆穿对方的阴谋。在谈判中，这就要求谈判者机警睿智，能够及时判断出谈判对手下一步所要玩弄的手段，抢先给对手设置拦路桩，使他所要施展的手法失去效力。

高明的谈判家往往能够牵引对方像爬楼梯一样，随着台阶的升高而陷对方于进退两难的境地。当然也有破解的方法，俗话说："以牙还牙，以毒攻毒。"犹太商人将之用到了"拆台"上面。

这也可以说是一种揭破陷阱，使其自露马脚的办法。使用这种话术的前提是，对对方的阴谋有所觉察，然后见机行事，当觉得对手正要把自己往陷阱里推时，出其不意，来个主动攻击，拆穿对方的阴谋。这是犹太人惯用的方法，它的妙处在于选择了恰当的时机，既揭露了对手，又令其白忙一场，最后落个一场空。

有个名叫勒絮费的美国犹太商人想在斯腾塔岛购置一块地皮。与他打交道的卖主是个地产大王，此人精于讨价还价，只有在他认为再也榨不出更多的油水时才会成交。

在谈判中，地产大王善于施展一种叫作"平台"的手法。开始，这个刁钻的卖主会派一个代理人来同你见面，磋商价钱。在握手告别时，你会以为买卖的价格和条件已经谈妥了。然而当你同卖主本人会面后，你却发现那不过是你愿出的价而已，而不是他肯接受的卖价。接着，他自己又开出一些根本没磋商过的新要求，把价钱抬得更高，使成交的条件对他更有利。他用这种办法把要价抬高到一个新的"平台"上迫使你要么接受，要么拉倒。由于当时斯腾塔岛上正兴起地产热，人们都疯狂地介入房地产，因而，他的办法在大多数情况下往往都能见效。人们在别无选择的情况下付给他更高的钱，他也因此而财富大增，财源滚滚而来。

除了"平台"策略外，他还有一种伎俩，那就是要你在成交后 15 天就过户，而根据习惯的做法，过户期一般都是在合同签订后 45～100 天之内。他用这一手段逼迫买主做出更多让步。他耍这一套手法十分得心应手，而且善于掌握火候，不会把对方逼过了头，而使生意告吹，他耍这套"平台"手法，往往还会拿起笔来准备在合同的最后文本上签字的当口儿，又把笔搁下，提出"最后一个条件"，再谈判下去。这种非凡的本领，奥妙在于掌握对方的忍耐能保持到什么程度。

可是，这位卖主刚想对勒絮费也来这一手时，就被勒絮费识破了。勒絮费自有对策，他的对策就是"拆台"。

当卖主想把他往第一个"平台"上推时，他却微微一笑，开始讲起故事来。他编造了一个叫作多尔夫的人物。他说："我从来没能从这位多尔夫先生手中买成一块地皮，因为每当我认为双方已谈妥成交之时，多尔夫总是又提出更多的要求，对我步步紧逼。多尔夫从来不知道满足，非要把条件抬到我无法容忍、买卖就此告吹的地步不可。"

"拆台"确实是一项有力的对策。那位卖主刚想把勒絮费往"平台"上推，勒絮费就紧盯住对方的眼睛，笑着说："您瞧，您瞧，您怎么做起事来也像多尔夫先生一样。"就这样，他把那位卖主弄得动弹不得，半点也施展不开他的"平台"惯伎。

这种以毒攻毒的应变对策贵在勒絮费预先发现谈判对手的攻击倾向。在谈判中，这就要求谈判者机警睿智，能够及时判断出谈判对手下一步所要玩弄的手段，抢先给对手设置拦路桩，使他所要施展的手法失去效力。

还有一次，勒絮费收到一个包裹，打开一看，是一盒乌鱼子，另外还附着一张划拨单和一封信：

敬启者：

兹附上本公司经销的高级乌鱼子一盒，产品具有高养分及热量。至于货款1500元，就请以邮政划拨至本公司即可，划拨账号如所附之划拨单。

勒絮费气炸了，但是因为已经将外盒拆封，也不好退回去。过了几天，正为自己的推销奇招沾沾自喜的乌鱼子商人，也接到了一个包裹，他打开来一看，竟然是一包石灰，附着一封信上写着：

敬启者：

兹附上本公司经销的石灰一包，产品精良，一过水不但有高热量产生，还会像您接到这个产品时，一样地叽咕叽咕叫个不停。至于货款1505元，和我欠您的货款相抵，5元就当小费，不用找了。

这就是犹太商人以毒攻毒的技巧，只不过口头语言已被书面语言所代替。这种方法的应用在我们中国也有一个很成功的实例。

香港著名的律师罗文锦曾为这样的一起经济纠纷做辩护。

20世纪30年代中期，英国商人威尔斯向中方茂隆皮箱行订购3000只皮箱，价值20万港元，双方订下合同，一个月内交货，保质保量，否则由卖方赔偿损失50％。一个月后，茂隆皮箱行经理冯灿如期交货时，威尔斯却说，皮箱内层中使用了木材，就不能算是皮箱，因此向法院起诉，要求赔偿损失。

开庭时，港英法院偏袒威尔斯，企图判冯灿诈骗罪，冯灿委托当时还不大出名的律师罗文锦出庭为其辩护。在法庭上，威尔斯信口雌黄，强词夺理，气焰嚣张，而庭上的气氛似乎也有向其倾倒的迹象，形势对被告不利。这时，罗文锦站在律师席上，从口袋取出一只大号金怀表，高声问法官："法官先生，请问这是什么表？"

法官答："这是英国伦敦出品的名牌金表，可是这与本案有什么关系呢？"

"有关系！"罗律师高举金表，面对庭上所有的人继续问道："这是金表，没有人怀疑了吧？请问这块金表除表壳是镀金之外，内部的机件都是金制的吗?"

法官显然已经感到中了"埋伏"。罗律师又说:"既然没有人否定金表的内部机件可以不是金做的,那么,茂隆行的皮箱案,显然是原告无理取闹,存心敲诈而已。"

这样的应变性论辩,简洁明快,一下子使对方无以对答,如果正面对话,说茂隆皮箱内层可以是木头做的,这就很难说服对方。律师把论题引开,摆出一个简单的事实,让法官承认这个事实,再进行类推。在这种辩护中,罗律师利用大家都承认的道理和事实,设置圈套,用不可辩驳和否认的性质,逼使对方"就范"。在皮箱案的例子里,皮箱和金表均取外层的意义,既然金有外层镀金,内部可以不是金,那么皮箱的内部当然也可以不是皮。这是两者之间的相同点,也是辩护的基点。

不让对方乱了自己的方寸

犹太商人口才攻略要诀

感情要服从理智的需要，而不是为感情所驾驭。在谈判交锋中，高明的商人都是尽力控制自己的情绪，以静制动，把握住主动权。如果对方用话来扰乱你的心思时，你更要维持对自己的控制，保持冷静与沉着。这样，你就维持了你所有的正常情绪，因而可以由它们获得理智以保方寸不乱。

《塔木德》上说："善于控制自己的情绪，更能无往而不胜，只有控制自己，才能控制别人。"这句话告诫犹太商人：谈判时要牢牢地把握好感情的阀门，控制好感情的流量，根据对方的反应和当时的氛围做相应的调节，就不会让对方乱了自己的方寸而陷入被动的局面。

一个成熟的商人，他的感情总能服从理智的需要，而不是为感情所驾驭。因此，他们不会在愤怒时语无伦次，在惊惧时瞠目结舌，在商业场合里有失礼之态，他们的感情总能得到极好控制。

在谈判交锋中，高明的商人都是尽力控制自己的情绪，以静制动，把握住主动权。在一家大公司受理顾客抱怨的柜台前，许多女士排着长龙争前向柜台后的接待员诉说她们受到的无礼态度，以及这家公司的不对之处。有此投诉的妇女十分愤怒且不讲理，讲出很难听的话。

接待员一一接待了这些愤怒而不满的顾客，她脸上带着微笑，态度优雅而镇静，自制修养令人大感惊讶，这让那些愤怒的妇女们产生了良好的印象。

尽管她们来时个个像咆哮怒吼的野狼，但在她们离开时个个如温顺的绵羊，有的人脸上甚至露出羞怯的神情。这就是控制自己才能控制别人的生动例子。

　　在商业谈判中，对方有时会设法激怒你，你很可能轻易上当。在愤怒的情况下失去自制，就会说出你在冷静的情况下不会说出的一些话语，这样你的防线就被击破了，在不知不觉中对方实际上已经控制了你。

　　如果对方用话来扰乱你的心思时，你更要维持对自己的控制，保持冷静与沉着。这样，你就维持了你所有的正常情绪，因而可以由它们获得理智以保方寸不乱。

　　马休是一位棒球队教练，年轻时是位很优秀的投手，经常利用棒球技术和心理战术把对手淘汰出局。

　　一次，与他对阵的是位名气很大的全垒打高手，并且还是个喜欢吃醋的模范丈夫。眼看形势对自己不利，马休就附在那个高手耳边问了一句："坐在你太太旁边亲密谈话的人是谁?"然后他故意接连投三个坏球。每次都加重这种口气，对手一方面产生轻敌心理，另一方面对太太的信任也不由自主地产生动摇。然后，马休假装无奈地说："你大概对太太服务不够吧!"再全力投出三个好球，对手终于心理崩溃，被淘汰出局。

　　为了获胜，诱使对方无精打采是很重要的心理战术。例如，故意批评说："你怎么这么拿不定主意，谈了好长时间还是像刚开始一样一点进展都没有?"这种话可以打击对方的情绪，但有时也会使他的要强心加剧，超水平发挥。所以过于直接的话也不是很好。但如果讲"我办事很痛快"，或"在家里你和妻子谁说了算"等，虽然和谈判没有直接关系，可这种影响对方心理活动的话接二连三地说出来，对方不好意思马上发脾气，又不能装作听不见，如此下去情绪不好，精力不能集中，这样胜负已经很明显了。

　　一位著名的高尔夫球选手曾说："高尔夫球比赛不是靠手，而是靠嘴巴。"在一些影响情绪的谈话中，最有效的手段是表面上装得很亲切，提出一些所谓的"忠告"，实际是过分向对方强调比赛的禁止事项给对方暗暗施加压力，使其不能发挥正常水平。譬如，在高尔夫球场上故意温和地问对手说："要是打出去的球半路上向右边飞的话，会落进池塘"，或"这个球离洞这么近，千万不要打歪啊！"听了这些"好话"，对手打出去的球不可思议地不是向右飞，就是打歪了。

同样，为了防止讨厌的对手扰乱自己的心思，不和对方的视线接触是一种良策。

经常有母亲一面责怪孩子，一面威胁他说："你看着妈妈的眼睛，说出实话来！""眼睛是心灵的窗户"，可以表现人类的心理状态。当我们有意从对方的口中探悉真相时，常常会逼迫对方的视线与自己互相接触，也正是这个道理。

当彼此的视线要接触时，固然可以窥探对方的心理，但是，自己的心理也同样暴露在对方的眼底下，由此可见，视线是把双刃剑。因为彼此视线相碰，自己也极可能因受到对方的目视，思想容易被对方扰乱。这一点不可不加以防范。

所以，如果你不愿意让交谈的对方扰乱心思，最有效的方法，就是不要跟对方的视线相接触。这样既可以防止对方知道自己的不安，又能通过这种行为，蔑视对方，进而使对方感到某种心理上的压力。

控制住话语权和谈话场面

犹太商人口才攻略要诀

在谈话中必须要控制住场面和话语权。比如打断对方的话，不失时机地把话题转到别的方面或转向另外的人。交谈也会出现一些出乎意料的情况，这时应该临阵不慌，冷静思考，随机应变，控制场面。

《塔木德》上说："在交谈中，控制住谈话场面和话语权是一种攻守兼备的策略。"

假如你正在某个会场给一群人做演讲，正讲到兴头上，忽然一阵电话铃声响起，哪怕那声音很小很小，也会叫你一时语塞。这种声音还会影响会场的气氛，刚才一心听讲的思想也会分散。这样一时语塞之后，你就发现，要再回到刚才的氛围很难很难。

因意外的声音而造成一时的失措，思维分散，是一种防护性的反射性反应，就像小动物听到一点小响声就竖起双耳警惕地环视四周一样。注意力的分散，往往造成思路的中断。所以有时你在音乐茶座边饮茶边聊天时，服务员把你要的咖啡送来摆放饮具时发出的声音，令满座人都一时停止了交谈，出现一时冷场的局面。

犹太商人在经商过程中深刻体会到：在谈话中必须要控制住场面和话语权。比如打断对方的话，不失时机地把话题转到别的方面或转向另外的人。我们在会议桌旁时常会看到这类实践者，在对手讲话时插话说："是那么回事，不过……"巧妙地把劲敌的话头打断，你也不妨小试一次。

若对方滔滔不绝地发言，而整个会议都快成为他的天下时，采取何种对策好呢？"我有一点意见想说"，这种话太唐突；"我有异议"，太富挑战性；"移到下个议案吧"，又很容易被看穿。

既要使对方舒服，又要夺取发言权，你不如说："从您的话引出了我的感想……"这种移花接木的方法是最好的了。用"您的话使我想到"开头，接着便提出完全不同的话题。即使话题向着另一个方向行进，对方也毫无办法。

犹太商人认为，转换话题也要讲究策略。一是要注意时机。当事先预计的交谈目的已经达到，对方在原先这个话题上也再无话可说，或对方在交谈中又提出了新的观点或情况，都要及时转换话题。二是要讲究方式。一般是先总结前面的交谈情况，肯定对方的积极配合，然后提出尚需交谈的话题。也可以采用迂回引导法，即先暂时从正面避开话题，谈一些对方感兴趣的事情，边谈边分析。

面对复杂多变的交谈形势，交谈者还要善于控制交谈的场面，这样才有助于说服对方。

常用的一个技巧就是通过控制话题来控制谈话场面，也就是使话题不要偏离中心或使已经偏离中心的话题回到中心上来。常见的方法有两种：一是阻挡法，就是直接提醒对方，阻止对方再说下去，使双方的谈话重新回到中心话题上来。但提醒对方时应注意礼貌，决不可粗暴地强制对方中止谈话，这样会伤害对方的自尊心，影响交谈的进行。二是引导法或暗示法，即对符合题意的谈话，要用一些表示肯定的方式（如眼神、手势、简短的应答）引导或暗示对方可以继续讲下去；对不符合题意或有离题观象的发言，可以礼貌地插入一些话提醒对方注意。

交谈也会出现一些出乎意料的情况。这时应该临阵不慌，冷静思考，随机应变控制场景。常见的情景控制技巧有如下一些：

引申转移法，即用适当的话把尴尬情绪引申到别处，以消除僵局。例如高考前夜，一考生弄翻家中热水瓶，热水瓶落在地上摔得粉碎，家里人觉得这是不祥的预兆，认为他的高考今年又要泡汤。全家人因此被笼罩在一种不安的气氛中。这时考生的姐姐忽然说："这个水平（水瓶）早该打破了！这说明弟弟今年高考一定行!"一句话使大家都回过神来，破涕为笑，消除了心中的阴影。

模糊应答法，即努力寻找一些伸缩性较大、不甚精确的话语来回答一时难以说明的问题。此法在外交场合使用较多，如答复对方邀请时，说"将在适当的时候访问贵国"；涉及某些不便表态的问题时，说"对此，我们将注意研究"等等。

即兴回敬法，即当场使用对方所使用的讲话方法或语句，回敬对方，以诙谐的语言使谈话相映成趣，或使饶舌的对手知难而退。

巧妙周旋避开对方的锋芒

犹太商人口才攻略要诀

给穷追不舍的对手提一些与追击的话题毫无关联的问题，以"合理"的干扰实现"不合理"的目标。将对方弄到灰心丧气的地步，从而削弱战斗能力。尽管这种方法很单纯、原始，可采取这种战术会迫使对方心理动摇。心理动摇会导致心情焦躁，心情焦躁会降低理智和判断能力，从而做出让步。可见，这种心理战术具有相当的威力。

犹太商人发现，巧妙周旋是避开对方锋芒的最妙的战术。具体说就是，给穷追不舍的对手，提一些与追击的话题毫无关联的问题。就像"打扰一下，请问几点了？"或"你的眼镜很好看，请问你戴得舒服吗？"这一类与话题相差甚远的问题。

首先对方会惊愕一下，停顿下来，在把问题接下去谈之前，他会觉得有必要回答一下这类不成话题的问题，或者还会因受到愚弄而激动起来。不管怎样，对方的注意力至少分散了，气势就会消退很多

20世纪60年代末，某国学运兴盛的时候，某大学教授受各方的委托，与学生团体进行交涉。面对学运积极分子们的唇枪舌剑，这位教授也不知如何应答是好。他是受各方面的委托而来的，从名分上说不可自由地叙述自己的见解，轻易开口是要不得的；另外，对这种长期相持不下，没有结果的争议，这位教授也感到很腻烦。

当某位学生代表言辞尖锐地提出他们的主张之后，教授反问

了一句："对不起，我刚才没有听，请问你提的是什么问题?"那位巧言善辩的学生也一时呆住了。自然，接下来就不免招致学生方面更为尖锐的攻击乃至谩骂，可这一句话所起的作用仍是不可低估的，它在某一瞬间泄了对方的气。

以上所说都是以"合理"的干扰实现了"不合理"的目标。下面就介绍几种既能使你直接反驳对方意见，也不会引起对方反感的插话方式，你既反驳了对方，又可避开对方的锋芒。

提问是插话反驳的方式之一。一位犹太商人曾说起，他向客户每每发难，总是借用"我是否可以向您请教二三个问题"这个方式，使得他无法拒绝去听。因为提问是以向对方求教的方式提出的，会激起对方的自豪感，起码可以冲淡对方的反感，不致使对方认为你有意刁难。

搭腔是插话反驳的又一种方式。对付正在滔滔不绝讲演的人，最好的办法就是很频繁地随着对方的话茬搭腔，如"说得好"、"有点道理"、"是这样吗"，用来打岔，可以打断对方的思维逻辑，使其纰漏百出，给你提供反驳的机会。

无言干扰也是一种较有效的反驳方式。对方发言的时候，你可以故意注视别的东西，也可以不停地制造一些小的响动，如挪挪椅子，故意将硬币掉在地上……使对方的注意力很难集中而心有旁骛，当他一出现失误，你便可抓住机会反驳。

有一类杂志，专门介绍怎样以最便宜的价钱买衣服。杂志中写道：当你在商店里看见自己喜欢的衣服时要不动声色，不能让店员猜出你究竟喜欢哪一件，而应耐心地与店员讨论其他衣服的优缺点，反复试穿。等到店员产生了倦怠，而不知道客人是否真心想买，才拿出你喜欢的那件，这时对满脸不高兴的店员说："我想买这件，不过你肯减价多少才卖呢?"这是一个很好的办法。

平常绝对不减价的商店，如果碰上这样花很长时间选择商品的顾客，店员随之花很大精力长时间地接待他，在店方看来，这位顾客不买什么东西就离去，仿佛商店就会损失很大。由于产生了强烈的销售欲望，因此很轻易地答应你开出的价。

将对方弄到灰心丧气的地步，从而削弱对方战斗能力的心理战，在社会的各方面常被人们使用。比方说妻子希望丈夫给她首饰，或小孩向母亲要零花钱买东西，就有意无意地采用了这类战术发动攻势。最初一定是丈夫对妻子或母亲对小孩说："你为什么想要那个东西，换一样便宜的不行吗?"为了拒绝对方的要求，一定会摆出一套理论试图说服对方。提要求的一方在得不到答应时就两天一小吵，五天一大吵，被要求方在怕麻烦的心理支配下就会随便说："好吧! 你喜欢的话我就给你买。"

在与人交涉时，有耐心并能坚持自己意见的人，一般会取得最后胜利。尽管这种方法很单纯、原始，可采取这种战术会迫使对方心理动摇。心理动摇会导致心情焦躁，心情焦躁会降低理智和判断能力，从而做出让步。可见，这种心理战术具有相当的威力。

一般来讲，在对方处于比我方更优越有利的位置时，我方会感到缺乏攻击对手的有效手段，这时，使用上述战术往往能收到奇效。

敢于撤退，该放手时就放手

犹太商人口才攻略要诀

在激烈的竞争中，你发现对手提出的条件已经让你无法与之抗衡，继续斗下去非伤筋动骨不可，应将放手作为一条后路，没有这一条选择，最终会被对方套住，成为对方的囊中之物。如果对方提出的方案不合理，你还不知退却，终将会是损失惨重。双方即使以不平等为基础达成了协议，该协议持续时间也不会长。

犹太法典《塔木德》上有句圣言："只知道胜而不知道败的人，终将一败涂地。"

当明知情形极度不利，损兵折将，死伤惨重，危机四伏，四面楚歌，还是三十六计走为上策为好。君子不吃眼前亏，识时务者为俊杰，该放手时就放手。

犹太商人约翰·贝尔说："应该把一次失败的谈判与成功的谈判都看做是胜利，坦率地说，应将放手作为一条后路，没有这一条选择，最终会被对方套住，成为对方的囊中之物。如果对方提出的方案不合理，你还不知退却，终将会是损失惨重。双方即使以不平等为基础达成了协议，该协议持续时间也不会长。"

选择撤退，只能是最后的王牌。谈判中什么最为重要？最典型的答案是选择撤退。这种答案是对错兼而有之的。如果最后的王牌是撤退，就会令人想到谈判失败的后果。太多的谈判者只是在谈判处于崩溃的边缘时才想到撤退，而为时已晚了。

如果你发现你按对手出的条件成交，会让你损失惨重，你就要当机立断，退出竞争，免得做赔本的买卖。不过，让对手太轻易地取得竞争的胜利，有可能助长他的气焰，以后会变本加厉地玩弄种种恶劣手段。客户也会对你的能力和信誉、诚意产生怀疑，日后的合作将变得十分艰难。所以，金蝉脱壳、隐性退却是较好的选择。

隐性退却就是要做足表面文章，保留逼真假象。敢于放弃是使用隐性退却的先决条件，若是成交对你有害，不能迷恋，不能彷徨，当断则断，可喻之为"藕断"。

这个"藕断"应成为最高机密，不能让任何闲杂人员知道，甚至自己人也不用告知，除了最核心的人员之外，关键人物心知肚明即可。谈判原班人马、原有渠道、原来关系、原先联系，均原封不动，该谈的照谈，该争的照争，可谓"丝连"。而这种表面文章，就是金蝉脱壳。

这样做的好处是，对手无法轻而易举地尝到胜果。你让他付出点代价，让他知道你不是个好欺负的人。这样一来，你日后的生存环境将变得好一些。客户方面，也能感受到你的坚韧、你的诚意，留下日后进行合作的余地。

再者，万一事态发生对你有利的变化，就没有必要从头开始商谈，能够很自然地"继续"洽谈，以有利于自己的条件成交。

这种技巧富有柔性，但操作难度也大一些。最重要的是设好最后防线，不要受对手影响，一时冲动，把一场好戏演砸了。在恰当时刻公开收手，是非常重要的。

第七章 直的不通就拐个弯

——犹太商人口才攻略之七：头脑灵活，就不会有死路

谈不下去干脆换个话题

犹太商人口才攻略要诀

无论顾客以什么理由拒绝你，如果你能巧妙地适时、适地、适法转换话题，就可以改变这种状况。否则，一条道走到底、一个劲地在那里进攻，结果不是碰一鼻子灰，就是陷入僵局。

《塔木德》上说："生意场上，有时走偏远的迂回道路，实际上是达到目的的最短途径。"

在商务交谈中，如果遇到不太顺畅的情况，就需要随机应变地转移话题。无论顾客以什么理由拒绝我们，如果我们能巧妙地适时、适地、适法转换话题，就可以改变这种状况。否则，一条道走到底、一个劲地在那里进攻，结果不是碰一鼻子灰，就是陷入僵局。

犹太青年吉尔拉大学毕业后去见一位企业家，试图向这位总经理推销他自己，到该企业工作。

这位总经理识多见广，比较固执，根本没把吉尔拉放在眼里，没搭上几句话，总经理便以不容商量的口吻说："不行。"

聪明的吉尔拉眉头一皱计上心来，他决定转移话题来对付总经理的反驳。他若无其事地轻轻问道：

"总经理的意思是，贵公司人才济济，已完全足以使公司得以成功，外人纵有天大本事，似乎也无需加以借用。再说像我这样的庸才能做什么也还是未知之数，与其冒险使用，不如拒之千里之外，是吗？"

吉尔拉说到这里故意突然中断，只是微笑着直视总经理。在一两分钟的时间里，彼此都保持沉默。总经理终于开口了：

"你能将你的经历、想法和计划告诉我吗？"

吉尔拉又将了他一军："噢！抱歉，抱歉，刚才我太冒昧了，请多包涵，不过像我这样的人还值得一谈吗？"说完，吉尔拉又沉默了。

总经理诚恳地对他说："请不要客气。"

于是吉尔拉便将自己的经历、学历及对该企业经营发展规划的看法等系统地告诉了总经理。

总经理听完他的话后，态度立刻就改变了，由严肃转到慈祥。临走时总经理对他说："小伙子，我决定录用你，明天来上班，请保持过去的热情与毅力好好干吧！"

如果吉尔拉在直接推销自己不成功的时候不赶紧转换话题，怎么能转败为胜呢？

吉尔拉得到这份工作后，一天总经理让他去乡村推销电器。当他来到一所富有而整洁的家舍前叫门时，对方只将门打开一条小缝，户主太太从门内伸出头来。当她看见来人是一位行销员时，猛然把门关闭了。吉尔拉再次敲门，敲了很久，她才又将门打开，但仅仅是勉强地开了条小缝，而且，还没有等吉尔拉说话，她就不客气地开始说起难听话来。

虽然一开始十分不顺利，但吉尔拉却不罢休，决心转移话题，碰碰运气。他改变口气说："太太，很对不起，我拜访你并非是来行销产品的，只是想向你买一点鸡蛋。"

听到这里，太太的态度稍微温和了一些，门也开大了一点。吉尔拉接着说："您家的鸡长得真好，看它们的羽毛长得多漂亮。这些鸡大概是多明尼克种吧？能不能卖给我一些鸡蛋？"

这时，门开得更大了。太太问吉尔拉："你怎么知道这是多明尼克种鸡？"吉尔拉知道自己的话已经打动了太太，便接着说："我家也养了一些鸡，可是像您所养的这么好的鸡，我还未见过呢！而且我饲养的来亨鸡，只会生白皮的蛋。夫人，你知道吧，做蛋糕时，用黄皮的蛋比白皮的蛋好。我家今天要做蛋糕，所以我便跑到你这里来了……"

老太太一听这话，顿时高兴起来，到屋里去给他取鸡蛋。

吉尔拉利用这短暂的时间，随便看了一下四周的环境，发现她家拥有整套的务农设备，于是见了老太太继续说道："夫人，我可以这样说法，你养鸡赚的钱一定比你先生养奶牛赚的钱多。"

这句话说得太太心花怒放，因为长期以来，她丈夫虽不承认这件事，而她总想把自己的得意之处告诉别人。

于是她便把吉尔拉当做知己，带他参观鸡舍。参观时，吉尔拉不时感叹，他们还交流着养鸡方面的常识和经验。

这样，两人越来越亲近，可以畅所欲言。最后，太太谈到孵化小鸡的一些麻烦和保存鸡蛋的一些困难，吉尔拉不失时机地向老太太成功推销了一台孵化器和一台大冰柜。

当然，在使用这种方法时，要注意适时抓住时机，在对方心情舒畅时巧妙地亮出你的回马枪。

东方不亮就让西方亮

犹太商人口才攻略要诀

当从正面去做而无法解决时，不妨打破常规，从它
的反面去着手，去宣传，这样也能收到意想不到的效果。

对待商业上的难题，当从正面去做而无法解决时，不妨打破
常规，从它的反面去着手，去宣传，这样也能收到意想不到的
效果。

美国麦克公司董事长库里恰克，以前只是一个小商贩，靠做
小生意起家。有一年，他把所有的本钱取出来，购进了一大批日
本货，准备在美国出售。不料进货不到两天，还没来得及出售，
日本偷袭珍珠港的事件发生了，美国人抵制日货，使库里恰克濒
临破产的境地。库里恰克有苦难言，辛辛苦苦赚来的钱眼看就要
泡汤了，他整天坐在椅子上，面对堆积如山的日货长吁短叹，度
日如年，几乎想要跳楼自杀。

这时库里恰克忽然想起了他的好朋友巴尼拉，一位移民美国
的犹太商人，巴尼拉的生意做得很成功，他决定请这位朋友帮
帮忙。

听完库里恰克的苦诉后，巴尼拉微笑着说："我的朋友，让我
给你说个事吧！昨天我陪太太去书店买书，你知道她是一个肥胖
者，她问有没有《如何减肥》这本书，售货员说：'对不起，只有
《如何增胖》。''你拿我开玩笑？'我太太很不高兴地说。'绝非开
玩笑，太太，你只要按书中的建议相反去做不就成了。我有一位
朋友，她长得比您还要胖，有一次来我店里买《如何减肥》。当时
没有，我就把《如何增肥》这本书推荐给她，想不到 2 个月后见

到她时，居然瘦了 10 千克。太太，试一下吗？'结果，我太太就高高兴兴地买了那本《如何增肥》的书。"

"好吧，巴尼拉，我懂你的意思，具体我该怎样做呢？"

"下一次，你可以对来你商店的顾客这样说：'美利坚的同胞们，买日货是爱国的最好表现，有爱国心的人不可不买。为什么呢？现在跟日本打仗，如果每个人买了一批日货，就等于省下一批国内资源。这部分资源就能转用于军需品，就能增加美利坚的一分国力。'这样就会大不一样的，我的朋友，你可以试一下。"

奇迹真的出现了，库里恰克照着这样一说，美国人纷纷购买他的日货，这样他的日货很快就卖完了。本来濒临破产的库里恰克，把抵制日货改变成提倡购买日货，结果他不仅没有亏本，反而赚了一大笔。

正话反说，也是一种打破常规的方法。说出来的话，与所表达的字面意思完全相反，这就叫正话反说。如字面上肯定，而意义否定；或字面上否定，而意义上肯定。这种方法的妙处在于让顾客从逆向思维中寻找到答案。

有一则宣传戒烟的公益广告，上面完全没提到吸烟害处，相反地却列举了吸烟的四大好处：一省布料：因为吸烟易患肺痨，导致驼背，身体萎缩，所以做衣服就不用那么多布料；二可防贼：抽烟的人常患气管炎，通宵咳嗽不止，贼以为主人未睡，便不敢行窃；三可防蚊：浓烈的烟雾熏得蚊子受不了，只得远远地避开；四可永保青春：不等年老便可去世。

这里说的吸烟的四大好处，实际上是吸烟的害处，却显得很幽默，让人们从笑声中悟出其真正要说明的道理，即吸烟危害健康。

让客户自己说服自己

犹太商人口才攻略要诀

做交易时，有时面对客户的疑问和拒绝，我们不必正面解释，可以绕弯地反问几个问题让客户自己解答，让客户的解答回应他以前所提的问题，这种方法叫作"让客户自己踢球"。当客户的回答否定了他自己的疑问或拒绝时，就等于让他自己说服了自己。

犹太商人安东尼常常能把那些看来已经做不成的交易起死回生，许多人都不相信，询问他有什么秘诀。安东尼给他们讲了这样一个故事：

有位公主得了病，非要她的国王父亲给她弄到月亮，她的病才能好。国王请大臣们想办法，可大家都无计可施，因为谁也弄不到月亮，但又说服不了这位任性的公主。这时一位大臣对国王建议："我们为什么不去问问公主呢？"于是国王让他去问公主。

大臣先答应给公主搞到月亮，然后问公主月亮到底有多大，有多远，是用什么做成的。公主说了，月亮和她的手指甲一样大，最多也不过和窗前的树梢一样高，而且当然是拿金子做成的。这位大臣就让珠宝匠用金子给公主做了一个"月亮"，并串在项链上让公主戴在胸前。公主果然很高兴，病一下子就好了。

可是，国王回头一想又担心起来了，因为到了晚上月亮还会出来，公主不是觉得被骗了吗？他急忙又请来大臣们商议，众大臣们还是毫无办法。最后又是那位大臣说："既然大家都没有办法，那我们为什么不去再问问公主呢？"

于是，他又去找公主。正好已到晚上，公主正望着窗外，手里拿着大臣送给她的小月亮。大臣故作不解，问："公主，月亮不是挂在你胸前了吗？它怎么又在天上出现了呢？"

没想到公主笑了，说："这真是个傻问题。当我掉了一颗牙，在原先的地方不是还会长出一颗新牙来吗？"大臣立即显出恍然大悟的样子，答道："对啊！当一头鹿失去它的角，可不是还会长出新的角来吗？"公主于是十分得意地告诉大臣："月亮的情形也是这样。"

"其实，任何事情都是这样。"安东尼说，"在我们做交易时，有时面对客户的疑问和拒绝，我们不必正面解释，可以绕弯地反问几个问题让客户自己解答，让客户的解答回应他以前所提的问题，这种方法叫作让客户自己说服自己，或是'让客户自己踢球'。当客户的回答否定了他自己的疑问或拒绝时，就等于让他自己说服了自己，这不是很有意思吗？"

让顾客自己说服自己，的确是一个绝妙的办法。安东尼说："在让顾客自己说服自己时，我们只需巧妙地提问几个问题让他回答就行了。"

有一次，安东尼试图说服一个客户买他的产品，但是，那位客户拒绝了。安东尼不动声色地说："好吧，琼斯先生，我知道我失败了，尽管不情愿，我还是接受失败，我认为您应当拥有这件产品，但我已经知道您不想买了。"安东尼开始收拾东西，准备离开，客户也明显放松。"不过，在我离开之前，请您帮我一个忙，好吗？"

客户："好说，让我试试看，什么忙？"

安东尼："您知道当地有谁可能会对这种产品感兴趣吗？"

客户："让我想想……隔壁有个人，他需要添置一个。"

安东尼："太好了！（记下来）还有谁？"

客户："鲍博有点兴趣，他需要一个，你还可以……"

安东尼："请等一下，有个事我不太明白。"

客户："什么事？"

安东尼："您刚才说了5个人的名字和地址，他们都是您的朋友和邻居，他们都对我的产品感兴趣。这件产品对他们都有益处，但对您却没有用，我不相信，琼斯先生，请您说说，这到底是为什么？"

客户告诉了理由，还提出了最后的异议，这时局面发生变化，他们又开始重新讨价还价了。这就是安东尼的"让顾客自己说服自己"的起死回生术。

其实，安东尼的这招与我们常说的让客户自相矛盾话术有几分相似。在销售活动中，我们经常会面对一些傲慢自大，不把推销员当回事的客户。面对这样的顾客时，我们应表示抗议并表现出自己的铮铮气节。这时，我们不妨来个"以其人之道，还治其人之身"的突袭战术来攻破他们的心理防线，这也可以达到起死回生的效果。

犹太人纳克德是一位资深的推销员，但是在他漫长的推销生涯中曾经也遇到过非常不利的局面。

有一次，他去访问一个非常傲慢的总经理。此人脾气很大，没什么嗜好。偶尔会去打高尔夫球，听说就连在打高尔夫球时都旁若无人，傲慢自大。这是最令推销员头痛的人物，不过对这一类人物，纳克德倒是胸有成竹，怀着轻松的心情去拜访。

纳克德先向传达小姐介绍道："您好！我是纳克德，已经跟贵公司的总经理约好了，麻烦您通报一声。"

"好的，请等一下。"

接着，纳克德被带进总经理室。总经理正背着纳克德坐在转椅上看公文。过一会儿，他才转过身，看了纳克德一眼，又转身处理他的公文，一副爱理不理的样子。

就在那一瞬间，纳克德想好了一个对付这位总经理的办法，他大声地说："总经理您好！我是纳克德，今天打扰您了，我改天再来拜访。"

纳克德一面说着，一面从椅子上站起来，总经理转身愣住了。

"您说什么？"

"我告辞了，再见！"

纳克德转身向门口走去。

对方显得有点惊慌失措："喂！你这个人怎么回事，一来就走了，到底是来干什么的？"

"是这样的，刚才我在传达处听小姐说您非常忙，所以我特地请求传达小姐，哪怕给我一分钟也好，让我拜见总经理并向您问好。如今任务已经完成，所以向您告辞。谢谢您，改天再来拜访您，再见！"

走出总经理室，他面带笑容，向传达小姐道谢，然后急忙走出那家公司。

按常规，与客户见面，一来就走，这是一种很不礼貌的行为。可是，纳克德这一举动对"傲慢自大"型的客户常有出人意外的效果。

他在匆匆告辞后几天，纳克德又去做第二次访问。

"嘿！你又来啦，前几天怎么一来就走了呢？你这个人蛮有趣的。"

"啊！那一天打扰您了，我早就该再来拜访……"

"请坐！请坐！不要客气。"

这次，这位傲慢的客户与上一次的态度就大不相同了。

免费给客户一点甜头尝尝

犹太商人口才攻略要诀

　　想从别人手里得到什么，就要先给他一些什么。把准一些人爱贪小便宜的心理，免费给客户一点甜头尝尝，就很容易接近客户。如果这种推销是客户不可缺少的服务，而且又好，很快就能获得客户的心。

　　《塔木德》上说："想从别人手里得到什么，就要先给他一些什么。"犹太商人把它的道理用在说服客户购买商品上面，这跟我们平常所说的欲取先予是同一回事。

　　赫伯特·波恩特只凭办公室、信笺和电话建立了华盛顿地区管理咨询服务公司。这种服务的潜在顾客很不集中，在公司刚成立时，没有任何客户上门，为了生存，赫伯特·波恩不得不为自己推销。"我给从前的大学同学打了3个电话，"波恩特说，"每个人都问我有什么事，我说我在联系咨询工作。"接着他们问："你现在在为谁咨询？"波恩特不得不说："我还没有客户。"

　　在同学那里一无所获之后，波恩特从马克·吐温那里学到了一招。吐温在内华达开发银矿失败后，身无分文来到了旧金山，去了最著名的一家报社应聘记者。

　　结果他被拒绝了，吐温告诉编辑他不要求薪水——他要提供免费报导，这样他马上获得了这份工作。不久他又提出辞职，提醒他的老板"我没有薪水"，报社付给了他薪金，并派他做一名驻外记者。

　　波恩特如法炮制。他拜访了该领域最具权威性的一家公司，为该公司提供了整体工作方案并告知经理该项服务不收费，他很诚恳地说明了原因，客户很高兴地接受了。

"我很卖力地为那家公司工作，举行会议，解决问题，做计划，并将每日的进展汇报存档。"波恩特说。

两星期之内，老板拜访了波恩特，他不仅为波恩特的工作所打动，更为其方法所折服。他问波恩特需要什么费用，波恩特提出了一个价格，他们对此进行了磋商。

波恩特等待着购买信号并最终得到同意。当然这是个特例，并不是每个推销员都能免费提供他的产品，但你可免费提供服务和帮助以赢得购买信号，就会得到回报。当波恩特再与朋友通话，朋友问及他的客户时，波恩特已在该领域小有名气了。

犹太商人把准世人都爱贪小便宜的心理，免费给客户一点甜头尝尝，就很容易接近客户。如果这种推销是客户不可缺少的服务而且又好，很快就能获得客户的心。

在黎巴嫩有一家公司专门经销煤油和煤油炉。公司创始人费尔·普德在公司成立开始，大肆刊登广告，极力宣扬煤油炉的诸多好处，但收效甚微，其产品几乎无人问津，货物大量积压，公司濒临绝境。费尔·普德整日在家唉声叹气，一时间也没有办法。一天，他的儿子小费尔让他随自己一起去买小宠物，在宠物店里，小费尔想要一条小狗，但是他不敢做主，因为他的父亲一直沉默不语。这时店老板微笑着说："小朋友，你可以把它抱回家与你共度周末，如果你不喜欢，星期一你就把它送回来，行吗？"星期一过后，小费尔却怎么也不愿意把小狗送回去了，因为他已经离不开小狗了。

在 20 世纪 80 年代，电视对大多数人来说还是个新鲜玩意。费尔·普德夫人早就想买一台电视了，这天，他们俩来到了商场，费尔·普德先生犹豫不决，销售员走过来对他说："普德先生，我知道您可能还有许多顾虑，您今天很难下决定购买，要不这样，您先把电视抱回去，一个礼拜后，假如您觉得不满意就麻烦您通知我一声，我去取回就是了。这样又不花您一分钱，您说好吗？"当他们把电视抱回家后，邻居们看到他家屋顶竖起的天线，纷纷询问能不能过来看电视。邻居们看了一晚上电视之后，他们怎么也不能没有电视了！

费尔·普德先生从以上两件事中受到了很大的启发，当他再一次去公司上班时，立即招来手下职员，让他们登门向住户无偿赠送煤油炉。职员们大惑不解，还以为老板愁疯了呢，但看着老板那诡秘的神情，只得依令而行。住户们得到无偿赠送的煤油炉，真是大喜过望，岂有拒收之理？一个个竞相给公司打电话，索要煤油炉。不久，公司的煤油炉就赠送一空。

当时，炉具还没有现代化，什么煤气、电饭锅、微波炉都没有，人们生火做饭只能用木柴和煤。这时，煤油炉的优越性明显地显现出来了，家庭主妇们简直一天也离不开它。很快她们便发现煤油烧完，这回只能自己到市场上去买，公司可一毛不拔了。当时煤油价格不低，但已离不开煤油炉的人们也只得掏腰包了。再后来，煤油炉也渐渐用旧用坏了，于是只好买新的。如此循环往复，费尔·普德公司的煤油和煤油炉便畅销不衰。

至于从前付出的那笔代价，自然是羊毛出在羊身上，就是真的白白送掉，也只是相当于一小笔广告费而已，而这样做的效果是远非那些干巴巴的广告效果所能比的。

故意装作不在乎的样子

犹太商人口才攻略要诀

有时表现得过于热情，反而会使顾客有一种强迫感，人都有自尊心，不喜欢被别人逼得太过分而就范。人的天性似乎总是想要得到难以得到的东西，这时故意做出无所谓推销的姿态，往往能给客户制造出禁果分外香的效应，不会有太多压力。在运用这种"不在乎"语气时，要注意不要让对方看出破绽，并且摸清了对方的确有真的购买意图，这样做才不会前功尽弃。

一位犹太商人说："推销员的目的就是卖掉手中的产品，但是有时表现得过于热情，反而会使顾客有一种强迫感，人都有自尊心，不喜欢被别人逼得太过分而就范。这时故意做出无所谓推销的姿态，往往能给客户制造出禁果分外香的效应，不会有太多压力。"

有一天，犹太商人阿吉休姆在温斯彼罗市兜售炊具。他敲了公路巡逻员安徒先生家的门，他的妻子开门请推销员进去。

安徒太太："我的先生和隔壁迪尔先生正在后院，不过，我和迪尔太太愿意看看你的炊具。"

阿吉休姆："请你们的丈夫也到屋子里来吧！我保证，他们也喜欢我对产品的介绍。"

于是，两位太太"硬逼"着他们的丈夫也进来了。

阿吉休姆做了一次极其认真的烹调表演。他拿他所推销的那套炊具用文火不加水地煮苹果，然后又用安徒太太家的炊具以传统方法加水煮，两种不同方法煮成的苹果区别如此明显，给两对夫妇留下深刻的印象。但是男人们显然害怕他们会贸然买下什么，因而装作毫无兴趣的样子。

于是，阿吉休姆决定采用"欲擒故纵"的推销术。他洗净炊具，包装起来，放回到样品盒里，对两对夫妇说："嗯，多谢你们让我做了这次表演，我实在希望能够在今天向你们提供炊具，但我只带了样品，也许你们将来才想买它吧。"

说着阿吉休姆起身准备离去，这时两位丈夫立刻对那套炊具感了兴趣，他们都站了起来，想要知道什么时候能买得到。

安徒先生："请问，现在能向你购买吗？我现在确实有点喜欢那套炊具了。"

迪尔先生："是啊，你现在能提供货品吗？"

阿吉休姆真诚地说："两位先生，实在抱歉，我今天确实只带了样品，而且什么时候发货，我也无法知道确切的日期。不过请你们放心，等能发货时，我一定把你们的要求放在心里。"

安徒先生坚持说："唷，也许你会把我们忘了，谁知道呀？"

这时，阿吉休姆感到时机已到，就自然而然地提到了定货事宜："噢，为了保险起见，你们最好还是付定金买一套吧。一旦公司能发货就给你们，这可能等待一个月，甚至可能要两个月。"

两位太太赶紧掏口袋付了定金。大约 6 个星期以后，商品发货了。

人的天性似乎总是想要得到难以得到的东西。在这里，阿吉休姆只是利用了这个天性，达到巧妙地推销了自己的产品的目的。

犹太商人在运用这种"不在乎"语气时，很注意不要让对方看出破绽，并且摸清了对方的确有真的购买意图，这样做才不会前功尽弃。

"假如黄金能像煤炭一样，人们就不会将其视为贵重之物，并制成各种首饰佩戴以示豪富了；假如煤炭也像黄金一样稀少，人们怕是要揣起一块来以显尊贵了。"这是犹太人对"物以稀为贵"的看法。他们认为，有时巧妙地说出"物以稀为贵"的话语，也能收到意想不到的效果，与"买不买由你，我不在乎"有异曲同工之妙。

以色列的吉利尔市场是一个很有特色和朝气的市场，在这个市场上任何一种商品上市，总是会吸引众多消费者纷至沓来，争相抢购，呈现一派门庭若市、生意红火的兴旺景象。

原来这个吉利尔市场对所有进货的商品统统仅出售一次，即使是市场十分热销的产品也毫不例外地绝不再次进货经营。

这么一来，久而久之便给消费者留下了极其深刻的印象：吉尔利市场上出售的商品都是最好的，要买到最新的产品，在吉利尔市场上切不可犹豫。

"机不可失，时不再来哟！"这是吉利尔市场的销售员对那些本不打算购买商品的顾客最有用的一句话语。也正因为如此，吉利尔市场经营状况一向很好，而且在以色列很有名气。

用幽默的谈吐打破僵局

犹太商人口才攻略要诀

具有幽默感的人总是讨人喜欢，受人欢迎。谈吐风趣，对于推销事业当然帮助很大。在推销中，如果遇到僵局，适当讲一些幽默话语，能迅速降低客户对商品的不满，以至于消除对推销员的敌意，促使推销成功。

幽默以它的机智、诙谐、风趣、含蓄给人以智慧的启迪、美的享受。在生活中，具有幽默感的人总是讨人喜欢，受人欢迎。

那么为什么幽默的谈吐能吸引别人呢？这便要从人的心理角度来分析。人是一种矛盾的动物，他一方面不堪忍受孤独寂寞，要与他人交流沟通，具有群居性；另一方面人们对陌生人，总有一种戒备心和恐惧感。所以，碰到陌生人的第一个反应便是关起心扉；然而又并不仅仅如此，他还想去了解探察别人。如果这个陌生人表现出爽朗善意、幽默的谈吐风度，对方便会慢慢了解你并不是"来者不善"，从而谨慎地打开心扉。

爽朗幽默的人很容易打开别人的心扉，不但容易打动异性的芳心，也容易打动客户的心。所以爽朗和幽默的个性能造就出情场高手也能造就出商场高手。

推销员对客户来说完全是陌生人，开始并不被客户了解。如果推销员在访问会谈时随时展现笑容，对人和蔼可亲、谈吐风趣，对于推销事业当然帮助很大。

在推销中，如果遇到僵局，适当讲一些幽默话语，能迅速降低客户对商品的不满，以至于消除对推销员的敌意，促使推销成功。这是犹太人惯用的一种打破僵局的手法。

在犹太商人阿布拉的商店里，有位顾客看中了一条有白头鸟的被面，但又犹豫。这鸟的姿势很美，就是嘴巴太尖了，怕买了它以后夫妻要吵架，便自言自语地说出了这种顾虑，老板阿布拉听了笑着说："这种图案其实很吉祥，您看这白头鸟头上的白发，表示夫妻白头偕老；它们的嘴巴伸得长，是在说悄悄话，是它们相爱的意思。"顾客禁不住哈哈大笑连说："有道理！有道理！"

顾客从不买到买的转变，是商人巧用幽默语言的结果。另外，幽默的话语也可以用来对付顾客的刁难性要求。在一饭店，有位顾客为难女服务员说："服务员，我要一盘牡蛎！记住，不要那种太大的或是太小的，也不要太老的或太嫩的，而且，现在就给我拿上来，懂了吗？"

服务员机智地回答："听您的吩咐，顺便问一下，先生，您是要带珍珠的，还是不带珍珠的？"这一幽默的反问，使得顾客无言以对，反而佩服和尊重女服务员，不得不庄重地修改自己的要求。

在以色列，有一位名叫佛莱特的牙医先生，开了一家诊所。一天，诊所来了一位牙病患者，托着腮帮说牙痛得厉害，请佛莱特看看。佛莱特拿着手术器具，左弄弄右弄弄，说："是不是觉得很痛呢？"

"是的。"

"是不是应该要拔掉了？""是的，那要多少钱？"

"35美元。""什么，要35美元，太贵了。"

然后顾客又问："那要多久时间呢？""5分钟。"

"哇，有没有搞错，5分钟需要35美元。"佛莱特说："假如您觉得时间短，我可以用两个小时来拔掉您的牙齿，您看好吗？"

牙痛患者当然说不，长痛不如短痛。佛莱特用一些幽默的方式来问问题，很快地就解决了顾客的抗拒并成交。

犹太商人是这样评价幽默的：幽默能使紧张的气氛，一下子变得轻松，它能使谈话因为充满情趣而受人欢迎；它能使对立冲突，一触即发的态势转而和谐融洽；它能让对方心悦诚服地理解、接纳、叹服你的劝慰，接受你的观点。总之，幽默的谈吐往往能在困难的局势下打开光明之窗。是否具有幽默感，还是人们评价优秀的推销人员的标准之一。

在生意场上，面对着强手如林、竞争激烈的局势，如何赢得顾客，这里面大有文章。如果运用机智，巧用幽默，将使你旗开得胜，生意兴隆。

这些年，美国航空公司之间竞争激烈，各种各样的机票减价消息常有所闻，但人们对此并不感兴趣。其中美国西部航空公司为了改变这种不利局面，在机票减价的条件下加了巧妙的幽默话语，结果就大不一样了。

一天，有位顾客走进西部航空公司的售票厅，对售票小姐说："我要两张旧金山的机票。"

"好的，先生。"

"有优惠吗？"

"有的，不过，先生，这种机票有多种优惠价格，不知您适合哪一种？"小姐开始了她幽默的优惠推销。

"您如果在星期一至星期五之间乘飞机，并且保证在盐湖城（美国西部城市，那里教徒很多，有不抽烟、不喝酒等许多清规戒律）上空不吸烟的话，我们可以给您优惠价格。"

"我从不吸烟，能给多少优惠？"

"你是美国印第安人吗？"

"不是。你问这干吗？"

"那太遗憾了，先生，因为如果您是印第安人并在清晨4点启程，又在次日清晨返回的话，我们可以给您30％的减价优惠，但现在只剩8％了。"

"哎，我的上帝，请问你们还有其他优惠条件吗？"

"嗯，如果您已结婚50年以上并没有离婚，并且是去参加您的结婚纪念活动的话，我们给您减价20％。"

"这对我不合适，还有吗？"

"如果您是个神经外科大夫，为了给病人做手术来买往返机票，您可以得到10％的减价优惠。"

"哼，好事都少不了神经科大夫。我在政府机构做事，你们没有什么像我这种人可以享受的优惠吗？"

"有的，这里有一种票，如果您是一个国家度假的驻外使馆人员，那可以给予15％的优惠。"

"那我又错过了，我正和我太太一起旅行。"

"哎呀，先生您怎么不早说呢？您太太不到60岁吧？如果她不到60岁，且你们又不赶周末旅行，那可享受20％的优惠价。"

"可我们只有在周末才有空呀？"

"嗯，别灰心，请问您和您夫人中有当学生的吗？如果你们有上大学的，且又在星期五（星期五在美国虽属周末，却又因耶稣在星期五遇难而被视为不祥的日子）乘飞机，我们可给你们45％的减价优惠。"

"我的天，差不多便宜一半啊！可惜我已早两年念完大学。这样吧！小姐，您还是给我那8％的优惠吧，谢谢您的介绍。"

如果售票小姐一开始便说出8％的优惠机票，顾客也许觉得不满意而作罢。但是，利用幽默的话语，让顾客面对如此名目繁多而又富有幽默色彩的优惠条件，这位乘客最后虽没得到多少优惠，却也心满意足的买下了机票。不用说，只要有机会，他还会多多光顾这家航空公司。

犹太商人的推销细节

第一章　推销的实质就是推销自己

——犹太商人推销细节之一：具备过硬的自我推销素质

言谈举止要流露出充分的自信

犹太商人推销细节要诀

一个成功的推销员，应该具备鞭策自己、鼓励自己的心态。只有这样，才能在大多数人因胆怯而裹足不前的情况下，或者在许多人根本不敢参加的场合下大胆向前，向推销的高境界推进。

一位犹太商人说："你的内心充满着自信，你的事业就会成功。有方向感的信心，可让人们每一个意念都充满力量，当你有强大的自信去推动你的成功车轮时，你就能平步青云，无止境地攀上成功之巅。"

自信仿佛是个永恒的话题。古今中外，多少成功者曾对这两个字做过精辟的解释，抒发过独到的见解。拿破仑说："'不可能'，这个词只能在愚人的字典里找得到。"他还说："胜利不站在智慧的一方，而站在自信的一方。"萧伯纳说："有自信心的人，可以比浩渺更伟大，能够化平庸为神奇。"戴尔·卡耐基说："如果你真相信自己，并且坚信自己一定能达到梦想，你就真正能够步入坦途，而别人也会需要你。"奥格斯特·冯·史勒格说："在真实生命里，每个事业都从信心开始，并由信心迈出第一步。"麦修·阿诺德也说："一个人除非自己有信心，否则不能带给别人信心；只有让自己信服的人，才能使别人信服。"自信是积极向上的产物，也是一种积极向上的动力。自信，对于一个推销员的成功与否是非常重要的。自信是推销员所必须具备的、最不可缺少的一种气质。

犹太商人深知人性的特点：人们通常喜欢与才能出众的人交往。顾客也一样，他们不希望与毫无自信的推销员打交道，因为他们也希望在别人面前自我表现一番。只有信得过自己的人，别人才会把责任放心地托付到他的身上。当你和客户商谈时，言谈举止若能流露出充分的自信，肯定会赢得客户的信任，客户信任了你才会相信你的商品说明，从而放心购买。通过自信，才能产生信任，而信任，则是客户购买你的商品的关键因素。

客户对于商品，经常都怀有类似一样的不满和疑问，因此，在面对客户时，不可以自己觉得无法销售，或表现出面有难色的神情。你如能自我训练，精心计划，相信你一定能卖出商品。

犹太人威特利，曾经是一名保险推销员，之后创立了"威特利寿险公司"并担任总经理。他经常对新的推销员说："满怀自信地向所有潜在主顾推销，他们也能从中感受到你的那份自信。"

威特利年轻的时候，经常往来于各大城市之间，当时他选择行驶的道路一般是旧高速公路——为的是可能碰到有兴趣买保险的主顾。一天中午，威特利驾车经过一个村庄，看到一位农夫正在一片广阔的麦田中间开着牵引车，他觉到这位农夫可能就是他的潜在客户。于是，就停车朝他远远打招呼，示意他过来一下。农夫以为有什么重要的事情，于是走了过来。

当得知威特利是一位保险推销员后，农夫怒气冲冲地说："我发誓，我一定要把下一个向我推销保险的捣蛋鬼，狠狠地掷出我的土地以外。"

威特利看着他微笑着说："让我告诉你一件事，在你对我采取行动前，你最好已经保了所有的险，因为你会很需要。"

两个人之间保持了一阵短暂的沉默，双方连眼睛都不敢眨一下，过了一会儿，农夫便爆发出了爽朗的笑声："算了吧，这样一个大热天，我正好需要休息一下。到我的房子里来吧，让我听听你到底要说什么。"他将手搭到威特利的肩膀上，二人便一路朝他的房子走去。

进了他家的厨房，农夫便对着他的妻子说："嘿，亲爱的，来见见这位威特利先生吧，这小子以为他可以说服我。"然后这对夫妇便相互大笑起来。看到他们笑得是如此高兴，威特利也放声大笑了起来。当笑声停止时，威特利就卖出了有生以来最容易的一个保险。

威特利后来回想说："像这样的情况不止一次地发生。但从我的推销经验中我知道，当一名潜在主顾以恐吓姿态对我怒吼时，我是绝对不可以退缩逃走的。我已明白，不论潜在主顾是多么的气恼愤怒，他也不会真的对一名推销员进行身体攻击。因此，在我还是一个年轻的推销员时，我便意识到，无论怎么，挨打的可能性是十分微小的，你完全没必要担忧这一点。退一步讲，即使有人真的对我动粗，我的身体还是能承受得住的。因为有这样的想法，我才能勇往直前，从没害怕，我充满自信地向所有潜在主顾推销保险，他们从中感受到了我的那份自信。因此，在我每次发出这种让人始料不及的推销攻势时，很少会遭遇别人的排斥拒绝。"

犹太商人把良好的心态当做自信的一部分。在他们看来，良好的心态始于心灵，终于心灵。换句话说，你要想有持续完成任务的积极心态，首先就要有一种对成功的强烈的渴望或需要。对于成功的愿望和企图心永远是一个成功的推销员所必备的条件，他们对于销售他们的产品具有无比的动力和热诚，他们想要成为顶尖的人物，他们有强烈的成功欲望，他们绝对不会允许任何事情阻碍他们达成目标。但一般的推销员并非如此，他们只要能够赚到每个月的生活费就可以了，他们只需要每个月达成公司给他们设定的目标就成了，他们没有比这更强烈的愿望了。

良好的心态实际上就是信念——相信你自己，相信你成功的能力。事实证明，只有自己相信自己然后才能让别人信任。

把外表风度的美留在顾客的心里

犹太商人推销细节要诀

外表可以反映一个人的内在气质，是一个人性格的外观。良好的外表能够给对方留下深刻的美好印象，适宜得体的打扮最能反映出推销人员的气质，所以着装方面，一定要精心谨慎，任何场合都要穿着得体，正如任何问题都晓得正确的答案一样，让人服气。

犹太商人认为：一个人的内在价值虽然很重要，但是交往对方需要很长时间才能对他进行评判，因此最直接且最迅速造成印象的，则是他的外表形态。个人的穿着打扮和身体动作则是决定他外表形象的首要因素，推销人员是否受到客户的重视、尊敬和好感，或者是反感、藐视，外表形态在其间起着非常重要的作用。

在商业活动中，比如谈判、推销，如果那个人的形象气质俱佳、风度翩翩，往往能带给别人赏心悦目的感觉，直接激发他人的斗志，有时甚至会促进交易的成功；反之，如果那人形象不佳，会给对方留下不良的第一印象，使对方在心理上对那人的公司的产品和交易产生种种疑虑，这可以说是心理学中"光环效应"的结果。

一位经验丰富的客户说："一个推销员来拜访我，他开始做一个好得非同寻常的销售介绍，但我老是走神。我看着他的鞋子、他的裤子，然后再把目光扫过他的衬衫和领带。大部分时间我都在想，如果这位专业推销员说的都是真的，那他为什么穿得如此落魄呢？他告诉我他手中有很多订单，他有许多顾客，他们也购买了大量的这种产品，但他的个人外表致命地显示他说的话不是真的。我最后没有购买，因为我对他的陈述没有信心。"

一个人良好的形象包括良好的仪表、谈吐和精神状态这几方面的内容。推销商品前首先要推销自己，这显然已成为真理。在推销时拥有良好的外表，有新鲜的感觉，对客户有着不可抗拒的魅力。服饰是一种无声的推销语言，《塔木德》中说："服饰的整洁得体不仅是自我形象的树立，也是对交往对象的尊重。""一个人长得好不好是遗传问题，仪态好不好是修养问题。"

犹太商人有这样一句话："初次见面给人印象的90%产生于服饰。"在商业交往过程中人都是先看外表的，尤其是初次见面。外表可以反映一个人的内在气质，是一个人性格的外观。良好的外表能够给对方留下深刻的美好印象，通常客户的心理是：外表体面的推销人员，卖的商品应该也不错；穿着随便不修边幅的人，自然不会有什么好产品。穿戴没分寸，也会适得其反。有一些身穿成套名牌服装的推销人员，打名家特别设计的领带，腕上戴着劳力士金表，配着流行艺术图案袖扣等等。这种打扮过了头的推销人员，让客户觉得和自己格格不入，难免心生排斥，在提醒自己谨防上当受骗的同时，已经在心里迅速地筑起了一道坚固而不可逾越的城墙。

适宜得体的打扮最能反映出你的气质，所以着装方，一定要精心谨慎，任何场合都要穿着得体，正如任何问题都晓得正确的答案一样，让人服气。同是一个人，穿着打扮有异，给人留下的印象也会出现异样，对交往对象也会产生一种错觉。美国有位犹太商人特意做过一个实验，他本人以不同的打扮出现在同一地点，当他身穿西服以绅士模样出现时，无论是向他问路或时间的人，大多彬彬有礼，而且本身看起来基本上是绅士阶层的人；当他打扮成无业游民时，接近他的多半是流浪汉，或是来找火借烟的。如果推销员衣衫不整地去与客户洽谈，对方会觉得你缺乏诚意、不当回事，所以应穿得素雅庄重一些为佳，因为这有利于推销工作的顺利进行。

在犹太商人看来，良好的风度也不仅仅局限于穿着打扮，谈话水平与精神状态也起着非常重要的作用。比如在与客户商谈中，一个优秀的推销员说话时不温不火，不卑不亢。反之，若言语表现急于求成，或唯唯诺诺，则容易受制于人。首先，在与客户商谈中不恰当的表现是对对方的不尊重，甚至引起误会和摩擦。对客户说话，首先遇到的是称谓问题。如何称呼对方，必须分清对象，尊重对方的称谓习惯，注意亲疏关系，熟悉程度及年龄、性别、相互关系的差别。

在与客户商谈中，要注意谈话的距离、手势、音调、措辞等。谈话距离如果太远容易表现为"争利"心理大于"协同合作"心理，说明双方分歧较大，矛盾突出。距离太近，表现出双方谈话较亲密，容易谦让、迁就，甚至使自己损失惨重。一般谈话的距离至少要保持半米以上。

在与客户商谈中，推销员说话时可采用适当手势。手势应与商谈主题相适应，打手势也要注意空间的大小，切忌幅度过大，达于夸张。同时推销员的手势也应该简明易懂。比如：平掌摇动通常表示不同意；手指敲桌子可以表示谢谢；双手搓动可表示高兴或着急；举手平掌表示别说了。

在与客户商谈中，说话的音调抑扬顿挫，无不是在增加语言的内容和效果。如果语调冷漠平板，则给人以拒人千里的感觉。若谈话时音调自然饱含感情，就容易使双方消除紧张情绪，在谈笑风生中从容应答，给对方带来一个完满的结局。另外，音调的不同也能够反映出推销员对该推销的重视程度。

推销员还要注意推销的措辞。措词要恰当、婉转，避免使用生硬的、有情绪的字眼。一个有良好素养的推销员，往往是泰然自若、一言九鼎的，而不是滔滔不绝或咄咄逼人，因为这一切往往是容易招人厌恶的。

良好的风度还包括在举止方面，比如在推销过程中，推销员要有挺拔的站姿。要求肩平、挺胸、两眼平视、嘴唇微闭、面带微笑，双肩自然下垂，双手在背后或体前自然交义，两腿膝关节与髋关节展直。挺拔的站姿也反映了推销员良好的心理状态，说明推销员充满信心和力量。

推销员的坐姿要端庄。推销中，最适当的坐姿是两脚着地，膝盖成直角，与对方交谈时，身子要适当前倾，切忌一坐下来就靠在椅背上，显得体态松弛没有礼貌，坐沙发时双脚侧放或稍加叠放较为合适。女士就座时切忌翘起二郎腿，更不可将双腿叉开，这样很不雅观，也显得缺乏教养。

推销员还要有洒脱的走姿。走姿的基本要领是，行走时双肩平衡，目光平视，下颌微收，面带微笑。手臂伸直放松、手指自然弯曲、双臂自然摆动，在掌握走姿要领的同时还要区分宾主身份：当做为宾客时，缓步进门，环视一周，确定自己的走向和位置；当做为主人时，若客人等在房间应疾步入门，眼睛搜寻主宾并伸手向主宾致意，以表示歉意、诚意和合作态度。若自己先到房间，可以引客人入席，以示礼貌。

另外，推销员的态度直接影响交谈双方的情绪和推销效果。如果推销员态度过于强硬，往往会使推销陷入僵局。如是推销员态度中肯、亲和，则容易营造融洽的交谈气氛。

总之，形象是推销过程的第一印象，为了给人留下良好的第一印象，推销人应牢记以下几点：如果你不想成为同行的笑柄，你的服装必须合体；如果你不想让同行或客户鄙视，你的服装必须庄重；如果你不想让人看出你的性格或爱好，你的服装必须是保守的、得体的；如果你不想让客户坚持固有的不好想法，你的谈话技巧必须到位、精神面貌必须饱满而富有激情。

用优良的态度换取客户更大的回报

犹太商人推销细节要诀

　　诚实、自信是一个商人所应具备的重要条件，但还有一种资本也很重要，那就是做生意时的良好态度。良好的态度对于商业的功效，正如润滑油对于机器一样，当润滑油缺乏时，那架机器一定会发出嘈杂的噪音，令人避而远之。

　　犹太商人非常看重经商态度，认为好的态度能给顾客留下好的印象，相反，如果一个人态度冷漠或态度粗俗，就会令人产生反感，其结果必然导致经商的失败。但一个态度良好的人，即使容貌并不清秀，甚至肢体残缺，仍比那眉目清秀、身强力壮，但态度粗鲁的人更加受人欢迎。

　　世上不知有多少才能平庸的人，靠着他们良好的态度，而能够处事顺利无阻。

　　犹太商人格雷厄姆是拥有十几家超市分店的经理人，年轻时穷困异常，当时他勉强凑足了一笔小小的资本，在他家乡开了一家商店。开张后，他对任何顾客都和蔼可亲、彬彬有礼，并且十分关怀他们。有一次，一位老妇人来买东西，但是店里所有的货色她没有一样看得中意，格雷厄姆道歉之后，特地领她到别的店去，帮她把所需要的东西买来。凡是一切可以为顾客服务的事，他无不热心去做，后来他的声誉随之传开，连离这儿很远的人也上门光顾。因此他的经营也就迅速扩展，现在已在附近开设了许多分店。

　　格雷厄姆的成功之处就在于他对顾客的良好态度，他也利用这个办法去教育他的员工们这样对待顾客。

他的员工渥道夫在超市担任收款员。有一天，他与一位顾客发生了争执。

"小伙子，我已将 50 美元交给您了。"一位顾客说。

"尊敬的先生，"渥道夫说，"可是我并没收到您给我的 50 美元呀！"

顾客有点生气了。渥道夫又十分自信地说："我们超市有自动监视设备，我们一起去看一看现场录像吧？这样，是谁的过失就很清楚了。"

顾客跟着他去了。录像表明：当这位顾客把 50 美元放到桌子上时，前面的一位顾客顺手牵羊给拿走了。而这一情况，他们两个还有超市保安人员都没注意到。

渥道夫说："我们很同情你的遭遇。但是按照法律规定，钱交到收款员手上时，我们才承担责任。现在，请你付款吧。"

这位顾客气愤地说："你们的管理有缺陷，让我受到了屈辱，我不会再到你这个让我倒霉的超市来购买商品了。"说完气冲冲地走了。

格雷厄姆当天就获悉了这一事件，他当即做出了辞退渥道夫的决定。一些部门经理，还有超市员工都找到格雷厄姆为渥道夫说情和鸣不平，但格雷厄姆的意志很坚决。

渥道夫很委屈。格雷厄姆找他谈话："我知道你心里很不好受。因为我要辞退你，一些人还说我不近人情。"

格雷厄姆走过去，和渥道夫坐在一起。他说："我想请你回答几个问题。那位顾客做出此举是故意的吗？他是不是个无赖？"

渥道夫说："不是。"

格雷厄姆说："他被我们超市人员当做一个无赖请到保安监视室里看录像，是不是让他的自尊心受到了伤害？还有，他内心不快，会不会向他的家人、亲朋诉说。他的亲人、好友听到他的诉说后，会不会对我们超市也产生反感心理？"

面对一系列提问，渥道夫都一一说"是"。

格雷厄姆说："那位顾客会不会再来我们超市购买商品，像我们这样的超市在我们这座城市有很多，凡是知道那位顾客遭遇的他的亲人会不会来我们超市购买商品？"

渥道夫说："不会。"

"问题就在这里，"格雷厄姆递给渥道夫一个计算器，然后说，"咱们来做一个小测验，假如每位顾客的身后大约有 250 名亲朋好友，而这些人又有同样多的各种关系。商家得罪一名顾客，将会失去几十名、数百名甚至更多的潜在顾客，而善待每一位顾客，则会产生同样大的正效应。假设一个人每周到商店里购买 20 美元的商品，那么，气走一个顾客，这个商店在一年之中会有多少损失呢？"

几分钟后，渥道夫就计算出了答案，他说："这个商店会失去几万甚至上百万美元的生意。"

格雷厄姆说："这可不是个小数字。虽然只是理论测算，与实际运作有点出入，但任何一个高明的商家都不能不考虑这一问题。那位顾客被我们气走了，至今我们还不知道他的姓名及家庭住址，因此无法向他赔礼道歉，挽回这一损失。为了教育超市营业人员善待每一位顾客，所以作出了辞退你的决定。请你不要以为我的这一决定是对你乱加罪名。"

渥道夫说："我不会这么认为，您的这一决定是对的。通过与您谈心，使我明白了您为什么要辞退我，我会拥护您的决定，可是我还有一个疑问，就是遇到这样的事件，我应该怎么去处理？"

格雷厄姆说："很简单，你只要改变一下说话的态度就可以了。你可以这样说：'尊敬的先生，我忘了把您交给我们的钱放到哪里去了，我们一起去看一下录像好吗？'你把'过错'揽到你的身上，就不会伤害他的自尊心。在弄清楚事实真相后，你还应该安慰他、帮助他。要知道，我们是依赖顾客生存的商店，不是明辨是非的法庭呀！用良好的态度与顾客相处是我们的重要课题！"

渥道夫说："我从您的谈话中学到了很多，谢谢您对我的教育。"

格雷厄姆说："你是个工作勤恳、悟性很强的员工。若 10 年后，你会明白我的这一决定不只对超市有好处，而且对你有益处。

按照我们超市的规定，辞退一名员工是要多付半年工资作为补偿的。如果半年后，你还没有找到合适的工作，那么你再来我们超市，我们是欢迎你来的。"

渥道夫，这个20多岁的青年，无限感慨地离开格雷厄姆和他领导的这家超市。以后，他没有再回这家超市，他筹集了一些资金，干起了旅馆事业。10年时间过去了，格雷厄姆、渥道夫都成了富商。

一次集会上，渥道夫和格雷厄姆不期而遇。他紧握着格雷厄姆的手说："感谢您传授给我一个宝贵的经营诀窍，它使得我取得今天的成绩。"

格雷厄姆说："你说这，让我感到迷惑了。我好像没有向你传授什么诀窍呀？"

渥道夫说："10年前那次长谈，您已经间接说出了您的经营要诀，就是用良好的态度对待顾客，让每一个顾客满意地离开商家。"

格雷厄姆说："你真是一位聪慧的人，要知道这可是我的经营秘诀——秘不可传呀！"

格雷厄姆经常用这样一句话教育他的员工："任何人一走进我们的店门，就是一位新的客人，我们必须用好的态度热情地款待，至于他买不买东西，那是他的权利，我们绝对不应加以干涉。我们所应做的，只是代表商店，用好的态度、热情地招待客人。"

有许多商人或推销人员，往往因为没有受过良好的训练，结果都养成了一种骄傲、蛮横、粗鲁、生硬的态度，这种人若再不自知改善，他的事业将会一片坎坷，甚至失败。

一部囊括犹太人智慧的百科全书

犹太人智慧

大全集

（第一卷）

沧海明月　编著

中国华侨出版社

图书在版编目(CIP)数据

犹太人智慧大全集/沧海明月编著. —北京：中国华侨出版社，2011.9
ISBN 978-7-5113-1633-2

Ⅰ.①犹… Ⅱ.①沧… Ⅲ.①犹太人－人生哲学－通俗读物
Ⅳ.①B821-49

中国版本图书馆CIP数据核字（2011）第149812号

犹太人智慧大全集

编　　著：沧海明月
责任编辑：文　蕾
封面设计：法思特书装
文字编辑：万永勇
美术编辑：刘欣梅
经　　销：新华书店
开　　本：710mm×1040mm　1/16　印张：52　字数：650千
印　　刷：北京中创彩色印刷有限公司
版　　次：2011年9月第1版　2011年9月第1次印刷
书　　号：ISBN 978-7-5113-1633-2
定　　价：296.00元（全四卷）

中国华侨出版社　北京市朝阳区静安里26号通成达大厦三层　邮编：100028
法律顾问：陈鹰律师事务所
编 辑 部：(010) 64443056　64443979
发 行 部：(010) 58815875　传真：(010) 58815857
网　　址：www.oveaschin.com
E-mail：oveaschin@sina.com

前　言

众所周知，犹太民族是一个苦难深重的民族，在这个民族 4000 多年的历史中，有 2000 多年他们没有家园，流离失所。他们遭遇过形形色色的排犹主义，在二战中，600 多万犹太人死于纳粹魔掌之下。然而，这样一个总是在夹缝中求生的民族，却为世界文明做出了巨大的贡献，在经济、科技、思想、文化、教育、服务等各个领域中，他们的地位都举足轻重，涌现出了大批世界级的科学巨匠、思想艺术的大师、顶尖级的政治家、卓越的外交能手、石油王国的巨子、传媒帝国的巨擘、华尔街的天才精英、好莱坞的娱乐大亨，等等。据《福布斯》杂志统计：世界前 400 名亿万富翁中，有 60 人是犹太人，占总数的 15%；犹太人获诺贝尔奖的人数超过了 240 人，是世界各民族平均数的 28 倍；世界十大哲学家中，有 8 人是犹太人。可以说，犹太人的左手拿着巨额的财富，右手捧着智慧的宝典，屹立于世界民族之林。甚至有人断言：没有犹太人，世界的历史将会重写。犹太人如此卓越的根源究竟在哪里呢？这里就不得不提到犹太民族的三大智慧奇书：《塔木德》、《财箴》和《诺未门》。

《塔木德》是犹太民族的一部古老经典，被译成十几种语言在全世界广泛流传。它与《圣经》、柏拉图的《理想国》、亚里士多德的《政治学》，并称为影响人类文明的四大巨著。《塔木德》成书于公元 3 世纪到 5 世纪，原典全套 20 卷，总计 12000 页，250 万字，内容庞杂，卷帙浩繁，头绪纷纭，大至宗教、经商、律法、民俗、伦理、医学，小到起居、饮食、洗浴、着衣、睡眠等无所不包，凝聚了 10 个世纪中 2000 多位犹太学者对自己民族智慧的发掘、思考和提炼，是整个犹太民族的精神支柱和生活方式的导航图，是犹太文明的智慧基因库，也是犹太人经商致富和为人处世的秘笈。人们常说："人类的智慧在犹太人的脑袋里，犹太人的智慧在《塔木德》里。不了解《塔木德》，就不了解犹太人。"今天，《塔木德》被赋予了更多的意义，它不仅是犹太人的精神支柱和行动指南，更被世人看做智慧与金钱合一的象征、经商与为人合一的象征。

相传大约在公元前 400 年左右，犹太民族的先人留下一本《财箴》，它曾在犹太人中广泛流传，并被奉为掌握理财、创富技巧的宝典。但是自公元 136 年，犹太人被罗马人强行驱逐出巴勒斯坦成为难民以后，《财箴》也随之消失了……后来一个名叫科比的犹太富豪出高价担保，拿到了一份珍贵的羊皮卷，并利用高科技手段对文字进行了模拟复原。经过许多犹太专家多方史料的查证，终于确定羊皮卷上的内容正是犹太民族消失了近两千年的那部"如何面对和获取财富的理财圣典"——《财箴》。其后，专家们进一步发现《财箴》的内容很简练，也很精辟，处处显示着犹太式的智慧。

此外，犹太人还有一部专门讲述独特家庭教育方法的典籍，那就是《诺未门》。《诺未门》是犹太人的家教圣经，作为一种培养人才的先进教育理念和完备的教育体系，它已经在世界上流行了 3000 多年。世界专家们一致认为：犹太人对家庭教育的高度重视，是犹太人获得如此巨大成就的根本原因。重视亲子教育，是犹太民族最为突出的优良传统。犹太民族将知识和智慧视为自己真正能掌握的财富，他们有着宗教般虔诚的求知好学精神，不仅严于律己，而且将学习、生活、做人、经商等各个方面的智慧精华教给他们的孩子。犹太人的教育不但使犹太人精明、富有，而且还使犹太人不管流落于世界任何一个地方，都能如鱼得水般地开创他们的事业。独到的家庭教育造就了无数精英，熔铸了民族之魂，托起了美好希望，这就是犹太民族的成功秘诀。而《诺未门》就是犹太家庭教育的经典，许久以来，它在每一个犹太家庭中流传。

本书对《塔木德》、《财箴》和《诺未门》中浩若烟海的智慧进行了归纳和总结，将其分为三个类别：经商智慧、处世智慧和教育智慧，堪称一部有关犹太人智慧的百科全书，全面揭示了犹太人的思维方式、致富策略、处世哲学以及教育方法，书中没有泛泛的理论讲述，而是从头到尾都由引人入胜的有关犹太人的故事所组成，故事所要表达的思想直接、鲜明地体现了犹太人独特的智慧。经过时间的历练和成功的实践，这些智慧已经成为全世界各民族公认的宝贵精神财富，亿万人通过学习这些智慧而从中受益。

目　录

犹太人智慧大全集

You Tai Ren Zhi Hui Da Quan Ji

犹太人智慧大全集

犹太商人的口才攻略

犹太人智慧大全集

目录

五

卷三　犹太人的教育智慧

卷　一

犹太人的经商智慧

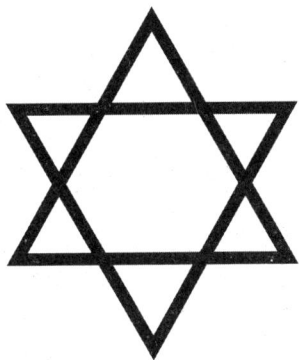

犹太民族是世界历史上最会经商的民族。他们四处流散、备受迫害，却一次又一次地以"富人"的形象出现。历史上，这个忐忑不安地穿行在驱逐令和火刑柱中的民族，却好像是天然优良的造币机器。这个长期以来没有土地、没有国家的边缘民族，崛起在世界民族之林，成为一股不可忽视的经济力量。

犹太商人的生意经

第一章　赚钱是商人的天职

——犹太商人生意经之一：树立起正确的金钱观

金钱是现实的上帝

犹太商人生意经要诀

金钱给人间以光明，金钱给众生以温暖。金钱让说坏话的人舌头发硬，金钱让举起屠刀的人呆立发愣。金钱给神购买了礼物，敲开了神那紧闭的门。（《塔木德》）

钱对犹太人来说，绝不仅止于财富的意义。钱居于生死之间，居于他们生活的中心地位，是他们事业成功的标志。这样的钱必定已具有某种"神圣性"。钱本来就是为应付那些最好不要发生的事件而准备的，钱的存在意味着这些事可以避免发生。所以赚钱、攒钱并不是为了满足直接的需要，而是为了满足对安全的需要！至今在犹太人家庭中还有一种习惯，留给子女的财产至少不应该比自己继承到的财产少。这种心愿代表着犹太人对后辈的祝福。

犹太人的长期流散，使他们不可能鄙视金钱。因为每当形势紧张，他们重新踏上出走之路时，钱是最便于他们携带的东西，也是他们保证自己旅途中生存的最重要物品。

犹太人的寄居地位，也使他们不可能鄙视钱。因为他们原来就是用钱才买下了在一个国家中生存的权利。犹太人缴纳的人头税和其他特别税，名堂之多、税额之重，也是绝无仅有的。"犹太人若非自己在财政方面的效用，早就被消灭殆尽了。"这是犹太人与非犹太人之间为数不多的共识之一。

犹太人在历史上数次被迫流亡世界各个国家。犹太人要想在当地生存就必须要缴纳各种高额的税金和说不清楚的捐税，甚至他们日常生活中的一举一动都要受制于他们所纳的捐税。信奉同一宗教的人一起祈祷要纳税，结婚要纳税，生孩子要纳税，连给死者举行葬礼也要纳税。假如他们少缴了什么税金，立即就会遭到驱逐和屠杀。

犹太人的四散分布，也使他们不可能鄙视钱。因为钱是他们相互之间彼此救济的最方便的形式。

犹太人的长期经商传统，也使他们不可能鄙视钱。因为尽管钱在别人那里只是媒介和手段，但在商人那里，钱永远是每次商业活动的最终争取目标，也是其成败的最终标准。

在两千多年的流浪历史中，犹太人只能在异国他乡寄居生存。他们唯一能掌握的便是通过商业经营而赚来的钱。金钱在这个世界上无疑成了万能的"上帝"。它不但给犹太人生存的机会，而且能为犹太人争得权利和地位。

他们流浪到各地，可以说没有权利、没有地位、没有尊严，但是他们有钱。有了钱，他们就获得了统治者眼里的价值，也就获得了自己生存的条件。只有金钱可以给他们提供一点保护，让他们感觉到安全。当他们遭到各地统治者驱逐的时候，金钱就可以换取别人的收留和保护；当当地人发起反犹暴乱的时候，他们就可以用金钱贿赂而求得一条生路；他们外出做生意的时候遭到土匪的抢劫，钱可以赎回他们的性命。钱是犹太人必不可少的东西。金钱对于犹太人来说，是他们能看得见的、摸得着的、实实在在的"上帝"，是可以永远保护自己，让自己平安的"上帝"。金钱，让世间的权势们都匍匐在他们的脚下，让犹太人真正地能够站立起来，重新获得世人对他们的尊敬。

不论在古代还是现代，金钱在社会中的作用是不可以低估的。犹太人这样说："富亲戚是近亲戚，穷亲戚是远亲戚。"犹太人的历史一再地验证了这个事实。当他们没有金钱的时候，就处于社会的底层，人们都看不起他们，他们走到哪里都会受到凌辱和压迫。而等到他们有了钱，就可以和贵族平起平坐，让人们对他们钦慕不已。

犹太人终于认识到了：在社会中，没有钱的人注定是可怜的人，而要获得尊严和尊敬就必须有钱。

二战后，在驻日本的联合国军某司令部里，犹太士兵总是无端地受到多方的歧视。有个叫威尔逊的犹太人，由于他的军衔低微，因此更是受到白人士兵和高级军官们的歧视。大家都看不起他，背地里经常议论他，他也饱尝了人们对他的各种侮辱。但是他拥有犹太人智慧的头脑。一开始他口袋里也没有钱，他就省吃俭用，积攒一小笔钱，然后他就把这笔钱借贷出去。在白人士兵里花钱大手大脚的现象很普遍，他们总是等不到发薪水的时候，就囊中羞涩了。他们看到威尔逊有钱，就迫不及待地向他借。

威尔逊就借钱给他们，同时还要求他们在一个月内还清，且附带高额的利息，但是那些士兵们早就管不了那么多了。威尔逊收到这些利息之后总是继续攒起来再借贷给那些士兵们。对于没有钱可还的人，威尔逊就让他们把他们自己的一些值钱的东西做抵押，然后再高价卖出去。这样，过了不多久，威尔逊就过上了富裕的生活。他还买了两部车和别墅，他变成了士兵里面的"大款"。这些待遇即使是高级军官也未必可以享受得到。那些经常过山穷水尽、灰头土脸日子的白人士兵，对威尔逊趾高气扬的样子再也没有了。他们对威尔逊惊羡不已。

威尔逊用自己的富有为自己赢得了尊严。

金钱不仅仅可以购买尊严，还可以购买你所能想像得到的很多东西，这些东西都和金钱有关系。有了金钱，你就拥有了大家仰慕的生活方式，有了大家对你的恭维和羡慕；你还有了发言的权利，"富有的愚人的话人们会洗耳恭听，而贫穷的智者的箴言却没有人去听"。在今天，金钱已经是成功的标志和人生价值的重要衡量标准，在一些人的眼里甚至已经成为唯一的衡量标准。

犹太人认为金钱是上帝给的礼物，是上帝给人以美好人生的祝福。他们对金钱的热爱不仅仅局限于现实生存的需要，而是一种精神的寄托，更是美好人生的必需的手段和工具。

简言之，金钱成为犹太人现实的上帝。

下面来看看金钱这位现实的"上帝"是如何一次又一次地救赎犹太人的。

由于历史和宗教的原因，犹太人的命运始终处于风雨飘摇之中。在遭受异族排挤时，在面临反犹分子的血腥杀戮时，他们不止一次地"请"出了"钱"——这位现实的"上帝"。这时，我们或许能明白犹太商人不惜一切赚钱的真正原因了。对他们来说，赚钱就是为了生存。

在历史上，金钱曾多次充当了犹太人的"保护神"。17世纪的荷兰是一个典型的资本主义国家。当时，荷兰已经一方面摆脱了西班牙的军事政治统治，另一方面摆脱了宗教的干涉和纷争。工商业尤其是商业发展很快，它的资本总额比当时欧洲其他所有国家的资本总额还要多。

1654年9月，一艘名为"五月花"的航船由巴西抵达荷属北美殖民地的一个小行政区——新阿姆斯特丹。这里属于荷兰西印度公司的前哨阵地。

"五月花"为北美带来了第一个犹太人团体——23个祖籍为荷兰的犹太人，他们是为了逃避异端审判而来到新阿姆斯特丹的。但当他们筋疲力尽地抵达这里时，出于宗教偏见，当地的行政长官彼得·施托伊弗桑特却不允许他们留在当地，而是要他们继续向前航行，并呈请荷兰西印度公司批准驱逐这些犹太人。

但是，施托伊弗桑特没有想到，当时的荷兰已不是中世纪的荷兰，犹太人也不是毫无权力和任人宰割的。这些新来的犹太人一方面据理力争，一方面设法与荷兰西印度公司中的犹太股东取得了联系。在犹太股东，也就是施托伊弗桑特的"雇主"的有力干预下（荷兰西印度公司对犹太股东的依赖远甚于对施托伊弗桑特的依赖），这个小行政区的行政长官不得不收回成令，准许犹太人留下，但保留了一个条例：犹太人中的穷人不得给行政区或公司增加负担，应由他们自己设法救济。这个条件对犹太人来说毫无意义，因为自大流散以来，犹太人就没有向基督教会乞讨过。他们有足够的能力照顾好自己。这些犹太人就此定居下来，并且建立了北美洲第一个犹太社团。以后，这里发展成了北美洲最大的犹太居住区。

就这样，犹太人用金钱铸造了一根魔杖。然而，这根魔杖的无上法力又指向何处呢？钱对于犹太人来说，绝不仅是财富的象征。在他们看来，金钱保证了生存，指挥了政治，推进了慈善。

众所周知，经济是政治的基础，政治反作用于经济。精明的犹太商人早已参透了金钱与权力之间的玄妙。他们以金钱为饵，换来了政治上的发言权，又倚靠着政治资本，在商场上肆意驰骋。

"国会山之王"是美国政治活动家保罗·芬德利在其所著的《美国亲以色列势力内幕》一书第一章的标题，也是他对美国犹太人院外活动组织"美国以色列公共事务委员会"（简称美以委员会）的称呼，从这一称呼，我们不难看出美国犹太人对美国政府的最高决策层的决定性影响。用该书中的话来说："美以委员会实际上已有效地控制了国会所有的中东政策行动，这绝非夸大之词。参众两院的议员，几乎无一例外地遵照其旨意行事，因为多数人把美以委员会视为一股政治势力在国会的直接代表。一位议员能否连任，这股势力可以说是握有生杀予夺的大权。"

毫无疑问，这股力量就是美国犹太人的力量。说得更明确些，就是由美国犹太商人的经济权力衍生出来的"政治权力"。美国犹太人虽然占全世界犹太人的40%，但以其600万人口的数量，只占美国总人口的3%，投票人的4%，凭什么"予夺"议员的连任资格？他们凭的就是手中掌握的大量的金钱。

在犹太人的历史上，金钱这东西一直都是他们赖以存活的根本。金钱可以在他们被追杀时买通别人以得到收留；金钱可以在他们被人看不起时买回自己的尊严，得到尊敬……金钱对于犹太人来说是如此的重要。犹太人将其视为现实生活中的上帝也就不难理解了。

金钱无贵贱之分

犹太商人生意经要诀

金钱平等，因此人格平等，于是怀有赚大钱的欲望才好。金钱对于任何人来说，都是平等的，它没有高低贵贱的差别。(《塔木德》)

有一位演讲者在一个公众场合演讲。他拿起了50美元，高举过头顶："看，这是50美元，崭新的50美元。有谁想要？"结果所有的人都举起了手。然后，他把这张纸币在手里揉了揉，纸币变得皱巴巴的了，然后又问观众："现在有人想要这50美元吗？"所有的人举起了手。

他把这张纸币放在地下，用脚狠狠地踩了几下。钱币已经变得又脏又烂了。

他拿起钱来，又问："现在还有人想要吗？"结果还是所有的人都举起了手。于是他说："朋友们，钱在任何的时候都是钱，它不会因为你揉了它，你把它踩烂，它的价值就会有任何的变化。它依然可以在商店里花出去。"

为什么那张钞票在那个演讲者的手里揉皱了，又被他踩脏弄破了，还是有人想要它呢？

因为钞票就是钞票，钞票是没有高低贵贱的。它不会因为受到了什么"待遇"就有所差别。

它还是以前一样的价值，和其他等面值钞票的价值是一样的。只要它们的价值一样，钞票都是平等的。

犹太人就是这样的观念。他们从不以自己做的生意小而自卑，在他们看来，所有的生意都是由小做到大的。那些成天只想干一番大事业，对一些小生意提不起兴趣的人，到头来一事无成。因而在他们的经商历史中，他们从不会喜"大"厌"小"。他们喜欢把"钞票不问出处"这句话挂在嘴上，实际上是在教人们创造和积累财富必须处心积虑，必须巧捕商机，必须妙用手腕。

钱是货币，是一个人拥有物质财富多少的标志，有时候更是一个人社会地位的象征。它本身不存在贵贱问题。犹太人的赚钱观念和我们的传统观念不一样。他们丝毫不认为拉三轮、扛麻袋就低贱，而当老板、做经理就高贵。钱在谁的口袋里都一样是钱，它们不会到了另一个人的口袋里就不是钱了。

因此他们在赚钱的时候，不会觉得钱是低贱或高贵的。他们不会因为自己目前所从事的职业不好而感到自愧不如。他们在从事所谓的低贱职业的时候，心态也表现得十分平和。

更主要的是由于犹太人对金钱不问出处，这样保证了他们的思想丝毫不受世俗观念的拘束。在他们的眼里，在法律允许的范围内什么生意都可以做，什么钱都可以赚，即使"卖棺材的也可以赚钱"。

正是因为犹太人认识到金钱的性质，所以，犹太商人在投机时，对于所借助的东西，是不存在一点感情的，只要有利可图，且不违法的事情，拿来用就是了，完全不必过多考虑。

犹太人认为"金钱无姓氏，更无履历表"。他们不像有些国家和民族那样，把钱分为"干净的钱"或"不干净的钱"。他们自信，不管通过什么方式、什么途径，只要是通过自身辛勤劳动合法赚来的钱，都是心安理得的。因此，他们通过千方百计的经营，尽量赚取更多的钱。不管这些钱是农夫出卖了产品得来的，或是赌徒赢来的，还是知识分子以脑力劳动得来的，都是收之无愧，泰然处之。

赚钱有术的犹太人数不胜数，以放债发迹的亚伦就是典型的一例。

这位移居英国的犹太人从打工开始，用积蓄的一点小钱做些小生意。由于生意的扩大，他需要资金周转，不得不向钱庄或银行借钱。他在自己的实践中发觉，向别人借钱的代价确实太高，往往与商业经营获得的利润相差无几。他想，自己辛辛苦苦经营全为银行打工，而且风险比银行还大，倒不如自己从事放债业务合算。几年后，他开始了放债业务。他一边维持小生意经营，一边抽出部分资本贷给急需用钱的人。另外，他又从银行贷来利率相对较低的钱，以较高的利率转贷给别人，从中赚取差额利润。有些等钱应急的生产者或个人，宁愿以月息20％借贷，这样，等于100元放贷1年，可获得240％的回报率，这比投资做买卖更能赚钱。亚伦正是盯着这个赚钱的路子，才迅速走上发迹之路的。亚伦63岁逝世时，留下的钱财在当时英国是首屈一指的。

犹太人的经商活动，有一个看似简单却很难做到的特点，他们对顾客总是一视同仁，且不带一丝成见。在犹太人看来，因为成见而坏了可以赚钱的生意，简直是太不值得了。

要想赚钱，就得打破既有的成见，这是犹太人经商得出的训示。就像金钱没有肮脏和干净之分似的，犹太人对赚钱的对象也是不加区分的。只要能赚钱，达成生意协议，能从你的手中得到钱，就可以做。

犹太人观念中，除了犹太人外，不管是英国人、德国人、法国人或意大利人等，一律被称之为外国人。为了赚钱，不管你是哪一国的人，主张何种主义，信仰何种宗教，都是他们交易的对象。他们绝对不会因为对方是异教徒或者是黑人而放弃一笔能赚钱的生意。

犹太人散居世界各地，但是他们都自视为同胞。无论是住在华盛顿、莫斯科，或伦敦等地，犹太人之间都经常保持密切的联系。例如，住在美国的一位犹太人名叫合利·威尔斯顿的钻石商人，他联合全世界的犹太钻石商组成一个庞大的集团对其他国的人做生意。又如居住在瑞士的犹太人，最能利用中立国的特性，同时联络美国的犹太人和俄国的犹太人来从事国际性的交易。在犹太人的脑海里，没有意识形态之分。为了各自共同的目的，他们可以紧密地联系在一起，共同对付外人。在进行贸易往来时，无论你是美国人还是俄国人，无论你是西欧人还是非洲人，只要你和他的这笔交易能给他带来利润率，他就可以和你交易。因此，如果有人对他们与前苏联商人做生意而指责他们时，犹太人会疑惑不解地歪着头反问："和俄国人做生意有什么不好呢?"他们的目的就是赚钱，他们所信奉的就是做生意，获得最大的利益。哈默就是突出的代表。在前苏联刚刚成立时，世界上的资本家都不敢涉足这个国家，只有这个犹太人"胆大包天"，与前苏联做生意发了大财。他也由此起步，成了20世纪世界历史上最富传奇色彩的商人。

要赚钱，就不要顾虑太多，不能被原来的传统习惯和观念所束缚。要敢于打破旧传统，接受新观念。试想一下，如果因为和对方的思想意识不同，自己在原来成见的作用下，主动放弃了一次赚大钱的机会，岂不是太可惜，太不值得了! 我们知道，金钱是没有国籍的，所以，赚钱就不应当区分国籍，为自己设置赚钱的种种限制。聪明的犹太人很早就认识到这点，所以他们很团结，结合在一起共同赚外国人的钱，这就是他们成功的原因所在!

由于特殊的历史原因，犹太人失去了家园，长期流浪于世界各地。国籍意识对于犹太人来说是不存在的，犹太人从不看重这个政治概念，他们只看重是否有可靠的生意伙伴。犹太人与俄国人做生意，也与美国人做生意，卢布是钱，美元也是钱。所以对于生意而言，国籍和政治不是最重要的，它们只是提醒人们做生意要采取不同的方式和方法而已。

犹太人认为金钱是没有性质的，所谓的性质是人自己主观强加给金钱的。如果说金钱在恶人手里就是罪恶的，那么让善良的人把它赚回来就可以是善的了。犹太人认为，主观区分钱的性质是件荒唐的事，那样做不但浪费时间，而且又束缚思想。

现金至上

犹太商人生意经要诀

手头没钱就是穷人。(《塔木德》)

有一家犹太人的小餐馆的墙壁上贴着一首歌谣:"我喜欢你,你要借钱,我不能不借,怕借了你便不再上门。"说白了,就是"现金交易,恕不赊欠"。然而其言语却很婉转。

其实,这小餐馆的一杯酒才几块钱,却为何绞尽脑汁,编出这样的歌谣来拒绝顾客的赊欠呢?答案很明显,如果小餐馆允许顾客赊欠,其中的利息势必自己承担。换言之,自己所得利润必然被这部分利息所侵蚀。再者,小本经营的生意,如果赊欠太多,必将影响餐馆的资金周转,甚至使酒店陷入困境。从这首歌谣,可以看出餐馆主人如何煞费苦心了。

再来看一则笑话:有一位犹太人,临终之际,把所有的亲戚朋友都叫到了床前,对他们嘱托后事,说道:"请将我的财产全部换成现金,用这些钱去买一床最高档的毛毯和一张最昂贵的床,然后把余下的钱放在我的枕头底下。等我死了,再把这些钱放进我的坟墓,我要带着这些钱到那个世界去。"

亲友们按照他的安排,买来了毛毯和床。这位富翁躺在豪华的床上,盖着柔和的毛毯,摸着枕边的现金,安详地闭上了眼睛。

遵照富翁的遗嘱,死者留下的那一笔现金和他的遗体一块,被放进了棺材。

这时,死者的一位老朋友前来向他的遗体告别。当他听说死者的财产都换成了现金并已随死者的遗体一块被放入了棺材时,立即从衣袋里掏出了支票和笔,飞快地签上金额,撕下支票,放入棺材。同时，又从棺材中取出现金，并轻轻地拍着死者的脑门，说道：

"老朋友，金额与现金相同，你会满意的。"

这则笑话说明了犹太人对现金的偏爱。

在现实生活中，犹太商人中也不乏痴爱现金的。19世纪的南非首富之一、犹太钻石商巴奈·巴纳特就说："始终和现金或现金之类的东西打交道，喜欢钻石、金镑和纸币。"这位富翁从来不喜欢那些称为"股票"的纸类的玩意儿。

还有一位英国犹太富商，欧洲第三大食品生产和经营集团卡文哈姆公司的老板詹姆斯·戈德文密斯爵士也特别迷恋现钞，他有这样的怪癖：他在卖东西时，一般都要求别人支付现金，但是在买别人的东西时，他尽量地用股票支付或者用长期赊购的方式。

犹太人之所以奉行彻底的现金主义，一方面是因为他们在大流散中可以随身携带现金逃跑，另一方面是因为他们对任何人都不放心，一旦将商品赊出去，拿不回钱来怎么办？如果马上要逃跑，岂不要白白损失？所以，唯有现金是安全、可靠和永恒的。

动荡的生活环境，决定了犹太人在财产选择上与众不同。他们通常是持有现金，或把钱换成黄金或钻石，固定财产几乎是零。

聪明的犹太人不会去购买土地营建价值连城的别墅，尤其在战乱的年代，一看政治风向不对，他们就马上席卷家产而逃，只有随身携带的财产是他们逃难时的生活依靠。有了它们，任何天灾人祸他们都不会担心。现金就是他们生活的保障，因此犹太人对现金的偏爱程度是无以复加的。

彻底采取现金主义，是犹太人的商法之一。这在日常生活及交往中表现得特别明显。与他国商人打交道时，他们心中想的是："那个人今天究竟带了多少现款？"更令人惊讶的是他们对公司的评价："今天那个公司，换成现款，究竟值多少？"总的来说，他们关心的是现金，脑子中除了现金，没有其他的货币形式。他们力求把一切东西都"现金化"。

犹太人这一"保守"的观念，决定了他们的商品交易力求现金交易。纵然交易的对方，在一年后确能变成亿万富翁，也难保证他明天不发生意外。人、社会及自然，每天都在变，只有现金是不变的。这是犹太人的信念，也是犹太教的"神意"。

银行存款，短期内的确可以获得一大笔利息，但是物价在存款生息期间不断上涨，货币价值随之下降，尤其是存款者本人死亡时，还须向国家缴纳继承税。所以，无论多么巨大的财产，存放在银行，相传三代，将会变成零。这就是税法上的原则。世界各国概莫能外。

现款确实不增值，但物价上涨对其影响不大，而且最关键的是手持现款，避免了在银行的财产登记，在财产继承时，不需要向国家缴纳遗产继承税。所以，手持现款时，财产既不增多，也不减少。

银行存款和现金相比，当然是现金最可靠，既不获利也不亏损。小心谨慎的犹太人自然在二者择一的条件下选择了后者。因为对犹太人来说，"不减少"正是"不亏损"的最基本做法。想借助银行存款求得利息，是不太可能获得利润的。对钱财的保管，从古至今，每个国家的人们都有自己的一系列办法。中国在银行出现以前，人们为了生命和财产安全，通常把金银元宝埋藏在秘密的地方，只有自己或家人知道。在当时保险措施不健全、技术落后的时代，算是一种比较安全的现款保藏法。当前，也有一些人，不太信任银行，仍旧用原始方法保存现款。这种方法存在许多弊端。

首先，人们拥有的现款大多数是纸币。纸币易受损坏，一旦发生意外事故如失火等，将损失惨重。

其次，巨款在身，对生命也构成威胁。

现款是不能随便放置的，它需要一个安全的"藏身"之地。

犹太人不把现款存入银行，那么家缠万贯的犹太人到底怎样保护现款，他们难道不担心它们的安全吗？如果每天都把现款携带在身，当然不可能，也是不安全的。他们已经为现款找到安全之处——银行，不是存款于银行，而是把现款放在银行的保险柜里。

日本具有"银座的犹太人"之称的藤田先生，在访问美国服饰用品商、犹太人狄蒙德先生时，曾参观了他的现款保险柜。狄蒙德先生领他到银行地下室放置保险柜的昏暗地方，打开了装满现款的保险柜。藤田先生十分惊讶地发现保险柜里装着现行的各种纸币，也有五六年前的各种旧币，还有金块，约合日币达二三十亿元。如此巨大的财产，狄蒙德先生却十分放心地置放于此。因为银行是个极其安全的地方，有一流的安全防卫措施，专门的防卫人员，把现款放于此，当然可以高枕无忧了。

赚钱天经地义

犹太商人生意经要诀

金钱既非可诅咒亦非罪恶，而是造福人类的东西。（《塔木德》）

对于钱，犹太人既没有敬之如神，又没有恶之如鬼，更没有既想要钱又羞于碰钱的尴尬心理。对于犹太人来说钱干干净净、平平常常。赚钱大大方方、堂堂正正。

一位无神论者来看拉比。

"您好！拉比。"无神论者说。

"您好！"拉比回礼。

无神论者拿出一个金币给他。拉比二话没说装进了口袋里。

"毫无疑问你想让我帮你做一些事情，"他说，"也许你的妻子不孕，你想让我帮她祈祷。"

"不是，拉比，我还没结婚。"无神论者回答。

于是他又给了拉比一个金币。拉比也二话没说又装进了口袋。"但是你一定有些事情想问我，"他说，"也许你犯下了罪行，希望上帝能开脱你。"

"不是，拉比，我没有犯过任何罪行。"无神论者回答。

他又一次给拉比一个金币，拉比二话没说又一次装进了口袋。

"也许你的生意不好，希望我为你祈福？"拉比期待地问。

"不是，拉比，我今年是个丰收年。"无神论者回答。

他又给了拉比一个金币。

"那你到底想让我干什么？"拉比迷惑地问。

"什么都不干！"无神论者回答，"我只是想看看一个人什么都不干，光拿钱能撑多长时间！"

"钱就是钱，不是别的。"拉比回答说，"我拿着钱就像拿着一张纸、一块石头一样。"

由于对钱保持一种平常心，甚至把它视为一块石头、一张纸，犹太人才不会把它视若鬼神，也不把它分为干净或肮脏。在他们心中钱就是钱，一件平常的物品。因此他们孜孜以求地去获取它，当失去它的时候，也不痛不欲生。正是这种平常之心，犹太人在惊涛骇浪的商海中驰骋自如，临乱不慌，取得了稳操胜券的效果。

视钱为平常物，是犹太人经商智慧之一。

犹太人认为赚钱天经地义，是最自然不过的事。如果能赚到的钱不赚，那简直就是对钱犯了罪，要遭上帝惩罚。

犹太人中间流传着这样一个笑话：

一个拉比、一个神父、一个牧师，坐在同一辆火车上。他们在一起谈论着各自的教徒和天命。

牧师说，他总是在办公室的地板上画个小圈，然后把募捐盘里的钱币拿出来抛向空中。"恰好落在小圈里的是给上帝的，剩下的是给我的。"神父说他也是这样做的。拉比说："我所做的与你们略有不同——我把钱扔向空中，上帝能接到多少就拿多少——剩下的就是给我自己的。"

对于金钱，犹太人是大大方方地视钱如命的——哪怕是像拉比这样的神职人员。在他们的心目中，"伟人"就是既富有又具有生活情趣的人。即使你是大名鼎鼎的学者，但一贫如洗，犹太人也是绝对看不起的。犹太人最讨厌贫穷。他们认为，贫穷就是耻辱，就是罪恶。所以，犹太民族也被称为"钱的民族"，他们对金钱有着"准神圣"的膜拜，善于赚钱同信仰宗教一样构成了犹太民族醒目的标志。

从犹太谚语中，我们不难看出犹太人对于金钱的特殊情感：

"有钱未必美满幸福，没钱却是百事悲哀。"

"金钱既非可诅咒亦非罪恶，而是造福人类的东西。"

"金钱虽是缺乏慈悲的主人，但却能成为有用的仆役。"

"金钱提供机会。"

"金钱对人而言，无非就像衣服于人一般。"

中国人在赚钱的时候，往往特别注意钱的出处。例如经营妓院或色情酒吧等赚的钱是肮脏的钱，是绝对不光彩的。规规矩矩地工作所赚的工资是干净的钱。然而，犹太人的看法却是大不相同的。

在犹太人的眼中，钱是没有区别的。他们想的是——既然是钱，我就可以去赚。只要是钱，管它是什么样的钱。在他们的观念中，金钱既不是罪恶也不应被诅咒，而是一种对人类的祝福。金钱能为人们提供各种机会。金钱能带给好人好东西，带给坏人坏东西。这与犹太人的历史过程有相当大的关系。自从罗马帝国占领犹太人的地域后，犹太人就被逐出祖国，流浪在世界各地，饱受迫害和杀戮。他们没有自己的国家，更谈不上主权。政治权力靠不住，只有金钱，才是他们生存的惟一依靠。钱对他们来说，是一种自卫的武器。因为他们有了钱，就在一定程度上能控制许多人，例如放高利贷者对贷高利贷者的控制。总之，对犹太人来说只有金钱才能给他们带来快乐及其他，他们可用金钱对付歧视，用金钱买回快乐。几千年来流浪异国他乡的生活，使他们形成了这种金钱观。

对犹太人来说，第一重要的事就是赚钱。他们关心的是如何大把大把地把钱往自己的口袋里装，而从来不会在乎这钱是从哪儿来的。只要能赚钱，他们是不会放过机会的，即使在军队中服役的犹太人，也是不会放弃赚钱时机，而巧妙地把军营作为放高利贷的场所，收取高额利率。富冠全欧的罗斯柴尔德家族，这个财团的始祖麦耶·阿姆约尔，原本是奥本海门下的一个学徒，摇身一变成为具有强大实力的古董商。他在拿破仑时代，趁欧洲动荡不安时期巧妙地运用手腕，深谋远虑地运用资金与情报，积累了令人咋舌的财富。他积累财富的过程是不择手段的过程。如果他当时不那么做，也就不会有今日的欧洲首富之称了。

总之，犹太人认为金钱没有什么好坏。钱不是万能的，但是没有钱是万万不能的。在这方面，犹太人非常现实。他们赚钱的目的是为了生存，赚钱是求得生存的手段。当他们将金钱放进钱包的时候，自然不会考虑金钱的来源。这种金钱观，为犹太人赚钱减少了障碍，开辟了不少的财源。

大财团希尔斯正是犹太商人的杰出代表，他的始祖名为迈耶·希尔斯，少年时在另一个成功的犹太商贾处当学徒。后来自立门户经营古董商店，以贵族巨贾为推销对象。在18世纪后半期至19世纪的动乱期间，因善于应变和经营，获得了巨大的盈利。他的经商手法可以说是犹太商人的典范。

犹太人嗜钱如命，为了赚钱，他们绞尽脑汁，用尽各种办法。有一个这样的故事：

加利是位犹太人，他曾为一个贫穷的犹太教区写信给伦贝格市一位有钱的煤商，请他为了慈善的目的赠送几车皮煤来。

商人回信说："我们不会给你们白送东西。不过我们可以半价卖给你们50车皮煤。"

该教区表示同意先要25车皮煤。交货3个月后，他们既没付钱也不再买了。

不久，煤商寄出一封措辞强硬的催款书。没几天，他收到了加利的回信：

"您的催款书我们无法理解。您答应卖给我们50车皮煤，减掉一半，25车皮煤正好等于您减去的价钱。这25车皮煤我们要了，那25车皮煤我们不要了。"

煤商愤怒不已，但又无可奈何。他在高呼上当的同时，却又不得不佩服加利的聪明。

在这其中，加利既没耍无赖，又没搞骗术，他们仅仅利用这个口头协议的不确定性，就气定神闲地坐在家里等人"送"来了25车皮煤。

这就是犹太人的赚钱高招。

犹太人在对工作的选择方面也不同于他人。如果当一个体面的白领所领的工资还没有自己做一份不怎么起眼的小本生意拿的多，那么他们一定会毫无疑问地去选择那份虽不体面但利润颇多的小本生意。

富凯尔就在日本见过这样的一件事情，并且他个人也相当赞同那个人的做法：

富凯尔在一个小摊子上吃了一碗枸杞汤。由于闲着无事，就和摊主聊了起来。这时他才发现，原来摊主以前是一个专攻化学的大学生，而且曾在某公司任化学技师。

富凯尔感到有些不解，通过谈话他才真正明白。

这位技师感觉自己不过是像机器中的一个小螺丝钉一样任人摆布，觉得毫无趣味，便毅然提出辞职，自由自在地摆起了小摊。

他这样做有的人会认为不理智。当技师多体面呀，非要把自己弄得小商贩一样，这不是让家人在朋友面前很不体面吗？

是的，有很多人都这样认为，但是你看看作为犹太人的富凯尔是怎么看待的吧。他认为，人不可真的为了面子而"打肿脸充胖子"，不然会吃很多不必要的苦头，而自己却不知醒悟。犹如那位卖枸杞的人，当技师虽然够体面，但月薪才 10 万日元，生活方面并不像表现出来的那样体面，反而是相当拮据的。他能清楚地认识到自己的处境，自己要面临的人生，于是他毫不犹豫地改了行。而且自从他自己摆小摊子以后，每月平均可挣到 30 万日元，生活得到大大的改善，太太和子女们在朋友面前反而更有面子了。

犹太人素把金钱当做世俗的上帝，他们认为，在这个世界上除了上帝之外，就只有金钱最值得人尊敬和重视。

在《塔木德》中，有许多关于金钱的格言：

"《圣经》放射光明，金钱散发温暖。"

"伤害人们的东西有三：烦恼、争吵、空钱包，其中以空钱包为最。"

"一旦钱币叮当响，坏话便停止。"

"用钱去敲门，没有不开的。"

"身体依心而生存，心则依靠钱包而生存。"

"钱不是罪恶，也不是诅咒，它在祝福着人们。"

"钱会给予我们向神购买礼物的机会。"

犹太人爱钱，但从来不隐瞒自己爱钱的天性。所以世人在指责其嗜钱如命、贪婪成性的同时，又深深折服于犹太人在钱面前的坦荡无邪。只要认为是可行的赚钱方法，犹太人就一定要赚，赚钱天然合理，赚回钱才算真聪明。这就是犹太人的经商智慧的高超之处。

赚钱是游戏

犹太商人生意经要诀

金钱不神圣，不是高不可攀的圣物。(《塔木德》)

犹太人对钱持一种平常心。他们认为金钱同衣服一样，不过是一件有用的物品而已。

有许多犹太大亨，他们手中掌握着数以百万、千万，甚至亿万的财富的时候，他们感觉手里拿的不过就是一堆纸张而已，并不觉得这就是可以时刻给人带来祸福安危的东西。如果他们把金钱看得很重，就不敢再那样心不跳、气不喘地赚钱了。

要想赚钱，就绝对不能给自己增加心理负担，而是应该从容地、冷静地对待。对金钱不感兴趣自然赚不到钱，然而倘若把金钱看得太重也就给自己背负了沉重的包袱。

犹太人注重金钱，认为金钱是现实中万能的上帝。金钱在他们眼中显得无比的神圣，但是在赚取金钱的时候，他们已经把金钱当做是一种十分普通的东西，就和纸张、石头一样，丝毫不觉得金钱有烫手的感觉。

犹太人只把金钱当做是一种很好玩的物品。它在刺激着每一个人的神经去高度地投入它，人们投入资金的时候就是投入了一次次危险的但是有趣的游戏中。如果不是把赚钱当做游戏，而是看作一项沉重的工作，甚至是在拿命运做赌注的时候，心理的压力会十分强大，以至于人们不敢去冒风险。

犹太人这样形容自己：在赚钱的时候你就进入了一个游戏的世界。作为游戏的参与者，你要不停地和对手进行较量和角逐。你要采用一切办法和手段来胜过其他的人，你要超越所有的人才可以赢得最后的胜利。

著名的金融家摩根就是这样的赚钱观念，即绝不让赚钱变成一种沉重的负担，而是一种新鲜刺激的游戏。他认为只有以这样游戏的心态去赚取金钱，才是最佳的赚钱心态。

摩根赚钱甚至达到痴迷的程度。他一直有一个习惯，每当黄昏的时候，他就到小报摊上买一份载有股市收盘的当地晚报回家阅读。当他的朋友都在忙着怎样娱乐的时候，他则说："有些人热衷于研究棒球或者足球的时候，我却喜欢研究怎么赚钱。"

在谈到投资的时候，他总是说："玩扑克的时候，你应当认真观察每一位玩者，你会看出一位冤大头。如果看不出，那这个冤大头就是你。"

他从来不乱花钱去做自己不喜欢的事情。他总是琢磨怎么赚钱的办法。有的同事开玩笑说："摩根你已经是百万富翁了，感觉滋味如何？"摩根的回答让人玩味："凡是我想要的东西而又可以用钱买到的时候，我都能买到。至于其他人所梦想的东西，比如名车、名画、豪宅我都不为所动，因为我不想得到。"

他并不是一个为金钱而生活的人，他甚至不需要金钱来装饰他的生活。他喜欢的仅仅是游戏的感觉，那种一次次投入资金，又一次次地通过自己的智慧把钱赚回来的感觉，充满了风险和艰辛，但是也颇为刺激。他喜欢的就是刺激。摩根说："金钱对我来说并不重要，而赚钱的过程，即不断地接受挑战才是乐趣，不是要钱，而是赚钱，看着钱滚钱才是有意义的。"

视钱为平常物，视赚钱为游戏，这就是犹太商人的高明之处。唯有如此，才成就了那么多的犹太大亨。

别把硬币不当钱

犹太商人生意经要诀

别想一下就造出大海，必须先由小河川开始。（《塔木德》）

两个年轻人一同寻找工作，一个是英国人，一个是犹太人。

一枚硬币躺在地上，英国青年看也不看地走了过去。犹太青年却激动地将它捡起来。英国青年对犹太青年的举动露出鄙夷之色：一枚硬币也捡，真没出息！犹太青年望着远去的英国青年心生感慨：让钱白白地从身边溜走，真没出息！

两个人同时走进一家公司。公司很小，工作很累，工资也低，英国青年不屑一顾地走了，而犹太青年却高兴地留了下来。

两年后，两人在街上相遇。犹太青年已成了老板，而英国青年还在寻找工作。英国青年对此迷惑不解，说："你这么没出息的人怎么能这么快地'发'了？"

犹太青年说："因为我没有像你那样绅士般地从一枚硬币上迈过去。你连一枚硬币都不要，怎么会发大财呢？"

也许这个英国青年并非不要钱，可他眼睛盯着的是大钱而不是小钱，所以他的钱总在明天。但是，没有小钱就不会有大钱，你不懂得从小钱积起，那么财富就永远不会降临到你的头上。

老子曾说过："合抱之木，生于毫末。九层之台，起于累土。"这句话的意思是：任何事情的成功都是由小而大逐渐积累的。积累财富也如用土筑台一样，需要许许多多的小钱作铺垫，方能成为大富翁。

"不积跬步，无以至千里；不积细流，无以成江海。"这是中国圣贤的名训。虽然《塔木德》的故事是流传于国外的经典之作，但其积少成多、集腋成裘的哲理和中国的圣贤名训是息息相通的。上例中两个人在面对一枚硬币的取舍时，英国人以他的绅士作风选择了藐视，最终一无所获；而精明的犹太人却不放过任何一个积累财富的机会，终于成为了大富翁。

犹太人告诉我们，金钱也跟人一样，你尊重它们，它们就不会亏待你；你忽略它们，它们就会从你的身边溜走。在人生的旅途中，不要忽视任何一次机会，也不要轻视任何一分钱。说不定哪一天正是那一次机会、那一分钱使你步入了辉煌。

拉链，可谓是很细小的物品，好像并没有厚利可图，但是日本的吉田忠雄却是靠着小小的拉链而成就了自己的大业。他没有小看拉链的商机，他垄断了小小的拉链市场。40多年来，吉田忠雄一手创办的吉田兴业会社发展十分迅速，它已成为日本首屈一指的拉链制造公司，在世界同行业中也名列前茅。它生产的拉链，占日本拉链总产量的90%，占世界拉链总量的35%，它每年生产的拉链总长度达190万公里，年销售额高达20多亿美元。由一条小小的拉链起家，吉田忠雄被誉为"拉链大王"。最终，吉田已同丰田、索尼等名字一样，成为发达的日本工业的代名词。

财富的积累离不开金钱的积累，这是《塔木德》告诉我们的真理。而要积累金钱，还得掌握金钱的特性，因为钱是喜欢"群居"的东西，当它们处于分散的状态时，也许没有什么威力；但当它们由少成多地聚集起来时，成千上万的金币就会发挥巨大的力量。另外，金钱还有这么一个特性，就是你越尊重它，它便越拥护你；你越藐视它，它便越避开你。"塔木德箴言"启示我们，要想积累财富，首先就得掌握金钱的特性，不要放过身边的每一个小钱。

看看一位犹太人是如何积累财富的：

犹太人亚凯德转向一位自称卖蛋的节俭人说："假使你每天早上收进10个蛋放到蛋篮里，每天晚上你从蛋篮里取出9个蛋，其结果是如何呢？"

"时间久了，蛋篮就要满溢啦。"

“这是什么道理？”

“因为我每天放进的蛋数比取出的蛋数多一个呀。”

“好啦，”亚凯德继续说，“现在我向你介绍发财的一个秘诀，你们要照我说的去做。因为你把 10 块钱收进钱包里，但你只取出 9 块钱作为费用，这表示你的钱包已经开始膨胀。当你觉得手中钱包重量增加时，你的心中一定有满足感。”

“不要以为我说得太简单而嘲笑我，发财秘诀往往都很简单。开始，我的钱包也是空的，无法满足我的发财欲望，不过，当我开始放进 10 块钱只取出 9 块花用的时候，我的空钱包便开始膨胀。我想，各位如果如法炮制，各位的空钱包自然也会膨胀了。”

它的道理很简单。事实是这样的：当你的支出不超过全部收入 90％时，你就觉得生活过得很不错，不像以前那样穷困，不久，觉得赚钱也比往日容易。能保守而且只花费全部收入的一部分的人，就很容易赚得金钱；反过来说，花尽钱包存款的人，他的钱包永远都是空空的。

在生意人的这个圈子里，有一个所谓 9：1 法则，那就是当你收入 10 块钱时，你最多只花费 9 元，让那一元“遗忘”在钱包里，无论何时何地，永不破例，哪怕只收入 1 块，你也保证冻结 1/10。这是白手起家的第一法则。

别小看这一法则，它可以使你的钱包由空虚变充实。其意义并不仅仅在于攒几个钱，它可以使你形成一个把未来与金钱统一成一个整体的观念，使你养成积蓄的习惯，刺激你获取财富的欲望，激发你对美好未来的追求。从一个方面来看，当你的投资进入最后阶段时，这最后的一块钱往往能起到决定性的作用。

做生意切勿因利小而不为。这是因为做生意的目的是赚钱。只要有钱赚，不分多少。俗语说“积少成多”、“集腋成裘”、“聚沙成塔”。世界上许多富商巨贾，也是从小商小贩做起的。例如，美国的亿万富翁沃尔顿，是经营零售业起家的；鼎鼎有名的麦克唐纳公司，是经营小小汉堡包发财的；世界华人首富李嘉诚，开始的时候也是做小小塑花的生意。

在经营项目及数量上，也要注意“勿以利小而不为”。这是因为，看起来似乎是微不足道的小商品、小买卖（例如小百货、小杂货之类），可是它能吸引顾客，使你的事业兴旺发达。

有个犹太小商人居住在美国佛罗里达州。他注意到家务繁重的母亲们总是急急忙忙去买纸尿片，因此他想到建立一个"打电话送尿片"的公司为那些忙碌的妈妈们减轻负担。

是不是很多人认为这个小商人太没有志气了，居然送尿片，还送货上门。这种本小利薄的生意，傻子才会去做。

事实上，这个商人不仅是想，而且付诸于实际的行动。他雇用全美国最廉价的劳动力和最廉价的交通工具。后来他把送尿片服务扩展为兼送婴儿药物、玩具和各种婴儿用品、食品，随叫随送，只是在商品价格上面多收了15％。最终他的生意越来越旺。

犹太商人的成功并不是起点很高，并不是一开始就想着要做大生意，赚大钱。他们懂得，凡事要从细小的地方入手，一步一步进行，财富的雪球才会越滚越大。

凡事从小做起，从零开始，慢慢进行，不要小看那些不起眼的事物。这一道理从古至今永不衰竭，被许多犹太成功人士演练了无数次。

有个叫哈罗德的犹太青年，开始只是经营一个小型餐饮店的商人。他看到麦当劳里面每天人山人海的场面，就感叹那里面所隐藏的巨大的商业利润。

他想，如果自己可以代理经营麦当劳，那利润一定是极可观的。

他马上行动，找到麦当劳总部的负责人，说明自己想代理麦当劳的意图。但是负责人的话却给哈罗德出了一个难题——麦当劳的代理需要200万美元的资金才可以。而哈罗德并没有足够的金钱去代理，而且相差甚远。

但是，哈罗德并没有因此而放弃，他决定每个月都给自己存1000美元。于是每到月初的1号，他都把自己赚取的钱存入银行。为了害怕自己花掉手里的钱，他总是先把1000美元存入银行，再考虑自己的经营费用和日常生活的开销。无论发生什么样的事情，都一直坚持这样做。

6年！哈罗德为了自己当初的计划，整整坚持不懈存了6年。由于他总是在同一个时间——每个月的1号去存钱，连银行里面的服务小姐都认识了他，并为他的坚韧所感动！

　　现在的哈罗德手中有了72万美元，是他长期努力的结果。但是与200万美元来讲仍然是远远不够的。

　　麦当劳负责人知道了这些。终于被罗德的不懈精神感动了，当即决定把麦当劳的代理全部交给哈罗德。

　　就这样，哈罗德开始迈向成功之路，而且在以后的日子里不断向新的领域发展，成为一代巨富。

　　如果，哈罗德没有坚持每个月为自己存入1000美元，就不会有72万美元了。如果当初只想着自己手中的钱太微不足道，不足以成就大事业，那么他永远只能是一个默默无闻的小商人。为了让自己心中的种子发芽，哈罗德从1000美元开始慢慢充实自己的口袋，而且长达6年之久，终于感动了负责人，也开始了他自己的富裕人生。万丈高楼平地起，你不要认为为了一分钱与别人讨价还价是一件丑事，也不要认为小商小贩没什么出息。金钱需要一分一厘地积攒，而人生经验也需要一点一滴地积累。在你成为富翁的那一天，你已成了一位人生经验十分丰富的人。

看紧你的钱包

犹太商人生意经要诀

对钱财必须具有爱惜之情，它才会聚集到你身边。

你越尊重它，珍惜它，它越心甘情愿地跑进你的口袋。

（《塔木德》）

"紧紧地看住你的钱包，不要让你的金钱随意地出去，不要怕别人说你吝啬。你的钱每花出去一分都要有两分钱利润的时候，才可以花出去。"犹太巨富洛克菲勒是这个信条虔诚的遵守者。

洛克菲勒早年在一家大石油公司做焊接工，任务是焊接装石油的巨大油桶。他细心地发现每焊接一个油桶要掉落的铁渣每次不多不少正好是509滴，他想要焊接那摞得像山一样的油桶要浪费多少焊条呀！于是他改进了焊接的工艺和焊接的方法，让每次滴落的铁渣正好是508滴，仅此一项改进，这家大石油公司全年的节约资金是5.7亿之多！洛克菲勒本人也因此获得了一次极佳的晋升机会。

努力挣钱是开源，设法省钱是节流。巨大的财富需要努力才能追求得到，同时也需要杜绝漏洞才能积聚。

洛克菲勒成为亿万富翁以后，他的经营管理也是以精于节约为特点的。他给部下的要求是提炼一加仑原油的成本要计算到小数点后的第三位。每天早上他一上班，就要求公司各部门将一份有关成本和利润的报表送上来。多年的商业经验让他熟稔了经理们报上来的成本开支、销售以及损益等各项数字。他常常能从中发现问题，并且以此指标考核每个部门的工作。

1879 年的一天，他质问一个炼油厂的经理："为什么你们提炼一加仑原油要花 19.8492 美元，而东部的一个炼油厂干同样的工作却只要 19.849 美元？"这正如后人对他的评价，洛克菲勒是统计分析、成本会计和单位计价的一名先驱，是今天大企业的"一块拱顶石"。

到了老年时期，有一天，他向他的秘书借了 5 美分。当洛克菲勒给秘书还钱的时候，秘书不好意思要，洛克菲勒当即大怒："记住，5 美分是一美元一年的利息！"由此可见他对于金钱的节俭和计算真是到了极致。

犹太人的用钱原则就是只把钱用在该用的地方。他们认为不该用的地方，是一块钱也不会花出去的。《塔木德》上说："对钱财必须具有爱惜之情，它才会聚集到你身边，你越尊重它，珍惜它，它越心甘情愿地跑进你的口袋。"

犹太人特别是犹太商人不管多么富有，绝不会随意挥霍钱财。在宴请宾客时，以吃饱吃好为尚，不会讲排场乱开支；在生活中，以积蓄钱财为尚，不会用光吃光。犹太人测算过，依照世界的标准利率来算，如果一个人每天储蓄 1 美元，88 年后可以得到 100 万美元。这 88 年时间虽然长了一点，但每天储蓄 2 美元，大都在实行了 10 年、20 年后很容易就可以达到 100 万美元。可见对金钱除了爱之外，还要惜。也就是说，除了想发财外，还要想办法保护已有的钱财。这就是犹太人经营致富的一个奥秘。犹太富商亚凯德说："犹太人普遍遵守的发财原则，那就是不要让自己的支出超过自己的收入。如果支出超过收入便是不正常的现象，更谈不上发财致富了。"

犹太人有句格言这样说："花 1 美元，就要发挥 1 美元 100％的功效。"要把支出降到最低点。

很多犹太人老板，对任何的开支都精打细算，为的就是尽量地降低成本，减少费用。他们总是说："要把一块钱当做两块钱来使用。如果在一个地方错用了一块钱，并不就是损失一块钱，而是花了两块钱。"

悉尼奥运会上曾经举办过一个以"世界传媒和奥运报道"为

主题的新闻发布会。在座的有世界各地传媒大亨和记者数百人。

就在新闻发布会进行之中，人们发现坐在前排的炙手可热的美国传媒巨头 NBC 副总裁麦卡锡突然蹲下身子，钻到了桌子底下。他好像在寻找什么。大家目瞪口呆，不知道这位大亨为什么会在大庭广众之下做出如此有损自己形象的事情。

不一会儿，他从桌下钻出来，手中拿着一支雪茄。他扬扬手中的雪茄说："对不起，我到桌下寻找雪茄。因为我的母亲告诉我，应该爱护自己的每一个美分。"

麦卡锡是一个亿万富翁，有难以计数的金钱，他可以买到一切可以用钱买到的东西，一支雪茄对于他来说简直微不足道。如果照他的身份，应该不理睬这根掉到地上的雪茄，或是从烟盒里再取一支，但麦卡锡却给了我们第三种令人意料不到的答案。

《塔木德》说："金钱容易引发意外。任何人对待金钱都要谨慎，否则就要损失金钱。先要学会看管少数金钱，然后才可以管理更多金钱。这是最聪明的提防金钱损失的办法。"

洛克菲勒习惯到他熟悉的一家餐厅用餐，用餐后往往会付给服务员 15 美分的小费。但是有一天，他用餐后却不知为何原因，仅付了 5 美分的小费。

服务员见比往常小费少，不禁埋怨说："如果我像您那么有钱的话，我绝不会吝惜那 10 美分的。"

洛克菲勒却毫不生气，笑着说："这也就是你为何一辈子当服务员的缘故。"洛克菲勒还有一种习惯就是记总账。每天晚上祷告之前，总要把每便士的钱花到哪儿去了弄个一清二楚，然后才上床睡觉。

犹太人的这一节俭作风甚至为一些日本商人所仿效：

如果你到日立公司的日立工厂去，哪怕是酷暑，办公室却没有冷气设备。这是因为，日立的厂房很高，安装冷气太浪费。厂房不安装，办公室也不能特殊，职工都强忍着。办公室里，用不着的电灯就一定要熄灭。日立的职工讲究时间效率，日立的大瓮工厂有一条标语——"1 分钟在日立应看成 8 万分钟"。意思是一个人浪费 1 分钟，日立 8 万职工就要浪费 8 万分钟。

日立的经理人员"惜量如金"。公司绘制了"代号一览表"，将各机构、各负责人的代号告诉职工。如"吉田博总经理先生"只用日语读音的第一个字母代替就行了。如果你在文件上加敬语。就会受到训斥。

除此之外，日立人还充分利用废旧物品。凡是写便条，都要取用过的纸，即使送给大人物的文件也往往是写在废纸的反面。所用的信封，第一次写信时，收信人写在第一行。第二次使用时，收信人写在第二行。

松下公司创始人松下幸之助曾告诉人们：要爱金钱。这句话说得一针见血。如果不爱钱，就抓不住财富。只有爱钱，财富才会逐日增加——钱怎么会躲在不爱钱的人的手中呢？因此，与其对钱"欲说还休"，倒不如像犹太人一样，将钱爱得明明白白、真真切切。

《塔木德》上写着："有 4 种尺度可以用来测量人，那便是金钱、醇酒、女人以及对于时间的态度。这 4 种尺度标准有其共同之处——它们都有吸引人的地方，但是却不可以沉迷于其中。"

犹太人这种处事有度的态度，表现在他们对待金钱的态度上，就显得有些过分的节俭，甚至有些吝啬。

犹太人出门买东西，不管花费多少，不管东西便宜或是贵都一定要有账单。所以许多犹太人到一些地方，看到一般餐厅中只报账而没有账单的情况，就会觉得有些不可思议。许多民族对待金钱的态度要比犹太人马虎得多。

据说有一位希腊人经常光顾某家餐厅，每次吃大致相同的饭菜，但每次结账，价钱都互不相同，但相差不多。他的犹太朋友听到这件事，十分惊讶，要追究所以然，希腊人却说："这么一点小钱，何必认真？"犹太人一边摇头，一边口呼上帝，仿佛犯了什么大罪过。

犹太人很吝啬吗？并非如此，他们只是不付没有道理的钱。犹太人认为这是他们自己的绝大的优点，是重视金钱的表现。

看紧自己的钱包，爱钱的同时也要惜钱。珍惜自己的每一分钱，这一原则已贯彻到犹太人生活的方方面面，甚至内化到他们的思想观念中。

有钱不置半年闲

犹太商人生意经要诀

上帝把钱作为礼物送给我们，目的在于让我们购买
这世间的快乐，而不让我们攒起来还给他。（《塔木德》）

犹太人的观念里面，与其把钱放在银行里面睡觉，靠利息来补贴生活费，养成一种依赖性而失去了冒险奋斗的精神，不如活用这些钱，将其拿出来投资更具利益的项目。

要想捕捉金钱，收获财富，使钱生钱，就得学会让死钱变活钱。千万不可把钱闲置起来，当做古董一样收藏，而要让死钱变活，就得学会用积蓄去投资，使钱像羊群一样，不断地繁殖和增多。

犹太人经商有个共同特点，即采取彻底的现金主义。

犹太富商凯尔，资产上亿美元，然而他却很少把钱存进银行，而是将大部分现金放在自己的保险库。

一次，一位在银行有几百万存款的日本商人向他请教这一令他疑惑不解的问题。

"凯尔先生，对我来说，如果没有储蓄，生活等于失去了保障。你有那么多钱，却不存进银行，为什么呢？"

"认为储蓄是生活上的安全保障，储蓄的钱越多，则在心理上的安全保障程度越高，如此积累下去，永远没有满足的一天。这样，岂不是把有用的钱全部束之高阁，使自己赚大钱的机会减少了，并且自己的经商才能也无从发挥了吗？你再想想，哪有省吃俭用一辈子，光靠利息而成为世界上知名富翁的？"凯尔不慌不忙地答道。

日本商人虽然无法反驳，但心里总觉得有点不服气，便反问道："你的意思是反对储蓄了？"

"当然不是彻头彻尾的反对。"凯尔解释道，"我反对的是，把储蓄当成嗜好，而忘记了等钱储蓄到一定时候把它提出来，再活用这些钱，使它能赚到远比银行利息多得多的钱。我还反对银行里的钱越存越多时，便靠利息来补贴生活费。这就养成了依赖性而失去了商人必有的冒险精神。"

凯尔的话很有道理，金钱只有进入流通领域，才能发挥它的作用。因为，躺在银行里的钱，对于自己来说，几乎和废纸没什么区别。

犹太人经商，很重要的秘方是不把钱放在银行变成存款。在18世纪中期以前，犹太人热衷于放贷业务，就是把自己的钱放贷出去，从中赚取高利。到了19世纪后，直至现在，犹太人宁愿把自己的钱用于高回报率的投资或买卖，也不肯把钱存入银行。

犹太人这种不让钱成为作存款的秘诀，是一门资金管理科学。它说明做生意要合理地使用资金，千方百计地加快资金周转速度，减少利息的支出，使商品单位利润和总额利润都得到增加。

做生意总得要有本钱，但本钱总是有限的，连世界首富也只不过百亿美元左右。但一个企业，哪怕是一般企业，一年也可做几十亿美元，如果是大企业，一年要做几百亿美元的生意，而企业本身的资本，只不过几亿或几十亿美元。他们靠的是资金的不断滚动周转，把营业额做大。

在犹太人眼里，衡量一个人是否具有经商智慧，关键看其能否靠不断滚动周转的有限资金把营业额做大。

犹太人普利策出生于匈牙利，17岁时到美国谋生。开始时，他在美国军队服役，退伍后开始探索创业路子。经过反复观察和考虑后，他决定从报业着手。

为了搞到资本，他靠自己打工积累的资金赚钱。为了从实践中摸索经验，他到圣路易斯的一家报社，向该老板求一份记者工作。开始老板对他不屑一顾，拒绝了他的请求。但经过普利策反复自我介绍和请求，老板勉强答应留下他当记者，但有个条件，半薪试用一年后再商定去留。

普利策为了实现自己的目标，忍耐老板的剥削，并全身心地投入到工作之中。他勤于采访，认真学习和了解报馆的各环节工作，晚间不断地学习写作及法律知识。他写的文章和报道不但生动、真实，而且法律性强，吸引了广大读者。面对普利策创造的巨大利润，老板高兴地吸收他为正式工，第二年还提升他为编辑。普利策也开始有点积蓄。

通过几年的打工，普利策对报社的运营情况了如指掌。于是他用自己仅有的积蓄买下一间濒临歇业的报馆，开始创办自己的报纸——《圣路易斯邮报快讯报》。

普利策自办报纸后，资本严重不足，但他很快就渡过了难关。19世纪末，美国经济开始迅速发展，很多企业为了加强竞争，不惜投入巨资搞宣传广告。普利策盯着这个焦点，把自己的报纸办成以经济信息为主的报纸，加强广告部，承接多种多样的广告。就这样，他利用客户预交的广告费使自己有资金正常出版发行报纸。他的报纸发行量越多广告也越多，他的资金进入良性循环。即使在最初几年，他每年的利润也超过15万美元。没过几年，他成为美国报业的巨头。

普利策开始分文没有，靠打工挣的半薪，然后以节衣缩食省下极有限的钱，一刻不闲置地滚动起来，发挥更大作用，是一位做无本生意而成功的典型。这就是犹太人"有钱不置半年闲"的体现，是成功经商的诀窍。

美国著名的通用汽车制造公司的高级专家赫特曾说过这样一段耐人寻味的话："在私人公司里，追求利润并不是主要目的，重要的是如何把手中的钱用活。"

对这个道理，许多善于理财的小公司老板都明白，但却没有真正地利用。往往一到公司略有盈余，他们便开始胆怯，不敢再像创业那样敢做敢说，总怕到手的钱因投资失败又飞了，赶快存到银行，以备做应急之用。虽然确保资金的安全乃是人们心中合理的想法，但是在当今飞速发展、竞争激烈的经济形势下，钱应该用来扩大投资，使钱变成"活"钱，来获得更高的利益。这些线完全可以用来购置房产铺面，以增加自己的固定资产，到 10 年以后回头再看，会感觉到比存银行要增很多利，你才会明白"活"钱的威力。

商业活动是不断增值的过程，所以要让钱不停地滚动起来，犹太人的经营原则是：没有的时候就借，等你有钱了就可以还了，不敢借钱是永远不会发财的。攒钱只会让人变得越来越贫穷，因为连他的思维也贫穷了；赚钱会让人富有起来，因为这是一个富人的思维。

攒钱是成不了富翁的，只有赚钱才能赚成富翁，这是一个普通的道理。并不是说攒钱是错误的，关键的问题是一味地攒钱，花钱的时候，就会极其的吝啬，这会让你获得贫穷的思想，让你永远也没有发财的机会。

有句话说："人往高处走，水往低处流。"还有句话说："花钱如流水。"金钱确实流动如水。它永远在不停地运动周转流通，在这些过程中，财富就产生了。像过去那些土财主一样，把银子装在坛子里埋在房基下面，过一万年还是只有这么多银子，丝毫也没有增值。

第二章 做一个令人刮目相看的商人

——犹太商人生意经之二：练就一身超人的本领

亮出你的个性

犹太商人生意经要诀

我讨厌模仿，如果你要成功，你应该朝着新的道路前进，不要跟随被踩烂的成功之路。（《塔木德》）

没有个性，人家就会忘却你。个性化的策略、个性化的产品、个性化的管理，都是十分让人注意的东西。

《塔木德》是这样规定的："不要把一种产品和其他产品混合，但为了提高品质，可以把度数高的葡萄酒倒入度数低的葡萄酒里。"看来，注重商品的品质，不仅是现在，早在远古时期，犹太人就意识到了。他们说，同一种作物会因为产地的不同、管理的差异而在品质上有所差别。因此，应对不同产地的同种作物进行区别，对各类商品进行分门别类，这样买卖才可以获得好的价格。

可口可乐公司是美国饮食文化的象征，在全球可谓家喻户晓，它的商标价值已达 400 亿美元，但这家公司曾经差一点因放弃"个性"而夭折。

1886 年 11 月 15 日上午，因饮酒过量而头痛的威尔克斯先生受"彭氏健身饮料可治头痛"的宣传，来到阿萨·坎德勒的药店，提出喝一杯彭氏健身饮料。店员一时疏忽，把配制彭氏健身饮料的原浆掺到了苏打水里，没想到威尔克斯喝完顿觉神清气爽，可口可乐由此诞生。

1888 年，已经购买可口可乐配方全部股权的坎德勒不再用原浆（含有可卡因、咖啡因的可可叶和可可果提炼品，并加入若干油类物品），加净水配制药用饮料，从此专心经营可口可乐。

后来，可口可乐公司一度更改可口可乐的配方，以迎合想象中的大众口味，结果没得到市场认可，公司业务一落千丈，濒临倒闭。

关键时刻，该公司只好沿用原先的饮料配方，以其怪怪的味道再度赢得了大众的青睐。

在这个竞争日益激烈的时代，唯有创新才能生存，才能在市场竞争中站稳脚跟，才能战胜对手。否则，企业就会停滞不前，甚至亏损破产。在这一点上，犹太人是最有发言权的，他们总是出人意料、标新立异，在竞争中凭借新奇手段以其鲜明的个性击败对手。

犹太人做人做事往往很注重持有自己的个性和特点。在世界各民族中，犹太人是最有特色的，他们之所以与众不同，就是因为他们注重自己个性的发挥。

在犹太人看来，生意的成败往往就是观念是否跟得上时代的潮流。在这个商品琳琅满目的时代，没有个性，就意味着面临被淘汰的命运。犹太人的矛盾就是他们外表很和善，但是他们灵魂是偏执和极端的，他们的思维方式是怪异的。他们每一个人都有自己的特色，都与众不同，若以同一件事去考验两个人，所做的事的结果必然不同。

"希伯来"的原意是"站在对岸"，它的意思就是人们不要畏惧，该反对时就要反对，同时也要原谅别人不赞成自己。

因为在古代，犹太人就认为假如世界是划一的，就不会有进步，必须有许多不同的东西互相竞争，才可能产生出新的事物。

任何东西都必须拥有个性。"个性才能生存"被各类企业一直验证为是商界金律。

犹太人的观点是：商业的个性就是独有的经商理念、特殊的经营模式、因环境条件有异而不可相互简单模仿的销售品种和价格等要素的总和。

莉莲·弗农就是一位敢于凭借自己的个性特色而获得商业成功的犹太女性。当 1951 年弗农开始在餐桌上组建邮订购物公司时，她当时是一个 23 岁怀孕的家庭主妇，试图为增添人了的家庭赚取额外的收入，她用 2000 美元的嫁妆钱投资于购买最初的一批钱夹和腰带，并花了 495 美元在《十七》杂志上登广告。弗农以典型的普罗米修斯风格行事，准备开拓别人未曾问津的新领域。

弗农最初的两样产品腰带和钱夹，包括个人化的特色，她首次邮购广告在最初的 12 周内收到价值 32000 美元的订货额。弗农对未曾料到的成功欣喜若狂，她又刊登标有人名的书签看看自己能否像第一回合这般幸运，这一新产品销售额较前一次翻番，于是弗农频频推出新产品，走上了顺道。她不仅取得了经济上的成功，而且每种新产品都获得了良好的声誉，随着她不断找出吸引自己的新产品，一次次地推向市场，她的成功也随之增大。

莉莲·弗农成为世界女企业家巨头，是由于她直觉地感知人们所需要购买的产品特点，她不是运用传统的市场研究技巧或主顾群体来做出新产品的决策；相反地，她完全依赖自己的分析做出产品抉择。她感到自己的直觉力成为她区别于其他人的重要因素。尽管在所有伟大创业革新者身上都能发现敏锐的直觉力，大多数人并没意识到自己的非凡能力，弗农却觉察到这一重要品格，使莉莲·弗农公司在竞争激烈的商界独树一帜。

弗农推销方法中别出心裁之处，是从她商品目录册中购买的任何产品，如果不能让顾客完全满意，她将在 10 年内将钱全部如数退还给顾客，要注意的是，弗农商品目录册中销售的产品都是标有姓名的商品。上面印有直接生产厂家的名字，因此消除了产品转手倒卖的因素。这种别具一格的营销方法使公司跻身于《幸福》杂志 500 家公司之列，功效显而易见。弗农别出心裁的营销术，显示出她对自己的产品及决策具有充分信心，她的胆魄和信心明显得益于她与广大顾客的沟通，她把顾客服务放在首位，这便是莉莲·弗农公司大获成功的原因。

犹太富人的这一金科玉律也为其他国家的商人所模仿。

巴西某地一家礼品店为了招徕顾客，在电视台大做广告宣传自己制定的店规：凡是名人前来购物，一律不收分文，但条件是必须以绝招来证明自己的身份。广告登出后，一些名人感到新奇，特来献技，远近顾客也慕名而来，想一睹名人风采。一时间礼品店顾客盈门，生意十分红火。

一天，球王贝利来到礼品店，顺手拿起店里一个足球放在地上，用脚轻轻一勾，球不偏不倚正好碰在门铃上，店内立刻铃声大振。未待铃声停止，贝利又用头一顶，把刚要落地的球顶到原来放球的位置。老板马上热情地邀请贝利挑选自己喜爱的礼品，且分文不取。不过球王的这一套干净利落的踢球动作早被聪明的老板摄下，成为商店吸引顾客的"法宝"。

推销一样的东西，你的推销方式就要与众不同一些，有个性一些；要想在市场竞争中站稳脚跟，战胜对手，同样也需要个性。

上海有位商人开了家"组合式鞋店"。货架上陈列着16种鞋跟、18种鞋底，鞋面颜色也有80多种，款式有百余种，顾客可以自己挑选出自己最喜欢的各个部分，然后交给职员进行组合。前店后坊，只需等十多分钟，一双称心如意的新鞋便可到手。此举引来了络绎不绝的顾客，使该店销售额比邻近的鞋店高出好几倍。

深圳有家钟表店在手表滞销、市场饱和的情势下，开辟特色服务，依照顾客意愿订制手表，成为一种新时尚。手表上可印制结婚照、本人头像，或印上一句相爱至深的话语送给情人。100多元的加工费，就可以订制一块绝对独一无二的风情手表，令死水一潭的手表业再度兴盛。

创造个性，拥有个性，以个性赢得市场，傲视群雄，才能在商战中立于不败之地。

犹太民族始终坚信，否定个性的社会难以进步。自己扼杀自己个性的人也不会有进步。每个人都是尊贵的。神是照着自己造人的。神的造型各异，人形与神也就各异。倘若一个人只知道模仿大众，那就是忘了神赋予他的神圣使命——创造自己。世界和艺术一样，是由每一个人创造的。

所以犹太人认为，每个人都要珍视自己，并且真正地尊重自己。一个人诚恳地珍重自己时，便能产生个性，然后才能透过个性，发挥专长以贡献社会。因此，对犹太人来说，培育个性是每个人的义务。对于商人而言，就是要使自己的商品自己经营策略有个性，独一无二。

中国国画大师齐白石说过："学我者生，似我者死。"对于经营者来说，有个性的才是最有魅力的，有独创的才是最有吸引力的，学会经营特色的思想，做有个性的老板，开独一无二的商店，才能在激烈的市场竞争中独树一帜，赢得主动，取得成功。

每一步都朝目标走过去

犹太商人生意经要诀

目标明确，成功的几率就会更大。没有实际行动计划的模糊梦想，则只是妄想而已。每个人都需要有某样东西来给以明确的指引，使自己能集中精力的最佳办法是把自己的人生目标清楚地表述出来。在表述自己人生目标时，要以自我梦想和个人的信念作为基础，这样做，有助于把目标定得具体可行。

《塔木德》上说：

"我们现在处于什么地方并不重要，重要的是看我们朝什么方向移动。"

"一个人如果不知道自己的船驶向哪个港口，那么，对他来说，也就无所谓顺风不顺风的了。"

"神射手之所以神，并不是因为他的箭好，而是因为他瞄得准。"

这些话的意思是说，一个人应该知道为何而奋斗，因为，正确的目标对指导人的行为尤为重要。

在犹太商人看来，一个人如果没有明确的目标，以及达成这项明确目标的具体计划，不管他如何努力，都像是一艘失去方向舵的轮船。辛勤地做事和一颗善良的心，尚不足以使一个人获得成功，因为，如果一个人并未在他心中确定他所希望的明确目标，那么，他又怎能知道他已经获得了成功呢？

犹太商人心里清楚，一个人过去或现在的情况如何并不重要，将来想要获得什么成就才是最重要的。除非你对未来有理想，否则做不出什么大事来。目标是对于所期望成就的事业的真正决心，目标比幻想好得多，因为它可以实现。

目标是既定的目的地，也是理念的终点。如果个人没有目标，就只能在人生的旅途上徘徊，永远到不了终点。正如空气对于生命一样，目标对于成功也有绝对的必要。如果没有空气，人就不能够生存；如果没有目标，做事不能够成功，也就难以享受成功带来的快乐。

犹太人从商，非常注重确立经商奋斗目标，先是确立目标，然后全力以赴而终至成功。目标决定人的一生，激励人不畏艰苦，充分发挥自己的潜在能力。

一个商人要想经商成功，首先必须真正地认识自己。犹太商人在确立目标中注意切合个人实际和环境，不会把自己的奋斗目标确立在可望不可及的位置上，而是分阶段一步一步地朝向目标迈进。但有的人心比天高，却力不从心，甚至不肯努力，最终是以失败告终的。

美国犹太商人乔治·吉亚姆的高中时代是在田纳西州的温彻斯特度过的，他内心里经常梦想着有朝一日要成为一家大公司的总裁。虽然这只是一名17岁男孩的梦想，但却是其人生目标的萌芽。

进入耶鲁大学后不久，乔治·吉亚姆的兴趣就从经营一般企业转移到研究评断公司财务之上。大学二年级时，他的父母由于生活拮据而无法再继续供他念书，迫使他陷入不知该休学就业还是该半工半读的窘状。要作出决定是非常困难，但因为乔治有自己的梦想，因此他很快地就作出了决定：无论如何都要坚持到毕业。最后他做到了，不但每学期都取得了优异的成绩，而且还利用奖学金及一份兼职工作解决了学费与伙食费的问题。3年后，他除获得经济学学士的学位外，同时还获得著名的路德奖学金，并取得全国优等生俱乐部耶鲁分会会长的头衔，以极其优异的成绩毕业。以后的两年，他前往英国牛津大学攻读硕士，此行对于他将来从事财务经营有很大的影响。

乔治回到美国后，便与一名田纳西女子结婚，随后，他前往纽约，正式开始追求自己的目标。他的起步是一家颇具规模的证券公司，他在公司里的职务是投资咨询部办事员。不久，朋友告诉他，国家地理勘察公司正在招聘年轻上进的财务经理。乔治前往应聘，他认为这家公司可让他进一步学到许多有关财务经营方面的东西，于是他就进了这家公司，一干就是4年。

4年之后，虽然这家公司业务非常稳定，而且他的表现也不错，但是他觉得能学的也学得差不多了，他又开始怀念起老本行了。于是，一咬牙，他又回到早先的那家证券公司工作，并等待机会。机会终于被他等到了，一名资深职员即将退休，这个人拥有8个相当有实力的客户，欲以5000美元出让。这对乔治来说是相当大的赌注，5000美元相当于他的全部财产，若此举失败，他将会变得一贫如洗。而且，这些客户接下来之后能不能留住还是问题。这时乔治再一次面对重大抉择。

最后，他一心想自立门户的雄心战胜一切，他接下了这8名客户，并且立即一一前往拜访，十分坦率而且诚挚地向他们说明自己的理想与计划，客户们都被他的热情与直率所感动，表示愿意留下观察一段时间。当时，乔治才28岁。两年的岁月很快就过去了，乔治几乎每天都在为员工薪金及管理费用忙得焦头烂额，有时候，他连自己的薪金都拿不出来。

两年期间，公司便是在这种拮据的情形下惨淡经营着。虽然如此，公司要求的服务品质并无降低，反而愈来愈高。熬到第三年，终于苦尽甘来，公司业务开始蒸蒸日上，客户也有显著增加，乔治自立的梦想终于实现在现实生活中。

今天，他已经是一家投资咨询公司的总裁，拥有将近一亿美元的资产，并兼任某大型互助银行的常务董事及数家公司董事。

可见，人生需要确立奋斗的目标。一个人目标越远大，意志才会越坚强。没有大目标，一生都是别人的陪衬和附庸。没有大目标，就没有动力。漫无目标地漂荡，终归迷失航向而永远达不到成功的彼岸。犹太人刘易斯·沃克是美国前财务顾问协会总裁，有一次曾接受一位记者采访，谈论有关稳健投资计划基础的问题。记者问道："到底是什么因素使人无法成功？"沃克回答："模糊不清的目标。"

　　记者请沃克进一步解释，他说："我在几分钟前就问你，你的目标是什么？你说希望有一天可以拥有一栋山上的小屋，这就是一个模糊不清的目标。问题就在'有一天'不够明确，因为不够明确，所以成功的机会也就不大。

　　"如果你真的希望在山上买一间小屋，你必须先找出那座山，找出你想要的小屋现值，然后考虑通货膨胀，算出 5 年后这栋房子值多少钱；接着你必须决定，为了达到这个目标每个月要存多少钱。如果你真的这么做了，你可能在不久的将来就会拥有一栋山上的小屋，但如果你只是说说，梦想就可能不会实现。梦想是愉快的，但没有实际行动计划的模糊梦想，则只是妄想而已。"

　　每个人都需要有某样东西来给以明确的指引，使自己能集中精力的最佳办法是把自己的人生目标清楚地表述出来。在表述自己的人生目标时，要以自我梦想和个人的信念作为基础，这样做，有助于把目标定得具体可行。

头脑中要有强烈的赚钱富裕意识

犹太商人生意经要诀

　　富裕、充足，天下众生都应有份。假使你坚决地要求着，不断地奋斗着去取得这富裕、充足，金钱将从无数的途径涌向你。对于一个想致富的人来说，比能力和知识更重要的是保持富裕意识。只有你喜欢金钱，欣赏金钱的作用，你才会想尽办法赚钱，而不会把它乱花掉。

　　犹太人眼里的价值观标准就是金钱。犹太人认为，金钱成就崇尚它的人。只有你喜欢金钱，欣赏金钱的作用，你才会想尽办法赚钱，而不会把它乱花掉。

　　只要有钱在流通，就天然地需要犹太人这样的"媒介"。犹太人就可以在人类生活中占有不可替代的位置，这时候犹太人是不能被灭绝的。

　　犹太人这种独特的价值观，激发了他们对金钱的执著的信念。犹太人认为有钱是一件很好的事情，但他们绝不轻易浪费每一分钱，认为奢侈是一种相当愚蠢的行为。犹太商人的观点是：每个人的生命，原理原则上是指向更富裕的生活，应该过着幸福及更富足、更成功的生活才对，而贫穷违反了生命本来的欲求。可是过去有许多宗教和哲学都赞美贫穷是一种美德，事实上这种看法，只是在特殊的情况下才产生的。说起来这种想法，其实是一种自我安慰罢了！现在的你，如果还受到违反生命原理的时代所建立的价值观影响，是极为不合理的事。你别忘了，每一个人都拥有富裕权利，这才是生命原理，而贫穷等于是生命原理的作用不足，是一种不该有的现象。

犹太商人认为，富裕、充足，天下众生都应有份。假使你坚决地要求着，不断地奋斗着去取得这富裕、充足，总有一天你会认识这条规则——人人都能成为百万富翁！

犹太商人最喜爱的一句话就是耶稣所说："你要，你就会得到。"对于一个想致富的人来说，比能力和知识更重要的是保持富裕意识。富裕意识是一种永远有大量的金钱足够分配的意识。那些真正生活富足的人们从不担心拥有过多——他们知道创造财富和富裕是他们自己思想倾向的一个功能。

你应将注意力放在扩展上。如果你保持富裕意识，金钱将从无数的途径涌向你。你将去创造使金钱向你的方向流动的方法，你的触角将在搜寻新的、激动人心的机遇，你的思想将开放着拥抱它们。

关于富裕意识的最重要的一点，不是当你变得"富裕"时你才突然产生富裕意识，那是另一回事。一旦你保障了你的富裕意识，真正的富裕就离此不远了。

善于从一点一滴积累财富

犹太商人生意经要诀

金钱的积累要从"每一枚硬币"开始，不要因为钱小而弃之，任何一种成功都是从一点一滴积累起来的，没有这种心态就不可能得到更大的财富。贪图更大的财富，结果连本来能够到手的也丢掉了。你不但要懂得如何创造财富，同时还要知道珍惜每一笔财富。

《塔木德》上有这样一句话："沙漠是由一粒粒细沙堆成的，财富是由一枚枚硬币积累而成。"硬币是一点一滴的财富，犹太人最懂得掌握这些不起眼的财富。

对于一个成功者来说，金钱的积累是从"每一个硬币"开始的，一个成功致富的人决不会因为钱小而弃之，他们知道任何一种成功都是从一点一滴积累起来的，没有这种心态就不可能得到更大的财富。

犹太商人认为，做生意就怕一开始就在心中膨胀出一个很大的贪欲，这会使人变得浮躁，而不会脚踏实地赚钱。

很久以前，美国加州传来发现金矿的消息。许多人认为这是一个千载难逢的发财机会，于是纷纷奔赴加州。犹太人海亚·兰德斯也加入了这支庞大的淘金队伍，他同大家一样，历尽千辛万苦，赶到加州。淘金梦是美丽的，做这种梦的人很多，而且还有越来越多的人蜂拥而至，一时间加州遍地都是淘金者，而金子自然越来越难淘，而且生活也越来越艰苦。当地气候干燥，水源奇缺，许多不幸的淘金者不但没有圆致富梦，反而丧身此处。海亚·兰德斯经过一段时间的努力，和大多数人一样，不但没有发现黄金，反而被饥渴折磨得半死。

一天，望着水袋中一点点舍不得喝的水，听着周围人对缺水的抱怨，海亚·兰德斯忽发奇想：淘金的希望太渺茫了，还不如卖水呢。于是海亚·兰德斯毅然放弃对金矿的努力，将手中挖金矿的工具变成挖水渠的工具，从远方将河水引入水池，用细沙过滤，成为清凉可口的饮用水。然后将水装进桶里，挑到山谷一壶一壶地卖给找金矿的人。

当时有人嘲笑海亚·兰德斯，说他胸无大志："千辛万苦地到加州来，不挖金子发大财，却干起这种蝇头小利的小买卖，这种生意哪儿不能干，何必跑到这里来？"海亚·兰德斯毫不在意，不为所动，继续卖他的水。结果，一段时间后，大多数淘金者都空手而归，而海亚·兰德斯却在很短的时间靠卖水赚到几千美元，成了一个小富翁。

犹太商人抱持"一点一滴地积累财富"的观念，其实还有另一层深意，那就是，即使自己赚到了很多钱财，也应该保持当初节俭的意识，善待每一分钱。

在一个专门描写美国百万富翁生活的电视节目上，介绍了一位典型的犹太富翁巴特勒先生。他现年 57 岁，大半辈子都是和同一个女人度过，在当地的大学毕业，拥有一家公司，最近几年赚了不少钱。在邻居眼中，巴特勒先生一家人不过是毫不起眼的中产阶级，殊不知，他的财产净值高达 2000 万美元，在那个高级住宅区里约居前 10% 之列。

主持人问巴特勒先生："请问您买过最贵的一套衣服是多少钱？"巴特勒先生闭上眼睛好一会儿，显然陷入沉思。接着回答说："买过最贵的，包括我自己、太太及为两个儿子、两个女儿买过最贵的是 400 美元。没错，那是最贵的了，是为了我和太太结婚 25 周年买的。"

犹太商人认为，挣更多的钱，有更少的需求，这是两种完全不同的致富方法。最简单的、保证富裕生活的方法莫过于去挣更多的钱。但不要认为，每次提高收入你也都必须提高生活水准，这样做会犯愚蠢的错误。

学识渊博才能做大生意

犹太商人生意经要诀

商人要学识渊博，学识渊博不仅可提高商人的判断力，还可以增加他的修养和风度，从而在生意场上立于不败之地。一个文质彬彬和一个粗俗不堪的人，分别去应酬同一宗生意，成功几率大的必然是前者。

犹太人认为，没有知识的商人不算真正的商人，既然你不是真正的商人，我就没必要和你做生意。他们最看不起没文化的商人，犹太商人绝大部分学识渊博、头脑灵敏。

正因为犹太商人拥有渊博的知识，他们才具有高智商的头脑，从而才在生意中永立不败之地，成为公认的"世界第一商人"。

《塔木德》里有这样一个犹太故事。

有一次，一艘大船出海航行，船上的乘客中，除了拉比外，全是大亨。大亨们闲来无聊，就互相炫耀自己的财富。正在他们争得面红耳赤时，拉比插话了："我觉得还是我最富有，只是我现在的财富无法拿给你们看。"

中途，海盗袭击了这艘船，大亨们的金银财宝全被抢劫一空。等海盗们离去后，这艘船好不容易抵达了一个港口，但已没有资金继续航行了。

下船后，这位拉比因其渊博的学识，很快受到当地居民的尊重，并被聘为学校的教师。后来，这位拉比偶然碰到曾经同船旅行的大亨。这时，他们已身无分文，只好再一次白手起家。大亨们深有体会地说："只有知识才是夺不走的财富啊。"

商人要学识渊博，这是犹太人提出的口号，同时也是他们的经商法则。学识渊博不仅可提高商人的判断力，还可以增加他的修养和风度。一个文质彬彬和一个粗俗不堪的人，分别去应酬同一宗生意，成功几率大的必然是前者。

假如是一个学识渊博的商人，他除了了解自己的商品以外，还了解自己商品所针对的顾客的心理，尽力满足他们的需要，选取合理的场所，必要时还会客气而又不失风度地与顾客周旋，取得顾客的信任和重视。顾客对你的商品开始注意，这样生意就成功了一半。但是，假如是一个见闻狭隘、学识粗浅的商人，他既不懂得怎样设置场面，创造气氛，也不知道怎样招揽顾客，更不知道怎样树立自己的信誉，衣饰粗俗，出口粗话，这样，顾客未进门也许就给吓跑了，还能赚什么钱？

一个做钻石生意的犹太商人曾问他的合作伙伴："你知道大西洋底部有哪些鱼类吗？"听者乍一听问这个问题，可能都会感到莫名其妙。因为做钻石生意和大西洋底部的鱼类毫无关系，怎么问这样一个驴唇不对马嘴的问题呢？

但犹太人自有自己的想法：一个钻石商人需要的是一个精明的头脑，对方连大西洋有哪些鱼类都了如指掌，可见对钻石的业务知识也同样相当熟悉，那么对巨细俱全的钻石种类的分析肯定也是全面、周到的，和这样的商人合作肯定能赚钱。

犹太人阿尔伯特的成功有力地证明了知识的强大力量。

阿尔伯特刚开始仅仅是一家银行的信贷业务员，他像现在美国许多年轻人一样，在工作了一段时间之后，认为自己的学识不够，产生了回大学深造的要求。

阿尔伯特经过在大学学习后，专业技能获得了极大提高，在银行业中作出了很大的成绩。不久，阿尔伯特便晋升为一家银行在纽约的总经理，随后又再次晋升为这家银行的总行经理，年纪轻轻的便成了银行的高级管理人员。

你看，阿尔伯特的成功便是他不断充实自己的专业知识，提高自己的业务能力的结果。

犹太人既注重学校的正规教育，又注重自教自学。众所周知，学校的教育是获取基础知识的场所，很多专业知识及实际操作技术要通过实践或专业学习才能得到。另外，由于各人情况和条件不同，受到正规教育的情况也不尽相同。因此，犹太人很强调具有自己独立获取知识的技能，从中指导自己的工作实践。

所以，犹太人把知识视为财富，认为"知识可以不被抢夺且可以随身带走，知识就是力量"，所以他们十分重视教育。犹太人有个说法，人生有三大义务，第一义务就是教育子女。他们教育子女，目的在于让后代能在竞争的社会中求得生存和发展，壮大自己和民族的力量。

犹太民族在这种文化舆论的熏陶下，对教育和学习的重视就蔚然成风，形成了一种几乎全民学习、全民都有文化的传统。尽管早期的犹太民族的学习主要以神学研究为取向，涉及的知识面十分狭窄，但后来随着犹太民族受迫害流散于世界各地，他们的学习很快扩展到吸纳世界各国的文明成果了。更值得一提的是，他们的勤学苦研的传统从未中断，这使犹太人特别是犹太中青年在调节其心理，增强民族凝聚力和激发求生存谋发展的创造力上，具有了更大的能量。正是这种传统的继承，使犹太人不管流散到哪里，其民族的文化整体素质都比较高。

掌握多种语言，多多益善

犹太商人生意经要诀

　　语言是商人行走世界的利器，掌握多种语言是经商赚钱的资本，是成为世界性商人的必备素质。在现代社会，世界商务往来愈密切。与外国人做生意时，能用本国文化语言的思维考虑问题，同时能用外国的语言文化思维斟酌相同的问题，这意味着理解是从不同角度和习惯分析得出的，所以就准确而迅速，并深刻得多。

　　犹太人是一个世界性的民族，很早就知道了语言的重要，他们把掌握多种语言视作自己经营赚钱的资本，他们大都能熟练地掌握两种以上的语言，他们与外商接触不必通过翻译，这已成为犹太人经商成功的一个公开秘密了。

　　代表犹太民族 5000 年智慧精华的《塔木德》，就非常重视多种语言的运用。《塔木德》分为本文和注释两部分。注释部分包括了世界各国的文字，除了希伯来文之外，还包括了巴比伦文、德文、法文、西班牙文、北非文、土耳其文、波兰文、意大利文、俄文、日文、英文和中文等等，所以这部书为世界各国广泛阅读，并且添加了许多新注释。

　　有不少商人认为，外语只是从事涉外工作人员必备的语言工具，这种观念很不全面。语言是商人行走世界的利器，在现代社会，世界、文化和科技的发展，早已冲破国界，各个国家、各个民族的相互沟通和交往日益密切。这种交往，最重要的是使人判断准确、迅速。

　　跟犹太人打交道，首先让你吃惊的是他们的判断非常迅速和准确。原因何在？在于他们普遍懂得两个以上国家的语言。他们与外国人交往时，能用本国文化语言的思维考虑问题，同时，亦能使用外国的语言文化思维斟酌相同的问题，这意味着他们的理解是从不同角度和习惯分析得出的，所以就准确而迅速，并深刻得多。

比方说，在犹太人的商务活动中，常会讲到英语的"nibbler"这个词，它是由动词"nibble"延伸而来，变成一个名词。nibble是指钓鱼时，鱼儿咬吃钩上饵的动作。聪明的鱼会把钩上的饵吃光而不被钓着，而笨鱼则会被钓起来。犹太商人将夺得鱼饵逃走的鱼叫作"nibbler"，即做商人要做聪明的鱼。犹太人就这样巧妙地将外语的精华运用到自己的经营运作中，使其能赚钱，不会被"钓"起来（赔本）。

从事科学和艺术事业的犹太人，更是注重掌握外语了，他们能克服语言的障碍，能汲取人类的各种文明，因而增强了自己的才智。爱因斯坦是生于德国并长于德国的犹太人，他除了精通犹太民族的希伯来语、德语外，还精通英语，这样才使他能博采众长，成为20世纪最杰出的科学家之一。弗兰克尔是一位德国犹太人，杰出的音乐家和法官。法律与音乐的学科是毫无关联的，但弗兰克尔却在这两方面都做出令人惊叹的业绩。他在柏林当了近10年的法官，成为德国颇有名气的人物。弗兰克尔到美国定居，由于他精通英语，很快被好莱坞聘任，专门为历史影片谱曲作词。外语不但成为他谋生的本钱，还成为他事业成功的阶梯。

犹太商人中大多精通多种语言，这也是他们成为世界性商人的素质。

把数字运用到每一个商业活动中

犹太商人生意经要诀

　　经商离不开数字，商人需要培养对心算的敏感和精通。当然，并不是每一个对数字敏锐的人都会成为优秀的商人，但是，优秀商人会牢牢地把握相关的数字。相反，失败的商人则几乎都是不通数字。大脑中全然没有成本、费用、利润的数字，这样的商人显然是不会成为世界一流巨富。

　　犹太人认为，商人必须注重数字，这不仅运用到经商中，还要让数字覆盖于生活的每个角落。钟爱数字，使用数字，才能生意做大，这是犹太商人在几千年的漂泊生涯中总结出的经验。

　　犹太人拥有强烈的数字意识和丰富的数字知识，不论是在日常生活中，还是在经商之时，他们都可以将数字玩弄于股掌之上。犹太人的皮包里一直备有计算器，他们对数字有绝对的自信心。他们把数字灵活运用于经商，取得了明显的成绩。

　　犹太富商多与数字打过长期的交道，以做数字方面的文章而见长，如杜邦公司的董事长欧文·夏皮罗最初干过会计，海湾和西方工业公司的查尔斯·布卢德霍恩最初当过证券分析员等等。

　　注重数字几乎是所有商人的共性，但只有犹太商人让数字渗透到生活的每一个角落，无论是在生活中还是在商业里，都能对数字运用自如，把数字玩转起来。

　　犹太人认为作为一名商人需要培养对心算的敏感和精通。当然，并不是每一个对数字敏锐的人都会成为优秀的商人，但是，优秀商人会牢牢地把握企业的数字。相反，失败的商人则几乎都是不通数字。

犹太人在商场上，绝对容不得模棱两可，马马虎虎。特别是在商定有关价钱时，他们非常仔细，对于利润的一分一厘，他们计算得极其清楚。

一个旅行者的汽车在一个偏僻的小村庄抛了锚，他自己修不好，有村民建议旅行者找村里的白铁匠看看。白铁匠是个犹太人，他打开发动机护盖，朝里看一眼，用小榔头朝发动机敲了一下——汽车开动了！

"共20元。"白铁匠不动神色地说。

"这么贵？"旅行者惊讶至极。

"敲一下，1元，知道敲到哪儿，19元，合计20元。"

由此可见犹太人的精明。只要他们认为该赚钱的地方他们一定会脸不红心不跳，不卑不亢地赚它回来。在长期的商场磨练中，犹太人练就了闪电般迅速的心算能力。

某导游引导某犹太人参观一个电晶体收音机工厂，该犹太人目睹女工作业片刻后问道："她们每小时的工资是多少？"

导游一边盘算着一边说：

"女工们平均薪水为25000元，每月工作日为25天，一天1000元，每天工作8小时，那么1000用8除，每小时125元，换算成美元是等于……"

花了两三分钟，那导游才计算出答案，可那位犹太人，听到月薪25000元后立即就说出"那么每小时35美金"。待工厂的一位负责人说出答案，他早已从女工人数与生产能力及原料等，算出生产每部电晶体收音机，自己能赚多少钱。

犹太人因为心算快，所以他们经常能做出迅速的判断，这使他们在谈判中能镇定自如，步步紧逼，直至大获全胜；在商场上游刃有余、坦然从容。

犹太人认为经商离不开数字，而有些商人一说到"数字"两个字就不行，他们对预算表之类的东西几乎毫不过目，全部都托付给财务负责人，而只过问"总地说来本季度或本年度赚了多少钱"就完事了，即使他们知道企业的金库和银行存款上还有多少现金，但对有多少借款和欠款，有多少赊账和收受票据等，全然没有任何把握。当然，对目前企业有多少固定资产，负债多少等更是一概不知，即使他们了解月度、年度的大概销售额，但大脑中却全然没有成本等费用的数字，这样的商人显然是不会成为世界一流的巨富的。所以说经营与数字有着密不可分的关系，作为一名商人都必须和数字打交道不可。

一位犹太商人讲了这样一个故事，说明了数字的巨大作用。法国曾有家企业，老板常常把钱比作鱼来看待。例如 1000 万法郎就相当于一条金枪鱼，100 万法郎就相当于一条沙丁鱼等。那位老板对此有独特的想法，他认为如果把钱当做钱看时，心里害怕不敢下决心动用。作为一个销售额大约只有 3 亿法郎的企业，该企业的老板却为了一时的夸口筹措了 10 亿法郎修建新的工厂，且把筹措到的资金看做 100 条金枪鱼，以避免动用时身体发颤，结果该企业新的工厂竣工后不久，就悲惨地倒闭了。一言以蔽之，该企业对销售情况的估计过了头。

其实干事业有时必须下定失败了就会面临丧失一切的那种极限性的决心，但往往正是那种时候必须仔细、诚实地关注数字。10 亿法郎就是 10 亿法郎，而不是 100 条金枪鱼，不是像金枪鱼那样填进肚子里就完事了的东西。不管怎么说它是必须从卖出的商品利润中偿还的，为了还清这 10 亿法郎究竟得卖出多少商品呢？老板的感觉必须首先转向这儿。当钱成了金枪鱼，重要的数字感觉就变得淡薄了，自然企业决策就会失误。

除了自己谁都不可轻信

犹太商人生意经要诀

时时提防可能出现的灾难性打击，除了相信自己，对一切都持怀疑态度。自己必须自强自立，有自己的主见。人要是拿不定自己的主意，受别人的影响，那么就会一事无成，最后都不知该怎么办。

作为标准商人的代表者，犹太商人怀疑一切，这点倾向非常突出。历史上，犹太民族是灾难深重的民族。因为要提防随时都可能降临的伤害和打击，他们的一举一动都小心翼翼，一点风吹草动，都会让他们迅速作出自卫的反应。犹太民族正是这样的弱势群体，严酷的现实环境，迫使他们时时提防可能出现的灾难性打击，除了相信自己，他们对一切都持怀疑态度。

日本商人藤田先生还对此讲了一个故事。大约是 1967 年秋天，藤田先生拜访了芝加哥市的德彼·舍皮萝先生，他是一家制作名牌鞋的公司的经理，是一位犹太人。

这位犹太经理教育子女为人处世的方法非常独特。

德彼的住宅大约有 30000 平方米，附有草坪和游泳池，空地上放着三辆制鞋车。

在客厅里德彼的长女和小儿子托未正在玩耍。德彼抱起小儿子放到壁炉台上，然后挥手说："来，跳到爸爸怀里来。"

小儿子看到爸爸陪自己玩，非常高兴，笑着往爸爸怀里跳。可是当他快要落到爸爸臂上时，德彼却猛然把手抽掉了。小儿子摔在地板上，哇哇地哭了。

德彼微笑地望着小儿子。小儿子爬起来哭着找妈妈去了。妈妈并不责怪丈夫，只说："爸爸真坏。"

德彼望着对此大惑不解的藤田先生，解释说："这是犹太式的教育，小托米尚无一个人从壁炉上跳下来的勇气，但在我的鼓励下跳了下来。我故意抽回手，这种事情重复两三次，小托米渐渐就会明白，父亲也并不可靠。不要盲目相信父亲，靠得住的终究是自己。从小教育，到老也会牢记。"

这个故事虽然有些残酷，但这就是犹太人教育子女的一种方式，他们在经商中永远保持警戒心，从来不会吃大亏。

犹太人富有自信自强的优良传统。艰难和凶险的生活环境，没有扼杀他们追求美好生活的愿望，反倒培养了他们坚忍不拔、坚持己见的民族性格。

在犹太商人看来，缺少主见，遇事迟疑不决，容易受别人的影响而放弃了自己的主张和追求，这种人人多是意志不坚强的人。

一家全球闻名的大保险公司的人事经理，在面试新员工时总是注重应聘者是否能坚持自己的观点。他通常先提出一个问题让应聘者发表自己的看法，而他自己却故意提出与之相反的观点，甚至这种观点明显是错误的。

经过一番辩论，有的应聘者屈服了，放弃自己的观点，而有的应聘者却坚持到底，甚至于差点因为辩论而闹得不愉快。凡是敢于坚持己见的应聘者都通过了初试。

在复试时，人事经理特意测试应试者是不是一个遇事肯勇往直前、不屈不挠的人。当他口试时，就用各种颓丧的话语来攻击应试者的意志，告诉他们保险事业充满了种种危机，以此来试探他们。

许多应试者听了之后，仿佛看到前途是多么的暗淡无光，于是打消了留下的念头。只有极少数人在倾听人事经理的许多"忠告"之后，仍然不为所动，决心从事这种富有挑战性的工作，这正是人事经理希望聘用的。结果可想而知。

人活着就要有自己的个性，有自己的生活准则，有自己独立的价值标准，有自己的人生观。要想拥有美好的前程，自己必须自强自立，有自己的主见。没有主见又缺乏自信的人，肯定没有自我。一个人若失去自我，就没有做人的尊严，就不能获得别人的尊重。人要是拿不定自己的主意，受别人的影响，那么就会一事无成，最后都不知该怎么办。

　　每个人都有每个人的想法，每个人都有每个人的看法，不可能强求统一。不加分辨地听从他人是愚蠢的，也是没有必要的。与其把精力花在一味地去依赖别人，无时无刻地去顺从别人，还不如把主要精力放在踏踏实实做人上，兢兢业业做事上。

经常自我反省让自己更成熟

犹太商人生意经要诀

在每一个人的内心深处，多少都隐藏了一些不易察觉的弱点，这种内在的弱点常常会驱使一个人做出危及自己的行为。如果商人对自己的缺点浑然不觉或者不知反省，结果就会把自己一步一步推向失败的境地。人性的弱点最易让人迷失理性，所以你要善于自我反省。

犹太商人认为，经商的失败在很大程度上是由于自身的弱点造成的，因为人性的弱点最易让人迷失理性，所以你要善于自我反省。

在每一个人的内心深处，多少都隐藏了一些不易察觉的弱点，这种内在的弱点常常会驱使一个人做出危及自己的行为。如果我们对自己的缺点浑然不觉或者不知反省，结果就会把自己一步一步推向失败的境地。

自我反省是提高一个人认知能力和办事能力的手段。缺乏自我反省，只能是盲目者最显著的特征，不能从根本上清理自己的错误。一个错误太多的人，只能在失败的道路上走得更远。

犹太商人洛德尔的档案柜中有一个私人档案夹，标示着"我所做过的蠢事"。夹中插着一些他做过的傻事的文字记录。他有时口述给他的秘书做记录，但有时这些事是非常私人的，而且愚蠢之极，没有脸面请他的秘书做记录，因此只好自己写下来。

每次洛德尔拿出那个"愚事录"的档案，重看一遍他对自己的批评，可以帮助他处理最难处理的问题——管理他自己。

洛德尔讲述他避免犯错误的秘诀时说："几年来我一直有个记

事本，登记一天中有哪些约会。家人从不指望我周末晚上会在家，因为他们知道，我常把周末晚上留作自我省察，评估我在这一周中的工作表现。晚餐后，我独自一人打开记事本，回顾一周来所有的面谈、讨论及会议过程。我自问：'我当时做错了什么？''有什么是正确的？''我还能干什么来改进自己的工作表现？''我能从这次经验中吸取什么教训？'这种每周检讨有时弄得我很不开心，有时我几乎不敢相信自己的莽撞。当然，年事渐长，这种情况倒是越来越少，我一直保持这种自我分析的习惯，它对我的帮助非常大。"

一个人如果失去反省的能力，他就看不见自己的问题，更不能自救。假如一个人自己不常常反省或管理自己，便很容易把责任推给别人，犯上自以为是的错误。

反省的好处是，它让我们更清醒地认识自己。在安静的心灵状态下，我们可以看清事情，包括我们自己对问题应负的责任、做事情的新方法，以及我们挡住自己的方式。反省让我们察觉到自己所设下的限制，以及我们思考中的某些盲点。

总之，反省是最未被善用却最强而有力的致胜工具，反省让答案在你的眼前显现出来，通常你只要做一点努力，甚至完全不必费力。

用脑袋去赚钱

犹太商人生意经要诀

不去自己思考和判断，就是把自己的脑袋交给别人帮你看管。（《塔木德》）

西方有句名言说："从人们思想中挖出来的金矿，超过从地下开采出来的黄金。"

财富是靠脑袋的，犹太人说，你的价值是脑袋，而不是手，他们就是依靠脑袋发财的。犹太人在经商的时候显得很轻松，他们其实都是在思考问题。

"钞票有的是，遗憾的是你的口袋大小了。如果你的思维足够开阔，那你的钱包就会随之增大了。"犹太人如是说。

犹太人做生意是极为精明的，他们用自己聪明的头脑构筑了一个个绝妙的想法而赚了钱。

这就是犹太人的商业原则：作为商人，他的任务就是想办法制定好一套完整的合理的商业计划，剩下的事情就让别人去摆弄，自己等着赚钱就可以了。

《塔木德》里有这样一个故事：

有位国王拥有一大片葡萄园，雇了许多工人来照管，其中有一位工人能力特别的强，技艺超群，于是国王让他来管理这片园子。

有一天，这位国王来到葡萄园散步，就让他陪同。这天工作完后，工人们排起长队领取工资，几乎所有人的工资都相同，但是当这位看管园子的人领取工资的时候，却遭到了大家的抗议和议论。他们认为这位工人只干了两个小时的活，其他的时间都在陪国王到处闲逛，所以不能领取与别人等同的工资。

这时，国王说话了："我派他来是因为他熟悉你们的工作，是来看管你们的。今天他虽然只干了两个小时的活，但是他走的时候，你们仍然按他给你们的规定完成了任务，他的两个小时就干完了你们一天才完成的工作量，所以他的工资和以前一样。"

工作成就不能以工作时间来计算，也不是按他干了多少活来计算，而是应该以他实际工作所获得的有效劳动成果的多少来计算。

犹太人在他们历史的早期就已经这样做了。在 1910 年，大量犹太人进入北美。开始的时候，他们和一起移民来的英国人、西班牙人、葡萄牙人一样，都是从事最简单的体力劳动。他们每 10 个人里有 8 个是体力工人，但是不久他们就都不干了。因为，对于犹太人来说，开始他们从事这些出卖体力的职业是由于遭受歧视、缺乏机会才不得不这么做。当他们有了基本的生存保证，就不再这样做了。这些工作报酬低微，但是付出的辛苦又很多，工作还很不稳定，尤其是这些工作会降低人的身份，这完全不符合犹太人的追求。

于是，他们依靠自己良好的教育背景纷纷去找那些体面、薪水报酬高、有油水可捞的工作。过了几十年，他们中有不少人成为了百万富翁。著名的罗斯查尔德家族就是从这个时候开始闻名的。到了后来，每 10 个犹太人里就只有 1 个是蓝领工人了，其他的人都变成有产阶级了。在人们的眼睛里，每一个犹太人都成了重要的人物。而那些其他民族的人还是不得不继续卖力地挥动他们的锄头，汗流浃背地工作，以求每日的餐饭。

这就是两种不同的观念造成的不同命运：前者依靠自己的智慧变得富有，后者则依旧靠出卖体力来生活，他们的一生也不得不继续他们的被奴役的生活。

可以看出，财富绝对是靠智慧的大脑得来的，那种传统的依靠体力来劳作是不会得到大量财富的。即使是传说中的那些大力士在今天也顶多是维持自己的生计罢了。在今天越来越重视知识的年代，富有智慧的人们注定是这个世界的主宰者。

　　犹太人对于赚钱，自有主见。他们认为，赚钱有三种方式，一是靠身体，二是靠体力，三是靠脑袋。出卖自己是最可悲也是最下等的赚钱方式，而靠出卖自己的体力赚钱则是其次，最上层的赚钱方式就是靠脑袋。犹太人向来就是靠脑袋致富，世界上有很多犹太人在各国过得逍遥自在，但是他们能在休闲中赚取自己想要的东西。这就是说犹太人赚钱是靠脑袋而不是靠身体或体力。

　　10年前，一个24岁的青年巴鲁克，以普普通通的出身，凭着自己准确的判断和锲而不舍的努力，用借来的5万美元10年间滚出了亿元身价，铸造了以色列第一财务软件的宏伟事业。当时电脑行业正在时兴，随着大量国外品牌电脑的进入，国外大公司开发的各种软件也开始长驱直入，计算机行业再次面临着机会的诱惑，不少人认为国外的计算机无论硬件还是软件均远远超过本国，与其苦苦开发民族软件，不如直接销售推广国外的硬件和软件，这样风险小，来钱快。

　　巴鲁克仍然潜心致力于民族财务软件的开发、销售，他似乎并不在乎与国外同行的竞争。在他看来，软件应用离不开技术和服务的本地化支持。国外许多公司可以将软件加以调整推向市场，但其母版是国外的，不可能完全符合本国企业的要求。致力于民族软件业的企业其优势就在这里，不仅完全做到了应用、服务的本地化支持网络，而且从软件设计上一开始就充分考虑到了以色列企业的现状。

　　也正是凭借这一优势，2000年，巴鲁克击败国外著名公司，以不菲的价格拿下了仅软件服务就达1000万美元的大洋公司财务软件合作项目，巴鲁克的判断力再一次得了高分。

　　正因为如此，才有这样的犹太格言："只要能够正确使用，你的头脑就是你最有用的资产。"

　　亿万富翁亨利·福特说："思考是世上最艰苦的工作，所以很少有人愿意从事它。"

　　被犹太人视为致富导师的拿破仑·希尔在演讲中曾经反复强调"思考致富"。为什么是"思考"致富，而不是"努力工作"致富？最成功的人士强调，最努力工作的人最终绝不会富有。如果你想变富，你需要"思考"，独立思考而不是盲从他人。富人最大的一项资产就是他们的思考方式与别人不同。如果你做别人做的事，你最终只会拥有别人拥有的东西。

乔治·哈姆雷特曾在伊斯诺州的退伍军人医院疗养，他的时间很多，但是除了读书和思考之外，能做的事情并不多。但他懂得思考的价值。

乔治知道很多洗衣店在烫好的衬衣领加上一张硬纸板，防止变形。他写了几封信向厂商咨询，得知这种硬纸板的价格是每千张4美元。他的构想是，在硬纸板上加印广告，再以每千张1美元的低价卖给洗衣店，赚取广告的利润。

乔治出院后，立刻着手进行，并持续每天研究、思考、规划的习惯。

广告推出后，乔治发现客户取回干净的衬衫后，衣领的纸板丢弃不用。

他问自己："如何让客户保留这些纸板和上面的广告?"答案闪过他的脑际。

他在纸卡的正面印上彩色或黑白的广告，背面则加进一些新的东西——孩子的着色游戏、主妇的美味食谱或全家一起玩的游戏。有一位丈夫抱怨洗衣店的费用激增，他发现妻子竟然为了搜集乔治的食谱，把可以再穿一天的衬衫送去洗!

乔治并未以此自满。他要让自己的事业更上一层楼。他把每千张1美元的纸板寄给美国洗衣工会，工会便推荐所有的会员采用他的纸板。因此，乔治有了另外一项重要的发现，用自己的脑袋思考致富你会得到源源不断的财富。

缜密的思考和规划为乔治带来可观的财富。

第三章　经商本领出自磨炼

——犹太商人生意经之三：在逆境中打磨自己的心志

敢于给失败迎头一击

犹太商人生意经要诀

从失败中奋起，这是商战的取胜之道。我们的态度决定了我们怎样看待障碍，乐观的人把它看成是成功的台阶，而悲观的人则把它看做是绊脚石。只有那些意志坚决、不辞辛苦、充满热情的人才能完成这些事业。

《塔木德》上有一句话说："失败决不会是致命的，除非你认输。"这是经商的名言。

商场如战场，失败是难免的。但失败并不可怕，怕的是在失败中垂头丧气。一个人如果不怕失败，善于从失败中吸取教训，把失败化为"成功之母"，就一定能转败为胜，赢得更大的成功。所以说，从失败中奋起，这是商战的取胜之道。

犹太商人该亚·博通就是一个勇敢的人，正是这一点，使他获得了辉煌的成功。

该亚·博通早年埋头于发明创造，他先是发明了脱水肉饼干，但却未给他带来多少好处，相反，却使他在经济上陷入窘境。有了第一次失败的教训，又经过两年反反复复的试验，他终于又制成了一种新产品——炼乳，并决定把它推向市场。该亚·博通的第一步是要寻找专利保护。

该亚·博通发明的炼乳，是一种纯净、新鲜的牛奶，牛奶中的大部分水分在低温中用真空抽掉。但是，该亚·博通为他的制造方式寻求专利权时，得到的答复是产品缺乏新意，并且，专利局官员告诉他，在已批准的专利申请存档中已经有数十种"脱水乳"的专利权，其中包括一种"以任何已知方法脱水"。该亚·博通并不甘心，又一次提出申请。但他的第二次申请又再度被驳回，这因为专利官员判定"真空脱水"并非必要的过程，该亚·博通只是被认为制作态度比较谨慎而已。第三次申请仍被拒绝，理由是该亚·博通未能证明"从母牛身上挤出的新鲜牛奶在露天地方脱水"与他的制作方式的目的不一致。

虽然三次申请，三次被驳回，但这并未把该亚·博通击倒。他对专利权仍然穷追不舍，因为他坚信他的创造。他的第四次申请终于被批准了。

然而，虽然有了专利权，推销新产品也不是一帆风顺的。该亚·博通的工厂是由一家车店改造的，租金便宜，刚开业时，该亚·博通每天花费18个小时在厂里指导炼乳的生产方法，监督生产程序，检查卫生清洁情况；由于附近有纯正、营养丰富的牛奶供应，因而炼乳的成本较低。

于是，该亚·博通小心地挑选了一位社区领袖做他的第一位顾客，因为这位社区领袖对炼乳的意见会有助于巩固新公司及其新产品在该地区的地位，而且这位社区领袖对产品也表示了赞赏。但是，当时当地的顾客习惯的是把掺有水分的牛奶放入一些发酵品，进行蒸馏，他们只觉得炼乳稀奇古怪，对它有疑心，所以，很少有人问津。出师屡屡不利，甚至到了山穷水尽的地步。该亚·博通的两位合伙人都失去了信心，第一家炼乳厂被迫关闭了。

在失败面前，该亚·博通破釜沉舟，又建起了新厂，也许是他的努力感动了上帝，他的第二次尝试终于获得了成功。他的公司在他逝世时，已根深蒂固，成为美国具有领导地位的炼乳公司。

该亚·博通的创业奋斗奠定了现代牛奶工业生产的基石。在该亚·博通的墓碑上，有这样一段墓志铭："我尝试过，但失败了。我一再尝试，终于成功。"这正是对他一生的总结，这对每个渴望成功的商人也是一种激励。

成功是由那些抱有积极心态并付诸行动的人取得的。同一件事抱有两种不同的心态其结果则相反，心态决定人的命运。

一个人成功的真正原因是他的积极想法和乐观态度。我们的态度决定了我们怎样看待障碍，乐观的人把它看成是成功的台阶，而悲观的人则把它看做是绊脚石。

心态能使你成功也能使你失败，不要因为你的心态而使你成了一个失败者。按照美国哈佛大学著名行为学家皮克斯在《心态影响人的一生》一书中的观点：人的心态随着环境的变化，自然地形成积极的和消极的两种。思想与任何一种心态结合，都会形成一种"磁性"的力量，这种力量能吸引其他类似的或相关的思想。这种由心态"磁化"的思想，好比一颗种子，当它培植在肥沃的土壤时，会发芽、成长，并且不断繁殖，直到原先那颗小小的种子变成了数不尽的同样的种子。这就是心态之所以产生重大作用的原因。

心态与前途的关系是每一位谋求成功的人都必须考虑的人生课题。在此，我们相信：事业成功的人，往往都能够充分地运用积极心态的力量。人人都希望成功会不期而至，但绝大多数人并没有这样的运气或条件。就是有了这些条件或运气，我们也可能感觉不出来，很明显的东西往往容易被人忽略。每个人的积极心态就是他的长处，这是毫不神秘的东西。

在当今社会中，一个有生气、有计划、克服消极心态的人，一定会不辞任何劳苦，聚精会神地向前迈进，他们从来不会想到"将就过"这些话。那些克服消极心态而成就的大事，绝非那些仅仅为了"填饱肚子"以及抱着"得过且过"思想的人所能完成的，只有那些意志坚决、不辞辛苦、充满热情的人才能完成这些事业。

坚持下去，必能获得大收益

犹太商人生意经要诀

大多数人都停下来收手不干的事情，只有富有忍耐力的人才会继续坚持；人人都感到绝望而放弃的信仰，只有富有忍耐力的人在继续为自己的意见辩护。一个商人只要具有这种卓越品质，最终总能获得很大的收益。

犹太人认为，成功有两个重要条件：坚决和忍耐。许多人失败，都是因为他们没有恒心和忍耐力，没有不屈不挠、百折不回的精神。

经商过程中常被许多不利因素所阻挠，甚至彻底失败。这就像登山常被雪崩、寒冷的天气、不可预测的风暴所阻挠一样。但在这种情况下，一个优秀的商人绝不会放弃，而是盯住目标，勇往直前。

一家犹太公司的总裁说："只要专心致志盯住自己的目标而且不犹豫、不走神，我看什么都能做好。就像打井一样，打到一半深度可能没有水，这时你转移方向，就可能前功尽弃，而只要你坚持下去再深挖一下，这口井就能打成。"

大多数人都停下来收手不干的事情，只有富有忍耐力的人才会继续坚持；人人都感到绝望而放弃的信仰，只有富有忍耐力的人在继续为自己的意见辩护。所以，一个商人只要具有这种卓越品质，最终总能获得很大的收益。

世界上有无数人，尽管失去了拥有的全部资产，然而他们并不是失败者，他们依旧有着不可屈服的意志，有着坚忍不拔的精神，凭借这种精神，他们依旧能成功。

看看"美国名人榜"的生平就知道，这些功业彪炳史册的伟人，都受过一连串的无情打击。只是因为他们都坚持到底，才终于获得辉煌成果。

犹太人威廉·詹姆斯是一位非常有名的管理顾问，你一走进他的办公室，马上就会觉得自己"高高在上"似的。办公室内各种豪华的摆设、考究的地毯，忙进忙出的人潮以及知名的顾客名单都在告诉你，他的公司的确成就非凡。但是，就在这家鼎鼎有名的公司背后，藏着无数的辛酸血泪。

威廉·詹姆斯在创业之初的头六个月就把自己十年的积蓄用得一干二净，并且一连几个月都以办公室为家，因为他付不起房租。他也婉拒过无数的好工作，因为他坚持实现自己的理想。他也被拒绝过上百次，拒绝他的和欢迎他的顾客几乎一样多。就在整整七年的艰苦挣扎中，谁也没有听他说过一句怨言，他反而说："我还在学习啊。这是一种无形的、捉摸不定的生意，竞争很激烈，实在不好做。但不管怎样，我还是要继续学下去。"

威廉·詹姆斯真的做到了，而且做得轰轰烈烈。有一次朋友问他："把你折磨得疲惫不堪了吧？"威廉·詹姆斯却说："没有啊！我并不觉得那很辛苦，反而觉得是受用无穷的经验。"威廉·詹姆斯能在逆境中坚持到底，结果他成功了。

我们再来看看一个相反的例子。这是一个挖地三尺见黄金的故事，发生在美国那个产生许多富翁的淘金时代。

青年农民鲁宾卖掉自己的全部家产，来到科罗拉多州追逐黄金梦。他围了一块地，用十字镐和铁锹进行挖掘。经过几十天的辛勤劳动，鲁宾终于看到了闪闪发光的金矿石。继续开采必须有机器，他只好悄悄地把金矿掩埋好，暗中回家凑钱买机器。

他费尽千辛万苦弄来了机器，继续进行挖掘。不久就遇到了一堆普通的石头，这时鲁宾认为：金矿枯竭了，原来所做的一切将一钱不值。他难以维持每天的开支，更承受不住越来越重的精神压力，只好把机器当废铁卖给了收废品的人，卷着铺盖卷儿回家了。

收废品的人请来一位矿业工程师对现场进行勘察，得出的结论是：目前遇到的是"假脉"，如果再挖三英尺，就可能遇到金矿。收废品的人按照工程师的指点，在鲁宾的基础上不断地往下挖。正如工程师所言，他遇到了丰富的金矿脉，获得了数百万美元的利润。鲁宾从报纸上知道这个消息，气得顿足捶胸，追悔莫及。

人的一生当中会遇到许多意想不到的困难，坚强的人总是表现出极大的忍耐力。

路边一个卖花的老太婆微笑着，又老又皱的脸上荡着喜悦，一个小伙子冲动之下挑了一朵花，"今天你看起来很高兴？"小伙子问。"为什么不呢？一切都这么美好。"老太婆穿得相当破旧，身体看上去很虚弱，她的回答令小伙子大吃一惊。

"耶稣在星期五被钉在十字架上的时候，那是全世界最糟糕的一天，可三天以后就又复活了。所以当我遇到麻烦时，就学会了等待三天，一切就恢复正常了。"然后，她笑着道了声"再见"。

可见，忍耐是经商中必不可少的。当一切都已远离、一切宣告失败时，忍耐力总可以坚守阵地。依靠忍耐力，许多困难，甚至许多原本已经无望的事情都可以起死回生。

不怕失败，就怕不会总结它

犹太商人生意经要诀

成功是在不断的探索和失败中发现的，善于从失败中吸取教训及不断改变的人，才是真正的聪明人。为了在你的生活中创造积极的东西，你需要就你做事的方式进行一些改变。

犹太人认为：每个人都不可能避免失败，不分聪明和蠢笨，而那些善于从失败中吸取教训的人，才是真正聪明的商人。有很多人，已经丧失了他们所有的一切，但他们并不算是失败，因为他们有一种不可屈服的意志，他们从不介意一时的成败，失败只会让自己更加成熟。

美国企业家保罗·道弥尔就是这样一个聪明的商人。他专门收购面临危机的企业，这类企业在他的手中经过整顿，个个起死回生，财源广进。

1948年，21岁的保罗·道弥尔离开了祖国匈牙利，来到美国。当时，他一无所有，最大的资本就是一副健康强壮的身体。

他在美国找一份工作勉强度日，并非难事，但是胸怀大志的道弥尔并不以能够维持生计为满足。在一年半时间里，他竟变换了15次工作。他之所以这样做，并非朝秦暮楚，好高骛远，而是为了更深更多地了解美国，尽快增长自己的能力，学会做自己不会做的事情。最后，道弥尔在一个制造日用杂品的工厂正式开始工作了。他总是不声不响地工作，主动帮助老板忙里忙外，干得极卖力气，还做了许多分外的事。老板被他这种刻苦耐劳的、持之以恒的精神感动了。

一天，老板把道弥尔叫到办公室，对他说："我还有许多事情要做，我想把这个工厂交给你照管，你不会反对吧？"道弥尔非常高兴，他很自信地说："谢谢您对我的信任，我想我会把它管理得很好。"道弥尔做了工厂主管，每周工资由 30 美元升到了 195 美元。这个数字在当时来说是不小的收入，但他追求的不是这个，他要向企业家的目标奋斗。这个小工厂固然能学点管理经验，但毕竟有限。

道弥尔认为：要想做一个企业家，不仅要学会工厂管理，还必须熟悉市场，了解顾客的心理和需求，销售部门是企业的一个最重要的部门，不懂销售业务就不能成为现代的企业家。因此，半年之后，他向老板递交了辞呈，决定做推销员。

他做推销员之后，视野果然开阔了许多。他广泛地同各种顾客打交道，丰富了销售产品的经验，锻炼了交际能力和技巧，学会了如何去洞察和分析顾客的心理，同时也更深地了解了当地的风俗民情，这对于一个来自异乡的青年人来说，无疑又积累了一大笔无形的财富。仅用两年时间，道弥尔便用自己的才智和心血编织了一个庞大的销售网，成为当地最富有的推销员。正在这时，道弥尔作了一个惊人的决定，将一家濒临破产的工艺品制造厂以高价买了下来，同时拥有 70％的股份。也就是说，这家工厂差不多成了他的独资企业，基本上可以按照自己的想法大胆地进行整顿和改革了。

道弥尔首先从生产和销售两个环节实行整顿。他认为，生产环节方面要提高效率、减少开支、降低成本。他针对不少员工对工厂的前景已失去希望，便借机大批裁员，而对留下的增加他们的工作量，提高他们的工资。销售环节方面，因为是工艺品，他废止推销办法，改为行销制度；提高产品价格，保持合理利润；加强销售服务，提高工厂信誉。

有人这样问道弥尔：为什么总爱买下一些濒临倒闭的企业来经营？他回答得十分巧妙："别人经营失败了，接过来就容易找到它失败的原因，只要把造成失败的缺点和失误找出来，并加以纠正，就会得到转机，也就会重新赚钱。这比自己从头干起要省力得多。"因此，保罗·道弥尔被同行企业家们称为企业界"神奇的巫师"。

成功是在不断的探索和失败中发现的，善于从失败中吸取教训及不断改变的人，才是真正的聪明人。

犹太商人认为，事业上的失败，主要是由自己的原因造成的，要想改变这种状况，首先要改变你自己。

《塔木德》中有这样一个寓言故事：狗家族中一条很有抱负的小狗向整个家族宣布：要去横穿大沙漠。所有的狗都跑来向它祝贺，在一片欢呼声中，这只小狗带足了食物和水上路了。3天后，噩耗传来：小狗死在了沙漠里。这只很有理想的小狗为什么丢掉了性命呢？检查食物，还有很多；检查水壶，里面还有水。经过研究分析得出结论：小狗是被尿憋死的。小狗之所以被尿憋死，是因为它有一个习惯，一定要在树干旁撒尿。大沙漠中哪有树呀，可怜的小狗一直憋了3天，最后活活被尿给憋死了。

《塔木德》讲这么一则小故事是想告诉人们：习惯影响命运。一个人的行为方式、生活习惯是多年养成的，很难改变，如果能够学会改变，那么就不会落到失败的境地。

逆境能把自己推向更高的起点

犹太商人生意经要诀

人生不可能一帆风顺，机会也不总是顺风而来，蕴藏在逆境中的机会永远都是非常巨大的，是足以改变人的一生的。所以，任何时候，对于逆境都应该抱着一种乐观和欢迎的心态。有没有面对逆境的勇气和头脑，往往决定着一个商人的成功与失败，也是判断一个商人经商才能高低的重要标准。

面对逆境，能坦然应之的当推犹太商人。犹太人认为，人生的际遇有两种，一种是顺境，一种是逆境，在顺境中顺流而上，抓牢机会，或许每个人都能够做到。但面对逆境，若缺乏忍耐和智慧就会败在阵下，在逆流中舟沉人亡。

犹太人能在危险来临时，仍泰然自若地做生意，甚至把逆境看成是赚钱的最好时机。犹太人知道，人生不可能一帆风顺，机会也不总是顺风而来，蕴藏在逆境中的机会永远都是非常巨大的，是足以改变人的一生的，所以，任何时候，对于逆境都应该抱着一种乐观和欢迎的心态。

下面有一则关于犹太人面对逆境的笑话：

不知从何时起，犹太人有个"不能在安息日工作"的规矩，要求人们必须在家休息，并勤做功课，但偏偏有人破坏规矩，在安息日却照常营业。一次布道时，拉比指责这些店主亵渎了安息日。当做完礼拜后，最爱破坏规矩的一个老板，却送给拉比一大笔钱。

待到第二个礼拜时，拉比对安息日营业的老板的指责就不是那么严厉了，因为他指望着那个老板给的钱会更多一些。然而他一个子儿都没得到，拉比感到十分奇怪，便询问其中的原因。那位老板说："事情十分简单。在你严厉谴责我的时候，我的竞争对手都害怕了，所以，安息日只有我一个人开店，生意兴隆。而你这次说话很客气，恐怕这样一来大家都会在安息日营业了。"

这虽然是一则笑话，难免出格，当然从这则笑话中，我们能发现逆境也是一个赚大钱的机会。

犹太商人特别善于在逆境中发财。他们发现机遇的头脑是在特定的环境下磨炼出来的。他们之所以能在非常困难的情况下从事放债和贸易这些获利颇丰厚的行业，他们首先知道自己的生意在哪里，对每一个赚钱机会有一种超乎寻常的敏感，因为神父讲道时不准商店老板营业，而许多人害怕亵渎神灵，便纷纷歇业。犹太商人没有义务遵守基督教的教义，只要合法，他们便大赚特赚属于自己的钱。

因此，有没有面对逆境的勇气和头脑，往往决定着一个商人的成功与失败，也是判断一个商人经商才能高低的重要标准。

艾柯卡是美国汽车业无以伦比的经商天才。他开始任职于福特汽车公司，由于其卓越的经营才能，使得自己的地位节节高升，直至坐到了福特公司的总裁。

然而，就在他的事业如日中天的时候，福特公司的老板——福特二世担心自己的公司被艾柯卡控制，便解除了艾柯卡的职务并开除了他。

艾柯卡在离开福特公司之后，有很多家世界著名企业的头目都来拜访艾柯卡，希望他能重新出山，但被艾柯卡婉言谢绝了。因为他心中有了一个目标，那就是："从哪里跌倒的，就要从哪里爬起来！"

他最终选择了美国第三大汽车公司：克莱斯勒公司。他要向福特二世和所有人证明：自己的才能和福特二世的错误。

艾柯卡到克莱斯勒公司后，对面临破产的克莱斯勒公司实行了大刀阔斧的改革，辞退了 32 个副总裁；关闭了 16 个工厂，裁员和解雇的人员上千，从而节省了公司最大的一笔开支。整顿后的企业规模虽然小了，但却更精干了。另一方面，艾柯卡仍然是用自己那双与生俱来的慧眼，充分洞察人们的消费心理，把有限的资金都花在刀刃上，根据市场需要，以最快的速度推出新型车，从而逐渐与福特、通用三分天下，创造了一个与"哥伦布发现新大陆"同样震惊美国的神话。

1983年，在美国的民意测验中，艾柯卡被推选为"左右美国工业部门的第一号人物"。

1984年，由《华尔街日报》委托盖洛普进行的"最令人尊敬的经理"的调查中，艾柯卡居于首位。

同年，克莱斯勒公司盈利24亿美元，美国经济界普遍将该公司的经营好转看成是美国经济复苏的标志。

有人曾经在这一时候呼吁艾柯卡竞选美国总统。如果在福特公司的艾柯卡是福特的"国王"，那么在克莱斯勒的艾柯卡无疑就是美国汽车业的"国王"。

艾柯卡之所以能创造这么一个神话，完全是受惠于当年福特解职的逆境。正是因为这一逆境，才使艾柯卡的事业步入无限的辉煌。从艾柯卡的经验中，可见，逆境有时也是一种成功的捷径。

一切胜利皆始于个人求胜的意志和信心

犹太商人生意经要诀

一个人只要有自信，那么他就能成为他希望成为的那种人，一个人要永远保持成功的自信！无论在任何情况下，你都要依靠自己，相信自己，挖掘自己，发挥自己，只有你自己才能主宰自己。

《塔木德》中说："相信自己，便会攻无不克，不能每日超越一个恐惧，便从未学得生命的第一课。"

在犹太商人看来，对一个商人来讲，自信是自身的一种信念，是对自己的一种肯定。这将使他人尊重并信任你，如果你自己都对自己不信任，又怎么能指望别人也信任你呢？

在犹太商人看来，在遇到挫折时，如果你认为自己被打倒了，那么你就是真正地被打倒了。如果你认为自己仍屹立不倒，那你就真的屹立未倒。如果你想赢，但又认为自己没有实力，那你一定不会赢。如果你认为自己会失败，那你必败无疑。如果你自惭形秽，那你就不会成为一个强者。无论在任何情况下，你都要依靠自己，相信自己，挖掘自己，发挥自己，只有你自己才能主宰自己。

犹太人伊莎贝拉由于看到房产销售的情势大好，决定代理销售活动房屋。当时很多人都告诉她不应该这样做，说她不可能做得好。当时她仅有 30000 美元的积蓄，而别人告诉她最低的资本投资额是她的积蓄的许多倍。

"你看竞争多么激烈呀！"她的顾问这样忠告她，"此外，你在销售活动房屋方面又有多少实际经验？更别提业务管理了。"

伊莎贝拉女士对自己充满了信心。她承认自己的确缺少资金，竞争非常激烈，而且她也缺乏经验。"但是，"她接着说，"我收集的资料显示，活动房屋这个行业正在扩展，我也彻底研究了我可能遇到的竞争。我知道我在销售方面可以做得比镇上任何人都好。我也预料到会犯一些错误，但我会很快地赶上别人。"

　　于是，她毫不动摇地行动了。最后她那坚定不移的信心赢得了两位投资者的信任，也使她得到了几乎不可能的优惠——一家活动房屋制造商答应，在不需要现金的条件下，供应她一些很少量的存货。就这样，伊莎贝拉大获成功。当年，她卖出了超过100万美元的活动房屋。这一切的成果都归因于她对自己的信心。

　　可见，一切胜利皆始于个人求胜的意志和信心。一个人只要有自信，那么他就能成为他希望成为的那种人，在日常生活中，强者不一定是胜利者，但是，胜利者都属于有信心的人。一个人要永远保持成功的自信！在每做一件事前告诉自己这一次一定会成功，信心将随着你每一次目标的实现而增长。随着信心的增长，你会设置更高的目标，取得更大的成功。

保持警觉，适时变化，敢于撤退

犹太商人生意经要诀

面临多变的时代，要想成功，一个商人需要在变化方面提高警惕，保持警觉，而且有效加以驾驭。成功没有秘诀，不想在激烈的竞争中被淘汰，便应在应变技巧上下工夫。一旦发生变动，可以反应敏捷，马上认清变动原因，采取有效的应变措施。一旦发现情况不利时，就要下决心勇于变化，敢于放弃，一旦迟了一步，就无法处置。

犹太商人在经商过程中，能依据外部环境的变化，特别是市场和竞争对手的变化而相机应变调整自己的战略战术，这确实很高明。市场中没有变化，就没有机会。竞争环境中，有人会被淘汰，有人能找着机会。若能使自己的公司经常保持高度的警觉性，知道如何去变，能够驾驭变，这种公司则将永远立于不败之地。反之，一个商人不善变化，凡事拖延，必然备感辛苦，而且效果甚微。

当然，无论是多么有远见的商人，都不可能把未来竞争的细节描写清楚。所以，制胜之法"不可先诘"；妙算之策，不是包打胜仗的保证。置身于商场竞争中，能随机应变，才是用谋取胜之本。

世界闻名的美国克莱斯勒汽车公司，是仅次于通用汽车公司和福特汽车公司的第三大汽车公司。在 1979 年 9 个月中，却亏损了 7 亿美元。这个灾难之所以降临，可以说该公司不是失之于经济实力和技术力量薄弱，而是败于没有研究当时竞争的变化趋势，仍然抱残守缺。竞争中的高低之分，往往不单凭实力，而在信息的掌握和运用。

1973 年，全球性的石油危机，严重冲击了依赖能源的汽车工业。当时，美国所有的汽车公司都受到了冲击。石油价格上涨，令一贯用油挥霍无度的美国人，也不得不精打细算起来，改变那种阔少似的派头，开始逐步使用耗油最小的小型汽车。通用和福特两家汽车公司吸取教训，随机应变，针对美国人消费心理的变化，从生产豪华型的小汽车转到省油的小汽车上。而克莱斯勒公司不察商情，一意孤行，认为使用豪华型的小汽车是美国人的本色。结果，在 1978 年，世界石油危机再度出现的时候，豪华型小汽车的销售量大大下降，该公司存货堆积如山，每天损失 200 万美元，公司面临破产的危机，董事长不得不引咎辞职。后来聘请了福特汽车公司前总裁艾柯卡来力挽狂澜，并向美国政府申请 15 亿美元的贷款，才勉强渡过了难关。

在犹太商人看来，面临多变的时代，要想成功，一个商人需要在变的方面提高警惕，保持警觉，而且有效加以驾驭。成功没有秘诀，不想在激烈的竞争中被淘汰，便应在应变技巧上下工夫。一旦发生变动，可以反应敏捷，马上认清变动原因，采取有效的应变措施。在商场竞争中，市场状况瞬息万变，要时时掌握市场动态的变化，做到以变应变。只有寻求变化、洞察先机、善于驾驭的商人，才能在瞬息万变中抓住机会，获得成功。

1984 年，33 岁已经是 3 个孩子父亲的约尔马·奥利拉决定辞去花旗银行的优越职位，接受祖国的诺基亚公司的邀请，举家迁回芬兰。当时的诺基亚公司是一家名不见经传的传统制造业公司，其业务涉及造纸、化工、橡胶、电缆等 10 多个领域，当然也涉足计算机、电子消费品和电信产品等高科技业务范围，只是规模很小。而且诺基亚的产品包括高新技术产品，缺乏市场竞争力，受到美国与日本的强大竞争对手的夹击，真可谓是内忧外患，情况很不乐观。可以说，诺基亚当时确是处于风雨飘摇之中，已经到了决定其命运的关键时刻。

奥利拉接手诺基亚后，便抓住时机，进行了大刀阔斧的改革。

当时数字电话标准开始在欧洲流行，奥利拉认定数字化通讯设备将在未来市场上大有作为，因此他果断地将公司长期发展重心转移到电信设备的生产上，合并、卖掉一些公司，将造纸、轮胎、家用电子等业务压缩到最低限度，甚至忍痛砍掉了拥有欧洲最大电视机生产厂之一的电视生产业务，集中精力与资源加强移动通讯器材和多媒体技术的开发和探索。

诺基亚集中电信方面的资源后，优势得到体现，使它在蓬勃发展的电信市场上如鱼得水。现在移动电话和通讯基地设施两项业务已成为诺基亚的左膀右臂，其销售额之和占公司总收入的百分比超过80％，远高于爱立信的65％和摩托罗拉的40％。芬兰国民银行所属蒙哥马利证券公司的马克·麦克彻尼称："他们的经营几乎无懈可击。"这就是诺基亚从一个不知名的厂家迅速成长为国际三大电信巨头之一的首要秘诀。

商场如战场，是没有硝烟的战场，真是此处无声胜有声，激烈的竞争四面埋伏，一旦发现情况不利时，就要下决心勇于变化，敢于放弃，一旦迟了一步，就无法处置。但有些人却往往不愿这样做，感觉似乎不大雅观，有失男子汉的气魄。其实这是一种误解。

勇于放弃在经商战略上可以说是极重要的战术之一。放弃并不轻松，它不但困难，而且需要极大的忍耐力。一个善于放弃而转头经营其他商品的人，才是真正的勇者，才是真正的商人。

把错误和偶然也变为财富

犹太商人生意经要诀

愚者错过机会，弱者等待机会，智者把握机会，强者创造机会。机会常常改装打扮以问题面目出现，对某一重要问题的解决本身就为成功创造财富提供了良机。乐观的聪明人，不仅能看到眼前的问题，还能发现问题后面的机会。

在犹太人看来，错误也是发展机会，错误也能变废为宝。事实上，利用错误创造机会的例子在犹太人的经商中比比皆是，并不鲜见。机会常常改装打扮以问题面目出现，对某一重要问题的解决本身就为成功创造财富提供了良机。

《塔木德》上有两句经典的话："愚者错过机会，弱者等待机会，智者把握机会，强者创造机会。""悲观者只看见机会后面的问题，乐观者却看见问题后面的机会。"乐观的人，不仅能看到眼前的问题，还能发现问题后面的机会。当然，发现机会是以自身的才能和努力为前提的。

一家犹太工厂的工人在生产呢布的时候，由于工作中的不小心，生产出来的几匹呢布上染上了白点，这一下问题就大了，按规定，这样的呢布只能作废，不能出厂。

这时候，厂里有一位叫摩维西的工人发现这种呢布非常漂亮就与厂主商量，打折买了下来。然后，他拿到市场上，以比正常呢布更贵的价格叫卖，并取了一个十分动听的名字——"雪花呢"。结果，这种新款的呢布引起了人们的注意，几分钟之内即被抢购一空。不久，"雪花呢"成为市场流行时尚的宠儿，摩维西从此专门生产这种"错误"呢布，结果足足赚了一大笔。"碧绿液"是法国著名的矿泉水，畅销全国，还出口到美国和日本等国家。但是 1989 年发生的一件意外事情差点儿毁了生产这种矿泉水的法国"碧绿液"公司。

当年 2 月，美国食品卫生部门在抽样检查中，发现部分"碧绿液"矿泉水含有超过规定标准 2 倍的苯，长期饮用会有致癌的危险。消息传出后，"碧绿液"矿泉水的销量直线下降。怎么办？回收全部不合格产品，登报向广大消费者致歉？这样做对恢复碧绿液公司名声所起的作用不大。不如干脆来个变坏事为好事，利用这个机会重新提高和扩大公司的知名度。

于是，碧绿液公司马上举行记者招待会，在会上向来自各地的记者们宣布：把同一批销售到世界各地的 1.6 亿瓶矿泉水全部就地销毁，公司另外用新产品补偿。这个消息一出，记者们顿时哗然：为几十瓶不合格的矿泉水而销毁价值 2 亿多法郎的 1.6 亿瓶矿泉水，值得吗？

碧绿液公司却不这么认为。虽然毁掉 1.6 亿瓶矿泉水，公司的直接损失达 2 亿多法郎，但这样做却为公司赢得了信誉和名声。新闻媒介对碧绿液公司的奇特做法整版报道，大肆渲染。消息很快在美国和全世界传开，碧绿液公司认真为顾客着想、对顾客负责的美名四海皆知，比上一次美国食品卫生部门宣布碧绿液矿泉水苯含量超标准的消息还要轰动。这样做虽然使碧绿液公司损失了 2 亿法郎，但是如果直接花 2 亿法郎来为"碧绿液"矿泉水做广告，肯定不会产生如此轰动的效应，不会具有这么大的感染力。

世界各地的新闻媒介都对碧绿液公司的壮举十分关注。"碧绿液"矿泉水新产品上市的那一天，巴黎几乎所有的新闻媒介都作了大张旗鼓的报道，许多报纸用整版刊登了"碧绿液"的广告。电视台的广告更别出心裁：人们熟悉的那只葫芦状的绿色玻璃瓶依旧出现在电视屏幕上，一滴矿泉水从瓶口滑落，犹如一滴眼泪。同时画外音出来了：一个受委屈的小姑娘在哭泣，一个父亲般的声音劝慰她："不要哭，大家依然喜欢你。"小姑娘回答道："我不是哭，我是高兴啊！"

碧绿液公司在意外的打击面前并未一蹶不振，而是急中生智，采取良策克服困难，反而提高了知名度。可见，有时一招得当，便可挽救全局。

除了错误的机会外，犹太人还善于抓住偶然的机会发财。

美国《妇女家庭》杂志的编辑犹太人爱德华·包克，从小就沉迷在一种想法中，总有一天他要创办一种杂志。由于他树立了这个明确的目标，所以特别留心每个机会。有一回，他看见一个人打开一包纸烟时，从中抽出一张字条，随即把它扔在地上。包克拾起这张字条，见那上面印着一个著名女演员的照片，下面有一行字：这是一套照片中的一幅。包克把纸片翻过来，发现它的背面竟是空白的。

包克立即感到这是个机会。他推断：如果把印有照片的纸片充分利用起来，在它的背面印上照片上人物的小传，价值就可大大提高。于是，他走到印刷这种纸烟附件的公司，向经理说明了他的想法。这位经理立即说道："如果你给我写100位美国名人小传，每篇100字，我将每篇付给你10美元，请你给我送来一张名人的名单，并分为总统、将帅、演员、作家等等。"

这就是包克最早的写作任务。他的小传的需要量与日俱增，以致他得请人帮忙，于是他聘请了自己的弟弟，付给每篇5美元的稿费。不久，包克又请了五名新闻记者。就这样，包克成了著名的编辑。

可见，偶然的机会，有时就是这样，只要把握住了，就能使一个愿望成为现实。

事情看似无望也要再试一次

犹太商人生意经要诀

经商中，常常会遇到各种危难情景，却又无能为力，这时唯一的办法就是咬紧牙关，相信一切都会过去。遇事时要多进行一次尝试，凭毅力与弹性去追求所企望的目标，最终必然会得到自己所要的。因此，你做什么事可千万别在中途便放弃希望。

《塔木德》上说："遇事绝望，这正是很多人失败的根源。成功更多依赖的是人的再一次的尝试而不是天赋与才华。"

为了说明这个道理，《塔木德》上讲述了这样一则寓言：

两只青蛙觅食中，不小心掉进了路边一个牛奶罐里，牛奶罐里还有为数不多的牛奶，但青蛙们已经感到了灭顶之灾。一只青蛙想：完了，完了，全完了，这么高的一只牛奶罐啊，我是永远也出不去了。于是，它很快就沉了下去。另一只青蛙在看见同伴沉没于牛奶中时，并没有任自己沮丧、放弃。而是不断告诫自己：上帝给了我坚强的意志和发达的肌肉，我一定能够跳出去。"于是，它每时每刻都在鼓起勇气，鼓足力量，一次又一次奋起、跳跃——生命的力量与美充分地展现在它每一次搏击与奋斗里。不知过了多久，它突然发现肢下粘稠的牛奶变得坚实起来。原来，它的反复践踏和跳动已经使液状的牛奶变成了一块奶酪！不懈地奋斗和挣扎终于换来了自由的那一刻。它从牛奶罐里轻盈地跳了出来，重新回到绿色的池塘里，而那一只沉没的青蛙就那样留在了那块奶酪里。

犹太商人在经商中常常会遇到各种危难情景，却又无能为力，这时他们唯一的办法就是咬紧牙关，相信一切都会过去。如果你好好审视历史上那些成大功、立大业的人物，就会发现他们都有一个共同的特点，不轻易为"危机、失败"所打败而退却，不达成他们的理想、目标、心愿，就绝不罢休。

肯德基炸鸡连锁店的创办人桑德斯上校，是在年龄高达65岁时才开始创业的。他展开挨家挨户的上门推销，把想法告诉每家餐馆："我有一份上好的炸鸡秘方，如果你能采用，相信生意一定能够提升，而我希望从增加的营业额里抽成。"很多人都当面嘲笑他，这并没有让桑德斯上校打退堂鼓。他从不为前一家餐馆的拒绝而懊恼，反倒用心修正说词，以更有效的方法去说服下一家餐馆。

在经历1009次被拒绝之后，桑德斯上校终于听到第一声"同意"。在过去两年时间里，他驾着自己那辆又旧又破的老爷车，足迹遍及美国每一个角落。困了就和衣睡在后座，醒来逢人便诉说他那些点子。历经1009次的拒绝，整整两年的时间，有多少人还能够锲而不舍地继续下去呢？

做事要多进行一次尝试，凭毅力与弹性去追求所企望的目标，最终必然会得到自己所要的。因此，你做什么事可千万别在中途便放弃希望。

第四章　靠沟通技巧征服客户的心
——犹太商人生意经之四：掌握有效沟通的技巧

每时每刻都向外界推销自己

犹太商人生意经要诀

　　每天都要做推销工作，推销自己的创意、计划、精力、服务、智慧。善于"推销自己"，是与人相处和睦的能力。注意关切周围的各种人，让他们也关心着自己、容纳自己，从这个阶梯开始，通向成功的目标。

　　《成功地推销自我》的作者，犹太人霍伊拉说："如果你具有优异的才能，而没有把它表现在外，这就如同把货物藏于仓库的商人，顾客不知道你的货色，如何叫他掏腰包？各公司的董事长并没有像X光一样透视你大脑的眼睛。积极的方法是自我推销，如此才能吸引他们的注意，从而判断你的能力。"

　　当然，由于传统观念根深蒂固，一般人都有一种极其矛盾的心态和难以名状的自我否定、自我折磨的苦楚。在自尊心与自卑感冲撞之下，他们一方面具有强烈的表现欲，一方面又认为过分地出风头是卑贱的行为。可是时代不同了，想做大事业，就应该更新观念，大胆地推销自己。

犹太人认为，在一个人的一生中，每天都在做着推销的工作。向别人推销自己的说法，道出了犹太人经商的一招制胜法。它的核心是给人好感，用善意温和的态度与人交往，那么别人也会以礼相报，生意就容易达成了。只有成功地推销自我才可以出人头地。否则，必是人生事业的失败者。

英国前首相撒切尔夫人，在访问阿曼、科威特等国时，大谈生意，为本国厂商带回大批订单；日本首相中曾根，在走访五大洲的30多个国家时，也乐此不疲；至于各国的驻外使节，都在不同程度上充当本国产品的出口商。

犹太人认为，推销自我是指推销自己的创意、计划、精力、服务、智慧和时间。善于"推销自己"，是与人相处和睦的能力。根据心理学家的研究，认为人类的内心都有被人注目、受人重视、被人容纳的愿望。不管是欧洲人、美洲人、亚洲人、大洋洲或非洲人，只要是人类，都有这种愿望。

犹太人根据这种共同规则，在一切生活中，包括做生意的一切过程中，注意关切周围的各种人，让他们也关心着自己、容纳自己，从这个阶梯开始，通向成功的目标。

犹太人这种处世原则是有其根据的，人类都有其基本愿望，概括地说，有保持自尊、自立的愿望。如要达到自己事业的成功或发财致富，就要尊重这些基本愿望。

犹太人本着这种和顺办法，运用了三条推销法则：

第一条法则：把自己的创意或建议变成对方的，这也称为"钓鱼法"。即把你的创意或建议变成钓饵，对方会自然而然地上钩。比如说，你想让对方接受你的意见，以"你这样想过吗"的说法，要比"我是这样想的"更能打动对方，"试一试看看如何"的说法比"我们非这样做不可"更能获得对方赞同。这就是让对方觉得你的意思就是他的本意，他的自尊得到接纳，那么你的创意或建议就容易被采纳。

第二条法则：让对方说出你的意见。西方人也很讲究面子，所以提出意见要注意这个问题。如果毫不客气地给对方提出你的意见，出于"面子"问题，对方往往会本能地不予接纳。相反，你采用和顺婉转的方式提出，对方的"面子"堤围可能会自然开闸。如果你以冷静而温和的方式提出你的意思，然后说"虽作如是说，但可能有许多不当之处，不知你对这方面考虑的意见怎样"。这么一说，对方可能会完全接纳你的意思，并可能会说"我也是这样考虑的，请你不必有多余的顾虑"。

第三条法则：以征求意见代替主张。根据心理学家的反复调查研究结果，一个人向对方表达同样的意见，如果以正面而断然的方法说出，较容易激起对方的逆反感情，如果以询问的方式向对方提出主张的话，对方会以为是自己的意思，不自觉地欣然接受了。可见，方式方法的不同，同样的意思会产生截然不同的效果。

学会赞美对方的优点

犹太商人生意经要诀

如果你能以诚挚的敬意和真心实意的赞扬去满足一个人的自我，那么任何人都可能会变得令人愉快、更通情达理、更乐于协力合作。赞美是不会被人们拒绝的，一句恰当的赞美犹如在银盘上放一个金苹果，使人陶醉。

犹太人认为，每一个人都希望得到别人的赞美。这是人的本质，人生来都渴望他人的赞赏。的确，一句赞美的话会暖和对方的心，赢得对方的信任，建立良好的人际关系，你的生活和事业也会更美好。无论家人、朋友，还是同事，谁做了值得赞美的事，请不要吝惜赞美他。

请看下面三个例子：

其一，犹太人巴密娜·邓安负责监督一名清洁工的工作，这位清洁工做得很不好，许多员工常常讥笑他，还故意把纸片或其他废物扔到走廊里，表明他的工作质量极差。这也给他造成心理压力，他实在没有信心做好工作。

巴密娜试过各种方法让这名清洁工做好工作，但都失败了。不过她发现这名清洁工有时也能把一个地方打扫得很干净。于是她就抓住时机在众人面前大加赞扬他，这种方法很有效，他的工作有了改进，不久他的工作做得很好，也赢得了其他人的高度赞扬。

巴密娜找到了激励人的最好方式，她也试着赞扬和鼓励其他人，效果也非常好。她真正体会到真诚的赞扬可以收到最佳效果，而批评和耻笑往往把事情弄糟。

其二，麦当劳在日本的发展得力于日本犹太人藤田先生。藤田先生为人真诚，与员工打成一片，他能亲切地喊出每个员工的名字。一旦员工做了好事，不管事大事小，他都给予表扬。

有一年夏天，天特别热，温度高达 32℃，有一群孩子在麦当劳户家分店前进行募捐活动，没过多久，几个孩子实在受不了炎热的天气，纷纷倒下了，该分店的经理看到了这种情况，立刻给孩子们送去了可口可乐。孩子们喝了后，渐渐地又恢复了体力。这件事很平常，他们没有向藤田汇报。后来，有一个孩子给藤田先生写了一封感谢信，藤田先生才知道这件事。藤田先生马上公开表扬了那位经理。

藤田先生一向认为经营者一定要经常表扬他的员工，即使微不足道的小事，也应给予表扬，因为只有这样，才能满足员工的成就感，激发他的工作热情。

其三，有一次，犹太人玛丽被邀请参加一个高层次的制造商年会，晚上，她还参加了他们的颁奖宴会。在会上，她发现好几个经销商穿着海军蓝的运动夹克衫，而且他们穿得很不合身，很显然，这些衣服做工太粗糙，没有考虑到穿衣人的身形。

玛丽觉得很纳闷，这么高层次的颁奖宴会，那几个经销商怎么穿那么别扭的衣服。于是她就问他们公司的一位主管："他们为什么要穿这种蓝夹克衫？"

"噢，他们是我们公司销售业绩最优的人。"对方回答说。

宴会上，从头到尾她都等着有人出来致辞，表扬那些穿蓝夹克衫的人。最后，有一位著名演员出来表演了一个节目，接着许多气球从天花板上纷纷飘下，她以为马上就要颁奖，结果，她又错了，晚宴到此结束了，客人们纷纷都走了。

玛丽惊讶不已，禁不住问那位主管："你们颁给那些经销商的奖品在哪里呢？"

"噢，他们早都收到，就是那些我们早已寄到他们家中的蓝夹克。"

玛丽觉得不可思议，她很难相信一个公司举行颁奖宴会却不公开表扬那些得奖人。在她的公司却不是这样，她从来都不会放过表扬员工的机会，而且她往往要让那些优秀的员工站在台前接受掌声，她认为这么做比在家里独自受奖品光彩得多了。

玛丽公司有一份刊物《掌声》，专门表扬那些优秀的工作人员，这份刊物全部用彩色纸印刷，发行量可以与全国性杂志相媲美。这份刊物往往主要报道那些在销售、招募和小组工作上有特殊成就的人，常常附有照片，并突出他们的特殊成就。这种表扬方式取得很好效果，员工的积极性和创造性大大提高了。

在你赞美对方时，要掌握一定的技巧和原则。了解对方心理是赞美的前提条件。赞美是要满足对方的自我，不了解对方的心理，便难以获知他需要什么，乱赞一通，只会适得其反。因此，你要洞悉对方的喜好，让他听到自己渴望听到的评价。

1. 选择对方最喜欢或最欣赏的事和人加以赞美

打动人心的最佳方式是跟他谈论他最珍贵的事物，当你这么做时，不但会受到欢迎而且还会使生命扩展。切忌对无中生有的事加以赞美，若你这样做，会使人们感觉到你是在"溜须拍马"，而心生厌恶感。

2. 赞美一定要显得自然

赞美必须是由衷的，虚情假意的恭维不仅收不到好效果，甚至会招惹麻烦。赞美是为了使对方感到高兴。因此，你赞美的话一定要显得自然，千万不要矫揉造作。如果你的用词没有把握好分寸，就达不到使对方舒适的效果。因此，直接赞美时最好不要使用那些过分的用语，要既准确又得体，尽量显得优雅大方。

3. 赞美对方时最重要的是要热诚

一副冷漠的面孔和一张缺乏热情的嘴是最令人失望的，因此，赞美对方时最重要的是要热诚。每个人都珍视真心诚意，它是人际交往中最重要的尺度。英国专门研究社会关系的卡斯利博士曾说过：大多数人选择朋友都是以对方是否出于真诚而决定的。一两句敷衍的话，立刻会被人发觉你的虚伪，而且，毫无根据的赞美，也会让对方觉得你不怀好意，进而引起他对你的防范。

4. 赞美对方必须具体而恰如其分

因为赞美时越具体明确，其命中率就越高。我们赞扬对方时不一定非是一件大事不可，而对方的一个很小的优点或长处，只要我们能给予恰如其分的赞美，同样能收到好的效果。

5. 赞美对方应具有独到之处

对方经常听到相同的赞美，已经麻木了，一般不会心动，有时甚至会感到说话的人只不过是已经形成习惯了而已，所以，要想使赞美真正起作用，就应该尽量使自己的赞美新颖一些，与对方有可能经常听到的赞美有所不同，因为新鲜的东西更能引起人的重视。

6. 赞美对方要找准时机

要善于把握时机，该赞美时应及时赞美。不要在赞美对方时同时赞美其他人，除非是对方喜欢的人，即使你赞美他人也是给对方作铺垫，而且要适时适度。赞美要选准时机，否则，即使你再富有诚意，也可能造成负面的效果。

真诚和友善是最管用的说服本领

犹太商人生意经要诀

　　人与人的感情交流具有互动性。你如果要想与人成为知心朋友，首先得敞开自己的胸怀。要讲真话、实话，切忌遮遮掩掩、吞吞吐吐、令人怀疑，以你的真诚去换取别人的真诚。

　　犹太法典上说："温和与友善总是比愤怒和暴力更有力。"因而，犹太人认为要说服他人，首先自己要有真诚和友善的态度。

　　真诚是为人的根本。那些取得巨大成功的人都有许多共同的特点，其中之一就是为人真诚。如果你是一个真诚的人，人们就会了解你、相信你，不论在什么情况下，人们都知道你不会掩饰、不会推托，都知道你说的是实话，都乐于同你接近，因此也就容易获得好人缘。

　　一则寓言说，有一次，太阳和风相遇，它们争吵起来，都认为自己比对方厉害，但是谁也不能说服谁。最后，风说："我来证明一下我的本领。你看到那个穿大衣的老头了吗？我打赌我能比你更快地让他脱下大衣。"

　　太阳躲到云后，风开始施展它的本领，它愈吹愈大，疯狂地奔向老人，但是老人紧紧地裹住大衣，蹒跚地前进。风一看这种情况，非常生气，立刻狂风大作，愈吹愈急，但还是无济于事，最后风灰心丧气地败下阵来。

　　风渐渐平息了，太阳从云后露出了笑脸，开始以温暖的微笑照着老人。不久老人开始擦汗，脱掉了大衣。

　　你看，风的狂怒根本没有解决问题，而太阳的友善赢得了胜利。可见，人们总是乐于接受温和友善的人。

1915 年，小约翰·洛克菲勒成为科罗拉多州最受轻视的人。工人为了争取自身利益，要求科罗拉多州煤铁公司提高工资，愤怒而粗暴的工人捣毁厂房，砸坏机器。政府最后出动军队镇压，发生多起流血事件，罢工者被枪杀，尸体遍布街头，场景极其残忍和野蛮。这次罢工持续了两年之久，成为美国工业史上最血腥的一次罢工。

在那种充满仇恨的气氛下，作为公司的所有者洛克菲勒尽力平息工人的愤怒，希望他们接受他的意见。他先花了几个星期的时间深入到工人家中，尽管遭到一些工人的拒绝，他仍顶着巨大压力走访每一个受害家属，与他们成为朋友，然后他对工人代表发表了精彩演讲。

"今天是我一生最值得纪念的日子，"洛克菲勒开始说，"这是我第一次有幸会见这家伟大公司的劳方代表、职员和监工，大家会聚一堂，商讨公司的未来发展。我可以告诉各位，我很荣幸到这里与大家会面，在我有生之年我不会忘记这场聚会。

"这场聚会如果在两个星期前举行，我对今天到会的大多数人将一定很陌生，我只认得几张熟悉的面孔。上周我有机会去南区煤矿所有的工棚视察了一遍，与各位代表进行过个别谈话，除了不在场的代表，统统见过面了。我拜访过你们的家庭，见过各位的妻子和儿女，今天我们以朋友的身份相互见面，我们不再是陌生人了，我们之间已经有了友善互爱的精神，我很高兴有机会与各位代表讨论我们共同的利益问题。

"既然聚会应由厂方职员和劳工代表共同参加，我能来此参加聚会，多谢大家的支持。因为我既非劳工代表，也不是厂方职员，但是我觉得我与你们的关系十分亲密，因为就某一方面来说，我代表了股东和董事们。"

面对几天前想把他吊死在酸苹果树上的工人们，洛克菲勒言辞恳切，他的话比传教牧师还要谦逊和蔼，他用了一些能拉近彼此关系的句子，如"我很荣幸到这里与大家会面"、"我拜访过你们的家庭"、"见过各位的妻子和儿女"、"今天我们以朋友的身份相互见面"。这场演讲太精彩了，取得了良好的效果，不仅平息了要吊死洛克菲勒的仇恨风暴，而且还赢得不少崇拜者。

洛克菲勒向工人提供了充足的事实，说明公司面临的处境，友善地劝说工人们回去工作，工人们接受了他的意见，暂时不再谈提高工资的事，一场愤怒就这样平息了。

洛克菲勒友善地化解了公司与工人之间的矛盾，他没有和工人争论，没有用政治的干预吓唬工人，也没有用严密的逻辑论证他们错了，假如那样的话，只能导致更多的仇恨和反抗。洛克菲勒巧妙地运用"以柔克刚"原理以友善和蔼的态度化解了工人的愤怒，最后化敌为友。

友善的态度在交往中非常有效。还有一个故事说，犹太工程师史德柏希望他的房东能够降低房租，但是他的房东很难缠，许多人都做过这方面的努力，都以失败告终。大家得出一致结论：房东太难打交道，不近人情。

史德柏决定试一试，他给房东写了一封信，说合同一到期，他将搬出去，事实上他不想搬走，如果房租能降低的话，他仍然想租下去。没过几天，房东就带着他的秘书来找史德柏。史德柏以友善的方式在门口欢迎他，非常热情。

史德柏并没有立即谈论房租太高，而先强调自己多么喜欢他的房子，称赞他管理有方，希望能再住一年，可是房租有点儿太高。

房东从来没有遇见过一个如此热情而真诚的房客，他简直不知怎么办才好。他开始向史德柏诉苦，其中有一位房客给他写过14封信，有些信言词极其粗鲁，太伤他的自尊心；还有一位房客威胁他，如果他不制止楼上那位打呼噜的房客，就要退租。

"有你这样满意的房客，我真是太轻松了。"他高兴地说。

房东在史德柏没有提出要求之前，就主动提出减收一点租金。史德柏希望再少一点，说出他能负担的数目，房东一句话也不说就同意了。"有没有需要装饰的地方？"他刚要离开时，转过身来问史德柏。

史德柏后来谈了这件事，他说："如果我用其他房客的方式要求减低房租的话，我相信我一定也会遇到相同的阻碍，我之所以会成功恰恰就是因为我的友善、同情和赞扬。"

真诚无私的品质能使一个外表毫无魅力的人增添许多内在吸引力。人格魅力的基本点就是真诚。待人心眼实一点，守信一点，能更多地获得他人的信赖、理解，能得到更多的支持、帮助和合作，从而获得更多的成功机遇，最后脱颖而出，点燃闪亮人生。

心理学研究指出，任何人的内心深处都有内隐闭锁的一面，同时又有开放的一面，希望获得他人的理解和信任。不过，开放是定向的，即只向自己信得过的人开放。以诚待人，能够获得人们的信任，发现一个开放的心灵，经过努力得到一位用全部身心帮助自己的朋友。这就是用真诚换来真诚，如果人们在发展人际关系，与人打交道时，去除防备、猜疑的心理，代之以真诚同别人交往，那么就能获得出乎意料的好结果。

人与人的感情交流具有互动性。一个人如果要想与人成为知心朋友，首先得敞开自己的胸怀：要讲真话、实话，切忌遮遮掩掩、吞吞吐吐、令人怀疑，以你的真诚去换取别人的真诚。人与人之间融洽的感情是心的交流。肝胆相照，赤诚相见，才会心心相印。岁月的流逝，时代的变迁，并没有减弱"真诚"在友谊宫殿中的光泽。我们在生活中应充满真诚，离开了真诚，则无友谊可言。一个真诚的心声，才能唤起一大群真诚人的共鸣。

不要向别人要求自己也不愿做的事

犹太商人生意经要诀

不要向别人要求自己也不愿做的事，注重和气是人
人得益的道理。不可恶化与四邻的关系，否则必会受到
排斥。不要播种仇恨，把人与人的关系处理好，是事业
成功和发财致富的一种技巧。

犹太文化强调人与人之间要有健康而友善的关系。《塔木德》
对犹太伦理讲得更具体了。该书讲述了一个事例：

一次，有位拉比要召集 6 个人开会商量一件事，邀请他们第
二天来。可是，到了第二天却来了 7 个人，其中肯定有一个人是
不邀自来的。但是拉比又不知道这第 7 个人究竟是哪一位。于是，
拉比只好对大家说："如果有不请而来的人，请赶快回去吧！"

结果，7 个人中最有名望、大家都知道一定会受到邀请的那人
却站了起来，然后快步走了出去。

大家都很明白，这位有名望并已被邀请的人为他人背了黑锅。
但这个人也明白，7 个人中必定有一个人未受邀请，而这个人既已
到这里了，却要他承认不够资格而退回去，是件令人难堪之事。
因此，这位有资格的人挺身而出，宁愿自己名义上受点影响，保
护那个不请自来的人的自尊心，让他混迹其中。

那位有名望的人用心良苦，他能设身处地为他人着想并采取
巧妙的行动，正体现了"不要向别人要求自己也不愿做的事"那
种精神。

但是，《塔木德》编选这个故事除了褒扬那种帮助别人的精神
外，更深一层的意思是，这个有名望的人的举动表面上看来令他

"背黑锅",而实际上使他的声望更高了。《塔木德》编选这个故事,意在讲明帮助别人、注重和气是人人得益的道理。

犹太人在其民族文化的影响下,再加上其长久的流离失所的状况,普遍形成一种"谦和"的耐性。犹太商人就善于利用自己的这一耐性,在经商的一切活动过程中充分发挥"和气"的作用。这种和气的仪表,在人际交往之间确有溶合剂的作用,它很容易把对方吸引住。

按理说,像犹太人这样被人驱来赶去、朝不保夕的民族,"应该"在生意场上形成一种与此相应的"打一枪换一个地方"的短期策略和流寇战术。然而,犹太商人不但绝少有这类劣迹,相反,信誉卓著,他们所经营的商品也都属质量上乘。究其原因,除犹太商人的文化背景,如素以"上帝的选民"自居,不屑于做"一次性"买卖,有重信守约的习惯等之外,更有可能是从民族流动不定的生存状态与商业活动的规律之结合中,悟出了什么是真正的经商之道。

犹太商人是在四邻不太友好的眼光注视下演进到今日的,他们特别知道不可恶化与四邻的关系,否则必会受到排斥。历史上,犹太社群的精神领袖拉比就曾一再告诫同胞,不要播种仇恨。

从这样一种生存大策略上,犹太人总结出了和善处世的秘诀。

好脾气让你经商受益

犹太商人生意经要诀

对商人来说，没有什么比陷入突如其来的怒气中更能造成灾难的了，而习惯性的自我克制能带来平静和财富并免除激烈的争执。忍耐需要有好脾气，这对商人很重要。

《塔木德》上说："纯洁简朴的生活、良好的道德和快乐的天性，要胜过医生或药品所能为我们提供的一切。"

因而，犹太人认为，一个人应当从小就养成忍耐、平和而安宁的性情，对自己的一切都能乐天知命，使自己的身体始终处于和谐的状态，避开疾病的侵扰。

忍耐需要有好脾气，这对商人很重要。一则笑话说，有位在政党里崭露头角的候选人，去一位政界要人那里学习他政治上取得成功的经验，以及如何获得选票。

这位政界要人向他提出了一个条件，他说："你打断一次我说话，就得付5美元。"

候选人说："好的，没问题。"

"那什么时候开始？"政客问道。

"现在，马上可以开始。"

"很好。第一条是，对你听到的对自己的诋毁或者污蔑一定不要感到愤恨，随时都要注意这一点。"

"噢，我能做到。不管人们说我什么，我都不会生气。我对别人的话毫不在意。"

"很好，这就是我经验的第一条。但是，坦白地说，我是不愿意你这样一个不道德的流氓当选……"

"先生，你怎么能……"

"付 5 美元。"

"哦！啊！这只是一个教训，对不对？"

"哦，是的，这是一个教训。但是，实际上也是我的看法……"

"你怎么能这么说……"

"付 5 美元。"

"哦！啊！"他气急败坏地说，"这又是一个教训。你的 10 美元赚得也太容易了。"

"没错，10 美元。你是否先付清钱，然后我们再继续？因为，谁都知道，你有不讲信用和赖账的'美名'……"

"你这个可恶的家伙！"

"再付 5 美元。"

"啊！又一个教训。噢，我最好试着控制自己的脾气。"

"好，我收回前面的话，当然，我的意思并不是这样。我认为你是一个值得尊敬的人物，因为考虑到你低贱的家庭出身，又有那样一个声名狼藉的父亲……"

"你才是个声名狼藉的恶棍！"

"请付 5 美元。"

为了学会自我克制的第一课，这个年轻人为此付出了高昂的学费。

然后，那个政界要人说："现在，就不是 5 美元的问题了。你要记住，你每一次发火或者你为自己所受的侮辱而生气时，至少会因此而失去一张选票。对你来说，选票可比银行的钞票值钱得多。"

这则故事对商人处世很有借鉴意义。

对商人来说，没有什么比陷入突如其来的怒气中更能造成灾难的了，而习惯性的自我克制能带来平静和财富并免除激烈的争执。

在洛克菲勒的轶事中，曾有一位不速之客突然闯入他的办公室，直奔他的写字台，并以拳头猛击台面，大发雷霆："洛克菲勒，我恨你！我有绝对的理由恨你！"接着那暴客恣意谩骂他达几分钟之久。办公室所有的职员都感到无比气愤，以为洛克菲勒一定会拿起墨水瓶向他掷去，或是吩咐保安员将他赶出去。

然而，出乎意料的是，洛克菲勒并没有这样做。他停下手中的活，和善地注视着这一位攻击者，那人愈暴躁，他就显得越和善！

那无理之徒被弄得莫名其妙，他渐渐平息下来。因为一个人发怒时，若遭不到反击，他是坚持不了多久的。于是，他咽了一口气。他是准备好了来此与洛克菲勒做争斗的，并想好了洛克菲勒要怎样回击他，他再用想好的话去反驳。但是，洛克菲勒呢，就像根本没发生任何事一样，继续他的工作。洛克菲勒就是不开口，所以他也不知如何是好了。

最后，他又在洛克菲勒的桌子上敲了几下，仍然得不到回响，只得索然无味地离去。

谈判时要摸清对方底细

犹太商人生意经要诀

谈判是一种不必借助武器的战争，三言两语可以造成极大的杀伤力，亦可轻而易举地征服人心。在任何商业谈判前都先做好周密的准备，广泛收集各种可能派上用场的资料，甚至对方的身世、嗜好和性格特点，使自己无论处在何种局面，均能从容不迫地应付。

犹太商人十分注重商业谈判技巧，所以他们的生意成功率较高。犹太格言说："与其迷一次路，不如问十次路。"这讲明犹太人在行动前总要把目标方向了解清楚，不主张贸然行动。

美国总统尼克松在一次访问日本时，犹太人基辛格作为美国国务卿同行。尼克松总统在参观日本京都的二条城时，曾询问日本的导游小姐大政奉是哪一年？

那导游小姐一时答不上来，基辛格立即从旁插嘴："1867年。"

这点小事，说明基辛格在访问日本前已深深了解和研究过日本的情况，阅读了大量有关资料，以备不时之需。

在犹太人的观念中，谈判是一种不必借助武器的战争，三言两语可以造成极大的杀伤力，亦可轻而易举地征服人心。正因为有这种观念，犹太人在任何商业谈判前都先做好周密的准备，广泛收集各种可能派上用场的资料，甚至对方的身世、嗜好和性格特点，使自己无论处在何种局面，均能从容不迫地应付。

犹太商人在商务谈判前一定要了解顾客的基本需要，然后针对顾客的需要而努力设法满足它。对广大顾客来说，生活上的需要，工作上的需要，精神上的需要，是基本的需要，是必不可少的需要。当然，不同的顾客在这三方面的基本需要，又有轻重缓急之分。

犹太商人善于针对顾客的基本需要，设法对顾客表示出关心。他们不光谈商品、交易，还根据洽谈气氛，适时地谈谈顾客生活上的爱好，精神上的追求，工作上的兴趣、志向及成就，等等。如果他们了解到顾客对这些内容感兴趣，就会顺水推舟地同其侃谈。这样使得气氛融洽了，也就容易与交易联系起来。

有一家以色列公司与日本商人洽谈购买国内急需的电子机器设备。日本商人素有"圆桌武士"之称，富有谈判经验，手法多变，谋略高超。犹太人在强大对手面前不敢掉以轻心，组织精干的谈判班子，对国际行情做了充分了解和细致分析，制订了谈判方案，对各种可能发生的情况都做了预测性估计。犹太人尽管做了各种可能性预测，但在具体方法步骤上还是缺少主导方法，对谈判取胜没有十分把握。

谈判开始，按国际惯例，由卖方首先报价。报价不是一个简单的技术问题，它有很深的学问，甚至是一门艺术，报价过高会吓跑对方，报价过低又会使对方占了便宜而自身无利可图。

日方对报价极为精通，首次报价 1000 万日元，比国际行情高出许多。日方这样报价，如犹太人不了解国际行情，就会以此高价作为谈判基础，因日方过去曾卖过如此高价，有历史依据，如犹太人了解国际行情，不接受此价，他们也有辞可辩，有台阶可下。

犹太人已了解了国际行情，知道日方在放试探性的气球，果断地拒绝了日方的报价。日方采取迂回策略，不再谈报价，转而介绍产品性能的优越性，用这种手法支持自己的报价。

犹太人不动声色，旁敲侧击地提出问题：贵国生产此种产品的公司有几家？贵国产品优于 A 国 C 国的依据是什么？用提问来点破对方，说明犹太人已了解产品的生产情况，日本国内有几家公司生产，其他国家的厂商也有同类产品，犹太人有充分的选择权。

日方主谈人充分领会了犹太人提问的含意，故意问他的助手：

"我们公司的报价是什么时候定的?"这位助手也是谈判的老手，极善于配合，于是不假思索地回答:"是以前定的。"主谈人笑着说:"时间太久了，不知道价格有没有变动，只好回去请示总经理了。"犹太人也知道此轮谈判不会有结果，宣布休会，给对方以让步的余地。

最后，日方认为犹太人是有备无患，在这种情势下，为了早日做成生意，不得不作出退让。

不怕麻烦，不知道就询问

犹太商人生意经要诀

对于不清楚的每一件事，不问出头绪，决不罢休。用在商务活动中，则体现为双方都应该尽可能彼此了解。养成了一种对任何事都感兴趣并"打破沙锅问到底"的精神。

犹太商人常说："搞清楚后再做交易。"这是经商中铁的原则。在经商中，遇到不懂的问题，犹太人一直要问到自己彻底弄清楚以后，才善罢甘休。犹太人这种问则问个水落石出的性格，在商业谈判中，也可以彻底地表现出来。

某公司总经理让助理就第一季度的工作写份工作总结，并且嘱咐说："越详细越好。"助理把 90 天的工作事无巨细都写了出来，总经理看了洋洋万字的报告，只是摇了摇头。原来总经理的意思是上级要来检查工作，上季度工作面牵扯得比较多，包括产品质量、更新设备，甚至在福利待遇和环境卫生方面也做了许多工作，希望总结得详细一些。可是助理却连总经理开了几次会，副总经理出了几趟差，公司有几次请客吃饭都写得清清楚楚。

总经理面对这份报告，只能无可奈何地苦笑。批评助理吧，他的确是按照自己的意图来写的；不批评吧，报告的确不能用。没有办法，总经理只好自己重写了一遍。助理对于总经理的意图，实际上并没有心领神会，而只限于机械地简单地执行。看来，心领神会并不容易。

为了领会对方的意图，当你接受对方的指示或吩咐的时候不妨问得再清楚些。当然不要流露出畏难情绪，而是以探讨式的带有商量的口吻，把对方的意图搞得更加清楚。不要对方说了什么，就想当然地认为完全理解了。

写一份报告、出一趟差、出席一次会议，对方都会有一定的意图和指示。你首先得明白这项工作在整体工作当中处于什么样的地位，也应该明白对方正处于什么样的需求和心理状态，同时应该根据对方一贯的思想意图和工作作风来加以完整地理解。能够做到这些的人才不愧是心领神会对方意图的高手。

在领会对方意图的时候，有时需要你进一步地询问和商量，有时需要你提点补充和修改意见，有时需要你提个醒，有时需要你提供一点信息和别人的经验教训供对方参考。这样一来，如果对方采纳了或部分采纳了你的意见，而且又完善充实了自己的想法，那么你和对方之间的沟通就更为全面和完善，办起事来对对方的意图领会得肯定会更为透彻、更为全面。

一个犹太人给一位日本朋友打电话，要求借车旅行。这位日本人考虑到这位犹太朋友第一次来日本，对日本很陌生，便热情地说：

"你要到京都一带的名胜古迹去游览，我可以义务陪同。"

"谢谢你的好意，我已有足够的准备。"

犹太人借到车后，便带上地图和导游手册独自旅行去了。

几天以后，那个犹太人满面春风地回来了，把车还给那个日本人，并请日本人一块吃饭。

饭桌上，犹太人仿佛要弥补白损失一顿饭似的，抓紧机会连珠炮似的向日本人提问：

"日本男人外出时不穿和服，为什么回到家中反而穿和服呢？"

"为什么和服的领子要白色的，白色不是最容易脏吗？"

"日本人为什么要用筷子吃饭？用勺子不是更方便吗？筷子是不是日本贫穷祖先的遗物？"

"……"

问！问！问！那个日本人被问得晕头转向，连饭也顾不得吃，由此可见犹太人的性格。

犹太人对于不清楚的每一件事，不问出头绪，决不罢休。用在商务活动中，则体现为双方都应该尽可能彼此了解。犹太人在尽可能了解对方方面，总是不遗余力的，大有一种打破沙锅问到底的气概。

比如：日本人出国旅行时，在导游的陪同下，参观了名胜古迹后，就都满足了。这多半是因为尚未从学生时代的修学旅行的习惯中脱离出来的缘故，也可以说是喜爱幼稚型旅行的表现。

这样，即使到欧美各国去旅行，也一眼分辨不出谁是英国人，谁是法国人，谁是美国人和意大利人。连形象特征都分辨不清，那么要理解该国的国民生活，则更是难上加难。尽管如此，日本人仍然玩得很开心。

正如日本人分不清白皮肤人种一样，白种人要分清黄皮肤人，也是极其困难的。大部分白种人跟日本人一样，不愿下工夫去辨认。但是，犹太人却不同，他们对名胜古迹兴趣不浓，而对其他人种、其他国民的生活和心理、历史，则表现出超过专家的好奇心，甚至希望了解到这个民族未公开的东西。

犹太人每到一处旅游之前必定下很大工夫去了解该国的历史、地理、风土人情、宗教习惯，乃至旅游中出现的各国人种都要分辨得清清楚楚。犹太民族由于2000多年的流散和惨遭迫害，迫使他们出于自卫的本能而不得不详细地研究各国的民族性，然后才能"对症下药"求得生存。正是这一历史的原因，使他们无形中养成了一种对任何事都感兴趣并"打破沙锅问到底"的精神。

犹太人从来不耻下问，正是这种"打破沙锅问到底"的精神，才使犹太商人掌握了渊博的知识，成为世界公认的第一商人。

不要让仇恨的怒火烧伤自己

犹太商人生意经要诀

不要因为你的仇人而燃起一把怒火，烧伤你自己。恨仇别人是毫无意义的，付出的代价太高了。宽容大度，能使伤害你的人感到无地自容，激起他灵魂的真正震撼，同时，又中止了冤冤相报的恶性循环。

《圣经》上说："爱你们的仇敌，善待恨你们的人。诅咒你的，要为他祝福；凌辱你的，要为他祷告。"信仰《圣经》的犹太人认为，恨仇别人是毫无意义的，付出的代价太高了。

犹太人乔治·罗纳在二战时被迫逃往瑞典，之前他曾在维也纳当过很多年的律师，人生阅历和生活阅历都很丰富。到了瑞典，他已身无分文，他必须找一份工作养活自己。他学过好几种外语，既能说又能写，因而他想到一家进出口公司找份秘书工作。他给很多公司写信，谈了自己的想法，绝大多数公司回信告诉他，现在处于战争时期，他们不需要这类职员，不过他们已把他的名字存入档案。其中有一封回信这样写道："你对我生意的了解完全错误，你既错又笨，我根本不需要任何替我写信的秘书。即使需要，我也不会请你，因为你甚至连瑞典文都写不好，信里全是错字。"

乔治·罗纳读完这封信后简直要疯了。这个人也太讨厌了，他自己的瑞典文写得狗屁不通，错误百出，还有资格指责别人，太狂妄了。于是他也写了一封信，气气那个讨厌的家伙。他转念又想：等一等，我怎么知道这个人说的不对呢？我学过瑞典文，可是它不是我的母语，或许我真犯了很多我不知道的错误。如果这样的话，我想找到一份工作，就必须努力学习。这个人可能帮我一个大忙，尽管他本意并非如此。他用这种难听的话表达意见，或许自有他的道理，我应该写封信感谢他一番。

可见，正如莎士比亚所言："不要因为你的仇人而燃起一把怒火，烧伤你自己。"所以我们要向乔治·罗纳学习，心平气和地面对你不喜欢的人。

犹太人麦克洛就是这样一个出色的人。他是美国电话电报公司的创始人，他所创立的这家公司营业额高达796.1亿美元，拥有近889亿固定资产，近30万人的雇员。

麦克洛出生在一个普通的工人家庭。为了谋生，他十几岁便到火车站做勤杂工，老实厚道的麦克洛经常受到工友们的愚弄，他像相信自己一样去相信每一个人，所以捉弄他的人都会得逞。

有一次，当时炎炎的烈日烘烤着大地，地面热得像个蒸笼，车站上的工人个个汗流浃背。于是他们便找了一处阴凉的地方休息。大家觉得无聊，看见正在擦汗的麦克洛就在不远处，便拿他来寻开心。一个名叫贝格伦斯的工头对麦克洛说："今天站上红灯里的油用光了，你去到离这儿一千米远的一座圆形房子里要些红油来。"诚实的麦克洛哪里知道工头是在捉弄他，接到命令后，马上就去找红油。

麦克洛顶着烈日走了一千米，终于找到了一座图形房子。那里的人一听说麦克洛要红油便回答说："你一定弄错了，我们这里从来没有红油，你还是先回去向站长问清楚吧。"

麦克洛不敢去问站长，便向同事们四处打听，大家见他如此愚笨，就胡乱地东指西指骗他。麦克洛俱信不疑，按着他们所指的方向东奔西跑。最后一位老工人实在不忍心看着麦克洛在太阳底下跑来跑去，就拉住他说："小伙子，你太老实了，大家都在骗你呢，哪里有什么红油，灯里的红光是因为靠在那儿的红色玻璃！"

听了老工人的话，麦克洛如梦方醒，但他并没有去抱怨更没有去报复骗他的人，而是反省了自己，他觉得自己太缺乏独立思考的能力了，如果自己稍加思考，或稍有些常识，或稍微怀疑一下别人，都不至于把玩笑开这么大。从此，麦克洛不但诚实待人，还学会了防止别人欺骗自己。

宽容和忍让是制止报复的良方，你经常带上这个"护身符"，可保你一生平安。因为善于宽容和忍让的人，不会被世上不平之事所摆弄，即使受了他人的伤害，也决不冤冤相报，宽容忍让会时时提醒自己："邪恶到我为止。"

当你不给别人留一点活路的时候，任何人都会进行顽强的反抗，这样双方都不会有什么好结果。因此，永远要切记"得饶人处且饶人"这一古老训条。

七八十年前的欧洲医学界，几乎没有人不知道犹太人阿·居尔斯特兰德的名字。居尔斯特兰德不仅是一位极高明的眼科医生，而且是对眼睛进行深入研究、揭开眼睛生理光学秘密的专家，1911年授予他诺贝尔医学奖时，是由物理学权威们参加审议的，这也是诺贝尔奖颁发中的一件趣事。

居尔斯特兰德是他父亲——文诺·居尔斯特兰德——的第三个儿子。老文诺也是一位眼科医生，而且很有名气，他家在瑞典的朗茨克鲁纳，这里最有钱的富豪是玛尔盖勋爵。朗茨克鲁纳海滨的面粉厂、化工厂、造船厂等等，都是玛尔盖的财富。

玛尔盖曾在贫民区创建了一所医院。贫民区原来有个小诊所，就是老文诺的眼科诊所。不但瑞典国内的患者，连北欧其他国家的患者也常慕名而来找文诺就医，可见名气之大。可玛尔盖不高兴，因为这样一来玛尔盖医院的名气就不大了。更何况老文诺以医济世，不以术致富。有人建议请文诺来玛尔盖医院主持眼科，玛尔盖以文诺没有文凭而拒之门外，这使得老文诺气愤至极。

后来玛尔盖发慈悲让文诺的三儿子居尔斯特兰德去医院当见习医生。居尔斯特兰德憋着一口气，想一定要干出个样子来，给父亲出出气。果然18岁时，居尔斯特兰德以优异成绩考入医院；5年毕业后回到父亲的小诊所，他接替了父亲和玛尔盖医院比着干起来。就在这所小诊所里，居尔斯特兰德28岁获得博士学位，他的博士论文轰动了瑞典首都斯德哥尔摩，30岁时他被任命为斯德哥尔摩眼科诊所所长。这样一来，玛尔盖开始后悔当初不应该把事情做得太绝，坏了两家的关系。

偏偏这时玛尔盖家的四小姐芬妮得了严重的眼病，他家医院里的眼科医生都束手无策，眼睁睁看着她一天天走向黑暗。玛尔盖不惜重金，把北欧各国的著名的眼科专家都请来了，然而谁也没有办法。两块黑色的云翳盖在四小姐芬妮的瞳孔上，一动手术就可能失明，不动手术等于有眼无珠，玛尔盖绝望了。最后还是芬妮自己提出：去请居尔斯特兰德。

　　居尔斯特兰德来了，他好像已经忘记了玛尔盖歧视、冷遇他父亲的前嫌，与对所有的病人一样，为芬妮做手术，结果成功了！重见光明的芬妮爱上了居尔斯特兰德，要将自己的终身许给他，以报答他的恩情。但是，居尔斯特兰德谢绝了。他既没有因前嫌对芬心坐视不理，也没有因治疗的成功而接受她的爱情，他离开家乡到乌普萨拉大学就任眼科教授去了。

　　宽容大度，能使伤害你的人感到无地自容，激起他灵魂的真正震撼，同时，又中止了你敬我回的恶性循环。更为难得的是宽容大度还带来了心理上的平静，能为你赢得宝贵的时间，把精力投入到事业中去。

和气生财

犹太商人生意经要诀

坑蒙顾客就是播种仇恨，微笑带来的则是滚滚财源。待每一个人都满面春风。(《塔木德》)

不要认为做个成功的商人就应该是严肃的、冷酷的、不苟言笑的。其实不然，作为一个成功的商人还要"微笑"，微笑着面对生活、面对战场、面对你的敌人！笑也是一种走向成功的武器。

世界上以经商著名的犹太人对这一点就深有体会。犹太商人之所以成功，"笑"的作用可谓是功不可没。

与犹太商人打交道，你会发现，与他们的谈判通常都是以微笑开始的。

谈判那天，犹太人会十分准时地到达谈判地点，绝不让你等候，哪怕是一分钟。双方见面后，犹太人非常地谦卑，客气地向你问候。特别是他们一直保持着微笑与你交流，那甜蜜的笑容让你觉得整个世界都是美好的。然而一旦进入谈判，他们会把谈判的条件提得很高，距离双方的协议差距很远，而且为了合同上一个细小的地方会和你讨价还价。双方于是开始不停地争论，最后变成激烈的争吵。第一天谈判，双方不欢而散。

但是，第二天，犹太人又会和你约定谈判的时间和地点，他们说话的神情十分地热情和真诚，态度是那样的温和与客气，仿佛昨天的种种不愉快没有发生过一样。犹太人的态度变化如此之快，简直让人觉得不可思议，询问犹太人态度发生如此大幅度变化的原因，犹太人哈哈一笑："人的细胞代谢得很快，昨天吵架的细胞已经被今天的温和细胞代替，所以今天没有必要再记恨嘛！"

犹太文化强调人与人之间要有健康而友善的关系。犹太历史上最著名的拉比之一希拉尔，他曾对犹太文化的精髓做过界定，他有名的主张是"己所不欲，勿施于人"。希拉尔出身贫寒，他靠自己的勤奋掌握了渊博的知识，成为犹太教首席拉比，他是犹太教徒最尊重的人，他的言论一直被人们广泛引用。据说，后来耶稣基督向其信徒训诲的言论，有许多是希拉尔的要言。可见，他的思想对犹太人影响颇深。

作为公司的老板。对待自己的属下，也要讲究以"和"为贵。

卡耐基的侄女约瑟芬曾经担任过他的秘书。年仅 19 岁的她由于没有办事经验，经常在工作中出错。这个时候，卡耐基并不是对她采取言语上的取笑或是讽刺，或对其严厉地批评，而是采用一种温和得体的方式，让她改正错误，并在以后不要再犯。

一天，约瑟芬再次犯了错误，卡耐基正想批评她，但马上又对自己说："等一等，戴尔·卡耐基。你的年纪比约瑟芬大了一倍，你的生活经验几乎是她的一万倍。你怎么可能希望她有与你一样的观点，你的判断力，你的冲劲？虽然这些都是很平凡的。但是，你 19 岁时又在干什么呢？还记得你那些愚蠢的错误和举动吗？"

于是，在面对约瑟芬时，他这样说道："约瑟芬，你犯了一个错误，但上帝知道，我所犯的许多错误比你更糟糕。你当然不能天生就万事精通。成功只有从经验中才能获得，而且你比我年轻时强多了。我自己曾做过那么多的愚蠢傻事，所以根本不想批评你或任何人。但难道你不认为，如果你这样做的话，不是比较聪明一点吗？"

初时，约瑟芬办事经验几乎等于零。但是现在她已是西半球最完美的秘书之一。其变化之大真是让人觉得不可思议。

可见对于员工，一定要以"和"为主。这种做法是在对方做错事后给予正确的心理安慰，它的作用是深远的、持久的！

犹太人在其民族文化的影响下，再加上其长久的流离失所的状况，普遍形成一种"谦和"的耐性。犹太商人就善于利用自己的这一耐性，在经商的一切活动过程中充分发挥"和气"的作用。

这种和气的仪表，在人际交往之间确有融合剂的作用，它很容易把对方吸引住。在商务活动中，实践证明它是一种促销手段。为什么这样说呢？因为人是群体动物，人与人之间能否和睦相处，对事业影响很大。企业家制造出来的商品或服务，因得人喜爱而赚钱发财；政治家开展政治工作，因得人而昌；歌唱家演唱得到观众赞赏，因得乐队的伴奏和观众的捧场而被接受……一切离不开人。犹太人领会这一道理，把人与人的关系处理好，成为他们事业成功和发财致富的一种技巧。

第五章　善于和竞争对手比巧智

——犹太商人生意经之五：在聪明智慧上巧胜对手

只要是合法的生意都能做

犹太商人生意经要诀

这个世界上，并不是所有的钱都能是挣的，一定要在法律的尺度之内挣钱，在不改变法律形式的前提下，变法律为己所用。

犹太人经商的信条是："既然是钱，我就可以去赚，我关心的是钱，而不是钱的性质。"对于他们来说，只有金钱才能带来幸福和快乐。

在犹太人的眼中，钱是没有善良、罪恶之分的。他们认为，主观区分钱的性质是件荒唐的事，那样做不但浪费时间，又束缚思想。犹太人认为金钱不是丑恶肮脏的，而是一种对人类的真诚祝福，能为发财创造各种机会，能为人们创造舒适安逸的生活。每个商人都应该学习和应用各种能够赚钱的方法。

例如，《塔木德》对酒的评价并不高，深信"当魔鬼要想造访某人而又抽不出空来的时候，便会派酒做自己的代表"。这同我们日常语言中的"醉鬼"一词有异曲同工之妙：喝醉之人同鬼相差无几。因此，《塔木德》叮嘱犹太人："钱应该为买卖而用，不应该为酒精而用。"

但世界上最大的酿酒公司施格兰酿酒公司，就是为犹太人所有的。施格兰酿酒公司创立于 1927 年，到 1971 年，这个公司共拥有 57 家酒厂，分布在美国和世界各地，生产 114 种不同商标的酒和饮料。

可见，对于犹太人来说，生活在这个世界上赚钱是最重要的事，他们非常关心怎样大把大把地往自己的兜里装钞票。

再如：犹太民族极为重视立约与守约，并使之高度神圣化。在商业活动中，犹太人一贯极为重信守约。然而，善于赚钱的犹太人同样把合同视作商品来买卖。

那么，出售合同到底有什么好处呢？

合同本是商谈双方签订的约定，是规定双方必须履行的责任和所享受的权利，这是两方的事。销售合同是把这些能享受的权利让给"第三者"，连同必须履行的责任一块，条件是"第三者"得付出一定的价钱。卖合同的人相当于一个坐享其成的人，他不需要经营业务，也不需要履行合同中所指定的责任，不费吹灰之力就赚取了其中的利润。这对于会赚钱的犹太人来说，何乐而不为呢？

因此，只要他们觉得买卖双方的条件都能接受时，他们就十分乐意地把合同卖了！

我们常说的"代理商"就是指这种靠买合同而稳赚利润的人。犹太人称"代理商"是"贩克特"，他们把别的公司企业等业已订立的合同买下来，代替卖方履行合同，从中获利。

犹太人的"贩克特"是走遍世界的。他们一般瞄准一些信得过的大公司或大厂商。银座藤田先生的公司就与"贩克特"常来往。

"您好，藤田先生，现在您做什么生意？"犹太"贩克特"常常会问。

"嗯！刚好和纽约的高级女用皮鞋商签好输入 10 万美元的

合同。"

"哇！正好，可否将此权利让给我？给您两成的现金利润。"

双方有意，于是一桩合同的买卖很快便成交了。藤田先生不费吹灰之力，取得两成现金利润，犹太"贩克特"也因此获得女用皮鞋输入权利，再从皮鞋销售中获取更多的利润。交易的结果，双方都笑容满面。这就是"贩克特"的快速生意，犹如"快刀斩乱麻"。

当他们双方交易拍定后，"贩克特"手持合同马上飞往纽约那家皮鞋公司，宣称 10 万美元输入的权利是属于他的了。他们这么做的好处是不用直接参加合同的签订，而是直接用钱购买需要的合同。

当然，做合同买卖需要非常小心谨慎，它要求"贩克特"们要有敏锐的洞察力，以减少上当受的损失。犹太人惊人的心算速度、渊博的知识、深邃的理解力，决定了他们是天才的"贩克特"。

此外，犹太人的生意无禁区，不仅指交易内容上无禁区，还指交易对象上也无禁区。

犹太人是一个世界民族，他们只有一种意识——难道各国政府还打算干预家庭内部的交易活动吗？

所以，这样一种经商观，理所当然是每个商人都应该学习和应用的！

经营吃的生意永不赔本

犹太商人生意经要诀

入口的东西要消化，都会化做废物排泄掉。如此不断地循环消耗，新的需求不断产生，商人可以从经营中不断赚到钱。在做生意赚钱时，就不应拘泥于世俗人情，而是应该彻底实施合理主义。

嘴巴是消耗的无底洞，地球上当今有 50 多亿个"无底洞"，其市场潜力非常的大。为此，犹太商人设法经营凡是能够经过嘴巴的商品，如粮店、食品店、鱼店、肉店、水果店、蔬菜店、餐厅、咖啡馆、酒吧、俱乐部等等，举不胜举。

犹太人坚信，经营吃的生意绝对赚钱，他们正是利用"嘴巴生意"在异国他乡站稳了脚跟。吃的生意说白了就是"经营餐饮的生意"。犹太人把"它"列为除"女人"而外的"第二商品"。

例如，日本汉堡包店的创始人在 20 世纪 70 年代初期，与美国麦当劳快餐公司合作，向日本人提供物美价廉的汉堡包。开始经营的时候，许多日本商人都认为，在习惯于吃大米的日本推销汉堡包，不可能有市场。但犹太商人经过研究，指出日本人体质孱弱，身材矮小，这很可能与偏吃大米有关，同时他又看到，美国汉堡包店的效应正席卷全球，未来将是快餐时代。基于这两点，该犹太商人认为，同样是"吃"的商品，在美国能畅销，在日本为什么不能走红？再说，根据犹太人"嘴巴"生意经的观点来看，也绝对是赚钱的。他只要经营下去，为什么就说只能赔不能赚呢？

在这种情况下，这个犹太商人的汉堡包店开业了，第一天，果不出所料，顾客盈门，利润还大大超过这个犹太商人事先想象的程度。以后，利润有如芝麻开花节节高，一连用坏了几台世界最先进的面包机器，还是无法满足顾客的消费要求。这个犹太商人利用"嘴巴"生意发了大财！

美国一位靠经营土豆致富的犹太人辛普洛特，是当今世界上100位最有钱的富翁之一。

第二次世界大战爆发后，辛普洛特获知作战部队需要大量的脱水蔬菜。他认准了这是一个绝好的赚钱机会，于是买下了当时美国最大的一家蔬菜脱水工厂。他买到这家工厂后，专门加工脱水土豆供应军队，从这以后，辛普洛特走上了靠土豆发家的道路。

20世纪50年代初，一家公司的化学师第一个研制出了冻炸土豆条，那时许多人都轻视这种产品。有的人说："土豆水分占3/4还多，假如把它冷冻起来，就会变成软糊糊的东西。"可是辛普洛特却认准了这是一种很有潜力的新产品，即使冒点风险也值得，于是大量生产，果然不出所料，"冻炸土豆条"在市场上很畅销，成为他赢利的主要来源。

后来，辛普洛特发现，"炸土豆条"并没有把土豆的潜力彻底挖掘出来。因为，经过炸土豆条的精选工序——分类、去皮、切条和光传感器去掉斑点，每个土豆大概只有一半得到利用。余下的通常都被扔进河里。辛普洛特想，为什么不能把土豆的剩余部分再加以利用呢？不久，他把这些土豆的剩余部分掺入谷物用来做牲口饲料，单是用土豆皮就饲养了15万头牛。

1973年年底石油危机爆发了，用代用能源代替石油是形势的需要。辛普洛特瞄准这个难得的机会，用土豆来制造以酒精为主要成分的燃料添加剂。这种添加剂可以提高辛烷燃烧值和降低汽油的污染程度，颇受用户欢迎。为了做到物尽其用，辛普洛特又用土豆加工过程中产生的含糖量丰富的废水来灌溉农田，还把牛粪收集起来，作为沼气发电厂的用料。

辛普洛特利用土豆构筑了一个庞大的帝国。他每年销售15亿磅经过加工的土豆，其中有一半供应麦当劳快餐店做炸土豆条。他从土豆的综合利用中，每年取得 12 亿美元的高额利润。如今辛普洛特究竟拥有多少财富，难以计数。

辛普洛特在总结自己一生走过的创业历程时说："我一直遵循两条简单而又明确的准则，一是从大处着想；二是绝不浪费财物。"的确，这两条准则正是辛普洛特一生的写照。

女人是天生的消费者

犹太商人生意经要诀

从男人身上赚钱，其难度比女人大十倍。这个世界上是男人挣钱，女人用男人的钱养家。做生意一定要掌握这一点，只有打动女人的心，才能使生意成功。

犹太人千百年来的经商经验是，如果想赚钱，就必须先赚取女人手中所持有的钱。犹太人无论是经营钻石、戒指、女用礼服、别针，还是经营项链、耳环及女式高级日用皮包等商品，都会有相当的利润。商人只要稍稍运用聪明的头脑，抓住有利的时机，以"女人"为对象来赚钱，就能不断地赚取大把大把的钞票。

犹太商人沙克尔就是一个运用"女性生意经"的好手，他靠这种独特的经商法则成了日本有名的富翁。

沙克尔在繁华的东京银座开了一家百货商店，百货商店的营业对象限定在女性身上。为了尽可能地吸引女性，他将自己的营业面积全部用上，分别针对家庭主妇和上班的小姐，把正常的营业时间一分为二，白天他摆设家庭主妇感兴趣的衣料、内裤、实用衣着、手工艺品、厨房用品等实用类商品。晚上则改变成一家时髦用品商店，将朝气蓬勃的气息带到商店，以便迎合那些年轻的女性。光是袜子就陈列许多种，内衣、迷你裙、迷你用品、香水等，陈列的都是年轻人喜欢的样式和花样。凡是年轻女性喜欢的、需要的、能够引起她们购买欲望的商品，他都尽量满足，把它们摆在柜台上。在这里，年轻女孩子喜欢的东西可以说是应有尽有。

沙克尔的新式经营方法，果然取得了很好的效果。来他商店的人越来越多，而沙克尔不久就遇到了这样的问题：他的营业面积太小，如果完全模仿大的百货公司，做到各种花色品种都有的话，恐怕是不可能的。沙克尔面临了一次选择，要么是还维持现状，要么向专业化方向发展，只经营一类商品。他经过思索，决定将其他商品换下来，只经营袜子和内衣。

开始的时候，常来的顾客对这种经营方式不理解，但沙克尔相信自己的选择是对的，不久这间专门经营袜子和内衣的商店的名声就传开了。许多购买袜子和内衣的女性都不约而同地到沙克尔的商店来。别的商店要卖 250 日元 1 双的袜子，沙克尔尽量廉价进货，然后用每双 200 日元的价格卖出，同时将袜子的种类大量增加。沙克尔的专业经营法果然获得了成功，2 个月后，袜子的销售额增加了 5 倍，顾客也越来越多。

袜子的销路获得了成功，沙克尔如法炮制又打起了内衣的主意，他从美国进口了最流行的样式，进行巧妙的宣传。本来在内衣样式没有什么选择的当时，一旦出现新款式，马上就能引起流行。没过多久，沙克尔商店有世界上最流行的内衣的消息不胫而走，许多女性立即赶来先购为快。

沙克尔完全站在女性的角度上，使他的商店成为女性常来光顾的地方。不久沙克尔就赚了大钱，现在光分销点就已经达到 100 多家。

做生意要善于投其所好

犹太商人生意经要诀

当你与他人交往时，你要学会投其所好，尽量激起对方的急切欲望。如果你能做到这一点，你就可以不断地获得财富。

犹太人福克兰是美国鲍尔温交通公司的总裁，他的成功并没有显赫家室的支撑，而是一切靠自己白手起家。年轻时他只是鲍尔温交通公司的一位普通职员。

有一次，公司老板买了块地皮，这里的位置和各方面的条件都比较适合建造一座办公楼。可是这块土地上居住的一百多户居民让老板感到很头痛。在这里生活了几十年的老住户都早已习惯了这里的一切，突然要他们搬走，他们从心理上不能接受。一位爱尔兰老妇人还主动去联合其他住户一起抵抗鲍尔温公司的决定。住户们团结一心，让鲍尔温交通公司的老板束手无策。

公司老板最后只好提出用法律来解决。年轻的福克兰想：法律固然能够解决这件事，但是公司必须支付大量的费用，况且一打官司，就会影响迁居的速度，最好能劝说住户主动搬迁。于是福克兰把工作重点放在了爱尔兰老妇人身上。

福克兰把自己的想法跟老板说了以后，老板虽有些怀疑他的能力，但还是决定让福克兰去试一试。

一天，福克兰看见爱尔兰老妇人正悠闲地坐在台阶上乘凉，便走过去。福克兰装作满腹心事地在老妇人面前走来走去。老妇人看见这样忧心忡忡的年轻人就主动问："小伙子，怎么这样烦恼啊？"

福克兰没有回答老妇人问话，而是把话题转移到了老妇人那里，他装作很可惜的样子说："您整天坐在这里无所事事，真是太可惜了。听说最近这里要拆迁，弄得大家人心惶惶的，是这样吧？你可以发挥自己的能力为邻居们找一个安乐的地方居住，一来可以打发无聊的时间，二来可以让邻居们更信赖你，佩服你。"

福克兰的话引起了老妇人欲获得尊重和赞赏的兴趣，也让她感到自己对于邻居是多么重要，于是她便四处奔波去找房子，让邻居们一家一家地有了安宁的住处。至此，鲍尔温公司的问题自然而然地解决了。不但提前解决了搬迁问题，还省了一半的花费。

还有一位犹太人卡塞尔更是这方面的高手，卡塞尔是位善于观察，善于思考，善于洞悉别人心理的大赢家。他把这些都用在做生意上。提到"霍氏耳朵"巧克力，想必大家一定不陌生吧。在超市食品橱窗里那种被咬破的耳朵形状的巧克力，就是卡塞尔发明设计的。1998年，美国一场拳击比赛上，超级拳王泰森在和霍利菲尔德的一场拳击比赛上，咬掉了霍利菲尔德的半块耳朵，当场观众一片哗然。而后这件事被炒得沸沸扬扬，尽人皆知。卡塞尔便突发奇想，为他所属的特尔尼公司设计了耳朵巧克力，这种巧克力吸引了大量的消费者，也为特尔尼带来了大量的利润。

谁不想尝尝咬坏别人耳朵的滋味呢？尤其这种巧克力酷似霍利菲尔德的耳朵。卡塞尔这种超乎寻常的商业洞察力，给他赢来了3000万的年薪。

名牌产品高价出售

犹太商人生意经要诀

　　商品可以薄利多销，也可以厚利少销，这是一门经商的艺术。如今市场上的人们都喜欢与众不同的名牌产品，而这些名牌产品，是靠价格来培养的。名牌产品在营销中采用高额定价法，能够巩固名牌的高贵地位，保持特优的身价，维护其至高无上的优势，当然也赚取超额利润。

　　在美国洛杉矶市，有个生产经营珠宝手饰的犹太商人特尔曼开设的精品店，门面不大，生意也不怎么兴隆。为了搞好生意，特尔曼专门聘请的高级设计师，经过精心设计的世界最新流行款式的手饰首次上市销售。他对这一产品寄托了很大的希望，企盼一举改变自己经营不景气的状况。为此，他投入了 100 万美元的资金，首批生产了 1000 件，成本为 500 美元，基于打开市场的需要，他采取了低额订价策略，把每件定为 800 美元，这在手饰定价中算是比较低的了。特尔曼心想，凭着新颖的款式和低廉的价格，今天一定会开门大吉，发个利市。

　　特尔曼亲自出阵指挥，大张旗鼓地叫卖了半个月，购买者却寥寥无几。急昏了头的特尔曼铁下一条心来，每件下降 50 美元销售，又呼天喊地叫卖了半个月，购买者却仍不见多。向来不服输的特尔曼，这时也顾不得那么多了，干脆大甩卖吧，每件 200 美元，工本费都不要了，实行赔本清仓，但仍然没有几个人愿意光顾。

　　彻底绝望的特尔曼自认命该倒霉，索性也不再降价和叫卖了，他让人在店前挂出"本店销售世界最新款式手饰，每件 500 美元"的广告牌，至于能否销售出去，只好听天由命了。在繁华的闹市中，有这么便宜的东西，也可真少见。希望顾客们可怜一把。谁知，广告牌一挂出，陆陆续续来了不少购买者，兴致盎然地挑选起来。站在一旁的特尔曼这回可傻了，呆若木鸡地立在一旁。原来，他的店员一时粗心大意，在 500 后多加了个 0，这样每件 500 美元就变成了 5000 美元了，价格一下子高出 10 倍，购买者反倒一拥而上，不一会儿的工夫，倒还真卖出了七八件，并且随后的销售状况是越来越好，生意空前的兴隆。1 个月过去了，特尔曼的 1000 件手饰已经全部销售一空。差点血本全无的特尔曼，转瞬之间发了横财，高兴得他不亦乐乎。

特尔曼的世界最新款式的手饰精品，主要销售对象是那些爱赶时髦的年青人。他们的购买心理特点是讲究商品的高档次、高质量和时髦新颖。对手饰的需求不仅讲求时新，而且讲求派头，以满足自己的虚荣心和爱美之心。虽然，特尔曼的手饰款式新颖，但因为开始定价太低，他们便误以为价低则质次，戴到身上有失体面；当后来价格抬高 10 倍时，他们便以为价高而货真，因而踊跃购买。

可见，经商时要多动脑筋，抓住客户的心理来运作是一条发财的捷经。

不放过多赚 1 美元的机会

犹太商人生意经要诀

大海之所以成为汪洋，是由于一点一滴的积聚；大富翁也是从一点一滴做起，积少成多的。当然，实行积少成多的过程中，还要具有坚忍不拔的意志和扎扎实实、埋头苦干的精神。

世界屈指可数的建筑业巨子中，犹太人比达·吉威特，就是靠积少成多的方法成为亿万富翁的。

吉威特公司的经营内容，鲜为人知，因为吉威特往往这么回答访问者的问题："即使公司非常著名，它所承建的工程不见得就能相对地增加。有关本公司的经营内容，无可奉告。"

但是，这位 65 岁的犹太富翁，不仅称霸于建筑业界，同时在煤矿、畜牧、保险、出版、电视公司甚至新闻界，也广泛地大展宏图，获取了巨大的利润，这是各界人士共知并予以承认的。

身为大企业家的吉威特，其成功的关键就在于他那独特的经营哲学，也就是他常说的："倘若可以多赚 1 美元，只要有这种机会，我绝对不放弃。"然而，仅以此为例，还不足以说明吉威特的一切，我们还要从各方面来认识吉威特这个人。

吉威特是一位完全靠自己力量成功的代表，这多少有点保守。譬如，他为什么要经营金融公司？其主要目的是要使自己所有的子公司的资金周转及业务往来由自己的公司来经办，不肯让其他行业去"赚"这笔钱。这样经营的结果，一方面可以保证自己公司金融上的自主性，不受制于他人；另一方面又可以趁此经营金融公司，在金融业插上一脚，的确一举两得，处处得利。

再以他创办保险公司为例，凡是属于吉威特辖下的从业人员，其健康保险、寿命保险以及各子公司的业务保险等，无不归自己的保险公司承办。如此一来，不仅"肥水不流外人田"，对外营业方面亦可捞上一笔，的的确确是合算之举。吉威特建筑公司所使用的土木机械，同样是向属下的利斯公司租赁，并支付使用费及租金。总之，依据吉威特的经营哲学，任何钱都要自己赚，同时使公司的业务蒸蒸日上，则他那家建筑公司可获得更大的利润。

一般说来，承建一项工程，合同额的利润率平均是20%，但吉威特却有办法确保30%的利润。而且，吉威特对于工程费的投标，总是比其他公司低，这也早有定论。

譬如，他向美国原子能委员会所承包的俄亥俄州浓缩燃料工厂的建设工程，合同额是7.98亿美元。然而，吉威特不仅使完工日期比合同规定的缩短半年以上，还使工程费用比合同金额低2.6亿美元。

在"即使是1美元也要赚"的经营哲学下，吉威特仍然没忘掉顾客的利益，处处以顾客为重。在这种情况下，应该赚的他还是赚了，而且还树立了卓越的信誉。

有人认为吉威特在建筑业界的成功，其重要原因之一是合理而科学的投标法。他对一项工程的投标，事前必定做周详的科学方法估计，绝不用"经验"来臆测，以免遭受失败或损失。

例如在内华达州的运河与储水池建设工程招标上。投标会议在市内一家饭店中举行，这次除吉威特外，还有十多家公司参与。

投标的前一天，其他十多家建筑单位到达了。可是这家饭店所有的客房早已被先来的顾客占去，使他们找不到可住的房间。这些顾客全是吉威特带来的建筑工程人员，饭店的房间几乎全被他们包去。

在投标时，不管中标与否，只要认为是必要的，吉威特一定率领有关的工程师去参加。许多人认为吉威特中标的价格是十分公道的，那么从他慎重其事的做法来看，这种评价十分正确。

中标后订立了合同，吉威特的关心便转向另一件事，那就是如何降低比中标基准额更低的成本并依照合同质量的规定，完成这项工程。

吉威特虽然处在注重经验的土木工程界，但他对于工程管理、成本管理完全采取科学的管理方法。譬如电子计算机就是他时时运用的工具之一。整个工程日程表，几乎完全依据电子计算机而制订。土木建筑业界中，利用了电子计算机的人，恐怕要数吉威特是第一个了。

由于利用了电子计算机，使每件工程之间的衔接十分紧密。当一项工程完工而转移到另一项工程，人员和器材能够很快地迁移，使新工程能如期开工。

这种借助科学方法推动工程进度的做法，对于成本具有极密切的关系，也就是说把成本降到最低限度。

吉威特所以能比其他同行在各方面多赚 1 美元或 2 美元的利润，恐怕都是这样得来的，并非因偷工减料而获得的。

敢于争夺市场，又要善于开辟市场

犹太商人生意经要诀

企业的经营，既要敢于争夺市场，又要善于开辟市场。在一个竞争对手集中的地方奋力搏杀，能够获取一席之地，实属不易。如果转换思路，避开激烈的较量，去一个新的地方开辟市场，也许会轻松便捷地取得成效。

犹太人认为，在众多的经商之路中，与众不同才是高明的成功者。善于抓住财富的人，就懂得往人少的地方去，如果某个地方只有你一个人，那岂不是意味着这里所有的财富都只是属于你一个人吗？

哈默出身于一个普通犹太移民的家庭，23岁时哈默决定去苏联经商。

哈默之所以做出这样的决定，是因为他从报刊上读到了有关新闻。他对正受到斑疹伤寒和饥荒侵袭的苏联人民深表同情，当时谁也不敢去苏联，但哈默兴高采烈地开始准备这次旅行。

他买下了一座第一次世界大战中留下的野战医院，装备了必需的医药品和器械，又买了一辆救护车，就开始出发。

他要去的这个国家早已与大多数西方人隔绝，因此在他们看来，这次旅行简直像月球探险。这样，哈默以23岁的小小年纪，踏上了一条独特人生道路，它不仅从根本上改变了他的生活，而且也对其他人的生活带来很大影响。

哈默到苏联的第一印象是：

"人们看来都是衣衫褴褛，几乎没有人穿袜子或鞋子，孩子们则是光着脚；没有一个人脸上有笑容，一个个都显得既肮脏，又沮丧。"

火车缓缓地行驶了三天三夜，快到伏尔加河时，进入了干旱的不毛地带。这地方霍乱、斑疹伤寒及所有儿科传染病在儿童中肆虐流行。火车离开伏尔加区时，车上有1000人，但几天之后，车上只有不到200个身体原来最强壮的人还活着。

他很快又得知，饥荒正在迅速蔓延。成百个骨瘦如柴、饥肠辘辘的孩子敲打着从莫斯科开出的火车，乞讨食物；抬担架的人将难民车上的尸体源源不断地抬向一座公墓；从莫斯科来的代表团听到了人吃人的惨事；野狗在这些可怕的地方徘徊；吃死尸腐肉的鸟类则盘旋于头顶。

一昼夜后，视察车带着忧心如焚的乘客驶进了卡特灵堡附近的工矿区。使哈默大为吃惊的是：正如卡特灵堡成堆的皮毛一样，这里有成堆的白金、乌拉尔绿宝石和各种矿产品。

"为什么你们不出口这些东西去换回粮食呢？"他问一位俄国人。许多人的回答都相似："这是不可能的。欧洲对我们的封锁刚解除。要组织起来出售这些货物和买回粮食，这得花很长时间。"

有人对这位美国人说，要使乌拉尔地区的人支持到下一收获季节，至少需要100万蒲式耳小麦。当时，美国的粮食却大丰收，价格跌到每蒲式耳1美元，农民宁可把粮食烧掉，也不愿以这种价格在市场上出售。

哈默于是说：

"我有100万美元——我可以办成这件事。"

他说话时的神态，仿佛是买卖老手似的。

"这里谁有权威来签合同？"

当地的政府急忙举行了一次会议，同意了此事。哈默给他的哥哥发了一个电报：要他购买100万蒲式耳的小麦，然后由轮船运回价值100万美元的毛皮和宝石，办理这笔交易后，双方都可以拿到一笔5%的佣金。

他后来写道，当时他的脑子里想的根本不是利润，他记得起来的是：成捆干柴似的尸体堆放在那里，等着被卷起来埋到壕沟一样的坟墓里；成千张儿童的面孔贴着专车的车窗，乞讨着。

这位年轻的美国人做好事的消息，比蜿蜒穿过乌拉尔的火车传得还快，列宁也得知了这一消息，对哈默和这笔交易大加赞许。

列车到达莫斯科后的次日，哈默就被召到列宁的办公室，于是，双方进行了友好的长谈。

列宁感谢他对苏联的援助，并希望他能够继续合作，然后关照下属为哈默一路开绿灯，而且亲自参加双方贸易合同的草拟。

以后，哈默在苏联开办了铅笔厂、制酒厂、养牛厂等，赚了一笔又一笔的财富。

由此可见，在市场上，致富的路子虽然比比皆是，但追求致富的人更是浩如繁星，可惜许多人虽然意识到了这一点，却还是不能善于开辟市场，结果不但没能得到财富的垂青，反而浪费了自己的大好青春。

不断创新开辟新财源

犹太商人生意经要诀

经商要想保持长盛不衰，就必须随时进行自我更新，用科学技术来改造产品，以适应不断变化的市场需求。否则，因循守旧、骄傲自满、固步自封，无论你过去的历史多么辉煌，最终也会被时代发展的大潮所淘汰。

犹太人说，什么行当都能致富，只要不断创新。

亨利·彼得森是一个贫穷的犹太人，幼年父母带他移居纽约。

16岁时，小亨利到一家珠宝店当学徒。这家珠宝店在当时纽约是小有名气的。特别是珠宝店的老板、犹太人卡辛是纽约最好的珠宝工匠之一，那些有钱的贵夫人、太太、小姐们，对卡辛的名字就像对好莱坞电影明星一样熟悉。

卡辛手艺超群，凡经过他手镶嵌的首饰都能卖很高的价钱，只是他像许多犹太大亨一样过于目中无人，言语刻薄，对其学徒更是极其严厉，有时简直到了暴虐的程度！小亨利跟着卡辛学琢石头和磨宝石，一学就是3年。也正是这3年，亨利在自己的性格、思想上得到了升华，他从一个少年走向了沉稳、成熟，也在磨炼中锻炼了自己的技艺。

1935年秋，是彼得森创业生涯中的一个重要转折点。一天上午，一个陌生人敲开了彼得森的门，来人很客气地作了自我介绍，说他名叫哈特·梅辛格。这个名字对于彼得森来说，简直是太熟悉了！

还在他当学徒时，就知道梅辛格是最精明的犹太首饰批发商，卡辛当时对他说过的话，还记忆犹新，不论多少贵重的首饰，不经梅辛格的手是很难卖出好价钱的。虽然彼得森没见过梅辛格，但彼得森对梅辛格的敬畏和崇拜已经是很久了。

梅辛格此次来找彼得森，是为他在纽约地区的销售网长期订货的，这正是彼得森梦寐企盼求之不得的。当梅辛格得知彼得森的手艺是跟卡辛学的，就更加信任，他授权彼得森按照自己的想法设计，按照自己的方式加工，不受别的条件的约束，为彼得森充分发挥自己的聪明才智提供了机会。

彼得森对梅辛格的订货从不马虎，每一件产品都必须亲自经过反复核对检查才敢出手，即使一点小小的纰漏，也必须多次返工，直到满意为止，他成为梅辛格的特约供应商。同时他的手艺得到上流社会的承认，名声大噪，找他的人越来越多，他一个人实在应付不了这些工作。

正在这时候，詹姆因为与合伙人发生纠纷而分手了，彼得森就把他请来一块儿干，即使两个人合伙，仍然无法应付，于是彼得森与詹姆商议，打算建立一个小型工厂。

"特色戒指公司"创立了，但订婚戒指的生产由来已久，要想在经营上生意兴隆，就必须有自己企业的经营特色。

怎样才能闯出自己的特色呢？

经过多方面的考察，彼得森在订婚戒指图案的表现手法上动脑筋。

象征着爱情的首饰大多以心形构图，这已为广大消费者所公认和接受，彼得森也不例外；可在构图的表现手法上，彼得森就表现出了自己的独特领会：

把宝石雕成两颗心互抱状，表示一对恋人心心相连；

用白金铸成两朵花将宝石托住，表示爱情的美好与纯洁；

两个白金花蕊中各有一个天使般的婴孩，一个是男婴，一个是女婴，手中牵着拴在宝石上的银丝线，以此祝福新郎新娘未来的美满幸福小家庭……

仅这一设计就能看出彼得森独具匠心了。

然而，彼得森的匠心独运之处，还不只这些。

他做的戒指表面看是一样的，其实没有相同的，文章就在男女婴所牵的银丝线上。

那银丝线上有许多类似多股绳搓在一起的皱纹，实际上是手工缕刻出来的，"皱纹"的数目可以随意增减，这样就为购买者留出做记号的余地，例如男女双方的生日、订婚日期、结婚年龄或其他私人秘密，都可以通过银丝的"丝纹"多少表示出来。

这一成功的艺术设计为彼得森的事业打下了良好的基础，生意渐渐兴隆起来，他从加工工业过渡到自产自销。

1948年，彼得森又发明了镶戒指的"内锁法"，那是因一次加工引起的。

一个有钱人慕名来找他，那人拿出一颗蓝宝石，求他镶一枚与众不同的戒指，准备送给一个女影星做生日礼物。

彼得森知道，再在图案上下工夫是不会有什么惊人之举的，唯有在那颗宝石上打主意。这只有改变传统镶嵌一条路可走。

经过一个星期的研究试验，他发明了新的连接方法——内锁法。用这种方法制造出的首饰，宝石的90%暴露在外，只有底部一点面积像果实与花蒂那样与金属相联接。

工夫不负有心人，这项发明很快获得了专利，珠宝商们争相购买，彼得森没花本钱就赚了大笔的技术转让费。

那个女影星实际上也成了他的义务广告员了。崇拜电影明星的妇女们得知这枚戒指出自彼得森之手，都不惜花大价钱请他做首饰，她们以拥有彼得森亲手制作的首饰为荣耀。

在荣誉面前，彼得森的进取心有增无减，他不断地观察和研究戒指的构造，终于在1955年，又发明了一种"联钻镶嵌法"。

采用这种方法把两块宝石合在一起做成的首饰，可使1克拉的钻石看起来像2克拉那样大，这对大多数消费者来说是极具有吸引力的。佩戴天然钻石首饰已成为可及的事了，花不太多的钱，一样可以取得光彩的效果。

正是这些独出心裁的设计所起到的新奇效果，使得彼得森的事业取得长足的进步，生产规模不断扩大，人员大量增加。

在艰苦的奋斗中，彼得森也赢得了人们的尊重和敬仰。可以说"特色戒指公司"能在激烈的竞争中扶摇直上，不能不归功于彼得森的发明创造，不断更新。钻石大王就这样一步步走向事业的顶峰。

可见，你要想把企业做大做稳，就得不断创新。否则，你不会有发展，别人进步了，就意味着你落后了，意味着你将被社会淘汰。如果企业不创新、不前进、不长大，只有"死路一条"！

利益面前巧变脸

犹太商人生意经要诀

在探讨问题、辩论是非之时要认真对待，钉是钉，铆是铆。在商谈时的第一天即使是不欢而散，在争吵后的第二天，也要一改昨天的态度，依旧笑容可掬地前来晤谈。不过，商谈中还是以利益为重，不该让步时始终不要做出丝毫的让步。

犹太人会慷慨大方到极点，把笑容"赠送"给他人。可是，一旦涉及到金钱时，犹太人会把眼睛擦得雪亮，紧紧地瞧着，你千万不要以为他们的笑能预示商谈的圆满顺利！一旦进入实际的商谈，多半是晴转多云，多云转阴。犹太人的变脸术是谈判中的一大奇观。

在商谈中商定有关价钱问题时，对金钱非常热爱的犹太人，态度是非常认真的。犹太人对每个有关价钱的问题，都会非常认真地考虑。对于利润的一分一厘及契约书的形式等，也相当仔细。在这些问题上，他们没半点含糊，即使谈得满嘴白沫也不罢休，发生激烈的争吵也在所难免。

更重要的是犹太人在探讨问题、辩论是非之时是非常认真的，他们不问对方是何人，对的就是对，错的就是错，钉是钉，铆是铆。有时辩论演变成相互谩骂而纠缠不清，在商谈时的第一天很多时候都是不欢而散的，更不用说商谈出什么圆满的结果。犹太人在争吵后的第二天，一改昨天的态度，依旧笑容可掬地前来晤谈，这一点不能不令你感到惊讶。他们态度转变之快，实在令人叹服。不过，商谈中他们还是以利益为重，始终不会作出丝毫的让步。

犹太人的"变脸术"，是值得我们学习的。

美国富翁霍华·休斯有一次为了大量采购飞机，与飞机制造商的代表进行谈判。休斯要求在条约上写明他所提出的34项要求，其中11项要求是没有退让余地的，但这对谈判对手是保密的。对方不同意，双方各不相让，谈判中冲突激烈，硝烟四起，竟发展到把休斯赶出了谈判会场。

后来，休斯派了他的私人代表出来继续同对方谈判。他告诉代理人说，只要争取到34项中的那11项没有退让余地的条款就心满意足了。这位代理人经过了一番谈判之后，争取到其中包括休斯所说的那非得不可的11项在内的30项。

休斯惊奇地问这位代理人，怎样取得如此辉煌的胜利时，代理人回答说："那简单得很，每当我同对方谈不到一块儿时，我就问对方：'你到底是希望同我解决这个问题，还是要留着这个问题等待霍华·休斯同你解决？'结果，对方每次都接受了我的要求。"显然，休斯的面孔及其私人代表的面孔分别看来并无奇异之处，合二为一则产生了奇特的妙用，这便是唱红白脸的奥妙所在。

不要以为对人笑脸相迎，给人面子，一团和气，就能赢得谈判。一味地唱红脸，会使人觉得你有求于他，有巴结之嫌。越是这样，对方会越强硬、傲慢，在谈判中占尽上风。在必要的时候，有必要给对方施加点颜色，用一些白脸手段刺激一下对方。当然，所谓刺激，并不是激怒或伤害对方，而是为了引起对方对某种事实的注意，更加重视自己，同时也提醒对方不要过分抬高自己的价码。

"无中生有"法则

犹太商人生意经要诀

任何东西到了商人手里都会变成商品。(《塔木德》)

《塔木德》说:"任何东西到了商人手里都会变成商品。"犹太商人牢牢地记住了这一点。

1946年,犹太人麦考尔和他父亲到美国的休斯敦做铜器生意。20年后,父亲去世了,剩下他独自经营铜器店。

麦考尔始终牢记着父亲说过的话:"当别人说1加1等于2的时候,你应该想到大于2。"他做过铜鼓,做过瑞士钟表上的弹簧片,做过奥运会的奖牌。

然而真正使他扬名的却是一堆不起眼的垃圾——美国联邦政府重新修建自由女神像,但是因为拆除旧神像扔下了大堆大堆的废料,为了清除这些废弃的物品,联邦政府不得已向社会招标。但好几个月过去了,也没人应标。因为在纽约,垃圾处理有严格规定,稍有不慎就会受到环保组织的起诉。

麦考尔当时正在法国旅行,听到这个消息,他立即终止休假,飞往纽约。看到自由女神像下堆积如山的铜块、螺丝和木料后,他当即就与政府部门签下了协议。消息传开后,纽约许多运输公司都在偷偷发笑,他的许多同事也认为废料回收是一件出力不讨好的事情,况且能回收的资源价值也实在有限,这一举动未免有点愚蠢。

当大家都在看他笑话的时候,麦考尔开始工作了。他召集一批工人组织他们对废料进行分类:把废铜熔化,铸成小自由女神像;旧木料加工成女神的底座;废铜、废铝的边角料做成纽约广场的钥匙链；甚至从自由女神身上掉下的灰尘都被他包装了起来，卖给了花店。

结果，这些在别人眼里根本没有用处的废铜、边角料、灰尘都以高出它们原来价值的数倍乃至数十倍的价格卖出，而且居然供不应求。不到 3 个月的时间，他让这堆废料变成了 350 万美元。他甚至把一磅铜卖到了 3500 美元，每磅铜的价格整整翻了 1 万倍。这个时候，他摇身一变成了麦考尔公司的董事长。

麦考尔的成功之处，就在于把别人眼里的垃圾变为自己的生财的聚宝盆。什么都可以成为商品，垃圾也不例外。利用"无中生有"的原则，就可以白手起家。

日本有个富翁名叫中山洋介。开始时，中山洋介手中既无资金，也无技术。当他跟别人说起准备经商时，大家都不相信，可他不但成为一个很成功的商人，而且经营的还是资本量很大的房地产。

经营房地产，利润很大，但是风险也很大，要有一大笔的资本做后盾，对于一般人而言，恐怕只能看别人赚钱了，但中山有白手起家的妙计。

中山洋介经过考察发现，在日本有不少人想开工厂，但资金连土地都买不起，更谈不上建筑厂房了。与此相反，许多土地却还在闲置着。如果不用购买土地就可以建厂生产，肯定能受到创业者的欢迎。有了这样一个构思，中山洋介立即行动起来。他首先打听那些闲置的土地。这些土地往往地理位置偏僻，多是卖不出去的土地。他同这些土地所有者商谈，提出改造利用土地的计划。土地所有者正为这些土地没有买主着急，现在有一个开发的方法，真是雪中送炭。他们纷纷愿意出让土地，有的甚至还拿出一定的资金作为股份。

土地的问题解决后，中山洋介创建洋介土地开发公司，组织人员上门推销土地。这些工厂主正为没有资金兴建工厂着急，现在看到可以不用巨额资金，又有土地可以出租，当然十分高兴，上门和中山签约的厂主络绎不绝。

中山的做法是，从租用厂房者手上收取租金后，扣除代办费用和厂房分摊偿还金，所剩的钱归土地所有者。厂房租金和土地租金之间的差额，除去修建厂房的费用，就是中山洋介的盈利。

企业主、土地所有者、中山洋介三方达成协议后，中山洋介就向银行贷款建筑厂房，然后按分期还款的方式归还银行的费用。

中山洋介实际上只是起到了一个中介的作用，将土地所有者和工厂主联系起来。一开始，这一创意就很吸引人，那些偏僻的土地有了用处，而工厂主可以减去积累资金的时间。中山洋介第一年仅手续费用就收入了20亿日元，有了这笔钱后，就不用再向银行贷款了。

就这样，中山洋介从营造小厂房到建筑大厂房，再到营建大规模的工业区，他的公司像滚雪球似的越滚越大，公司的经营也不再只限于租用土地。白手起家的中山洋介，终于成为日本数一数二的大企业家。

一个成功的中介者，就是一个成功的商人。他能够把看似毫不相关的事情联系起来，从中获利。

图德拉原是委内瑞拉的一位工程师。他从一位朋友处打听到阿根廷需要购买2000万美元的丁烷，并且又知道阿根廷的牛肉过剩。

图德拉灵机一动，他飞到西班牙，那里的造船厂正为没有订货发愁。他告诉西班牙人："如果你们向我买2000万美元的牛肉，我就在你们的造船厂定购一艘造价2000万美元的超级油轮。"西班牙人愉快地接受了他的建议。这样，他就把阿根廷的牛肉转手卖给了西班牙。

此后，图德拉又找到一家石油公司，以购买对方2000万美元的丁烷为交换条件，让石油公司租用他在西班牙建造的超级油轮。结果，图德拉不费一分钱做成了这笔生意。

在20世纪五六十年代，日本人发现在一些缺水的阿拉伯国家水比油还宝贵，于是他们就在水上大做文章。他们找到一种比出口淡化海水更简单、更省钱的方法出口雨水。从多雨的日本海接来雨水，用轮船运到阿拉伯国家。日本专家还研究出了一种清洗轮船内石油废渣的方法，利用油轮运载雨水，往返不空驶。大量出口雨水给日本带来了一本万利的经济效益。

还有一个例子：

1953 年，用来筑工事的沙袋大批量地闲置起来，并且占满了仓库。而当初经营沙袋的公司大多是临时租用仓库。停战说明沙袋已经成了废物，而占用仓库，租金却得按日交付。这可急坏了这些沙袋经营商。

藤田先生瞅准了这个机会，觉得从中发一笔财是很有可能的。

于是，找到了那些沙袋经营者商谈生意。他摆出一副帮他们排忧解难的样子，说可以免费帮他们把沙袋弄走。有这样的好心人，这些沙袋经营者们当然高兴不已。

"一袋 5 日元 10 日元都可商量。"

藤田最后以 5 日元一袋的价码买了 20 万袋。

货到手后，藤田仗着能说英语的方便，拜会了一个国家驻日大使。这个国家是殖民地，当时正在闹内乱。藤田想着他们肯定需要武器和沙袋。

未出所料，该国驻日大使亲自出面查看样品，20 万只沙袋很快成交。沙袋以 10 日元的标准价格卖掉了。

从看似无用的废物中发现商机，日本人藤田的成功与犹太人麦考尔如出一辙。

1984 年圣诞节前，尽管美国不少城市朔风刺骨，寒气逼人，但玩具店门前却通宵达旦地排起了长龙。这时，人们耐心等待领养一个身长 40 多厘米的"椰菜娃娃"。

"领养"娃娃怎么会到玩具店呢？

原来，"椰菜娃娃"是一种独具风貌、富有魅力的玩具，她是美国奥尔康公司总经理罗拔士创造的。

通过市场调查，罗拔士了解到，欧美玩具市场的需求正由"电子型"、"益智型"转向"温情型"。他当机立断，设计出了别具一格的"椰菜娃娃"玩具。

以先进电脑技术设计出来的"椰菜娃娃"千人千面，有着不同的发型、发色、容貌，不同的鞋袜、服装、饰物，这就满足了人们对个性化商品的要求。

另外，"椰菜娃娃"的成功，还有其深刻的社会背景。离婚使得不到子女抚养权的一方失却感情的寄托。而椰菜地里的孩子正好填补这个感情空白，这使"她"不仅受到儿童们的欢迎，而且也在成年妇女中畅销。

罗拔士抓住了人们的心理需要大做文章。他别出心裁地把销售玩具变成了"领养娃娃"，把"她"变成了人们心目中有生命的婴儿。

奥尔康公司每生产一个娃娃，都要在娃娃身上附有出生证、姓名、手印、脚印、臀部还盖有"接生人员"的印章。顾客领养时，要庄严地签署"领养证"，以确立"养子与养父母"关系。

罗拔士又作出了创造性决定："配套成龙"——销售与"椰菜娃娃"有关的商品，包括娃娃用的床单、尿布、推车、背包以至各种玩具。

领养"椰菜娃娃"的顾客既然把她当做真正的婴孩与感情的寄托，当然把购买娃娃用品看成是必不可少的事情。

这样，奥尔康公司的销售额开始大幅度增长。

如今，"椰菜娃娃"的销售地区已扩大到英国、日本等国家和地区。罗拔士正考虑试制不同肤色及特征的"椰菜娃娃"，让她走遍世界各国，保持奥尔康公司在玩具市场上首屈一指的地位。

奥尔康公司充分发挥自己的想象力，虚构了惹人喜爱的"椰菜娃娃"。当"椰菜娃娃"成了摇钱树时，它又引发了一系列相关产品的诞生。"无中生有"原则使得奥尔康公司受益无穷。

欲取之，先予之

犹太商人生意经要诀

暂时地放弃一些利益，是为了得到更多的利益。（《塔木德》）

如果想赚钱的话，必须先让对方赚钱。只想自己赚钱的人，不仅不能赚大钱，而且还会被视为吝啬鬼。

从前有一位贵族，很喜欢收集古董。为了收藏古董他备有两个仓库，一个仓库放的是赝品，而真品则放在二号仓库。古董店的老板一有新货，就会把东西带到这个贵族家。当然其中有真品也有赝品。但是，贵族从不计较，只说声谢谢，便照单全收。不过他会告诉管家，哪些古董该放一号库，哪些该放二号库。

明知是赝品还付钱，表面上看起来，好像吃亏了，其实不然，因为这么一来，古董店认为对方带给自己赚钱的机会，所以，一有真正的好货，就会拿到贵族那里。因而，这个贵族收集到很多好古董。如果当初他不愿让对方赚钱，就无法收集到这么多珍贵的东西，当然更别奢望赚钱了。

做生意与古董业一样，每个人都是因为自己能赚钱才肯和对方合作，如果总吃亏而不赚钱，当然就不谈了。能让自己赚到钱，也能让别人赚到钱，彼此才会努力协作往来，获利也才会更多。

《塔木德》将这一点说得很明白："暂时地放弃一些利益，是为了得到更多的利益。"

"赔本赚吆喝"是犹太人的经商俗语，说的就是先"舍"后"得"的道理。这其实是一种表面上亏损的促销方法，但它在打开产品销路的方面却能够起到良好的效果。

有一位犹太商人开发了一种保健饮料，其销售势头一直长盛不衰，这种饮料打开市场时用的就是一种赔本赚吆喝的生意经。

他们独出心裁想了一个新招。根据自己产品的特性，他们花钱登广告征寻1000个拿着医院体检单，已让儿科医生认可的厌食、瘦弱、体质差的孩子，免费供应这1000名儿童一天两瓶。当然，这位犹太商人最终目的是打开产品的销路，但这种赔本赚吆喝的买卖经，却不失为一种有益的尝试。

如果说犹太商人"赔"的是数以千瓶计的饮料，那么，花旗银行的一位犹太小职员"赔"的只是15分钟的小小耐心，而他们所取得的效果却是一样的。

故事发生在美国花旗银行的一位小职员身上：

有个陌生的顾客从街上走进这家银行。要换一张崭新的100美元钞票，准备那天下午作为奖品用。这个职员花了15分钟，打了两次电话，最后找到了这样一张钞票，并把它放进一个小盒子里，递上一张名片，上面写着："谢谢您想到了我们银行。"那位偶然光顾的顾客又回来了，并开了一个账户。在以后的几个月里，他所工作的那个法律事务所在花旗银行存款25万美元。

由于那个职员无懈可击的优质服务，使偶然光顾的顾客特意回来开户存款，这样的服务魅力恐怕是难以抗拒的吧！

还有一些聪明的犹太商人采用白送机器零件这样一种看似赔本的方法来促销自己公司的机器，并最终获得成功。

美国凯特皮纳勒公司，是世界性的生产推土机和铲车的大公司。它在广告中说："凡是买了我们产品的人，不管在世界哪一个地方，需要更换零配件，我们保证在48小时内送你们手中，如果送不到，我们的产品白送你们。"他们说到做到，有时为了一个价值只有50美元的零件送到边远地区，不惜动用一架直升机，费用竟达2000美元。有时无法按时在48小时内把零件送到用户手中，就真的按广告所说，把产品白送给用户。

有位留美学生讲了这样一件事：

他刚到美国时，用500美元在一家犹太人经营的商店买了一台彩电，回去后发现质量有问题，于是给商店打电话，电话刚挂断，商店就来人了，确认了质量有问题后，马上行礼，并说："请原谅，马上换一台。"在零售店，经理随手一指："请随意选一台，但一定请多关照。"这位留学生没有挑价值比原彩电高得过多的彩电，而是客气地选了一台800美元的彩电。

从这件事看，精明的犹太商人以一台彩电，也就300美元的代价，避免了企业声誉受损，所以最终赔也是赚。

洛斯查尔德家族的开创者，当初是一位犹太穷孩子，做着古币和徽章收藏的小买卖。

在生意场上遭受种种歧视和碰了一次次壁的经历告诉麦雅：做生意必须具有一定的地位和身份，这样才能挣大钱，才能不受别人轻视。

麦雅经过三番五次的努力，终于打通了通往宫廷的门径。

一天，他获准晋见当地的领主毕汉姆公爵。麦雅趁此机会，以牺牲血本的超低价格向公爵推销珍贵的徽章和古钱币。

公爵正在兴头上，一股脑儿地买下了麦雅推荐的徽章和古钱币，但此时这位20岁的犹太小商人似乎并没有引起公爵的注意。

麦雅的目标不是这一笔买卖，也不全是长期买卖，而是要通过建立长期买卖抓住公爵这个人，他认为公爵对他将会有更大的用处。

他不断地以超低价格的方式向公爵推销古钱币和徽章。这样收集和买卖终于成为公爵的一大嗜好。

而麦雅呢，损失了许多经济利益，却牢固了和公爵的关系，并且深深赢得了公爵的信任。他经常替公爵兑换一些汇票，再后来，他掌握了公爵的一部分财产处理权，并在25岁的时候荣获了"宫廷御用商人"的头衔，实际上也就解除了许多套在犹太人身上的枷锁。麦雅整整为公爵效力了20年。

在法国大革命期间，麦雅协助公爵进行金融和军火交易，为公爵赢得了不少利益。他把巨额资金借给那些正缺乏军费的君主和贵族以赚取定额利息，同时他还进行军火交易。很快，珠宝、借据、期票等便堆满了他的金库。

当然，麦雅不会忘了自己的家族、自己的身份。他大力施展自己的商业才华，在战乱年代，他为家族赢得巨额资产。他借用公爵为其后来建立犹太金融帝国打下了坚实的基础。

在后来的岁月里，将金钱、心血和精力押宝般地投注到某一特定人物身上的做法，已成为洛斯家族最基本的战术。

不惜血本与特权强权建立牢固关系，然后回过头来再由这些人身上获取远甚于此的更大利益。

先舍后得，为了自己的长期的利益暂时放弃一些近期利益。实践证明，麦雅的确做对了。

在美国，一个一文不名、靠借来的 470 美元起家的黑人小伙子却成了拥有资本 800 万美元的大公司老板，成为美国的黑人大亨，他就是约翰逊。约翰逊成功的秘诀是"欲取之，先予之"。

约翰逊最初在一家名为"富勒"的大公司负责推销黑人专用化妆品。虽竭尽全力，却成效甚微。他终于悟出："自己推销的商品是特殊商品，特殊之处就在于消费者是黑人。"而黑人在美国的经济地位和社会地位普遍低下，受教育程度也大大落后于白人。他们不仅购买力有限，而且大多数人还不懂如何使用化妆品，甚至根本连使用化妆品的欲望还没产生呢。他必须摒弃传统做法，另辟新路。这一认识是约翰逊推销生涯的一个质的飞跃，为他开创一种全新的推销方式奠定了基础。

怎样让黑人妇女喜欢化妆品呢？关键是要让她们体验到化妆前后的差别，以活生生的事实刺激她们想修饰自己的欲望。他冒着赔本的风险，冒着丢掉"饭碗"的危险，一个"先尝后买"的全新推销方式脱颖而出。

约翰逊在黑人居住地区铺开摊子，先用租来的手风琴自拉自唱流行歌曲，吸引了来往的黑人。待人们聚拢后，他开始介绍化妆品的功效，并慷慨请大家随意试用。爱美是人类的天性，谁不想使自己变得更漂亮些，更何况不用花钱就能打扮自己呢？羞怯的黑人妇女开始壮着胆凑过来，在约翰逊的指导下涂脂抹粉，陶醉在别人的注视和自我欣赏之中。可第二天一早恢复本来面目，就远不如化妆后漂亮。妇女们不甘心了，约翰逊终于唤起了黑人妇女对化妆品的欲望。一个月后，"先尝后买"取得惊人成果，约翰逊的公司声威大震。

现在，以"欲取之，先予之"推销方法，在世界各地已非常普遍。

曾有一段时间，香港男士服饰店大量批发绅士服。由于生意竞争激烈，有些商店就以"买一套绅士服赠送一条长裤"为口号，希望引发顾客的购买欲。其实，一套衣服，真的需要两条长裤吗？但由于人人都有"贪小便宜"的心理，既然是免费赠送，谁不喜欢呢？所以受赠品的吸引，前去购买的人很多。

又如，日本某家威士忌制造商，为了提高威士忌的销售量，以赠送精美的酒杯、酒盘和细致的小酒壶来吸引顾客。根据统计，前来购物的大多数人是受到赠送品的吸引。所以，馈赠品的魅力还是很大的。由于这种馈赠促销的经营方法确实能增加销售额，所以历久不衰。

但也有人认为，与其赠送，不如降低价格更实际。然而，对于已经熟悉了大商场打折推销积压品的消费者来说，馈赠比降价更可信。譬如，价值1000元的商品，以700元的价格售出，消费者并不会觉得获得了300元的利益。他们反会以为，这商品本来就值700元而已。但是若以1000元价格出售，另外赠送300元的礼物，情形就不一样了。消费者会以为，自己以1000元买到1300元的商品。

换句话说，就人的心理满足程度而言，赠品确实比降低价格更吸引人。因为获得赠品的购买者，会有意外收获的感受——这东西来得太容易了。即使并无实际用处，他们心理上也会觉得很快乐。

如前面提到的买威士忌附赠酒杯、酒盘、酒壶等精美酒具，要人花钱去买的话，会觉得不值，但有人愿意赠送，当然不要白不要。有经验的经销者，就是利用了人们这种心理弱点，大做生意。

78：22 法则

犹太商人生意经要诀

名贵的商品都是给财主们准备的。（《塔木德》）

犹太人告诉你一个真理：钱在有钱人手里。所以要赚那些有钱人的钱，这样就可以赚快钱、赚大钱了。这是犹太商人智慧的经商哲学，而这一哲学却源自于他们对生活对世界的看法，这便是 78：22 法则。

78：22 法则是大自然中一条客观存在的法则，比如：

——自然界中氮与氧的比例是 78：22。

——人体中水与其他物质的重量之比大约是 78：22。

——一个正方形里，内切圆与其剩下四个角的面积之比也大约是 78：22。

犹太人把这神奇的数字比例运用到富人与普通人（包括穷人）的比例之中，发现整个人类富人与普通人的数量比例大约是 22：78，而富人总共拥有的财富与普通人总共拥有的财富之比正好颠倒过来——大约是 78：22。

于是，犹太人总结出一条著名的经商法则——78：22 法则。他们由此推测：从事以富有者为服务对象的行业，生产经营富人需求的产品，是最容易赚钱的。

犹太人很快便从商业实践中找到了明证：生产和经营汽车的企业要比生产和经营自行车的企业赚钱多，这是因为买汽车的人是富人，即 22％范围内的人；而买自行车的人是普通人，即 78％范围内的人。

同样，珠宝首饰店的利润要比卖普通服饰的商店丰厚。环顾世界，许多犹太商人大多从事他们所谓的"第一商品"——金银珠宝、皮大衣等贸易。这些商品尽管昂贵，但富人需要，必能获取高额利润。

犹太人认为，78∶22法则是一个宇宙大法则。这一法则广泛存在于自然界和人类社会。灵活运用它来经商绝不吃亏，这是犹太人经商千百年来总结出来的经验。

犹太人的78∶22的经商法则是一个具有绝对权威、千古不变的真理法则，犹太人却以此作为经商的基础，依靠这个不变法则的支持，获得世人皆慕的财富。犹太人本着这样的法则指导自己的经商，获得了许许多多的成功。

阿沙德是一位美籍犹太人。二战初，他的父母为了逃避法西斯对犹太人的迫害，逃亡到美国，生下了他。十分不幸，阿沙德尚未读完初中，父亲英年早逝，他不得不中途辍学，到社会上打工，以维持家庭生活。阿沙德与其他犹太人一样，生活的艰难阻挡不住他求学的决心，他边工作边自学，直到读完了大学。

阿沙德认为，在一个国家中，富有的人远远少于一般大众，但富有人所持的货币却压倒大多数人。也就是说，一般大众所持有的货币为22%，而富有人所持的货币是78%。因此，做生意必须以拥有78%货币的22%的富有人为主要对象，一定会赚钱。在通常情况下，78%的生意是来自22%的客户，这就要求企业界要认真研究和分析客户的构成，应把78%的精力放在22%的最主要客户上，而不能平均使用力量。因此，阿沙德把主要精力集中于富有的客户身上，取得了巨大的成绩，短短两年时间，就成了百万富翁。

后来，阿沙德创办了一家投资公司，他又注意到各国经济在不断发展，需要更多的资金发展大项目，而以分散的放高利贷形成不了优势。于是，他又想出办法，把犹太人分散的钱积聚起来，吸纳各人的钱购买股票或股权，把集中起来的钱投向耗资多并且回报率高的大项目。这样的做法，既满足了企业发展的需求，又解决了当地政府发展经济的难题，自己又可以从中渔利。正是这样，阿沙德在美国成为华尔街上的一名风云人物。

阿沙德谈及自己的成功时说："我的成绩取得是靠 78：22 法则的结果。"

世界上有太多的 78：22 宇宙大现象存在，可见，一个商人能够遵循这种规律是很容易致富的。

如此说来 78：22 法则的确是一个超乎一切的"绝对真理"，它一直在冥冥之中规定着我们的世界，左右着我们的生活。这样一个具有绝对权威、千古不变的真理法则，犹太人理所当然地将它作为经商的基础，依靠这个不变法则的支持，获得世人皆慕的财富。

犹太商人的生意经就建立在 78：22 法则上，这是犹太商人千百年来经商经验的精华。素有经济帝国"红色之盾"荣誉的罗斯柴尔德，就是成功运用这一法则的典范。

迈耶·罗斯柴尔德，原本生活在德国的犹太贱民区。他花了几年时间建立起来了世界上最大的金融王国，实现了由穷人变为金融大亨的美梦。伦敦的罗斯柴尔德在 1833 年不列颠帝国废除奴隶制后，曾资助 2000 万英镑补偿奴隶主的损失；1845 年英俄克里米亚战争中罗斯柴尔德向英政府提供了 1600 万英镑的贷款；1871 年帮助法国支付普法战争中的 1 亿的英镑的赔款；美国内战期间，他们所提供资金为联邦财政的主要来源。

罗斯柴尔德家族在当今控制着世界重要黄金市场，也是犹太商人中最会赚钱的杰出代表。他们的财富是建立在成功运用 78：22 法则上的。

一个日本的犹太商人就是把这一法则运用到他的钻石生意上，结果获得了意想不到的成功。

钻石是一种高级奢侈品，它主要是高收入阶层的专用消费品。而从一般国家统计数字来看，拥有巨大财富、居于高收入阶层的人数比一般人数要少得多。因此，人们都存在这么一个观念：消费者少，利润肯定不高。绝大多数人都不会想到，居于高收入阶层的少数人却持有多数的金钱。犹太人告诉我们赚"22"的钱，绝不吃亏。

该犹太商人就看中了这一点，他把钻石生意的眼光投向占人口比例"22"的有钱人身上。犹太商人抓住时机开始寻找钻石市场。

他来到东京的百货公司，要求借该公司的一席之地推销他的钻石，但是该公司根本不理他那一套。"这简直是乱来，现在正值年末，即使是财主，他们也不会来的，我们不冒这种不必要的风险。"

但他并不气馁，坚持以 78：22 这条万无一失的法则来说服百货公司，最后取得该公司一角——郊区分店。分店远离闹市，顾客很少，生意条件不利，但犹太商人对此并不是过分忧虑。钻石毕竟是少数有钱人的消费品，生意的着眼点首先得抓住财主，以赚取那些"22"的人的钱。当时百货公司曾满不在意地说："钻石生意一天最多能卖 2000 万元，算不错了。"犹太商人立即反驳："不，我可以卖到 2 亿元给你们看。"这在百货公司看来，无疑是狂人的说法了，但犹太商人胸有成竹地说出这句话来，无疑是源于对 78：22 法则的信心。

事实上，78：22 法则的魔力很快就显示出来了。首先，在地点不好的分店，取得了一天 6000 万的好利润，大大突破一般人认为的 500 万的效益估量。当时正值年关贱价大拍卖，吸引了大量顾客，犹太商人就利用这个机会，和纽约的珠宝店联络，运寄来各式大小钻石，几乎都抢购一空。

接着，犹太商人又在东京郊区及周围，分别设立推销点推销钻石，生意极佳。任何商店都没有少于每天 6000 万元的记录。相反百货公司由于开始没有抓住"22"有钱人的机会，当全国各地销路大开时，才低头提供摊位，结果效益反而不如其他本来相对萧条的商店。

这样到了第二年春天，犹太钻石商的销售额突破了 3 亿日元，就连四周地区的买卖，也超过了 2 亿日元，犹太商人实现了曾许下的狂言。

犹太商人就这样赚到了占日本金钱多数的少数人的钱。

再来看看"只有一位顾客的商店"是如何高价赚取富人钱财的。

在圣诞节购物达到高潮的时候，美国曼哈顿第五大街上的大多数商店都拥挤不堪，但有一家叫做毕坚的商店，却重门深锁，里面只有一位顾客。在这家商店里，一套衣服至少要卖 2200 美元，一瓶香水要 1500 美元，Chinchilla 版床罩贵达 9.4 万美元。所以，一次只要有一位顾客光顾就够了。

到目前为止，全世界有 50 多个国家和地区的富豪、王公贵人曾把他们的钱花在毕坚的服饰上。很多政要和一些著名艺人都曾光顾此店。毕坚商店以极为富有的豪绅作为消费者来塑造自己的企业形象。该店对于哪位顾客上门都要保密，这样就愈加提高了自己的地位和身份。

毕坚商店专门以富豪王公贵人为对象销售自己的商品就是巧妙地运用了 78∶22 法则。

犹太人的生意经是世界上最棒的、最通用的生意经，犹太商人的点子更是世界上最值钱的、最聪慧的和最实用的点子，它能一点到位，用中国话来说就是"点石成金"。几千年来，犹太商人遍布世界各地，最擅长于投资管理，最精于股市行情，最精于商业谈判，最善于进行公关和广告宣传活动，他们总结出了一套科学合理的生意经以及"巧取豪夺"的赚钱理论。其中，最为通行的当是 78∶22 之经商法则，它构成了犹太人生意经的根本。犹太商人最精于运用这一法则，并将世界的财富和职能统统装进自己的口袋。

《塔木德》如是说："78∶22 是个永恒的法则，没有互让的余地。"

第六章　在朋友身上找财路

——犹太商人生意经之六：善用人缘开辟财源

只要有人缘就必定有财源

犹太商人生意经要诀

人际关系网对一个人事业的成败及工作的好坏具有极大的影响，所以说成功在很大程度上取决于你拥有多大的影响力，与所有合适的人建立稳固关系网对此至关重要。

犹太商人早就发现，研究那些令人羡慕的成功者，除了他们本身优越的条件外，还有一点，就是人们身边有一群非常要好的朋友。这些朋友为他出谋划策，对他提出高的要求，不让他有丝毫的松懈和半点的放弃。为了成功，你也需要有这样一群良好的朋友，需要有这样一张良好的人缘网络。

赢得好人缘的前提，不是"别人能为我做什么"，而是"我能为别人做什么"。在回答对方的问题时，不妨补上一句："我能为你做些什么？"

现在，让我们来看一下日本保险推销员、犹太人吉田是如何赢得好人缘并取得事业成功的。

犹太人吉田是日本一家保险公司的推销员。一天，吉田正要去车站搭车，可是人一到月台，电车正好开走，而下一班车还得再等20分钟。吉田突然看到月台对面有一块医院招牌，于是吉田大步来到这家医院，才到门口，便凑巧撞上穿着白衣的医生。吉田一时头脑反应不过来，便劈头直说："我是保险公司的吉田，请你投保！"

遇上这么一位冒失的推销员，医生一时间哑口无言。可是当时正巧看诊到一个段落，这位医生对吉田的单刀直入产生了兴趣。

"这么简单就要人投保呀？有意思，进来聊聊吧。"

进了医院，吉田将平时学会的保险知识全盘托出，最后还加了一句："我正要从上贺茂开始，一直拜访到伏见。"（注：上贺茂位于京都北侧，伏见位于京都南侧）结果医生说："哇，我看再不快卷铺盖逃命，我的老命也不保了，哈哈哈哈……"

虽然医生幽默开玩笑说要逃命，其实他早已买了好几份保险，也知道吉田还是保险推销的新手。可是看在吉田态度认真的份上，说出了心里话："保险实在高深莫测，说实话，我已经保了五六张，每次都被保险推销员说得天花乱坠，可事后心里还是一塌糊涂，这里有我两张保单，就当是学习，给你拿回去，评估评估好了。"

拿了保单，吉田充当医生的家人，分别拜访了医生投保的公司，确认保单的内容，然后制作了一本图文并茂的解说笔记，又用笔画下重点，好让医生容易了解。

当医生把解说笔记交给他的会计师看时，会计师极力称赞这份评估报告，而且还当面建议医生要买保险就最好向吉田买，结果，医生就正式要求吉田为他重新组合设计他现有的那6张保单。

于是吉田根据医师的需求，将原本着重身后保障的死亡保险，转换为适合中老年人的养老保险与年寿保险。对吉田来说，这位医生客户不但为吉田带来一份高达8000万日元的定期给付养老保险契约的业绩，同时也给了她一次难得的比较各家保险公司保险商品的机会。

后来，这位医生又将吉田介绍给几位要好的医生朋友。这几位医生，也都请求吉田为他们评估现有的保单。而吉田也不厌其烦地为他们制作解说笔记，详细记录何时解约会得到多少解约金、不准时缴费的结果、残废后的税赋问题等等。就这样，吉田获得了更多医师的认同和帮助，结交了更多的人。

随后，吉田不断运用由一个朋友到一批朋友的方法扩大现有的市场，同时努力建立良好的关系。因为关系极为良好，有些客户就会以"回馈一张保单"的方式，向吉田表达谢意，并且再为她介绍几位新客户，使她的业绩一直保持着最高纪录。

吉田因此成了年轻的百万富翁。

可见，懂得搞好社会关系网的人，会不断地发展和建立新的关系网，以扩大本身的影响力。在人际交往中，多一份好人缘，就少一份烦恼。一个好的人缘就是一张广大而伸缩自如的关系网，用这张网你可以活得轻松自在、轻松地赚取财富。

犹太人本身就是一个巨大的网络，他们之间不分彼此是哪国人，他们的关系是牢不可破的同胞关系。即使跨国居住，他们之间仍然能够保持紧密的联系。他们每个人都是一个射点，随时把生意的信息射向世界的四面八方，纽约、伦敦、莫斯科……

美国的钻石加工商哈理·威廉斯顿，就是与各国的犹太人联手经营的。瑞士的犹太人，充分利用中立国的优势，和俄国、美国、英国的犹太人都保持联系。通过这些人与其所在国进行商业贸易。

微笑能给人一种良好的印象

犹太商人生意经要诀

以一种愉快的态度对待每个人、对待每一件事。微笑能带来更多的收入,每天都带来更多的钞票。试着把这种生活态度传达给周围的人。

《塔木德》上说:"微笑是无价之宝。"的确,微笑是加强人际交往的粘合剂。一个微笑面对他人的人,许多人都愿意与他交往,很容易和他成为朋友。

犹太人史坦哈是一位成功的股票经纪人,他十分老练,足迹遍及世界各地。做他这行生意的人很难赚到钱,每 100 个人当中就有 99 个人失败,史坦哈在纽约场外证券交易市场买卖证券却大获成功,正是靠着微笑的法宝。

史坦哈在不知道微笑的作用前,他的生活很乏味,从早上匆匆起床到上班这段时间,他对妻子很少微笑,也很少说话,他可能是百老汇最苦闷的人,他觉得这样的生活太乏味了,决心改变这种生活,于是他就开始行动起来。

第二天,他早早起床,当他梳头的时候,他看见镜中自己的满面愁容,他对自己说:"毕尔,今天,你要把脸上的愁容一扫而尽,你要微笑起来,现在你就开始微笑。"他的愁容不见了,一张微笑的面孔出现在镜中。

他来到餐桌坐下来,他微笑地看着妻子,并以欢愉的语调跟她打招呼:"早上好,亲爱的。"妻子被他的这一举动搞糊涂了,她惊讶不已,她从来没有想到丈夫也是一个快乐的人,史坦哈坚持了两个月,效果非常好,他和妻子的关系更密切了,家庭生活情趣更浓了。

史坦哈好像变了一个人，不仅在家中他表现得很高兴，而且对许多人都报之以微笑。他上班的时候，微笑地对大楼的电梯管理员打招呼；当他跟地铁的出纳小姐换钱的时候，他微笑着；当他站在交易所时，他对那些从来没见过他微笑的人微笑着。他很快发现，每个人都对他报以微笑，人与人的交往更加和谐了。

他以一种愉快的态度对待每个人、对待每一件事，发觉微笑带来更多的收入，每天都带来更多的钞票。他也试着把这种生活态度传达给周围的人。他与另一位经纪人谈了自己最近所学到的做人处世哲学，这位经纪人开始改变对他的态度，他说当他和史坦哈共用一个办公室的时候，他认为史坦哈是个非常沉闷的人，没有活力，直到最近，他才改变了看法。

慢慢地，史坦哈的许多习惯也改掉了。他不再批评他人，而是真诚地赞赏他人；他学会倾听他人说话，并尝试从他人的角度和观点看事情。他彻底改变了人生，变成一个完全不同的人，一个更快乐的人，一个更幸福的人。而这一切都是微笑带来的。

或许有人认为微笑地面对每个人是很困难的，实际并非如此。只要你平时多对自己说："我喜欢微笑，我想做一个快乐的人。"你肯定能做到这一点。当你每天入睡时，你不妨学一学旅馆大王希尔顿，问自己："你今天微笑了吗？"

希尔顿的父亲因车祸去世，一家生活的重担全落到他的肩上，他决心去德克萨斯州创立一番事业，当一名银行家。他想买一家银行，但是银行经理出的价钱是 7.5 万美元，而希尔顿只有 5000 美元，只是标价的零头。不曾想两天后不守信用的银行经理竟把价格提高到 8 万。希尔顿非常生气，他找到一家叫"毛比来"的旅馆休息，但是旅馆客满，不过店主的一句话激活了希尔顿的想象力，他迫不及待地问道："那你是这家旅馆的主人吗？"

"是的，"店主愁眉不展，"我真被这该死的旅馆缠住了，……我早就想扔掉这见鬼的旅馆了。"

"老兄，祝贺你，你已经找到买主了。"希尔顿微笑地说。

希尔顿最终以 4 万美元买下了这家旅馆，而他自己只有 5000

美元，其余的钱全是借的。经过一些年的精心经营，希尔顿的事业获得巨大的发展。

有一次，他高兴地把自己的成绩汇报给母亲，母亲的反应令希尔顿吃了一惊，她冷冷地说道："照我看，你并没有多大改变，与从前差不多，只不过你把领带弄脏了些而已。实际上你必须寻找一种更值钱的东西，除了对顾客真诚外，你还应该想办法让每个住进希尔顿的人还想着再来住。你要想一种简单的不花费本钱的方法吸引顾客，这样你的旅馆才有发展前途。"

听完了母亲的这番忠告，希尔顿思索了很久，他想起了当初购买"毛比来"旅馆时的情景，店主对待旅客是那样一副愁眉苦脸的样子，这对他启发很大，他终于想出了一种不花任何本钱的行之有效的简单方法，那就是"微笑"。

希尔顿要求员工们热情招待顾客，即使自己再辛苦，心情再不好，也要对客人保持着微笑，因为旅客永远是上帝。

希尔顿的经营策略大获成功，他的事业不断发展，最终建立了"希尔顿帝国"。即使上世纪 30 年代经济危机时期，许多旅馆纷纷倒闭，希尔顿的旅馆仍然挺了过来，这不能不说是个奇迹。无论希尔顿的旅馆遭遇什么样的困难，旅馆里员工的微笑永远是灿烂的。

耐心倾听对方的意见

犹太商人生意经要诀

　　每个人都喜欢谈论自己，谈论自己感兴趣的话题，成功交际的经验再简单不过了，倾听对方说话，这样无形中满足了对方的成就感。让别人谈论自己，表面上你失去了很多，实际上你获得友情、亲情、金钱，甚至还多。

　　犹太人认为，成功的交际并没有什么神秘的，只要你能专心致志地注意对方就行了。但有些人不能识破其中道理，他们老以为自己了不起，一谈起话来，他们只是不停地谈论自己，所想到的只是自己。这样的人在经商上只有失败。

　　其实每个人都喜欢谈论自己，谈论自己感兴趣的话题，成功交际的经验再简单不过了，倾听对方说话，这样无形中满足了对方的成就感。生命太短暂了，不要在别人面前大谈特谈自己的成就，让别人谈论自己，表面上你失去了很多，实际上你获得友情、亲情、金钱，甚至还多。

　　犹太人博洛莫是西方电气公司经理，在他事业成功的经验里有这样一条：耐心倾听别人的怨气。

　　这条经验的得来还有一个小经历呢。那时博洛莫还是西方电气公司的普通职员。有一天公司收到一封客户的指责信，信上用极严厉的措辞倾诉了他对电话公司服务的不满。信中说如果电话公司不给他一个很好的交待，他会不断地向别人提起这些事。

　　公司派博洛莫去调解此事。博洛莫了解到那位客户的住处后就亲自登门道歉，当博洛莫向客户说是电话公司派来的人，只见那老头立刻绷紧了五官，不容博洛莫说一句话就大发牢骚。

博洛莫在老头破口大骂时，没有解释一句，没为电话公司反驳一句，只是恭敬地倾听，让那老头尽情发泄心中的怒火。

终于老头把所有的埋怨的话都说尽了，停了下来，这时博洛莫方一脸诚恳地说："先生，我首先代表电话公司的全体职员向您道歉，由于我们工作的疏忽给你的生活带来了不便，是我们的错。希望您刚才已经把怒火发泄掉了，我们不希望让这件小事始终困扰您，无论如何请您原谅。"

博洛莫说完，老头终于露出了微笑，态度也平静了下来，缓缓地说："年轻人，你这话倒是让我满意，不过还得请你原谅我刚才的粗鲁，我是针对那混蛋的电话公司的。"

博洛莫见老人家完全平息了怒火才敢提出一个小小的请求。他说："您给电话公司提的意见我们会虚心接受的，不过我想知道现在您是否觉得问题已经得到圆满解决了，否则我是不能回去的。""好了，"老头说："看在你的面子上，就让那件事见鬼去吧，我保证不再往电话公司写信了。"

从此，博洛莫便得到了倾听他人诉怒，勇敢承认错误这条宝贵经验。

还有一例，也是与此相关的。犹太人麦哈尼是一位石油业者使用的特殊器材的经销商。他接到一位重要客户的订单，要求订做一件特殊器材，生产图纸已经报上去了，获得批准，并开始制造了。

过了不久，一件不幸的事发生了。那位客户和朋友们讨论了这件工具，朋友们都警告他犯了一个大错误，他上当受骗了，朋友们的讨论让他非常生气，他给麦哈尼打了个电话，发誓绝不接受他订做的那批器材。

麦哈尼听后也很生气，那批器材已经投入生产了，损失由谁负责？麦哈尼仔细检查了一遍，确认自己没有失误，决定去会见那位客户。

一走进他的办公室，他立刻站起来，健步朝麦哈尼走来。他显得很激动，话说得很快，一面说一面挥舞着拳头，他开始指责麦哈尼，最后他说："好吧，现在你要怎么办？"

麦哈尼心平气和地告诉他，愿意按照他的任何意见去做，他说："你是花钱买东西的人，当然你该买能用的东西。可是总得有人负责才行。如果你认为自己是对的，请给我们绘制一张草图，虽然旧的方案已经花了两千多元，但我们愿意承担这笔损失。为了让你满意，我们宁可承担两千元钱的损失。但是我要提醒你，如果我们照你的想法做，你必须担负起责任，我相信原计划没有错，如果我们按原计划做，一切后果由我们负责。"

他终于平静下来了，最后说："好吧，按原计划进行，但是错了，只有上帝保佑你了。"

那批器材生产出来了，一点儿错也没有，那位客户非常满意，他又向麦哈尼订了两批货。麦哈尼尊重了对方的意见，在此基础上据理力争，最后说服了对方。

犹太人非常喜欢说这样一句话："我只知道一件事，就是我一无所知。"连这么聪明的人都如此说，我们普通人更不能认为自己是百分之百的正确，"智者千虑，必有一失"。不如退一步，听一听别人的意见，这或许会对自己有许多有益的启示。

大声喊出对方的名字

犹太商人生意经要诀

人们对自己的名字很敏感，以自己的名字为骄傲，不惜任何代价想让自己的名字永存世间。因此，与人交往时，要大声喊出他的名字，让对方永远感激你。

人际关系学专家麦凯是一位犹太人，他一生结交了美国政界、新闻界、企业界、体育界的大量知名人物，可是你们能想到吗，他的工作是卖信封。

讲到成功的经验，麦凯想起他的父亲的一句话："假如你想成功，从现在开始，你要关心你所见到的每一个人。"从那以后，他就记下见到的每一个人的名字，并且了解他们的详细情况。到了人家过生日，他就寄卡片祝贺，后来他设计了一个有 66 个空格问题的系统，包括姓名、年龄、生日、性别、星座、血型、嗜好，在哪儿上小学、中学、大学，在哪儿工作以及他的家人的一系列相关材料。这个系统被称作麦凯 66 档案。

有一次，麦凯到一个大企业老板那儿推销信封，可是不管麦凯怎么推荐，老板都不肯买。麦凯就利用了他的"麦凯 66 档案"，研究了两年，并且没有停止与这个老板联系。有一天，他得知这位老板的儿子出了车祸，他打开资料一看，得知老板的儿子 11 岁，崇拜篮球明星迈克尔·乔丹。麦凯正好与迈克尔·乔丹所在的公牛队的教练认识。于是他顺利地得到了一张有乔丹签名及其他队员签名的篮球。麦凯把这个篮球作为礼物送给了老板的儿子。孩子得到篮球后，高兴得又蹦又跳，这位老板问儿子这篮球是哪来的，孩子回答说："是麦凯叔叔送给我的。"老板忽然记起这位与他联系了两年，他都没买一个信封的麦凯。精诚所至，金石为开，第二天这位老板就订购了麦凯的一大批信封。

在总结经验时，麦凯毫无保留地说："真诚地对待每一个人，要记住他们的名字。"

钢铁大王卡内基也是靠运用这一法则成功的，安德鲁·卡内基被人们誉为"钢铁大王"，或许有人会认为他是钢铁制造方面的专家，如果这么想的话，那就大错特错了，他对钢铁制造知之甚少，他手下好几百个员工都比他了解钢铁制造，那他怎么获得成功的？这得从他小时候谈起。

小时候，安德鲁·卡内基就表现出非凡的组织和领导才能。10岁时，他发现了一个人性的致命弱点：每个人视自己的姓名为生命。有一次，他抓到一只母兔子，又接着发现了一整窝小兔子，但他找不到足够的食物喂养它们。他想出一个方法，他对附近的孩子们说，如果他们能找到足够的苜蓿和蒲公英喂那些兔子，他就用他们的名字给那些兔子命名。这一招太好使了，许多孩子都争着给兔子找食物。这件事对他影响很大，以后他在他的生活和工作中巧妙地利用这一点，去赢得别人的合作。

有一次，他想把钢铁轨道卖给宾夕法尼亚铁路公司，但是做了许多工作都以失败告终，他想起了那个兔子事件。当时艾格·汤姆森担任铁路公司的董事长，安德鲁·卡内基找到了他，说他正准备在匹兹堡建一座大型钢铁厂，决定取名为"艾格·汤姆森钢铁工厂"，汤姆森听后非常高兴，以后他们公司所需要的铁轨全从安德鲁·卡内基的钢铁厂订货。

后来安德鲁·卡内基与乔治·普尔门为了卧车生意进行了激烈竞争，他又想起了那个兔子事件，当时，安德鲁·卡内基控制中央交通公司，他极想与联合太平洋铁路公司合作，而普尔门的公司也想做成这桩买卖，两家公司你争我夺，竞争达到了白热化，以致毫无利润可言。卡内基和普尔门都去纽约参加联合太平洋的董事会。有一天晚上，两个人在圣尼可斯饭店见面了。

"晚安，普尔门先生，我们岂不是自己出丑吗？"卡内基说。

"你这句话怎么讲？"普尔门问道。

卡内基把他的想法讲了出来，他希望两家公司合作，并大肆渲染合作的好处，闭口不谈两家公司的竞争。普尔门仔细倾听着，但他并没有完全接受。最后他问："这家新公司叫什么名字？"

"当然是普尔门皇宫卧车公司。"卡内基立刻回答道。

"那到我的房间来，"普尔门的眼睛一亮，"我们将仔细讨论一番。"

最后，卡内基满意而归。安德鲁·卡内基这种记住别人名字的能力，是他获得成功的重要秘密之一。

交际需要圆滑的批评技巧

犹太商人生意经要诀

批评是一门艺术，有效的批评会使对方认识到自己的错误，及时地改正。但是切记不能当面指责别人，这样只会造成对方强烈的反抗，而巧妙地暗示对方注意自己的错误，则会赢得他人的好感。

一则故事说，德国布洛亲王一次无意中批评了德皇威廉二世。威廉二世非常生气，大叫起来："你认为我是一个蠢人，只会做些你不会犯的错事！"

布洛亲王觉得很尴尬，于是，赶紧转移话题，尊敬地说："我绝没有这种意思，陛下在许多方面都胜过我。海洋和军事方面就不用说了，最重要的是自然科学方面。当您解释晴雨计、无线电报、爱琴射线时，我都认真听了，非常佩服您的才学，我十分惭愧对自然科学一无所知，尤其对物理或化学毫无概念，甚至连解释最简单的自然现象的能力也没有，但是，为了补偿这个方面的不足，我学会相关历史知识，以及一些可能在政治上特别是外交上有帮助的知识。"

威廉二世脸上露出了微笑，恰恰因为布洛亲王承认了自己的缺点，并热情地赞扬了他。皇帝原谅了他，真诚地说："我不是经常告诉你，我们两人互补长短，就能闻名于世吗？我们应该团结在一起，我们应该如此！"

皇帝和布洛亲王握过多次手，但是那天下午，他握紧布洛亲王的手，激动地说："如果有人向我说布洛亲王的坏话，我就一拳打在他的鼻子上。"

你看，布洛亲王是一个圆滑的交际高手，他及时地救了自己。他做了有效的让步，提到了自己的短处，赞扬威廉二世的优点，但这是在他触怒威廉二世时的补救措施，假如他起初这么做就会更好。

交际专家犹太人美兰·杜莎认为，在别人面前批评一个人，是一个不可原谅的错误，这样不但打击员工的积极性，而且还是一种最残忍的态度，因而她警告每个人不要在别人面前批评一个人，让他保住面子。

美兰·杜莎的公司是从事化妆品生产和销售的，对卫生要求极高，清洁是工作的第一要义。有一次，她召开了一次销售会议，参加会议的一名美容顾问所带的化妆箱实在太脏了，这位美容顾问刚刚加入公司，是一位新手。美兰·杜莎看到她的那脏兮兮的化妆箱就觉得不舒服，认为顾客一看这样脏的化妆箱，根本就不会买化妆品了。美兰·杜莎仔细观察了这个新手，觉着她似乎很缺乏自信，如果贸然指出她的错误，她肯定接受不了，于是美兰·杜莎想找一个委婉的批评方式，指出对方的缺点。

美兰·杜莎把会议的主题定为"整洁是仅次于敬重上帝的美德"。她问与会者："如果你参加一个美容展示会，主持会议的美容顾问带了一个脏兮兮的化妆箱，你会有什么感想？"与会的美容顾问肯定有很多想法，大家都会对此持否定态度。

美兰·杜莎接着说："我们从事的是美容事业，无论何时，我们都要给人以整洁美观的印象。"美兰·杜莎演讲时，尽力不去看那位美容顾问，故意表示她的演说不是针对她说的。实际上，她也不用这么做，对方也会想："我的化妆箱实在太脏了。"这种委婉的批评方式很有效，不但与会的美容顾问都学到了整洁的重要性，而且也在不知不觉中接受了批评。

还有一次，美兰·杜莎的一位美容顾问不知为什么改变了她的工作态度。以前她曾是优秀的经销代表之一，然而她逐渐地失去了工作的热情，最后她索性连销售会议都不参加了。美兰·杜莎百思不得其解，她不能贸然批评对方，必须寻找恰当的方式，重新激起她的工作兴趣和热情。

犹太人智慧大全集

You Tai Ren Zhi Hui Da Quan Ji

美兰·杜莎想出一个好办法，她打电话给那位美容顾问的负责人，问她是否可以让那个美容顾问在下次小组销售会议上发表一次演说，是有关于订货方面的，因为那位美容顾问在这个方面比较困难，让她试着教教其他人如何以最好的方式激起顾客们的兴趣。

美兰·杜莎的这个办法已经把批评巧妙地进行了转换，使对方毫无觉察。在下次会议，那位美容顾问侃侃而谈，她分析了以前运用的几个成功的原则和技巧，激起了其他美容顾问的工作兴趣和热情，使她们获得了有益的启示。最关键的是，那位美容顾问通过这次演讲，重新找到了自己，恢复了对工作的兴趣和自信。

美兰·杜莎的成功给后人留下了许多有益的启示，特别是她那巧妙的批评技巧，让每一个从事管理的人都赞叹不已。

捐资公益做善事，声名永存

犹太商人生意经要诀

　　乐于做善事，实际上也是一种生意经。没有社会的发展，就不可能有商业的繁荣。对于一个公司来说，参与社会发展比单纯追求经济利益更为重要。通过把自己和整个社会的利益和需要联系起来，从而扩大公司的影响和知名度，反过来促进本公司的产品销售。

　　《塔木德》上说："与众人为善，声名永存。"综观众多犹太巨商的成功历程，也许大家都会注意到，他们有一个共同的举措，即在发财致富中，注重慷慨解囊做各种善事和公益事业。当然，犹太商人热心捐钱办公益事业，归根到底是一种营销策略，为企业提高知名度、扩大影响、博取消费者的好感起到重大作用，对企业巩固已占有市场及今后扩大市场占有率会产生作用。

　　俄国犹太银行家金兹堡家族从1840年创立第一家银行起，经过几十年的经营，在俄国开设了多家分行，并与西欧金融界建立了广泛的业务关系，发展成为俄国最大的金融集团，其家族成员成为世界知名的大富豪。金兹堡家族像其他犹太富豪一样，在其发迹过程中做了大量的慈善工作。他在获得俄国沙皇的同意下，在圣彼得堡建立了第二家犹太会堂；1863年，他又出资建立俄国犹太人教育普及协会；用他在俄国南部的庄园收入建立犹太农村定居点。金兹堡家族第二代继续把慈善工作做下去，曾把其拥有的在当时欧洲最大的图书馆捐赠给耶路撒冷犹太公共图书馆。

　　美国犹太商人施特劳斯，他从商店记账员开始，步步升迁，最后成为美国最大的百货公司之一的总经理，20世纪30年代成为世界上首屈一指的巨富。在他事业成功的过程中，他也做了大量的慈善活动。除了关心公司职工的福利外，他曾多次到纽约贫民窟察访，捐资兴建牛奶消毒站；并先后在美国 36 个城市给婴幼儿分发消毒牛奶；到 1920 年止，他捐资在美国和国外建立了 297 个施奶站；他还资助建设公共卫生事业，1909 年在美国新泽西州建立了第一个儿童结核病防治所；1911 年，他到巴勒斯坦访问，决定将他 1/3 的资产用于该地兴建牛奶站、医院、学校、工厂，为犹太移民提供各项服务。

美国的菲利浦—莫里斯公司是一家热衷于赞助事业的有名公司，这家公司是美国 500 家大公司之一，是生产"世界销量第一"的"万宝路"香烟和食品、饮料的跨国公司。总部设在纽约，生意遍及五大洲，年营业额超过百亿美元，其雇员多达 114000 人。

菲利浦—莫里斯公司长期以来把赞助作为一种有效的推销术，它每年都制订有赞助计划，拨出大量财力和人力支持世界各国的一些文化事业活动。它所赞助的范围很广，包括美术、音乐、舞蹈、戏剧。

以生产香烟和食品的公司每年花上千万美元的巨款去赞助与本公司经营的产品毫不相干的事情，眼光短浅的人认为这是白费钱或愚蠢之举，而菲利浦—莫里斯公司董事会主席兼首席执行官哈米什·马克斯韦尔却认为："我们作为社会的一员，除了像其他公司一样生产产品，提供劳务和就业机会，向政府纳税，为股东增加利润外，我们还懂得社会的其他需要。为此，我们准备履行和我们公司的地位相适应的义务，为社会福利作出贡献。"他还进一步解释说："没有社会的发展，就不可能有商业的繁荣。对于一个公司来说，参与社会发展比单纯追求经济利益更为重要。作为菲利浦—莫里斯公司的人，我们一直在探索创造性思想。我们想通过我们作为法人团体的努力使这种探索方式生动、活泼一些。这样使我们的雇员们意识到他们是在一个有促进力的环境里工作，可以使他们以及我们与之打交道的其他人都以和菲利浦—莫里斯公司合作为荣。"

该公司就是通过把自己和整个社会的利益和需要联系起来，

通过赞助文化事业密切了公司与社会的关系，从而扩大公司的影响和知名度，反过来促进本公司的产品销售。事实证明确实起到了这两方面的作用。如"万宝路"香烟在泰国市场原来是没有销路的，自从它赞助了"大都会环球歌剧使者"在泰国和东南亚巡回演出以后，逐渐就打开了该国的市场，真是起到了"抛砖引玉"的作用。

上述诸如此类的例子还有很多很多。犹太商人如此乐于做善事，实际上也是一种生意经。他们大量的捐资为所在地兴办公益事业，会赢得当地政府的好感，对开展各种经营十分有利。有些犹太富商由于对所在国的公益事业有重大义举，获得了国王的封爵，如罗斯查尔德家族有人被英王授予勋爵爵位。有些犹太商人还获得当地政府给予优惠条件开发房地产、矿山、修建铁路等，赚钱的路子得到拓宽。

犹太商人的经商策略把"以善为本"作为一项重要内容，这除了与其民族的历史背景有关外，也是一种促销好办法。犹太商人明白这个道理，在一切经营活动中，与人为善，把人与人的关系处理好，是他们成功与致富的秘诀。

养成热情主动地帮助他人的习惯

犹太商人生意经要诀

成功的人都把帮助别人当做一种习惯。因为，他乐于帮助别人，善于帮助别人，习惯于帮助别人，一旦他有需求的时候，别人会主动来帮助他。

犹太人认为，热情地帮助别人，不仅能够影响别人，更能够改善双方之间的关系。

社会上的所有人都需要别人的帮助，然而，许多人不希望帮助别人，也不喜欢帮助别人。可是，成功的人都把帮助别人当做一种习惯。因为，他乐于帮助别人，善于帮助别人，习惯于帮助别人，一旦他有需求的时候，别人会主动来帮助他。

乔伊斯在美国的律师事务所刚开业时，连一台复印机都买不起。移民潮一浪接一浪涌进美国时，他接了许多移民的案子，常常深更半夜被唤到移民局的拘留所领人。他开一辆破旧的车，在小镇间奔波。多年的媳妇终于熬成了婆，电话线换成了4条，扩大了业务，处处受到礼遇。

天有不测风云，一念之差，乔伊斯将资产投资股票而几乎亏尽，更不巧的是，岁末年初，移民法又再次修改，职业移民名额削减，顿时门庭冷落，几乎要关门大吉。

正在此时，乔伊斯收到了一家公司总裁写来的信，信中说：愿意将公司30%的股权转让给他，并聘他为公司和其他两家分公司的终身法人代理。他不敢相信这是真的。

乔伊斯找上门去。"还记得我吗？"总裁是个40岁开外的波兰裔中年人。

乔伊斯摇摇头，总裁微微一笑，从硕大的办公桌的抽屉里拿出一张皱巴巴的5美元汇票，上面夹的名片，印着乔伊斯律师的地址、电话。对于这件事，他实在想不起来了。

"10年前，在移民局……"总裁开口了，"我在排队办理上卡，人非常多，我们在那里拥挤和争吵。排到我时，移民局已经快关门了。当时，我不知道工卡的申请费用涨了5美元，移民局不收个人支票，我身上正好1美元都没有了，如果我再拿不到工卡，雇主就会另雇他人了。这时，老天在帮忙，你从身后递了5美元上来，我要你留下地址，好把钱还给你，你就给了我这张名片。"

乔伊斯也渐渐回忆起来了，但是仍将信将疑地问："后来呢？"

总裁继续道："后来我就在这家公司工作，很快我就发明了两项专利。我到公司上班后的第一天就想把这张汇票寄出，但是，一直没有。我单枪匹马来到美国闯天下，经历了许多冷遇和磨难。这5美元改变了我对人生的态度，所以，才不能随随便便就寄出这张汇票……"

乔伊斯做梦也没有想到，多年前的小小善举竟然获得了这样的善果，仅仅5美元改变了两个人的命运。

去热情地帮助别人吧！热情能够增强你的人格魅力，助人一定会得到好的回报。敞开心扉，走出狭隘自我，在帮助别人的过程中分享快乐。

控制好争强斗胜的个性

犹太商人生意经要诀

　　争强好胜的个性如果控制得好的话，可以帮助一个人在人生的路上永葆充足的动力。如果你想赢得友谊，就必须学会控制冲动。首先控制你自己，然后你才能控制别人。控制冲动的简单技巧是：按理智判断行事，克服追求一时感情满足的本能愿望。

　　《塔木德》上说："如果你很有自己的个性和思想，不会轻易同意他人的观点，更不愿向别人屈服，喜欢与人辩论，总是在面红耳赤的争吵中赢得胜利，那么，最终的结局是朋友渐渐地都远离了你。"

　　犹太商人认为，争强好胜的个性特点如果控制得好的话，可以帮助一个人在人生的路上永葆充足的动力。然而，任何事物都有它的两面性，争强好胜也不例外，如果不能对它加以有效地控制的话，它也很可能会成为影响我们正确发展的一项弱点，成为我们得罪别人的罪恶之源。

　　正如明智的本杰明·富兰克林所说的："如果你老是抬杠、反驳，也许偶尔能获胜，但那只是空洞的胜利，因为你永远得不到对方的好感。"因此，你自己要衡量一下，你是宁愿要一种表面上的胜利，还是要别人对你的好感？

　　犹太人认为，争强好胜不可能消除误会，只有靠技巧、协调、宽容，才能消除误会。在谈论中。你可能有理，但要想在争论中改变别人的主意，则一切都是徒劳。"靠争强好胜的辩论不可能使无知的人服气。"这是威尔逊总统任内的财政部长威廉·麦肯罗以多年政治生涯获得的经验。

拿破仑的家务总管康斯坦在《拿破仑私生活拾遗》中写道，他常和约瑟芬打台球，"虽然我的技术不错，但我总是让她赢，这样她就非常高兴"。我们可从康斯坦的话里得到一个经验：让我们的顾客、朋友、丈夫、妻子在琐碎的争论上赢过我们。

林肯有一次斥责一位和他人发生激烈争吵的青年军官，他说："任何决心有所成就的人，决不会在私人争执上耗时间，争执的后果，不是他所能承担得起的。而后果包括发脾气、失去自制。要在跟别人拥有相等权利的事物上，多让步一点；而那些显然是你对的事情，就让得少一点。与其跟狗争道，被它咬一口，不如让它先走。因为，就算宰了它，也治不好你的咬伤。"

有位爱尔兰人名叫欧·哈里，听过卡耐基的课。他受的教育不多，可是很爱抬杠。他当过人家的汽车司机，后来因为推销卡车并不成功，来求助于卡耐基。

听了几个简单的问题，卡耐基就发现他老是跟顾客争辩。如果对方挑剔他的车子，他立刻会涨红脸大声强辩。

欧·哈里承认，他在口头上赢得了不少的辩论，但并没能赢得顾客。他后来对卡耐基说："在走出人家的办公室时我总是对自己说，我总算整了那混蛋一次。我的确整了他一次，可是我什么都没能卖给他。"

卡耐基的第一个难题不在于怎样教欧·哈里说话，而着手要做的是训练他如何自制，避免争强好胜。

欧·哈里后来成了纽约怀德汽车公司的明星推销员。他是怎么成功的？这是他的说法：

"如果我现在走进顾客的办公室，而对方说：'什么？怀德卡车？不好！你要送我我都不要，我要的是何赛的卡车。'我会说：'老兄，何赛的货色的确不错，买他们的卡车绝对错不了，何赛的车是优良产品。'这样他就无话可说了，没有抬杠的余地。如果他说何赛的车子最好，我说没错，他只有住嘴了。他总不能在我同意他的看法后，还说一下午的'何赛车子最好'。我们接着不再谈何赛，而我就开始介绍怀德的优点。当年若是听到他那种话，我早就气得脸一阵红一阵白了，我就会挑何赛的错，而我越挑剔别的车子不好，对方就越说它好。争辩越激烈，对方就越喜欢我竞争对手的产品。现在回忆起来，真不知道过去是怎么干推销的！以往我花了不少时间在抬杠上，现在我守口如瓶了，果然有效。"

争强好胜的人大多容易冲动。如果你想赢得友谊，就必须学会控制冲动。首先控制你自己，然后你才能控制别人。控制自己的冲动不是件非常容易的事情，因为我们每个人心中永远存在着理智与感情的斗争。控制冲动的全部内容是：按理智判断行事，克服追求一时感情满足的本能愿望。一个真正具有控制冲动能力的人，即使在情绪非常激动时，也是能够做到这一点的。

第七章 经商必须守住底线

——犹太商人生意经之七：诚实守信，灵活运用法律

人无信则不立

犹太商人生意经要诀

鱼离开水就会死亡，人没有礼仪便无法生存，而不讲诚信则会受到炼狱的惩罚。(《塔木德》)

《塔木德》记载了这样一个故事：

一姑娘外出游玩，不小心掉进了井中，正巧遇到一个青年人路过，将她从井中救了出来。姑娘为了报答救命之恩，就与他私订终身。

订下婚约后，却没有证婚人。恰好见到一只黄鼠狼，于是黄鼠狼和那口水井就成了他们的证婚人。

青年继续他的行程，而姑娘则回到家中开始等候。

正当姑娘还在痴心地等待时，那个青年却在异地结了婚，并且生了两个小孩。

没多久，青年的两个小孩，一个被黄鼠狼咬死，另一个则在井边玩耍掉进了井里。

这个时候的青年，想起了他和姑娘的订婚和证婚的黄鼠狼和井。他如梦初醒，和现在的妻子离了婚，回到了痴心等他的姑娘身边。

这个故事就是用来告诫人们不要背信弃义。一旦你置契约于不顾，那么你就会得到上帝给予的严厉惩罚。

犹太人就是这样，经商的时候一定讲究诚信，决不用那种欺骗的手段来获取财富。因此，犹太人从来不做那种"一锤子买卖"的事情，更不屑于做"只要每个人上当一次，我就发财了"的生意。他们厌恶那种流寇式的作战方法和短期策略。他们看重的是长期的合作，注重信誉，拥有很好的商业口碑，而且他们的商品绝少有假冒伪劣的。

诚信意味着平等的交易、公平的竞争。《塔木德》中是这样说的："你们不可行不义，要用公道天平、公道砝码、公道升斗、公道秤。"

然后他们把这种交易情况作了细致的规定：

不可有一大一小两样的砝码和量器。

批发商每个月清洗一次量器，小生产商一年清洗一次。

小生产商要经常清洗砝码，以其不发粘为度。

店主每周要清洗一次量器。每天清洗一次砝码，每称完一样东西都擦拭一次天平。

《塔木德》记载了这么一则案例，说有个奴隶染黑头发并在脸上涂抹化妆品，以使自己显得年轻，来达到欺骗买主的目的，这是不道德的。还有，蔬果商不可将新鲜的水果铺在腐烂的水果上来卖。

此外，《塔木德》里也禁止商人在销售商品之时附上任何名不副实的称号。

《塔木德》这样告诫犹太人：你们不可偷盗；不可欺骗；不可抢夺他人的财物；不可向着我起假誓，亵渎我的名。

商业就是提供一种服务。只有诚实对待，取得别人的信任，自己才可以获得利润。

诚实为经商的第一要务，这是犹太人的经商法则。他们对于善于欺骗的人的态度非常激烈，并认为他们是不可饶恕的。犹太人认为不贪图小便宜，不偷税漏税，做一贯诚实的人是很好的。

犹太先知说，世界末日早晚是要到来的。当末日到来的时候所有人都要接受大审判。如果谁在这个世界上做了好事，他死后灵魂就会进入天堂；如果谁在生前作恶多端，那他死后，灵魂就会被打入地狱，接受炼狱之苦。世界末日来临时的大审判判断孰好孰坏要问 5 个问题，这 5 个问题是：

你在做生意的时候诚实吗？

你腾出时间学习了吗？

你尽力工作了吗？

你渴望得到神的救赎吗？

你参与过智慧的争论吗？

可以看到，犹太人把做生意是否诚实、遵守信誉放在第一条，把做生意的诚实摆在学习、工作、信仰和智慧之前，可见犹太先知对诚信经商的重视程度。

尽管各民族皆有"经商应童叟无欺"的说法，但只有犹太民族是最严格执行这种正直交易的民族。《塔木德》记载了许多关于诚实经商的实例，培养了犹太人诚实的商业原则。"唯有诚实正直的经商之道才是生存处世的最高法则。"

在犹太商人作为"世界第一商人"的商旅生涯中，犹太民族与其他民族打交道最多。作为一个弱小的民族，在 2000 多年的流浪中，没有被其他民族同化或湮灭，并且还能不断大把大把地赚钱，其中一个重要的原因就在于他们诚信经商、坦诚为人、尊重他人、彼此宽容的道德操守。因为严于律己，重信守约，犹太人才赢得了"世界第一商人"的口碑；而诚信经商，更使得犹太商人得到了世人的信任和尊敬，这在商业社会无疑是一笔最重要、最宝贵的无形资产。

在犹太人看来，诚实是支撑世界的三大支柱之一，另外两个是和平与公正。

犹太人认为诚信经商是商人最大的善，所以在犹太人的生意场上最为看重诚信。对于不诚信的人，他们是无法原谅的。在犹太人的内部，他们之间极为重视诚信，极为重视契约，一旦签订了就必须遵守，绝对不可以有任何理由不履行契约。

下面这个真实的例子也说明了诚信的重要性：

"棕色浆果烤炉"公司是美国一家知名的面包公司。公司的经营原则很简单，只有四个字：诚实无欺。公司标榜凡出卖的面包都是最新鲜的，硬性规定绝不卖超过三天的面包，已过期的面包由公司回收。

有一年秋天。公司所在州的部分地区发大水，导致那里的面包畅销，但公司照样按规定把超过三天的面包收回来，哪知车行至半路，抢购的人一拥而上。把车子团团围住，一定要买过期面包。但押车的运货员怎么也不肯卖。他哭丧着脸解释："不是我不卖，实在是老板规定得太严了。如果有人明知面包过期还卖给顾客就一律开除。"大家以为运货员耍花招，就跟他激烈地争吵起来。

最后，一位在场的记者向运货员恳求："现在是非常时期，总不能让人们看着满车的面包忍饥挨饿吧！"运货员听之有理，凑到记者耳边悄悄地说："我是说什么也不卖的，但如果你们强买，我就没有责任了。你们把面包拿走，凭良心丢下几个线，反正公司是不会可惜一车过期面包的。"这么一说，一车面包很快被强行买光了。运货员趁机特意让记者拍了一个他阻止大家强拿面包的场面，以证明这不是他的责任。

这个故事，后来经新闻记者在报上大肆渲染，"烤炉"的面包给消费者留下了深刻的印象，顿时，公司声名鹊起。

"烤炉"公司以其诚信为自己赢得市场。

在犹太人的经商历史中，他们尤其注重契约的履行。别看他们在谈生意时斤斤计较，为了一点点的利益可以和对方争论不休。不过一旦与他们达成了某种协议，不管是书面上的还是口头上的，犹太人都会竭尽全力地去完成。有的时候为了达成契约上面的要求，即使吃亏也照样完成。

日本的藤田先生之所以获得"银座犹太商人"的雅号，是因为他的生意经学到了家，而且运用得得心应手。"银座犹太商人"

在世界性贸易中，无疑是一本烫金的通行证，是信誉的象征。藤田先生之所以获得"银座的犹太人"的雅号，是他付出了血本代价的结果。

1958年，美国一家石油公司向藤田先生订购了3万把餐刀和叉子，交货日期为9月1日，地点定在芝加哥。藤田先生不敢怠慢，立即商请歧埠的厂商为他赶制。

值得说明的是这家美国石油公司是犹太人的公司。

没想到麻烦出来了。藤田先生打算8月1日由横滨出港，9月1日肯定可以在芝加哥交货。可是因为厂商违约，致使他不能按期交货。

藤田先生气得对厂商大发脾气，因为他是和犹太人做生意，犹太人对时间的要求之严格是举世皆知的。

厂商却说："稍微迟一点，对方不至于发火吧。"

就这样厂商一直拖到8月27日才交货。轮船插上翅膀也难飞到芝加哥了。为能按期交货只有让餐刀和叉子坐飞机了。而坐这趟飞机的价格是6万美元，这个代价简直是高得不能再高了。但是藤田别无他法，只得租用昂贵的飞机。因为犹太商人从来不听人辩解。

藤田按照合约严格要求，9月1日到芝加哥如期交货。犹太人只说了一句："按期交货，OK！听说你租用飞机空运了，真了不起！"而对飞机租金不闻不问。其实，光是犹太人那句赞扬的话就已经很值钱了。

第二年，美国石油总公司又向藤田先生订购了6万把刀叉。

没想到，货又不能按期完成。因为刀叉不是流水生产而是作坊似的小厂生产，需要多个生产厂家合作，才能够生产出这6万把刀叉来。在这期间，虽然厂家日夜加班，但还是没能赶上交货期装船。

于是藤田先生只得再次租用飞机，按期赶到芝加哥交货。犹太人没有说一句感激的话，仍是一句"OK"。

两次花费昂贵的运输费，实在是让藤田有些承受不了。他把厂商召集在一起，要求他们分担部分飞机租金。厂商多多少少感到自己有些责任，经过一番讨价还价，厂家只答应出 20 万日元。

两次租用飞机，使得藤田先生蒙受了巨大的损失，但损失的金钱却买得了犹太人的高度信任。犹太人在全球的商业网络极为广泛，不久所有的犹太人都知道日本有个藤田先生是个信守诺言的人。

因为这两件事，藤田先生获得了"银座犹太商人"的雅号，当然这个雅号也带给藤田先生无穷的价值。因为从某种程度上来说，信誉才是生意真正的开始。

从伦理学角度讲，诚信是一种道德资源，它可以引发商家对诚信的竞争；从经济学角度讲，诚信是一种无形资产，是"资本价值中的核心成本"。成熟的市场经济中，企业之间主要是品牌及服务的竞争。为此，诚信就成了资本价值中的核心竞争力。

诚信经商是犹太商法的灵魂，是商业活动的最高技巧。在现代商业世界，恪守信用已构成了许多企业的市场竞争手段。注重商业的诚信，视信誉为经商的生命，这是犹太人走遍世界各地都受到欢迎，让犹太人获得巨大财富的生命之源。

每一次生意都要保持警惕

犹太商人生意经要诀

对每一次生意都重视有加，这样做起码有两大好处：其一是不会因为自己对对方的先入之见而掉以轻心，相反，可以有足够的戒备防止对方可能的一切手脚。其二是可以保证自己第一次辛辛苦苦争取得到的赢利，不至于在第二次生意中为顾念前情而做出的让步所断送。

犹太人认为经商是以利益为先，因此不能感情用事。犹太人的经商法则有不少初看之下毫不起眼，细细推敲下来，却足以发人深思。"重视每一次生意"，就是这样的一条重要的法则，它包含了犹太人丰富的处世经验和智慧。

要说明这个道理，我们先看一下一个故事。

有一天，日本商人小泉三郎请犹太画家拉法德上银座的饭馆吃饭。宾主坐定之后，拉法德乘等菜之际，取出纸笔，给坐在边上谈笑风生的饭馆女主人画起速写来。

不一会儿，速写画好了。拉法德递给小泉三郎看，果然不错，画得形神皆具。小泉三郎连声赞叹道："太棒了，太棒了。"

听到朋友的奉承，拉法德便转过身来，面对着他，又在纸上勾画起来，还不时向他伸出左手，竖起大拇指。通常，画家在估计人的各部位比例时，都用这种简易方法。

小泉三郎一见拉法德的这副架势，知道这回是在给他画速写了。虽然因为面对面坐着，看不见他画得如何，但还是一本正经摆好了姿势让他画。

小泉三郎一动不动地坐着，眼看着拉法德一会儿在纸上勾画，一会儿又向他竖起拇指，足足坐了10分钟。"好了，画完了。"拉法德停下笔来，说道。

听到这话，小泉三郎松了一口气，迫不及待地欠身过去，一看，不禁大吃一惊。原来拉法德画的根本不是小泉三郎，而是他自己左手大拇指的速写。

小泉三郎连羞带恼地说："我特意摆好姿势，你……你却捉弄人。"

拉法德却笑着对他说："我听说你做生意很精明，所以才故意考察你一下。你也不问别人画什么，就以为是在画自己，还摆好了姿势。单从这一点来看，你同犹太商人相比，还差得远啦。"

到这时，小泉三郎才如梦方醒，明白过来自己错在什么地方：看见画家第一次画了女主人，第二次又面对着自己，就以为一定是在画自己了。

你看，正是基于对类似于这位日本商人所犯的错误，犹太商人才对每一次生意都重视有加，这样做，起码有两大好处：

其一是不会像日本商人那样，因为自己对对方的先入之见而掉以轻心，相反，可以有足够的戒备防止对方可能的一切手脚。

其二是可以保证自己第一次辛辛苦苦争取得到的赢利，不至于在第二次生意中为顾念前情而做出的让步所断送。生意毕竟是生意，容不得"温情脉脉"，否则第一次就没有必要斤斤计较。

这两条好处这么写白了放在面前，看上去实在平淡得很。但犹太商人深知，由于它们作用的是人的潜意识层面，往往在人们的漫不经心中被忽略了，先入之见的厉害之处在于它会使人都想不到去纠正它。直到事情结果出来了，大失所望甚至绝望之余，人们才不无懊悔地察觉自己的疏忽。

在今日社会上发生的诸多合同诈骗案中，有很多"善良的人们"就是因为单凭一张熟人甚至仅仅一面之交的熟人的面子或者一次小小的"成功"而上了别人的圈套。这些人难道不应该把"重视每一次生意"作为自己经商活动中的座右铭吗？